Princípios de física

Dados Internacionais de Catalogação na Publicação (CIP)
(Câmara Brasileira do Livro, SP, Brasil)

Serway, Raymond A.
Princípios de física / Raymond A. Serway, John
W. Jewett Jr. ; tradução Foco Traduções ; revisão
técnica Keli Seidel. -- 1. ed. -- São Paulo :
Cengage Learning, 2017.

1. reimpr. da 2. ed. brasileira de 2014.
Título original: Principles of physics.
Conteúdo: V. 3. eletromagnetismo.
5. ed. norte-americana
ISBN 978-85-221-1638-6

1. Física 2. Óptica I. Jewett Jr., John W.
II. Título

14-04776

CDD 539-535

Índice para catálogo sistemático:

1. Física Moderna 539
2. Óptica: Física 535

❮ tradução da 5ª edição
norte-americana

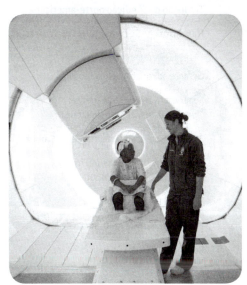

Princípios de física

Volume III
Eletromagnetismo

Raymond A. Serway
James Madison University

John W. Jewett, Jr.
California State Polytechnic University, Pomona

Tradução:
Foco Traduções

Revisão técnica:
Keli Fabiana Seidel
Professora adjunta da Universidade Tecnológica Federal do Paraná – UTFPR

Austrália • Brasil • Japão • Coreia • México • Cingapura • Espanha • Reino Unido • Estados Unidos

Princípios de física

Volume 3 – Eletromagnetismo

Tradução da 5ª edição norte-americana

Raymond A. Serway; John W. Jewett, Jr.

Gerente editorial: Noelma Brocanelli

Supervisora de produção gráfica:
Fabiana Alencar Albuquerque

Editora de desenvolvimento: Gisela Carnicelli

Título original: Principles of Physics
(ISBN 13: 978-1-133-11000-2)

Tradução: Foco Traduções

Revisão técnica: Keli Fabiana Seidel

Revisão técnica dos apêndices e tabelas finais: Márcio Maia Vilela

Copidesque e revisão: Cristiane Morinaga, Fábio Gonçalves, e IEA Soluções Educacionais

Indexação: Casa Editorial Maluhy & Co.

Diagramação: PC Editorial Ltda.

Editora de direitos de aquisição e iconografia: Vivian Rosa

Analista de conteúdo e pesquisa: Javier Muniain

Capa: MSDE/Manu Santos Design

Imagem da capa: Milan B/Shutterstock

© 2013, 2015 Cengage Learning Edições Ltda.

Todos os direitos reservados. Nenhuma parte deste livro poderá ser reproduzida, sejam quais forem os meios empregados, sem a permissão, por escrito, da Editora. Aos infratores aplicam-se as sanções previstas nos artigos 102, 104, 106 e 107 da Lei nº 9.610, de 19 de fevereiro de 1998.

Esta editora empenhou-se em contatar os responsáveis pelos direitos autorais de todas as imagens e de outros materiais utilizados neste livro. Se porventura for constatada a omissão involuntária na identificação de algum deles, dispomo-nos a efetuar, futuramente, os possíveis acertos.

Para informações sobre nossos produtos, entre em contato pelo telefone **0800 11 19 39**

Para permissão de uso de material desta obra, envie seu pedido para
direitosautorais@cengage.com

© 2015 Cengage Learning. Todos os direitos reservados.

ISBN-13: 978-85-221-1638-6
ISBN-10: 85-221-1638-5

Cengage Learning
Condomínio E-Business Park
Rua Werner Siemens, 111 – Prédio 11 – Torre A – Conjunto 12
Lapa de Baixo – CEP 05069-900 – São Paulo – SP
Tel.: (11) 3665-9900 – Fax: (11) 3665-9901
SAC: 0800 11 19 39

Para suas soluções de curso e aprendizado, visite
www.cengage.com.br

Dedicamos este livro a nossas esposas, Elizabeth e Lisa, e aos nossos filhos e netos por sua adorável compreensão quando passamos o tempo escrevendo em vez de estarmos com eles.

Impresso no Brasil.
Printed In Brazil.
1 2 3 4 5 6 7   15 14 13 12

Sumário

Sobre os autores xii

Prefácio ix

Ao aluno xxiii

Contexto **6** | **Relâmpagos** 1

19 Forças elétricas e campos elétricos 3

19.1 Visão histórica 4
19.2 Propriedades de cargas elétricas 4
19.3 Isolantes e condutores 6
19.4 Lei de Coulomb 8
19.5 Campos elétricos 11
19.6 Linhas de campos elétricos 18
19.7 Movimento de partículas carregadas em um campo elétrico uniforme 20
19.8 Fluxo elétrico 22
19.9 Lei de Gauss 24
19.10 Aplicação da lei de Gauss para vários distribuidores de cargas 27
19.11 Condutores em equilíbrio eletrostático 30
19.12 Conteúdo em contexto: o campo elétrico atmosférico 32

20 Potencial elétrico e capacitância 45

20.1 Potencial elétrico e diferença de potencial 46
20.2 Diferença de potencial em um campo elétrico uniforme 47
20.3 Potencial elétrico e energia potencial gerados por cargas pontuais 50
20.4 Obtenção o valor do campo elétrico com base no potencial elétrico 53
20.5 Potencial elétrico gerado por distribuições de cargas contínuas 55
20.6 Potencial elétrico gerado por um condutor carregado 58
20.7 Capacitância 61
20.8 Combinações de capacitores 64
20.9 Energia armazenada em um capacitor carregado 68
20.10 Capacitores com dielétricos 71
20.11 Conteúdo em contexto: a atmosfera como capacitor 75

21 Corrente e circuitos de corrente contínua 89

21.1 Corrente elétrica 90
21.2 Resistência e Lei de Ohm 93
21.3 Supercondutores 99
21.4 Um modelo de condução elétrica 100
21.5 Energia e potência nos circuitos elétricos 103

21.6 Fontes de FEM 106
21.7 Resistores em série e em paralelo 108
21.8 Leis de Kirchhoff 114
21.9 Circuitos *RC* 117
21.10 Conteúdo em contexto: a atmosfera como um condutor 123

Contexto **6** | CONCLUSÃO
Determinando o número de raios 135

Contexto **7** | **Magnetismo na medicina** 137

22 Forças magnéticas e campos magnéticos 139

22.1 Síntese histórica 140
22.2 O campo magnético 140
22.3 Movimento de uma partícula carregada em um campo magnético uniforme 144
22.4 Aplicações envolvendo partículas carregadas em movimento em um campo magnético 148
22.5 Força magnética em um condutor transportando corrente 150
22.6 Torque em uma espira percorrida por corrente em um campo magnético uniforme 153
22.7 Lei de Biot–Savart 156
22.8 A força magnética entre dois condutores paralelos 159
22.9 Lei de Ampère 160
22.10 Campo magnético de um solenoide 164
22.11 Magnetismo na matéria 166
22.12 Conteúdo em contexto: navegação magnética remota para procedimentos de ablação por cateter 167

23 Lei de Faraday e indutância 181

23.1 Lei da indução de Faraday 181
23.2 FEM de movimento 186
23.3 Lei de Lenz 191
23.4 Forças eletromotrizes induzidas e campos elétricos 194
23.5 Indutância 196
23.6 Circuitos RL 198
23.7 Energia armazenada em um campo magnético 202
23.8 Conteúdo em contexto: o uso da estimulação magnética transcraniana na depressão 205

Contexto **7** | CONCLUSÃO
Ressonância magnética e ressonância magnética nuclear 219

Apêndices A-1

Respostas dos testes rápidos e problemas ímpares R-1

Índice remissivo I-1

Sobre os autores

Raymond A. Serway recebeu seu doutorado no Illinois Institute of Technology e é Professor Emérito na James Madison University. Em 2011, foi premiado com um grau honorífico de doutorado pela sua *alma mater*, Utica College. Em 1990, recebeu o prêmio Madison Scholar Award na James Madison University, onde lecionou por 17 anos. Dr. Serway começou sua carreira de professor na Clarkson University, onde conduziu pesquisas e lecionou de 1967 a 1980. Recebeu o prêmio Distinguished Teaching Award na Clarkson University em 1977 e o Alumni Achievement Award da Utica College em 1985. Como Cientista Convidado no IBM Research Laboratory em Zurique, Suíça, trabalhou com K. Alex Müller, que recebeu o Prêmio Nobel em 1987. Serway também foi cientista visitante no Argonne National Laboratory, onde colaborou com seu mentor e amigo, o falecido Dr. Sam Marshall. Serway é coautor de *College Physics*, nona edição; *Physiscs for Scientists and Engineers*, oitava edição; *Essentials of College Physics*; *Modern Physics*, terceira edição; e o livro-texto "Physics" para ensino médio, publicado por Holt McDougal. Adicionalmente, Dr. Serway publicou mais de 40 trabalhos de pesquisa no campo de Física da Matéria condensada e ministrou mais de 60 palestras em encontros profissionais. Dr. Serway e sua esposa, Elizabeth, gostam de viajar, jogar golfe, pescar, cuidar do jardim, cantar no coro da igreja e, especialmente, de passar um tempo precioso com seus quatro filhos e nove netos e, recentemente, um bisneto.

John W. Jewett, Jr. concluiu a graduação em Física na Drexel University e o doutorado na Ohio State University, especializando-se nas propriedades ópticas e magnéticas da matéria condensada. Dr. Jewett começou sua carreira acadêmica na Richard Stockton College of New Jersey, onde lecionou de 1974 a 1984. Atualmente, Professor Emérito de Física da California State Polytechnic University, em Pomona. Durante sua carreira técnica de ensino, o Dr. Jewett foi ativo em promover a educação efetiva da física. Além de receber quatro prêmios National Science Foundation, ajudou a fundar e dirigir o Southern California Area Modern Physics Institute (SCAMPI) e o Science IMPACT (Institute for Modern Pedagogy and Creative Teaching). As honrarias do Dr. Jewett incluem o Stockton Merit Award na Richard Stockton College em 1980, foi selecionado como professor de destaque na California State Polytechnic University em 1991-1992 e recebeu o prêmio de excelência no Ensino de Física Universitário da American Association of Physics Teachers (AAPT) em 1998. Em 2010, recebeu o "Alumni Achievement Award" da Universidade de Drexel em reconhecimento às suas contribuições no ensino de Física. Já apresentou mais de 100 palestras, tanto nos EUA como no exterior, incluindo múltiplas apresentações nos encontros nacionais da AAPT. Dr. Jewett é autor de *The World of Physics: Mysteries, Magic, and Myth*, que apresenta muitas conexões entre a Física e várias experiências do dia a dia. Além de seu trabalho como coautor de *Física para Cientistas e Engenheiros*, ele é também coautor de *Princípios da Física*, bem como de *Global Issues*, um conjunto de quatro volumes de manuais de instrução em ciência integrada para o ensino médio. Dr. Jewett gosta de tocar teclado com sua banda formada somente por físicos, gosta de viagens, fotografia subaquática, aprender idiomas estrangeiros e colecionar aparelhos médicos antigos que podem ser utilizados como aparatos em suas aulas. O mais importante, ele adora passar o tempo com sua esposa, Lisa, e seus filhos e netos.

Prefácio

Princípios de Física foi criado como um curso introdutório de Física de um ano baseado em cálculo para alunos de engenharia e ciência e para alunos de pré-medicina fazendo cursos rigorosos de física. Esta edição traz muitas características pedagógicas novas, notadamente um sistema de aprendizagem web integrado, uma estratégia estruturada para resolução de problemas que use uma abordagem de modelagem. Baseado em comentários de usuários da edição anterior e sugestões de revisores, um esforço foi realizado para melhorar a organização, clareza de apresentação, precisão da linguagem e acima de tudo exatidão.

Este livro-texto foi inicialmente concebido em função dos problemas mais conhecidos no ensino do curso introdutório de Física baseada em cálculo. O conteúdo do curso (e portanto o tamanho dos livros didáticos) continua a crescer, enquanto o número das horas de contato com os alunos ou diminuiu ou permaneceu inalterado. Além disso, um curso tradicional de um ano aborda um pouco de toda a Física além do século XIX.

Ao preparar este livro-texto, fomos motivados pelo interesse disseminado de reformar o ensino e aprendizado da Física por meio de uma pesquisa de educação em Física (PER). Um esforço nessa direção foi o Projeto Introdutório da Universidade de Física (IUPP), patrocinado pela Associação Norte-Americana de Professores de Física e o Instituto Norte- Americano de Física. Os objetivos principais e diretrizes deste projeto são:

- Conteúdo do curso reduzido seguindo o tema "menos pode ser mais";
- Incorporar naturalmente Física contemporânea no curso;
- Organizar o curso no contexto de uma ou mais "linhas de história";
- Tratar igualmente a todos os alunos.

Ao reconhecer há vários anos a necessidade de um livro didático que pudesse alcançar essas diretrizes, estudamos os diversos modelos IUPP propostos e os diversos relatórios dos comitês IUPP. Eventualmente, um de nós (Serway) esteve envolvido ativamente na revisão e planejamento de um modelo específico, inicialmente desenvolvido na Academia da Força Aérea dos Estados Unidos, intitulado "A Particles Approach to Introductory Physics". Uma visita prolongada à Academia foi realizada com o Coronel James Head e o Tenente Coronel Rolf Enger, os principais autores do modelo de partículas, e outros membros desse departamento. Esta colaboração tão útil foi o ponto inicial deste projeto.

O outro autor (Jewett) envolveu-se com o modelo IUPP chamado "Physics in Context", desenvolvido por John Rigden (American Institute of Physics), David Griffths (Universidade Estadual de Oregon) e Lawrence Coleman (University of Arkansas em Little Rock). Este envolvimento levou a Fundação Nacional de Ciência (NSF) a conceder apoio para o desenvolvimento de novas abordagens contextuais e, eventualmente, à sobreposição contextual usada neste livro é descrita com detalhes posteriormente no prefácio.

O enfoque combinado no IUPP deste livro tem as seguintes características:

- É uma abordagem evolucionária (em vez de uma abordagem revolucionária), que deve reunir as demandas atuais da comunidade da Física.
- Ela exclui diversos tópicos da Física clássica (como circuitos de corrente alternada e instrumentos ópticos) e coloca menos ênfase no movimento de objetos rígidos, óptica e termodinâmica.
- Alguns tópicos na Física contemporânea, como forças fundamentais, relatividade especial, quantização de energia e modelo do átomo de hidrogênio de Bohr, são introduzidos no início deste livro.
- Uma tentativa deliberada é feita ao mostrar a unidade da Física e a natureza geral dos princípios da Física.
- Como ferramenta motivacional, o livro conecta aplicações dos princípios físicos a situações biomédicas interessantes, questões sociais, fenômenos naturais e avanços tecnológicos.

Outros esforços para incorporar os resultados da pesquisa em educação em Física tem levado a várias das características deste livro descritas a seguir. Isto inclui Testes Rápidos, Perguntas Objetivas, Prevenção de Armadilhas, E Se?, recursos nos exemplos de trabalho, o uso de gráficos de barra de energia, a abordagem da modelagem para solucionar problemas e a abordagem geral de energia introduzida no Capítulo 7.

Objetivos

Este livro didático de Física introdutória tem dois objetivos principais: fornecer ao aluno uma apresentação clara e lógica dos conceitos e princípios básicos da Física e fortalecer a compreensão dos conceitos e princípios por meio de uma ampla gama de aplicações interessantes para o mundo real. Para alcançar esses objetivos, enfatizamos argumentos físicos razoáveis e a metodologia de resolução de problemas. Ao mesmo tempo, tentamos motivar o aluno por meio de exemplos práticos que demonstram o papel da Física em outras disciplinas, como elas, engenharia, química e medicina.

Alterações para esta edição

Inúmeras alterações e melhorias foram feitas nesta edição. Muitas delas são em resposta a descobertas recentes na pesquisa em educação de Física e a comentários e sugestões proporcionadas pelos revisores do manuscrito e professores que utilizaram as primeiras quatro edições. A seguir são representadas as maiores mudanças nesta quinta edição:

Novos contextos. O contexto que cobre a abordagem é descrito em "Organização". Esta edição introduz dois novos Contextos: para o Capítulo 15 (no volume 2 desta coleção), "Ataque cardíaco", e para os Capítulos 22-23 (volume 3), "Magnetismo e Medicina". Ambos os novos Contextos têm como objetivo a aplicação dos princípios físicos no campo da biomedicina.

No Contexto "Ataque cardíaco", estudamos o fluxo de fluidos através de um tubo, como analogia ao fluxo de sangue através dos vasos sanguíneos no corpo humano. Vários detalhes do fluxo sanguíneo são relacionados aos perigos de doenças cardiovasculares. Além disso, discutimos novos desenvolvimentos no estudo do fluxo sanguíneo e ataques cardíacos usando nanopartículas e imagem computadorizada.

O contexto de "Magnetismo em Medicina" explora a aplicação dos princípios do eletromagnetismo para diagnóstico e procedimentos terapêuticos em medicina. Começamos focando em usos históricos para o magnetismo, incluindo vários dispositivos médicos questionáveis. Mais aplicações modernas incluem procedimentos de navegação magnética remota em ablação de catéter cardíaco para fibrilação atrial, simulação magnética transcraniana para tratamento de depressão e imagem de ressonância magnética como ferramenta de diagnóstico.

Exemplos trabalhados. Todos os exemplos trabalhados no texto foram reformulados e agora são apresentados em um formato de duas colunas para reforçar os conceitos da Física. A coluna da esquerda mostra informações textuais que descrevem as etapas para a resolução do problema. A coluna da direita mostra as manipulações matemáticas e os resultados dessas etapas. Esse *layout* facilita a correspondência do conceito com sua execução matemática e ajuda os alunos a organizarem seu trabalho. Os exemplos seguem rigorosamente a Estratégia Geral de Resolução de Problemas apresentada no Capítulo 1 para reforçar hábitos eficazes de resolução de problemas. Na maioria dos casos, os exemplos são resolvidos simbolicamente até o final, em que valores numéricos são substituídos pelos resultados simbólicos finais. Este procedimento permite ao aluno analisar o resultado simbólico para ver como o resultado depende dos parâmetros do problema, ou para tomar limites para testar o resultado final e correções. A maioria dos exemplos trabalhados no texto pode ser atribuída à tarefa de casa no Enhanced WebAssign. Uma amostra de um exemplo trabalhado encontra-se na próxima página.

Revisão linha a linha do conjunto de perguntas e problemas. Para esta edição, os autores revisaram cada pergunta e cada problema e incorporaram revisões destinadas a melhorar tanto a legibilidade como a transmissibilidade. Para tornar os problemas mais claros para alunos e professores, este amplo processo envolveu edição de problemas para melhorar a clareza, adicionando figuras, quando apropriado, e introduzindo uma melhor arquitetura de problema, ao quebrá-lo em partes claramente definidas.

Dados do Enhanced WebAssign utilizados para melhorar perguntas e problemas. Como parte da análise e revisão completa do conjunto de perguntas e problemas, os autores utilizaram diversos dados de usuários coletados pelo WebAssign, tanto de professores quanto de alunos que trabalharam nos problemas das edições anteriores do *Princípios de Física*. Esses dados ajudaram tremendamente, indicando quando a frase nos problemas poderia ser mais clara, fornecendo, desse modo, uma orientação sobre como revisar problemas de maneira que seja mais facilmente compreendida pelos alunos e mais facilmente transmitida pelos professores no WebAssign. Por último, os dados foram utilizados para garantir que os problemas transmitidos com mais frequência fossem mantidos nesta nova

Prefácio | **xi**

> **WebAssign** Mais exemplos também estão disponíveis para serem atribuídos como interativos no sistema de gestão de lição de casa avançada WebAssign.

Cada solução foi escrita para acompanhar de perto a Estratégia Geral de Solução de Problemas, descrita no Capítulo 1, de modo que reforce os bons hábitos de resolução de problemas.

Exemplo 6.6 | Um bloco empurrado sobre uma superfície sem atrito

Um bloco de 6.0 kg inicialmente em repouso é puxado para a direita ao longo de uma superfície horizontal sem atrito por uma força horizontal constante de 12 N. Encontre a velocidade escalar do bloco após ele ter se movido 3,0 m.

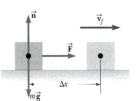

Figura 6.14 (Exemplo 6.6) Um bloco é puxado para a direita sobre uma superfície sem atrito por uma força horizontal constante.

SOLUÇÃO

Conceitualização A Figura 6.14 ilustra essa situação. Imagine puxar um carro de brinquedo por uma mesa horizontal com um elástico amarrado na frente do carrinho. A força é mantida constante ao se certificar que o elástico esticado tenha sempre o mesmo comprimento.

Categorização Poderíamos aplicar as equações da cinemática para determinar a resposta, mas vamos praticar a abordagem de energia. O bloco é o sistema e três forças externas agem sobre ele. A força normal equilibra a força gravitacional no bloco e nenhuma dessas forças que agem verticalmente realizam trabalho sobre o bloco, pois seus pontos de aplicação são deslocados horizontalmente.

Análise A força externa resultante que age sobre o bloco é a força horizontal de 12 N.

Cada passo da solução encontra-se detalhada em um formato de duas colunas. A coluna da esquerda fornece uma explicação para cada etapa matemática da coluna da direita, para melhor reforçar os conceitos físicos.

Use o teorema do trabalho-energia cinética para o bloco, observando que sua energia cinética inicial é zero:
$$W_{ext} = K_f - K_i = \tfrac{1}{2}mv_f^2 - 0 = \tfrac{1}{2}mv_f^2$$

Resolva para encontrar v_f e use a Equação 6.1 para o trabalho realizado sobre o bloco por $\vec{F}$:
$$v_f = \sqrt{\frac{2W_{ext}}{m}} = \sqrt{\frac{2F\Delta x}{m}}$$

Substitua os valores numéricos:
$$v_f = \sqrt{\frac{2(12\,\text{N})(3,0\,\text{m})}{6,0\,\text{kg}}} = 3,5\text{ m/s}$$

Finalização Seria útil para você resolver esse problema novamente considerando o bloco como uma partícula sob uma força resultante para encontrar sua aceleração e depois como uma partícula sob aceleração constante para encontrar sua velocidade final.

E se? Suponha que o módulo da força nesse exemplo seja dobrada para $F' = 2F$. O bloco de 6,0 kg acelera a 3,5 m/s em razão dessa força aplicada enquanto se move por um deslocamento $\Delta x'$. Como o deslocamento $\Delta x'$ se compara com o deslocamento original Δx?

Resposta Se puxar forte, o bloco deve acelerar a uma determinada velocidade escalar em uma distância mais curta, portanto, esperamos que $\Delta x' < \Delta x$. Em ambos os casos, o bloco sofre a mesma mudança na energia cinética ΔK. Matematicamente, pelo teorema do trabalho-energia cinética, descobrimos que
$$W_{ext} = F'\Delta x' = \Delta K = F\Delta x$$
$$\Delta x' = \frac{F}{F'}\Delta x = \frac{F}{2F}\Delta x = \tfrac{1}{2}\Delta x$$

e a distância é menor que a sugerida por nosso argumento conceitual.

E se? Afirmações aparecem em cerca de 1/3 dos exemplos trabalhados e oferecem uma variação da situação colocada no texto de exemplo. Por exemplo, esse recurso pode explorar os efeitos da alteração das condições da situação, determinar o que acontece quando uma quantidade é levada para um valor limite particular, ou perguntar se a informação adicional pode ser determinada com a situação proposta. Esse recurso incentiva os alunos a pensar sobre os resultados do exemplo e auxilia na compreensão conceitual dos **princípios**.

O resultado final são símbolos; valores numéricos são substituídos no resultado final.

edição. No conjunto de problemas de cada capítulo, o quartil superior dos problemas no WebAssign tem números sombreados para fácil identificação, permitindo que professores encontrem mais rápido e facilmente os problemas mais populares do WebAssign.

Para ter uma ideia dos tipos das melhorias que foram feitas, eis um problemas da quarta edição, seguido pelo problema como aparece nesta edição, com explicações de como eles foram aprimorados.

Problemas da quarta edição...

35. (a) Considere um objeto extenso cujas diferentes porções têm diversas elevações. Suponha que a aceleração da gravidade seja uniforme sobre o objeto. Prove que a energia potencial gravitacional do sistema Terra-corpo é dada por $U = Mgy_{CM}$, em que M é a massa total do corpo e y_{CM} é a posição de seu centro de massa acima do nível de referência escolhido. (b) Calcule a energia potencial gravitacional associada a uma rampa construída no nível do solo com pedra de densidade 3 800 kg/m² e largura uniforme de 3,60 m (Figura P8.35). Em uma visão lateral, a rampa aparece como um triângulo retângulo com altura de 15,7 m na extremidade superior e base de 64,8 m.

Figura P8.35

... Após a revisão para a quinta edição:

37. Exploradores da floresta encontram um monumento antigo na forma de um grande triângulo isósceles, como mostrado na Figura P8.37. O monumento é feito de dezenas de milhares de pequenos blocos de pedra de densidade 3 800 kg/m³. Ele tem 15,7 m de altura e 64,8 m de largura em sua base, com espessura de 3,60 m em todas as partes ao longo do monumento. Antes de o monumento ser construído muitos anos atrás, todos os blocos de pedra foram colocados no solo. Quanto trabalho os construtores tiveram para colocar os blocos na posição durante a construção do monumento todo? *Observação*: A energia potencial gravitacional de um sistema corpo-Terra é definida por $U_g = Mgy_{CM}$, onde M é a massa total do corpo e y_{CM} é a elevação de seu centro de massa acima do nível de referência escolhido.

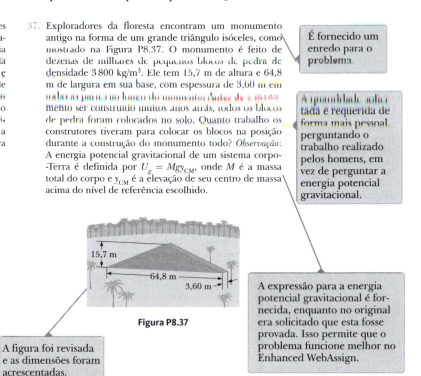

Figura P8.37

- É fornecido um enredo para o problema.
- A quantidade solicitada é requerida de forma mais pessoal, perguntando o trabalho realizado pelos homens, em vez de perguntar a energia potencial gravitacional.
- A figura foi revisada e as dimensões foram acrescentadas.
- A expressão para a energia potencial gravitacional é fornecida, enquanto no original era solicitado que esta fosse provada. Isso permite que o problema funcione melhor no Enhanced WebAssign.

Organização de perguntas revisadas. Reorganizamos os conjuntos de perguntas de final do capítulo para esta nova edição. A seção de Perguntas da edição anterior está agora dividida em duas seções: Perguntas Objetivas e Perguntas Conceituais.

Perguntas objetivas são de múltipla escolha, verdadeiro/falso, classificação, ou outros tipos de perguntas de múltiplas suposições. Algumas requerem cálculos projetados para facilitar a familiaridade dos alunos com as equações, as variáveis utilizadas, os conceitos que as variáveis representam e as relações entre os conceitos. Outras são de natureza mais conceitual e são elaboradas para encorajar o pensamento conceitual. As perguntas objetivas também são escritas tendo em mente o usuário do sistema de respostas pessoais e a maioria das perguntas poderia ser facilmente utilizada nesses sistemas.

Perguntas conceituais são mais tradicionais, com respostas curtas e do tipo dissertativo, exigindo que os alunos pensem conceitualmente sobre uma situação física.

Problemas. Os problemas do final de capítulo são mais numerosos nesta edição e mais variados (no total, mais de 2 200 problemas são dados durante toda a coleção). Para conveniência tanto do aluno como do professor, cerca de dois terços dos problemas são ligados a seções específicas do capítulo, incluindo a seção Conteúdo em contexto. Os problemas restantes, chamados "Problemas Adicionais", não se referem a seções específicas. O ícone **BIO** identifica problemas que lidam com aplicações reais na ciência e medicina. As respostas dos problemas ímpares são fornecidas no final do livro. Para identificação facilitada, os números dos problemas simples estão impressos em preto; os números de problemas de nível intermediário estão impressos em cinza; e os de problemas desafiadores estão impressos em cinza sublinhado.

Novos tipos de problemas. Apresentamos quatro novos tipos de problemas nesta edição:

Q|C **Problemas quantitativos e conceituais** contêm partes que fazem com que os alunos pensem tanto quantitativa quanto conceitualmente. Um exemplo de problema Quantitativo e Conceitual aparece aqui:

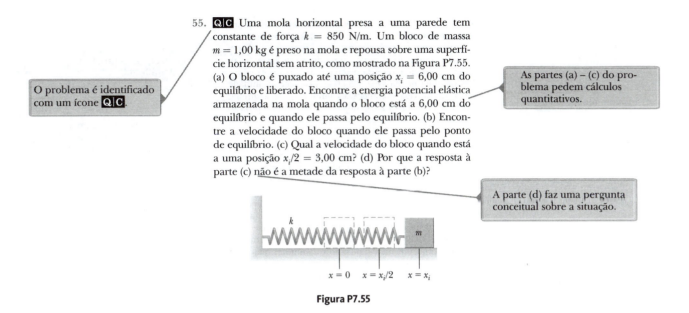

Figura P7.55

S **Problemas simbólicos** pedem que os alunos os resolvam utilizando apenas manipulação simbólica. A maioria dos entrevistados na pesquisa pediu especificamente um aumento no número de problemas simbólicos encontrados no livro, pois isso reflete melhor a maneira como os professores querem que os alunos pensem quando resolvem problemas de Física. Um exemplo de problema simbólico aparece aqui:

57. **S** **Revisão.** Uma tábua uniforme de comprimento L está deslizando ao longo de um plano horizontal suave e sem atrito, como mostrado na Figura P7.57a. A tábua então desliza através da fronteira com superfície horizontal áspera. O coeficiente de atrito cinético entre a tábua e a segunda superfície é μ_k. (a) Encontre a aceleração da tábua no momento em que sua parte dianteira tenha viajado uma distância x além da divisa. (b) A tábua para no instante em que sua traseira atinge a divisa, como mostrado na Figura P7.57b. Encontre a velocidade inicial v da tábua.

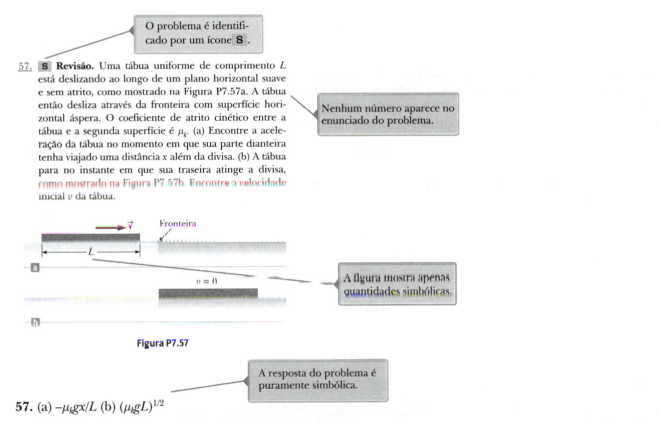

Figura P7.57

57. (a) $-\mu_k g x / L$ (b) $(\mu_k g L)^{1/2}$

PD **Problemas dirigidos** ajudam os alunos a decompor os problemas em etapas. Um típico problema de Física pede uma quantidade física em um determinado contexto. Entretanto, frequentemente, diversos conceitos devem ser utilizados e inúmeros cálculos são necessários para obter essa resposta final. Muitos alunos não estão acostumados a esse nível de complexidade e frequentemente não sabem por onde começar. Um problema dirigido divide um problema-padrão em passos menores, o que permite que os alunos apreendam todos os conceitos e estratégias necessários para chegar à solução correta. Diferentemente dos problemas de Física padrão, a orientação é frequentemente

28. **PD** Uma viga uniforme repousando em dois pinos tem comprimento $L = 6,00$ m e massa $M = 90,0$ kg. O pino à esquerda exerce uma força normal n_1 sobre a viga, e o outro, localizado a uma distância $\ell = 4,00$ m da extremidade esquerda, exerce uma força normal n_2. Uma mulher de massa $m = 55,0$ kg pisa na extremidade esquerda da viga e começa a caminhar para a direita, como na Figura P10.28. O objetivo é encontrar a posição da mulher quando a viga começa a inclinar. (a) Qual é o modelo de análise apropriado para a viga antes de começar a inclinar? (b) Esboce um diagrama de força para a viga, rotulando as forças gravitacionais e normais agindo sobre ela e posicionando a mulher a uma distância x à direita do primeiro pino, que é a origem. (c) Onde está a mulher quando a força normal n_1 é maior? (d) Qual é n_1 quando a viga está prestes a inclinar? (e) Use a Equação 10.27 para encontrar o valor de n_2 quando a viga está prestes a inclinar. (f) Usando o resultado da parte (d) e a Equação 10.28, com torques calculados em torno do segundo pino, encontre a posição x da mulher quando a viga está prestes a inclinar. (g) Verifique a resposta para a parte (e) calculando os torques em torno do ponto do primeiro pino.

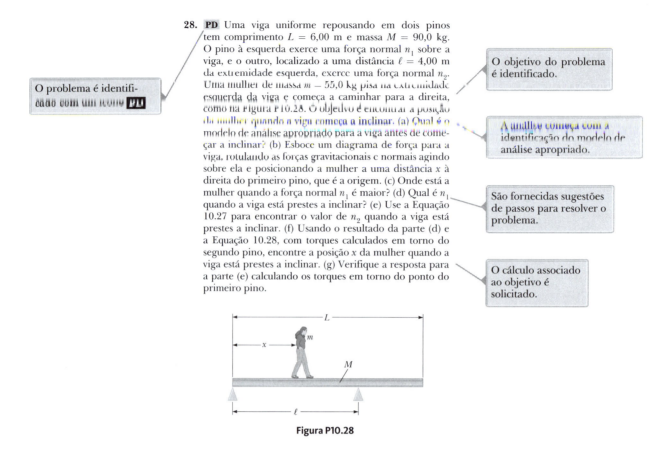

Figura P10.28

incorporada no enunciado do problema. Os problemas dirigidos são lembretes de como um aluno pode interagir com um professor em seu escritório. Esses problemas (há um em cada capítulo do livro) ajudam a treinar os alunos a decompor problemas complexos em uma série de problemas mais simples, uma habilidade essencial para a resolução de problemas. Um exemplo de problema dirigido aparece acima.

Problemas de impossibilidade. A pesquisa educacional em Física enfatiza pesadamente as habilidades dos alunos para resolução de problemas. Embora a maioria dos problemas deste livro esteja estruturada de maneira a fornecer dados e pedir um resultado de cálculo, dois problemas em cada capítulo, em média, são estruturados como problemas de impossibilidade. Eles começam com a frase *Por que a seguinte situação é impossível?* Ela é seguida pela descrição de uma situação. O aspecto impactante desses problemas é que não é feita nenhuma pergunta aos alunos a não ser o que está em itálico inicial. O aluno deve determinar quais perguntas devem ser feitas e quais cálculos devem ser efetuados. Com base nos resultados desses cálculos, o aluno deve determinar por que a situação descrita não é possível. Essa determinação pode requerer informações de experiência pessoal, senso comum, pesquisa na Internet ou em impresso, medição, habilidades matemáticas, conhecimento das normas humanas ou pensamento científico.

Esses problemas podem ser designados para criar habilidades de pensamento crítico nos alunos. Eles são também engraçados, tendo o aspecto de "mistérios" da física para serem resolvidos pelos alunos individualmente ou em grupos. Um exemplo de problema de impossibilidade aparece aqui:

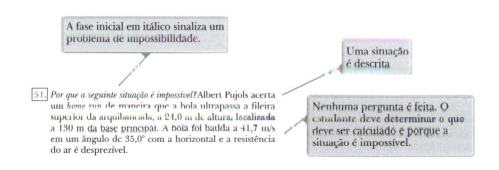

Prefácio | XV

Figura 10.28 Dois pontos em um cilindro rolando tomam trajetórias diferentes através do espaço.

Maior número de problemas emparelhados. Com base no parecer positivo que recebemos em uma pesquisa de mercado, aumentamos o número de problemas emparelhados nesta edição. Esses problemas são de outro modo idênticos, um pedindo uma solução numérica e o outro, uma derivação simbólica. Existem agora três pares desses problemas na maioria dos capítulos, indicados pelo sombreado mais escuro no conjunto de problemas do final de capítulo.

Revisão minuciosa das ilustrações. Cada ilustração desta edição foi revisada com um estilo novo e moderno, ajudando a expressar os princípios da Física de maneira clara e precisa. Cada ilustração também foi revisada para garantir que as situações físicas apresentadas correspondam exatamente à proposição do texto sendo discutido.

Também foi acrescentada nesta edição uma nova característica: "Indicadores de foco", que indicam aspectos importantes de uma figura ou guiam os alunos por um processo ilustrado pela arte ou foto. Esse formato ajuda os alunos que aprendem mais facilmente utilizando o sentido da visão. Exemplos de figuras com indicadores de foco aparecem a seguir.

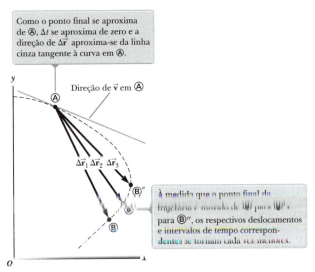

Figura 3.2 Como uma partícula se move entre dois pontos, sua velocidade média é na direção do vetor deslocamento $\Delta \vec{r}$. Por definição, a velocidade instantânea em Ⓐ é direcionada ao longo da linha tangente à curva em Ⓐ.

Expansão da abordagem do modelo de análise. Os alunos são expostos a centenas de problemas durante seus cursos de Física. Os professores têm consciência de que um número relativamente pequeno de princípios fundamentais formam a base desses problemas. Quando está diante de um problema novo, um físico forma um modelo que pode ser resolvido de maneira simples, identificando os princípios fundamentais aplicáveis ao problema. Por exemplo, muitos problemas envolvem a conservação da energia, a segunda lei de Newton ou equações cinemáticas. Como o físico já estudou esses princípios extensamente e entende as aplicações associadas, ele pode aplicar o conhecimento como um modelo para resolução de um problema novo.

Embora fosse ideal que os alunos seguissem o mesmo processo, a maioria deles tem dificuldade em se familiarizar com toda a gama de princípios fundamentais disponíveis. É mais fácil para os alunos identificar uma situação do que um princípio fundamental. A abordagem de Modelo de Análise que enfocamos nesta revisão mostra um conjunto de situações que aparecem na maioria dos problemas de Física. Essas situações baseiam-se na "entidade" e um dos quatro modelos de simplificação: partícula, sistema, objeto rígido e onda.

Uma vez identificado o modelo de simplificação, o aluno pensa no que a "entidade" está fazendo ou em como ela interage com seu ambiente, o que leva o aluno a identificar um modelo de análise em particular para o problema. Por exemplo, se o objeto estiver caindo, ele é modelado como uma partícula. Ele está em aceleração constante por causa da gravidade. O aluno aprendeu que essa situação é descrita pelo modelo de análise de uma partícula sob aceleração constante. Além disso, esse modelo tem um número pequeno de equações associadas para serem usadas na resolução dos problemas, as equações cinemáticas no Capítulo 2. Por essa razão, uma compreensão da situação levou a um modelo de análise, que identifica um número muito pequeno de equações para solucionar o problema em vez da grande quantidade de equações que os alunos veem no capítulo. Desse modo, a utilização de modelos de análise leva o aluno ao princípio fundamental que o físico identificaria. Conforme o aluno ganha mais experiência, ele dependerá menos da abordagem de modelo de análise e começará a identificar os princípios fundamentais diretamente, como o físico faz. Essa abordagem também é reforçada no resumo do final de capítulo sob o título Modelo de Análise para Resolução de Problemas.

Mudanças de conteúdo. O conteúdo e a organização do livro didático são essencialmente os mesmos da quarta edição. Diversas seções em vários capítulos foram dinamizadas, excluídas ou combinadas com outras seções para permitir uma apresentação mais equilibrada. Os Capítulos 6 e 7 foram completamente reorganizados para preparar alunos para uma abordagem unificada para a energia que é usada ao logo do texto. Atualizações foram acrescentadas para refletir o estado atual de várias áreas de pesquisa e aplicação da Física, incluindo uma nova seção sobre a matéria escura e informações sobre descobertas de novos objetos do cinto de Kuiper, comparação de teorias de concorrentes de percepção de campo em humanos, progresso na utilização de válvulas de grade de luz (GLV) para aplicações ópticas, novos experimentos para procurar a radiação de fundo cósmico, desenvolvimentos na procura de evidências do plasma *quark-gluon*, e o *status* do Acelerador de Partículas (LHC).

Organização

Temos incorporado um esquema de "sobreposição de contexto" no livro didático, em resposta à abordagem "Física em Contexto" na IUPP. Esta característica adiciona aplicações interessantes do material em usos reais. Temos desenvolvido esta característica flexível; é uma "sobreposição" no sentido que o professor que não quer seguir a abordagem contextual possa simplesmente ignorar as características contextuais adicionais sem sacrificar completamente a cobertura do material existente. Acreditamos, no entanto, que muitos alunos serão beneficiados com esta abordagem.

A organização de sobreposição de contexto divide toda a coleção (31 capítulos no total, divididos em quatro volumes) em nove seções, ou "Contextos", após o Capítulo 1, conforme a seguir:

Número do contexto	Contexto	Tópicos de Física	Capítulos
1	Veículos de combustível alternativo	Mecânica clássica	2-7
2	Missão para Marte	Mecânica clássica	8-11
3	Terremotos	Vibrações e ondas	12-14
4	Ataques cardíacos	Fluidos	15
5	Aquecimento global	Termodinâmica	16-18
6	Raios	Eletricidade	19-21
7	Magnetismo na medicina	Magnetismo	22-23
8	Lasers	Óptica	24-27
9	A conexão cósmica	Física moderna	28-31

Cada Contexto começa com uma seção introdutória que proporciona uma base histórica ou faz uma conexão entre o tópico do Contexto e questões sociais associadas. A seção introdutória termina com uma "pergunta central" que motiva o estudo dentro do Contexto. A seção final de cada capítulo é uma "Conexão com o contexto", que discute como o material específico no capítulo se relaciona com o Contexto e com a pergunta central. O capítulo final em cada Contexto é seguido por uma "Conclusão do Contexto". Cada conclusão aplica uma combinação dos princípios aprendidos nos diversos capítulos do Contexto para responder de forma completa a pergunta central. Cada capítulo e suas respectivas Conclusões incluem problemas relacionados ao material de contexto.

Características do texto

A maioria dos professores acredita que o livro didático selecionado para um curso deve ser o guia principal do aluno para a compreensão e aprendizagem do tema. Além disso, o livro didático deve ser facilmente acessível e deve ser estilizado e escrito para facilitar a instrução e a aprendizagem. Com esses pontos em mente, incluímos muitos recursos pedagógicos, relacionados abaixo, que visam melhorar sua utilidade tanto para alunos quanto para professores.

Resolução de problemas e compreensão conceitual

Estratégia geral de resolução de problemas. A estratégia geral descrita no final do Capítulo 1 oferece aos alunos um processo estruturado para a resolução de problemas. Em todos os outros capítulos, a estratégia é empregada em cada exemplo de maneira que os alunos possam aprender como ela é aplicada. Os alunos são encorajados a seguir essa estratégia ao trabalhar nos problemas de final de capítulo.

Na maioria dos capítulos, as estratégias e sugestões mais específicas estão incluídas para solucionar os tipos de problemas caracterizados nos problemas de final de capítulo. Esta característica ajuda aos alunos a identificar as etapas essenciais para solucionar problemas e aumenta suas habilidades como solucionadores de problemas.

Pensando em Física. Temos incluído vários exemplos de Pensando em Física ao longo de cada capítulo. Essas perguntas relacionam os conceitos físicos a experiências comuns ou estendem os conceitos além do que é discutido no material textual. Imediatamente após cada uma dessas perguntas há uma seção "Raciocínio" que responde à pergunta. Preferencialmente, o aluno usará estas características para melhorar o entendimento dos conceitos físicos antes de começar a apresentação de exemplos quantitativos e problemas para solucionar em casa.

Figuras ativas. Muitos diagramas do texto foram animados para se tornarem Figura Ativas (identificadas na legenda da figura), parte do sistema de tarefas de casa on-line Enhanced WebAssign. Vendo animações de fenômenos de processos que não podem ser representados completamente numa página estática, os alunos aumentam muito o seu entendimento conceitual. Além disso, com as animações de figuras, os alunos podem ver o resultado da mudança de variáveis, explorações de conduta sugeridas dos princípios envolvidos na figura e receber o *feedback* em testes relacionados à figura.

Testes rápidos. Os alunos têm a oportunidade de testar sua compreensão dos conceitos da Física apresentados por meio de Testes Rápidos. As perguntas pedem que os alunos tomem decisões com base no raciocínio sólido, e algumas delas foram elaboradas para ajudá-los a superar conceitos errôneos. Os Testes Rápidos foram moldados em um formato objetivo, incluindo testes de múltipla escolha, falso e verdadeiro e de classificação. As respostas de todas as perguntas no Teste Rápido encontram-se no final do texto. Muitos professores preferem utilizar tais perguntas em um estilo de "interação com colega" ou com a utilização do sistema de respostas pessoais por meio de *clickers*, mas elas também podem ser usadas no formato padrão de *quiz*. Um exemplo de Teste Rápido é apresentado a seguir.

TESTE RÁPIDO 6.5 Um dardo é inserido em uma pistola de dardos de mola, empurrando a mola por uma distância x. Na próxima carga, a mola é comprimida a uma distância $2x$. Quão mais rápido o segundo dardo sai da arma em comparação com o primeiro? (a) quatro vezes mais (b) duas vezes mais (c) o mesmo (d) metade (e) um quarto

Prevenção de armadilhas. Mais de 150 Prevenções de Armadilhas (tais como a que se encontra à direita) são fornecidas para ajudar os alunos a evitar erros e equívocos comuns. Esses recursos, que são colocados nas margens do texto, tratam tanto dos conceitos errôneos mais comuns dos alunos quanto de situações nas quais eles frequentemente seguem caminhos que não são produtivos.

Resumos. Cada capítulo contém um resumo que revisa os conceitos e equações importantes vistos no capítulo. Nova na quinta edição é a seção do Resumo Modelo de Análise para solução de problemas, que ressalta os modelos de análise relevantes apresentados num dado capítulo.

> **Prevenção de Armadilhas | 1.1**
> **Valores sensatos**
> Geral intuição sobre valores normais de quantidades ao resolver problemas é importante porque se deve pensar no resultado final e determinar se ele parece sensato. Por exemplo, se estiver calculando a massa de uma mosca e chegar a um valor de 100 kg, essa resposta é *insensata* e há um erro em algum lugar.

Perguntas. Como mencionado nas edições anteriores, a seção de perguntas da edição anterior agora está dividida em duas: Perguntas Objetivas e Perguntas Conceituais. O professor pode selecionar itens para atribuir como tarefa de casa ou utilizar em sala de aula, possivelmente com métodos de "instrução xviii | Princípios de física

de grupo" e com sistemas de resposta pessoal. Mais de setecentas Perguntas Objetivas e Conceituais foram incluídas nesta edição.

Problemas. Um conjunto extenso de problemas foi incluído no final de cada capítulo; no total, esta edição contém mais de 2 200 problemas. As respostas dos problemas ímpares são fornecidas no final do livro.

Além dos novos tipos de problemas mencionados anteriormente, há vários outros tipos de problemas caracterizados no texto:

- **Problemas Biomédicos.** Acrescentamos vários problemas relacionados a situações biomédicas nesta edição (cada um relacionado a um ícone **BIO**), para destacar a relevância dos princípios da Física aos alunos que seguem este curso e vão se formar em uma das ciências humanas.

- **Problemas Emparelhados**. Como ajuda para o aprendizado dos alunos em solucionar problemas simbolicamente, problemas numericamente emparelhados e problemas simbólicos são incluídos em todos os capítulos do livro. Os problemas emparelhados são identificados por um fundo comum.

- **Problemas de revisão**. Muitos capítulos incluem problemas de revisão que pedem que o aluno combine conceitos vistos no capítulo atual com os discutidos nos capítulos anteriores. Esses problemas (marcados como Revisão) refletem a natureza coesa dos princípios no texto e garantem que a Física não é um conjunto espalhado de ideias. Ao enfrentar problemas do mundo real, como o aquecimento global e as armas nucleares, pode ser necessário contar com ideias da Física de várias partes de um livro didático como este.

- **"Problemas de Fermi"**. Um ou mais problemas na maioria dos capítulos pedem que o aluno raciocine em termos de ordem de grandeza.

- **Problemas de projeto.** Vários capítulos contêm problemas que pedem que o aluno determine parâmetros de projeto para um dispositivo prático de maneira que ele possa funcionar conforme necessário.
- **Problemas com base em cálculo.** A maioria dos capítulos contém pelo menos um problema que aplica ideias e métodos de cálculo diferencial e um problema que utiliza cálculo integral.

Representações alternativas. Enfatizamos representações alternativas de informação, incluindo representações mentais, pictóricas, gráficas, tabulares e matemáticas. Muitos problemas são mais fáceis de resolver quando a informação é apresentada de forma alternativa, alcançando os vários métodos diferentes que os alunos utilizam para aprender.

Apêndice de matemática. O anexo de matemática (Anexo B), uma ferramenta valiosa para os alunos, mostra as ferramentas matemáticas em um contexto físico. Este recurso é ideal para alunos que necessitam de uma revisão rápida de tópicos, tais como álgebra, trigonometria e cálculo.

Aspectos úteis

Estilo. Para facilitar a rápida compreensão, escrevemos o livro em um estilo claro, lógico e atrativo. Escolhemos um estilo de escrita que é um pouco informal e descontraído, e os alunos encontrarão um texto atraente e agradável de ler. Os termos novos são cuidadosamente definidos, evitando a utilização de jargões.

Definições e equações importantes. As definições mais importantes estão em negrito ou fora do parágrafo em texto centralizado para adicionar ênfase e facilidade na revisão. De maneira similar, as equações importantes são destacadas com uma tela de fundo para facilitar a localização.

Notas de margem. Comentários e notas que aparecem na margem com um ícone ▶ podem ser utilizados para localizar afirmações, equações e conceitos importantes no texto.

Nível matemático. Introduzimos cálculo gradualmente, lembrando que os alunos com frequência fazem cursos introdutórios de Cálculo e Física ao mesmo tempo. A maioria das etapas é mostrada quando equações básicas são desenvolvidas e frequentemente se faz referência aos anexos de matemática do final do livro didático. Embora os vetores sejam abordados em detalhe no Capítulo 1, produtos de vetores são apresentados mais adiante no texto, em que são necessários para aplicações da Física. O produto escalar é apresentado no Capítulo 6, que trata da energia de um sistema; o produto vetorial é apresentado no Capítulo 10, que aborda o momento angular.

Figuras significativas. Tanto nos exemplos trabalhados quanto nos problemas do final de capítulo, os algarismos significativos foram manipulados com cuidado. A maioria dos exemplos numéricos é trabalhada com dois ou três algarismos significativos, dependendo da precisão dos dados fornecidos. Os problemas do final de capítulo regularmente exprimem dados e respostas com três dígitos de precisão. Ao realizar cálculos estimados, normalmente trabalharemos com um único algarismo significativo. (Mais discussão sobre algarismos significativos encontra-se no Capítulo 1.)

Unidades. O sistema internacional de unidades (SI) é utilizado em todo o texto. O sistema comum de unidades nos Estados Unidos só é utilizado em quantidade limitada nos capítulos de mecânica e termodinâmica.

Apêndices e páginas finais. Diversos anexos são fornecidos no fim do livro. A maioria do material anexo representa uma revisão dos conceitos de matemática e técnicas utilizadas no texto, incluindo notação científica, álgebra, geometria, trigonometria, cálculo diferencial e cálculo integral. A referência a esses anexos é feita em todo o texto. A maioria das seções de revisão de matemática nos anexos inclui exemplos trabalhados e exercícios com respostas. Além das revisões de matemática, os anexos contêm tabela de dados físicos, fatores de conversão e unidades SI de quantidades físicas, além de uma tabela periódica dos elementos. Outras informações úteis – dados físicos e constantes fundamentais, uma lista de prefixos padrão, símbolos matemáticos, alfabeto grego e abreviações padrão de unidades de medida – aparecem nas páginas finais.

| Soluções de curso que se ajustarão às suas metas de ensino e às necessidades de aprendizagem dos alunos

Avanços recentes na tecnologia educacional tornaram os sistemas de gestão de tarefas para casa e os sistemas de resposta ferramentas poderosas e acessíveis para melhorar a maneira como os cursos são ministrados. Não importa se você oferece um curso mais tradicional com base em texto, se está interessado em utilizar ou se atualmente utiliza um sistema de gestão de tarefas para casa, como o Enhanced WebAssign. Para mais informações sobre como adquirir o cartão de acesso a esta ferramenta, contate: vendas.cengage@cengage.com. Recurso em inglês.

Sistemas de gestão de tarefas para casa

Enhanced WebAssign para *Princípios de Física, tradução da 5ª edição norte-americana (Principles of physics, 5th edition).* Exclusivo da Cengage Learning, o Enhanced WebAssign oferece um programa on-line extenso de Física para encorajar a prática que é tão fundamental para o domínio do conceito. A pedagogia e exercícios meticulosamente trabalhada nos nossos textos comprovados se tornaram ainda mais eficazes no Enhanced WebAssign. O Enhanced WebAssign inclui o Cengage YouBook, um livro interativo altamente personalizável. O WebAssign inclui:

- Todos os problemas quantitativos de final de capítulo.
- Problemas selecionados aprimorados com *feedbacks* direcionados. Um exemplo de *feedback* direcionado aparece a seguir:
- Tutoriais Master It (indicados no texto por um ícone **M**), para ajudar os alunos a trabalharem no problema um passo de cada vez. Um exemplo de tutorial Master It aparece na próxima página.
- Vídeos de resolução Watch It (indicados no texto por um ícone **w**) que explicam estratégias fundamentais de resolução de problemas para ajudar os alunos a passarem pelas etapas do problema. Além disso, os professores podem escolher incluir sugestões de estratégias de resolução de problemas.
- Verificações de conceitos
- Tutoriais de simulação de Figuras Ativas
- Simulações PhET
- A maioria dos exemplos trabalhados, melhorados com sugestões e *feedback*, para ajudar a reforçar as habilidades de resolução de problemas dos alunos

xx | Princípios de física

Master it

A fish swimming in a horizontal plane has velocity $\vec{v}_i = (3.00\,\hat{i} + 1.00\,\hat{j})$ m/s at a point in the ocean where the position relative to a certain rock is $\vec{r}_i = (6.00\,\hat{i} - 3.7\,\hat{j})$ m. After the fish swims with constant acceleration for 12.0 s, its velocity is $\vec{v} = (22.0\,\hat{i} - 15\,\hat{j})$ m/s.

   (a) What are the components of the acceleration?

   (b) What is the direction of the acceleration with respect to unit vector $\hat{i}$?

   (c) If the fish maintains constant acceleration, where is it at $t = 21.0$ s?

*Os tutoriais **Master It** ajudam os estudantes a organizar o que necessitam para resolver um problema com as seções de conceitualização e categorização antes de trabalhar em cada etapa. (em inglês)*

Part 1 of 7 - Conceptualize

The fish is speeding up and changing direction. We choose to write separate equations about the x and y components of its motion.

Continue

*Tutoriais **Master It** ajudam os estudantes a trabalhar em cada passo do problema. (em inglês)*

Part 2 of 7 - Categorize

Model the fish as a particle under constant acceleration. We use our old standard equations for constant-acceleration straight line motion, with x and y subscripts to make them apply to parts of the whole motion.

Part 3 of 7 - Analyze (a)

At $t = 0$, the initial velocity $\vec{v} = (3.00\,\hat{i} + 1.00\,\hat{j})$ m/s and the initial position vector $\vec{r}_i = (6.00\,\hat{i} - 3.7\,\hat{j})$ m

At the first 'final' point we consider, 12.0 s later, $\vec{v} = (22.0\,\hat{i} - 15\,\hat{j})$ m/s

$$a_x = \frac{\Delta v_x}{\Delta t} = \frac{22.0 \text{ m/s} - \boxed{3} \quad ✔ \text{ m/s}}{12.0 \text{ s}} = \boxed{1.1} \quad ✖ \text{ m/s}$$

$$a_y = \frac{\Delta v_x}{\Delta t} = \frac{\boxed{-13} \quad ✖ \text{ m/s} - 1.00 \text{ s}}{12.0 \text{ s}} = \boxed{-1.4} \quad ✖ \text{ m/s}^2$$

Submit   Skip

A fish swimming in a horizontal plane has velocity $\vec{v}_i = (4\,\hat{i} + 1\,\hat{j})$ m/s at a point in the ocean where the position relative to a certain rock is $\vec{r}_i = (10\,\hat{i} + 4\,\hat{j})$ m. After the fish swims with constant acceleration for 20 s, its velocity is $\vec{v} = (20\,\hat{i} - 4\,\hat{j})$ m/s.

(a) What are the components of the acceleration?

$a_x = \boxed{3}$ ✖ m/s²

You appear to have interchanged the position and velocity values.

$a_y = \boxed{.05}$ ✖ m/s²

Acceleration is determined from the *change* in velocity in this time interval.

(b) What is the direction of the acceleration with respect to unit vector $\hat{i}$?

$\boxed{-350.5}$ ✖ ° (counterclockwise from the +x-axis is positive)

You appear to have correctly calculated the angle using your incorrect values from part (a).

(c) If the fish maintains constant acceleration, where is it at $t = 20$ s?

$x = \boxed{}$ ✖ m

$y = \boxed{}$ ✖ m

In what direction is it moving?

$\boxed{}$ ✖ ° (counterclockwise from the +x-axis is positive)

Problemas selecionados incluem feedback para tratar dos erros mais comuns que os estudantes cometem. Esse feedback foi desenvolvido por professores com vários anos de experiência em sala de aula. (em inglês)

Need Help?   Read It   Watch It   Master It   Chat About It

A projectile is launched at some angle to the horizontal with some initial speed v_i, and air resistance is negligible.

(a) Is the projectile a freely falling body?

(b) What is its acceleration in the vertical direction?

(c) What is its acceleration in the horizontal direction?

*Os vídeos de resolução **Watch It** ajudam os estudantes a visualizar os passos necessários para resolver um problema. (em inglês)*

- Cada Teste Rápido oferece aos alunos uma grande oportunidade de testar sua compreensão conceitual
- O Cengage YouBook

O WebAssign tem um eBook personalizável e interativo, o **Cengage YouBook**, que direciona o livro-texto para se encaixar no seu curso e conectar você com os seus alunos. Você pode remover ou reorganizar capítulos no índice e direcionar leituras designadas que combinem exatamente com o seu programa. Ferramentas poderosas de edição permitem a você fazer mudanças do jeito desejado – ou deixar tudo do jeito original. Você pode destacar trechos principais ou adicionar notas adesivas nas páginas para comentar um conceito na leitura, e depois compartilhar qualquer uma dessas notas individuais e trechos marcados com os seus alunos, ou mantê-los para si. Você também pode editar o conteúdo narrativo no livro de texto adicionando uma caixa de texto ou eliminando texto. Com uma ferramenta de *link* útil, você pode entrar num ícone em qualquer ponto do *eBook* que lhe permite fazer *links* com as suas próprias notas de leitura, resumos de áudio, vídeo-palestras, ou outros arquivos em um site pessoal ou em qualquer outro lugar da web. Um simples *widget* do YouTube permite que você encontre e inclua vídeos do YouTube de maneira fácil diretamente nas páginas do *eBook*. Existe um quadro claro de discussão que permite aos alunos e professores que encontrem outras pessoas da sua classe e comecem uma sessão de *chat*. O Cengage YouBook ajuda os alunos a irem além da simples leitura do livro didático. Os alunos também podem destacar o texto, adicionar as suas próprias notas e marcar o livro. As animações são reproduzidas direto na página no ponto de aprendizagem, de modo que não sejam solavancos, mas sim verdadeiros aprimoramentos na leitura. Para mais informações sobre como adquirir o cartão de acesso a esta ferramenta, contate: vendas.cengage@cengage.com. Recurso em inglês.

- Oferecido exclusivamente no WebAssign, o **Quick Prep** para Física é um suprimento de álgebra matemática de trigonometria dentro do contexto de aplicações e princípios físicos. O Quick Prep ajuda os alunos a serem bem-sucedidos usando narrativas ilustradas com exemplos em vídeo. O tutorial para problemas Master It permite que os alunos tenham acesso e sintonizem novamente o seu entendimento do material. Os Problemas Práticos que acompanham cada tutorial permitem que tanto o aluno como o professor testem o entendimento do aluno sobre o material.

O Quick Prep inclui os seguintes recursos:

- 67 tutoriais interativos
- 67 problemas práticos adicionais
- Visão geral de cada tópico que inclui exemplos de vídeo
- Pode ser feito antes do começo do semestre ou durante as primeiras semanas do curso
- Pode ser também atribuído junto de cada capítulo na forma *just in time*

Os tópicos incluem: unidades, notação científica e figuras significativas; o movimento de objetos em uma reta; funções, aproximação e gráficos; probabilidade e erro; vetores, deslocamento e velocidade, esferas, força e projeção de vetores.

Agradecimentos

Antecedente ao nosso trabalho nesta revisão, conduzimos duas pesquisas separadas de professores para fazer uma escala das suas necessidades em livros-texto do mercado sobre Física introdutória com base em cálculo. Ficamos espantados não apenas pelo número de professores que queriam participar da pesquisa, mas também pelos seus comentários perspicazes. O seu *feedback* e sugestões ajudaram a moldar a revisão desta edição, nós os agradecemos. Também agradecemos as seguintes pessoas por suas sugestões e assistência durante a preparação das edições anteriores deste livro:

Edward Adelson, Ohio State University; Anthony Aguirre, University of California em Santa Cruz; Yildirim M. Aktas, University of North Carolina–Charlotte; Alfonso M. Albano, Bryn Mawr College; Royal Albridge, Vanderbilt University; Subash Antani, Edgewood College; Michael Bass, University of Central Florida; Harry Bingham, University of California, Berkeley; Billy E. Bonner, Rice University; Anthony Buffa, California Polytechnic State University, San Luis Obispo; Richard Cardenas, St. Mary's University; James Carolan, University of British Columbia; Kapila Clara Castoldi, Oakland University; Ralph V. Chamberlin, Arizona State University; Christopher R. Church, Miami University (Ohio); Gary G. DeLeo, Lehigh University; Michael Dennin, University of California, Irvine; Alan J. DeWeerd, Creighton University; Madi Dogariu, University of Central

Florida; Gordon Emslie, University of Alabama em Huntsville; Donald Erbsloe, United States Air Force Academy; William Fairbank, Colorado State University; Marco Fatuzzo, University of Arizona; Philip Fraundorf, University of Missouri-St. Louis; Patrick Gleeson, Delaware State University; Christopher M. Gould, University of Southern California, James D. Gruber, Harrisburg Area Community College; John B. Gruber, San Jose State University; Todd Hann, United States Military Academy; Gail Hanson, Indiana University; Gerald Hart, Moorhead State University; Dieter H. Hartmann, Clemson University; Richard W. Henry, Bucknell University; Athula Herat, Northern Kentucky University; Laurent Hodges, Iowa State University; Michael J. Hones, Villanova University; Huan Z. Huang, University of California em Los Angeles; Joey Huston, Michigan State University; George Igo, University of California em Los Angeles; Herb Jaeger, Miami University; David Judd, Broward Community College; Thomas H. Keil, Worcester Polytechnic Institute; V. Gordon Lind, Utah State University; Edwin Lo; Michael J. Longo, University of Michigan; Rafael Lopez-Mobilia, University of Texas em San Antonio; Roger M. Mabe, United States Naval Academy; David Markowitz, University of Connecticut; Thomas P. Marvin, Southern Oregon University; Bruce Mason, University of Oklahoma em Norman; Martin S. Mason, College of the Desert; Wesley N. Mathews, Jr., Georgetown University; Ian S. McLean, University of California em Los Angeles; John W. McClory, United States Military Academy; L. C. McIntyre, Jr., University of Arizona; Alan S. Meltzer, Rensselaer Polytechnic Institute; Ken Mendelson, Marquette University; Roy Middleton, University of Pennsylvania; Allen Miller, Syracuse University; Clement J. Moses, Utica College of Syracuse University; John W. Norbury, University of Wisconsin–Milwaukee; Anthony Novaco, Lafayette College; Romulo Ochoa, The College of New Jersey; Melvyn Oremland, Pace University; Desmond Penny, Southern Utah University; Steven J. Pollock, University of Colorado-Boulder; Prabha Ramakrishnan, North Carolina State University; Rex D. Ramsier, The University of Akron; Ralf Rapp, Texas A&M University; Rogers Redding, University of North Texas; Charles R. Rhyner, University of Wisconsin-Green Bay; Perry Rice, Miami University; Dennis Rioux, University of Wisconsin – Oshkosh; Richard Rolleigh, Hendrix College; Janet E. Seger, Creighton University; Gregory D. Severn, University of San Diego; Satinder S. Sidhu, Washington College; Antony Simpson, Dalhousie University; Harold Slusher, University of Texas em El Paso; J. Clinton Sprott, University of Wisconsin em Madison; Shirvel Stanislaus, Valparaiso University; Randall Tagg, University of Colorado em Denver; Cecil Thompson, University of Texas em Arlington; Harry W. K. Tom, University of California em Riverside; Chris Vuille, Embry – Riddle Aeronautical University; Fiona Waterhouse, University of California em Berkeley; Robert Watkins, University of Virginia; James Whitmore, Pennsylvania State University

Princípios de Física, quinta edição, teve sua precisão cuidadosamente verificada por Grant Hart (Brigham Young University), James E. Rutledge (University of California at Irvine) e Som Tyagi (Drexel University).

Estamos em débito com os desenvolvedores dos modelos IUPP "A Particles Approach to Introductory Physics" e "Physics in Context", sob os quais boa parte da abordagem pedagógica deste livro didático foi fundamentada.

Vahe Peroomian escreveu o projeto inicial do novo contexto em Ataques Cardíacos, e estamos muito agradecidos por seu esforço. Ele ajudou revisando os primeiros rascunhos dos problemas.

Agradecemos a John R. Gordon e Vahe Peroomian por ajudar no material, e a Vahe Peroomian por preparar um excelente *Manual de Soluções*. Durante o desenvolvimento deste texto, os autores foram beneficiados por várias discussões úteis com colegas e outros professores de Física, incluindo Robert Bauman, William Beston, Don Chodrow, Jerry Faughn, John R. Gordon, Kevin Giovanetti, Dick Jacobs, Harvey Leff, John Mallinckrodt, Clem Moses, Dorn Peterson, Joseph Rudmin e Gerald Taylor.

Agradecimentos especiais e reconhecimento aos profissionais da Brooks/Cole Publishing Company – em particular, Charles Hartford, Ed Dodd, Brandi Kirksey, Rebecca Berardy Schwartz, Jack Cooney, Cathy Brooks, Cate Barr e Brendan Killion – pelo seu ótimo trabalho durante o desenvolvimento e produção deste livro-texto. Reconhecemos o serviço competente da produção proporcionado por Jill Traut e os funcionários do Macmillan Solutions e o esforço dedicado na pesquisa de fotos de Josh Garvin do Grupo Bill Smith.

Por fim, estamos profundamente em débito com nossas esposas e filhos, por seu amor, apoio e sacrifícios de longo prazo.

Raymond A. Serway
St. Petersburg, Flórida

John W. Jewett, Jr.
Anaheim, Califórnia

Ao aluno

É apropriado oferecer algumas palavras de conselho que sejam úteis para você, aluno. Antes de fazê-lo, supomos que tenha lido o Prefácio, que descreve as várias características do livro didático e dos materiais de apoio que o ajudarão durante o curso.

Como estudar

Frequentemente, pergunta-se aos professores, "Como eu deveria estudar Física e me preparar para as provas?" Não há resposta simples para essa pergunta, mas podemos oferecer algumas sugestões com base em nossas experiências de aprendizagem e ensino durante anos.

Antes de tudo, mantenha uma atitude positiva em relação ao assunto, tendo em mente que a Física é a mais fundamental de todas as ciências naturais. Outros cursos de ciência que vêm a seguir usarão os mesmos princípios físicos; assim, é importante que você entenda e seja capaz de aplicar os vários conceitos e teorias discutidos no texto.

Conceitos e princípios

É essencial que você entenda os conceitos e princípios básicos antes de tentar resolver os problemas solicitados. Você poderá alcançar essa meta com a leitura cuidadosa do livro didático antes de assistir à aula sobre o material tratado. Ao ler o texto, anote os pontos que não estão claros para você. Certifique-se, também, de tentar responder às perguntas dos Testes Rápidos ao chegar a eles durante a leitura. Trabalhamos muito para preparar perguntas que possam ajudar você a avaliar sua compreensão do material. Estude cuidadosamente os recursos **E Se?** que aparecem em muitos dos exemplos trabalhados. Eles ajudarão a estender sua compreensão além do simples ato de chegar a um resultado numérico. As Prevenções de Armadilhas também ajudarão a mantê-lo longe dos erros mais comuns na Física. Durante a aula, tome notas atentamente e faça perguntas sobre as ideias que não entender com clareza. Tenha em mente que poucas pessoas são capazes de absorver todo o significado de um material científico após uma única leitura; várias leituras do texto, juntamente com suas anotações, podem ser necessárias. As aulas e o trabalho em laboratório suplementam o livro didático e devem esclarecer parte do material mais difícil. Evite a simples memorização do material. A memorização bem-sucedida de passagens do texto, equações e derivações não indica necessariamente que entendeu o material. A compreensão do material será melhor por meio de uma combinação de hábitos de estudo eficientes, discussões com outros alunos e com professores, e uma capacidade de resolver os problemas apresentados no livro didático. Faça perguntas sempre que acreditar que o esclarecimento de um conceito é necessário.

Horário de estudo

É importante definir um horário regular de estudo, de preferência, diariamente. Leia o programa do curso e cumpra o cronograma estabelecido pelo professor. As aulas farão muito mais sentido se ler o material correspondente à aula antes de assisti-la. Como regra geral, seria bom dedicar duas horas de tempo de estudo para cada hora de aula. Caso tenha algum problema com o curso, peça a ajuda do professor ou de outros alunos que fizeram o curso. Pode também achar necessário buscar mais instrução de alunos experientes. Com muita frequência, os professores oferecem aulas de revisão além dos períodos de aula regulares. Evite a prática de deixar o estudo para um dia ou dois antes da prova. Muito frequentemente, essa prática tem resultados desastrosos. Em vez de gastar uma noite toda de estudo antes de uma prova, revise brevemente os conceitos e equações básicos e tenha uma boa noite de descanso.

Uso de recursos

Faça uso dos vários recursos do livro, discutidos no Prefácio. Por exemplo, as notas de margem são úteis para localizar e descrever equações e conceitos importantes e o negrito indica definições importantes. Muitas tabelas úteis estão contidas nos anexos, mas a maioria é incorporada ao texto em que elas são mencionadas com mais frequência. O Anexo B é uma revisão conveniente das ferramentas matemáticas utilizadas no texto.

Depois de ler um capítulo, você deve ser capaz de definir quaisquer grandezas novas apresentadas nesse capítulo e discutir os princípios e suposições que foram utilizados para chegar a certas relações-chave. Os resumos do capítulo podem ajudar nisso. Em alguns casos, você pode achar necessário consultar o índice remissivo do livro didático para localizar certos tópicos. Você deve ser capaz de associar a cada quantidade física o símbolo correto utilizado para representar a quantidade e a unidade na qual ela é especificada. Além disso, deve ser capaz de expressar cada equação importante de maneira concisa e precisa.

Solucionando problemas

R.P. Feynman, prêmio Nobel de Física, uma vez disse: "Você não sabe nada até que tenha praticado". Concordando com essa afirmação, aconselhamos que você desenvolva as habilidades necessárias para resolver uma vasta gama de problemas. Sua habilidade em resolver problemas será um dos principais testes de seu conhecimento em Física; portanto, você deve tentar resolver tantos problemas quanto possível. É essencial entender os conceitos e princípios básicos antes de tentar resolver os problemas. Uma boa prática consiste em tentar encontrar soluções alternativas para o mesmo problema. Por exemplo, você pode resolver problemas em mecânica usando as leis de Newton, mas muito frequentemente um método alternativo que utilize considerações sobre energia é mais direto. Você não deve se enganar pensando que entende um problema meramente porque acompanhou a resolução dele na aula. Deve ser capaz de resolver o problema e outros problemas similares sozinho.

O enfoque de resolução de problemas deve ser cuidadosamente planejado. Um plano sistemático é especialmente importante quando um problema envolve vários conceitos. Primeiro, leia o problema várias vezes até que esteja confiante de que entendeu o que ele está perguntando. Procure quaisquer palavras-chave que ajudarão a interpretar o problema e talvez permitir que sejam feitas algumas suposições. Sua capacidade de interpretar uma pergunta adequadamente é parte integrante da resolução do problema. Em segundo lugar, você deve adquirir o hábito de anotar a informação dada num problema e aquelas grandezas que precisam ser encontradas; por exemplo, você pode construir uma tabela listando tanto as grandezas dadas quanto as que são procuradas. Este procedimento é utilizado algumas vezes nos exemplos trabalhados do livro. Finalmente, depois que decidiu o método que acredita ser apropriado para um determinado problema, prossiga com sua solução. A Estratégia Geral de Resolução de Problemas orientará nos problemas complexos. Se seguir os passos desse procedimento (Conceitualização, Categorização, Análise, Finalização), você facilmente chegará a uma solução e terá mais proveito de seus esforços. Essa estratégia, localizada no final do Capítulo 1, é utilizada em todos os exemplos trabalhados nos capítulos restantes de maneira que você poderá aprender a aplicá-lo. Estratégias específicas de resolução de problemas para certos tipos de situações estão incluídas no livro e aparecem com um título especial. Essas estratégias específicas seguem a essência da Estratégia Geral de Resolução de Problemas.

Frequentemente, os alunos falham em reconhecer as limitações de certas equações ou de certas leis físicas numa situação particular. É muito importante entender e lembrar as suposições que fundamentam uma teoria ou formalismo em particular. Por exemplo, certas equações da cinemática aplicam-se apenas a uma partícula que se move com aceleração constante. Essas equações não são válidas para descrever o movimento cuja aceleração não é constante, tal como o movimento de um objeto conectado a uma mola ou o movimento de um objeto através de um fluido. Estude cuidadosamente o Modelo de Análise para Resolução de Problemas nos resumos do capítulo para saber como cada modelo pode ser aplicado a uma situação específica. Os modelos de análise fornecem uma estrutura lógica para resolver problemas e ajudam a desenvolver suas habilidades de pensar para que fiquem mais parecidas com as de um físico. Utilize a abordagem de modelo de análise para economizar tempo buscando a equação correta e resolva o problema com maior rapidez e eficiência.

Experimentos

A Física é uma ciência baseada em observações experimentais. Portanto, recomendamos que tente suplementar o texto realizando vários tipos de experiências práticas, seja em casa ou no laboratório. Essas experiências podem ser utilizadas para testar as ideias e modelos discutidos em aula ou no livro didático. Por exemplo, o brinquedo comum "slinky" é excelente para estudar propagação de ondas, uma bola balançando no final de uma longa corda pode ser utilizada para investigar o movimento de pêndulo, várias massas presas no final de uma mola vertical ou elástico podem ser utilizadas para determinar sua natureza elástica, um velho par de óculos de sol polarizado e algumas lentes descartadas e uma lente de aumento são componentes de várias experiências de óptica, e uma medida aproximada da aceleração em queda livre pode ser determinada simplesmente pela medição com um cronômetro do intervalo de tempo necessário para uma bola cair de uma altura conhecida. A lista dessas experiências é infinita. Quando os modelos físicos não estão disponíveis, seja imaginativo e tente desenvolver seus próprios modelos.

| Novos meios

Se disponível, incentivamos muito a utilização do produto Enhanced WebAssign. É bem mais fácil entender Física se você a vê em ação e os materiais disponíveis no Enhanced WebAssign permitirão que você se torne parte dessa ação. Para mais informações sobre como adquirir o cartão de acesso a esta ferramenta, contate: vendas.cengage@ cengage.com. Recurso em inglês.

Esperamos sinceramente que você considere a Física uma experiência excitante e agradável e que se beneficie dessa experiência independentemente da profissão escolhida. Bem-vindo ao excitante mundo da Física!

O cientista não estuda a natureza porque é útil; ele a estuda porque se realiza fazendo isso e tem prazer porque ela é bela. Se a natureza não fosse bela, não seria suficientemente conhecida, e se não fosse suficientemente conhecida, a vida não valeria a pena.

— Henri Poincaré

Contexto 6

Relâmpagos

Os relâmpagos ocorrem em todo o mundo, mas são mais frequentes em certos lugares do que em outros. Na Flórida, por exemplo, tempestades elétricas ocorrem frequentemente, mas estas são raras no sul da Califórnia. Começamos este contexto examinando os detalhes de um relâmpago de modo *qualitativo*. Conforme avançamos, retornaremos a esta descrição para elaborá-la em uma estrutura quantitativa.

De modo geral, consideramos um relâmpago como sendo uma descarga elétrica que ocorre entre uma nuvem carregada e o solo ou, em outras palavras, trata-se de uma grande faísca. O relâmpago, entretanto, pode ocorrer em *qualquer* situação na qual uma grande carga elétrica (discutida no Capítulo 19) pode resultar em uma ruptura elétrica do ar, incluindo nevascas, tempestades de areia e erupções vulcânicas. Se considerarmos os relâmpagos como estando associados às nuvens, podemos observar descargas da nuvem para o solo, de uma nuvem para outra, de um ponto da nuvem para outro ponto da mesma e da nuvem para o ar. Neste Contexto, consideraremos apenas a descarga mais comumente descrita, a descarga *da nuvem para o solo*.

Figura 2 Durante a erupção do Monte Sakurajima, no Japão, os relâmpagos foram predominantes na atmosfera carregada acima do vulcão. Apesar de o fenômeno ser possível nesta e em muitas outras situações, neste capítulo estudaremos o relâmpago que ocorre em tempestades elétricas.

Descargas internas em uma nuvem, na verdade, ocorrem mais frequentemente do que descargas da nuvem para o solo, mas não é o tipo de relâmpago que observamos regularmente.

Como o relâmpago ocorre durante um intervalo de tempo extremamente curto, a estrutura do processo está oculta da observação humana convencional. Um *relâmpago* consiste de várias *descargas* de eletricidade individuais, separados por dezenas de milissegundos. O número típico desses raios varia de 3 a 4, mas até 26 raios (durante um intervalo total de 2 s) já foram observados em um relâmpago.

Apesar de essas descargas poderem parecer um evento único e súbito, há vários passos envolvidos no processo. Ele começa com a ruptura elétrica do ar ao redor da nuvem, o que resulta em uma coluna de carga negativa, chamada de canal precursor, movendo-se em direção ao solo com uma velocidade típica de 10^5 m/s. O *canal precursor* avança em etapas de aproximadamente 50 m de comprimento, com intervalos de aproximadamente 50 μs antes da próxima etapa. Uma etapa ocorre quando o ar torna-se aleatoriamente ionizado com elétrons livres suficientes em um curto espaço para que o ar conduza eletricidade. O canal é pouco lumi-

Figura 1 Um relâmpago conecta eletricamente uma nuvem ao solo. Neste capítulo, aprenderemos mais sobre os detalhes acerca de um relâmpago e descobriremos quantos relâmpagos ocorrem na Terra em um dia comum.

1

noso e não é o clarão luminoso que geralmente consideramos como sendo o relâmpago.

À medida que o canal precursor aproxima-se do solo, ele pode iniciar a ruptura elétrica do ar localizado próximo ao solo, geralmente na ponta de um objeto pontiagudo. As cargas negativas no solo são repelidas pela ponta da coluna de cargas negativas no canal precursor. Como resultado, a ruptura elétrica resulta em uma coluna de carga positiva movendo-se para cima a partir do solo. (Os elétrons se movem para baixo nessa coluna, o que é equivalente às cargas positivas movendo-se para cima.) Esse processo é o começo da *descarga de retorno*. Em uma altura de 20 a 100 metros acima do solo, a descarga de retorno encontra o canal precursor, produzindo um curto circuito entra a nuvem e o solo. Os elétrons fluem para o solo movendo-se a altas velocidades, resultando em uma grande corrente elétrica movendo-se pelo canal de raio medido em centímetros. Essa corrente rapidamente aumenta a temperatura do ar, ionizando os átomos e criando o clarão de luz que associamos ao relâmpago. Os espectros de emissão de um relâmpago mostram diversas linhas de espectro de oxigênio e nitrogênio, os principais constituintes do ar.

Após a descarga de retorno, o canal condutor mantém sua condutividade por um curto período de tempo (medido em dezenas de milissegundos). Se houverem mais cargas negativas na nuvem, elas podem descer e criar uma nova descarga. Nesse caso, como o canal condutor está "aberto", ele não se move em etapas, mas sim fluida e rapidamente. Novamente, a medida que o canal aproxima-se do solo, é iniciada uma descarga de retorno e há um clarão luminoso.

Imediatamente após a passagem da corrente pelo canal condutor, o ar torna-se plasma em uma temperatura de aproximadamente 30 000 K. Como resultado, há um súbito aumento de pressão, o que causa uma rápida expansão do plasma e a geração de uma onda de choque no gás ao seu redor. Essa onda de choque é a origem do *trovão* associado ao relâmpago.

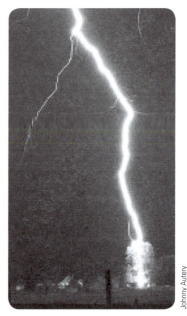

Figura 3 Essa fotografia mostra um relâmpago e seus componentes individuais. O canal brilhante representa uma descarga em progresso, logo após o canal precursor e a descarga de retorno encontrarem-se e o canal tornar-se condutor. Vários canais precursores podem ser vistos no topo da imagem, ramificando-se do canal brilhante. Eles são menos luminosos do que o canal principal pois não conectaram-se com descargas de retorno.

Tendo tomado este primeiro passo qualitativo para o entendimento dos relâmpagos, vamos agora buscar mais detalhes. Após investigar a física envolvida nos relâmpagos, responderemos nossa pergunta central:

> Como podemos determinar o número de relâmpagos na Terra em um dia comum?

Capítulo 19

Forças elétricas e campos elétricos

Sumário

- 19.1 Visão histórica
- 19.2 Propriedades das cargas elétricas
- 19.3 Isolantes e condutores
- 19.4 Lei de Coulomb
- 19.5 Campos elétricos
- 19.6 Linhas de campos elétricos
- 19.7 Movimento de partículas carregadas em um campo elétrico uniforme
- 19.8 Fluxo elétrico
- 19.9 Lei de Gauss
- 19.10 Aplicação da Lei de Gauss a vários distribuidores de cargas
- 19.11 Condutores em equilíbrio eletrostático
- 19.12 Conteúdo em contexto: o campo elétrico atmosférico

Mãe e filha estão sentindo os efeitos de carregar eletricamente seus corpos. Cada fio de cabelo em suas cabeças fica carregado e exerce uma força repulsiva sobre os outros cabelos, resultando nos penteados "arrepiados" que você vê aqui.

Este capítulo é o primeiro de três sobre eletricidade. Você provavelmente está familiarizado com os efeitos elétricos, como a estática entre peças de roupa retiradas da secadora. Você também pode estar familiarizado com a faísca que sai de seu dedo para uma maçaneta após ter caminhado sobre um tapete. Grande parte da sua experiência diária envolve o trabalho com dispositivos que operam em energia recebida por meio de transmissão de energia elétrica fornecida pela companhia de energia elétrica. Até mesmo o seu próprio corpo é uma máquina eletroquímica que usa eletricidade extensivamente. Nervos transportam impulsos de sinais elétricos, e as forças elétricas estão envolvidas no fluxo de materiais através das membranas celulares.

Este capítulo começa com uma avaliação de algumas das propriedades básicas da força eletrostática, que foi introduzida no Capítulo 5, bem como algumas das propriedades do campo elétrico associado com partículas carregadas estacionárias. O nosso estudo

---

N. E. A Coleção Princípios de Física está dividida em quatro volumes: Volume 1 (capítulos 1 ao 11), Volume 2 (capítulos 12 a 18), Volume 3 (capítulos 19 ao 23) e volume 4 (Capítulos 24 ao 31).

sobre a eletrostática, em seguida, continua com o conceito de um campo elétrico, que está associada a uma distribuição de carga contínua e os efeitos deste campo em outras partículas carregadas. Uma vez que entendemos a força elétrica exercida sobre uma partícula, poderemos incluir essa força na partícula em um modelo de força resultante em situações apropriadas.

19.1 | Visão histórica

As leis da eletricidade e do magnetismo desempenham um papel central no funcionamento de dispositivos como telefones celulares, televisores, motores elétricos, computadores, aceleradores de partículas com alta energia e uma série de dispositivos eletrônicos usados na medicina. Contudo, mais fundamental que isso é o fato de que as forças interatômicas e intermoleculares responsáveis pela formação de sólidos e líquidos são originalmente elétricas. Além disso, forças como as que empurram e puxam objetos em contato e a força elástica em uma mola surgem de forças elétricas a um nível atômico.

Documentos chineses sugerem que o magnetismo já havia sido reconhecido por volta de 2000 aC. Os antigos gregos observaram fenômenos elétricos e magnéticos, possivelmente já em 700 aC. Eles descobriram que um pedaço de âmbar, quando friccionado, atraía pedaços de palha ou penas. A existência de forças magnéticas foi conhecida a partir de observações de pedaços naturais de uma pedra chamada *magnetita* (Fe_3O_4), quando eles foram atraídos para o ferro. (A palavra *elétrica* vem da palavra grega para âmbar, *elektron*. A palavra *magnética* vem de *Magnésia*, uma cidade na costa da Turquia, onde a magnetita foi encontrada.)

Em 1600, o inglês William Gilbert descobriu que a eletrificação não era limitada ao âmbar, mas sim era um fenômeno geral. Os cientistas passaram a eletrificar uma variedade de objetos, incluindo pessoas!

Foi no início do século XIX que os cientistas estabeleceram que a eletricidade e o magnetismo eram fenômenos relacionados. Em 1820, Hans Oersted descobriu que uma agulha de bússola, que é magnética, é desviada quando colocada perto de uma corrente elétrica. Em 1831, Michael Faraday na Inglaterra e, quase simultaneamente, Joseph Henry nos Estados Unidos mostraram que, quando uma espira de fio metálico é movida para perto de um ímã (ou, equivalentemente, quando um ímã é movido para perto de uma espira de fio metálico), uma corrente elétrica é observada no fio. Em 1873, James Clerk Maxwell usou essas observações e outros fatos experimentais como base para a formulação das leis do eletromagnetismo como as conhecemos hoje. Pouco tempo depois (em torno de 1888), Heinrich Hertz verificou as previsões de Maxwell ao produzir ondas eletromagnéticas em laboratório. Essa conquista foi seguida por tais desenvolvimentos práticos como o rádio, a televisão, sistemas de telefonia celular, Bluetooth™ e Wi-Fi.

As contribuições de Maxwell para a ciência do eletromagnetismo foram especialmente significativas porque as leis por ele formuladas são básicas para *todos* os tipos de fenômenos eletromagnéticos. Sua obra tem uma importância comparável à descoberta das leis da dinâmica e a teoria da gravidade de Newton.

Figura 19.1 Esfregando um balão contra o seu cabelo em um dia seco faz com que o balão e seu cabelo se tornem eletricamente carregados.

19.2 | Propriedades de cargas elétricas

Uma série de experiências simples demonstra a existência de forças eletrostáticas. Por exemplo, após passar um pente através de seu cabelo, você vai descobrir que o pente atrai pedaços de papel. A força eletrostática atrativa pode ser forte o suficiente para suspender os pedaços. O mesmo efeito ocorre esfregando outros materiais, tais como vidro ou borracha.

Outro experimento simples é esfregar um balão inflado em lã ou no seu cabelo (Fig. 19.1). Em um dia seco, o balão esfregado vai grudar numa parede, muitas vezes por horas. Quando os materiais se comportam desta forma, é dito que se tornam eletricamente carregados. Você pode dar a seu corpo uma carga elétrica por caminhar sobre um tapete de lã ou deslizar em um assento de carro. Você pode, então, sentir e remover a carga em seu corpo tocando levemente outra pessoa ou objeto. Sob as condições corretas, uma centelha pode ser vista quando você toca e um leve formigamento é sentido por ambas as partes. (Tal experimento funciona melhor em um dia seco, pois a umidade excessiva no ar pode fornecer um caminho para a carga sair do objeto carregado.)

Experimentos demonstram também que existem dois tipos de **carga elétrica**, nomeadas por Benjamin Franklin (1706-1790) de **positiva** e **negativa**. A Figura 19.2 ilustra as interações entre os dois tipos de carga. Uma haste dura de borracha (ou plástico) que foi friccionada em pelo (de certos animais ou um material acrílico) está suspensa por um pedaço de corda. Quando um bastão de vidro que foi esfregado com seda é trazido para perto da haste de borracha, a haste de borracha é atraída para o bastão de vidro (Fig. 19.2a). Se duas hastes de borracha carregadas (ou dois bastões de vidro carregados) são trazidas para perto uma da outra, como na Figura 19.2b, a força entre elas é repulsiva. Esta observação demonstra que a borracha e o vidro têm diferentes tipos de carga. Usamos a convenção sugerida por Franklin; a carga elétrica na vareta de vidro é dita positiva e a carga na haste de borracha é dita negativa. Com base nessas observações, podemos concluir que **cargas com o mesmo sinal se repelem e cargas com sinais opostos se atraem**.

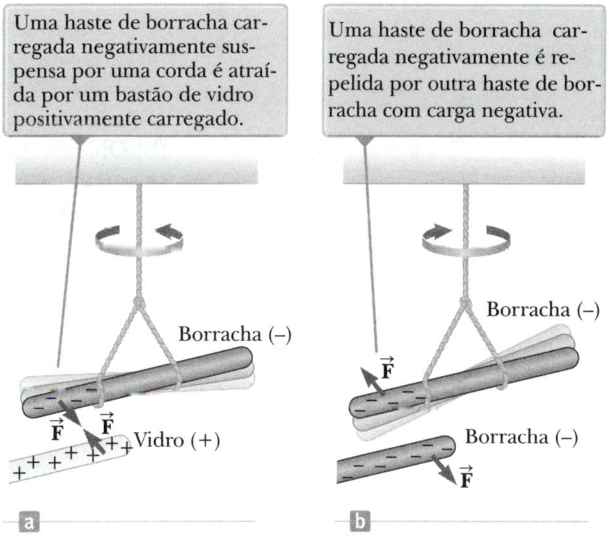

Sabemos que apenas dois tipos de carga elétrica existem porque qualquer carga desconhecida encontrada experimentalmente que para ser atraída por uma carga positiva também é repelida por uma carga negativa. Ninguém jamais observou um objeto carregado que é repelido por ambas as cargas, positiva e negativa, ou que é atraído por ambas.

Figura 19.2 A força elétrica entre (a) objetos com cargas opostas e (b) objetos com a mesma carga.

BIO Atração elétrica das lentes de contato

Forças elétricas atrativas são responsáveis pelo comportamento de uma grande variedade de produtos comerciais. Por exemplo, o plástico em muitas lentes de contato, *etafilcon*, é composto por moléculas que eletricamente atraem as moléculas de proteína em lágrimas humanas. Estas moléculas de proteína são absorvidas e atraídas pelo plástico de modo que a lente acaba sendo composta principalmente pelas lágrimas de quem as utiliza. Portanto, a lente não se comporta como um corpo estranho ao olho do utilizador e pode ser utilizada confortavelmente. Muitos cosméticos também tiram proveito destas forças elétricas através da incorporação de materiais que são eletricamente atraídos pela pele ou cabelo, fazendo com que os pigmentos ou outros produtos químicos se fixem uma vez que são aplicados.

Outra característica importante da carga elétrica é que a carga total em um sistema isolado é sempre conservada. Isso representa a **versão da carga elétrica do modelo de sistema isolado**. Introduzimos pela primeira vez modelos de sistemas isolados no Capítulo 7, quando discutimos a conservação de energia; vemos agora um princípio de **conservação da carga elétrica** para um sistema isolado. Quando dois objetos inicialmente neutros são carregados ao serem friccionados, a carga não é criada no processo. Os objetos se tornam carregados porque os *elétrons são transferidos* de um objeto para o outro. Um objeto ganha certa quantidade de carga negativa dos elétrons para ele transferidos, enquanto o outro perde uma quantidade igual de carga negativa e, portanto, fica com uma carga positiva. Para o sistema isolado de dois objetos, nenhuma transferência de carga ocorre através do limite do sistema. Por exemplo, quando o bastão de vidro é friccionado em seda, como na Figura 19.3, a seda obtém uma carga negativa que é igual em módulo à carga positiva sobre o bastão de vidro conforme elétrons de carga negativa são transferidos a partir do vidro para a seda. Da mesma forma, quando a borracha é friccionada em pelo, os elétrons são transferidos do pelo para a borracha. Um *objeto não carregado* contém um grande número de elétrons (aproximadamente 10^{23}). No entanto, para cada elétron negativo, um próton com carga positiva também está presente, de modo que um objeto não carregado não tem carga total líquida de qualquer sinal.

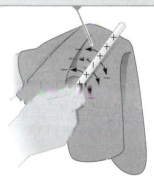

Figura 19.3 Quando um bastão de vidro é friccionado em seda, os elétrons são transferidos do vidro para a seda. Além disso, como as cargas são transferidas em quantidades discretas, as cargas sobre os dois objetos são $\pm e$ ou $\pm 2e$ ou $\pm 3e$, e assim por diante.

Outra propriedade da carga elétrica é que a carga total em um objeto é quantificada como múltiplos inteiros da carga elementar e. Vimos pela primeira vez esta carga $e = 1,60 \times 10^{-19}$ C no Capítulo 5. A quantização ocorre porque a carga de um objeto deve ser devida a um número inteiro de um excesso ou uma deficiência de um número inteiro de elétrons.

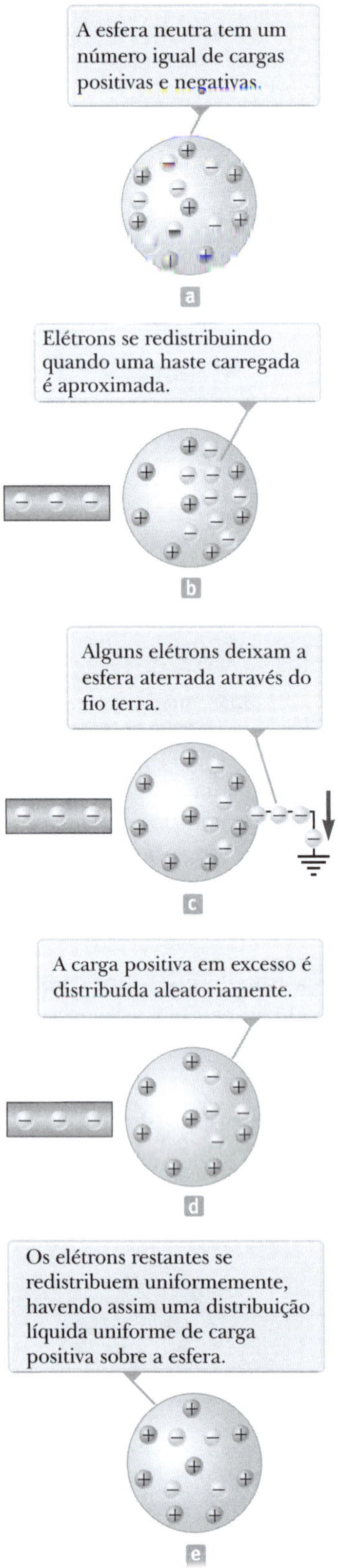

6 | Princípios de física

A esfera neutra tem um número igual de cargas positivas e negativas.

a

Elétrons se redistribuindo quando uma haste carregada é aproximada.

b

Alguns elétrons deixam a esfera aterrada através do fio terra.

c

A carga positiva em excesso é distribuída aleatoriamente.

d

Os elétrons restantes se redistribuem uniformemente, havendo assim uma distribuição líquida uniforme de carga positiva sobre a esfera.

e

Figura 19.4 Carregando um objeto metálico por indução. (a) Uma esfera metálica neutra. (b) Uma haste de borracha carregada é colocada perto da esfera. (c) A esfera é aterrada. (d) A ligação a terra é removida. (e) A haste é retirada.

> ◤ **TESTE RÁPIDO 19.1** Três objetos são trazidos para perto um do outro, dois de cada vez. Quando os objetos A e B são reunidos, eles se repelem. Quando os objetos B e C são reunidos, eles também se repelem. Qual das seguintes afirmações é verdadeira? (a) Objetos A e C possuem cargas de mesmo sinal. (b) Objetos A e C possuem cargas de sinal oposto. (c) Todos os três objetos possuem cargas de mesmo sinal. (d) Um objeto é neutro. (e) Experimentos adicionais devem ser realizados para determinar os sinais das cargas.

◤19.3 | Isolantes e condutores

Nós discutimos a transferência de carga de um objeto para outro. Também é possível que as cargas elétricas se desloquem de um local para outro dentro de um objeto; tal movimento de carga é chamado de **condução elétrica**. É conveniente classificar substâncias em termos da capacidade das cargas de se moverem dentro da substância:

> **Condutores** elétricos são materiais em que alguns dos elétrons são elétrons livres[1] que não estão ligados aos átomos e podem se mover de forma relativamente livre através de material; **isolantes** elétricos são materiais em que todos os elétrons estão ligados aos átomos e não podem se mover livremente através do material.

Materiais como vidro, borracha e madeira seca são isolantes. Quando tais materiais são carregados pelo atrito, apenas a área que foi esfregada torna-se carregada. A carga não tende a mover-se para outras áreas do material. Em contraste, os materiais como cobre, alumínio e prata são bons condutores, e quando tais materiais são carregados em alguma região pequena, a carga prontamente distribui-se ao longo de toda a superfície do material. Se você segurar uma haste de cobre em sua mão e esfregá-lo em lã ou pelo, ela não vai atrair um pedaço de papel, o que pode sugerir que o metal não pode ser carregado. Se você segurar a haste de cobre por uma alça de isolamento e, em seguida, esfregá-la, a haste permanece carregada e atrai o pedaço de papel. No primeiro caso, as cargas elétricas produzidas por fricção facilmente se movem do cobre através do seu corpo, que é um condutor, e finalmente para a Terra. No segundo caso, o isolamento barra o fluxo de carga para sua mão.

Os *semicondutores* são uma terceira classe de materiais e suas propriedades elétricas estão em algum lugar entre as de isolantes e as dos condutores. Cargas podem se mover um pouco mais livremente em um semicondutor, mas muito menos cargas estão se movendo através de um semicondutor do que em um condutor. Silício e germânio são exemplos bem conhecidos de semicondutores que são amplamente utilizados na fabricação de uma variedade de dispositivos eletrônicos. As propriedades elétricas dos semicondutores podem ser alteradas por muitas ordens de grandeza pela adição de quantidades controladas de certos átomos de outros elementos nos materiais.

Carregamento por Indução

Quando um condutor é ligado à Terra por meio de um fio ou tubo condutor, diz-se que ele está **aterrado**. Para efeitos deste capítulo, a Terra pode representar

---

[1] Um átomo de metal contém um ou mais elétrons exteriores, que estão fracamente ligadas ao núcleo. Quando muitos átomos se combinam para formar um metal, os elétrons livres são estes elétrons exteriores, que não estão vinculados a nenhum átomo. Estes elétrons movem-se pelo metal de uma maneira semelhante à de moléculas de gás que se deslocam em um recipiente.

um reservatório infinito para os elétrons, o que significa que ele pode receber ou fornecer um número ilimitado de elétrons. Neste contexto, a Terra tem um propósito semelhante aos nossos reservatórios de energia, introduzidos no Capítulo 17. Com isso em mente, podemos entender como carregar um condutor através de um processo conhecido como **carregamento por indução**.

Para entender como carregar um condutor por indução, considere uma esfera metálica neutra (sem carga) isolada do solo, como mostrado na Figura 19.4a. Há um número igual de elétrons e prótons na esfera se a carga sobre a esfera é exatamente zero. Quando uma haste de borracha carregada negativamente é aproximada da esfera, elétrons na região mais próxima da haste sofrem uma força de repulsão e migram para o lado oposto da esfera. Esta migração sai do lado da esfera perto da haste com uma carga positiva efetiva devido à diminuição do número de elétrons mostrado na Figura 19.4b. (O lado esquerdo da esfera na Figura 19.4b é carregado positivamente, *como se* as cargas positivas se mudassem para esta região, mas em um metal apenas elétrons são livres para se movimentar.) Essa migração ocorre mesmo se a haste nunca realmente toca a esfera. Se a mesma experiência é realizada com um fio condutor conectado a partir da esfera para a Terra (Fig. 19.4c), alguns dos elétrons do condutor são repelidos com tanta força pela presença de carga negativa na haste, que se movem para fora da esfera através do fio e para a Terra. O símbolo ⏚ na extremidade do fio na Figura 19.4c indica que o fio está aterrado, o que significa que ele está conectado a um reservatório, tal como a Terra. Se o fio para a terra é então removido (Fig. 19.4d), a esfera condutora contém um excesso de carga positiva induzida porque tem menos elétrons do que precisa para cancelar a carga positiva dos prótons. Quando a haste de borracha é afastada da esfera (Fig. 19.4e), esta carga positiva induzida permanece na esfera sem ligação com a terra. Note que a haste de borracha não perde nada da sua carga negativa durante este processo.

Carregar um objeto por indução não requer contato com o objeto indutor. Este comportamento está em contraste com o carregamento de um objeto por fricção, que exige o contato entre os dois objetos.

Um processo semelhante ao do primeiro passo de carregamento por indução em condutores ocorre em isolantes. Na maior parte dos átomos e moléculas neutros, a posição média da carga positiva coincide com a posição média da carga negativa. Contudo, na presença de um objeto carregado, as posições podem se deslocar ligeiramente devido às forças atrativas e repulsivas provenientes deste objeto carregado, resultando em mais carga positiva de um dos lados da molécula do que no outro. Este efeito é conhecido como **polarização**. A polarização de moléculas individuais produz uma camada de carga na superfície do isolante, como mostrado na Figura 19.5a, na qual um balão carregado no lado esquerdo é colocado contra uma parede do lado direito. Na figura, a camada de carga negativa na parede está mais próxima do balão carregado positivamente do que as cargas positivas das outras extremidades das moléculas. Portanto, a força atrativa entre as cargas positivas e negativas é maior que a força de repulsão entre as cargas positivas. O resultado é uma força atrativa total entre o balão carregado e o isolante neutro. Seu conhecimento sobre indução em isolantes deve ajudar a explicar por que uma haste carregada atrai pedaços de papel eletricamente neutro (Fig. 19.5b) ou por que um balão que foi esfregado contra o seu cabelo pode ficar grudado em uma parede neutra.

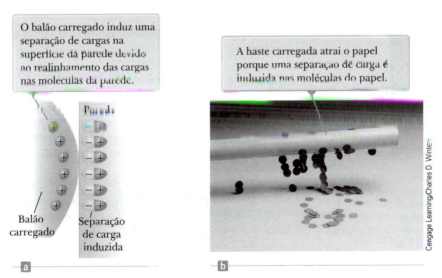

Figura 19.5 (a) Um balão carregado é trazido perto de uma parede isolante. (b) Uma haste carregada é trazida perto de pedaços de papel.

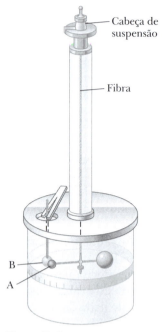

Figura 19.6 Balança de torção de Coulomb, que foi usada para estabelecer a lei do inverso do quadrado da força eletrostática entre duas cargas.

> **TESTE RÁPIDO 19.2** Três objetos são trazidos para perto um do outro, dois de cada vez. Quando os objetos A e B são aproximados, eles se atraem. Quando os objetos B e C são aproximados, eles se repelem. Qual das seguintes afirmações é verdadeira? (**a**) Os objetos A e C possuem cargas de mesmo sinal. (**b**) Os objetos A e C possuem cargas de sinal oposto. (**c**) Todos os três objetos possuem cargas de mesmo sinal. (**d**) Um objeto é neutro. (**e**) Experimentos adicionais devem ser realizados para determinar informações sobre as cargas nos objetos.

19.4 | Lei de Coulomb

Forças elétricas entre objetos carregados foram medidas quantitativamente por Charles Coulomb usando a balança de torção, que ele mesmo inventou (Fig. 19.6). Coulomb confirmou que a força elétrica entre duas pequenas esferas carregadas é proporcional ao inverso do quadrado da distância de separação r, ou seja, $F_e \propto 1/r^2$. O princípio de funcionamento da balança de torção é o mesmo que o do aparato usado por Sir Henry Cavendish para medir a densidade da Terra (Seção 11.1), com as esferas eletricamente neutras substituídas por carregadas. A força elétrica entre as esferas carregadas A e B na Figura 19.6 faz com que as esferas tanto se atraiam ou se repilam, e o movimento resultante faz com que a fibra suspensa se torça. Como o torque resultante da fibra torcida é proporcional ao ângulo pelo qual ela gira, uma medição deste ângulo proporciona uma medida quantitativa da força elétrica de atração ou repulsão. Uma vez que as esferas são carregadas por fricção, a força elétrica entre elas é muito grande comparada com a atração gravitacional, e assim a força da gravidade pode ser ignorada.

No Capítulo 5, apresentamos a **lei de Coulomb**, que descreve o módulo da força eletrostática entre duas partículas carregadas com cargas q_1 e q_2 e separadas por uma distância r:

$$F_e = k_e \frac{|q_1||q_2|}{r^2} \qquad 19.1 \blacktriangleleft$$

onde k_e ($= 8{,}987\,6 \times 10^9\,\mathrm{N \cdot m^2/C^2}$) é a **constante de Coulomb** e a força é dada em newtons se as cargas são dadas em coulombs e se a distância de separação é dada em metros. A constante k_e também é escrita como

$$k_e = \frac{1}{4\pi\varepsilon_0}$$

onde a constante: ε_0 (letra grega épsilon), conhecida como a **permissividade do vácuo**, tem o valor de

$$\varepsilon_0 = 8{,}854\,2 \times 10^{-12}\,\mathrm{C^2/N \cdot m^2}$$

Note que a Equação 19.1 dá apenas o módulo da força. A direção da força sobre uma dada partícula deve ser encontrada considerando-se onde estas partículas estão localizadas em relação umas às outras e o sinal de cada carga. Portanto, uma representação gráfica de um problema em eletrostática é muito importante na análise do problema.

A carga de um elétron é $q = -e = -1{,}60 \times 10^{-19}$ C, e o próton tem a carga $q = +e = 1{,}60 \times 10^{-19}$ C; portanto, 1 C de carga é igual ao módulo da carga de $(1{,}60 \times 10^{-19}\,\mathrm{C})^{-1} = 6{,}25 \times 10^{18}$ elétrons. (A carga elementar e foi introduzida na Seção 5.5.) Note que 1 C é uma quantidade substancial de carga. Em experimentos eletrostáticos típicos, onde uma haste de borracha ou de vidro é carregada por fricção, uma carga total na ordem de 10^{-6} C ($= 1\,\mu$C) é obtida. Em outras palavras, apenas uma fração muito pequena do total de elétrons disponíveis (na ordem de 10^{23} em uma amostra de 1 cm³) é transferida entre a haste e o material de fricção.

Charles Coulomb
Físico francês (1736-1806)
As maiores contribuições de Coulomb para a ciência foram nas áreas de eletrostática e magnetismo. Durante sua vida, ele também investigou as forças de materiais e determinou as forças que afetam os objetos em vigas, contribuindo assim para o campo da mecânica estrutural. No campo da ergonomia, sua pesquisa proporcionou uma compreensão fundamental das maneiras como as pessoas e os animais podem realizar melhor o trabalho.

TABELA 19.1 | Carga e massa de elétrons, prótons e nêutrons

Partícula	Carga (C)	Massa (kg)
Elétron (e)	$-1{,}602\,176\,5 \times 10^{-19}$	$9{,}109\,4 \times 10^{-31}$
Próton (p)	$+1{,}602\,176\,5 \times 10^{-19}$	$1{,}672\,62 \times 10^{-27}$
Nêutron (n)	0	$1{,}674\,93 \times 10^{-27}$

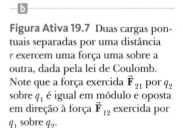

Os valores medidos experimentalmente das cargas e massas dos elétrons, prótons e dos nêutrons são apresentados na Tabela 19.1.

Ao lidar com a lei de Coulomb, lembre-se de que a força é uma grandeza *vetorial* e deve ser tratada como tal. Além disso, a lei de Coulomb se aplica exatamente e somente em partículas.[2] A força eletrostática exercida por q_1 sobre q_2, chamada $\vec{F}_{12}$, pode ser expressa em forma de vetor como[3]

$$\vec{F}_{12} = k_e \frac{q_1 q_2}{r^2} \hat{r}_{12} \qquad 19.2 \blacktriangleleft$$

onde $\hat{r}_{12}$ é um vetor unitário dirigido a partir de q_1 para q_2 como na Figura Ativa 19.7a. A Equação 19.2 pode ser usada para encontrar a direção da força no espaço, embora uma representação gráfica cuidadosamente desenhada seja necessária para identificar claramente a direção de $\hat{r}_{12}$. Da terceira lei de Newton, vemos que a força elétrica exercida por q_2 sobre q_1 é igual em módulo à força exercida por q_1 sobre q_2 e em direção oposta; ou seja, $\vec{F}_{21} = -\vec{F}_{12}$. Da Equação 19.2, vemos que, se q_1 e q_2 têm o mesmo sinal, o produto $q_1 q_2$ é positivo e a força é repulsiva, como mostrado na Figura Ativa 19.7a. A força sobre q_2 está na mesma direção que $\hat{r}_{12}$ e é direcionada para longe de q_1. Se q_1 e q_2 são de sinal contrário, como na Figura Ativa 19.7b, o produto $q_1 q_2$ é negativo e a força é atrativa. Neste caso, a força em q_2 está no sentido oposto ao $\hat{r}_{12}$, direcionada para q_1.

Quando mais de duas partículas carregadas estão presentes, a força entre qualquer par é dada pela Equação 19.2. Portanto, a força resultante sobre qualquer uma das partículas é igual à soma *vetorial* das forças individuais devido a todas as outras partículas. Este **princípio de superposição** aplicado a forças eletrostáticas é um fato observado experimentalmente e simplesmente representa a tradicional soma vetorial de forças introduzidas no Capítulo 1. Como um exemplo, se quatro partículas carregadas estão presentes, a força resultante sobre a partícula 1 com relação às partículas 2, 3 e 4 é dada pela soma vetorial

$$\vec{F}_1 = \vec{F}_{21} + \vec{F}_{31} + \vec{F}_{41}$$

Figura Ativa 19.7 Duas cargas pontuais separadas por uma distância r exercem uma força uma sobre a outra, dada pela lei de Coulomb. Note que a força exercida $\vec{F}_{21}$ por q_2 sobre q_1 é igual em módulo e oposta em direção à força $\vec{F}_{12}$ exercida por q_1 sobre q_2.

TESTE RÁPIDO 19.3 O objeto A tem a carga de $+2\ \mu C$, e o objeto B tem a carga de $+6\ \mu C$. Qual afirmação é verdadeira sobre as forças elétricas nos objetos? (a) $\vec{F}_{AB} = -3\vec{F}_{BA}$ (b) $\vec{F}_{AB} = -\vec{F}_{BA}$ (c) $3\vec{F}_{AB} = -\vec{F}_{BA}$ (d) $\vec{F}_{AB} = 3\vec{F}_{BA}$ (e) $\vec{F}_{AB} = \vec{F}_{BA}$ (f) $3\vec{F}_{AB} = \vec{F}_{BA}$

Exemplo 19.1 | Onde a força total é zero?

Três cargas pontuais se encontram ao longo do eixo x, como mostrado na Figura 19.8. A carga positiva $q_1 = 15{,}0\ \mu C$ está em $x = 2{,}00$ m, a carga positiva $q_2 = 6{,}00\ \mu C$ está na origem, e a força resultante agindo em q_3 é zero. Qual é a coordenada x de q_3?

continua

---

[2] A lei de Coulomb também pode ser utilizada para objetos de maiores dimensões para quais o modelo de partículas pode ser aplicado.

[3] Note que usamos "q_2" como notação abreviada para "partícula com carga q_2". Esse uso é comum quando falamos de partículas carregadas, semelhante ao uso em mecânica de "m_2" para "partícula de massa m_2". O contexto da questão vai lhe dizer se o símbolo representa uma quantidade de carga ou uma partícula com a carga.

19.1 cont.

SOLUÇÃO

Conceitualização Como q_3 está perto de duas outras cargas, ele experimenta duas forças elétricas. As forças se encontram ao longo da mesma linha, como mostra a Figura 19.8. Como q_3 é negativo e q_1 e q_2 são positivos, as forças $\vec{F}_{13}$ e $\vec{F}_{23}$ são ambas atrativas.

Categorização Como a força resultante sobre q_3 é zero, definimos a carga pontual como uma partícula em equilíbrio.

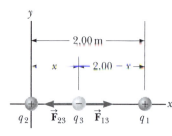

Figura 19.8 (Exemplo 19.1) Três cargas pontuais são colocadas ao longo do eixo x. Se a força resultante atuando em q_3 é zero, a força $\vec{F}_{13}$ exercida por q_1 sobre q_3 deve ser de módulo igual e direção oposta à força $\vec{F}_{23}$ exercida por q_2 sobre q_3.

Análise Escreva uma expressão para a força resultante sobre a carga q_3 quando a mesma está em equilíbrio:

$$\vec{F}_3 = \vec{F}_{23} + \vec{F}_{13} = -k_e \frac{|q_2||q_3|}{x^2}\hat{\mathbf{i}} + k_e \frac{|q_1||q_3|}{(2,00-x)^2}\hat{\mathbf{i}} = 0$$

Mova o segundo termo para o lado direito da equação e iguale os coeficientes do vetor unitário $\hat{\mathbf{i}}$:

$$k_e \frac{|q_2||q_3|}{x^2} = k_e \frac{|q_1||q_3|}{(2,00-x)^2}$$

Elimine k_e e $|q_3|$ e reorganize a equação:

$$(2,00-x)^2|q_2| = x^2|q_1|$$

$$(4,00 - 4,00 + x^2)(6,00 \times 10^{-6}\text{C}) = x^2(15,0 \times 10^{-6}\text{C})$$

Reduza a equação quadrática para uma forma mais simples: $3,00x^2 + 8,00x - 8,00 = 0$

Resolva a equação quadrática para a raiz positiva: $x = \boxed{0,775\,\text{m}}$

Finalização A segunda raiz para a equação quadrática é $x = -3,44$ m. Esse é outro local onde os *módulos* das forças sobre q_3 são iguais, mas ambas as forças estão na mesma direção, de modo que elas não se cancelam.

Exemplo 19.2 | O átomo de hidrogênio

Os elétrons e prótons de um átomo de hidrogênio são separados (em média) por uma distância aproximada de $5,3 \times 10^{-11}$ m. Encontre os módulos da força elétrica e a força gravitacional entre as duas partículas.

SOLUÇÃO

Conceitualização Pense nas duas partículas separadas pela pequena distância dada no enunciado do problema. No Capítulo 5, mencionamos que a força gravitacional entre um elétron e um próton é muito pequena em comparação com a força elétrica entre eles, então esperamos que seja o caso com os resultados deste exemplo.

Categorização As forças elétricas e gravitacionais são avaliadas pelas leis da força universal, de modo que categorizamos este exemplo como um problema de substituição.

Use a lei de Coulomb para encontrar o módulo da força elétrica:

$$F_e = k_e \frac{|e||-e|}{r^2} = (8,99 \times 10^9 \text{N} \cdot \text{m}^2/\text{C}^2)\frac{(1,60 \times 10^{-19}\text{C})^2}{(5,3 \times 10^{-11}\text{m})^2}$$

$$= \boxed{8,2 \times 10^{-8}\,\text{N}}$$

Use a lei da gravitação universal de Newton e a Tabela 19.1 (para as massas das partículas) para encontrar o módulo da força gravitacional:

$$F_g = G\frac{m_e m_p}{r^2}$$

$$= (6,67 \times 10^{-11}\text{N} \cdot \text{m}^2/\text{kg}^2)\frac{(9,11 \times 10^{-31}\text{kg})(1,67 \times 10^{-27}\text{kg})}{(5,3 \times 10^{-11}\text{m})^2}$$

$$= \boxed{3,6 \times 10^{-47}\,\text{N}}$$

A relação $F_e/F_g \approx 2 \times 10^{39}$. Portanto, a força gravitacional entre as partículas atômicas carregadas é insignificante quando comparada com a força elétrica. Observe as formas similares da lei da gravitação universal de Newton e da lei de forças elétricas de Coulomb. Além do módulo das forças entre partículas primárias, qual é a diferença fundamental entre as duas forças?

Capítulo 19 – Forças elétricas e campos elétricos | **11**

Exemplo **19.3** | Encontre a carga nas esferas

Duas pequenas esferas idênticas carregadas, cada uma com massa de $3{,}00 \times 10^{-2}$ kg, penduradas em equilíbrio, como mostrado na Figura 19.9a. O comprimento L de cada corda é 0,150 m, e o ângulo θ é 5,00°. Encontre o módulo da carga em cada esfera.

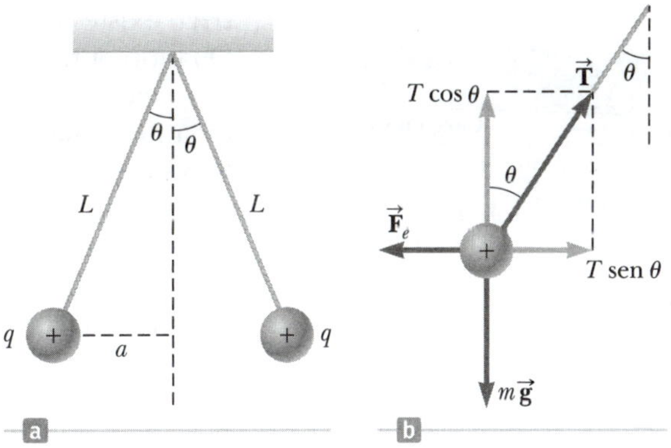

SOLUÇÃO

Conceitualização A Figura 19.9a nos ajuda a conceitualizar este exemplo. As duas esferas exercem forças repulsivas uma sobre a outra. Se elas são mantidas próximas uma da outra e então soltas, elas se movem para fora a partir do centro até se adaptarem à configuração na Figura 19.9a após as oscilações desaparecerem devido à resistência do ar.

Categorização A expressão-chave "em equilíbrio" nos ajuda a modelar cada esfera como uma partícula em equilíbrio. Este exemplo é semelhante a uma partícula nos problemas sobre equilíbrio no Capítulo 4, com a característica adicional de que uma das forças na esfera é uma força elétrica.

Figura 19.9 (Exemplo 19.3)
(a) Duas esferas idênticas, ambas com a mesma carga q, suspensas em equilíbrio. (b) Diagrama das forças agindo sobre a esfera na parte esquerda de (a).

Análise O diagrama de força para a esfera do lado esquerdo é mostrado na Figura 19.9b. A esfera está em equilíbrio sob a aplicação da força $\vec{T}$ da corda, da força elétrica $\vec{F}_e$ da outra esfera, e da força gravacional $m\vec{g}$.

Escreva a segunda lei de Newton para a esfera do lado esquerdo em forma de componente:

$$(1) \quad \sum F_x = T \operatorname{sen} \theta - F_e = 0 \quad \rightarrow \quad T \operatorname{sen} \theta = F_e$$
$$(2) \quad \sum F_y = T \cos \theta - mg = 0 \quad \rightarrow \quad T \cos \theta = mg$$

Divida a Equação (1) pela Equação (2) para encontrar F_e:

$$\operatorname{tg} \theta = \frac{F_e}{mg} \quad \rightarrow \quad F_e = mg \operatorname{tg} \theta$$

Use a geometria do triângulo retângulo na Figura 19.9a para encontrar uma relação entre a, L e θ:

$$\operatorname{sen} \theta = \frac{a}{L} \quad \rightarrow \quad a = L \operatorname{sen} \theta$$

Resolva a lei de Coulomb (Eq. 19.1) para a carga $|q|$ em cada esfera:

$$|q| = \sqrt{\frac{F_e r^2}{k_e}} = \sqrt{\frac{F_e (2a)^2}{k_e}} = \sqrt{\frac{mg \operatorname{tg} \theta (2L \operatorname{sen} \theta)^2}{k_e}}$$

Substitua os valores numéricos:

$$|q| = \sqrt{\frac{(3{,}00 \times 10^{-2} \, \text{kg})(9{,}80 \, \text{m/s}^2) \operatorname{tg} (5{,}00°) [2(0{,}150 \, \text{m}) \operatorname{sen} (5{,}00°)]^2}{8{,}99 \times 10^9 \, \text{N} \cdot \text{m}^2/\text{C}^2}}$$

$$= 4{,}42 \times 10^{-8} \, \text{C}$$

Finalização Se o sinal das cargas não fosse dado na Figura 19.9, não seria possível determiná-los. Na verdade, o sinal da carga não é importante. A situação é a mesma, quer ambas as esferas estejam carregadas positivamente, quer negativamente.

◖**19.5** | Campos elétricos

Na Seção 4.1, discutimos as diferenças entre as forças de contato e as forças de campo. Duas forças de campo – a força gravitacional no Capítulo 11 e a força elétrica aqui – foram introduzidas em nossas discussões até o momento. Como foi apontado anteriormente, as forças de campo podem agir através do espaço, produzindo um efeito mesmo quando não ocorre contato físico na interação entre os objetos. O campo gravitacional $\vec{g}$ em um ponto no espaço devido a uma partícula de origem foi definido na Seção 11.1 como sendo igual à força gravitacional $\vec{F}_g$ agindo sobre uma partícula teste de massa m dividida pela massa: $\vec{g} \equiv \vec{F}_g/m$. O conceito de campo foi desenvolvido por Michael Faraday (1791-1867) no contexto das forças elétricas e é de tal valor prático que devemos dedicar muita

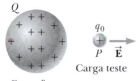

Figura 19.10 Uma pequena carga teste positiva q_0 colocada no ponto P próximo de um objeto contendo uma carga positiva muito maior Q experimenta um campo elétrico no ponto P estabelecido pela carga de origem Q. Vamos *sempre* supor que a carga teste é tão pequena que o campo da carga de origem não é afetado por sua presença.

atenção a ela nos próximos capítulos. Nesta abordagem, diz-se que um **campo elétrico** existe na região de espaço em torno de um objeto carregado, a **carga fonte**. Quando outro objeto carregado – a **carga teste** – entra neste campo elétrico, uma força elétrica atua sobre ele. Como exemplo, considere a Figura 19.10, que mostra uma pequena carga teste positiva q_0 colocada próxima a um segundo objeto que leva uma carga positiva muito maior Q. Nós definimos o campo elétrico devido à carga fonte no local da carga teste como sendo a força elétrica sobre a carga teste por *unidade de carga*, ou, mais especificamente, o **vetor campo elétrico** $\vec{E}$ num ponto no espaço é definido como força elétrica $\vec{F}_e$ agindo sobre uma carga teste positiva q_0 colocada nesse ponto dividida pela carga teste:[4]

▶ Definição do campo elétrico

$$\vec{E} \equiv \frac{\vec{F}_e}{q_0}$$ 19.3 ◀

O vetor $\vec{E}$ tem unidades no SI de newtons por coulomb (N/C). A direção de $\vec{E}$ como mostrado na Figura 19.10 é a direção da força que uma carga teste positiva experimenta quando colocada no campo. Note que $\vec{E}$ é o campo produzido por alguma carga ou distribuição de carga *separada* da carga teste, não é o campo produzido pela própria carga teste. Observe também que a existência de um campo elétrico é uma propriedade de sua fonte; a presença da carga teste não é necessária para o campo existir. A carga teste funciona como um *detector* do campo elétrico: um campo elétrico existe em um ponto se uma carga teste nesse momento experimenta uma força elétrica.

Uma vez que o campo elétrico é conhecido em algum momento, a força sobre *qualquer* partícula com carga q colocada nesse ponto pode ser calculada a partir de um rearranjo da Equação 19.3:

$$\vec{F}_e = q\vec{E}$$ 19.4 ◀

Prevenção de Armadilhas | 19.1
Somente partículas
A Equação 19.4 é válida apenas para uma partícula de carga q, ou seja, um objeto de tamanho zero. Para um objeto carregado de tamanho finito em um campo elétrico, o campo pode variar em módulo e direção ao longo da dimensão do objeto, de modo que a equação da força correspondente pode ser mais complicada.

Uma vez que a força elétrica sobre uma partícula é avaliada, o seu movimento pode ser determinado a partir do modelo de partícula sob força resultante ou o modelo da partícula em equilíbrio (a força elétrica pode ter que ser combinada com as outras forças que atuam sobre a partícula), e as técnicas de capítulos anteriores podem ser usadas para encontrar o movimento da partícula.

Considere uma carga pontual[5] q localizada a uma distância r de uma partícula de teste com carga q_0. De acordo com a lei de Coulomb, a força exercida sobre a partícula de teste pela carga q é

$$\vec{F}_e = k_e \frac{qq_0}{r^2}\hat{r}$$

onde $\hat{r}$ é um vetor unitário dirigido de q para q_0. Esta força na Figura Ativa 19.11a é direcionada para longe da carga fonte q. Como o campo elétrico no ponto P, a posição da carga teste, é definido por e $\vec{E} = \vec{F}_e/q_0$, descobrimos que em P, o campo elétrico criado por q é

▶ Campo elétrico devido a uma carga pontual

$$\vec{E} = k_e \frac{q}{r^2}\hat{r}$$ 19.5 ◀

Se a carga q é positiva, a Figura Ativa 19.11b mostra a situação com a carga teste removida; a carga cria um campo elétrico no ponto P, direcionado para longe de q. Se q é negativo, como na Figura Ativa 19.11c, a força exercida sobre a carga teste é no sentido da carga, de modo que o campo elétrico em P é dirigido para a carga fonte como na Figura Ativa 19.11d.

Para calcular o campo elétrico em um ponto P devido a um grupo de cargas pontuais, primeiro calculamos os vetores de campo elétrico em P individualmente usando a Equação 19.5, para em seguida somá-los vetorialmente.

---

[4] Quando usamos a Equação 19.3, temos que assumir que a carga teste q_0 é pequena o suficiente para que não perturbe a distribuição de carga responsável pelo campo elétrico. Se a carga teste é suficientemente grande, a carga sobre a esfera metálica é redistribuída e o campo elétrico que se define é diferente do campo que se define na presença de uma carga teste muito menor.

[5] Temos usado a frase "partícula carregada" até agora. A expressão "carga pontual" é um pouco enganadora porque carga é uma propriedade de uma partícula, e não uma entidade física. Essa situação é semelhante a algumas expressões enganosas em mecânica, como "uma massa m é colocada..." (a qual temos evitado) em vez de "uma partícula de massa m é colocada...". No entanto, essa frase é tão enraizada na Física, que vamos usá-la e esperamos que esta nota de rodapé seja suficiente para esclarecer a sua utilização.

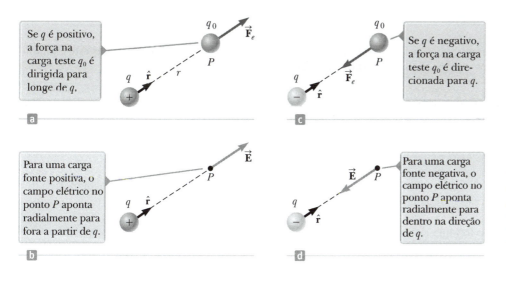

Figura Ativa 19.11 (a), (c) Quando uma carga teste q_0 é colocada perto de uma carga de origem q, a carga teste sofre uma força. (b), (d) Em um ponto P próximo à carga de origem q, existe um campo elétrico.

Em outras palavras, o campo elétrico total em um ponto no espaço devido a um grupo de partículas carregadas igual à soma vetorial dos campos elétricos naquele ponto devido a todas as partículas. Este princípio da superposição aplicado a campos decorre diretamente da propriedade de adição de vetores de forças. Portanto, o campo elétrico no ponto P de um grupo de cargas fonte pode ser expresso como

$$\vec{E} = k_e \sum_i \frac{q_i}{r_i^2}\hat{r}_i \qquad 19.6$$

▶ Campo elétrico devido a um número finito de cargas pontuais

onde r_i é a distância a partir da i-ésima carga q_i para o ponto P (a posição na qual o campo será avaliado) e $\hat{r}_i$ é um vetor unitário direcionado de q_i para P.

TESTE RÁPIDO 19.4 Uma carga teste de $+3\ \mu C$ está em um ponto P onde um campo elétrico externo é direcionado para a direita e tem um módulo de 4×10^6 N/C. Se a carga teste é substituída por outra carga de $-3\ \mu C$, o que acontece com o campo elétrico externo em P? (a) Não é afetado. (b) Ele inverte a direção. (c) Muda de uma forma que não pode ser determinada.

Exemplo 19.4 | Campo elétrico de um dipolo

Um **dipolo elétrico** é constituído por uma carga pontual q e uma carga pontual $-q$ separadas por uma distância de $2a$ como na Figura 19.12. Como veremos nos próximos capítulos, átomos neutros e moléculas se comportam como dipolos quando colocados em um campo elétrico externo. Além disso, várias moléculas, tais como HCl, são dipolos permanentes. (HCl pode ser eficazmente modelado como um íon H$^+$ combinado com um íon Cl$^-$.) O efeito de tais dipolos sobre o comportamento de materiais submetidos a campos elétricos será discutido no Capítulo 20.

(A) Encontre o campo elétrico $\vec{E}$ gerado pelo dipolo ao longo do eixo y no ponto P, que está a uma distância y da origem.

SOLUÇÃO

Conceitualização No Exemplo 19.1, adicionamos forças vetoriais para encontrar a força resultante sobre uma partícula. Aqui, acrescentamos vetores de campo elétrico para encontrar o campo elétrico em um ponto no espaço.

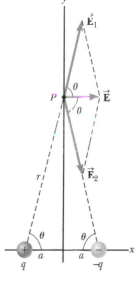

Figura 19.12 (Exemplo 19.4) O campo elétrico total $\vec{E}$ em P devido a duas cargas de mesmo módulo e sinal oposto (um dipolo elétrico) é igual à soma vetorial $\vec{E}_1 + \vec{E}_2$. O campo $\vec{E}_1$ é devido à carga positiva q e $\vec{E}_2$ é o campo devido à carga negativa $-q$.

continua

19.4 cont.

Categorização Temos duas cargas e queremos encontrar o campo elétrico total, por isso categorizamos este exemplo como um em que podemos usar o princípio da superposição representado pela Equação 19.6.

Análise Em P, os campos $\vec{E}_1$ e $\vec{E}_2$ das duas partículas são iguais em módulo, já que P é equidistante das duas cargas. O campo total em P é $\vec{E} = \vec{E}_1 + \vec{E}_2$.

Encontre os módulos dos campos em P:
$$E_1 = E_2 = k_e \frac{q}{r^2} = k_e \frac{q}{y^2 + a^2}$$

Os componentes y de $\vec{E}_1$ e $\vec{E}_2$ são iguais em módulo e opostos em sinal, de modo que se anulam. Os componentes x são iguais e se somam, porque eles têm o mesmo sinal. O campo total $\vec{E}$ é, portanto, paralelo ao eixo x.

Encontre uma expressão para o módulo do campo elétrico em P:
$$(1) \quad E = 2k_e \frac{q}{y^2 + a^2} \cos\theta$$

A partir da geometria na Figura 19.12, vemos que $\theta = a/r = a/(y^2 + a^2)^{1/2}$. Substitua este resultado na Equação (1):
$$E = 2k_e \frac{q}{(y^2 + a^2)} \frac{a}{(y^2 + a^2)^{1/2}}$$
$$(2) \quad E = k_e \frac{2qa}{(y^2 + a^2)^{3/2}}$$

(B) Encontre o campo elétrico para pontos $y \gg a$ longe do dipolo.

SOLUÇÃO

A Equação (2) dá o valor do campo elétrico no eixo y para todos os valores de y. Para os pontos distantes do dipolo, nos quais $y \gg a$, despreze a^2 no denominador e escreva a expressão para E, neste caso:
$$(3) \quad E \approx k_e \frac{2qa}{y^3}$$

Finalização Dessa maneira, vemos que ao longo do eixo y o campo de um dipolo em um ponto distante varia proporcionalmente a $1/r^3$, ao passo que o campo mais lentamente variável de uma carga pontual varia proporcionalmente a $1/r^2$. (*Observação*: Na geometria deste exemplo, $r = y$). Em pontos distantes, os campos das duas cargas no dipolo quase se anulam mutuamente. A variação $1/r^3$ em E para o dipolo também é obtida para um ponto distante ao longo do eixo x (veja o Problema 20) e para um ponto distante geral.

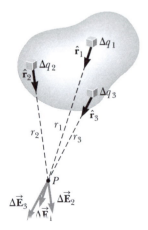

Figura 19.13 O campo elétrico $\vec{E}$ em P devido a uma distribuição contínua de carga é a soma vetorial dos campos $\Delta\vec{E}$ devido a todos os elementos Δq_i, da distribuição de carga. Três elementos da amostra são apresentados.

Campo elétrico devido à distribuição de carga contínua

Na maioria dos casos práticos (por exemplo, um objeto carregado por fricção), a média de separação entre as cargas de origem é pequena em comparação com as distâncias a partir do ponto em que o campo será avaliado. Nesses casos, o sistema de carga de origem pode ser modelado como *contínuo*. Ou seja, nós imaginamos que o sistema de aproximação discreta das cargas equivale a uma carga total que é distribuída de forma contínua através de algum volume ou sobre alguma superfície.

Para avaliar o campo elétrico de uma distribuição de carga contínua, o seguinte procedimento é utilizado. Em primeiro lugar, dividimos a carga de distribuição em pequenos elementos, cada um dos quais contém uma pequena quantidade de carga Δq como na Figura 19.13. Em seguida, modelando o elemento como uma carga pontual, usamos a Equação de 19.5 para calcular o campo elétrico $\Delta\vec{E}$ no ponto P, devido a um destes elementos. Finalmente, avaliamos o campo total em P devido à distribuição de carga através da realização de uma soma vetorial das contribuições de todos os elementos da carga (isto é, por aplicação do princípio da superposição).

O campo elétrico em P na Figura 19.13 devido a um elemento de carga Δq é dado por

$$\Delta\vec{E}_i = k_e \frac{\Delta q_i}{r_i^2} \hat{r}_i$$

onde o índice i refere-se ao i-ésimo elemento da distribuição, r_i é a distância a partir do elemento para o ponto P, e $\hat{r}_i$ é um vetor unitário dirigido a partir do elemento para P. O total do campo elétrico $\vec{E}$ no ponto P, devido a todos os elementos da distribuição de carga, é aproximadamente

$$\vec{E} \approx k_e \sum_i \frac{\Delta q_i}{r_i^2} \hat{r}_i$$

Agora, aplicamos o modelo no qual a distribuição de carga é contínua, e fazemos com que os elementos de carga tornem-se infinitesimalmente pequenos. Com este modelo, o campo total em P no limite $\Delta q_i \to 0$ torna-se

$$\vec{E} = \lim_{\Delta q_i \to 0} k_e \sum_i \frac{\Delta q_i}{r_i^2} \hat{r}_i = k_e \int \frac{dq}{r^2} \hat{r} \qquad \text{19.7} \blacktriangleleft$$

onde dq é uma quantidade infinitesimal de carga e a integração é sobre toda a carga, criando o campo elétrico. A integração é uma operação *vetorial* e deve ser tratada com cautela. Ela pode ser avaliada em termos de componentes individuais ou, talvez, os argumentos de simetria possam ser usados para reduzi-la a uma integral escalar. Vamos ilustrar este tipo de cálculo com vários exemplos em que presumimos que a carga é distribuída *uniformemente* em um plano ou uma superfície ou em todo um volume. Ao realizar estes cálculos, é conveniente utilizar o conceito de uma *densidade de carga*, juntamente com as seguintes anotações:

- Se uma carga total Q é uniformemente distribuída ao longo de um volume V, a **densidade de carga volumétrica** ρ é definida por

$$\rho \equiv \frac{Q}{V} \qquad \text{19.8} \blacktriangleleft \qquad \blacktriangleright \text{ Densidade de carga volumétrica}$$

onde ρ tem unidades de coulombs por metro cúbico.
- Se Q é uniformemente distribuída sobre uma superfície de área A, a **densidade de carga superficial** σ é definida por

$$\sigma \equiv \frac{Q}{A} \qquad \text{19.9} \blacktriangleleft \qquad \blacktriangleright \text{ Densidade de carga superficial}$$

onde σ tem unidades de coulombs por metro quadrado.
- Se Q é distribuída uniformemente ao longo de uma linha de comprimento ℓ, a **densidade de carga linear** λ é definida por

$$\lambda \equiv \frac{Q}{\ell} \qquad \text{19.10} \blacktriangleleft \qquad \blacktriangleright \text{ Densidade de carga linear}$$

onde λ tem unidades de coulombs por metro.

ESTRATÉGIA PARA RESOLUÇÃO DE PROBLEMAS: Cálculo do campo elétrico

O procedimento a seguir é recomendado para a resolução de problemas que envolvem a determinação de um campo elétrico devido a cargas individuais ou a uma distribuição de carga.

1. **Conceitualização** Estabeleça uma representação mental do problema: pense cuidadosamente sobre as cargas individuais ou sobre a distribuição de carga e imagine que tipo de campo elétrico poderia ser criado. Apele para qualquer simetria na disposição das cargas para ajudar a visualizar o campo elétrico.

2. **Categorização** Você está analisando um grupo de cargas individuais ou uma distribuição de carga contínua? A resposta a esta questão lhe diz como proceder na etapa seguinte.

3. **Análise**

   (a) Se você está analisando um grupo de cargas individuais, use o princípio da superposição: quando estão presentes várias cargas pontuais, o campo resultante em um ponto no espaço é a *soma vetorial* dos campos individuais devido às cargas individuais (Eq. 19.6). Tenha muito cuidado na manipulação de quantidades vetoriais. Pode ser útil analisar o material sobre adição de vetores no Capítulo 1. O Exemplo 19.4 demonstra este procedimento.

16 | Princípios de física

(b) Se você está analisando uma distribuição de carga contínua, substitua as somas de vetores da avaliação do campo elétrico total a partir de cargas individuais por integrais vetoriais. A distribuição de carga está dividida em pedaços infinitesimais, e a soma dos vetores é realizada através da integração ao longo de toda a distribuição de carga (Eq. 19.7). Os Exemplos 19.5 e 19.6 demonstram tais procedimentos.

Considere simetrias ao lidar tanto com uma distribuição de cargas pontuais quanto com uma distribuição de carga contínua. Tire vantagem de qualquer simetria no sistema que você tenha observado na etapa de conceitualização para simplificar os cálculos. O cancelamento de componentes de campo perpendiculares ao eixo no Exemplo 19.6 é um exemplo da aplicação de simetria.

4. **Finalização** Verifique se a sua expressão de campo elétrico é consistente com a representação mental e se reflete qualquer simetria que você anotou anteriormente. Imagine parâmetros variáveis, como a distância do ponto de observação das cargas ou o raio de quaisquer objetos circulares, para ver se os resultados matemáticos se alteram de uma forma razoável.

Exemplo **19.5** | O campo elétrico gerado por uma haste carregada

Uma haste de comprimento ℓ tem uma carga positiva uniforme por unidade de comprimento λ e uma carga total de Q. Calcule o campo elétrico em um ponto P que está localizado ao longo do eixo da haste e uma distância a de uma ponta (Fig. 19.14).

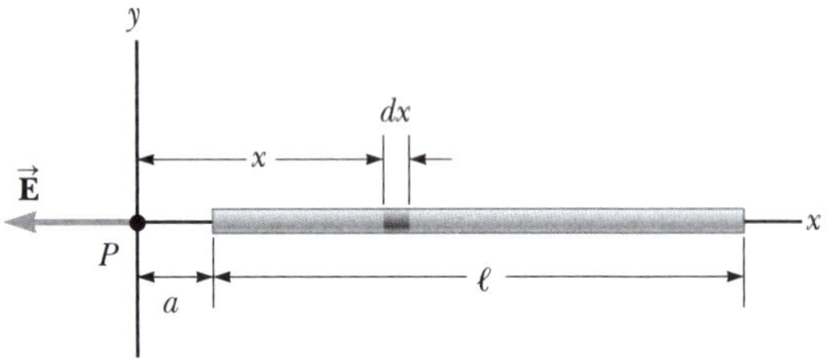

SOLUÇÃO

Conceitualização O campo $d\vec{E}$ em P, devido a cada segmento de carga na haste, está na direção x negativa, já que cada segmento carrega uma carga positiva.

Figura 19.14 (Exemplo 19.5) O campo elétrico em P gerado por uma haste uniforme carregada e deitada ao longo do eixo x.

Categorização Como a haste é contínua, estamos avaliando o campo gerado por uma distribuição de cargas contínuas em vez de um grupo de cargas individuais. Uma vez que cada segmento da haste produz um campo elétrico na direção x negativa, a soma das suas contribuições pode ser manuseada sem a necessidade da adição de vetores.

Análise Vamos assumir que a haste é deitada ao longo do eixo x, dx é o comprimento de um segmento pequeno, e dq é a carga do referido segmento. Como a haste tem uma carga por unidade de comprimento λ, a carga dq no pequeno segmento é $dq = \lambda\,dx$.

Encontre o módulo do campo elétrico em P devido a um segmento da haste tendo uma carga dq:

$$dE = k_e \frac{dq}{x^2} = k_e \frac{\lambda\,dx}{x^2}$$

Encontre o campo total em P usando[6] a Equação 19.7:

$$E = \int_a^{\ell+a} k_e \lambda \frac{dx}{x^2}$$

Notando que k_e e $\lambda = Q/\ell$ são constantes e podem ser removidos da integral, calcule-a:

$$E = k_e \lambda \int_a^{\ell+a} \frac{dx}{x^2} = k_e \lambda \left[-\frac{1}{x}\right]_a^{\ell+a}$$

$$(1) \quad E = k_e \frac{Q}{\ell}\left(\frac{1}{a} - \frac{1}{\ell+a}\right) = \boxed{\frac{k_e Q}{a(\ell+a)}}$$

Finalização Se $a \to 0$, que corresponde a deslizar a barra para a esquerda até que a sua extremidade esquerda esteja na origem, então $E \to \infty$. Isso representa a condição na qual o ponto de observação P está a uma distância nula da carga na extremidade da haste, de modo que o campo se torna infinito. Exploramos grandes valores de a abaixo.

E se? Suponha que o ponto P esteja muito longe da haste. Qual é a natureza do campo elétrico em tal ponto?

continua

---

[6] Para realizar integração como esta, primeiro expresse o elemento de carga dq em termos de outras variáveis em uma integral. (Neste exemplo, existe uma variável, x, então fazemos a mudança $dq = \lambda\,dx$.) Portanto, a integral deve ter mais de escala quantitativa, expressando o campo elétrico em termos de componentes, se necessário. (Neste exemplo, o campo tem apenas um componente x, de modo que esse detalhe não é preocupante.) Em seguida, reduza a sua expressão para uma integral sobre uma única variável (ou integrais múltiplas, cada uma sobre uma única variável). Nos exemplos que têm simetria esférica ou cilíndrica, a única variável é uma coordenada radial.

19.5 cont.

Resposta Se P está longe da haste ($a \gg \ell$), então ℓ no denominador da Equação (1) pode ser desprezado e $E \approx k_e Q/a^2$. Isso é exatamente a forma que você esperaria de uma carga pontual. Portanto, em grandes proporções de a/ℓ, a distribuição de carga parece ser uma carga pontual de módulo Q; o ponto P está tão longe da haste que não é possível distinguir que este tenha um tamanho. O uso da técnica limite ($a/\ell \to \infty$) é muitas vezes um bom método para verificar uma expressão matemática.

Exemplo 19.6 | O campo elétrico de um anel uniformemente carregado

Um anel de raio a carrega uma carga positiva total distribuída uniformemente Q. Calcule o campo elétrico, gerado pelo anel no ponto P a uma distância x partindo do seu centro, ao longo do eixo central perpendicular ao plano do anel (Fig. 19.15a).

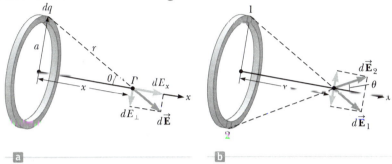

Figura 19.15 (Exemplo 19.6) Um anel uniformemente carregado de raio a. (a) O campo de P no eixo x, devido a um elemento de carga dq. (b) O campo elétrico total em P está ao longo do eixo x. O componente perpendicular do campo em P gerado pelo segmento 1 é cancelado pelo componente perpendicular gerado pelo segmento 2.

SOLUÇÃO

Conceitualização A Figura 19.15a mostra a contribuição do campo elétrico $d\vec{E}$ em P gerado de um só segmento de carga no topo do anel. Este vetor de campo pode ser dividido em componentes dE_x paralelo ao eixo do anel e $dE_\perp$ perpendicular ao eixo. A Figura 19.15b mostra as contribuições de campo elétrico de dois segmentos, em lados opostos do anel. Devido à simetria da situação, os componentes perpendiculares ao campo se cancelam. Isso é verdade para todos os pares de segmentos ao redor do anel, então podemos ignorar o componente perpendicular do campo e se concentrar apenas nos componentes paralelos, que simplesmente se adicionam.

Categorização Como o anel é contínuo, estamos avaliando o campo como se fosse uma distribuição de cargas contínuas, ao invés de um grupo de cargas individuais.

Análise Avalie a componente paralela de um campo elétrico de contribuição a partir de um segmento de carga dq no anel:

$$(1) \quad dE_x = k_e \frac{dq}{r^2} \cos\theta = k_e \frac{dq}{a^2 + x^2} \cos\theta$$

Da geometria na Figura 19.15a, calcule $\cos\theta$:

$$(2) \quad \cos\theta = \frac{x}{r} = \frac{x}{(a^2 + x^2)^{1/2}}$$

Substitua a Equação (2) na Equação (1):

$$dE_x = k_e \frac{dq}{a^2 + x^2} \frac{x}{(a^2 + x^2)^{1/2}} = \frac{k_e x}{(a^2 + x^2)^{3/2}} dq$$

Todos os segmentos do anel fazem a mesma contribuição para o campo em P, porque todos eles são equidistantes a partir deste ponto. Integre para obter o campo total em P:

$$E_x = \int \frac{k_e x}{(a^2 + x^2)^{3/2}} dq = \frac{k_e x}{(a^2 + x^2)^{3/2}} \int dq$$

$$(3) \quad E = \frac{k_e x}{(a^2 + x^2)^{3/2}} Q$$

Finalização Este resultado mostra que o campo é zero em $x = 0$. Isso é consistente com a simetria no problema? Além disso, note que a Equação (3) se reduz a $k_e Q/x^2$ se $x \gg a$, assim o anel funciona como uma carga pontual para locais distantes do anel.

E se? Suponhamos que uma carga negativa seja colocada no centro do anel na Figura 19.15 e ligeiramente deslocada por uma distância $x \ll a$ ao longo do eixo x. Quando a carga é liberada, que tipo de movimento ela exibe?

continua

19.6 cont.

Resposta Na expressão para o campo gerada pelo anel de carga, fazendo $x \ll a$, o que resulta em

$$E_x = \frac{k_e Q}{a^3} x$$

Portanto, da Equação de 19.4, a força exercida sobre uma carga $-q$ colocada perto do centro do anel é

$$F_x = -\frac{k_e q Q}{a^3} x$$

Como essa força tem a forma da lei de Hooke (Eq. 12.1), o movimento da carga negativa é *harmônico simples*!

19.6 | Linhas de campos elétricos

A representação gráfica especializada conveniente para a visualização de padrões de campo elétrico é criada por linhas desenhadas que mostram a direção do vetor do campo elétrico em qualquer ponto. Estas linhas, denominadas **linhas de campo elétrico**, estão relacionadas com o campo elétrico em qualquer região do espaço da seguinte forma:

- O vetor do campo elétrico $\vec{E}$ é *tangente* à linha de campo elétrico em cada ponto.
- O número de linhas de campo elétrico por unidade de área através de uma superfície que é perpendicular às linhas é proporcional ao módulo do campo elétrico na região. Portanto, E é grande onde as linhas de campo estão perto uma das outras e pequeno onde elas estão longe uma das outras.

Estas propriedades são ilustradas na Figura 19.16. A densidade de linhas através da superfície A é maior que a densidade de linhas através da superfície B. Portanto, o módulo do campo elétrico na superfície A é maior que na superfície B. Além disso, o campo desenhado na Figura 19.16 não é uniforme porque as linhas em diferentes locais apontam em direções diferentes.

Algumas representações de linhas de campo elétrico para uma única carga pontual positiva são demonstradas na Figura 19.17a. Note que nesta representação bidimensional mostramos apenas as linhas de campo que se situam no plano da página. As linhas são realmente dirigidas radialmente para fora em *todas* as direções a partir da carga, parecendo com os espinhos de um porco-espinho.

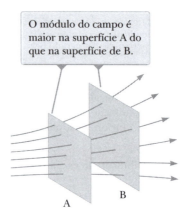

Figura 19.16 Linhas do campo elétrico penetrando duas superfícies.

Como uma partícula teste de carga positiva colocada nesse campo seria repelida pela carga q, as linhas são direcionadas radialmente longe de q. Da mesma forma, as linhas de campo elétrico para uma única carga pontual negativa são direcionadas para a carga (Fig. 19.17b). Em ambos os casos, as linhas são radiais e se estendem até o infinito. Note que as linhas estão mais juntas conforme se aproximam da carga, indicando que o módulo do campo está aumentando. As linhas de campo elétrico acabam na Figura 19.17a e começam na Figura 19.17b em cargas hipotéticas que assumimos estarem localizadas infinitamente longe.

Esta visualização do campo elétrico em termos de linhas de campo é consistente com a Equação 19.5? Para responder a esta questão, considere uma superfície imaginária de raio r, concêntrica com a carga. Da simetria, vemos que o módulo do campo elétrico é o mesmo em todos os pontos da superfície da esfera. O número de linhas

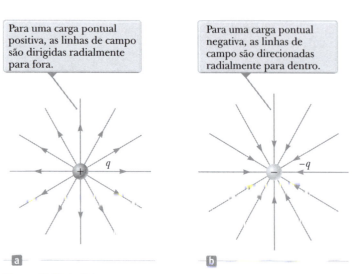

Figura 19.17 As linhas de campo elétrico de uma carga pontual. Note que as figuras mostram apenas as linhas de campo que se situam no plano da página.

N emergentes da carga é igual ao número penetrando na superfície esférica. Assim, o número de linhas por unidade de área na esfera é $N/4\pi r^2$ (onde a área da superfície da esfera é $4\pi r^2$). Como E é proporcional ao número de linhas por unidade de área, vemos que E varia de $1/r^2$. Este resultado é consistente com a obtida a partir da Equação 19.5, isto é, $E = k_e q/r^2$.

As regras para o desenho das linhas de campo elétrico para qualquer distribuição de carga são as seguintes:

> **Prevenção de Armadilhas | 19.2**
>
> **Linhas do campo elétrico não são trajetórias de partículas**
> Linhas de campo elétrico representam o campo em várias localidades. Exceto em casos muito especiais, eles não representam a trajetória de uma partícula carregada lançada em um campo elétrico.

- As linhas devem começar numa carga positiva e terminar numa carga negativa. No caso de excesso de um tipo de carga, algumas linhas vão começar ou terminar infinitamente longe.
- O número de linhas desenhadas deixando uma carga positiva ou se aproximando de uma carga negativa é proporcional ao módulo da carga.
- Duas linhas de campo não podem se cruzar.

Como carga é quantizada, o número de linhas que deixam qualquer objeto com carga positiva deve ser 0, ae, $2ae$, ... , onde a é uma constante de proporcionalidade arbitrária (no entanto, fixa) escolhida pelo desenhista das linhas. Uma vez que a é escolhido, o número de linhas deixa de ser arbitrário. Por exemplo, se o objeto 1 tem uma carga Q_1 e objeto 2 tem carga Q_2, a relação entre o número de linhas ligadas ao objeto 2 para aquelas ligadas ao objeto 1 é $N_2/N_1 = Q_2/Q_1$.

As linhas de campo elétrico para duas cargas pontuais de mesmo módulo, mas sinais opostos (o dipolo elétrico) são mostrados na Figura 19.18. Neste caso, o número de linhas que começam na carga positiva deve se igualar ao número de linhas que terminam na carga negativa. Nos pontos próximos das cargas, as linhas são quase radiais. A alta densidade de linhas entre as cargas indica uma região de forte campo elétrico. A natureza atrativa da força entre as partículas é também sugerida pela Figura 19.18, com as linhas de uma partícula terminando em outra partícula.

A Figura 19.19 mostra as linhas de campo elétrico nas proximidades de duas cargas pontuais positivas iguais. Mais uma vez, perto de quaisquer das cargas as linhas são quase radiais. O mesmo número de linhas emerge de cada partícula, porque as cargas são iguais em módulo, e terminam em cargas hipotéticas infinitamente longe. A grandes distâncias das partículas, o campo é aproximadamente igual ao de uma carga pontual única de módulo $2q$. A natureza repulsiva da força elétrica entre as partículas de mesma carga é mostrada na figura em que não existem linhas conectando as partículas e que as linhas se curvam para fora da região entre as cargas.

Finalmente, esboçamos as linhas de campo elétrico associadas com uma carga pontual positiva $+2q$ e uma carga pontual negativa $-q$ na Figura Ativa 19.20. Neste caso, o número de linhas que saem de $+2q$ é o dobro do número de linhas terminando em $-q$. Por isso, apenas metade das linhas que saem da extremidade de carga positiva terminam na carga negativa. A metade restante termina em cargas negativas hipotéticas infinitamente longe. Em grandes distâncias das partículas (grande em comparação com a separação de partícula), as linhas de campo elétrico são equivalentes às de uma única carga pontual $+q$.

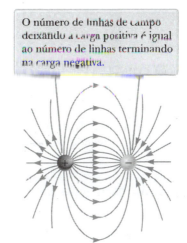

Figura 19.18 As linhas de campo elétrico para duas cargas de mesmo módulo e sinal oposto (um dipolo elétrico).

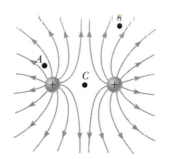

Figura 19.19 As linhas de campo elétrico para duas cargas pontuais positivas. (Os locais A, B e C são discutidos no Problema 19.5.)

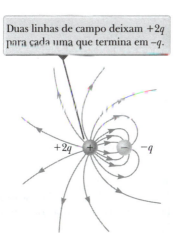

Figura Ativa 19.20 As linhas de campo elétrico para uma carga pontual $+2q$ e uma segunda carga pontual $-q$.

TESTE RÁPIDO 19.5 Ordene os módulos do campo elétrico nos pontos A, B e C na Figura 19.19 (maior módulo primeiro).

19.7 | Movimento de partículas carregadas em um campo elétrico uniforme

Quando uma partícula de carga q e massa m é colocada num campo elétrico $\vec{E}$, a força elétrica exercida sobre a carga é dada pela Equação 19.4, $\vec{F}_e = q\vec{E}$. Se esta força é a única exercida sobre a partícula, ela é a força resultante. Se outras forças também atuarem sobre a partícula, a força elétrica é simplesmente adicionada às outras forças vetorialmente para determinar a força resultante. De acordo com o modelo de partícula sob força resultante do Capítulo 4, a força resultante faz com que a partícula acelere. Se a força elétrica é a única força sobre a partícula, a segunda lei de Newton aplicada à partícula nos dá

$$\vec{F}_e = q\vec{E} = m\vec{a}$$

A aceleração de partícula é, portanto

$$\vec{a} = \frac{q\vec{E}}{m} \qquad \text{19.11} \blacktriangleleft$$

Se $\vec{E}$ é uniforme (isto é, constante em módulo e direção), a aceleração é constante e o modelo de análise de partícula sob aceleração constante pode ser usado para descrever o movimento da partícula. Se a partícula tem uma carga positiva, sua aceleração é em direção ao campo elétrico. Se a partícula tem uma carga negativa, sua aceleração é no sentido oposto ao campo elétrico.

Exemplo 19.7 | Acelerando uma carga positiva: dois modelos

Um campo elétrico uniforme $\vec{E}$ é direcionado ao longo do eixo x paralelo entre placas de carga separadas por uma distância d como mostrado na Figura 19.21. A carga pontual positiva q de massa m é liberada a partir do repouso em um ponto Ⓐ próximo à placa positiva e acelera até um ponto Ⓑ próximo à placa negativa.

(A) Encontre a velocidade da partícula em Ⓑ modelando-a como uma partícula com aceleração constante.

SOLUÇÃO

Conceitualização Quando a carga positiva é colocada em Ⓐ, ela experimenta uma força elétrica para a direita na Figura 19.21, devido ao campo elétrico voltado para a direita.

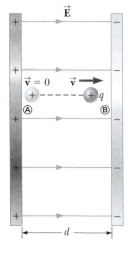

Figura 19.21 (Exemplo 19.7) Uma carga pontual positiva q num campo elétrico uniforme $\vec{E}$ sofre uma aceleração constante na direção do campo.

Categorização Como o campo elétrico é uniforme, uma força elétrica constante atua sobre a carga. Portanto, como sugerido no problema proposto, a carga pontual pode ser modelada como uma partícula carregada em aceleração constante.

Análise Utilize a Equação 2.14 para expressar a velocidade da partícula como uma função de posição:

$$v_f^2 = v_i^2 + 2a(x_f - x_i) = 0 + 2a(d - 0) = 2ad$$

Resolva para v_f e substitua para o módulo da aceleração a partir da Equação 19.11:

$$v_f = \sqrt{2ad} = \sqrt{2\left(\frac{qE}{m}\right)d} = \sqrt{\frac{2qEd}{m}}$$

continua

19.7 cont.

(B) Encontre a velocidade da partícula em Ⓑ modelando-a como um sistema não isolado.

SOLUÇÃO

Categorização A declaração do problema nos diz que a carga é um sistema não isolado. Energia é transferida para esta carga pelo trabalho realizado pela força elétrica exercida sobre a carga. A configuração inicial do sistema é quando a partícula está em Ⓐ, e a configuração final é quando está em Ⓑ.

Análise Escreva a equação de redução de conservação de energia apropriada, Equação 7.2, para o sistema da partícula carregada:

$$W = \Delta K$$

Substitua o trabalho e a energia cinética pelos valores apropriados para essa situação:

$$F_e \Delta x = K_Ⓑ - K_Ⓐ = \tfrac{1}{2} m v_f^2 - 0 \rightarrow v_f = \sqrt{\frac{2 F_e \Delta x}{m}}$$

Substitua para a força elétrica F_e e o deslocamento Δx:

$$v_f = \sqrt{\frac{2(qE)(d)}{m}} = \boxed{\sqrt{\frac{2qEd}{m}}}$$

Finalização A resposta da parte (B) é a mesma que a da parte (A), como se esperaria.

Exemplo 19.8 | Um elétron acelerado

Um elétron entra na região de um campo elétrico uniforme como demonstrado na Figura Ativa 19.22, com $v_i = 3,00 \times 10^6$ m/s e $E = 200$ N/C. O comprimento horizontal dos planos é $\ell = 0,100$ m.

(A) Encontre a aceleração do elétron enquanto o mesmo se encontra no campo elétrico.

SOLUÇÃO

Conceitualização Este exemplo difere do anterior, pois a velocidade da partícula carregada é inicialmente perpendicular às linhas do campo elétrico. (No Exemplo 19.7, a velocidade das partículas carregadas é sempre paralela às linhas do campo elétrico.) Como resultado, o elétron no exemplo segue uma curva como mostrado na Figura Ativa 19.22.

Categorização Como o campo elétrico é uniforme, uma força elétrica constante é exercida sobre o elétron. Para encontrar a aceleração do elétron, podemos modelá-lo como uma partícula sob uma força resultante.

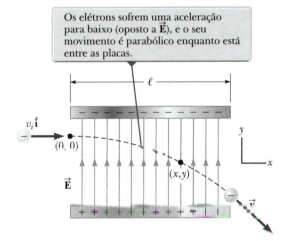

Figura Ativa 19.22 (Exemplo 19.8) Um elétron é projetado horizontalmente em um campo elétrico uniforme produzido por duas placas carregadas.

Análise A direção da aceleração dos elétrons é para baixo como mostra a Figura Ativa 19.22, em direção oposta às linhas de campo elétrico.

O modelo de partícula sob força resultante foi utilizado para desenvolver a Equação 19.11 no caso em que a força elétrica é a única força exercida sobre a partícula. Use esta equação para avaliar o componente y de aceleração do elétron:

$$a_y = -\frac{eE}{m_e}$$

Substitua valores numéricos:

$$a_y = -\frac{(1,60 \times 10^{-19}\text{C})(200 \text{ N/C})}{9,11 \times 10^{-31}\text{kg}} = -3,51 \times 10^{13} \text{m/s}^2$$

continua

19.8 cont.

(B) Assumindo que o elétron entra no campo no tempo $t = 0$, encontre o tempo no qual este deixa o campo.

SOLUÇÃO

Categorização Como a força elétrica atua apenas no sentido vertical na Figura Ativa 19.22, o movimento da partícula na direção horizontal pode ser analisado moldando-o como uma partícula com velocidade constante.

Análise Resolva a Equação 2.5 para o momento em que o elétron chega ao limite na direita das placas:

$$x_f = x_i + v_x t \rightarrow t = \frac{x_f - x_i}{v_x}$$

Substitua valores numéricos:

$$t = \frac{\ell - 0}{v_x} = \frac{0{,}100\,\text{m}}{3{,}00 \times 10^6\,\text{m/s}} = 3{,}33 \times 10^{-8}\,\text{s}$$

Finalização Nós desprezamos a força gravitacional atuando sobre o elétron, o que representa uma boa aproximação quando se lida com partículas atômicas. Para um campo elétrico de 200 N/C, a relação entre o módulo da força elétrica eE com o módulo da força de gravitação mg é da ordem de 10^{12} para um elétron e da ordem de 10^9 para um próton.

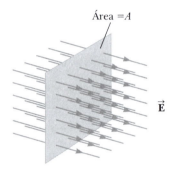

Figura 19.23 Linhas de campo de um campo elétrico uniforme penetrando em uma área plana A perpendicular ao campo. O fluxo elétrico Φ_E através desta área é igual a EA.

19.8 | Fluxo elétrico

Agora que descrevemos o conceito de linhas de campo elétrico qualitativamente, vamos usar um novo conceito, o *fluxo elétrico*, para abordar as linhas de campo elétrico em uma base quantitativa. Fluxo elétrico é uma grandeza proporcional ao número de linhas de campo elétrico que penetram em alguma superfície. (Podemos definir apenas uma proporcionalidade porque o número de linhas que escolhemos desenhar é arbitrário.)

Primeiro, considere um campo elétrico que é uniforme em módulo e direção como na Figura 19.23. As linhas de campo penetram uma superfície plana retangular de área A, que é perpendicular ao campo. Lembre-se de que o número de linhas por unidade de área é proporcional ao módulo do campo elétrico. O número de linhas que penetram na superfície da área A é, portanto, proporcional ao produto EA. O produto do módulo do campo elétrico E, e uma área de superfície A perpendicular ao campo é chamado **fluxo elétrico** Φ_E:

$$\Phi_E = EA \qquad \text{19.12} \blacktriangleleft$$

A partir das unidades SI de E e A, vemos que o fluxo elétrico tem unidades de $\text{N} \cdot \text{m}^2/\text{C}$.

Se a superfície em questão não é perpendicular ao campo, o número de linhas através dela deve ser menor que o dado pela Equação 19.12. Este conceito pode ser compreendido considerando a Figura 19.24, onde a normal à superfície de área A está num ângulo θ com o campo elétrico uniforme. Note que o número de linhas que atravessam esta área é igual ao número que atravessa a área projetada $A_\perp$, que é perpendicular ao campo. Da Figura 19.24, vemos que as duas áreas são relacionadas a $A_\perp = A \cos \theta$. Como o fluxo através da área A é igual ao fluxo que passa por $A_\perp$, podemos concluir que o fluxo desejado é

$$\Phi_E = EA \cos \theta \qquad \text{19.13} \blacktriangleleft$$

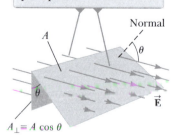

Figura 19.24 Linhas de campo representando um campo elétrico uniforme penetrando uma área A que se encontra num ângulo θ com o campo.

A partir deste resultado, vemos que o fluxo através de uma superfície de área fixa tem o valor máximo AE quando o ângulo θ entre a normal à superfície e o campo elétrico é zero. Esta situação ocorre quando a normal é paralela ao campo e a superfície é perpendicular ao campo. O fluxo é zero quando a superfície é paralela ao campo porque o ângulo θ na Equação 19.13 é então 90°.

Nas situações mais gerais, o campo elétrico pode variar tanto em módulo quanto em direção ao longo da superfície em questão. A menos que o campo seja uniforme, a nossa definição de fluxo dada pela Equação 19.13 só tem sentido ao longo de um pequeno elemento de área. Considere uma superfície geral dividida em um grande número de pequenos elementos, cada um de área ΔA. A variação no campo elétrico ao longo do elemento pode ser ignorada se o elemento for suficientemente pequeno. É conveniente definir um vetor $\Delta \vec{A}_i$ cujo módulo representa a área do i-ésimo elemento e cuja direção é definida para ser perpendicular à superfície como na Figura 19.25. O fluxo elétrico $\Delta \Phi_E$ através deste pequeno elemento é

$$\Delta \Phi_E = E_i \Delta A_i \cos \theta_i = \vec{E}_i \cdot \Delta \vec{A}_i$$

onde usamos a definição do produto escalar de dois vetores ($\vec{A} \cdot \vec{B} = AB \cos \theta$). Somando as contribuições de todos os elementos, obtemos o fluxo total através da superfície. Se deixarmos a área de cada elemento chegar a zero, o número de elementos se aproxima do infinito e a soma é substituída por uma integral. A definição geral de fluxo elétrico é, portanto,

$$\Phi_E \equiv \lim_{\Delta A_i \to 0} \sum \vec{E}_i \cdot \Delta \vec{A}_i = \int_{\text{superfície}} \vec{E} \cdot d\vec{A} \qquad 19.14 \quad \blacktriangleright \text{Fluxo elétrico}$$

A Equação 19.14 é uma integral de superfície, que deve ser avaliada ao longo da superfície em questão. Em geral, o valor de Φ_E depende tanto do padrão de campo quanto da superfície especificada.

Teremos muitas vezes que nos interessar em avaliar fluxo elétrico através de uma *superfície fechada*. Uma superfície fechada é definida como aquela que divide o espaço completamente em uma região interior e uma região exterior, de forma que o movimento não pode ter lugar começando em uma região e terminando em outra sem penetrar na superfície. Esta definição é semelhante à de solução de contorno em modelos de sistema, em que o limite divide os espaços entre uma região dentro do sistema e a região exterior, o ambiente. A superfície de uma esfera é um exemplo de uma superfície fechada, enquanto um copo de bebida é uma superfície aberta.

Considere a superfície fechada na Figura Ativa 19.26. Note que os vetores $\Delta \vec{A}_i$ apontam em direções diferentes nos vários elementos de superfície. Em cada ponto, estes vetores são *perpendiculares* à superfície e, por convenção, sempre apontam *para fora* da região interior. No elemento rotulado ①, $\vec{E}$ é para fora e $\theta_i < 90°$; portanto, o fluxo $\Delta \Phi_E = \vec{E} \cdot \Delta \vec{A}_i$ através deste elemento é positivo. Para o elemento ②, as linhas do campo tocam levemente a superfície (perpendicular ao vetor $\Delta \vec{A}_i$). Portanto, $\theta_i = 90°$ e o fluxo é zero. Para elementos como ③, onde as linhas de campo estão atravessando a superfície do exterior para o interior, $180° > \theta_i > 90°$ e o fluxo é negativo porque $\cos \theta_i$ é negativo.

O fluxo total através da superfície é proporcional ao número total de linhas que penetram na superfície, em que o número total significa o número deixando o volume rodeado pela superfície menos o número que entra no volume. Se mais linhas estão deixando a superfície do que entrando, o fluxo total é positivo. Se mais linhas estão entrando do que saindo da superfície, o fluxo total é negativo. Usando o símbolo $\oint$ para representar uma integral sobre uma superfície fechada, pode-se escrever o fluxo total Φ_E através de uma superfície fechada como

$$\Phi_E \equiv \oint \vec{E} \cdot d\vec{A} = \oint E_n dA \qquad 19.15 \quad \blacktriangleleft$$

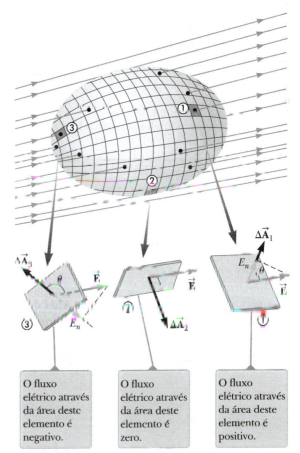

Figura 19.25 Um pequeno elemento de uma superfície da área ΔA_i.

Figura Ativa 19.26 Uma superfície fechada em um campo elétrico. Os vetores de área são, por convenção, perpendiculares à superfície e apontam para fora.

em que E_n representa o componente do campo elétrico perpendicular à superfície.

Avaliar o fluxo total através de uma superfície fechada pode ser muito complicado. No entanto, se o campo é perpendicular ou paralelo à superfície em cada ponto e de módulo constante, o calculo é simples. O exemplo a seguir ilustra esse ponto.

Exemplo 19.9 | Fluxo através de um cubo

Considere um campo elétrico uniforme $\vec{E}$ orientado na direção x no espaço vazio. Um cubo de lado ℓ é colocado no campo, orientado como mostra na Figura 19.27. Encontre o fluxo elétrico total através da superfície do cubo.

SOLUÇÃO

Conceitualização Examine cuidadosamente a Figura 19.27. Observe que as linhas de campo elétrico atravessam duas faces perpendicularmente e são paralelos a quatro outros lados do cubo.

Categorização Avaliamos o fluxo por sua definição, de modo a categorizar este exemplo como um problema de substituição.

O fluxo através de quatro dos lados (③, ④ e os lados não numerados) é zero porque a $\vec{E}$ é paralelo aos quatro lados e consequentemente perpendicular a $d\vec{A}$ nesses lados.

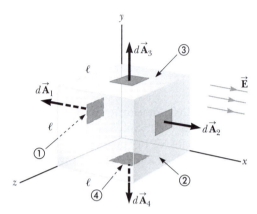

Figura 19.27 (Exemplo 19.9) Uma superfície fechada na forma de cubo em um campo elétrico uniforme orientado paralelamente ao eixo x. Lado ④ é o fundo do cubo, e lado ① é oposto ao lado ②.

Escreva as integrais para o fluxo total através dos lados ① e ②:

$$\Phi_E = \int_1 \vec{E} \cdot d\vec{A} + \int_2 \vec{E} \cdot d\vec{A}$$

Para o lado ①, $\vec{E}$ é constante e dirigido para dentro, mas $d\vec{A}_1$ é direcionado para fora ($\theta = 180°$). Encontre o fluxo através deste lado:

$$\int_1 \vec{E} \cdot d\vec{A} = \int_1 E(\cos 180°)\, dA = -E\int_1 dA = -EA = E\ell^2$$

Para o lado ②, $\vec{E}$ é constante e para fora e na mesma direção que $d\vec{A}_2$ ($\theta = 0°$) Encontre o fluxo através desse lado:

$$\int_2 \vec{E} \cdot d\vec{A} = \int_2 E(\cos 0°)\, dA = E\int_2 dA = +EA = E\ell^2$$

Encontre o fluxo total, somando o fluxo sobre todos os seis lados:

$$\Phi_E = -E\ell^2 + E\ell^2 + 0 + 0 + 0 + 0 = \boxed{0}$$

19.9 | Lei de Gauss

Nesta seção, descrevemos uma relação geral entre o fluxo elétrico total através de uma superfície fechada e a carga delimitada pela superfície. Essa relação, conhecida como **lei de Gauss**, é de fundamental importância no estudo de campos eletrostáticos.

Primeiro, vamos considerar uma carga pontual positiva q localizada no centro de uma superfície esférica de raio r como na Figura 19.28. As linhas de campo irradiam para fora e, portanto, ficam perpendiculares (ou normais) à superfície em cada ponto. Isto é, em cada ponto na superfície, $\vec{E}$ está em paralelo com o vetor $\Delta \vec{A}_i$, que representa o elemento local da área ΔA_i. Por isso, em todos os pontos da superfície,

$$\vec{E} \cdot \Delta \vec{A}_i = E_n \Delta A_i = E \Delta A_i$$

e, da Equação 19.15, encontramos que o fluxo total sobre a superfície é

$$\Phi_E = \oint E_n dA = \oint E\, dA = E \oint dA = EA$$

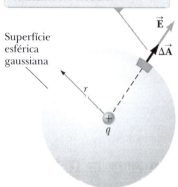

Figura 19.28 Uma superfície esférica de raio r em torno de uma carga pontual q.

porque E é constante ao longo da superfície. Da Equação 19.5, sabemos que o módulo de campo elétrico em todos os lugares na superfície da esfera é $E = k_e q/r^2$. Além disso, para uma superfície esférica, $A = 4\pi r^2$ (área da superfície de uma esfera). Assim, o fluxo total através da superfície é

$$\Phi_E = EA = \left(\frac{k_e q}{r^2}\right)(4\pi r^2) = 4\pi k_e q$$

Recordando que $k_e = 1/4\pi\varepsilon_0$, podemos escrever esta expressão na forma

$$\Phi_E = \frac{q}{\varepsilon_0} \qquad \text{19.16} \blacktriangleleft$$

Este resultado, que é independente de r, diz que o fluxo total através de uma superfície esférica é proporcional à carga q no centro do *interior* da superfície. Esse resultado representa matematicamente que (1) o fluxo total é proporcional ao número de linhas de campo, (2) o número de linhas de campo é proporcional à carga no interior da superfície, e (3) todas as linhas de campo da carga devem passar através da superfície. O fato de o fluxo total ser independente do raio é uma consequência da dependência do inverso do quadrado do campo elétrico dado pela Equação 19.5. Isto é, E varia $1/r^2$, mas a área da esfera varia r^2. O seu efeito combinado produz um fluxo que é independente de r.

Agora, considere várias superfícies fechadas em torno de uma carga q como na Figura 19.29. A Superfície S_1 é esférica, enquanto as superfícies S_2 e S_3 não são esféricas. O fluxo que passa através da superfície S_1 tem o valor de q/ε_0. Como discutimos na Seção 19.8, o fluxo é proporcional ao número de linhas do campo elétrico que passam pela superfície. A construção na Figura 19.29 mostra que o número de linhas de campo elétrico através da superfície esférica S_1 é igual ao número de linhas de campo elétrico através das superfícies não esféricas S_2 e S_3. Portanto, é razoável concluir que o fluxo total através de qualquer superfície fechada é independente da forma da referida superfície. (Pode-se provar esta conclusão usando $E \propto 1/r^2$.) Na verdade,

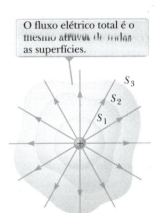

Figura 19.29 Superfícies fechadas de várias formas em torno de uma carga positiva.

> o fluxo total através de toda superfície fechada ao redor da carga pontual q é dada por q/ε_0 e é independente da posição da carga no interior da superfície.

Agora considere uma carga pontual localizada fora de uma superfície fechada de forma arbitrária, no formato da Figura 19.30. Como você pode ver a partir desta construção, linhas de campo elétrico entram na superfície e, em seguida, saem. Portanto, o número de linhas de campo elétrico que entram na superfície é igual ao número de linhas que deixam a superfície. Consequentemente, concluímos que o fluxo elétrico total através de uma superfície fechada que não circunda nenhuma carga total é nula. Se aplicarmos esse resultado ao Exemplo 19.9, vemos que o fluxo total através do cubo é zero, porque não havia nenhuma carga no interior do cubo. Se houvesse carga no cubo, o campo elétrico não poderia ser uniforme em todo o cubo, conforme especificado no exemplo.

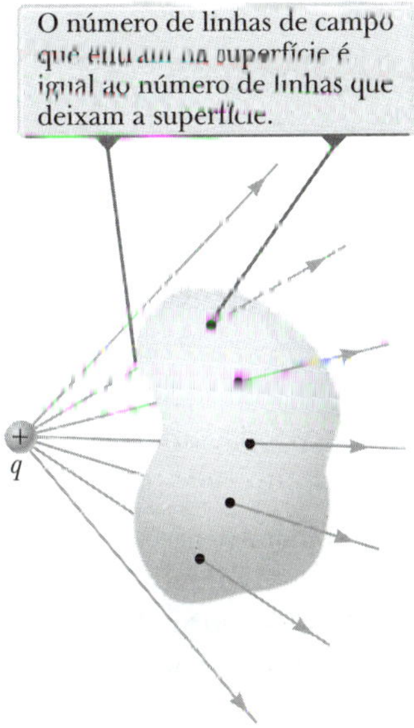

Vamos estender esses argumentos para o caso generalizado de muitas cargas pontuais. Devemos novamente fazer uso do princípio da superposição. Ou seja, pode-se expressar o fluxo total através de qualquer superfície fechada como

$$\oint \vec{E} \cdot d\vec{A} = \oint (\vec{E}_1 + \vec{E}_2 + \cdots) \cdot d\vec{A}$$

onde $\vec{E}$ é o total do campo de força em qualquer um dos pontos na superfície e $\vec{E}_1, \vec{E}_2, \ldots$ são os campos produzidos pelas cargas individuais neste ponto. Considere o sistema de cargas mostrado na Figura Ativa 19.31. A superfície S cerca apenas uma carga, q_1; portanto, o fluxo total através de S é q_1/ε_0. O fluxo através de S ocasionado pelas cargas de fora é zero porque cada linha de campo elétrico dessas cargas que entra S em um ponto o deixa em outro. A superfície S' cerca q_2

Figura 19.30 Uma carga pontual localizada fora de uma superfície fechada.

A carga q_4 não contribui para o fluxo através de nenhuma superfície porque ela está do lado de fora de todas as superfícies.

Figura Ativa 19.31 O fluxo elétrico total através de qualquer superfície fechada depende somente da carga dentro dessa superfície. O fluxo total através da superfície S é q_1/ε_0, o fluxo total através de S' é $(q_2 + q_3)/\varepsilon_0$, e o fluxo total através da superfície S'' é zero.

e q_3; portanto, o fluxo total através de S' é $(q_2 + q_3)/\varepsilon_0$. Finalmente, o fluxo total através da superfície S'' é zero porque não existe carga dentro da superfície. Ou seja, *todas* as linhas de campo elétrico que entram em S'' em um ponto deixam S'' em outro. Observe que a carga q_4 não contribui para o fluxo total através de nenhuma das superfícies porque está fora de todas as superfícies.

A **lei de Gauss**, que é uma generalização da discussão precedente, estabelece que o fluxo total através de qualquer superfície fechada é

$$\Phi_E = \oint \vec{E} \cdot d\vec{A} = \frac{q_{in}}{\varepsilon_0}$$ 19.17 ◀

onde q_{in} representa a *carga total no interior da superfície* e $\vec{E}$ representa o campo elétrico em qualquer ponto sobre a superfície. Em palavras, a lei de Gauss afirma que o fluxo elétrico total através de qualquer superfície fechada é igual à carga total no interior da superfície dividida por ε_0. A superfície fechada utilizada na lei de Gauss é chamada de **superfície gaussiana**.

A lei de Gauss é válida para o campo elétrico de qualquer sistema de cargas ou distribuição contínua de carga. Contudo, na prática, a técnica é útil para calcular o campo elétrico apenas em situações em que o grau de simetria é alto. Como veremos na próxima seção, a lei de Gauss pode ser usada para avaliar o campo elétrico para uma distribuição de carga de simetria esférica, cilíndrica ou plana. Fazemos esse procedimento ao escolher uma superfície gaussiana adequada que permita $\vec{E}$ ser removido da integral na lei de Gauss e executar a integração. Note que uma superfície gaussiana é uma superfície matemática e não precisa coincidir com qualquer superfície física real.

Prevenção de Armadilhas | 19.3

Fluxo zero não é campo zero
Em duas situações, existe zero fluxo atravessando uma superfície fechada, de modo que (1) não existem partículas carregadas dentro da superfície ou (2) não existem partículas carregadas dentro, mas a carga total no interior da superfície é zero. Para ambas as situações, é *incorreto* concluir que o campo elétrico na superfície é zero. A lei de Gauss estabelece que o *fluxo* é proporcional à carga dentro da superfície, não ao *campo* elétrico.

TESTE RÁPIDO 19.6 Se um fluxo total através de uma superfície gaussiana é zero, as quatro afirmações a seguir poderiam ser verdadeiras. Qual das afirmações deve ser verdadeira? (a) Não existe carga dentro da superfície. (b) A carga total dentro da superfície é zero. (c) O campo elétrico é zero sobre toda a superfície. (d) O número de linhas de campo elétrico entrando a superfície se iguala ao número de linhas deixando a superfície.

TESTE RÁPIDO 19.7 Considere uma distribuição de carga demonstrada pela Figura Ativa 19.31. (i) Quais cargas estão contribuindo para o *fluxo* elétrico total através da superfície S'? (a) q_1 somente (b) q_4 somente (c) q_2 e q_3 (d) todas as quarto cargas (e) nenhuma das cargas (ii) Quais são as cargas contribuindo para o *campo* elétrico total em um ponto escolhido S' na superfície? (a) q_1 somente (b) q_4 somente (c) q_2 e q_3 (d) todas as quarto cargas (e) nenhuma das cargas

▶ PENSANDO EM FÍSICA 19.1

Uma superfície gaussiana esférica rodeia uma carga pontual q. Descreva o que acontece com o fluxo total através da superfície, se (a) a carga é triplicada, (b) o volume da esfera é dobrada, (c) a superfície é alterada para um cubo, e (d) a carga é movida para outro local no interior da superfície.

Raciocínio (a) Se a carga é triplicada, o fluxo através da superfície também é triplicado porque o fluxo total é proporcional à carga no interior da superfície. (b) O fluxo total permanece constante quando o volume é alterado porque a superfície rodeia a mesma quantidade de carga, independentemente do seu volume. (c) O fluxo total não se altera quando a forma de superfície fechada muda. (d) O fluxo total através da superfície fechada permanece inalterado quando a carga no interior da superfície é transferida para outro local, desde que o novo local permaneça no interior da superfície. ◀

19.10 | Aplicação da lei de Gauss a vários distribuidores de cargas

Como mencionado anteriormente, a lei de Gauss é útil na determinação de campos elétricos quando a distribuição de carga tem um elevado grau de simetria. Os exemplos a seguir mostram formas de escolher a superfície gaussiana sobre as quais a integral de superfície dada pela equação 19.17 possa ser simplificada e o campo elétrico, determinado. A superfície deve ser escolhida para tirar vantagem da simetria da distribuição da carga, de modo que possamos remover E de sua integral e resolvê-la. O passo fundamental em aplicar da lei de Gauss é determinar uma superfície gaussiana útil. Essa superfície deve ser uma superfície fechada para a qual cada uma das porções de superfície satisfaça uma ou mais das seguintes condições:

1. O valor do campo elétrico pode ser dito constante por conta da simetria ao longo da porção da superfície.
2. O produto escalar na Equação 19.17 pode ser expresso como um produto algébrico simples $E\,dA$ porque $\vec{E}$ e $d\vec{A}$ são paralelos.
3. O produto escalar na Equação 19.17 é zero porque $\vec{E}$ e $d\vec{A}$ são perpendiculares.
4. O campo elétrico é zero ao longo da porção da superfície.

Note que diferentes porções da superfície gaussiana podem satisfazer diferentes condições contanto que cada porção satisfaça pelo menos uma condição. Veremos essas quatro condições utilizadas nos exemplos e discussões no restante deste capítulo. Se a distribuição de carga não tem simetria suficiente para que uma superfície gaussiana que satisfaça essas condições possa ser encontrada, a lei de Gauss não é útil para determinar o campo elétrico para tal distribuição de carga.

Exemplo 19.10 | Uma distribuição de carga esfericamente simétrica

Uma esfera sólida isolante de raio a possui uma densidade de carga de volume uniforme ρ e transporta uma carga total positiva Q (Fig. 19.32).

(A) Calcule o módulo do campo elétrico em um ponto fora da esfera.

SOLUÇÃO

Conceitualização Observe como esse problema difere de nossa discussão anterior da lei de Gauss. O campo elétrico devido às cargas pontuais foi discutido na Seção 19.9. Agora estamos considerando o campo elétrico devido a uma distribuição de carga. Encontramos o campo para várias distribuições de carga na Seção 19.5 integrando sobre a distribuição. Este exemplo demonstra uma diferença de nossas discussões na Seção 19.5. Neste exemplo, encontramos o campo elétrico usando a lei de Gauss.

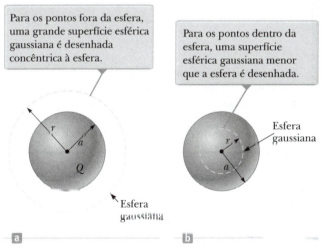

Figura 19.32 (Exemplo 19.10) Um isolante esférico carregado uniformemente com raio a e carga total Q. Em diagramas como este, a linha pontilhada representa a interseção da superfície gaussiana com o plano da página.

Categorização Como a carga é distribuída uniformemente em toda a esfera, a distribuição de carga tem simetria esférica e pode-se aplicar a lei de Gauss para encontrar o campo elétrico.

Análise Para refletir a simetria esférica, vamos escolher uma superfície esférica gaussiana de raio r, concêntrica com a esfera, como mostra a Figura 19.32a. Para essa escolha, a condição (2) é satisfeita por toda a superfície e $\vec{E} \cdot d\vec{A} = E\,dA$.

Substitua $\vec{E} \cdot d\vec{A}$ na lei de Gauss por $E\,dA$:

$$\Phi_E = \oint \vec{E} \cdot d\vec{A} = \oint E\,dA = \frac{Q}{\varepsilon_0}$$

Por simetria, E é constante em todos os lugares sobre a superfície, o que satisfaz a condição (1), de modo que podemos remover E da integral:

$$\oint E\,dA = E \oint dA = E(4\pi r^2) = \frac{Q}{\varepsilon_0}$$

continua

19.10 cont.

Resolva para E:

$$(1)\quad E = \frac{Q}{4\pi\varepsilon_0 r^2} = k_e \frac{Q}{r^2} \quad (\text{para } r > a)$$

Finalização Este campo é idêntico ao de uma carga pontual. Portanto, **o campo elétrico gerado por uma esfera de carga uniforme em uma região externa à esfera é** *equivalente* **ao de uma carga pontual localizada no centro da esfera.**

(B) Encontre o módulo do campo elétrico em um ponto dentro da esfera.

SOLUÇÃO

Análise Nesse caso, vamos escolher uma superfície esférica gaussiana tendo raio $r < a$, concêntrica com a esfera isolante (Figura 19.32b). Considere V' o volume dessa pequena esfera. Para aplicar a lei de Gauss nessa situação, reconheça que a carga q_{in} dentro da superfície gaussiana de volume V' é menor que Q.

Calcule q_{in} utilizando $q_{in} = \rho V'$:

$$q_{in} = \rho V' = \rho\left(\tfrac{4}{3}\pi r^3\right)$$

Note que as condições (1) e (2) são satisfeitas em todos os lugares da superfície gaussiana da Figura 19.32b. Aplique a lei de Gauss na região $r < a$:

$$\oint E\, dA = E \oint dA = E(4\pi r^2) = \frac{q_{in}}{\varepsilon_0}$$

Resolva para E e substitua para q_{in}:

$$E = \frac{q_{in}}{4\pi\varepsilon_0 r^2} = \frac{\rho\left(\tfrac{4}{3}\pi r^3\right)}{4\pi\varepsilon_0 r^2} = \frac{\rho}{3\varepsilon_0} r$$

Substitua $\rho = Q/\tfrac{4}{3}\pi a^3$ e $\varepsilon_0 = 1/4\pi k_e$:

$$(2)\quad E = \frac{Q/\tfrac{4}{3}\pi a^3}{3(1/4\pi k_e)} r = k_e \frac{Q}{a^3} r \quad (\text{para } r < a)$$

Finalização Este resultado para E difere do obtido na parte (A). Ele mostra que a $E \to 0$ conforme $r \to 0$. Portanto, o resultado elimina o problema que existiria em $r = 0$ se E variasse na proporção de $1/r^2$ no interior da esfera da mesma forma que faz do lado de fora da esfera. Isto é, se $E \propto 1/r^2$ para $r < a$, o campo seria infinito em $r = 0$, o que é fisicamente impossível. Note também que as Equações (1) e (2) dão ambas o mesmo valor do campo na superfície da esfera ($r = a$), mostrando que o campo é constante.

Exemplo 19.11 | Uma distribuição de carga cilindricamente simétrica

Encontre o campo elétrico a uma distância r de uma linha de carga positiva de comprimento infinito e carga constante por unidade de comprimento λ (Fig. 19.33a).

SOLUÇÃO

Conceitualização A linha de carga é infinitamente longa. Portanto, o campo é o mesmo em todos os pontos equidistantes da linha, independentemente da posição vertical do ponto na Figura 19.33a.

Categorização Como a carga é distribuída uniformemente ao longo da linha, a distribuição de carga tem simetria cilíndrica e podemos aplicar a lei de Gauss para encontrar o campo elétrico.

Análise A simetria da distribuição da carga exige que $\vec{E}$ seja perpendicular à linha de carga e dirigido para fora, como mostrado na Figura 19.33b.

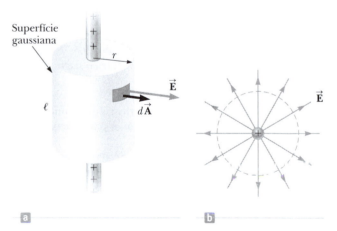

Figura 19.33 (Exemplo 19.11) (a) Uma linha infinita de carga cercada por uma superfície gaussiana cilíndrica concêntrica com a linha. (b) A vista por uma extremidade mostra que o campo elétrico na superfície cilíndrica é constante em módulo e perpendicular à superfície.

continua

19.11 cont.

Para refletir a simetria da distribuição da carga, vamos escolher uma superfície gaussiana cilíndrica de raio r e comprimento ℓ que é coaxial com a linha de carga. Para a parte curvada da superfície, $\vec{E}$ é constante em módulo e perpendicular à superfície em cada ponto, satisfazendo as condições (1) e (2). Além disso, o fluxo através das extremidades do cilindro gaussiano é zero porque o $\vec{E}$ é paralelo a estas superfícies. Essa é a primeira aplicação que vimos da condição (3).

Devemos tomar a integral de superfície na lei de Gauss sobre toda a superfície gaussiana. No entanto, como $\vec{E} \cdot d\vec{A}$ é zero para as extremidades planas do cilindro, podemos restringir a nossa atenção para apenas a superfície curva do cilindro.

Aplique a lei de Gauss e as condições (1) e (2) para a superfície curva, observando que a carga total dentro da nossa superfície gaussiana é $\lambda\ell$:

$$\Phi_E = \oint \vec{E} \cdot d\vec{A} = E \oint dA = EA = \frac{q_{in}}{\varepsilon_0} = \frac{\lambda\ell}{\varepsilon_0}$$

Substitua a área $A = 2\pi r\ell$ da superfície curva:

$$E(2\pi r\ell) \quad —$$

Resolva para o módulo do campo elétrico:

$$E = \frac{\lambda}{2\pi\varepsilon_0 r} = 2k_e \frac{\lambda}{r} \qquad 19.18 \blacktriangleleft$$

Finalização Este resultado mostra que o campo elétrico devido a uma distribuição de cargas com simetria cilíndrica varia de $1/r$, ao passo que o campo externo de uma distribuição de cargas com simetria esférica varia de $1/r^2$. A Equação 19.18 também pode ser derivada pela integração direta sobre a distribuição de carga. (Veja o Problema 18.)

E se? E se o segmento de linha neste exemplo não for infinitamente longo?

Resposta Se a linha de carga neste exemplo fosse de comprimento finito, o campo elétrico não seria dado pela equação 19.18. Uma carga de linha finita não possui simetria suficiente para fazer uso da lei de Gauss, porque o módulo do campo elétrico deixa de ser constante ao longo da superfície do cilindro gaussiano: o campo próximo às extremidades da linha seria diferente do campo longe das extremidades. Portanto, a condição (1) não seria satisfeita. Além disso, $\vec{E}$ não é perpendicular à superfície cilíndrica em todos os pontos: os vetores de campo perto das extremidades teriam um componente paralelo à linha. Portanto, a condição (2) não seria satisfeita. Para os pontos próximos a uma linha de carga finita e longe das extremidades, a Equação 19.18 dá uma boa aproximação do valor do campo.

Cabe a você mostrar (veja o Problema 48) que o campo elétrico dentro de uma haste uniformemente carregada de raio finito e comprimento infinito é proporcional a r.

Exemplo **19.12** | Um plano de carga

Encontre o campo elétrico gerado devido a um plano infinito de carga positiva com densidade de carga de superfície uniforme σ.

SOLUÇÃO

Conceitualização Note que o plano de carga é *infinitamente* longo. Portanto, o campo elétrico deverá ser o mesmo em todos os pontos equidistante do plano.

Categorização Como uma carga é distribuída uniformemente no plano, a distribuição de carga é simétrica, portanto, podemos usar a lei de Gauss para encontrar o campo elétrico.

Análise Por simetria, $\vec{E}$ deve ser perpendicular ao plano em todos os pontos. A direção de $\vec{E}$ é a partir das cargas positivas, indicando que a direção de $\vec{E}$ de um lado do plano deve ser oposta à sua direção do outro lado, como mostra a Figura 19.34. Uma superfície gaussiana que reflete a simetria é um pequeno cilindro cujo eixo é perpendicular ao plano e cujas extremidades têm uma área A e estão equidistantes do plano. Como $\vec{E}$ é paralelo à superfície curvada do cilindro – e, por consequência, perpendicular ao $d\vec{A}$ em todos os pontos nesta superfície –, a condição (3) é satisfeita e não há contribuição para a integral de

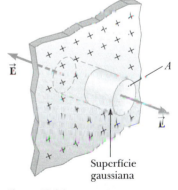

Figura 19.34 (Exemplo 19.12) Uma superfície cilíndrica gaussiana penetrando em um plano infinito de carga. O fluxo é EA através de cada extremidade da superfície gaussiana e nulo através da sua superfície curva.

continua

19.12 cont.

superfície a partir desta superfície. Para as extremidades planas dos cilindros, as condições (1) e (2) são satisfeitas. O fluxo através de cada extremidade do cilindro é EA; portanto, o fluxo total através de toda a superfície gaussiana é apenas aquele através das extremidades, $\Phi_E = 2EA$.

Escreva a lei de Gauss para essa superfície, notando que a carga próxima é $q_{in} = \sigma A$:

$$\Phi_E = 2EA = \frac{q_{in}}{\varepsilon_0} = \frac{\sigma A}{\varepsilon_0}$$

Resolva para E:

$$E = \frac{\sigma}{2\varepsilon_0} \qquad 19.19 \blacktriangleleft$$

Finalização Como a distância a partir de cada extremidade plana do cilindro para o plano não aparece na Equação 19.19, concluímos que $E = \sigma/2\varepsilon_0$ a qualquer distância do plano. Ou seja, o campo é uniforme em todas as partes.

E se? Suponha que dois planos infinitos de carga sejam paralelos um ao outro, um carregado positivamente e o outro carregado negativamente. Ambos os planos têm a mesma densidade de carga superficial. Como o campo elétrico se apresenta nesta situação?

Resposta Os campos elétricos devidos aos dois planos se adicionam na região entre eles, resultando em um campo uniforme de módulo σ/ε_0, e se cancelam em outras posições, resultando em um campo nulo. Este método é uma maneira prática para alcançar campos elétricos uniformes com planos de tamanhos finitos colocados próximos uns dos outros.

19.11 | Condutores em equilíbrio eletrostático

Um bom condutor elétrico, como o cobre, contém cargas (elétrons) que não estão vinculadas a qualquer átomo e estão livres para se mover dentro do material. Quando nenhum movimento de carga ocorre dentro do condutor (que não seja movimento térmico), o condutor está em **equilíbrio eletrostático**. Como veremos, um condutor isolado (que é isolado do solo) em equilíbrio eletrostático tem as seguintes propriedades:

1. O campo elétrico é zero em todos os lugares dentro do condutor, seja o condutor sólido ou oco.
2. Se o condutor é isolado e possui uma carga, ela reside na sua superfície.
3. O campo elétrico em um ponto fora de um condutor carregado é perpendicular à superfície do condutor e tem módulo σ/ε_0, em que σ é a densidade de carga da superfície naquele ponto.
4. Num condutor de forma irregular, a densidade de carga da superfície é maior em locais em que o raio de curvatura da superfície é menor.

Vamos verificar as três primeiras propriedades na discussão a seguir. A quarta propriedade é apresentada aqui para que possamos ter uma lista completa de propriedades para condutores em equilíbrio eletrostático. Sua verificação, no entanto, requer conceitos do Capítulo 20, portanto vamos adiar a sua verificação até lá.

A primeira propriedade pode ser compreendida considerando uma placa condutora colocada num campo externo $\vec{E}$ (Fig. 19.35). O campo elétrico no interior do condutor *deve* ser zero sob o pressuposto de que temos o equilíbrio eletrostático. Se o campo não fosse zero, cargas livres dentro do condutor iriam acelerar sob a ação da força elétrica. Este movimento de elétrons, no entanto, significaria que o condutor não está em equilíbrio eletrostático. Portanto, a existência de equilíbrio eletrostático é consistente apenas com um campo nulo no condutor.

Vamos investigar como esse campo nulo acontece. Antes de o campo externo ser aplicado, os elétrons livres estão uniformemente distribuídos em todo o condutor. Quando o campo externo é aplicado, os elétrons livres aceleraram para a esquerda na Figura 19.35, criando um plano de carga negativa na superfície esquerda. O movimento dos elétrons para a esquerda resulta num plano de carga positiva na superfície direita. Esses planos de carga criam um campo elétrico adicional no interior do condutor que se opõe ao campo externo. Conforme os elétrons se movem, a densidade de carga de superfície aumenta até que o módulo do campo interno seja igual ao do campo externo, dando um campo total de zero no interior do condutor.

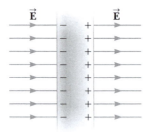

Figura 19.35 Uma placa condutora em um campo elétrico externo **E**. As cargas induzidas sobre as duas superfícies da placa produzem um campo elétrico que se opõe ao campo externo, dando um campo resultante igual a zero no *interior* da chapa.

Podemos usar a lei de Gauss para verificar a segunda propriedade de um condutor em equilíbrio eletrostático. A Figura 19.36 mostra um condutor de forma arbitrária. Uma superfície gaussiana é desenhada apenas no interior do condutor e pode ser tão perto da superfície como desejarmos. Como já foi mostrado, o campo elétrico em todos os lugares dentro de um condutor em equilíbrio eletrostático é zero. Portanto, o campo elétrico deve ser zero em cada ponto da superfície gaussiana (condição 4 da Seção 19.10). A partir deste resultado e da lei de Gauss, podemos concluir que a carga total no interior da superfície gaussiana é zero. Como não pode haver nenhuma carga total dentro da superfície gaussiana (que é arbitrariamente próxima à superfície do condutor), qualquer carga total sobre o condutor deve residir em sua superfície. A lei de Gauss não nos diz como esse excesso de carga é distribuído na superfície, apenas que ele deve estar presente na superfície.

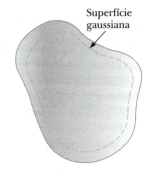

Figura 19.36 Um condutor de forma arbitrária. A linha pontilhada representa uma superfície gaussiana, que pode estar logo abaixo da superfície do condutor.

Conceitualmente, podemos entender a localização das cargas sobre a superfície imaginando muitas cargas no centro do condutor. A repulsão mútua das cargas faz com que elas se afastem. Elas se moverão o mais longe possível, o que acaba sendo em vários pontos sobre a superfície.

Para verificar a terceira propriedade, também podemos usar a lei de Gauss. Desenhamos uma superfície gaussiana na forma de um pequeno cilindro tendo a sua extremidade paralela à superfície (Fig. 19.37). Parte do cilindro está fora do condutor e parte está dentro. O campo é normal à superfície porque o condutor está em equilíbrio eletrostático. Se $\vec{E}$ tivesse um componente paralelo à superfície, uma força elétrica seria exercida sobre as cargas paralelas à superfície, cargas livres se moveriam ao longo da superfície, e assim o condutor não estaria em equilíbrio. Por isso, satisfazemos a condição 3 na Seção 19.10 para a parte curvada do cilindro em que não existe fluxo por esta parte da superfície gaussiana, uma vez que $\vec{E}$ é paralelo a esta parte da superfície. Não existe fluxo através da superfície plana do cilindro no interior do condutor porque $\vec{E} = 0$ (condição 4). Assim, o fluxo total através da superfície gaussiana é o fluxo através da superfície plana externa do condutor onde o campo é perpendicular à superfície. Usando as condições 1 e 2 para esse plano, o fluxo é EA, onde E é o campo elétrico fora do condutor e A é a área da face do cilindro. Aplicando a lei de Gauss para esta superfície, temos

$$\Phi_E = \oint E\, dA = EA = \frac{q_{in}}{\varepsilon_0} = \frac{\sigma A}{\varepsilon_0}$$

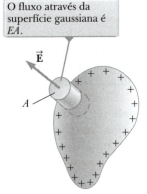

Figura 19.37 Uma superfície gaussiana na forma de um pequeno cilindro é usada para calcular o campo elétrico fora de um condutor carregado.

onde usamos $q_{in} = \sigma A$. Resolvendo para E temos

$$E = \frac{\sigma}{\varepsilon_0} \qquad\qquad 19.20 \blacktriangleleft$$

PENSANDO EM FÍSICA 19.2

Suponha que uma carga pontual $+Q$ esteja no espaço vazio. Circundamos a carga com uma casca esférica condutora descarregada de forma que a carga fique no centro da casca. Qual efeito isso tem sobre as linhas de campo da carga?

Raciocínio Quando a casca esférica é colocada ao redor da carga, as cargas livres na casca se ajustam de forma a satisfazer as regras para um condutor em equilíbrio e a lei de Gauss. Uma carga total de $-Q$ se move para a superfície interior do condutor, de modo que o campo elétrico no interior do condutor é zero (uma superfície esférica gaussiana totalmente envolvida pela casca não inclui nenhuma carga *total*). A taxa líquida de $+Q$ reside na superfície externa, de modo que uma superfície gaussiana fora da esfera se aproxima a uma carga total de $+Q$, como se a concha não estivesse lá. Portanto, a única mudança nas linhas do campo da situação inicial é a falta de linhas de campo através da espessura da casca condutora. ◀

19.12 | Conteúdo em contexto: o campo elétrico atmosférico

Neste capítulo, discutimos o campo elétrico devido a várias distribuições de carga. Na superfície da Terra e na atmosfera, um número de processos cria distribuição de carga, resultando num campo elétrico na atmosfera. Estes processos incluem os raios cósmicos que entram na atmosfera, decaimentos radioativos na superfície da Terra e relâmpagos, que são o foco de nosso estudo neste contexto.

O resultado destes processos é uma carga negativa média distribuída ao longo da superfície da Terra de cerca de 5×10^5 C, o que é uma enorme quantidade de carga. (A Terra em geral é neutra, as cargas positivas correspondentes a essa carga de superfície negativa são espalhadas através da atmosfera, como iremos discutir no Capítulo 20.) Podemos calcular a densidade média de carga superficial sobre a superfície da Terra:

$$\sigma_{méd} = \frac{Q}{A} = \frac{Q}{4\pi r^2} = \frac{5 \times 10^5 \text{C}}{4\pi (6{,}37 \times 10^6 \text{m})^2} \sim 10^{-9} \text{C/m}^2$$

Ao longo deste contexto, adotaremos uma série de modelos de simplificação. Consequentemente, vamos considerar nossos cálculos como sendo estimativas dos valores reais de ordem de grandeza, como sugerido pelo sinal $\sim$ acima.

A Terra é um bom condutor. Portanto, podemos usar a terceira propriedade de condutores na Seção 19.11 para encontrar o valor médio do campo elétrico na superfície da Terra:

$$E_{méd} = \frac{\sigma_{méd}}{\varepsilon_0} = \frac{10^{-9} \text{C/m}^2}{8{,}85 \times 10^{-12} \text{C}^2/\text{N} \cdot \text{m}^2} \sim 10^2 \text{N/C}$$

que é um valor típico do **campo elétrico com bom tempo**, que existe na ausência de uma tempestade. A direção do campo é para baixo, já que a carga na superfície da Terra é negativa. Durante uma tempestade, o campo elétrico sob uma nuvem de tempestade é significativamente maior que o campo elétrico com bom tempo, por causa da distribuição de carga na nuvem de tempestade.

A Figura 19.38 mostra uma distribuição típica de carga em uma nuvem de tempestade. A carga de distribuição pode ser modelada como um *tripolo*, embora a carga positiva na parte inferior da nuvem tenda a ser menor que as outras duas cargas. O mecanismo de carregamento em nuvens de tempestades não é bem compreendido e continua a ser uma área ativa de pesquisa.

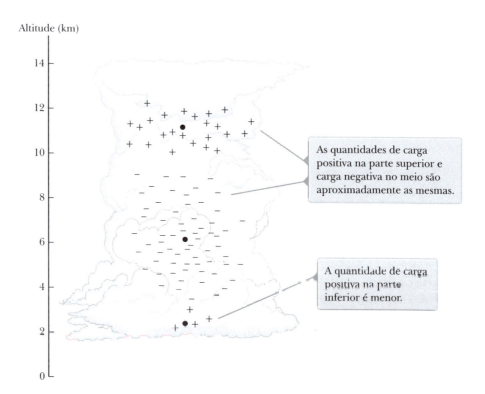

Figura 19.38 Uma típica distribuição de carga tripolar numa nuvem de tempestade. Os pontos indicam a posição média de cada distribuição de carga.

Essa alta concentração de cargas na nuvem de tempestade é responsável pelos campos elétricos muito fortes que causam a descarga de raios entre a nuvem e o solo. Campos elétricos típicos durante uma tempestade são tão elevados quanto 25 000 N/C. A distribuição de cargas negativas no centro da nuvem na Figura 19.38 é a fonte de carga negativa que se move para baixo em um relâmpago.

Eventos luminosos transitórios

Um relâmpago normal está relacionado a campos elétricos atmosféricos na troposfera entre uma nuvem e o solo. Vamos considerar os efeitos de campos elétricos acima de nuvens de tempestade, como mostrado na Figura 19.39. Encontramos uma série de efeitos visuais associados a tempestades e relâmpagos que ocorrem nesta região da atmosfera. Em geral, estes fenômenos são chamados *eventos luminosos transientes*. Um tipo de evento é chamado de *sprite*, que ocorre acima do temporal de nuvens, com a luz do evento de origem entre 90 e 100 km acima da superfície da Terra. Um *sprite* é desencadeado por um raio troposférico normal abaixo de uma nuvem de tempestade e aparece como um raio luminoso vermelho, possivelmente com tentáculos verticais pendurados. Estas exposições duram menos de um segundo e não são facilmente visíveis a olho nu. Um *sprite* foi fotografado pela primeira vez por acidente em 1989. Desde então, evidência fotográfica adicional foi disponibilizada e vários astronautas na Estação Espacial Internacional têm relatado a aparição de *sprites* enquanto eles estavam acima de uma tempestade violenta. Os cientistas acreditam que os campos elétricos nessas altitudes são fortes o suficiente para ionizar as moléculas de ar. A luz vermelha é liberada quando os elétrons são recombinados com íons de nitrogênio molecular, de forma semelhante à fonte de luz em uma lâmpada fluorescente.

Outros eventos luminosos transientes induzidos por raios são chamados de *elves* (elfos). A luz associada a esses eventos dura menos de 1 ms e tem sido observada usando fotômetros de alta velocidade e câmeras CCD. Estes eventos, que precedem o início de *sprites*, aparecem como a expansão de anéis luminosos na ionosfera em altitudes entre 75 e 105 km. A expansão dos anéis luminosos é mais rápida que a velocidade da luz, mas não há violação dos princípios da relatividade que estudamos no Capítulo 9, uma vez que não existem partículas que viajem tão rápido. As teorias atuais relacionam um pulso eletromagnético esférico em expansão de um raio que interage com a ionosfera para criar a exibição luminosa.

Também visto na Figura 19.39, existe um evento óptico na estratosfera chamado *blue jet* (jato azul). Estas exibições ocorrem como uma ejeção propagada de cima a partir do topo de uma nuvem de tempestade, desaparecendo em cerca de 40-50 km do solo. Jatos azuis são associados a nuvens de tempestade, mas não parecem ser diretamente acionados por relâmpagos como são os *sprites*.

Outros tipos de eventos luminosos incluem *blue startes*, *trolls*, *gnomos* e *pixies*. Estudos científicos sobre a origem dos acontecimentos luminosos transitórios estão em curso.

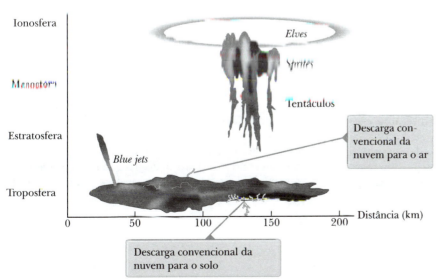

Figura 19.39 Uma representação de vários tipos de eventos luminosos transitórios na atmosfera acima das nuvens de tempestade.

RESUMO

Cargas elétricas têm as seguintes propriedades importantes:

1. Dois tipos de cargas existem na natureza, **positiva** e **negativa**, com a propriedade de que as cargas de sinal oposto se atraem e cargas de mesmo sinal se repelem.
2. A força entre partículas carregadas varia com o inverso do quadrado da sua distância de separação.
3. A carga é conservada.
4. A carga é quantizada.

Condutores são materiais nos quais as cargas se movem de forma relativamente livre. **Isolantes** são materiais nos quais as cargas não se movem livremente.

A **lei de Coulomb** afirma que a força eletrostática entre duas partículas carregadas estacionárias, separadas por uma distância r, tem módulo.

$$F_e = k_e \frac{|q_1||q_2|}{r^2} \qquad \text{19.1} \blacktriangleleft$$

onde a constante de Coulomb $k_e = 8,99 \times 10^9 \text{ N} \cdot \text{m}^2/\text{C}^2$. A forma vetorial da lei de Coulomb é

$$\vec{F}_{12} = k_e \frac{q_1 q_2}{r^2} \hat{r}_{12} \qquad \text{19.2} \blacktriangleleft$$

Um **campo elétrico** existe em um ponto no espaço se uma carga teste positiva q_0 posicionada neste ponto sofre uma força elétrica. O campo elétrico é definido como

$$\vec{E} \equiv \frac{\vec{F}_e}{q_0} \qquad \text{19.3} \blacktriangleleft$$

A força sobre a partícula com carga q colocada no campo elétrico $\vec{E}$ é

$$\vec{F}_e = q\vec{E} \qquad \text{19.4} \blacktriangleleft$$

O campo elétrico devido a uma carga pontual q a uma distância r de uma carga é

$$\vec{E} = k_e \frac{q}{r^2} \hat{r} \qquad \text{19.5} \blacktriangleleft$$

onde $\hat{r}$ é um vetor unitário dirigido da carga para o ponto em questão. O campo elétrico é dirigido radialmente para fora da carga positiva e direcionada em direção à carga negativa.

O campo elétrico gerado por um grupo de cargas pode ser obtido usando o princípio da superposição. Ou seja, o total do campo elétrico é igual à soma do vetor dos campos elétricos de todas as cargas em certo ponto:

$$\vec{E} = k_e \sum_i \frac{q_i}{r_i^2} \hat{r}_i \qquad \text{19.6} \blacktriangleleft$$

Similarmente, o campo elétrico de uma distribuição de carga contínua em certo ponto é

$$\vec{E} = k_e \int \frac{dq}{r^2} \hat{r} \qquad \text{19.7} \blacktriangleleft$$

onde dq é a carga em um elemento de distribuição de carga e r é a distância do elemento para o ponto em questão.

Linhas de campo elétrico são úteis para descrever o campo elétrico em qualquer região do espaço. O vetor do campo elétrico $\vec{E}$ é sempre tangente às linhas de campo elétrico em todos os pontos. Além disso, o número de linhas por unidade de área através de uma superfície perpendicular às linhas é proporcional ao módulo de $\vec{E}$ nessa região.

Fluxo elétrico é proporcional ao número de linhas de campo elétrico que penetram numa superfície. Se o campo elétrico é uniforme e faz um ângulo θ com a normal à superfície, o fluxo elétrico através da superfície é

$$\Phi_E = EA\cos\theta \qquad \text{19.13} \blacktriangleleft$$

Em geral, o fluxo elétrico através de uma superfície é definido pela expressão

$$\Phi_E \equiv \int_{\text{superfície}} \vec{E} \cdot d\vec{A} \qquad \text{19.14} \blacktriangleleft$$

A **lei de Gauss** nos diz que o fluxo elétrico total Φ_E através de qualquer superfície gaussiana é igual ao *total* de carga *dentro* da superfície dividida por ε_0:

$$\Phi_E = \oint \vec{E} \cdot d\vec{A} = \frac{q_{in}}{\varepsilon_0} \qquad \text{19.17} \blacktriangleleft$$

Usando a lei de Gauss, pode-se calcular o campo elétrico devido às várias distribuições simétricas de carga.

Um condutor em **equilíbrio eletrostático** tem as seguintes propriedades:

1. O campo elétrico é zero em todos os lugares dentro do condutor, sendo o condutor sólido ou oco.
2. Se o condutor for isolado e possuir uma carga, a carga estará presente em sua superfície.
3. O campo elétrico em um ponto do lado de fora de um condutor carregado é perpendicular a superfície do condutor e tem módulo σ/ε_0, onde σ é a densidade da superfície carregada em certo ponto.
4. Em um condutor de formato irregular, a densidade da superfície carregada é maior em locais onde o raio de curvatura da superfície é menor.

PERGUNTAS OBJETIVAS

1. O módulo da força elétrica entre dois prótons é de $2,30 \times 10^{-26}$ N. Qual a distância entre eles? (a) 0,100 m (b) 0,022 0 m (c) 3,10 m (d) 0,005 70 m (e) 0,480 m.

2. Um anel circular de carga com raio b tem carga total q uniformemente distribuída ao seu redor. Qual é o módulo do campo elétrico no centro no anel? (a) 0 (b) $k_e q/b^2$ (c) $k_e q^2/b^2$ (d) $k_e q^2/b$ (e) nenhuma dessas respostas.

3. Duas cargas pontuais se atraem com a força elétrica de módulo F. Se a carga em uma das partículas é reduzida em um terço de seu valor original e a distância entre as partículas é dobrada, qual é o módulo resultante da força elétrica entre eles? (a) $\frac{1}{12}F$ (b) $\frac{1}{3}F$ (c) $\frac{1}{6}F$ (d) $\frac{3}{4}F$ (e) $\frac{3}{2}F$.

4. Uma partícula de carga q está localizada dentro de uma superfície cúbica gaussiana. Nenhuma outra carga se encontra nas proximidades. (i) Se a partícula está no centro do cubo, qual é o fluxo através de cada um dos lados do cubo? (a) 0 (b) $q/2\varepsilon_0$ (c) $q/6\varepsilon_0$ (d) $q/8\varepsilon_0$ (e) depende do tamanho do cubo. (ii) Se a partícula pode ser movida para qualquer ponto no cubo, qual valor máximo o fluxo através de um lado pode alcançar? Escolha entre as mesmas possibilidades na parte (i).

5. Uma carga pontual de –4,00 nC está localizada a (0, 1,00) m. Qual é o componente x do campo elétrico devido à carga pontual em (4,00, –2,00) m? (a) 1,15 N/C (b) –0,864 N/C (c) 1,44 N/C (d) –1,15 N/C (e) 0,864 N/C.

6. Um elétron com a velocidade de $3,00 \times 10^6$ m/s se move em um campo elétrico uniforme de módulo $1,00 \times 10^3$ N/C. As linhas de campo são paralelas à velocidade dos elétrons e apontam na mesma direção dessa velocidade. Quão longe viajam os elétrons antes de entrar em repouso? (a) 2,56 cm (b) 5,12 cm (c) 11,2 cm (d) 3,34 m (e) 4,24 m.

7. Classifique os fluxos elétricos através de cada superfície gaussiana mostrada na Figura PO19.7 do maior para o menor. Apresente os casos de igualdade em sua classificação.

Figura PO19.7

8. Cargas de 3,00 nC, –2,00 nC, –7,00 nC e 1,00 nC estão no interior de uma caixa retangular com comprimento de 1,00 m, largura 2,00 m e altura 2,50 m. Do lado de fora da caixa estão cargas de 1,00 nC e 4,00 nC. Qual é o fluxo elétrico através da superfície da caixa? (a) 0 (b) $-5,64 \times 10^2$ N·m²/C (c) $-1,47 \times 10^3$ N·m²/C (d) $1,47 \times 10^3$ N·m²/C (e) $5,64 \times 10^2$ N·m²/C.

9. Uma pequena bola tem uma massa de $5,00 \times 10^{-3}$ kg e uma carga de 4,00 μC. Qual campo de módulo direcionado para cima irá equilibrar o peso da bola para que a mesma fique suspensa e imóvel sobre o solo? (a) $8,21 \times 10^2$ N/C (b) $1,22 \times 10^4$ N/C (c) $2,00 \times 10^{-2}$ N/C (d) $5,11 \times 10^6$ N/C (e) $3,72 \times 10^3$ N/C.

10. Estime o módulo do campo elétrico resultante do próton em um átomo de hidrogênio à distância de $5,29 \times 10^{-11}$ m, que é a posição esperada do elétron no átomo. (a) 10^{-11} N/C (b) 10^8 N/C (c) 10^{14} N/C (d) 10^6 N/C (e) 10^{12} N/C

11. Duas esferas sólidas, ambas com raio de 5 cm, carregam uma mesma carga total de 2 μC. A esfera A é um bom condutor. A esfera B é um isolante, e as suas cargas estão distribuídas uniformemente através de seu volume. (i) Compare os módulos dos campos elétricos que eles separadamente criam a uma distância radial de 6 cm: (a) $E_A > E_B = 0$ (b) $E_A > E_B > 0$ (c) $E_A = E_B > 0$ (d) $0 < E_A < E_B$ (e) $0 = E_A < E_B$ (ii) Como os módulo dos campos elétricos que eles criaram separadamente com um raio de 4 cm são comparados? Escolha entre as mesmas opções na parte (i).

12. Em qual dos seguintes contextos a Lei de Gauss não poderia ser prontamente aplicada para encontrar o campo elétrico? (a) próximo a um longo fio carregado uniformemente (b) em cima de um largo plano uniformemente carregado (c) dentro de uma bola uniformemente carregada (d) do lado de fora de uma esfera uniformemente carregada (e) A Lei de Gauss pode ser prontamente aplicada para encontrar o campo elétrico em todos esses contextos.

13. Um objeto de carga negativa é colocado em uma região de espaço onde o campo elétrico é direcionado verticalmente para cima. Qual é a direção da força elétrica exercida nessa carga? (a) Para cima. (b) Para baixo. (c) Não existe força. (d) A força pode ser em qualquer direção.

14. Três partículas de carga são organizadas nos cantos de um quadrado como mostra a Figura PO19.14, com a carga $-Q$ nas partículas do canto superior esquerdo e do canto inferior direito, e com carga $+2Q$ na partícula do canto inferior esquerdo. (i) Qual é a direção do campo elétrico no canto superior direito, que é um ponto no espaço vazio? (a) Para cima e para direita. (b) Para frente e para direita. (c) Para frente e para baixo. (d) Para baixo e para a esquerda. (e) Perpendicular ao plano da figura e para fora. (ii) Suponha que a carga +2Q no canto inferior esquerdo seja removida. O módulo do campo no canto superior direito (a) se torna maior, (b) se torna menor, (c) continua o mesmo, (d) muda imprevisivelmente?

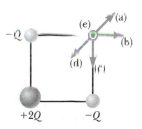

Figura PO19.14

15. Assuma que os objetos carregados na Figura PO19.15 sejam fixos. Note que não há como ver q_2 a partir da localidade de q_1. Se você estivesse em q_1, você seria incapaz de ver q_2, já que está atrás

Figura PO19.15

de q_3. Como você calcularia a força elétrica exercida no objeto com carga q_1? (a) Encontraria somente a força exercida por q_2 na carga q_1. (b) Encontraria somente a força exercida por q_3 na carga q_1. (c) Adicionaria a força que q_2 exerceria por si própria em q_1. (d) Adicionaria a força que q_3 exerceria por si própria a uma certa fração da força que q_1 exerceria por si própria. (e) Não existe uma forma definida de encontrar a força na carga q_1.

PERGUNTAS CONCEITUAIS

1. Se mais linhas de campo elétrico deixam uma superfície gaussiana do que entram, o que se pode concluir sobre a carga total circundada por essa superfície?

2. Uma superfície cúbica envolve uma carga pontual q. Descreva o que acontece com o fluxo total através da superfície se (a) a carga é dobrada, (b) o volume do cubo é dobrado, (c) a superfície muda para um formato esférico, (d) a carga é mudada para outra localidade dentro da superfície, e (e) a carga é movida para fora da superfície.

3. Um campo elétrico uniforme existe em uma região do espaço ausente de cargas. O que se pode concluir sobre o fluxo elétrico total através de uma superfície gaussiana estabelecida nesta região do espaço?

4. Um estudante que cresceu em um país tropical e está estudando nos Estados Unidos pode não ter tido experiência com faíscas de eletricidade estática e choques até seu primeiro inverno na América. Explique.

5. A vida seria diferente se o elétron fosse positivamente carregado e o próton fosse negativamente carregado? (b) As escolhas do sinal têm alguma interferência nas interações físicas e químicas? Explique sua resposta.

6. Por que as pessoas que trabalham em hospitais devem vestir sapatos condutores especiais quando trabalham com oxigênio em uma sala de operações? O que aconteceria se este pessoal usasse sapatos com solas de borracha?

7. Considere duas esferas condutoras idênticas cujas superfícies são separadas por uma pequena distância. Uma esfera contém uma grande carga positiva total, e a outra contém uma pequena carga positiva total. É observado que a força entre as esferas é atrativa mesmo que ambas tenham carga total de mesmo sinal. Explique como essa atração é possível.

8. Um objeto de vidro recebe carga positiva ser esfregado com um pedaço de seda. No processo de atrito, os prótons foram adicionados ao objeto ou os elétrons foram removidos dele?

9. Uma pessoa é colocada numa esfera grande, oca e metálica que está isolada do chão. (a) Se uma grande carga é colocada na esfera, a pessoa seria prejudicada ao tentar tocar o interior da esfera? (b) Explique o que vai acontecer se a pessoa também tiver uma carga inicial com sinal oposto da carga na esfera.

10. Considere o ponto A na Figura PC19.10 localizado à uma distância arbitrária de duas cargas pontuais positivas no espaço vazio. (a) Seria possível para um campo elétrico existir no ponto A em um espaço vazio? (b) Existe carga nesse ponto? Explique. (c) A força existe nesse ponto? Explique.

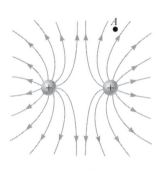

Figura PC19.10

11. Se um objeto suspenso A é atraído para o objeto carregado B, podemos concluir que A está carregado? Explique.

12. Se a carga total dentro de uma superfície fechada é conhecida e a distribuição da carga não é especificada, poderíamos usar a lei de Gauss para encontrar o campo elétrico? Explique.

13. Considere um campo elétrico que é uniforme em direção através de certo volume. Poderia o mesmo ser uniforme em módulo? Deverá ele ser uniforme em módulo? Responda as questões (a) presumindo que o volume é preenchido com material isolante carregando uma carga descrita por uma densidade de volume de carga e (b) presumindo que o volume é um espaço vazio. Formule um raciocínio para provar suas respostas.

14. Com base na natureza repulsiva de forças entre cargas de mesmo sinal e a liberdade de movimento de cargas por um condutor, explique por que os excessos de carga em um condutor isolante devem residir na superfície.

15. Uma demonstração comum envolve carregar um balão de borracha, que é um isolante, ao esfregá-lo em seu cabelo e então tocar o balão na parede ou teto, que também são isolantes. Por causa da atração elétrica entre o balão e a parede neutra, o balão gruda na parede. Imagine agora que temos duas folhas planas de material isolante infinitamente grandes. Uma está carregada, e a outra está neutra. Se essas folhas são colocadas em contato, a força atrativa que existe entre elas seria como a que existiu entre os balões e a parede?

PROBLEMAS

WebAssign Os problemas que se encontram neste capítulo podem ser resolvidos *on-line* no Enhanced WebAssign (em inglês).

1. denota problema direto;
2. denota problema intermediário;
3. denota problema desafiador;
1. denota problemas mais frequentemente resolvidos no Enhanced WebAssign;
BIO denota problema biomédico;

PD denota problema dirigido;
M denota tutorial Master It disponível no Enhanced WebAssign;
QC denota problema que pede raciocínio quantitativo e conceitual;
S denota problema de raciocínio simbólico;
sombreado denota "problemas emparelhados" que desenvolvem raciocínio com símbolos e valores numéricos;
W denota solução no vídeo Watch It disponível no Enhanced WebAssign.

Sessão 19.2 Propriedade das cargas elétricas

1. Encontre três dígitos significativos para a carga e massa das seguintes partículas. *Sugestão*: Comece procurando pela massa de um átomo neutro na tabela periódica dos elementos no Apêndice C. (a) um átomo de hidrogênio ionizado, representado por H$^+$ (b) um átomo sódio isolado ionizado, Na$^+$ (c) um íon de cloreto Cl$^-$ (d) um átomo de cálcio duplamente ionizado, Ca^{++} = Ca^{2+} (e) o centro da molécula de amônia, modelado como um íon N^{3-} (f) átomos de nitrogênio ionizados quatro vezes, N^{4+}, encontrado em plasma de uma estrela quente (g) os núcleos de um átomo de nitrogênio (h) um íon molecular H$_2$O$^-$.

2. **W** (a) Calcule o número de elétrons em um pequeno alfinete de prata eletricamente neutro, que tem uma massa de 10,0 g. Prata tem 47 elétrons por átomo, e esta massa molar é 107,87 g/mol. (b) Imagine adicionar esses elétrons ao alfinete até que a carga negativa tenha um valor muito grande de 1,00 mC. Quantos elétrons são adicionados para cada 10^9 de elétrons já presentes?

Sessão 19.4 Lei de Coulomb

3. Richard Feynman (1918-1988), vencedor do prêmio Nobel, uma vez disse que se duas pessoas ficassem à distância de um braço uma da outra, e cada pessoa tivesse 1% a mais de elétrons do que prótons, a força repulsiva entre eles seria suficiente para levantar um "peso" igual ao de toda a Terra. Realize um cálculo de ordem de grandeza para fundamentar esta afirmação.

4. *Por que a seguinte situação é impossível?* Duas partículas de pó idênticas de massa 1,00 μg estão flutuando num espaço vazio, longe de qualquer fonte externa de grandeza gravitacional ou campos elétricos, e em repouso em relação uma à outra. Ambas as partículas carregam cargas elétricas que são idênticas em módulo e sinal. As forças, gravitacional e elétrica, entre as partículas têm o mesmo módulo, logo, cada partícula sofre uma força resultante zero e a distância entre as partículas se mantém constante.

5. **W** Duas pequenas esferas idênticas condutoras são colocadas com seus centros a 0,300 m de distância uma da outra. Uma tem carga de 12,0 nC e a outra, carga de −18,0 nC. (a) Encontre a força elétrica exercida por uma das esferas sobre a outra. (b) **E se?** As esferas são conectadas por um fio condutor. Encontre a força elétrica que uma exerce sobre a outra depois de entrarem em equilíbrio.

6. Dois átomos em um núcleo atômico são tipicamente separados por uma distância de 2 × 10^{-15} m. A força elétrica repulsiva entre os prótons é enorme, no entanto a força atrativa nuclear é tão forte que protege os núcleos de explodirem em pedaços. Qual é o módulo da força elétrica entre dois prótons separados por 2,00 × 10^{-15} m?

7. **QC W** Duas pequenas pérolas tendo uma carga positiva $q_1 = 3q$ e $q_2 = q$ são fixadas na extremidade oposta de uma haste

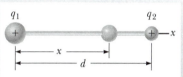

Figura P19.7 Problemas 7 e 8.

horizontal isolante de comprimento d = 1,50 m. A pérola com carga q_1 está na origem. Como mostra a Figura P19.7, uma terceira pérola carregada está livre para se movimentar sobre a haste. (a) Em que posição x a terceira pérola está em equilíbrio? (b) O equilíbrio pode ser estável?

8. **QC S** Duas pequenas pérolas tendo a carga q_1 e q_2 de mesmo sinal são fixadas nas extremidades opostas de uma haste horizontal isolante com comprimento d. A pérola com a carga q_1 está na origem. Como mostra a Figura P19.7, uma terceira pérola carregada está livre para se movimentar sobre a haste. (a) Em que posição x a terceira pérola está em equilíbrio? (b) O equilíbrio pode ser estável?

9. **M** Três partículas carregadas estão localizadas nos cantos de um triângulo equilátero como mostra a Figura P19.9. Calcule a força elétrica total na carga 7,00 μC.

10. Uma partícula carregada A exerce força de 2,62 μN à direita na partícula carregada B com as partículas a 13,7 mm de distância uma da outra. A partícula B se move em linha

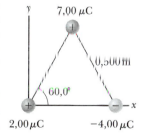

Figura P19.9

reta em direção oposta a A tornando a distância entre elas de 17,7 mm. Qual é força vetorial é exercida em A?

11. **Revisão.** Na teoria de Bohr do átomo de hidrogênio, um elétron se move na órbita circular de um próton, onde o raio da órbita é 5,29 10^{-11} m. (a) Encontre o módulo

da força elétrica exercida em cada partícula. (b) Se esta força causa a aceleração centrípeta do elétron, o que representa a velocidade do elétron?

12. **PD** A partícula A de carga $3,00 \times 10^{-4}$ C está na origem, a partícula B de carga $-6,00 \times 10^{-4}$ C está em (4,00 m, 0), e a partícula C de carga $1,00 \times 10^{-4}$ C está em (0, 3,00 m). Desejamos encontrar a força elétrica total em C. (a) Qual é o componente x da força exercida por A em C? (b) Qual é o componente y da força exercida por A em C? (c) Encontre o módulo da força exercida por B em C. (d) Calcule o componente x da força exercida por B em C. (e) Calcule o componente y da força exercida por B em C. (f) Some os dois componentes x das partes (a) e (d) para obter o componente resultante da força elétrica atuando em C. (g) Analogamente, encontre o componente y da força resultante vetorial atuando em C. (h) Encontre o módulo e a direção da força elétrica resultante atuando em C.

13. **BIO Revisão.** A molécula de DNA (ácido desoxirribonucleico) tem 2,17 μm de comprimento. As extremidades da molécula se tornam singularmente ionizadas: negativa em uma extremidade, positiva em outra. A molécula helicoidal age como uma mola e comprime 1,00% após ficar carregada. Determine a constante de mola efetiva da molécula.

Sessão 19.5 Campos elétricos

14. Duas cargas pontuais de 2,00 μC estão localizadas no eixo x. Um está em x = 1,00 m, e o outro está em x = −1,00 m. (a) Determine o campo elétrico no eixo y em y = 0,500 m. (b) Calcule a força elétrica em uma carga de −3,00 μC colocada no eixo y em y = 0,500 m.

15. **M** Um anel carregado uniformemente de raio 10,0 cm tem uma carga total de 75,0 μC. Encontre o campo elétrico no eixo do anel em (a) 1,00 cm, (b) 5,00 cm, (c) 30,0 cm e (d) 100 cm do centro do anel.

16. **S W** Uma linha contínua de carga encontra-se ao longo do eixo x, se estendendo de $x = +x_0$ para um valor infinitamente positivo. A linha transporta uma carga positiva com uma densidade de carga linear uniforme λ_0. O que são (a) o módulo e (b) a direção do campo elétrico na origem?

17. **M** Na Figura P19.17, determine o ponto (exceto o infinito) no qual o campo elétrico é zero.

Figura P19.17

18. **S** Uma haste fina de comprimento ℓ e carga uniforme por unidade de comprimento λ se encontra ao longo do eixo x como mostrado na Figura P19.18. (a) Mostre que o campo elétrico em P, a uma distância y da haste ao longo de uma linha perpendicular bissetriz, não tem nenhum componente em x e é dado por $E = 2k_e\lambda \operatorname{sen} \theta_0/y$. (b) Utilizando o resultado do item (a), mostre que o campo de uma haste de comprimento infinito é $E = 2k_e\lambda/y$. (Sugestão: Primeiro, calcule o campo em P devido a um elemento de comprimento dx, que tem uma carga λ dx.

Então, mude as variáveis de x para θ usando as relações $x = y \operatorname{tg} \theta$ e $dx = y\sec^2\theta\, d\theta$, e integre ao longo de θ.)

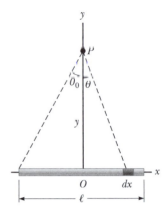

Figura P19.18

19. Três cargas pontuais são dispostas como mostrado na Figura P19.19. (a) Encontre o campo elétrico vetorial onde as cargas 6,00 nC e −3,00 nC juntas criam a origem. (b) Encontre o vetor de força na carga 5,00 nC.

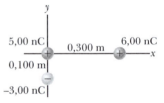

Figura P19.19

20. **S** Considere o dipolo elétrico mostrado na Figura P19.20. Mostre que o campo elétrico em um ponto distante no eixo +x é $E_x \approx 4k_e qa/x^3$.

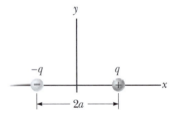

Figura P19.20

21. Uma haste isolante uniformemente carregada de comprimento 14,0 cm é curvada em forma de um semicírculo como mostrado na Figura P19.21. A haste tem uma carga total de −7,50 μC. Encontre (a) o módulo e (b) a direção do campo elétrico em O, o centro do semicírculo.

Figura P19.21

22. **Q|C S** Duas partículas carregadas estão localizadas no eixo x. O primeiro é uma carga +Q em x = −a. O segundo é uma carga desconhecida localizada em x = +3a. O campo elétrico total que essas cargas produzem na origem tem módulo de $2k_e Q/a^2$. Explique quantos valores são possíveis para a carga desconhecida e encontre os valores possíveis.

23. Três cilindros plásticos sólidos têm raio 2,50 cm e comprimento 6,00 cm. Encontre a carga de cada cilindro dadas as seguintes informações adicionais sobre cada um. Cilindro (a) tem carga com densidade uniforme

15,0 nC/m² em toda parte de sua superfície. Cilindro (b) tem carga com densidade uniforme 15,0 nC/m² em apenas sua superfície lateral curva. Cilindro (c) tem carga com uma densidade uniforme 500 nC/m³ ao longo do plástico.

24. Qual é o módulo e a direção do campo elétrico que irá equilibrar o peso de (a) um elétron e (b) um próton? (Você deve usar os dados da Tabela 19.1)

25. **W** Uma haste de 14,0 cm de comprimento é uniformemente carregada e tem uma carga total de −22,0 μC. Determine (a) o módulo e (b) a direção do campo elétrico ao longo do eixo da haste a um ponto 36,0 cm a partir do seu centro.

26. **S** Mostre que o valor máximo $E_{máx}$ de um campo elétrico através do eixo de um anel uniformemente carregado ocorre em $x = a/\sqrt{2}$ (veja Fig. 19.15) e tem o valor $Q/(6\sqrt{3}\pi\varepsilon_0 a^2)$.

27. **M QC S** Quatro partículas carregadas estão nos cantos de um quadrado de lado a, como mostra a Figura P19.27. Determine (a) o campo elétrico no local de carga q e (b) o total da força elétrica exercida sobre q.

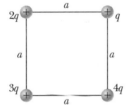

Figura P19.27

Sessão 19.6 Linhas de campos elétricos

28. **S** Três cargas positivas iguais q estão nos cantos de um triângulo equilátero de lado a, como mostra a Figura P19.28. Suponha que as três cargas juntas criem um campo elétrico. (a) Desenhe as linhas de campo no plano das cargas. (b) Determine a localização de um ponto (exceto ∞), onde o campo elétrico é zero. Quais são (c) o módulo e (d) a direção do campo elétrico em P devido às duas cargas na base?

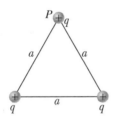

Figura P19.28

29. Uma haste de carga negativa de comprimento finito possui uma carga com distribuição uniforme por unidade de comprimento. Desenhe as linhas de campo elétrico em um plano que contém a haste.

30. **W** A Figura P19.30 mostra as linhas do campo elétrico para duas partículas carregadas separadas por uma pequena distância. (a) Determine a proporção q_1/q_2. (b) Quais são os sinais de q_1 e q_2?

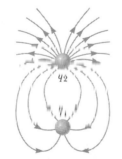

Figura P19.30

Sessão 19.7 Movimento de partículas carregadas em um campo elétrico uniforme

31. **M** Um próton acelera do repouso em um campo elétrico uniforme de 640 N/C. Em um momento posterior, a sua velocidade será 1,20 Mm/s (não relativística porque v é muito menor que a velocidade de luz). (a) Encontre a aceleração do próton. (b) Ao longo de qual intervalo de tempo o próton chega a essa velocidade? (c) Qual é a distância que ele se move neste intervalo de tempo? (d) Qual é a sua energia cinética no fim deste intervalo?

32. **PD** Prótons são projetados com uma velocidade inicial $v_i = 9,55$ km/s de uma região livre de campo através de um plano em uma região onde o campo elétrico uniforme $\vec{E} = -720\hat{j}$ N/C está presente acima do plano, conforme mostra a Figura P19.32. A velocidade inicial de vetor dos prótons faz um ângulo θ com o plano. Os prótons estão prestes a atingir um alvo que se encontra em uma distância horizontal de $R = 1,27$ mm a partir do ponto em que os prótons atravessam o plano e entram no campo elétrico. Queremos encontrar o ângulo θ em que os prótons devem passar através do plano para atingir o alvo. (a) O modelo de análise descreve o movimento horizontal dos prótons acima do plano? (b) O modelo de análise descreve o movimento vertical dos prótons acima do plano? (c) Argumente que a Equação 3.16 seria aplicável para os prótons nesta situação. (d) Use a Equação 3.16 para escrever uma expressão para R em termos de v_i, E, a carga e a massa do próton, e o ângulo θ. (e) Encontre os dois valores possíveis do ângulo θ. (f) Encontre o intervalo de tempo durante os quais o próton está acima do plano na Figura P19.32 para cada um dos dois possíveis valores de θ.

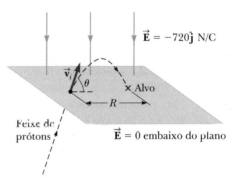

Figura P19.32

33. **W** Um próton é projetado na direção x positiva em uma região de um campo elétrico uniforme $\vec{E} = (-6,00 \times 10^5)\hat{i}$ N/C em $t = 0$. O próton se desloca 7,00 cm até entrar em repouso. Determine (a) a aceleração do próton, (b) a sua velocidade inicial e (c) o intervalo de tempo até o repouso.

34. **Q** Os elétrons em um feixe de partículas têm cada um uma energia cinética K. Quais são (a) o módulo e (b) a direção do campo elétrico que vão parar esses elétrons em uma distância d?

35. **M** Um próton se move a $4,50 \times 10^5$ m/s na direção horizontal. Ele entra num campo elétrico vertical uniforme com módulo de $9,60 \times 10^3$ N/C. Ignorando qualquer efeito gravitacional, encontre (a) o intervalo de tempo necessário para o próton viajar 5,00 cm horizontalmente, (b) o seu deslocamento vertical durante o intervalo de tempo em que se desloca horizontalmente em 5,00 cm, e (c) os componentes horizontal e vertical da sua velocidade depois de ter viajado 5,00 cm horizontalmente.

Sessão 19.8 Fluxo elétrico

36. [W] Um campo elétrico vertical de módulo $2,00 \times 10^4$ N/C existe sobre a superfície da Terra em um dia que uma tempestade está se formando. Um carro com um tamanho retangular de 6,00 m por 3,00 m está viajando por uma estrada de cascalho seco inclinada para baixo em 10,0°. Determine o fluxo elétrico que passa pelo fundo do carro.

37. [M] Uma espira circular com 40,0 cm de diâmetro é girada em um campo elétrico uniforme até que uma posição de máximo fluxo elétrico é encontrada. O fluxo nesta posição é $5,20 \times 10^5$ N · m²/C. Qual é o módulo do campo elétrico?

Sessão 19.9 Lei de Gauss

38. [S] Uma partícula com carga Q está localizada a uma pequena distância δ imediatamente acima do centro da superfície plana de um hemisfério de raio R, como mostrado na Figura P19.38. Qual é o fluxo elétrico (a) através da superfície curva e (b) através da superfície plana quando $\delta \to 0$?

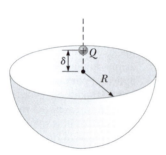

Figura P19.38

39. [W] O campo elétrico em todos os pontos de uma superfície de uma fina casca esférica de raio 0,750 m tem módulo 890 N/C e aponta radialmente para o centro da esfera. (a) Qual é a carga total no interior da superfície da esfera? (b) Qual é a distribuição da carga no interior da casca esférica?

40. [Q|C] [W] Uma partícula com carga de 12,0 μC é colocada no centro de uma casca esférica de raio 22,0 cm. Qual é o fluxo elétrico total através (a) da superfície da casca e (b) qualquer superfície hemisférica da casca? (c) Os resultados dependem do raio? Explique.

41. Uma partícula com carga $Q = 5,00$ μC está localizada no centro de um cubo de lado $L = 0,100$ m. Além disso, seis outras partículas carregadas idênticas tendo $q = -1,00$ μC são posicionadas simetricamente em torno de Q, como mostrado na Figura P19.41. Determine o fluxo elétrico através de um lado do cubo.

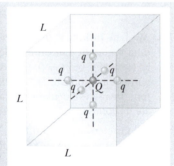

Figura P19.41 Problemas 41 e 42.

42. [S] Uma partícula com carga Q está localizada no centro de um cubo de extremidade L. Além disso, seis outras partículas idênticas com carga q são posicionadas simetricamente ao redor de Q, como mostra a Figura P19.41. Para cada uma destas partículas, q é um número negativo. Determine o fluxo elétrico através de um dos lados do cubo.

43. [M] As seguintes cargas estão localizadas dentro de um submarino: 5,00 μC, –9,00 μC, 27,0 μC e –84,0 μC. (a) Calcule o fluxo elétrico total através do casco do submarino. (b) O número de linhas de campo elétrico que saem do submarino é maior que, igual a, ou menor que o número entrando nele?

44. [Q|C] Uma carga de 170 μC está no centro de um cubo de extremidade 80,0 cm. Não há nenhuma outra carga por perto. (a) Encontre o fluxo através de cada lado do cubo. (b) Encontre o fluxo através de toda a superfície do cubo. (c) E se? Suas respostas para as partes (a) ou (b) mudariam se a carga não estivesse no centro? Explique.

Sessão 19.10 Aplicação da lei de Gauss para vários distribuidores de cargas

45. [M] Uma folha grande, plana e horizontal tem uma carga por unidade de área de 9,00 μC/m². Encontre o campo elétrico logo acima no meio da folha.

46. [M] Um filamento uniformemente carregado reto de comprimento 7,00 m tem uma carga positiva total de 2,00 μC. Um papelão cilíndrico não carregado de comprimento 2,00 cm e 10,0 cm de raio rodeia o filamento em seu centro, com o filamento como o eixo do cilindro. Usando aproximações razoáveis, encontre (a) o campo elétrico na superfície do cilindro e (b) o fluxo elétrico total através do cilindro.

47. Um pedaço de 10,0 g de isopor carrega uma carga total de –0,700 μC e está suspenso em equilíbrio no centro, acima de uma grande folha horizontal de plástico, que tem uma densidade de carga uniforme em sua superfície. Qual é a carga por unidade de área sobre a folha de plástico?

48. [S] Considere uma distribuição de carga cilíndrica de raio R com uma densidade de carga uniforme ρ. Encontre o campo elétrico à distância r do eixo, em que $r < R$.

49. Na fissão nuclear, um núcleo de urânio-238, que contém 92 prótons, pode dividir-se em duas esferas menores, cada uma com 46 prótons e raio de $5,90 \times 10^{-15}$ m. Qual é o módulo da força elétrica repulsiva repelindo as duas esferas?

50. [W] A cobertura cilíndrica de raio 7,00 cm e comprimento 2,40 m tem a sua carga uniformemente distribuída sobre sua superfície curva. O módulo do campo elétrico em um ponto 19,0 cm radialmente para fora a partir do seu eixo (medido a partir do ponto médio da cobertura) é de 36,0 kN/C. Encontre (a) a carga total da cobertura e (b) o campo elétrico em um ponto de 4,00 cm a partir do eixo, medido radialmente para o exterior a partir do ponto médio da cobertura.

51. [W] Uma esfera sólida de raio 40,0 cm tem uma carga total positiva de 26,0 μC, uniformemente distribuída por todo o seu volume. Calcule o módulo do campo elétrico (a) 0 cm, (b) 10,0 cm, (c) 40,0 cm e (d) 60,0 cm do centro da esfera.

52. [S] Uma esfera sólida isolante de raio a tem um volume de densidade de carga uniforme e carrega uma carga total positiva Q. Uma superfície gaussiana esférica de raio r, que tem um centro comum com a esfera isolante, é inflada a partir de $r = 0$. (a) Encontre uma expressão para o fluxo elétrico que atravessa esta superfície esférica gaussiana, como uma função de r para $r < a$. (b) Encontre uma expressão para o fluxo elétrico para $r > a$. (c) Faça um gráfico do fluxo pelo raio r.

53. **M** Considere uma casca esférica de raio 14,0 cm com uma carga total de 32,0 μC distribuída uniformemente sobre a superfície. Encontre o campo elétrico a (a) 10,0 cm e (b) 20,0 cm do centro de distribuição de carga.

54. **Q|C W** Uma parede não condutora possui carga com uma densidade uniforme de 8,60 μC/cm². (a) Qual é o campo elétrico 7,00 cm a frente da parede se 7,00 cm é uma medida pequena em comparação com as dimensões da parede? (b) Seu resultado seria alterado com a variação da distância da parede? Explique.

Sessão 19.11 **Condutores em equilíbrio eletrostático**

55. Uma esfera condutora sólida de raio 2,00 cm tem uma carga 8,00 μC. Uma casca esférica condutora de raio interno 4,00 cm e raio externo 5,00 cm é concêntrica com a esfera sólida e tem uma carga total de $-4,00$ μC. Encontre o campo elétrico em (a) $r = 1,00$ cm, (b) $r = 3,00$ cm, (c) $r = 4,50$ cm, e (d) $r = 7,00$ cm do centro dessa configuração de carga.

56. *Por que a seguinte situação é impossível?* Uma esfera sólida de cobre de raio 15,0 cm está em equilíbrio eletrostático e possui uma carga de 40,0 nC. A Figura P19.56 mostra o valor do campo elétrico em uma função de posição radial r medida a partir do centro da esfera.

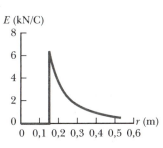

Figura P19.56

57. **M** Uma haste de metal reta e longa tem um raio de 5,00 cm e uma carga por unidade de comprimento de 30,0 nC/m. Encontre o campo elétrico (a) 3,00 cm, (b) 10,0 cm e (c) 100 cm do eixo da haste, onde as distâncias são medidas perpendicularmente ao eixo da haste.

58. **S** Uma fina chapa de alumínio muito grande de área A tem um total de carga Q distribuída uniformemente sobre as suas superfícies. Assumindo que a mesma carga é espalhada uniformemente sobre a superfície *superior* de uma placa de vidro idêntica, compare o campo elétrico pouco acima do centro da superfície superior de cada placa.

59. **M** Uma fina placa condutora quadrada de 50,0 cm de lado encontra-se no plano *xy*. Uma carga total de 4,00 $\times 10^{-8}$ C é colocada sobre a placa. Encontre (a) a densidade de carga em cada face da placa, (b) o campo elétrico logo acima da placa, e (c) o campo elétrico logo abaixo da placa. Você pode assumir que a densidade de carga é uniforme.

60. **S** Um fio longo e reto é cercado por um de metal oco cilíndrico, cujo eixo coincide com o do fio. O fio tem uma carga por unidade de comprimento λ, e o cilindro tem uma carga total por unidade de comprimento de 2λ. A partir desta informação, use a lei de Gauss para encontrar (a) a carga por unidade de comprimento na superfície interior do cilindro, (b) a carga por unidade de comprimento sobre a superfície externa do cilindro, e (c) o campo elétrico fora do cilindro a uma distância r do eixo.

61. Uma placa quadrada de cobre com 50,0 cm de lado não tem carga líquida e é colocada em uma região de um campo elétrico uniforme de 80,0 kN/C dirigido perpendicularmente à placa. Encontre (a) a densidade de carga de cada uma das faces da placa e (b) a carga total em cada face.

Sessão 19.12 **Conteúdo em contexto: o campo elétrico atmosférico**

62. **Q|C** Revisão. Com bom tempo, o campo elétrico no ar em uma determinada posição imediatamente acima da superfície da Terra é de 120 N/C dirigido para baixo. (a) Qual é a densidade de carga de superfície sobre a Terra? É positiva ou negativa? (b) Imagine que a densidade de carga de superfície seja uniforme ao longo do planeta. Qual é então a carga em toda a superfície da Terra? (c) Imagine se a Lua tivesse uma carga de 27,3% da superfície da Terra, com o mesmo sinal. Encontre a força elétrica que a Terra exerceria sobre a Lua. (d) Justifique sua resposta ao item (e) compare com a força gravitacional que a Terra exerce sobre a lua.

63. No ar, sobre uma determinada região, a uma altitude de 500 m acima do chão, o campo elétrico é de 120 N/C dirigido para baixo. A 600 m acima do solo, o campo elétrico é de 100 N/C para baixo. Qual é o volume de densidade média de carga na camada de ar entre estas duas elevações? É positivo ou negativo?

Problemas adicionais

64. **S** Uma linha de carga infinitamente longa tendo uma carga uniforme por unidade de comprimento λ encontra-se a uma distância d do ponto O como mostrado na Figura P19.64. Determine o fluxo elétrico total, através da superfície de uma esfera de raio R centrada em O, resultante desta linha de carga. Considere ambos os casos, em que (a) $R < d$ e (b) $R > d$.

Figura P19.64

65. Quatro partículas idênticas carregadas ($q = +10,0$ μC) estão localizadas nos cantos de um retângulo como mostra a Figura P19.65. As dimensões do retângulo são $L = 60,0$ cm e $W = 15,0$ cm. Calcule (a) o módulo e (b) a direção da força elétrica total exercida sobre a carga no canto inferior esquerdo pelas outras três cargas.

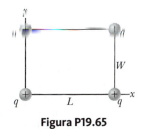

Figura P19.65

66. **Q|C** Duas cargas pontuais $q_A = -12,0$ μC e $q_B = 45,0$ μC e uma terceira partícula com carga desconhecida q_C estão localizadas no eixo x. A partícula q_A está na origem, e

q_B está em $x = 15{,}0$ cm. A terceira partícula deve ser colocada de modo que cada partícula esteja em equilíbrio sob a ação das forças elétricas exercidas pelas outras duas partículas. (a) Esta situação é possível? Se for, seria possível em mais de uma maneira? Explique. Encontre (b) a localização necessária e (c) o módulo e o sinal da carga da terceira partícula.

67. Uma pequena bola de plástico de 2,00 g está suspensa por uma longa corda de 20,0 cm em um campo elétrico uniforme, como mostra a Figura P19.67. Se a bola está em equilíbrio quando a corda faz um ângulo de 15,0° com a vertical, qual é a carga total sobre a bola?

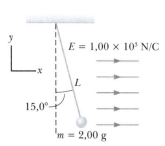

Figura P19.67

68. *Por que a seguinte situação é impossível?* Um elétron entra em uma região de um campo elétrico uniforme entre duas placas paralelas. As placas são usadas em um tubo de raios catódicos para ajustar a posição de um feixe de elétrons numa tela fluorescente distante. O módulo do campo elétrico entre as placas é de 200 N/C. As placas têm 0,200 m de comprimento e são separadas por 1,50 cm. O elétron entra na região a uma velocidade de $3{,}00 \times 10^6$ m/s, viajando paralelamente ao plano das placas na direção do seu comprimento. Ele deixa as placas seguindo em direção ao seu local correto na tela fluorescente.

69. **Revisão.** Dois blocos idênticos que descansam em uma superfície horizontal sem atrito estão ligados por uma mola leve possuindo uma constante elástica de $k = 100$ N/m e um comprimento natural de $L_i = 0{,}400$ m como mostra a Figura P19.69a. Uma carga Q é lentamente colocada em cada bloco fazendo com que a mola se estique para um comprimento de equilíbrio $L = 0{,}500$ m, conforme mostra a Figura P19.69b. Determine o valor de Q, modelando os blocos como partículas carregadas.

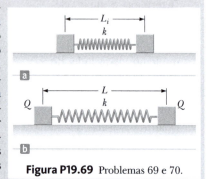

Figura P19.69 Problemas 69 e 70.

70. **S Revisão.** Dois blocos idênticos que descansam em uma superfície horizontal sem atrito estão ligados por uma mola leve possuindo uma constante elástica k e um comprimento natural L_i como mostrado na Figura P19.69a. A carga Q é lentamente colocada em cada bloco, fazendo com que a mola se estique a um comprimento de equilíbrio L, como mostra a Figura P19.69b. Determine o valor de Q, modelando os blocos como partículas carregadas.

71. Uma linha de carga com uma densidade uniforme de 35,0 nC/m se encontra ao longo da linha em $y = -15{,}0$ cm, entre os pontos com coordenadas $x = 0$ e $x = 40{,}0$ cm. Encontre o campo elétrico criado na origem.

72. **Q|C S** Duas pequenas esferas de massa m estão suspensas por cordas de comprimento ℓ que estão conectados em um ponto comum. Uma esfera tem carga Q e a outra, carga $2Q$. As cordas fazem ângulos θ_1 e θ_2 com a vertical. (a) Explique como θ_1 e θ_2 estão relacionados. (b) Suponha que θ_1 e θ_2 sejam pequenos. Mostre que a distância r aproximada entre as esferas é

$$r \approx \left(\frac{4k_e Q^2 \ell}{mg}\right)^{1/3}$$

73. **S** Duas folhas de carga infinitas e não condutoras são paralelas uma a outra, como mostra a Figura P19.73. A folha da esquerda tem uma densidade de carga de superfície uniforme σ, e a da direita tem uma densidade de carga uniforme $-\sigma$. Calcule o campo elétrico nos pontos (a) à esquerda, (b) entre elas, e (c) a direita das duas folhas. (d) **E se?** Encontre os campos elétricos em todas as três regiões, se ambas as folhas têm densidades de carga de superfície uniforme *positivas* de valor σ.

Figura P19.73

74. **S** Considere a distribuição de carga mostrada na Figura P19.74. (a) Mostre que o módulo do campo elétrico no centro de qualquer face do cubo tem um valor de $2{,}18 k_e q/s^2$. (b) Qual é a direção do campo elétrico no centro da face superior do cubo?

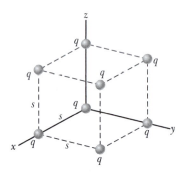

Figura P19.74

75. **PD S** Uma esfera sólida isolante de raio a tem uma densidade de carga uniforme em todo o seu volume e uma carga total Q. Concêntrica com esta esfera está outra esfera, oca e descarregada cujos raios interior e exterior são b e c, conforme mostra a Figura P19.75. Nós desejamos compreender completamente as cargas e campos elétricos em todos os locais. (a) Encontre a carga contida dentro de uma esfera de raio $r < a$. (b) A partir deste valor, encontre o módulo do campo elétrico para $r < a$. (c) Qual carga é contida dentro de uma esfera de raio r onde $a < r < b$? (d) A partir deste valor, encontre o módulo do campo elétrico para r quando $a < r < b$. (e) Agora considere r quando $b < r < c$. Qual é o módulo do campo elétrico para esta faixa de valores de r? (f) A partir deste valor, qual deve ser a carga na superfície

interior da esfera oca? (g) Da parte (f), qual deve ser a carga na superfície externa da esfera oca? (h) Considere as três superfícies esféricas de raios a, b e c. Qual destas superfícies tem a maior módulo da densidade de carga superficial?

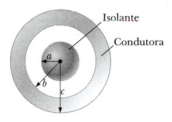

Figura P19.75

76. **S Revisão.** Uma partícula carregada negativamente $-q$ é colocada no centro de um anel carregado uniformemente, onde o anel tem uma carga total positiva Q, como mostra a Figura P19.76. A partícula, confinada a se mover ao longo do eixo x, é movida a uma pequena distância x ao longo do eixo (onde $x \ll a$) e liberada. Mostre que a partícula oscila em movimento harmônico simples com uma frequência dada por

$$f = \frac{1}{2\pi}\left(\frac{k_e qQ}{ma^3}\right)^{1/2}$$

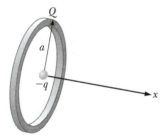

Figura P19.76

77. Inez está colocando enfeites para a festa de debutante de sua irmã (festa de aniversário de 15 anos). Ela amarra três fitas de seda clara juntas no topo de uma porta de entrada e pendura um balão de borracha em cada fita (Fig. P19.77). Para incluir os efeitos da gravitação e as forças de flutuação, cada balão pode ser modelado como uma partícula com massa de 2,00 g, com o seu centro a 50,0 cm do ponto de apoio. Inez esfrega toda a superfície de cada balão com o cachecol de lã, fazendo com que os balões se pendurem separadamente, com espaços entre eles. Olhando diretamente para cima de baixo dos balões, Inez percebe que os centros dos balões suspensos formam um triângulo equilátero horizontal com lados 30,0 cm de comprimento. Qual é a carga comum que cada balão carrega?

Figura P19.77

78. **S** Uma esfera de raio $2a$ é feita de um material não condutor que tem uma densidade uniforme de carga de volume ρ. (Suponhamos que o material não afete o campo elétrico.) Uma cavidade esférica de raio a é removida da esfera, como mostra a Figura P19.78. Mostre que o campo elétrico com a cavidade é uniforme e é dado por $E_x = 0$ e $E_y = \rho a/3\varepsilon_0$. (*Sugestão*: O campo com a cavidade é a superposição do campo devido à esfera sem cortes original mais o campo devido a uma esfera do tamanho da cavidade, com uma densidade de carga negativa uniforme $-\rho$.)

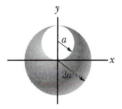

Figura P19.78

Capítulo 20

Potencial elétrico e capacitância

Sumário

20.1 Potencial elétrico e diferença de potencial

20.2 Diferença de potencial em um campo elétrico uniforme

20.3 Potencial elétrico e energia potencial gerados por cargas pontuais

20.4 Obtenção do valor do campo elétrico com base no potencial elétrico

20.5 Potencial elétrico gerado por distribuições de cargas contínuas

20.6 Potencial elétrico gerado por um condutor carregado

20.7 Capacitância

20.8 Associações de capacitores

20.9 Energia armazenada em um capacitor carregado

20.10 Capacitores com dielétricos

20.11 Conteúdo em contexto: a atmosfera como capacitor

Este dispositivo é um *capacitor variável*, utilizado para sintonizar os rádios a uma estação selecionada. Quando um conjunto de placas de metal gira para repousar entre um conjunto fixo de placas, a *capacitância* do dispositivo muda. A capacitância é um parâmetro que depende do *potencial elétrico*, o primeiro tópico deste capítulo.

O conceito de energia potencial foi introduzido no Capítulo 6, junto com as forças conservativas, como a gravidade e a força elástica de uma mola. Ao utilizar o princípio de conservação da energia mecânica em um sistema isolado, pudemos evitar o trabalho direto com forças ao resolver problemas mecânicos. Neste capítulo, devemos utilizar o conceito de energia em nosso estudo de eletricidade. Como a força eletrostática (de acordo com a Lei de Coulomb) é conservativa, os fenômenos eletrostáticos podem ser convenientemente descritos em termos de uma função de energia potencial *elétrica*. Este conceito permite que possamos definir uma grandeza chamada *potencial elétrico*, que é uma grandeza escalar e que, portanto, resulta em uma maneira mais simples de descrever alguns fenômenos eletrostáticos que o método de campo elétrico. Nos próximos capítulos, visualizaremos que o conceito de potencial elétrico possui grande valor prático em muitas aplicações.

Este capítulo também aborda as propriedades dos capacitores, que são dispositivos que armazenam carga. A capacidade de armazenamento de carga deles é medida atra-

46 | Princípios de física

vés de sua *capacitância*. Os capacitores são utilizados em aplicações comuns, como sintonizadores de frequência em receptores de rádio, filtros em fontes de alimentação e dispositivos armazenadores de energia para pen drives.

▌**20.1** | Potencial elétrico e diferença de potencial

Quando uma carga teste q_0 é colocada em um campo elétrico $\vec{E}$ criado por alguma distribuição de fontes de cargas, a força elétrica atuando na carga teste é $q_0\vec{E}$. A força $\vec{F}_e = q_0\vec{E}$ é conservativa, porque a força entre as cargas, descritas pela Lei de Coulomb, é conservativa. Quando a carga teste é deslocada no campo em velocidade constante por algum agente externo, o trabalho realizado pelo campo sobre a carga é igual ao valor negativo do trabalho realizado pelo agente externo causador do deslocamento. A situação é semelhante ao ato de elevar um corpo com massa em um campo gravitacional: o trabalho feito por um agente externo é *mgh* e o trabalho feito pela força gravitacional é *– mgh*.

Ao analisar os campos magnéticos e elétricos, é comum utilizar a notação $d\vec{s}$ para representar um vetor de deslocamento infinitesimal orientado tangencialmente a um percurso através do espaço. Esse percurso pode ser reto ou curvo, e uma integral calculada ao longo dele é chamada *integral de percurso* ou *integral de linha* (os termos são sinônimos).

Para um deslocamento infinitesimal $d\vec{s}$ de uma carga pontual q_0 imersa em um campo elétrico, o trabalho realizado no sistema carga-campo pelo campo elétrico sobre carga é $W_{int} = \vec{F}_e \cdot d\vec{s} = q_0\vec{E} \cdot d\vec{s}$. Conforme essa quantidade de trabalho é realizada pelo campo, a energia potencial do sistema carga-campo é alterada por um quantidade $dU = -W_{int} = -q_0\vec{E} \cdot d\vec{s}$. Para um deslocamento finito da carga a partir do ponto Ⓐ ao ponto Ⓑ, a variação na energia potencial do sistema $\Delta U = U_Ⓑ - U_Ⓐ$ é

▶ Variação na energia potencial elétrica de um sistema de carga-campo

$$\Delta U = -q_0\int_Ⓐ^Ⓑ \vec{E} \cdot d\vec{s}$$

20.1 ◀

A integração é efetuada ao longo do percurso que q_0 percorre ao se deslocar de Ⓐ para Ⓑ. Uma vez que a força $q_0\vec{E}$ é conservativa, essa integral de linha não depende do percurso de Ⓐ para Ⓑ.

Para uma determinada posição da carga teste no campo, o sistema carga-campo tem uma energia potencial U relativa à configuração do sistema, que é definida como $U = 0$. Dividindo a energia potencial pela carga teste, obtemos uma grandeza física que depende apenas da distribuição de cargas de origem e tem um valor em cada ponto em um campo elétrico. Essa grandeza é chamada **potencial elétrico** (ou apenas **potencial**) V:

$$V = \frac{U}{q_0}$$

20.2 ◀

> **Prevenção de Armadilhas** | 20.1
>
> Potencial e energia potencial
> O *potencial é característico apenas do campo*, independente de uma partícula teste carregada que pode ser colocada no campo. A *energia potencial é característica do sistema carga-campo* estabelecido de uma interação entre o campo e uma partícula carregada colocada no campo.

Visto que a energia potencial é uma quantidade escalar, o potencial elétrico também o é.

Como descrito pela Equação 20.1, se a carga teste for deslocada entre duas posições Ⓐ e Ⓑ em um campo elétrico, o sistema carga-campo apresentará uma variação na energia potencial. A **diferença potencial** $\Delta V = V_Ⓑ - V_Ⓐ$ entre dois pontos Ⓐ e Ⓑ em um campo elétrico é definida como a variação na energia potencial do sistema quando uma carga teste q_0 é deslocada entre os pontos dividida pela carga teste:

▶ Diferença de potencial entre dois pontos

$$\Delta V \equiv \frac{\Delta U}{q_0} = -\int_Ⓐ^Ⓑ \vec{E} \cdot d\vec{s}$$

20.3 ◀

Nesta definição, o deslocamento infinitesimal $d\vec{s}$ é interpretado como aquele entre dois pontos no espaço, em vez do deslocamento de uma ponta de carga pontual definido na Equação 20.1.

Da mesma forma que ocorre com a energia potencial, apenas *diferenças* no potencial elétrico são significativas. Em geral, definimos o valor do potencial elétrico como zero em algum ponto conveniente em um campo elétrico.

A diferença potencial não deve ser confundida com a de energia potencial. A diferença potencial entre Ⓐ e Ⓑ existe apenas por causa de uma fonte de carga e depende da distribuição dessa fonte de carga (considere os pontos Ⓐ e Ⓑ *sem* a presença da fonte de carga). Para que a energia potencial exista, devemos ter um *sistema* de duas ou mais cargas. A energia potencial pertence ao sistema, e muda apenas se uma carga for deslocada em relação ao restante do sistema.

Se um agente externo mover uma carga teste de Ⓐ para Ⓑ, sem alterar a energia cinética da carga teste, um agente externo realiza trabalho que altera a energia potencial do sistema: $W = \Delta U$. Imagine uma carga arbitrária q localizada em um campo elétrico. De acordo com a Equação 20.3, o trabalho realizado por um agente externo ao deslocar uma carga q através de um campo elétrico a uma velocidade constante é

$$W = q\,\Delta V \qquad \text{20.4} \blacktriangleleft$$

Visto que o potencial elétrico é uma medida de energia potencial por unidade de carga, a unidade do SI do potencial elétrico e da diferença de potencial é o joule por coulomb, definida como **volt** (V):

$$1\text{ V} \equiv 1\text{ J/C}$$

Isto é, 1 J de trabalho deve ser realizado para que uma carga de 1 C seja deslocada através de uma diferença de potencial de 1 V.

A Equação 20.3 demonstra que a diferença de potencial também tem unidades de campo elétrico multiplicadas pela distância. Portanto, a unidade no SI do campo elétrico (N/C) também pode ser expressa em volts por metro:

$$1\text{ N/C} = 1\text{ V/m}$$

Portanto, podemos interpretar o campo elétrico como uma medida da razão da variação do potencial elétrico em relação à posição.

Conforme discutido na Seção 9.7, uma unidade de energia comumente utilizada na física nuclear e atômica é o **elétron-volt** (eV), definido como a energia que um sistema de carga-campo ganha ou perde quando uma carga de módulo e (isto é, um elétron ou próton) se desloca através de uma diferença de potencial de 1 V. Uma vez que 1 V = 1 J/C e a carga fundamental é igual a $1{,}602 \times 10^{-19}$ C, a relação entre o elétron-volt e o joule é expressa pela seguinte equação:

$$1\text{ eV} = 1{,}602 \times 10^{-19}\text{ C}\cdot\text{V} = 1{,}602 \times 10^{-19}\text{ J} \qquad \text{20.5} \blacktriangleleft$$

Por exemplo, um elétron em um típico feixe de máquina de raio X de exame odontológico pode ter uma velocidade de $1{,}4 \times 10^{8}$ m/s. Essa velocidade corresponde à energia cinética de $1{,}1 \times 10^{-14}$ J (calculada de modo relativístico, discutido no Capítulo 9), que é equivalente a $6{,}7 \times 10^{4}$ eV. Este elétron deve ser acelerado do repouso através de uma diferença de potencial de 67 kV para alcançar essa velocidade.

> **Prevenção de Armadilhas | 20.2**
> **Tensão**
> Uma variedade de expressões é utilizada para descrever a diferença de potencial entre dois pontos; as mais comuns são **voltagem**, originada da unidade aplicada ao potencial, e também **tensão**. Uma tensão *aplicada* a um aparelho, como um televisor, ou *através* de um dispositivo, é igual à diferença de potencial entre o dispositivo. Diferente da crença popular, tensão *não* é algo que se mova *através* um dispositivo.

> **Prevenção de Armadilhas | 20.3**
> **O elétron-volt**
> O elétron-volt é uma unidade de *energia*, NÃO de potencial. A energia de qualquer sistema pode ser expressa em eV, mas essa unidade é mais conveniente para a descrição da emissão e da absorção da luz visível dos átomos. As energias de processos nucleares são, em geral, expressas em MeV.

TESTE RÁPIDO 20.1 Na Figura 20.1, dois pontos Ⓐ e Ⓑ estão localizados dentro de uma região na qual existe um campo elétrico. (i) Como você descreveria a diferença de potencial $\Delta V = V_{Ⓑ} - V_{Ⓐ}$? (a) É positiva. (b) É negativa. (c) É igual a zero. (ii) Uma carga negativa é colocada em Ⓐ e, depois, deslocada para Ⓑ. Como você descreveria a variação na energia potencial do sistema carga-campo para este processo? Escolha entre as mesmas alternativas.

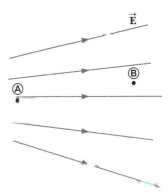

Figura 20.1 (Teste Rápido 20.1) Dois pontos em um campo elétrico.

20.2 | Diferença de potencial em um campo elétrico uniforme

As Equações 20.1 e 20.3 são válidas para todos os campos elétricos, sejam eles uniformes ou variáveis, mas podem ser simplificadas para um campo uniforme. Primeiro, considere um campo elétrico uniforme direcionado ao longo do eixo y negativo, como mostra a Figura Ativa 20.2a. Vamos calcular a diferença de potencial entre dois pontos Ⓐ e Ⓑ, separados por uma distância d, onde o deslocamento $\vec{s}$ aponta de Ⓐ para Ⓑ e é paralelo às linhas do campo. A Equação 20.3 fornece

$$V_{Ⓑ} - V_{Ⓐ} = \Delta V = -\int_{Ⓐ}^{Ⓑ} \vec{E}\cdot d\vec{s} = -\int_{Ⓐ}^{Ⓑ} E\,ds\,(\cos 0°) = -\int_{Ⓐ}^{Ⓑ} E\,ds$$

Visto que E é constante, este pode ser removido da integral, o que fornece

▶ Diferença de potencial entre dois pontos em um campo elétrico uniforme

$$\Delta V = -E \int_{\textcircled{A}}^{\textcircled{B}} ds = -Ed \qquad \text{20.6} \blacktriangleleft$$

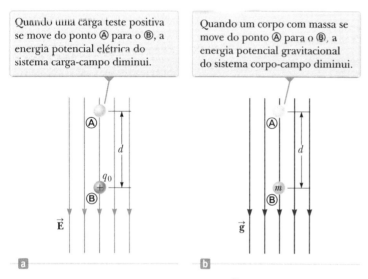

Figura Ativa 20.2 (a) Quando o campo elétrico $\vec{E}$ é direcionado para baixo, o ponto ⒷⒷ está a um potencial elétrico inferior ao do Ⓐ. (b) Um corpo de massa m deslocando-se para baixo em um campo gravitacional $\vec{g}$.

O sinal negativo indica que o potencial elétrico no ponto Ⓑ é inferior ao do Ⓐ isto é, $V_{\textcircled{B}} < V_{\textcircled{A}}$. As linhas de campo elétrico *sempre* apontam no sentido do potencial elétrico decrescente, como mostra a Figura Ativa 20.2a.

Agora, suponha que uma carga teste q_0 se desloque de Ⓐ para Ⓑ. Podemos calcular a variação na energia potencial do sistema carga-campo das Equações 20.3 e 20.6:

$$\Delta U = q_0 \Delta V = -q_0 E d \qquad \text{20.7} \blacktriangleleft$$

Este resultado mostra que se q_0 for positiva, então ΔU será negativa. Portanto, em um sistema que consiste em uma carga positiva e um campo elétrico, a energia potencial elétrica do sistema decresce quando a carga se desloca no sentido do campo. De modo equivalente, um campo elétrico aplica trabalho a uma carga positiva quando esta se desloca no sentido do campo elétrico. Isto é análogo ao trabalho realizado pelo campo gravitacional sobre um corpo em queda, como mostra a Figura Ativa 20.2b. Se for liberada do repouso nesse campo elétrico, uma carga teste positiva será afetada por uma força elétrica $q_0 \vec{E}$ no sentido de $\vec{E}$ (sentido descendente na Figura Ativa 20.2a). Dessa forma, a carga acelera para baixo, ganhando energia cinética. À medida que a partícula carregada ganha energia cinética, a energia potencial do sistema carga-campo diminui na mesma proporção. Essa equivalência não deveria ser algo surpreendente, pois trata-se, simplesmente, da conservação de energia mecânica em um sistema isolado, como apresentado no Capítulo 7.

Figura 20.3 Um campo elétrico uniforme direcionado ao longo do eixo x positivo.

A comparação entre um sistema de um campo elétrico com carga teste positiva e um campo gravitacional com uma massa de teste igual ao da Figura Ativa 20.2 é útil para a definição do conceito do comportamento elétrico. Entretanto, a situação elétrica tem uma característica inexistente na gravitacional: a carga teste pode ser negativa. Se q_0 for negativa, ΔU na Equação 20.7 será positiva, e a situação é invertida. Um sistema que consiste em uma carga negativa e um campo elétrico ganha energia potencial elétrica quando a carga se desloca no sentido do campo. Se for liberada do repouso em um campo elétrico, uma carga negativa acelerará no sentido oposto ao do campo. Para que a carga negativa se desloque no sentido do campo, um agente externo deve aplicar uma força e realizar um trabalho positivo sobre a carga.

Agora, considere o caso mais geral de uma partícula carregada que se move entre Ⓐ e Ⓑ em um campo elétrico uniforme, de modo que o vetor $\vec{s}$ não é paralelo às linhas do campo, como mostra a Figura 20.3. Neste caso, a Equação 20.3 fornece

▶ Variação de potencial entre dois pontos em um campo elétrico uniforme

$$\Delta V = -\int_{\textcircled{A}}^{\textcircled{B}} \vec{E} \cdot d\vec{s} = -\vec{E} \cdot \int_{\textcircled{A}}^{\textcircled{B}} d\vec{s} = -\vec{E} \cdot \vec{s} \qquad \text{20.8} \blacktriangleleft$$

onde, novamente, $\vec{E}$ foi removido da integral porque é constante. A variação da energia potencial do sistema carga-campo é

$$\Delta U = q_0 \Delta V = -q_0 \vec{E} \cdot d\vec{s} \qquad \text{20.9} \blacktriangleleft$$

Finalmente, com base na Equação 20.8, concluímos que todos os pontos em um plano perpendicular a um campo elétrico uniforme têm o mesmo potencial elétrico. Na Figura 20.3, podemos observar onde a diferença de potencial $V_{Ⓑ} - V_{Ⓐ}$ é igual à de potencial $V_{Ⓒ} - V_{Ⓐ}$. (Confirme este fato calculando dois produtos escalares para $\vec{E} \cdot \vec{s}$: um para $\vec{s}_{Ⓐ \rightarrow Ⓑ}$, onde o ângulo θ entre $\vec{E}$ e $\vec{s}$ é arbitrário, como mostra a Figura 20.3, e outro para $\vec{s}_{Ⓐ \rightarrow Ⓒ}$, onde $\theta = 0$.) Portanto, $V_{Ⓑ} = V_{Ⓒ}$. A expressão **superfície equipotencial** é utilizada para se referir a qualquer superfície que consista em uma distribuição contínua de pontos com o mesmo potencial elétrico.

As superfícies equipotenciais associadas a um campo elétrico uniforme consistem de uma família de planos paralelos que são todos perpendiculares ao campo. As superfícies equipotenciais associadas a campos com outras simetrias serão descritas nas suas respectivas seções posteriores.

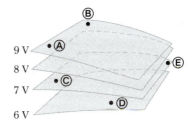

Figura 20.4 (Teste Rápido 20.2) Quatro superfícies equipotenciais.

TESTE RÁPIDO 20.2 Os pontos identificados na Figura 20.4 estão sobre uma série de superfícies equipotenciais associadas a um campo elétrico. Classifique (do maior para o menor) o trabalho realizado pelo campo elétrico em uma partícula positivamente carregada que se desloca de Ⓐ para Ⓑ, Ⓑ para Ⓒ, Ⓒ para Ⓓ e Ⓓ para Ⓔ.

Exemplo **20.1** | **O campo elétrico entre duas placas paralelas de cargas opostas**

Uma bateria tem uma diferença de potencial especificada ΔV entre seus terminais e estabelece essa diferença de potencial entre os condutores ligados aos terminais. Uma bateria de 12 V está conectada entre duas placas paralelas, como mostra a Figura 20.5. A separação entre placas é $d = 0{,}30$ cm, e supomos que o campo elétrico entre as placas seja uniforme (essa suposição é válida se a separação da placa for pequena em relação às suas dimensões e não considerarmos locais próximos das bordas das placas). Determine a intensidade do campo elétrico entre as placas.

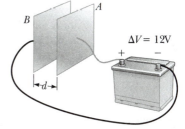

Figura 20.5 (Exemplo 20.1) Uma bateria de 12 V conectada a duas placas paralelas. O campo elétrico entre as placas tem um módulo definido pela diferença de potencial ΔV dividida pela separação entre as placas d.

SOLUÇÃO

Conceitualização No Capítulo 19, estudamos o campo elétrico uniforme entre placas paralelas. A nova característica deste problema é que o campo elétrico está relacionado com o novo conceito de potencial elétrico.

Categorização O campo elétrico é calculado com base em uma relação entre campo e potencial dada nesta seção, de modo que categorizamos este exemplo como um problema de substituição.

Aplique a Equação 20.6 para calcular a intensidade do campo elétrico entre as placas:

$$E = \frac{|V_B - V_A|}{d} = \frac{12 \text{ V}}{0{,}30 \times 10^{-2} \text{ m}} = 4{,}0 \times 10^3 \text{ V/m}$$

A configuração das placas na Figura 20.5 é chamada *capacitor de placas paralelas*, descrita mais detalhadamente na Seção 20.7.

Exemplo **20.2** | **Movimento de um próton em um campo elétrico uniforme**

Um próton é liberado do repouso no ponto Ⓐ em um campo elétrico uniforme que tem módulo de $8{,}0 \times 10^4$ V/m (Fig. 20.6). O próton apresenta um deslocamento de módulo $d = 0{,}50$ m no sentido ao ponto Ⓑ na direção de $\vec{E}$. Determine a velocidade escalar do próton após concluir o deslocamento.

SOLUÇÃO

Conceitualização Visualize o próton na Figura 20.6 deslocando-se para baixo através da diferença de potencial. A situação é semelhante à de um corpo em queda através de um campo gravitacional.

continua

20.2 cont.

Categorização O sistema do próton e das duas placas na Figura 20.6 não interage com o ambiente, de modo que o modelamos como um sistema isolado.

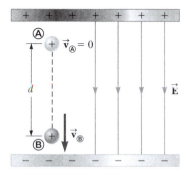

Figura 20.6 (Exemplo 20.2) Um próton acelera de Ⓐ para Ⓑ no sentido do campo elétrico.

Análise Aplique a Equação 20.6 para determinar a diferença de potencial entre os pontos Ⓐ e Ⓑ:

$$\Delta V = -Ed = -(8,0 \times 10^4 \text{ V/m})(0,50 \text{ m})$$
$$= -4,0 \times 10^4 \text{ V}$$

Expresse a redução adequada da Equação 7.2, a conservação da energia para o sistema isolado da carga e do campo elétrico:

$$\Delta K + \Delta U = 0$$

Substitua as variações de energia no dois termos:

$$\left(\tfrac{1}{2}mv^2 - 0\right) + e\Delta V = 0$$

Resolva para a velocidade escalar final do próton:

$$v = \sqrt{\frac{-2e\Delta V}{m}}$$

Substitua os valores numéricos:

$$v = \sqrt{\frac{-2(1,6 \times 10^{-19} \text{ C})(-4,0 \times 10^4 \text{ V})}{1,67 \times 10^{-27} \text{ kg}}}$$
$$= 2,8 \times 10^6 \text{ m/s}$$

Finalização Visto que ΔV é negativa para o campo, ΔU assim também o é para o sistema próton-campo. O valor negativo de ΔU significa que a energia potencial do sistema diminui quando o próton se move no sentido do campo elétrico. À medida que acelera no sentido do campo, ele ganha energia cinética, enquanto, ao mesmo tempo, a energia potencial elétrica do sistema decresce.

A Figura 20.6 está orientada de modo que o próton se mova para baixo. Este movimento é análogo ao de um corpo em queda em um campo gravitacional. Apesar de o campo gravitacional estar sempre voltado para baixo na superfície da Terra, um campo elétrico pode estar direcionado em qualquer sentido, dependendo da orientação das placas que criam o campo. Portanto, a Figura 20.6 poderia ser girada 90° ou 180° e o próton poderia se deslocar horizontalmente ou para cima no campo elétrico!

20.3 | Potencial elétrico e energia potencial gerados por cargas pontuais

Como já foi discutido na Seção 19.6, uma carga pontual, positiva e isolada, q, produz um campo elétrico direcionado radialmente para fora da carga. Para determinar o potencial elétrico em um ponto localizado a uma distância r da carga, comecemos pela expressão geral da diferença de potencial,

$$V_Ⓑ - V_Ⓐ = -\int_Ⓐ^Ⓑ \vec{E} \cdot d\vec{s}$$

onde Ⓐ e Ⓑ são os dois pontos arbitrários mostrados na Figura 20.7. Em qualquer ponto do espaço, o campo elétrico estabelecido pela carga pontual é $\vec{E} = (k_e q/r^2)\hat{r}$ (Eq. 19.5), onde $\hat{r}$ é um vetor unitário direcionado radialmente para fora da carga. A grandeza $\vec{E} \cdot d\vec{s}$ pode ser expressa como

$$\vec{E} \cdot d\vec{s} = k_e \frac{q}{r^2}\hat{r} \cdot d\vec{s}$$

Uma vez que o módulo de $\hat{r}$ é 1, o produto escalar $\hat{r} \cdot d\vec{s} = ds \cos\theta$, onde θ é o ângulo entre $\hat{r}$ e $d\vec{s}$. Além disso, $ds \cos\theta$ é a projeção de $d\vec{s}$ em $\hat{r}$. Portanto, $ds \cos\theta = dr$. Isto é, qualquer deslocamento $d\vec{s}$ ao longo do percurso do

Capítulo 20 – Potencial elétrico e capacitância | 51

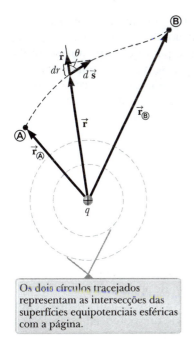

Figura 20.7 A diferença de potencial entre os pontos Ⓐ e Ⓑ estabelecida por uma carga pontual q depende *apenas* das coordenadas radiais inicial e final de $r_Ⓐ$ e $r_Ⓑ$.

Os dois círculos tracejados representam as intersecções das superfícies equipotenciais esféricas com a página.

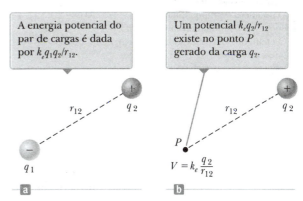

Figura Ativa 20.8 (a) Duas cargas pontuais separadas por uma distância r_{12}. (b) A carga q_1 é removida.

A energia potencial do par de cargas é dada por $k_e q_1 q_2 / r_{12}$.

Um potencial $k_e q_2 / r_{12}$ existe no ponto P gerado da carga q_2.

ponto Ⓐ ao Ⓑ produz uma mudança dr no módulo de $\vec{r}$, o vetor posição do ponto em relação à carga que gera o campo. Efetuando essas substituições, determinamos que $\vec{E} \cdot d\vec{s} = (k_e q / r^2) dr$. Assim, a expressão para a diferença de potencial se torna

$$V_Ⓑ - V_Ⓐ = -k_e q \int_{r_Ⓐ}^{r_Ⓑ} \frac{dr}{r^2} = k_e \frac{q}{r} \Big|_{r_Ⓐ}^{r_Ⓑ}$$

$$V_Ⓑ - V_Ⓐ = k_e q \left[\frac{1}{r_Ⓑ} - \frac{1}{r_Ⓐ} \right] \qquad \text{20.10} \blacktriangleleft$$

A Equação 20.10 demonstra que a integral de $\vec{E} \cdot d\vec{s}$ é *independente* do percurso entre pontos Ⓐ e Ⓑ. Multiplicando por uma carga q_0 que se move entre os pontos Ⓐ e Ⓑ, observamos que a integral de $q_0 \vec{E} \cdot d\vec{s}$ também é independente do percurso. Esta última integral, que é o trabalho realizado pela força elétrica sobre a carga q_0, demonstra que a força elétrica é conservativa (consulte a Seção 6.7). Definimos o campo relacionado a uma força conservativa como **campo conservativo**. Assim, a Equação 20.10 nos informa que o campo elétrico de uma carga pontual fixa q é conservativo. Além disso, a Equação 20.10 expressa o importante resultado que mostra que a diferença de potencial entre quaisquer dois pontos Ⓐ e Ⓑ em um campo criado por uma carga pontual depende apenas das coordenadas radiais $r_Ⓐ$ e $r_Ⓑ$. Normalmente, escolhemos $V = 0$ em $r_Ⓐ = \infty$ como referência do potencial elétrico para uma carga pontual. Ao optarmos por essa referência, o potencial elétrico estabelecido por uma carga pontual a qualquer distância r da carga é

$$V = k_e \frac{q}{r} \qquad \text{20.11} \blacktriangleleft$$

Obtemos o potencial elétrico resultante de duas ou mais cargas pontuais por meio da aplicação do princípio da superposição. Em outras palavras, o potencial elétrico total em algum ponto P estabelecido por várias cargas pontuais é a soma dos potenciais criados pelas cargas individuais. Para um grupo de cargas pontuais, podemos expressar o potencial elétrico total em P como

$$V = k_e \sum_i \frac{q_i}{r_i} \qquad \text{20.12} \blacktriangleleft \quad \blacktriangleright \text{ Potencial elétrico gerado de diversas cargas pontuais}$$

onde o potencial é, novamente, considerado zero no infinito e r_i é a distância do ponto P à carga q_i. Observe que a soma da Equação 20.12 é do tipo algébrica de valores escalares, em invés de uma vetorial (que utilizamos para calcular o campo elétrico de um grupo de cargas na Equação 19.6). Portanto, em geral, é muito mais fácil calcular V do que $\vec{E}$.

Prevenção de Armadilhas | 20.4

Cuidado com equações similares
Não confunda a Equação 20.11 do potencial elétrico de uma carga pontual com a Equação 19.5 do campo elétrico de uma carga pontual. O potencial é proporcional a $1/r$, enquanto o módulo do campo, a $1/r^2$. O efeito de uma carga sobre o espaço que a cerca pode ser descrito de duas formas. A carga estabelece um vetor campo elétrico $\vec{E}$, que está relacionado à força aplicada a uma carga teste colocada no campo.
A carga também cria um potencial escalar V, que está relacionado à energia potencial do sistema de duas cargas, quando uma carga teste é colocada no campo.

Agora consideremos a energia potencial de um sistema de duas partículas carregadas. Se V_2 é o potencial elétrico em um ponto P criado pela carga q_2, o trabalho que deve ser realizado por um agente para deslocar uma segunda carga q_1 do infinito para P, sem aceleração, é $q_1 V_2$. Esse trabalho representa uma transferência de energia para dentro do sistema, e a energia aparece no sistema como potencial U, quando as partículas são separadas por uma distância r_{12} (Fig. Ativa 20.8a). Portanto, a energia potencial do sistema pode ser expressa como[1]

$$U = k_e \frac{q_1 q_2}{r_{12}} \qquad 20.13 \blacktriangleleft$$

Se as cargas tiverem o mesmo sinal, U será positiva. O trabalho positivo deve ser realizado por um agente externo sobre o sistema a fim de colocar as duas cargas próximas uma da outra (porque cargas do mesmo sinal se repelem). Se as cargas tiverem sinais opostos, U será negativa. O trabalho negativo é realizado por um agente externo contra a força atrativa entre as cargas de sinais opostos, quando estas são colocadas próxima uma da outra. Uma força deve ser aplicada no sentido oposto ao deslocamento para impedir q_1 de acelerar em direção a q_2.

Na Figura Ativa 20.8b, removemos a carga q_1. Na posição antes ocupada por essa carga, ponto P, as Equações 20.2 e 20.13 podem ser aplicadas para a definição de um potencial estabelecido pela carga q_2 como $V = U/q_1 = k_e q_2/r_{12}$. Essa expressão é consistente com a Equação 20.11.

Se o sistema consistir em mais de duas partículas carregadas, podemos obter a energia potencial total do sistema calculando U para cada *par* de cargas e somando os termos algebricamente. A energia potencial elétrica total de um sistema de cargas pontuais é igual ao trabalho necessário para trazer as cargas, uma de cada vez, de uma separação infinita para suas posições finais.

TESTE RÁPIDO 20.3 Um balão esférico contém um objeto carregado positivamente em seu centro. **(i)** À medida que o balão é inflado e adquire um volume maior enquanto o objeto carregado continua no seu centro, o potencial elétrico na superfície do balão (a) aumenta, (b) diminui, ou (c) permanece o mesmo? **(ii)** O fluxo elétrico através da superfície do balão (a) aumenta, (b) diminui ou (c) permanece o mesmo?

TESTE RÁPIDO 20.4 Na Figura Ativa 20.8a, seja q_1 uma fonte de carga negativa e q_2 a carga teste. **(i)** Se q_2 for inicialmente positivo e for alterado para uma carga de mesmo módulo mas negativa, o que acontecerá com o potencial na posição de q_2 como consequência da ação de q_1? (a) Aumenta. (b) Diminui. (c) Permanece o mesmo **(ii)** Quando q_2 muda de positiva para negativa, o que acontece com a energia potencial do sistema de duas cargas? Escolha entre as mesmas alternativas.

Exemplo **20.3** | **O potencial elétrico estabelecido por duas cargas pontuais**

Como mostra a Figura 20.9a, uma carga $q_1 = 2{,}00 \ \mu C$ está localizada na origem, e uma carga $q_2 = -6{,}00 \ \mu C$, posicionada em $(0, 3{,}00)$ m.

(A) Calcule o potencial elétrico total gerado por essas cargas no ponto P, cujas coordenadas são $(4{,}00, 0)$ m.

SOLUÇÃO

Conceitualização Primeiro reconheça que as cargas $2{,}00 \ \mu C$ e $-6{,}00 \ \mu C$ são as fontes de carga e criam um campo elétrico, além de um potencial em todos os pontos no espaço, incluindo o ponto P.

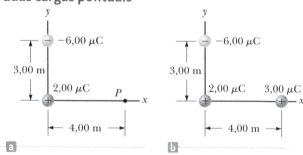

Figura 20.9 (Exemplo 20.3) (a) O potencial elétrico em P estabelecido pelas duas cargas q_1 e q_2 é a soma algébrica dos potenciais gerados pelas cargas individuais. (b) Uma terceira carga $q_3 = -3{,}00 \ \mu C$ é deslocada do infinito até o ponto P.

continua

---

[1] A expressão para a energia potencial elétrica de um sistema com até duas cargas pontuais, Equação 20.13, tem a *mesma* forma que a equação da energia potencial gravitacional de um sistema com até duas massas pontuais, Gm_1m_2/r (consulte o Capítulo 11). A similaridade não é surpresa, considerando que ambas as expressões derivam de uma lei de força proporcional ao inverso do quadrado da distância.

Capítulo 20 – Potencial elétrico e capacitância | **53**

20.3 *cont.*

Categorização O potencial é calculado por meio de uma equação desenvolvida neste capítulo, de modo que categorizamos este exemplo como um problema de substituição.

Use a Equação 20.12 para o sistema de duas fontes de carga:

$$V_P = k_e \left(\frac{q_1}{r_1} + \frac{q_2}{r_2} \right)$$

Substitua os valores numéricos:

$$V_P = (8,99 \times 10^9 \, \text{N} \cdot \text{m}^2/\text{C}^2) \left(\frac{2,00 \times 10^{-6} \, \text{C}}{4,00 \, \text{m}} + \frac{-6,00 \times 10^{-6} \, \text{C}}{5,00 \, \text{m}} \right)$$

$$= -6,29 \times 10^3 \, \text{V}$$

(B) Determine a variação na energia potencial do sistema de duas cargas, mais uma terceira $q_3 = 3,00 \, \mu\text{C}$, quando a última carga se desloca do infinito para o ponto P (Fig. 20.9b).

SOLUÇÃO

Aplique $U_i = 0$ para o sistema de configuração na qual a carga q_3 está no infinito. Utilize a Equação 20.2 para calcular a energia potencial para a configuração na qual a carga está em P:

$$U_f = q_3 V_P$$

Substitua os valores numéricos para calcular ΔU:

$$\Delta U = U_f - U_i = q_3 V_P - 0 = (3,00 \times 10^{-6} \, \text{C})(-6,29 \times 10^3 \, \text{V})$$

$$= -1,89 \times 10^{-2} \, \text{J}$$

Portanto, visto que a energia potencial do sistema diminuiu, um agente externo deve realizar um trabalho positivo para remover a carga q_3 do ponto P e levá-la de volta para o infinito.

E se? Você está resolvendo este exemplo com uma colega de classe e ela diz: "Espere um pouco! Na parte (B), ignoramos a energia potencial associada ao par de cargas q_1 e q_2!". O que você responderia?

Resposta De acordo com o enunciado do problema, não é necessário incluir essa energia potencial, porque a parte (B) pergunta sobre a *variação* na energia potencial do sistema quando q_3 é trazida do infinito. Já que a configuração das cargas q_1 e q_2 não muda no processo, não há ΔU associada a essas cargas.

20.4 | Obtenção do valor do campo elétrico com base no potencial elétrico

O campo elétrico $\vec{\textbf{E}}$ e o potencial elétrico V estão relacionados de acordo com a Equação 20.3, que define como o valor de ΔV é determinado se o campo elétrico $\vec{\textbf{E}}$ for conhecido. Agora, demonstraremos como calcular o valor do campo elétrico se o potencial elétrico for conhecido em uma determinada região.

Partindo da Equação 20.3, podemos expressar a diferença de potencial dV entre dois pontos separados por uma distância ds como

$$dV = -\vec{\textbf{E}} \cdot d\vec{\textbf{s}} \qquad \qquad \textbf{20.14} \blacktriangleleft$$

Se o campo elétrico tiver apenas um componente E_x, $\vec{\textbf{E}} \cdot d\vec{\textbf{s}} = E_x \, dx$. Portanto, a Equação 20.14 se torna $dV = -E_x \, dx$ ou

$$E_x = -\frac{dV}{dx} \qquad \qquad \textbf{20.15} \blacktriangleleft$$

Isto é, a componente x do campo elétrico é igual à negativa da derivada do potencial elétrico em relação a x. Enunciados similares podem ser feitos sobre as componentes y e z. A Equação 20.15 é o enunciado matemático do campo elétrico como uma medida da razão da variação com a posição do potencial elétrico, como mencionado na Seção 20.1.

Quando uma carga teste apresenta um deslocamento $d\vec{s}$ ao longo de uma superfície equipotencial, $dV = 0$, porque o potencial é constante ao longo desta superfície. De acordo com a Equação 20.14, $dV = -\vec{E} \cdot d\vec{s} = 0$. Portanto, $\vec{E}$ deve ser perpendicular ao deslocamento ao longo da superfície equipotencial. Este resultado demonstra que as superfícies equipotenciais sempre devem ser perpendiculares às linhas do campo elétrico que as atravessam.

Como mencionado no fim da Seção 20.2, as superfícies equipotenciais associadas a um campo elétrico uniforme consistem em uma família de planos perpendiculares às linhas de campo. A Figura 20.10a mostra algumas superfícies equipotenciais representativas para essa situação.

Se a distribuição de cargas que cria um campo elétrico tiver simetria esférica de modo que a densidade de carga volumétrica dependa apenas da distância radial r, o campo elétrico será radial. Neste caso, $\vec{E} \cdot d\vec{s} = E_r\, dr$, e podemos expressar dV como $dV = -E_r\, dr$. Portanto,

$$E_r = -\frac{dV}{dr} \qquad \text{20.16} \blacktriangleleft$$

Por exemplo, o potencial elétrico de carga pontual é $V = k_e q/r$. Visto que V é uma função apenas de r, a função do potencial tem uma simetria esférica. Aplicando a Equação 20.16, determinamos que o módulo do campo elétrico estabelecido pela carga pontual é $E_r = k_e q/r^2$, um resultado familiar. Observe que o potencial varia apenas na direção radial, não em qualquer direção perpendicular a r. Portanto, V (como E_r) é uma função apenas de r, o que, novamente, é consistente com a ideia de que superfícies equipotenciais são perpendiculares às linhas de campo. Neste caso, as superfícies equipotenciais são uma família de esferas concêntricas com a distribuição de cargas esfericamente simétrica (Fig. 20.10b). As superfícies equipotenciais de um dipolo elétrico estão esboçadas na Figura 20.10c.

Em geral, o potencial elétrico é uma função de todas as três coordenadas espaciais. Se $V(r)$ for expresso por coordenadas cartesianas, as componentes E_x, E_y e E_z do campo elétrico podem ser determinadas diretamente de $V(x, y, z)$ na forma das derivadas parciais

▶ Determinação do campo elétrico com base no potencial

$$E_x = -\frac{\partial V}{\partial x} \qquad E_y = -\frac{\partial V}{\partial y} \qquad E_z = -\frac{\partial V}{\partial z} \qquad \text{20.17} \blacktriangleleft$$

TESTE RÁPIDO 20.5 Em uma determinada região do espaço, o potencial elétrico é sempre zero em todos os pontos ao longo do eixo x. (i) Com base nesta informação, podemos concluir que a componente x do campo elétrico nessa região é (a) igual a zero, (b) está no sentido x positivo, ou (c) está no sentido x negativo. (ii) Suponha que o potencial elétrico seja +2 V em todos os pontos ao longo do eixo x. Escolha entre as mesmas alternativas e responda: O podemos concluir acerca da componente x do campo elétrico agora?

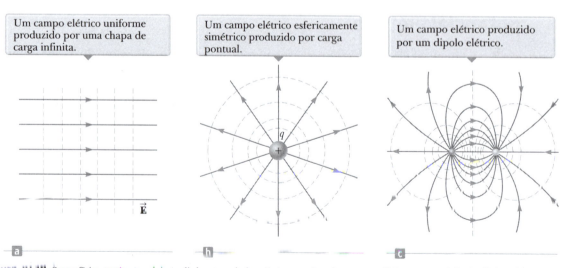

Figura 20.10 Superfícies equipotenciais (as linhas tracejadas são interseções destas superfícies com a página) e linhas de campo elétrico (linhas contínuas). Em todos os casos, as superfícies equipotenciais são *perpendiculares* às linhas do campo elétrico em todos os pontos.

Exemplo **20.4** | **O potencial elétrico estabelecido por um dipolo**

Um dipolo elétrico consiste em duas cargas de mesmo módulo e sinais opostos separadas por uma distância 2a, como mostra a Figura 20.11. O dipolo está posicionado ao longo do eixo x e centrado na origem.

(A) Calcule o potencial elétrico no ponto P, no eixo y.

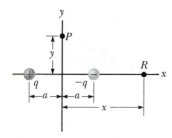

Figura 20.11 (Exemplo 20.4) Um dipolo elétrico localizado no eixo x.

SOLUÇÃO

Conceitualização Compare essa situação com a da parte (A) do Exemplo 19.4. É a mesma, mas, neste caso, determinaremos o potencial elétrico em vez do campo elétrico.

Categorização Visto que o dipolo consiste em apenas duas cargas, o potencial elétrico pode ser calculado por meio da soma de potenciais criados pelas cargas individuais.

Análise Aplique a Equação 20.12 para determinar o potencial elétrico em P estabelecido pelas duas cargas:

$$V_P = k_e \sum_i \frac{q_i}{r_i} = k_e \left(\frac{q}{\sqrt{a^2 + y^2}} + \frac{-q}{\sqrt{a^2 + y^2}} \right) = 0$$

(B) Calcule o potencial elétrico no ponto R no eixo x positivo.

SOLUÇÃO

Use a Equação 20.12 para determinar o potencial elétrico em R estabelecido pelas duas cargas:

$$V_R = k_e \sum_i \frac{q_i}{r_i} = k_e \left(\frac{-q}{x-a} + \frac{q}{x+a} \right) = -\frac{2k_e qa}{x^2 - a^2}$$

(C) Calcule V e E_x em um ponto sobre o eixo x distante do dipolo.

SOLUÇÃO

Para o ponto R distante do dipolo, a uma distância $x \gg a$, despreze a^2 no denominador da resposta da parte (B) e expresse V nesse limite:

$$V_R = \lim_{x \gg a} \left(-\frac{2k_e qa}{x^2 - a^2} \right) \approx -\frac{2k_e qa}{x^2} \quad (x \gg a)$$

Utilize a Equação 20.15 e este resultado para calcular a componente x do campo elétrico em um ponto no eixo x distante do dipolo:

$$E_x = -\frac{dV}{dx} = -\frac{d}{dx}\left(-\frac{2k_e qa}{x^2} \right)$$

$$= 2k_e qa \frac{d}{dx}\left(\frac{1}{x^2} \right) = -\frac{4k_e qa}{x^3} \quad (x \gg a)$$

Finalização Os potenciais nas partes (B) e (C) são negativos, porque os pontos no eixo positivo x estão mais próximos da carga negativa que da positiva. Pelo mesmo motivo, a componente x do campo elétrico é negativa.

20.5 | Potencial elétrico gerado por distribuições de cargas contínuas

O potencial elétrico estabelecido por uma distribuição de carga contínua pode ser calculado por meio de dois métodos diferentes. O primeiro método é descrito a seguir. Se a distribuição de cargas for conhecida, consideramos o potencial gerado por um pequeno elemento de carga dq, tratando-o como uma carga pontual (Fig. 20.12). De acordo com a Equação 20.11, o potencial elétrico dV em determinado ponto P estabelecido pelo elemento de carga dq é

$$dV = k_e \frac{dq}{r} \qquad \qquad \textbf{20.18} \blacktriangleleft$$

Figura 20.12 O potencial elétrico no ponto P gerado por uma distribuição contínua de carga pode ser calculado por meio da divisão da distribuição de cargas em elementos de carga dq e da soma das contribuições de potencial elétrico de todos os elementos. Três elementos de carga são mostrados como exemplo.

onde r é a distância do elemento de carga ao ponto P. Para obter o potencial total no ponto P, integramos a Equação 20.18 para incluir as contribuições de todos os elementos da distribuição de cargas. Uma vez que cada elemento está, em geral, a uma distância diferente do ponto P e k_e é constante, podemos expressar V como

▶ Potencial elétrico gerado por uma distribuição de cargas contínua

$$V = k_e \int \frac{dq}{r}$$

20.19 ◀

Na prática, substituímos a soma na Equação 20.12 por uma integral. Nesta expressão para V, o potencial elétrico é igualado a zero quando o ponto P é infinitamente distante da distribuição de cargas.

O segundo método é utilizado se o campo elétrico for conhecido em outras considerações, como a lei de Gauss. Se a distribuição de carga tiver simetria suficiente, primeiro calculamos $\vec{E}$ aplicando a lei de Gauss e, depois, substituindo o valor obtido na Equação 20.3 para determinar a diferença de potencial ΔV entre quaisquer dois pontos. A seguir, igualamos o potencial elétrico V a zero em um ponto conveniente.

> **ESTRATÉGIA PARA RESOLUÇÃO DE PROBLEMAS:** Cálculo do potencial elétrico

O procedimento a seguir é recomendado para a resolução de problemas que envolvem a determinação de um potencial elétrico estabelecido por uma distribuição de cargas.

1. **Conceitualização** Pense cuidadosamente sobre as causas individuais ou a carga de distribuição que você tem no problema e imagine que tipo de potencial seria criado. Recorra a qualquer simetria na disposição dos encargos para ajudar a visualizar o potencial.

2. **Categorização** Analisaremos um grupo de cargas individuais ou uma distribuição de cargas contínuas? A resposta a essa questão informará como proceder no passo *Análise*.

3. **Análise** Ao trabalhar com problemas que envolvem potencial elétrico, lembre-se de que esta é uma *grandeza escalar*, de modo que não há componentes a ser considerados. Desta forma, ao aplicar o princípio da superposição para determinar o potencial elétrico em um ponto, simplesmente calcule a soma algébrica dos potenciais criados individualmente pelas cargas. Entretanto, é necessário se manter atento aos sinais.

   Assim como no caso da energia potencial na Mecânica, apenas as *variações* no potencial elétrico são significativas. Portanto, o ponto onde o potencial é igual a zero é arbitrário. Ao trabalhar com cargas pontuais ou distribuições de cargas de dimensões finitas, em geral, definimos $V = 0$ em um ponto infinitamente distante das cargas. Entretanto, se a distribuição de cargas se estender para o infinito, algum outro ponto próximo deverá ser selecionado como de referência.

   (a) *Para analisar um grupo de cargas individuais*: Aplique o princípio da superposição, que determina que, na presença de várias cargas pontuais, o potencial resultante em um ponto P no espaço é a *soma algébrica* dos potenciais individuais em P criados pelas cargas individuais (Equação 20.12). O Exemplo 20.4 demonstrou este procedimento.

   (b) *Para analisar uma distribuição contínua de cargas*: Substitua as somas para o cálculo do potencial total em um determinado ponto P gerado por cargas individuais por integrais (Eq. 20.19). A distribuição de cargas é dividida em elementos de carga infinitesimal dq localizados a uma distância r do ponto P. Depois, um elemento é tratado como uma carga pontual, de modo que o potencial em P estabelecido pelo elemento é $dV = k_e dq/r$. O potencial total em P é obtido por meio da integração sobre toda a distribuição de cargas. Para muitos problemas, durante a integração, é possível expressar dq e r por meio de uma única variável. Para simplificar a integração, considere com atenção a geometria envolvida no problema. Os exemplos 20.5 e 20.6 demonstram tal procedimento.

   Para obter o potencial do campo elétrico: Outro método utilizado para determinar potencial é começar pela definição da diferença de potencial dada pela Equação 20.3. Se $\vec{E}$ for conhecido ou pode ser determinado com facilidade (como na lei de Gauss), a integral de linha de $\vec{E} \cdot d\vec{s}$ poderá ser calculada.

4. **Finalização** Verifique se a expressão do potencial está consistente com a representação mental e se reflete qualquer simetria observada anteriormente. Imagine parâmetros variáveis, tais como a distância do ponto de observação às cargas ou o raio de quaisquer corpos circulares para verificar se o resultado matemático muda de modo lógico.

Exemplo 20.5 | Potencial elétrico gerado por um anel uniformemente carregado

(A) Obtenha uma expressão para o potencial elétrico em um ponto P localizado no eixo central perpendicular de um anel uniformemente carregado de raio a e carga total Q.

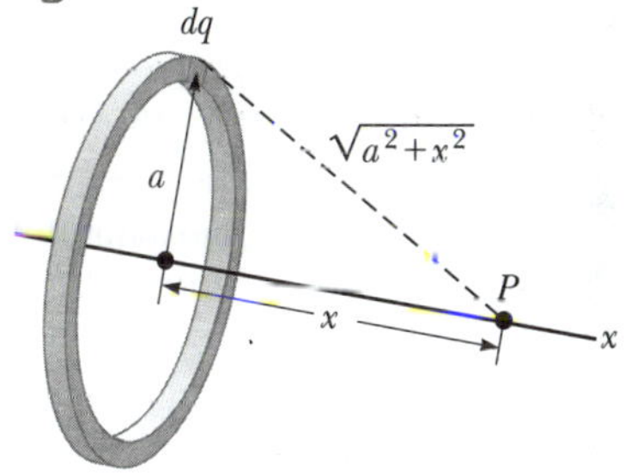

SOLUÇÃO

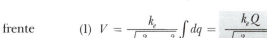

Conceitualização Analise a Figura 20.13, na qual o anel está orientado de modo que seu plano é perpendicular ao eixo x e seu centro está na origem. Observe que a simetria da situação determina que todas as cargas no anel estejam à mesma distância do ponto P.

Categorização Visto que o anel consiste em uma distribuição de cargas contínua em vez de um conjunto de cargas discretas, devemos aplicar a técnica da integração representada pela Equação 20.19 neste exemplo.

Figura 20.13 (Exemplo 20.5) Um anel uniformemente carregado de raio a está localizado em um plano perpendicular ao eixo x. Todos os elementos dq do anel estão à mesma distância de um ponto P localizado no eixo x.

Análise Consideramos o ponto P a uma distância x do centro do anel, como mostra a Figura 20.13.

Utilize a Equação 20.19 para expressar V em termos da geometria:

$$V = k_e \int \frac{dq}{r} = k_e \int \frac{dq}{\sqrt{a^2 + x^2}}$$

Observando que a e x são constantes, coloque $\sqrt{a^2+x^2}$ à frente do símbolo da integral e integre sobre o anel:

$$(1) \quad V = \frac{k_e}{\sqrt{a^2+x^2}} \int dq = \frac{k_e Q}{\sqrt{a^2+x^2}}$$

(B) Defina uma expressão para o módulo do campo elétrico no ponto P.

SOLUÇÃO

Com base na simetria, observe que ao longo do eixo x, $\vec{E}$ pode ter apenas um componente de x. Portanto, aplique a Equação 20.15 à Equação (1):

$$E_x = -\frac{dV}{dx} = -k_e Q \frac{d}{dx}(a^2+x^2)^{-1/2}$$
$$= -k_e Q (-\tfrac{1}{2})(a^2+x^2)^{-3/2}(2x)$$
$$E_x = \frac{k_e x}{(a^2+x^2)^{3/2}} Q$$

Finalização A única variável nas expressões para V e E_x é x. Isto é esperado, porque nosso cálculo é válido apenas para pontos ao longo do eixo x, onde y e z são iguais a zero. Este resultado para o campo elétrico está de acordo com o obtido pela integração direta (consulte o Exemplo 19.6). Para praticar, utilize o resultado da parte (B) na Equação 20.3 para verificar se o potencial é dado pela expressão na parte (A).

Exemplo 20.6 | Potencial elétrico gerado por um disco uniformemente carregado

Um disco uniformemente carregado tem raio R e densidade de carga superficial σ.

(A) Determine o potencial elétrico em um ponto P ao longo do eixo central perpendicular do disco.

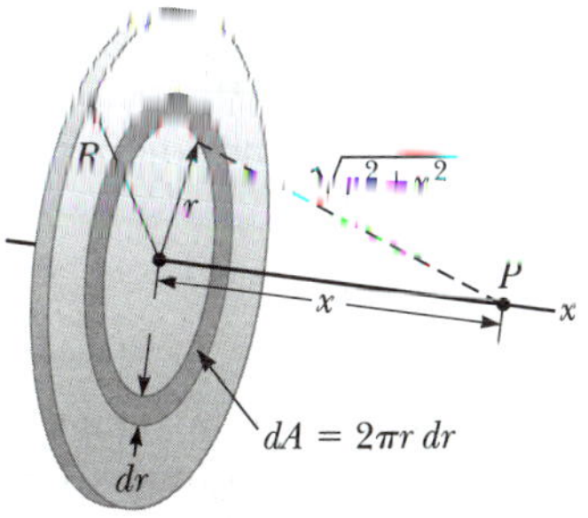

SOLUÇÃO

Figura 20.14 (Exemplo 20.6) Um disco uniformemente carregado de raio R está situado em um plano perpendicular ao eixo x. O cálculo do potencial elétrico em qualquer ponto P no eixo x é simplificado por meio da divisão do disco em vários anéis de raio r e largura dr, com área de $2\pi r\, dr$.

Conceitualização Se o disco for considerado como um conjunto de anéis concêntricos, poderemos aplicar nosso resultado do Exemplo 20.5, que determina o potencial criado por um anel de raio a, e somar as contribuições de todos os anéis que formam o disco. Visto que o ponto P está no eixo central do disco, a simetria, novamente, mostra que todos os pontos em um determinado anel estão à mesma distância de P.

continua

58 | Princípios de física

20.6 *cont.*

Categorização Já que o disco é contínuo, calculamos o potencial estabelecido por uma distribuição de cargas contínua em vez de um grupo de cargas individuais.

Análise Determine a quantidade de carga dq em um anel de raio r e largura dr, como mostra a Figura 20.14:

$$dq = \sigma\, dA = \sigma(2\pi r\, dr) = 2\pi \sigma r\, dr$$

Use este resultado na Equação (1) do Exemplo 20.5 (com a substituído por r e Q substituído por dq) para determinar o potencial criado pelo anel:

$$dV = \frac{k_e\, dq}{\sqrt{r^2 + x^2}} = \frac{k_e\, 2\pi \sigma r\, dr}{\sqrt{r^2 + x^2}}$$

Para obter o potencial total em P, integre essa expressão para os limites $r = 0$ a $r = R$, observando que x é uma constante:

$$V = \pi k_e \sigma \int_0^R \frac{2r\, dr}{\sqrt{r^2 + x^2}} = \pi k_e \sigma \int_0^R (r^2 + x^2)^{-1/2}\, 2r\, dr$$

Essa integral é da forma comum $\int u^n\, du$, onde $n = -\frac{1}{2}$ e $u = r^2 + x^2$, e tem o valor $u^{n+1}/(n+1)$. Aplique este resultado para calcular a integral:

$$(1)\quad V = 2\pi k_e \sigma \left[(R^2 + x^2)^{1/2} - x\right]$$

(B) Determine a componente x do campo elétrico em um ponto P ao longo do eixo central perpendicular do disco.

SOLUÇÃO

Como no Exemplo 20.5, aplique a Equação 20.15 para determinar o campo elétrico em qualquer ponto axial:

$$(2)\quad E_x = -\frac{dV}{dx} = 2\pi k_e \sigma \left[1 - \frac{x}{(R^2 + x^2)^{1/2}}\right]$$

Finalização O cálculo de V e $\vec{\mathbf{E}}$ para um ponto arbitrário fora do eixo x é mais difícil de ser feito devido à falta de simetria e não vamos abordar este exemplo no livro.

Prevenção de Armadilhas | 20.5

O potencial pode não ser igual a zero
O potencial elétrico no interior do condutor não é necessariamente igual a zero na Figura 20.15, mesmo que o campo elétrico seja igual a zero. A Equação 20.14 demonstra que um valor zero do campo não resulta em *variações* no potencial de um ponto para outro dentro do condutor. Portanto, o potencial em todos os pontos interiores do condutor, incluindo a superfície, tem o mesmo valor, que pode ou não ser igual a zero, dependendo de onde o potencial zero seja definido.

20.6 | Potencial elétrico gerado por um condutor carregado

Na Seção 19.11, descobrimos que, no caso de um condutor sólido em equilíbrio com uma carga líquida, a carga se localiza na superfície externa do condutor. Além disso, o campo elétrico no lado de fora, próximo ao condutor, é perpendicular à superfície, e o campo no interior é igual a zero.

Agora definiremos outra propriedade de um condutor carregado, relacionada ao potencial elétrico. Considere dois pontos Ⓐ e Ⓑ na superfície de um condutor carregado, como mostra a Figura 20.15. Ao longo de um percurso de superfície que liga esses pontos, $\vec{\mathbf{E}}$ é sempre perpendicular ao deslocamento $d\vec{\mathbf{s}}$; desse modo, $\vec{\mathbf{E}} \cdot d\vec{\mathbf{s}} = 0$. Utilizando esse resultado na Equação 20.3, concluímos que a diferença de potencial entre Ⓐ e Ⓑ é necessariamente igual a zero:

$$V_{\text{Ⓑ}} - V_{\text{Ⓐ}} = -\int_{\text{Ⓐ}}^{\text{Ⓑ}} \vec{\mathbf{E}} \cdot d\vec{\mathbf{s}} = 0$$

Este resultado se aplica a *qualquer* um dos dois pontos na superfície. Portanto, V é uma constante em todos os pontos da superfície de um condutor carregado em equilíbrio, isto é,

a superfície de qualquer condutor carregado em equilíbrio eletrostático é uma superfície equipotencial; cada ponto na superfície de um condutor carregado em equilíbrio tem o mesmo potencial elétrico. Além disso, visto que o campo elétrico é igual a zero dentro do condutor, o potencial elétrico é constante em todos os pontos no interior do condutor e igual ao seu valor na superfície.

Capítulo 20 – Potencial elétrico e capacitância | 59

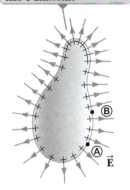

Observando o espaçamento entre os sinais positivos, notamos que a densidade de carga superficial não é uniforme

Figura 20.15 Um condutor de forma arbitrária tem carga positiva. Quando ele está em equilíbrio eletrostático, toda a carga se localiza na superfície, $\vec{E} = 0$ no interior do condutor, e a direção de $\vec{E}$ imediatamente fora do condutor é perpendicular à superfície. O potencial elétrico é constante dentro do condutor e igual ao potencial na superfície.

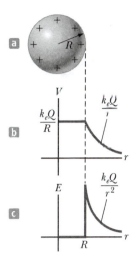

Figura 20.16 (a) A carga em excesso em uma esfera condutora de raio R é distribuída uniformemente sobre sua superfície. (b) O potencial elétrico em função da distância r do centro da esfera condutora carregada. (c) A magnitude do campo elétrico *versus* a distância de r do centro da esfera condutora carregada.

Graças ao valor constante do potencial, nenhum trabalho é necessário para deslocar uma carga teste do interior de um condutor carregado para sua superfície.

Considere uma esfera condutora sólida de metal, de raio R e carga total positiva Q, como mostra a Figura 20.16a. Como determinado na parte (A) do Exemplo 19.10, o campo elétrico fora da esfera é k_eQ/r^2 e aponta radialmente para o exterior. Uma vez que o campo fora de uma distribuição de cargas esfericamente simétrica é idêntico ao de uma carga pontual, esperamos que o potencial também seja ao de uma carga pontual, k_eQ/r. Na superfície da esfera condutora, na Figura 20.16a, o potencial deve ser k_eQ/R. Visto que toda esfera deve ter o mesmo potencial, o potencial em qualquer ponto dentro dela também deve ser k_eQ/R. A Figura 20.16b é um gráfico do potencial elétrico em função de r, e a Figura 20.16c mostra como o campo elétrico varia com r.

Quando uma carga líquida é colocada em um condutor esférico, a densidade da carga superficial é uniforme, como indicado na Figura 20.16a. Entretanto, se o condutor não for esférico, como na Figura 20.15, a densidade da carga superficial será alta onde o raio da curvatura for pequeno (como descrito na Seção 19.11), e baixa onde o raio da curvatura for grande. O campo elétrico imediatamente fora do condutor é proporcional à densidade de carga superficial e, portanto, o campo elétrico é grande próximo a pontos convexos de raio de curvatura pequeno e alcança valores muito altos em pontas finas. No Exemplo 20.7, a relação entre o campo elétrico e o raio da curvatura é examinada de modo matemático.

Exemplo 20.7 | Ligação entre duas esferas carregadas

Dois condutores esféricos de raios r_1 e r_2 estão separados por uma distância muito maior que o raio de qualquer das esferas. Estas estão ligadas por um fio condutor, como mostra a Figura 20.17. As cargas nas esferas em equilíbrio são q_1 e q_2, respectivamente, e estão uniformemente carregadas. Determine a proporção dos módulos dos campos elétricos na superfície das esferas.

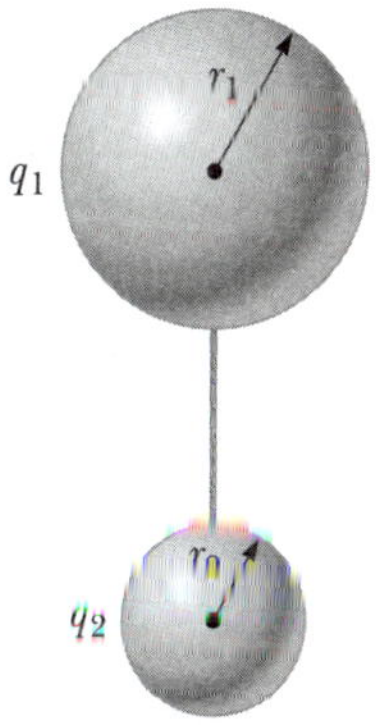

SOLUÇÃO

Conceitualização Suponha que as esferas estejam separadas por uma distância muito maior que a da Figura 20.17. Por causa da grande distância, o campo de uma não afeta a distribuição de cargas na outra. O fio condutor entre as esferas garante que ambas as esferas tenham o mesmo potencial elétrico.

Figura 20.17 (Exemplo 20.7) Dois condutores esféricos carregados ligados por um fio condutor. As esferas têm o *mesmo* potencial elétrico V.

Categorização Como as esferas estão muito distantes uma da outra, modelamos a distribuição de suas cargas como esfericamente simétrica, e o campo e o potencial fora das esferas como aqueles de cargas pontuais.

Análise Iguale os potenciais elétricos nas superfícies das esferas: $\quad V = k_e \dfrac{q_1}{r_1} = k_e \dfrac{q_2}{r_2}$

continua

20.7 cont.

Resolva para a proporção de cargas nas esferas:

$$(1) \quad \frac{q_1}{q_2} = \frac{r_1}{r_2}$$

Escreva expressões dos módulos dos campos elétricos na superfície de cada esfera:

$$E_1 = k_e \frac{q_1}{r_1^2} \quad \text{e} \quad E_2 = k_e \frac{q_2}{r_2^2}$$

Calcule a proporção desses dois campos:

$$\frac{E_1}{E_2} = \frac{q_1}{q_2} \frac{r_2^2}{r_1^2}$$

Substitua a proporção de cargas da Equação (1):

$$(2) \quad \frac{E_1}{E_2} = \frac{r_1}{r_2} \frac{r_2^2}{r_1^2} = \boxed{\frac{r_2}{r_1}}$$

Finalização O campo é mais intenso ao redor da esfera menor, apesar de os potenciais elétricos na superfície de ambas as esferas serem iguais. Se $r_2 \to 0$, então $E_2 \to \infty$, confirmando a afirmação acima de que o campo elétrico é muito grande em pontas finas (pontiagudas).

> **PENSANDO EM FÍSICA 20.1**
>
> Por que os para-raios são pontiagudos?
>
> **Raciocínio** O para-raio serve como o local no qual os raios cairão, dessa forma, a carga descarregada pelo raio passará com segurança para o solo. Se o para-raio é pontiagudo, o campo elétrico resultante das cargas que se deslocam entre o para-raio e o solo fica muito próximo da ponta, porque o raio da curvatura do condutor é muito pequeno. Este campo elétrico grande irá aumentar consideravelmente a probabilidade de que o raio caia na ponta do para-raio do que em qualquer outro lugar. ◄

Uma cavidade dentro de um condutor

Vamos supor que um condutor de formato arbitrário contenha uma cavidade igual à exibida na Figura 20.18. Assumiremos também que não há cargas dentro da cavidade. Neste caso, o campo elétrico dentro dela deverá ser *zero* independentemente da distribuição de carga na superfície externa do condutor, conforme mencionamos na Seção 19.11. Portanto, o campo na cavidade é zero mesmo se um campo elétrico existir fora do condutor.

Para provar este ponto, lembre-se de que cada ponto no condutor possui o mesmo potencial elétrico. Desta forma, quaisquer pontos Ⓐ e Ⓑ na superfície da cavidade deverão ter o mesmo potencial. Agora, imagine que um campo $\vec{E}$ exista na cavidade e calcule a diferença de potencial $V_Ⓑ - V_Ⓐ$ definida pela Equação 20.3:

$$V_Ⓑ - V_Ⓐ = -\int_Ⓐ^Ⓑ \vec{E} \cdot d\vec{s}$$

Como $V_Ⓑ - V_Ⓐ = 0$, a integral de $\vec{E} \cdot d\vec{s}$ deverá ser zero para todas as trajetórias entre quaisquer dois pontos Ⓐ e Ⓑ no condutor. A única maneira de que isto seja verdadeiro para *todas* as trajetórias é se $\vec{E}$ for zero *em toda* a cavidade. Portanto, uma cavidade que possui uma parede condutora ao seu redor é uma região livre de campo desde que não haja cargas dentro dela.

Este resultado possui algumas aplicações interessantes. Por exemplo, é possível proteger um dispositivo eletrônico ou até mesmo um laboratório inteiro de campos externos ao deixar uma parede condutora ao seu redor. A proteção geralmente é necessária durante medições elétricas altamente sensíveis. Mesmo que um raio atinja o carro, a carcaça de metal garante que você não receberá um choque dentro dele, onde $\vec{E} = 0$.

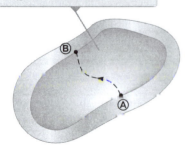

O campo elétrico na cavidade é zero independentemente da carga no condutor.

Figura 20.18 Um condutor em equilíbrio eletrostático contendo uma cavidade.

20.7 | Capacitância

Conforme continuamos a nossa discussão sobre eletricidade e, nos últimos capítulos, sobre magnetismo, vamos construir *circuitos* que consistam em *elementos de circuito*. Um circuito geralmente consiste em um número de componentes elétricos (elementos de circuito) ligados por fios condutores e que formam um ou mais ramos fechados. Esses circuitos podem ser considerados sistemas que exibem um tipo particular de comportamento. O primeiro elemento do circuito que devemos considerar é o **capacitor**.

Em geral, um capacitor consiste em dois condutores de qualquer tamanho. Considere dois condutores com uma diferença de potencial ΔV entre eles. Vamos assumir que os condutores têm cargas de módulo igual e sinal oposto, como mostra a Figura 20.19. Essa situação pode ser obtida conectando-se dois condutores não carregados aos terminais de uma bateria. Assim que isso for feito e a bateria for desconectada, as cargas continuarão nos condutores, ou seja, o capacitor armazenará carga.

A diferença de potencial ΔV *através* do capacitor é o módulo da diferença de potencial entre os dois condutores. Essa diferença de potencial é proporcional à carga Q no capacitor, que é definida como o módulo da carga em *qualquer um* dos dois condutores. A **capacitância** C de um capacitor é definida como a razão da carga sobre o capacitor para o módulo da diferença de potencial nele:

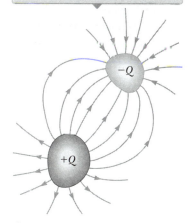

Figura 20.19 Um capacitor consiste em dois condutores eletricamente isolados entre si e seus arredores.

$$C \equiv \frac{Q}{\Delta V}$$

20.20 ◀ ▶ Definição de capacitância

Por definição, a *capacitância é sempre uma quantidade positiva*. Como a diferença de potencial é proporcional à carga, a razão $Q/\Delta V$ é constante para um determinado capacitor. A Equação 20.20 nos mostra que a capacitância de um sistema é uma medida da quantidade de carga que pode ser armazenada no capacitor para uma diferença de potencial específica.

A partir da Equação 20.20, percebemos que a capacitância possui as unidades SI de coulombs por volt, que é chamada **farad** (F) em homenagem ao cientista Michael Faraday. O farad é uma unidade muito grande de capacitância. Na prática, dispositivos comuns têm capacitâncias entre microfarads e picofarads.

> **TESTE RÁPIDO 20.6** Um capacitor armazena uma carga Q em uma diferença de potencial ΔV. O que acontece se a tensão aplicada ao capacitor por meio de uma bateria for dobrada para $2\Delta V$? **(a)** A capacitância cai pela metade do seu valor inicial e a carga continua igual. **(b)** A capacitância e a carga caem para a metade de seus valores iniciais. **(c)** A capacitância e a carga dobram. **(d)** A capacitância continua igual e a carga dobra.

> **Prevenção de Armadilhas | 20.6**
> **Capacitância é uma capacidade**
> Para ajudá-lo a entender o conceito de capacitância, pense em noções similares para uma palavra semelhante. A *capacidade* de uma caixa de leite é o volume de leite que ela pode armazenar. A *capacidade de calor* de um objeto é a quantidade de energia que ele pode armazenar por unidade de diferença de temperatura. A *capacitância* de um capacitor é a quantidade de carga que o capacitor pode armazenar por unidade de diferença de potencial.

A capacitância de um dispositivo depende da distribuição geométrica dos condutores. Para ilustrar, vamos calcular a capacitância de um condutor esférico isolado de raio R e carga Q (com base no formato das linhas de campo a partir de um único condutor esférico, podemos modelar o segundo condutor como uma camada esférica concêntrica de raio infinito). Como o potencial da esfera é simplesmente $k_e Q/R$ (e $V = 0$ para a camada de raio infinito), a capacitância da esfera será

$$C = \frac{Q}{\Delta V} = \frac{Q}{k_e Q/R} = \frac{R}{k_e} = 4\pi\varepsilon_0 R \qquad 20.21 \blacktriangleleft$$

(Lembre-se de que na Seção 19.4 vimos que uma constante de Coulomb é $k_e = 1/4\pi\varepsilon_0$.) A Equação 20.21 mostra que a capacitância de uma esfera isolada carregada é proporcional ao raio da esfera e é independente da carga e da diferença de potencial.

> **Prevenção de Armadilhas | 20.7**
> **A diferença de potencial é ΔV, não V**
> Usamos o símbolo ΔV para a diferença de potencial em um elemento de circuito ou dispositivo porque este uso é consistente com a nossa definição de diferença de potencial e com o significado do símbolo delta. É uma prática comum, mas confusa, utilizar o símbolo V sem o delta para a diferença de potencial. Lembre-se disso quando consultar outros textos.

A capacitância de um par de condutores carregados de maneira oposta pode ser calculada da seguinte maneira: vamos assumir uma carga conveniente de magnitude Q, e a diferença de potencial será calculada através das técnicas descritas na Seção 20.5. Uma delas utiliza $C = Q/\Delta V$ para calcular a capacitância. Como já pode ser esperado, o cálculo é relativamente direto se a geometria do capacitor for simples.

Vamos ilustrar com duas geometrias familiares: placas paralelas e cilindros concêntricos. Nestes exemplos, devemos assumir que os condutores carregados estão separados pelo vácuo (o efeito de um material entre os condutores será abordado na Seção 20.10).

O capacitor de placas paralelas

Um capacitor de placas paralelas consiste em duas placas paralelas com área igual A separadas por uma distância d, como mostra a Figura 20.20. Se o capacitor está carregado, uma placa possui carga Q e a outra possui carga $-Q$. O módulo da carga por unidade de área em qualquer uma das placas é de $\sigma = Q/A$. Se as placas estão muito juntas (comparadas com seus respectivos comprimentos e larguras), adotamos um modelo de simplificação no qual o campo elétrico é uniforme entre as placas e é zero em todo o restante, como discutimos no Exemplo 19.12. De acordo com ele, o módulo do campo elétrico entre as placas é

$$E = \frac{\sigma}{\varepsilon_0} = \frac{Q}{\varepsilon_0 A}$$

Como o campo é uniforme, a diferença de potencial no capacitor pode ser encontrada com base na Equação 20.6. Dessa forma,

$$\Delta V = Ed = \frac{Qd}{\varepsilon_0 A}$$

Substituindo este resultado na Equação 20.20, descobrimos que a capacitância será

$$C = \frac{Q}{\Delta V} = \frac{Q}{Qd/\varepsilon_0 A}$$

$$C = \frac{\varepsilon_0 A}{d} \qquad 20.22 \blacktriangleleft$$

Ou seja, a capacitância de um capacitor de placas paralelas é proporcional à área de suas placas e inversamente proporcional à separação das placas.

Como você pode perceber pela definição da capacitância $C = Q/\Delta V$, a quantidade de carga que um determinado capacitor pode armazenar para uma determinada diferença de potencial, nas suas placas, aumenta conforme a capacitância aumenta. Portanto, parece justo que um capacitor construído a partir de placas que têm áreas maiores possa armazenar uma carga maior.

Uma inspeção cuidadosa das linhas de campo elétrico para um capacitor de placas paralelas revela que o campo é uniforme na área central entre as placas, mas não o é nas suas extremidades. A Figura 20.21 mostra um esquema de um padrão de campo elétrico de um capacitor de placas paralelas, exibindo as linhas de campo não uniformes nas extremidades das placas. Desde que a separação entre as placas seja pequena se comparada com as suas dimensões, os efeitos da extremidade podem ser ignorados e podemos usar o modelo de simplificação no qual o campo elétrico é uniforme em qualquer lugar entre as placas.

A Figura Ativa 20.22 mostra uma bateria conectada a um único capacitor de placa paralela com uma chave no circuito. Vamos identificar o circuito como um sistema. Quando a chave é fechada, a bateria estabelece um campo elétrico nos fios e realiza o carregamento através dos fios e do

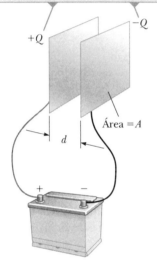

Figura 20.20 Um capacitor de placas paralelas consiste em duas placas condutoras paralelas, cada uma com área A, separadas por uma distância d.

Quando o capacitor está ligado aos terminais de uma bateria, os elétrons transferem entre as placas e os fios para que as placas sejam carregadas.

Prevenção de Armadilhas | 20.8

Muitos Cs
Não confunda o C em itálico de capacitância com o C comum, de unidade coulomb.

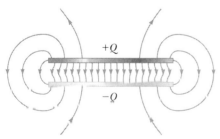

Figura 20.21 O campo elétrico entre as placas de um capacitor de placas paralelas é uniforme próximo ao centro, mas não o é próximo às extremidades.

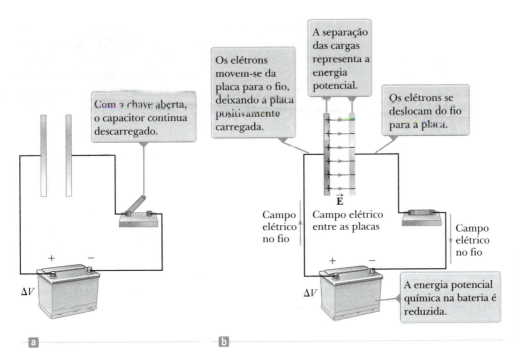

Figura Ativa 20.22 (a) Um circuito que consiste em um capacitor, uma bateria e uma chave. (b) Quando a chave é fechada, a bateria estabelece um campo elétrico no fio e o capacitor é carregado.

capacitor. Conforme isso acontece, a energia é transformada dentro do sistema. Antes que a chave seja fechada, a energia é armazenada como energia potencial química na bateria. Esse tipo de energia está associado às ligações químicas e é transformada durante a reação química que ocorre dentro da bateria quando ela está operando em um circuito elétrico. Quando a chave é fechada, uma parte da energia potencial química na bateria é convertida para energia potencial elétrica relacionada à separação das cargas positivas e negativas nas placas. O resultado é que podemos descrever um capacitor como um dispositivo que armazena *energia* e *carga*. Exploraremos este armazenamento de energia com mais detalhes na Seção 20.9.

Um exemplo biológico de um capacitor de placa paralela é a membrana plasmática neuronal. A *membrana plasmática* é uma camada dupla com lipídio que contém diversos tipos de moléculas. Ela possui muitas estruturas, incluindo *canais de íon* e *bombas de íon*, que controlam concentrações de vários íons em todos os lados da membrana. Estes íons incluem potássio, cloro, cálcio e sódio. O resultado das diferenças dessas concentrações é a placa efetiva de carga negativa na lateral intracelular da membrana e uma placa de carga positiva no lado extracelular. Isso resulta em uma tensão de 70 a 80 mV na membrana. As placas de carga agem como placas paralelas para que a membrana possa ser modelada como um capacitor de placas paralelas. A capacitância da membrana plasmática é de 2 μF para cada cm^2 de área da membrana.

BIO A capacitância das membranas celulares

Quando uma membrana neuronal está carregando um sinal, um evento chamado *potencial de ação* ocorre. Nele, as estruturas especiais na membrana celular chamadas de *canais iônicos dependentes da tensão* são fechadas normalmente. Se a tensão no capacitor da membrana cai em módulo para um valor limiar de cerca de 50 mV, os canais iônicos são abertos, permitindo que um fluxo de íons de sódio entre na célula. Esse fluxo reduz ainda mais a tensão, permitindo que mais íons de sódio entrem na célula, invertendo, desta maneira, a polaridade da tensão no capacitor em um intervalo de tempo medido em milissegundos. Os canais iônicos dependentes de tensão são fechados em seguida e outros canais são abertos, permitindo o deslocamento de íons até que a membrana neuronal volte ao seu estado de repouso.

BIO Potencial de ação

Esse processo pode atrapalhar as regiões próximas à membrana plasmática para que o potencial de ação seja prolongado na membrana neuronal. No próximo capítulo, vamos ver como a capacitância da membrana plasmática combina com outra característica elétrica da membrana para fornecer um modelo elétrico da condução de um sinal na membrana neuronal.

O capacitor cilíndrico

Um capacitor cilíndrico consiste em um condutor cilíndrico de raio a e carga Q coaxial com uma casca cilíndrica maior de raio b e carga $-Q$ (Fig. 20.23a). Vamos encontrar a capacitância deste dispositivo se seu comprimento

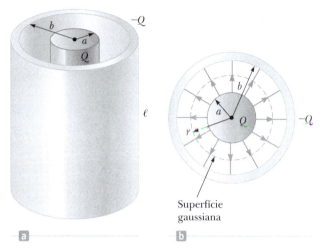

Figura 20.23 (a) Um capacitor cilíndrico consiste em um condutor cilíndrico sólido de raio a e comprimento ℓ cercado por uma casca cilíndrica coaxial de raio b. (b) Visão da extremidade. A linha tracejada representa a extremidade da superfície gaussiana cilíndrica de raio r e comprimento ℓ.

for ℓ. Assumimos que ℓ é grande comparado com a e b, e podemos adotar um modelo de simplificação no qual ignoramos efeitos de extremidade. Neste caso, o campo é perpendicular ao eixo dos cilindros e fica confinado na área entre eles (Fig. 20.23b). Vamos calcular primeiro a diferença de potencial entre os dois cilindros, que é dada em geral por

$$V_b - V_a = -\int_a^b \vec{E} \cdot d\vec{s}$$

onde $\vec{E}$ é o campo elétrico na região $a < r < b$. No Capítulo 19, usando a lei de Gauss, mostramos que o campo elétrico de um cilindro com comprimento de carga por unidade λ possui o módulo $E = 2k_e\lambda/r$. O mesmo resultado é aplicado aqui porque o cilindro externo não contribui para o campo elétrico dentro dele. Usando este resultado e tomando nota de que o sentido de $\vec{E}$ é radialmente afastado do cilindro interno na Figura 20.23b, descobrimos que

$$V_b - V_a = -\int_a^b E_r\, dr = -2k_e\lambda \int_a^b \frac{dr}{r} = -2k_e\lambda \ln\left(\frac{b}{a}\right)$$

Substituindo esse resultado na Equação 20.20 e usando $\lambda = Q/\ell$, encontramos o seguinte resultado

$$C = \frac{Q}{\Delta V} = \frac{Q}{\dfrac{2k_e Q}{\ell}\ln\left(\dfrac{b}{a}\right)} = \frac{\ell}{2k_e \ln\left(\dfrac{b}{a}\right)} \qquad \textbf{20.23} \blacktriangleleft$$

onde o módulo da diferença de potencial entre os cilindros é $\Delta V = |V_a - V_b| = 2k_e\lambda \ln(b/a)$, uma quantidade positiva. Nosso resultado de C mostra que a capacitância é proporcional ao comprimento dos cilindros. Como você pode esperar, a capacitância também depende dos raios dos dois condutores cilíndricos. Por exemplo, um cabo coaxial consiste em dois condutores cilíndricos concêntricos de raios a e b separados por um material isolante (isolador). O cabo carrega correntes em sentidos opostos nos condutores interno e externo. Essa geometria é especialmente útil para proteger o sinal elétrico de influências externas. Com base na Equação 20.23, percebemos que a capacitância por unidade de comprimento de um cabo coaxial é

$$\frac{C}{\ell} = \frac{1}{2k_e \ln\left(\dfrac{b}{a}\right)} \qquad \textbf{20.24} \blacktriangleleft$$

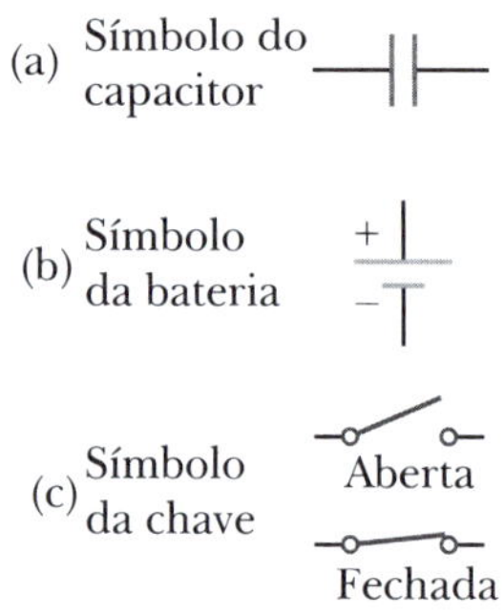

Figura 20.24 Os símbolos de circuito dos capacitores, baterias e chaves. Observe que os capacitores estão ilustrados em (a), as baterias em (b) e as chaves em (c). A chave fechada pode transportar corrente, enquanto a aberta não pode.

(a) Símbolo do capacitor
(b) Símbolo da bateria
(c) Símbolo da chave — Aberta / Fechada

20.8 | Associações de capacitores

Geralmente dois ou mais capacitores são combinados em circuitos elétricos. Podemos calcular a capacitância equivalente de certas combinações pelos métodos descritos nesta seção. Ao longo dela, vamos assumir que os capacitores a serem combinados estão inicialmente descarregados.

Ao estudar os circuitos elétricos, utilizamos uma representação ilustrada simplificada chamada **diagrama de circuito**. Ele utiliza **símbolos de circuito** para representar vários elementos de circuito. Estes símbolos são conectados por linhas retas que representam os fios entre os elementos do circuito. Os símbolos de circuito para capacitores, baterias e chaves são exibidos na Figura 20.24. O símbolo do capacitor reflete a geometria do modelo mais comum de capacitor, um par de placas paralelas. O terminal positivo da bateria está em seu potencial máximo e é representado no símbolo de circuito pela linha mais longa.

Associação paralela

Dois capacitores ligados como mostra a Figura Ativa 20.25a são conhecidos como uma **associação em paralelo** de capacitores. A Figura Ativa 20.25b mostra um diagrama de circuito para esta associação. As placas ao lado esquerdo do capacitor estão conectadas ao terminal positivo da bateria por um fio condutor e, dessa forma, têm o mesmo potencial elétrico que o terminal positivo. Da mesma forma, as placas ao lado direito estão conectadas ao terminal negativo e têm o mesmo potencial que o terminal negativo. Portanto, as diferenças de potencial individuais nos capacitores ligados em paralelo são as mesmas e são iguais à diferença de potencial aplicada na associação. Ou seja,

$$\Delta V_1 = \Delta V_2 = \Delta V$$

onde ΔV é a tensão do terminal da bateria.

Depois que a bateria é acoplada ao circuito, os capacitores rapidamente alcançam sua carga máxima. Vamos chamar as cargas máximas dos dois capacitores de Q_1 e Q_2. A *carga total* Q_{tot} armazenada através de dois capacitores é a soma das cargas nos capacitores individuais:

$$Q_{tot} = Q_1 + Q_2 \qquad \text{20.25} \blacktriangleleft$$

Suponha que você queira substituir os dois capacitores por um *capacitor equivalente* com uma capacitância C_{eq}, como mostra a Figura Ativa 20.25c. O efeito que este capacitor equivalente possui no circuito deverá ser exatamente o mesmo que o efeito de associação dos dois capacitores individuais. Ou seja, o capacitor equivalente deverá armazenar a carga Q_{tot} ao ser conectado à bateria. A Figura Ativa 20.25c mostra que a tensão do capacitor equivalente é ΔV porque ele está conectado diretamente entre os terminais da bateria. Portanto, para o capacitor equivalente,

$$Q_{tot} = C_{eq}\Delta V$$

Substituindo pelas cargas na Equação 20.25, temos

$$C_{eq}\Delta V = Q_1 + Q_2 = C_1\Delta V_1 + C_2\Delta V_2$$

$$C_{eq} = C_1 + C_2 \text{ (associação em paralelo)}$$

onde temos as tensões canceladas, pois elas estão todas iguais. Se este tratamento for estendido para três ou mais capacitores ligados em paralelo, a **capacitância equivalente** será

$$C_{eq} = C_1 + C_2 + C_3 + \ldots \text{ (associação em paralelo)} \qquad \text{20.26} \blacktriangleleft$$

▶ Capacitância equivalente para os capacitores em paralelo

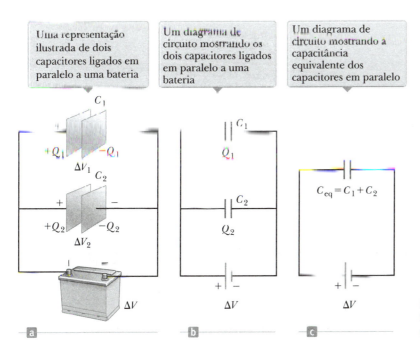

Figura Ativa 20.25 Dois capacitores ligados em paralelo. Os três diagramas são equivalentes.

Portanto, a capacitância equivalente de uma associação em paralelo de capacitores é (1) a soma algébrica das capacitâncias individuais e (2) maior que qualquer capacitância individual. A afirmação (2) faz sentido, porque estamos essencialmente combinando as áreas de todas as placas do capacitor quando elas estão conectadas por um fio condutor, e a capacitância das placas paralelas é proporcional à área (Eq. 20.22).

Associação em série

Dois capacitores ligados como mostra a Figura Ativa 20.26a e o diagrama de circuito equivalente na Figura Ativa 20.26b são conhecidos como uma **associação em série** de capacitores. A placa esquerda do capacitor 1 e a placa direita do capacitor 2 estão conectadas com os terminais de uma bateria. As outras duas placas estão conectadas entre si e a mais nada; dessa forma, elas formam um sistema isolado que inicialmente não possui carga e deverá continuar com carga resultante zero. Para analisar essa associação, vamos considerar primeiro os capacitores sem carga e, depois, passaremos para o que acontece imediatamente depois de uma bateria ser conectada a um circuito. Quando a bateria estiver conectada, os elétrons serão transferidos da placa esquerda de C_1 para a direita de C_2. Como esta carga negativa é acumulada na placa direita de C_2, uma quantidade equivalente de carga negativa é forçada a sair da placa esquerda de C_2, portanto, esta placa esquerda possui um excesso de carga positiva. A carga negativa que sai da placa esquerda de C_2 faz com que a carga negativa seja acumulada na placa direita de C_1, o que faz com as duas placas direitas adquiram carga $-Q$ e as placas esquerdas, $+Q$. Dessa forma, as cargas nos capacitores ligados em série são as mesmas:

$$Q_1 = Q_2 = Q$$

onde Q é a carga deslocada entre um fio e a placa externa conectada a um dos capacitores.

A Figura Ativa 20.26a mostra que a tensão total de ΔV_{tot} na associação é dividida entre os dois capacitores:

$$\Delta V_{tot} = \Delta V_1 + \Delta V_2 \qquad \text{20.27} \blacktriangleleft$$

onde ΔV_1 e ΔV_2 são as diferenças de potencial nos capacitores C_1 e C_2, respectivamente. Em geral, a diferença de potencial total em qualquer quantidade de capacitores ligados em série é a soma das diferenças de potencial dos capacitores individuais.

Suponha que o capacitor equivalente simples na Figura Ativa 20.26c tenha o mesmo efeito no circuito que a associação em série quando está conectado à bateria. Depois que ela é totalmente carregada, o capacitor equivalente deverá ter uma carga de $-Q$ em sua placa direita e uma carga de $+Q$ em sua placa esquerda. Aplicando a definição de capacitância ao circuito na Figura Ativa 20.26c, temos o seguinte:

$$\Delta V_{tot} = \frac{Q}{C_{eq}}$$

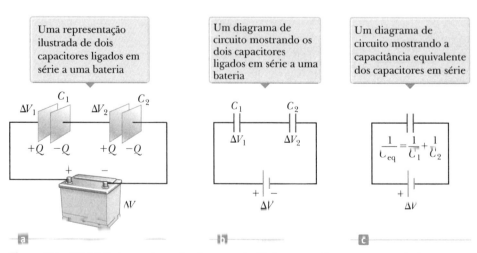

Figura Ativa 20.26 Dois capacitores ligados em série. Todos os três diagramas são equivalentes.

Substituindo as tensões na Equação 20.27, temos:

$$\frac{Q}{C_{eq}} = \Delta V_1 + \Delta V_2 = \frac{Q_1}{C_1} + \frac{Q_2}{C_2}$$

Cancelando as cargas porque elas são iguais resulta em:

$$\frac{1}{C_{eq}} = \frac{1}{C_1} + \frac{1}{C_2} \quad \text{(associações em série)}$$

Quando essa análise é aplicada a três ou mais capacitores ligados em série, a relação para a **capacitância equivalente** é

$$\frac{1}{C_{eq}} = \frac{1}{C_1} + \frac{1}{C_2} + \frac{1}{C_3} + \cdots \quad \text{(associações em série)} \qquad 20.28 \blacktriangleleft$$

▶ Capacitância equivalente para capacitores em série

Esta expressão mostra que (1) o inverso da capacitância equivalente é a soma algébrica dos inversos das capacitâncias individuais, e (2) a capacitância equivalente de uma associação em série é sempre menor que qualquer capacitância individual na associação.

> **TESTE RÁPIDO 20.7** Dois capacitores são idênticos. Eles podem ser ligados em série ou em paralelo. Se desejar a *menor* capacitância equivalente para a associação, como você os conectaria? **(a)** em série **(b)** em paralelo **(c)** de qualquer uma das formas, já que ambas as associações têm a mesma capacitância.

Exemplo 20.8 | Capacitância equivalente

Determine a capacitância entre a e b para a associação dos capacitores exibidos na Figura 20.27a. Todas as capacitâncias estão em microfarads.

SOLUÇÃO

Conceitualização Analise a Figura 20.27a cuidadosamente até que tenha entendido como os capacitores estão ligados.

Categorização A Figura 20.27a mostra que o circuito tem ligações em paralelo e em série, portanto, usaremos as regras para as combinações em paralelo e em série discutidas nesta seção.

Análise Utilizando das Equações 20.26 e 20.28, reduzimos a associação passo a passo, como indicado pela figura.

Os capacitores de 1,0 μF e 3,0 μF (círculo superior tracejado na Fig. 20.27a) estão em paralelo. Determine a capacitância equivalente por meio da Equação 20.26:

Os capacitores de 2,0 μF e 6,0 μF (círculo inferior tracejado na Fig. 20.27a) também estão em paralelo:

O circuito agora fica parecido com o da Figura 20.27b. Os dois capacitores de 4,0 μF (círculo superior maior e tracejado na Fig. 20.27b) estão em série. Determine a capacitância equivalente por meio da Equação 20.28:

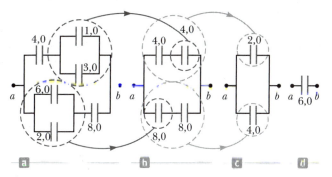

Figura 20.27 (Exemplo 20.8) Para encontrar a capacitância equivalente dos capacitores em (a), reduzimos diversas associações em passos, como indicado em (b), (c) e (d), usando as regras sobre associações em série e em paralelo descritas no texto. Todas as capacitâncias estão em microfarads.

$$C_{eq} = C_1 + C_2 = 4,0 \ \mu F$$

$$C_{eq} = C_1 + C_2 = 8,0 \ \mu F$$

$$\frac{1}{C_{eq}} = \frac{1}{C_1} + \frac{1}{C_2} = \frac{1}{4,0 \ \mu F} + \frac{1}{4,0 \ \mu F} = \frac{1}{2,0 \ \mu F}$$

$$C_{eq} = 2,0 \ \mu F$$

continua

68 | Princípios de física

20.8 *cont.*

Os dois capacitores de 8,0 μF (círculo inferior maior e tracejado na Fig. 20.27b) também estão em série. Calcule a capacitância equivalente utilizando a Equação 20.28:

$$\frac{1}{C_{eq}} = \frac{1}{C_1} + \frac{1}{C_2} = \frac{1}{8,0\ \mu\text{F}} + \frac{1}{8,0\ \mu\text{F}} = \frac{1}{4,0\ \mu\text{F}}$$

$$C_{eq} = 4,0\ \mu\text{F}$$

Agora o circuito está parecido com o da Figura 20.27c. Os capacitores de 2,0 μF e 4,0 μF estão em paralelo:

$$C_{eq} = C_1 + C_2 = \boxed{60\ \mu\text{F}}$$

Finalização Este valor final é o do capacitor equivalente único exibido na Figura 20.27d. Para praticar o tratamento de circuitos com associações de capacitores, imagine uma bateria que está conectada entre os pontos *a* e *b* na Figura 20.27a para que uma diferença de potencial ΔV seja estabelecida na associação. Você pode calcular a tensão da associação e a carga em cada capacitor?

20.9 | Energia armazenada em um capacitor carregado

Quase todas as pessoas que trabalham com equipamentos eletrônicos verificaram, em algum momento, que um capacitor pode armazenar energia. Se as placas de um capacitor carregado estão conectadas por um condutor, como um fio, a carga será transportada ao longo das placas e através do fio até que as duas placas fiquem descarregadas. A descarga geralmente pode ser observada como uma faísca visível. Se você acidentalmente tocar nas placas opostas de um capacitor carregado, seus dedos agirão como atalhos pelos quais o capacitor irá realizar a descarga, resultando em um choque elétrico. O grau do choque depende da capacitância e da tensão aplicada ao capacitor. Quando altas tensões estão presentes, como em uma fonte de alimentação de um instrumento eletrônico, o choque pode ser fatal.

Considere um capacitor de placa paralela que está inicialmente descarregado para que a diferença de potencial inicial nas placas seja zero. Agora, imagine que o capacitor esteja ligado a uma bateria e possui uma carga de Q. A diferença de potencial final no capacitor é $\Delta V = Q/C$.

Para calcular a energia armazenada no capacitor, devemos assumir um processo de carregamento que é diferente do processo real descrito na Seção 20.7, mas que nos dá o mesmo resultado. Esta suposição é justificada porque a energia na configuração final não depende do processo de transferência de carga real. Imagine que as placas estão desconectadas da bateria e que você transferirá a carga mecanicamente através do espaço entre as placas, como veremos a seguir. Você pegará uma pequena quantidade de carga positiva na placa conectada ao terminal negativo e aplicará uma força que fará com que esta carga positiva se movimente até a placa conectada ao terminal positivo. Dessa forma, realizará o trabalho sobre a carga conforme ela é transferida de uma placa para a outra. No começo, nenhum trabalho é necessário para transferir uma pequena quantidade de carga dq de uma placa a outra,[2] mas uma vez que esta carga for transferida, uma pequena diferença de potencial existirá entre as placas. Portanto, o trabalho deverá ser realizado para mover cargas adicionais através dessa diferença de potencial. Quanto mais carga é transferida de uma placa para outra, mais a diferença de potencial cresce em proporção e mais trabalho é necessário.

O trabalho necessário para transferir um incremento de carga dq de uma placa para outra é

$$dW = \Delta V\, dq = \frac{q}{C}\, dq$$

Dessa forma, o trabalho total necessário para carregar o capacitor de $q = 0$ para a carga final $q = Q$ é

$$W = \int_0^Q \frac{q}{C}\, dq = \frac{Q^2}{2C}$$

O capacitor pode ser modelado como um sistema não isolado para esta discussão. O trabalho realizado pelo agente externo no sistema para carregar o capacitor aparece como energia potencial U armazenada nele. Na rea-

---

[2] Devemos usar q minúsculo para a carga variável no tempo no capacitor enquanto ele está sendo carregado para distingui-la do Q maiúsculo, que é a carga total no capacitor depois que ele é totalmente carregado.

Capítulo 20 – Potencial elétrico e capacitância | **69**

lidade, é claro que esta energia não é o resultado do trabalho mecânico feito por um agente externo deslocando a carga de uma placa para outra, mas o resultado da transformação da energia química na bateria. Usamos um modelo de trabalho realizado por um agente externo que nos dá um resultado que também é válido para a situação real. Usando $Q = C\Delta V$, a energia armazenada em um capacitor carregado pode ser expressa nas seguintes formas alternativas:

$$U = \frac{Q^2}{2C} = \tfrac{1}{2}Q\Delta V = \tfrac{1}{2}C(\Delta V)^2$$

20.29 ◄   ► Energia armazenada em um capacitor carregado

Este resultado é aplicável para *qualquer* capacitor, independentemente de sua geometria. Na prática, a energia (ou carga) máxima que pode ser armazenada é limitada porque a descarga elétrica acaba ocorrendo entre as placas do capacitor em um valor suficientemente alto de ΔV. Por este motivo, os capacitores geralmente são classificados com uma tensão máxima de operação.

Para um corpo em uma mola estendida, a energia de potencial elástica pode ser modelada como sendo armazenada *na mola*. A energia interna de uma substância associada a sua temperatura é localizada *ao longo da substância*. Em que local a energia de um capacitor fica? A energia armazenada em um capacitor pode ser modelada como sendo armazenada *no campo elétrico entre as placas do capacitor*. Para um capacitor de placa paralela, a diferença de potencial está relacionada ao campo elétrico através da relação $\Delta V = Ed$. Portanto, a capacitância é $C = \varepsilon_0 A/d$. Ao substituir estas expressões na Equação 20.29, temos o seguinte:

$$U = \tfrac{1}{2}\left(\frac{\varepsilon_0 A}{d}\right)(Ed)^2 = \tfrac{1}{2}\,(\varepsilon_0 Ad)E^2$$

20.30 ◄

Como o volume de um capacitor de placa paralela que é ocupado por um campo elétrico é Ad, a energia por unidade de volume $u_E = U/Ad$, chamada **densidade de energia**, é:

$$u_E = \tfrac{1}{2}\varepsilon_0 E^2$$

20.31 ◄   ► Densidade de energia em um campo elétrico

Mesmo que a Equação 20.31 seja derivada para um capacitor de placa paralela, a expressão é geralmente válida. Ou seja, a densidade de energia em qualquer campo elétrico é proporcional ao quadrado do módulo do campo elétrico em um determinado ponto.

TESTE RÁPIDO 20.8 Você possui três capacitores e uma bateria. Em qual das seguintes associações de três capacitores há o máximo de energia possível armazenado quando a associação está conectada à bateria? **(a)** em série **(b)** em paralelo **(c)** não faz diferença, porque ambas as combinações armazenam a mesma quantidade de energia

----

▶PENSANDO EM FÍSICA 20.2

Você carrega um capacitor e então o remove da bateria. O capacitor consiste em grandes placas móveis, com ar entre elas. Você puxa as placas para deixá-las um pouco distantes. O que acontece com a carga no capacitor? E com a diferença do potencial? E com a energia armazenada no capacitor? E com a capacitância? E com o campo elétrico entre as placas? Realizar um trabalho é deixar as placas separadas?

Raciocínio Como o capacitor é removido da bateria, as cargas nas placas não têm para onde ir. Portanto, a carga no capacitor continua a mesma quando as placas são separadas. Como o campo elétrico de placas maiores é independente da distância para campos uniformes, ele continua constante. Como ele também é a medida da razão da diferença de potencial pela distância, a diferença de potencial entre as placas aumenta conforme a distância da separação aumenta. Como a energia armazenada é proporcional tanto para a carga quanto para a diferença de potencial, a energia armazenada no capacitor aumenta. Esta energia deverá ser transferida para o sistema de algum lugar, as placas atraem umas as outras, então o trabalho é realizado por você no sistema de duas placas quando você as separa. ◄

70 | Princípios de física

Exemplo **20.9** | Religando dois capacitores carregados

Dois capacitores C_1 e C_2 (onde $C_1 > C_2$) são carregados com a mesma diferença de potencial inicial ΔV_i. Os capacitores carregados são removidos da bateria, e suas placas são conectadas com polaridade oposta, como mostra a Figura 20.28a. As chaves S_1 e S_2 são fechadas, como mostra a Figura 20.28b.

(A) Determine a diferença de potencial final ΔV_f entre a e b depois que as chaves forem fechadas.

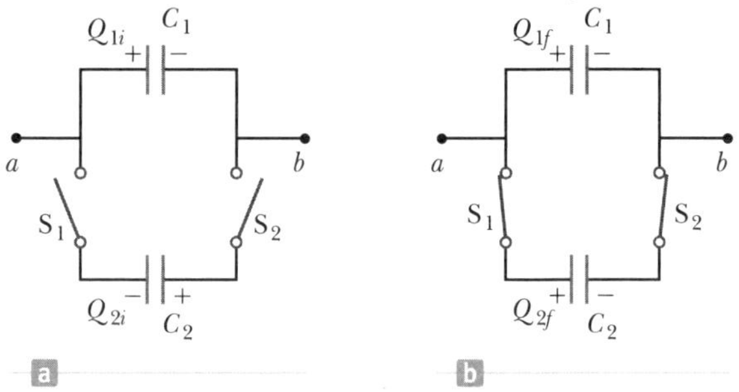

Figura 20.28 (Exemplo 20.9) (a) Dois capacitores são carregados para a mesma diferença de potencial e ligados junto com as placas de sinal oposto para estarem em contato quando as chaves forem fechadas. (b) Quando as chaves forem fechadas, a carga será redistribuída.

SOLUÇÃO

Conceitualização A Figura 20.28 nos ajuda a entender a configuração inicial e final do sistema. Quando as chaves são fechadas, a carga no sistema será redistribuída entre os capacitores até que ambos tenham a mesma diferença de potencial. Como $C_1 > C_2$, há mais carga em C_1 do que em C_2, dessa forma, a configuração final terá uma carga positiva nas placas esquerdas, como mostra a Figura 20.28b.

Categorização Na Figura 20.28b, pode parecer que os capacitores estão ligados em paralelo, mas não há bateria neste circuito para aplicar uma tensão na associação. Portanto, *não podemos* categorizar este problema como um no qual os capacitores estão ligados em paralelo. *Podemos* categorizá-lo como um problema envolvendo um sistema isolado para carga elétrica. As placas esquerdas dos capacitores formam um sistema isolado porque não estão conectadas às placas direitas por condutores.

Análise Escreva uma expressão para a carga total nas placas esquerdas do sistema antes que as chaves sejam fechadas, tendo em mente que um sinal negativo para Q_{2i} é necessário porque a carga na placa esquerda do capacitor C_2 é negativa:

$$(1)\quad Q_i = Q_{1i} + Q_{2i} = C_1 \Delta V_i - C_2 \Delta V_i = (C_1 - C_2)\Delta V_i$$

Depois que as chaves forem fechadas, as cargas nos capacitores individuais mudam para novos valores Q_{1f} e Q_{2f}, de forma que a diferença de potencial é novamente a mesma em ambos os capacitores, com um valor de ΔV_f. Escreva uma expressão para a carga total nas placas esquerdas do sistema depois que as chaves forem fechadas:

$$(2)\quad Q_f = Q_{1f} + Q_{2f} = C_1 \Delta V_f + C_2 \Delta V_f = (C_1 + C_2)\Delta V_f$$

Como o sistema é isolado, as cargas iniciais e finais do sistema devem ser iguais. Use esta condição e as Equações (1) e (2) para resolver ΔV_f:

$$Q_f = Q_i \rightarrow (C_1 + C_2)\Delta V_f = (C_1 - C_2)\Delta V_i$$

$$(3)\quad \Delta V_f = \left(\frac{C_1 - C_2}{C_1 + C_2}\right)\Delta V_i$$

(B) Determine a energia total armazenada nos capacitores antes e depois que as chaves forem fechadas e determine a razão da energia final pela energia inicial.

SOLUÇÃO

Use a Equação 20.29 para encontrar uma expressão para a energia total armazenada nos capacitores antes que as chaves sejam fechadas:

$$(4)\quad U_i = \tfrac{1}{2}C_1(\Delta V_i)^2 + \tfrac{1}{2}C_2(\Delta V_i)^2 = \tfrac{1}{2}(C_1 + C_2)(\Delta V_i)^2$$

Escreva uma expressão para a energia total armazenada nos capacitores depois que as chaves forem fechadas:

$$U_f = \tfrac{1}{2}C_1(\Delta V_f)^2 + \tfrac{1}{2}C_2(\Delta V_f)^2 = \tfrac{1}{2}(C_1 + C_2)(\Delta V_f)^2$$

Use os resultados da parte (A) para reescrever esta expressão em termos de ΔV_i:

$$(5)\quad U_f = \tfrac{1}{2}(C_1 + C_2)\left[\left(\frac{C_1 - C_2}{C_1 + C_2}\right)\Delta V_i\right]^2 = \tfrac{1}{2}\frac{(C_1 - C_2)^2(\Delta V_i)^2}{(C_1 + C_2)}$$

continua

20.9 *cont.*

Divida a Equação (5) pela Equação (4) para obter a razão das energias armazenadas no sistema:

$$\frac{U_f}{U_i} = \frac{\frac{1}{2}(C_1 - C_2)^2 (\Delta V_i)^2 / (C_1 + C_2)}{\frac{1}{2}(C_1 + C_2)(\Delta V_i)^2}$$

$$(6) \quad \boxed{\frac{U_f}{U_i} = \left(\frac{C_1 - C_2}{C_1 + C_2}\right)^2}$$

Finalização A razão das energias é *menor* que uma unidade, indicando que a energia final é *menor* que a energia inicial. A princípio, você pode pensar que a lei de conservação de energia foi violada, mas não é este o caso. A energia "perdida" é transferida para fora do sistema através do mecanismo de ondas magnéticas (T_{ER} na Equação 7.2), como veremos no Capítulo 24. Portanto, este sistema é isolado para a carga elétrica, mas não é isolado para a energia.

E se? E se dois capacitores tiverem a mesma capacitância? O que você espera acontecer quando as chaves forem fechadas?

Resposta Como ambos os capacitores têm a mesma diferença de potencial inicial aplicada a eles, as cargas nos capacitores têm o mesmo módulo. Quando os capacitores com polaridades opostas estão ligados ao mesmo tempo, as cargas com o mesmo módulo cancelam umas às outras, deixando os capacitores sem carga.

Vamos testar nossos resultados matematicamente para ver se este é o caso. Na Equação (1), como as capacitâncias são iguais, a carga inicial Q_i no sistema das placas esquerdas é zero. A Equação (3) mostra que $\Delta V_f = 0$, o que é consistente com os capacitores descarregados. Por fim, a Equação (5) mostra que $U_f = 0$, o que também é consistente com os capacitores descarregados.

20.10 | Capacitores com dielétricos

Um **dielétrico** é um material isolante como borracha, vidro ou papel manteiga. Quando um material dielétrico é inserido entre as placas de um capacitor, a capacitância aumenta. Se o dielétrico preencher totalmente o espaço entre as placas, a capacitância aumenta através do fator adimensional κ, chamado de **constante dielétrica** do material.

O experimento a seguir pode ser realizado para ilustrar o efeito de um dielétrico em um capacitor. Considere um capacitor de placas paralelas de carga Q_0 e capacitância C_0 sem um dielétrico. A diferença de potencial no capacitor conforme medida por um voltímetro é de $\Delta V_0 = Q_0/C_0$ (Fig. 20.20a). Perceba que o circuito do capacitor está aberto, ou seja, as placas do capacitor não estão conectadas a uma bateria e a carga não flui através de um voltímetro ideal. Portanto, não há um percurso pelo qual a carga pode fluir e alterar a carga no capacitor. Se um dielétrico for inserido entre as placas, como mostra a Figura 20.29b, descobrimos que a leitura do voltímetro *cai* por um fator de κ para o valor ΔV, onde

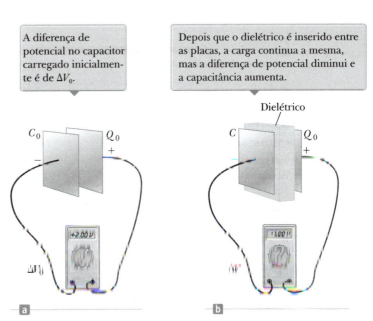

Figura 20.29 Um capacitor carregado (a) antes e (b) depois que um dielétrico é inserido entre as placas.

$$\Delta V = \frac{\Delta V_0}{\kappa}$$

72 | Princípios de física

Como $\Delta V < \Delta V_0$, sabemos que $\kappa > 1$.

Como a carga Q_0 no capacitor *não muda*, concluímos que a capacitância deverá mudar para o valor

$$C = \frac{Q_0}{\Delta V} = \frac{Q_0}{\Delta V_0/\kappa} = \kappa \frac{Q_0}{\Delta V_0}$$

$$C = \kappa C_0$$

20.32 ◄

onde C_0 é a capacitância sem o dielétrico. Ou seja, a capacitância *aumenta* por um fator κ quando o dielétrico preenche completamente a área entre as placas.[3] Para um capacitor de placas paralelas, onde $C_0 = \varepsilon_0 A/d$, podemos expressar a capacitância quando o capacitor está preenchido com um dielétrico da seguinte forma:

$$C = \kappa \frac{\varepsilon_0 A}{d}$$

20.33 ◄

Prevenção de Armadilhas | 20.9

O capacitor está conectado a uma bateria?

Em problemas nos quais está modificando um capacitor (inserindo um dielétrico, por exemplo), você deverá observar se as modificações são feitas enquanto o capacitor está conectado a uma bateria ou depois de ser desconectado. Se o capacitor continua conectado à bateria, a tensão no capacitor continuará a mesma, necessariamente. Se você desconectar o capacitor da bateria antes de realizar modificações ao capacitor, ele, como um sistema isolado, manterá a sua carga igual.

A partir deste resultado, pode parecer que a capacitância aumenta muito ao diminuir d, que é a distância entre as placas. No entanto, na prática, o menor valor de d é limitado por uma descarga elétrica que pode ocorrer através do meio dielétrico que separa as placas. Para qualquer separação d, a tensão máxima que pode ser aplicada a um capacitor sem causar uma descarga depende da **rigidez dielétrica** (maior campo elétrico possível) do dielétrico, a qual, para ar seco, é igual a 3×10^6 V/m. Se o campo elétrico no meio excede a rigidez dielétrica, as propriedades isoladoras são rompidas e o meio começa a realizar a condução. A maioria dos materiais isolantes possui rigidez e constantes dielétricas maiores que as do ar, como indica a Tabela 20.1. Portanto, percebemos que um dielétrico fornece as seguintes vantagens:

- Aumento da capacitância
- Aumento na tensão máxima de operação
- Possível suporte mecânico entre as placas, o que permite que elas fiquem juntas sem se tocarem, o que diminui d e aumenta C

TABELA 20.1 | Constantes dielétricas aproximadas e rigidez dielétricas de vários materiais em temperatura ambiente

Material	Constante Dielétrica κ	Rigidez Dielétrica[a] (10^6 V/m)
Ar (seco)	1,00059	3
Baquelite	4,9	24
Quartzo fundido	3,78	8
Mylar	3,2	7
Borracha de neoprene	6,7	12
Náilon	3,4	14
Papel	3,7	16
Papel revestido com parafina	3,5	11
Poliestireno	2,56	24
PVC	3,4	40
Porcelana	6	12
Vidro de pirex	5,6	14
Óleo de silicone	2,5	15
Titanato de estrôncio	233	8
Teflon	2,1	60
Vácuo	1,00000	–
Água	80	–

[a]A rigidez dielétrica é igual ao maior campo elétrico possível que pode existir em um dielétrico sem que haja rompimento elétrico. Perceba que estes valores dependem muito da presença de impurezas e falhas nos materiais.

[3] Se outro experimento for realizado e nele o dielétrico for introduzido enquanto a diferença de potencial é mantida constante por uma bateria, a carga aumentará para o valor $Q = \kappa Q_0$. A carga adicional será transferida dos fios conectores e a capacitância aumentará por um fator κ.

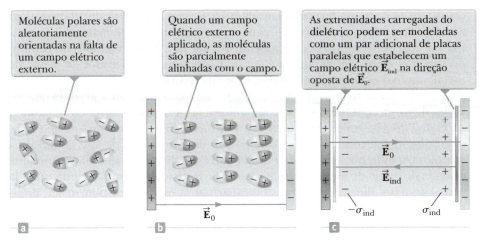

Figura 20.30 (a) Moléculas polares em um dielétrico (b) Um campo elétrico é aplicado ao dielétrico. (c) Detalhes do campo elétrico dentro do dielétrico.

Podemos entender os efeitos de um dielétrico considerando a polarização das moléculas que discutimos na Seção 19.3. A Figura 20.30a mostra moléculas polarizadas de um dielétrico em orientações aleatórias na falta de um campo elétrico. A Figura 20.30b mostra a polarização das moléculas quando o dielétrico é colocado entre as placas do capacitor carregado e as moléculas polarizadas tendem a se alinhar em paralelo com as linhas de campo. As placas determinam um campo elétrico $\vec{E}_0$ direcionado para a direita de acordo com a Figura 20.30b. No corpo do dielétrico, existe uma homogeneidade geral da carga, mas olhe nas bordas. Há uma camada de carga negativa na extremidade esquerda do dielétrico e uma camada de carga positiva na extremidade da direita. Estas camadas de carga podem ser modeladas como placas paralelas carregadas, como na Figura 20.30c. Como a polaridade é oposta à das verdadeiras placas, estas cargas determinam um campo elétrico induzido $\vec{E}_{ind}$ direcionado para a esquerda no diagrama que parcialmente cancela o campo elétrico devido às placas verdadeiras.

Portanto, para o capacitor carregado removido de uma bateria, o campo elétrico e, dessa forma, a tensão entre as placas são reduzidos quando um dielétrico é introduzido. A carga nas placas é armazenada em uma diferença de potencial menor para que a capacitância possa aumentar.

Tipos de capacitores

Muitos capacitores são construídos em circuitos integrados (chips), mas alguns dispositivos elétricos ainda usam capacitores independentes. Capacitores comerciais são geralmente feitos utilizando uma lâmina de metal entrelaçada com um dielétrico como placas finas de papel embebido em parafina. Estas camadas alternativas de lâmina de metal e dielétrico são enroladas em um formato de cilindro para formar um pequeno pacote (Fig. 20.31a). Capacitores de alta tensão comumente

Uma coleção de capacitores utilizados em diversas aplicações.

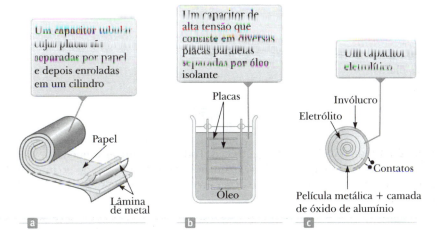

Figura 20.31 Três modelos de capacitores comerciais.

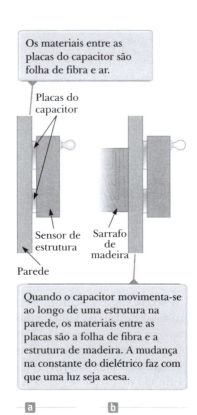

Figura 20.32 (Teste Rápido 20.9) Um detector de estrutura elétrico.

consistem em placas de metal entrelaçadas imersas em óleo de silicone (Fig. 20.31b). Pequenos capacitores geralmente são construídos de materiais de cerâmica. Capacitores variáveis (tipicamente 10-500 pF), como o da foto no começo do capítulo, consistem geralmente em dois conjuntos entrelaçados de placas de metal, um fixo e outro móvel, com ar como dielétrico.

Um *capacitor eletrolítico* geralmente é utilizado para armazenar grandes quantidades de carga com tensões relativamente baixas. Este dispositivo, que é exibido na Figura 20.31c, consiste em uma placa de metal em contato com um eletrólito, uma solução que conduz eletricidade através do movimento de íons contidos na solução. Quando uma tensão é aplicada entre a película e o eletrólito, uma fina camada de óxido de alumínio (um isolador) é formada na lâmina, e esta camada serve como um dielétrico. Valores de capacitância muito altos podem ser alcançados porque a camada de dielétrico é muito fina.

Quando capacitores eletrolíticos são utilizados em circuitos, eles devem ser instalados com a polaridade correta. Se a polaridade da tensão aplicada é o oposto do que deveria ser, a camada de óxido de alumínio será removida e o capacitor não poderá armazenar energia.

TESTE RÁPIDO 20.9 Caso tenha tentado pendurar um quadro ou um espelho na parede, você sabe como é difícil localizar uma estrutura de madeira para que possa inserir o prego ou parafuso. Um detector de estrutura é um capacitor com suas placas dispostas lado a lado em vez de uma em frente a outra, como mostra a Figura 20.32. Quando o dispositivo se move sobre um sarrafo de madeira, a capacitância **(a)** aumenta ou **(b)** diminui?

Exemplo 20.10 | Energia armazenada antes e depois

Um capacitor de placas paralelas é carregado com uma bateria a uma carga Q_0. A bateria é removida em seguida, e uma chapa de material que possui uma constante dielétrica κ é inserida entre as placas. Classifique o sistema como capacitor e dielétrico. Calcule a energia armazenada no sistema antes e depois que o dielétrico é inserido.

SOLUÇÃO

Conceitualização Pense sobre o que acontece quando o dielétrico é inserido entre as placas. Como a bateria foi removida, a carga no capacitor deverá continuar a mesma. No entanto, com base em discussões anteriores, sabemos que a capacitância deverá mudar. Dessa maneira, esperamos uma mudança na energia do sistema.

Categorização Como esperamos que a energia do sistema mude, nós a modelamos como um sistema não isolado envolvendo um capacitor e um dielétrico.

Análise Utilizando a Equação 20.29, calcule a energia armazenada sem o dielétrico:

$$U_0 = \frac{Q_0^2}{2C_0}$$

Determine a energia armazenada no capacitor depois que o dielétrico foi inserido entre as placas:

$$U = \frac{Q_0^2}{2C}$$

Use a Equação 20.32 para substituir a capacitância C:

$$U = \frac{Q_0^2}{2\kappa C_0} = \frac{U_0}{\kappa}$$

Finalização Como $\kappa > 1$, a energia final é menor que a energia inicial. Podemos justificar a queda de energia do sistema realizando um experimento tendo em mente que o dielétrico, quando inserido, é colocado no interior do dispositivo. Para impedir que o dielétrico acelere, um agente externo deverá realizar o trabalho negativo (W na Equação 7.2) no dielétrico, e esta é simplesmente a diferença $U - U_0$.

20.11 | Conteúdo em contexto: a atmosfera como capacitor

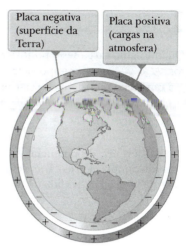

Figura 20.33 O capacitor atmosférico.

No Conteúdo em contexto do Capítulo 19, mencionamos alguns processos que ocorrem na superfície da Terra e na atmosfera que resultam em distribuições de cargas. Esses processos resultam em uma carga negativa na superfície da Terra e cargas positivas distribuídas através do ar.

Essa separação de carga pode ser classificada como um capacitor. A superfície da Terra é uma placa e a carga positiva no ar é a outra placa. A carga positiva na atmosfera não está localizada em uma altura, mas é espalhada através da atmosfera. Portanto, a posição única da placa superior do capacitor deverá ser classificada de acordo com a distribuição de carga. Modelos da atmosfera mostram que uma altura efetiva adequada para a placa superior seja de 5 km da superfície. O capacitor atmosférico do modelo é exibido na Figura 20.33.

Considerando a distribuição de carga na superfície da Terra como esfericamente simétrica, podemos utilizar a Figura 20.16 e sua discussão associada na Seção 20.6 para discutir que o potencial em um ponto acima da superfície da Terra é

$$V = k_e \frac{Q}{r} = \frac{1}{4\pi\varepsilon_0} \frac{Q}{r}$$

onde Q é a carga na superfície. A diferença de potencial entre as placas do nosso capacitor atmosférico é

$$\Delta V = \frac{Q}{4\pi\varepsilon_0} \left(\frac{1}{r_{\text{superfície}}} - \frac{1}{r_{\text{placa superior}}} \right)$$

$$= \frac{Q}{4\pi\varepsilon_0} \left(\frac{1}{R_T} - \frac{1}{R_T + h} \right) = \frac{Q}{4\pi\varepsilon_0} \left[\frac{h}{R_T(R_T + h)} \right]$$

onde R_T é o raio da Terra e $h = 5$ km. Com essa expressão, podemos calcular a capacitância do capacitor atmosférico:

$$C = \frac{Q}{\Delta V} = \frac{Q}{\dfrac{Q}{4\pi\varepsilon_0}\left[\dfrac{h}{R_T(R_T+h)}\right]} = \frac{4\pi\varepsilon_0 R_T(R_T + h)}{h}$$

Substituindo os valores numéricos, temos

$$C = \frac{4\pi\varepsilon_0 R_T(R_T + h)}{h}$$

$$\frac{4\pi(8,85 \times 10^{-12}\,\text{C}^2/\text{N}\cdot\text{m}^2)(6,4 \times 10^3\,\text{km})(6,4 \times 10^3\,\text{km} + 5\,\text{km})}{5\,\text{km}} \left(\frac{1000\,\text{m}}{1\,\text{km}} \right)$$

$$\approx 0,9\,\text{F}$$

Este resultado é extremamente alto, comparado com os *picofarads* e *microfarads* que são os valores comuns para capacitores em circuitos elétricos, especialmente para um capacitor com placas separadas por uma distância de 5 km! Devemos usar este modelo de atmosfera como capacitor em nossa conclusão, onde calcularemos o número de raios que caem na Terra em um dia.

76 | Princípios de física

RESUMO

Quando uma carga teste positiva q_0 se move entre os pontos Ⓐ e Ⓑ em um campo elétrico $\vec{E}$, a **mudança na energia potencial** do sistema carga-campo é

$$\Delta U = -q_0 \int_A^B \vec{E} \cdot d\vec{s} \qquad \text{20.1} \blacktriangleleft$$

A **diferença de potencial** ΔV entre os pontos Ⓐ e Ⓑ em um campo elétrico $\vec{E}$ é definida como a variação na energia potencial dividida pela carga teste q_0:

$$\Delta V = \frac{\Delta U}{q_0} = -\int_A^B \vec{E} \cdot d\vec{s} \qquad \text{20.3} \blacktriangleleft$$

onde o **potencial elétrico** V é uma grandeza escalar e expressa em unidades joule por coulomb, definido como 1 **volt** (V).

A diferença de potencial entre dois pontos Ⓐ e Ⓑ em um campo elétrico $\vec{E}$ é

$$\Delta V = -E \int_A^B ds = -Ed \qquad \text{20.6} \blacktriangleleft$$

onde d é o módulo do vetor de deslocamento entre Ⓐ e Ⓑ.

As **superfícies equipotenciais** são aquelas nas quais o potencial elétrico continua constante. Elas são *perpendiculares* às linhas do campo elétrico.

O potencial elétrico resultante de uma carga pontual q que está a uma distância r da carga é

$$V = k_e \frac{q}{r} \qquad \text{20.11} \blacktriangleleft$$

O potencial elétrico resultante de um grupo de cargas pontuais é obtido através da soma de potenciais resultantes de cargas individuais. Como V é escalar, a soma é uma operação algébrica simples.

A **energia potencial elétrica de um par de cargas pontuais** separadas por uma distância r_{12} é

$$U = k_e \frac{q_1 q_2}{r_{12}} \qquad \text{20.13} \blacktriangleleft$$

a qual representa o trabalho necessário para trazer as cargas de uma separação infinita para a separação r_{12}. A energia potencial de uma distribuição de cargas pontuais é obtida ao somar os termos de acordo com a Equação 20.13 sobre *todos os pares* de partículas.

Se o potencial elétrico é conhecido como uma função de coordenadas x, y e z, as componentes do campo elétrico podem ser obtidas ao retirar a derivada negativa do potencial em relação às coordenadas. Por exemplo, a componente de x de um campo elétrico é

$$E_x = -\frac{\partial V}{\partial x} \qquad \text{20.17} \blacktriangleleft$$

O **potencial elétrico resultante de uma distribuição de cargas contínuas** é

$$V = k_e \int \frac{dq}{r} \qquad \text{20.19} \blacktriangleleft$$

Cada ponto na superfície de um condutor carregado em equilíbrio eletrostático tem o mesmo potencial. Portanto, o potencial é constante em toda a parte interna do condutor e é igual ao seu valor na superfície.

Um capacitor é um dispositivo para armazenar carga. Um capacitor carregado consiste em dois condutores iguais e carregados de maneira oposta com uma diferença de potencial ΔV entre eles. A **capacitância** C de qualquer capacitor é definida como a razão do módulo da carga Q em qualquer condutor para o módulo da diferença de potencial ΔV:

$$C \equiv \frac{Q}{\Delta V} \qquad \text{20.20} \blacktriangleleft$$

A unidade de SI da capacitância é de coulombs por volt, ou **farad** (F), dessa forma, 1 F = 1 C/V.

Se dois ou mais capacitores estão ligados em paralelo, as diferenças de potencial neles devem ser iguais. A **capacitância equivalente** de uma **associação em paralelo** dos capacitores é

$$C_{eq} = C_1 + C_2 + C_3 + \cdots \qquad \text{20.26} \blacktriangleleft$$

Se dois ou mais capacitores estão ligados em série, as cargas neles são iguais e a **capacitância equivalente** da **associação em série** é dada por

$$\frac{1}{C_{eq}} = \frac{1}{C_1} + \frac{1}{C_2} + \frac{1}{C_3} + \cdots \qquad \text{20.28} \blacktriangleleft$$

A energia é necessária para carregar um capacitor, pois o processo de carregamento é equivalente à transferência de cargas de um condutor com um potencial mais baixo para outro condutor, com um potencial mais alto. A energia potencial elétrica U armazenada no capacitor é

$$U = \frac{Q^2}{2C} = \tfrac{1}{2} Q \Delta V = \tfrac{1}{2} C (\Delta V)^2 \qquad \text{20.29} \blacktriangleleft$$

Quando um material dielétrico é inserido entre as placas de um capacitor, a capacitância geralmente aumenta através de um fator adimensional κ, chamado **constante dielétrica**. Ou seja,

$$C = \kappa C_0 \qquad \text{20.32} \blacktriangleleft$$

onde C_0 é a capacitância sem um dielétrico.

PERGUNTAS OBJETIVAS

1. Um elétron em uma máquina de raio X é acelerado através de uma diferença de potencial de $1,00 \times 10^4$ V antes de atingir o alvo. Qual é a energia cinética do elétron em elétron-volts? (a) $1,00 \times 10^4$ eV (b) $1,60 \times 10^{-15}$ eV (c) $1,60 \times 10^{-22}$ eV (d) $6,25 \times 10^{22}$ eV (e) $1,60 \times 10^{-19}$ eV.

2. Um capacitor com capacitância muito grande está ligado em série a outro com capacitância muito pequena. Qual é a capacitância equivalente da associação? (a) um pouco maior que a capacitância do capacitor de maior capacidade (b) um pouco menor que a capacitância do capacitor de maior capacidade (c) um pouco maior que a capacitância do capacitor de menor capacidade (d) um pouco menor que a capacitância do capacitor de menor capacidade.

3. Verdadeiro ou falso? (a) Aplicando a definição de capacitância $C = Q/\Delta V$, temos que um capacitor descarregado tem capacitância igual a zero. (b) Como descrito pela definição de capacitância, a diferença de potencial em um capacitor descarregado é igual a zero.

4. Em uma determinada região do espaço, um campo elétrico uniforme está direcionado no sentido x. Uma partícula com carga negativa é deslocada de $x = 20,0$ cm para $x = 60,0$ cm. (i) A energia potencial elétrica do sistema carga-campo (a) aumenta, (b) permanece constante, (c) diminui ou (d) varia de modo imprevisível? (ii) A partícula se deslocou para uma posição onde o potencial elétrico é (a) maior que antes, (b) inalterado, (c) menor que antes ou (d) imprevisível?

5. Um capacitor de placas paralelas é carregado e, depois, desconectado da bateria. Por qual fator a energia armazenada varia quando o espaçamento entre as placas é dobrado? (a) Torna-se quatro vezes maior. (b) Torna-se duas vezes maior. (c) Não é alterada. (d) Aumenta em um meio. (e) Aumenta em um quarto.

6. Classifique as energias potenciais elétricas dos quatro sistemas de cargas mostrados na Figura PO20.6, da maior para a menor. Indique as igualdades, se for pertinente.

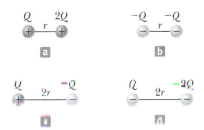

Figura PO20.6

7. Um próton é liberado do repouso na origem em um campo elétrico uniforme no sentido x positivo com módulo 850 N/C. Qual é a variação na energia potencial elétrica do sistema próton–campo quando o próton se desloca para $x = 2,50$ m? (a) $3,40 \times 10^{-16}$ J (b) $-3,40 \times 10^{-16}$ J (c) $2,50 \times 10^{-16}$ J (d) $-2,50 \times 10^{-16}$ J (e) $-1,60 \times 10^{-19}$ J.

8. Por qual fator a capacitância de uma esfera de metal deve ser multiplicada, se seu volume for triplicado? (a) 3 (b) $3^{1/3}$ (c) 1 (d) $3^{-1/3}$ (e) $\frac{1}{3}$.

9. Classifique a energia potencial dos quatro sistemas de partículas mostrados na Figura PO20.9, do maior para o menor.

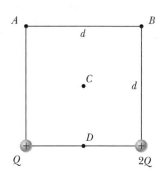

Figura PO20.9

10. O potencial elétrico em $x = 3,00$ m é de 120 V e em $x = 5,00$ m é de 190 V. Qual é a componente x do campo elétrico nessa região, supondo que o campo seja uniforme? (a) 140 N/C (b) –140 N/C (c) 35,0 N/C (d) –35,0 N/C (e) 75,0 N/C.

11. Um técnico em eletrônica quer construir um capacitor de placas paralelas, utilizando rutílio ($\kappa = 100$) como dielétrico. A área das placas é de 1,00 cm^2. Qual será a capacitância se a espessura do rutílio for de 1,00 mm? (a) 88,5 pF (b) 177 pF (c) 8,85 μF (d) 100 μF (e) 35,4 μF.

12. Um capacitor de placas paralelas está conectado a uma bateria. O que ocorre à energia armazenada se o espaçamento entre as placas for dobrado enquanto o capacitor permanecer conectado à bateria? (a) Não é alterada. (b) É dobrada. (c) Diminui por um fator de 2. (d) Diminui por um fator de 4. (e) Aumenta por um fator de 4.

13. Classifique o potencial elétrico dos sistemas mostrados na Figura PO20.13, do maior para o menor. Indique as igualdades, se necessário.

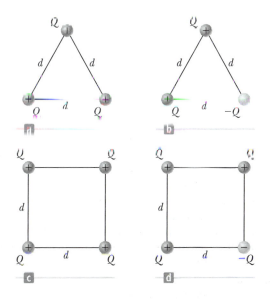

Figura PO20.13

78 | Princípios de física

14. Um filamento que percorre o eixo x da origem a $x = 80,0$ cm transporta uma carga elétrica com densidade uniforme. No ponto P com coordenadas ($x = 80,0$ cm, $y = 80,0$ cm), ele cria um potencial elétrico de 100 V. Agora, adicionamos outro filamento ao longo do eixo y, percorrendo da origem a $y = 80,0$ cm, com a mesma quantidade de carga e mesma densidade uniforme. No mesmo ponto P, o potencial elétrico criado pelo par de filamentos (a) é maior que 200 V, (b) 200 V, (c) 100 V, (d) está entre 0 e 200 V ou (e) é igual a 0?

15. Suponha que um dispositivo tenha sido projetado para a obtenção de uma diferença de potencial grande, primeiro por meio da carga de um banco de capacitores ligados em paralelo e, depois, por meio da ativação de um arranjo de chaves que desconecta os capacitores da fonte de carga e um do outro e os reconecta em um arranjo em série. Depois, o grupo de capacitores carregados é descarregado em série. Qual é a diferença de potencial máxima que pode ser obtida desta forma, por meio da utilização de dez capacitores de 500 μF e uma fonte de carga de 800 V? (a) 500 V (b) 8,00 kV (c) 400 kV (d) 800 V (e) 0.

16. Quatro partículas estão posicionadas na borda de um círculo. As cargas nas partículas são de $+0,500$ μC, $+1,50$ μC, $-1,00$ μC e $-0,500$ μC. Se o potencial elétrico no centro do círculo estabelecido apenas pela carga de $+0,500$ μC for $4,50 \times 10^4$ V, qual será o potencial elétrico total no centro criado pelas quatro cargas? (a) $18,0 \times 10^4$ V (b) $4,50 \times 10^4$ V (c) 0 (d) $-4,50 \times 10^4$ V (e) $9,00 \times 10^4$ V.

17. Considere as superfícies equipotenciais mostradas na Figura 20.4. Nessa região do espaço, qual é o sentido aproximado do campo elétrico? (a) Para fora da página.

(b) Para dentro da página. (c) Para o topo da página. (d) Para o fim da página. (e) O campo é igual a zero.

18. Um capacitor de placas paralelas preenchido com ar tem carga Q. A bateria é desconectada, e uma barra de material com constante dielétrica $\kappa = 2$ é inserida entre as placas. Qual dos enunciados a seguir é verdadeiro? (a) A tensão no capacitor diminui por um fator de 2. (b) A tensão no capacitor dobra. (c) A carga nas placas dobra. (d) A carga nas placas diminui por um fator de 2. (e) O campo elétrico dobra.

19. (i) O que ocorre ao módulo da carga em cada placa de um capacitor se a diferença de potencial entre os condutores for dobrada? (a) Torna-se quatro vezes maior. (b) Torna-se duas vezes maior. (c) Não é alterada. (d) Aumenta em um meio. (e) Aumenta em um quarto. (ii) Se a diferença de potencial em um capacitor for dobrada, o que ocorrerá com a energia armazenada? Escolha entre as mesmas alternativas da parte (i).

20. Se três capacitores diferentes, inicialmente descarregados, estiverem ligados em série a uma bateria, qual dos seguintes enunciados é verdadeiro? (a) A capacitância equivalente é maior que qualquer das capacitâncias individuais. (b) A maior tensão é estabelecida na menor capacitância. (c) A maior tensão é estabelecida na maior capacitância. (d) O capacitor com a maior capacitância tem a maior carga. (e) O capacitor com a menor capacitância tem a menor carga.

21. Em uma determinada região do espaço, o campo elétrico é igual a zero. Com base neste fato, o que podemos concluir sobre o potencial elétrico nessa região? (a) É igual a zero. (b) Não varia com a posição. (c) É positivo. (d) É negativo. (e) Nenhuma das alternativas é necessariamente verdadeira.

❯ PERGUNTAS CONCEITUAIS |

1. Explique por que o trabalho requerido para deslocar uma partícula com carga Q através de uma diferença de potencial ΔV é $W = Q\Delta V$, enquanto a energia armazenada em um capacitor carregado é $U = \frac{1}{2} Q\Delta V$. Qual é a origem do fator $\frac{1}{2}$?

2. Mostre a diferença entre o potencial elétrico e a energia potencial elétrica.

3. (a) Por que é perigoso tocar os terminais de um capacitor de alta tensão, mesmo após a fonte de tensão que carregou o capacitor ter sido desconectada deste? (b) O que pode ser feito para garantir a segurança no manuseio do capacitor após a remoção da fonte de tensão?

4. Descreva as superfícies equipotenciais para (a) uma linha de carga infinita e (b) uma esfera uniformemente carregada.

5. Suponha que seja necessário aumentar a tensão de operação máxima de um capacitor de placas paralelas. Explique como isto é possível com um espaçamento fixo entre as placas.

6. Visto que suas cargas têm sinais opostos, as placas de um capacitor de placas paralelas se atraem. Desta forma, um trabalho positivo seria necessário para aumentar o espaçamento entre elas. Que tipo de energia no sistema muda devido ao trabalho externo realizado nesse processo?

7. Quando partículas carregadas estão separadas por uma distância infinita, a energia potencial elétrica do par é zero. Quando as partículas são colocadas próximas uma da outra, a energia potencial elétrica de um par com o mesmo sinal é positiva, enquanto a de um par com sinais opostos é negativa. Forneça uma explicação física para essa afirmação.

8. Analise a Figura 19.4 e o respectivo texto sobre a carga por indução. Quando o fio terra é ligado à extremidade direita da esfera na Figura 19.4c, os elétrons são retirados da esfera, deixando-a positivamente carregada. Suponha que o fio terra seja conectado à extremidade esquerda da esfera. (a) Os elétrons continuarão a ser removidos, movendo-se para perto da haste negativamente carregada? (b) Que tipo de carga, se existir, permanece na esfera?

9. Descreva o movimento de um próton (a) após sua liberação do repouso em um campo elétrico uniforme. Descreva as variações (se existirem) em (b) na energia cinética e (c) na energia potencial elétrica do sistema próton–campo.

Capítulo 20 – Potencial elétrico e capacitância | 79

10. Um capacitor preenchido com ar é carregado e, depois, desconectado da fonte de alimentação e, finalmente, conectado a um voltímetro. Explique como e por que a diferença de potencial varia quando um dielétrico é inserido entre as placas do capacitor.

11. Se você tivesse que projetar um capacitor de dimensões pequenas e capacitância grande, quais seriam os dois fatores mais importantes em seu projeto?

12. Explique por que um dielétrico aumenta a tensão de operação máxima de um capacitor mesmo que suas dimensões físicas não mudem.

PROBLEMAS

WebAssign Os problemas que se encontram neste capítulo podem ser resolvidos *on-line* no Enhanced WebAssign (em inglês).

1. denota problema direto;
2. denota problema intermediário;
3. denota problema desafiador;
1. denota problemas mais frequentemente resolvidos no Enhanced WebAssign;
BIO denota problema biomédico;

PD denota problema dirigido;
M denota tutorial Master It disponível no Enhanced WebAssign;
Q|C denota problema que pede raciocínio quantitativo e conceitual;
S denota problema de raciocínio simbólico;
sombreado denota "problemas emparelhados" que desenvolvem raciocínio com símbolos e valores numéricos;
W denota solução no vídeo Watch It disponível no Enhanced WebAssign.

Seção 20.1 Potencial elétrico e diferença de potencial

1. **W** Um campo elétrico uniforme de módulo 325 V/m está direcionado no sentido y negativo na Figura P20.1. As coordenadas do ponto Ⓐ são (–0,200, –0,300) m, e as do Ⓑ, (0,400, 0,500) m. Calcule a diferença de potencial elétrico $V_Ⓑ - V_Ⓐ$ utilizando o percurso da linha tracejada.

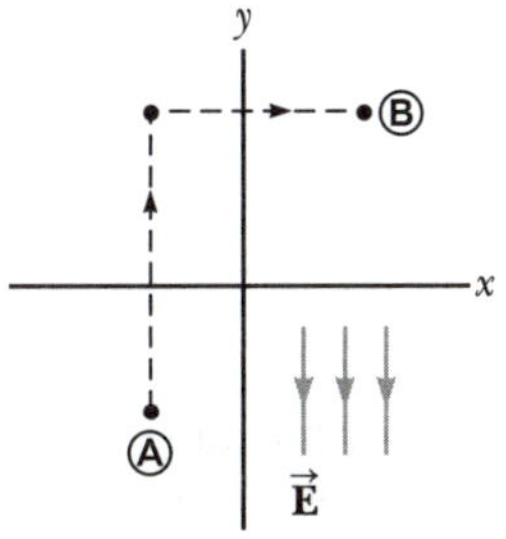

Figura P20.1

2. **W** Quanto trabalho é realizado (por uma bateria, um gerador ou outra fonte de diferença de potencial) para deslocar o número de Avogadro de elétrons de um ponto inicial onde o potencial elétrico é 9,00 V para outro onde o potencial elétrico é –5,00 V? (O potencial em cada caso é medido em relação a um ponto de referência comum.)

3. **M** (a) Calcule a velocidade escalar de um próton que é acelerado do repouso através de uma diferença de potencial elétrico de 120 V. (b) Calcule a velocidade escalar de um elétron que é acelerado através da mesma diferença de potencial elétrico.

Seção 20.2 Diferença de potencial em um campo elétrico uniforme

4. Um campo elétrico uniforme de módulo 250 V/m é direcionado para x positivo. Uma carga A + 12,0 μC desloca-se da origem até o ponto (x, y) = (20,0 cm, 50,0 cm). (a) Qual é a variação na energia potencial do sistema de carga-campo? (b) Por qual diferença de potencial a carga se desloca?

5. **M** Um elétron que se desloca paralelamente ao eixo x tem velocidade escalar inicial de $3,70 \times 10^6$ m/s na origem. Essa velocidade é reduzida para $1,40 \times 10^5$ m/s no ponto x = 2,00 cm. (a) Calcule a diferença de potencial elétrico entre a origem e esse ponto. (b) Através de qual diferença de potencial é mais alto?

6. **PD Q|C Revisão.** Um bloco com massa m e carga +Q está conectado a uma mola isolante com constante de força k. O bloco está posicionado em uma pista horizontal, isolante e sem atrito, e o sistema, imerso em um campo elétrico uniforme de módulo E direcionado como mostra a Figura P20.6. O bloco é liberado do repouso quando a mola não está esticada (em x = 0). Desejamos demonstrar que o movimento resultante do bloco é um deslocamento harmônico simples. (a) Considere o sistema de bloco, mola e campo elétrico. Este sistema é isolado ou não isolado? (b) Quais tipos de energia potencial existem nele? (c) Suponha que a configuração inicial do sistema seja a do instante em que o bloco é liberado do repouso. A configuração final é a do instante em que o bloco permanece em um novo ponto de repouso momentaneamente. Qual é o valor de x quando o bloco alcança o repouso momentâneo? (d) Em um valor de x, que chamaremos de $x = x_0$, o bloco tem uma força resultante igual a zero. Qual modelo de análise descreve a partícula nesta situação? (e) Qual é o valor de x_0? (f) Defina um novo sistema de coordenadas x', de modo que $x' = x - x_0$. Demonstre que x' satisfaz uma equação diferencial para o movimento harmônico simples. (g) Determine o período do movimento harmônico simples. (h) Como o período depende do módulo do campo elétrico?

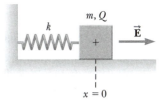

Figura P20.6

Seção 20.3 Potencial elétrico e energia potencial gerados por cargas pontuais

Observação: A menos que indicado de outra forma, suponha que o nível de referência do potencial seja V = 0 em r = ∞.

7. Duas partículas, cada uma com carga +2,00 μC, estão localizadas no eixo x. Uma está em x = 1,00 m e a outra, em x = −1,00 m. (a) Determine o potencial elétrico no eixo y em y = 0,500 m. (b) Calcule a variação na energia potencial elétrica do sistema quando uma terceira partícula carregada de −3,00 μC é trazida de uma posição infinitamente distante para uma no eixo y em y = 0,500 m.

8. **S** Demonstre que a quantidade de trabalho requerida para reunir quatro partículas carregadas idênticas de módulo Q nos vértices de um quadrado de lado s é igual a 5,41 $k_e Q^2/s$.

9. **W** Dadas duas partículas com cargas de 2,00 μC, como mostra a Figura P20.9, e uma partícula com carga $q = 1,28 \times 10^{-18}$ C na origem, (a) qual é a força líquida exercida pelas duas cargas de 2,00 μC sobre a carga teste q? (b) Qual é o campo elétrico na origem estabelecido pelas duas partículas de 2,00 μC? (c) Qual é o potencial elétrico na origem estabelecido pelas duas partículas de 2,00 μC?

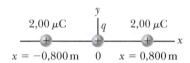

Figura P20.9

10. **S** Três cargas positivas q estão localizadas nos vértices de um triângulo equilátero, como na Figura P20.10. (a) Em qual ponto no plano das partículas (se houver) o potencial é zero? (b) Qual é o potencial elétrico na posição de uma das partículas devido às outras duas partículas no triângulo?

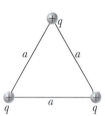

Figura P20.10

11. **M** As três partículas carregadas na Figura P20.11 estão nos vértices de um triângulo isósceles (onde d = 2,00 cm). Considerando q = 7,00 μC, calcule o potencial elétrico em A, o ponto intermediário da base.

12. Em 1911, Ernest Rutherford e seus assistentes Geiger e Marsden conduziram um experimento no qual espalharam partículas alfa (núcleos de átomos de hélio) de chapas delgadas de ouro. Uma partícula alfa, com carga +2e e massa $6,64 \times 10^{-27}$ kg, é um produto de determinados processos de decaimentos radioativos. Os resultados do experimento levaram Rutherford à ideia de que a maior parte da massa de um átomo se localiza em um núcleo muito pequeno, com elétrons orbitando-o. Suponha que uma partícula alfa, inicialmente muito distante de um núcleo de ouro estacionário, seja disparada a uma velocidade de $2,00 \times 10^7$ m/s diretamente em direção ao núcleo (com carga de +79e). Qual é a menor distância entre a partícula alfa e o núcleo antes de ela inverter o sentido? Suponha que o núcleo de ouro permaneça estacionário.

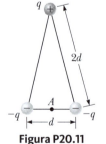

Figura P20.11

13. **W** Quatro partículas carregadas idênticas (q = +10,0 μC) estão posicionadas nos vértices de um retângulo, como mostra a Figura P20.13. As dimensões do retângulo são L = 60,0 cm e W = 15,0 cm. Calcule a variação na energia potencial elétrica do sistema quando a partícula no vértice inferior esquerdo da Figura P20.13 é trazida do infinito para essa posição. Suponha que as outras três partículas na Figura P20.13 permaneçam fixas no lugar.

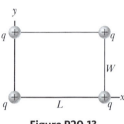

Figura P20.13

14. Duas partículas carregadas criam influências na origem, descritas pelas expressões

$$8,99 \times 10^9 \text{N} \cdot \text{m}^2/\text{C}^2 \left[-\frac{7,00 \times 10^{-9} \text{C}}{(0,070 \text{ m})^2} \cos 70,0° \hat{\mathbf{i}} \right.$$
$$\left. -\frac{7,00 \times 10^{-9} \text{C}}{(0,070 \text{ m})^2} \text{sen } 70,0° \hat{\mathbf{j}} + \frac{8,00 \times 10^{-9} \text{C}}{(0,030 \text{ m})^2} \hat{\mathbf{j}} \right]$$

e

$$8,99 \times 10^9 \text{N} \cdot \text{m}^2/\text{C}^2 \left[\frac{7,00 \times 10^{-9} \text{C}}{0,070 \text{ m}} - \frac{8,00 \times 10^{-9} \text{C}}{0,030 \text{ m}} \right]$$

(a) Identifique os locais das partículas e as suas cargas. (b) Calcule a força em uma carga −16,0 nC situada na origem e (c) o trabalho necessário para deslocar esta terceira carga para a origem de um ponto muito distante.

15. **Q|C Revisão.** Duas esferas isolantes têm raios de 0,300 cm e 0,500 cm, massas de 0,100 kg e 0,700 kg e cargas uniformemente distribuídas de −2,00 μC e 3,00 μC. Elas são liberadas do repouso quando seus centros estão separados por 1,00 m. (a) Quão rápido cada esfera estará se movendo ao colidirem? (b) **E se?** Se as esferas fossem condutoras, as velocidades escalares seriam maiores ou menores que as calculadas na parte (a)? Explique.

16. **Q|C S Revisão.** Duas esferas isolantes têm raios r_1 e r_2, massas m_1 e m_2 e cargas uniformemente distribuídas $-q_1$ e q_2. Elas são liberadas do repouso quando seus centros estão separados por uma distância d. (a) Quão rápido cada esfera estará se movendo ao colidirem? (b) **E se?** Se as esferas fossem condutoras, as velocidades escalares seriam maiores ou menores que as calculadas na parte (a)? Explique.

17. (a) Calcule o potencial elétrico a uma distância de 1,00 cm de um próton. (b) Qual é a diferença de potencial entre dois pontos que estão a 1,00 cm e 2,00 cm de um próton? (c) Repita as partes (a) e (b) para um elétron.

18. **S Revisão.** Uma mola leve não tensionada tem comprimento d. Duas partículas idênticas, cada uma com carga q, estão conectadas às extremidades da mola. As partículas são mantidas estacionárias, separadas por uma dis-

tância d e, depois, liberadas simultaneamente. Então, o sistema oscila sobre uma mesa horizontal e sem atrito. A mola tem atrito cinético interno, de modo que a oscilação é amortecida. Finalmente, as partículas param de vibrar quando a distância que as separa é $3d$. Suponha que o sistema da mola e das duas partículas carregadas seja isolado. Determine o aumento na energia interna na mola durante as oscilações.

19. Duas partículas com cargas de 20,0 nC e –20,0 nC estão situadas nos pontos com as coordenadas (0, 4,00 cm) e (0, –4,00 cm), como mostra a Figura P20.19. Uma partícula com carga de 10,0 nC está situada na origem. (a) descubra a energia potencial elétrica da configuração de três cargas fixas. (b) uma quarta partícula, com uma massa de 2,00 × 10^{-13} kg e uma carga de 40,0 nC, é liberada a partir do repouso no ponto (3,00 cm, 0). Encontre a sua velocidade depois que ela se movimentou livremente para uma distância bem longa.

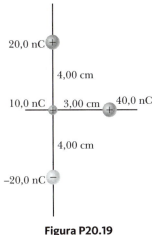

Figura P20.19

20. **M** A uma determinada distância de uma partícula carregada, o módulo do campo elétrico é de 500 V/m e o potencial elétrico é de –3,00 kV. (a) Qual é a distância até a partícula? (b) Qual é o módulo da carga?

21. Uma partícula com carga $+q$ está posicionada na origem. Uma partícula com carga $-2q$ está localizada em $x = 2,00$ m no eixo x. (a) Para qual(is) valor(es) finito(s) de x o campo elétrico é igual a zero? (b) Para qual(is) valor(es) finito(s) de x o potencial elétrico é igual a zero?

Seção 20.4 Obtenção do valor do campo elétrico com base no potencial elétrico

22. **W** O potencial em uma região entre $x = 0$ e $x = 6,00$ m é $V = a + bx$, onde $a = 10,0$ V e $b = -7,00$ V/m. Determine (a) o potencial em $x = 0$, 3,00 m e 6,00 m, e (b) o módulo e o sentido do campo elétrico em $x = 0$, 3,00 m e 6,00 m.

23. **W** Em certa região do espaço, o potencial elétrico é $V = 5x - 3x^2y + 2yz^2$. (a) Determine as expressões para as componentes x, y e z do campo elétrico nessa região. (b) Qual é o módulo do campo no ponto P, que tem as coordenadas (1,00, 0, –2,00) m?

24. **O** O potencial elétrico dentro de um condutor esférico carregado de raio R é dado por $V = k_eQ/R$, e o potencial externo é dado por $V = k_eQ/r$. Aplicando $E_r = -dV/dr$, derive o campo elétrico (a) dentro e (b) fora dessa distribuição de cargas.

Seção 20.5 Potencial elétrico gerado por distribuições de cargas contínuas

25. **S** Considere um anel de raio R com a carga total Q distribuída uniformemente sobre seu perímetro. Qual é a diferença de potencial entre o ponto no centro do anel e um ponto em seu eixo, a uma distância $2R$ do centro?

26. **S** Uma haste de comprimento L (Fig. P20.26) está localizada ao longo do eixo x com sua extremidade esquerda na origem. A haste tem uma densidade de carga não uniforme $\lambda = \alpha x$, onde α é uma constante positiva. (a) Quais são as unidades de α? (b) Calcule o potencial elétrico em A.

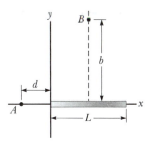

Figura P20.26 Problemas 26 e 27.

27. **S** Para a disposição descrita no Problema 26, calcule o potencial elétrico no ponto B, que está localizado no bissetor perpendicular da haste a uma distância b acima do eixo x.

28. **S W** Um fio tem densidade linear de carga uniforme λ e é curvado na forma mostrada na Figura P20.28. Determine o potencial elétrico no ponto O.

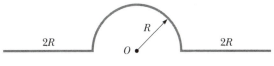

Figura P20.28

29. **W** Uma haste isolante uniformemente carregada de comprimento 14,0 cm é curvada na forma de um semicírculo, como mostra a Figura P20.29. A haste tem uma carga total de –7,50 μC. Determine o potencial elétrico em O, o centro do semicírculo.

Figura P20.29

Seção 20.6 Potencial elétrico gerado por um condutor carregado

30. Quantos elétrons devem ser removidos de um condutor esférico inicialmente sem carga de raio 0,300 m para que um potencial de 7,50 kV seja produzido na superfície?

31. Um avião pode acumular carga elétrica durante o voo. Você já deve ter notado as extensões de metal em forma de agulha nas pontas das asas e na cauda de uma aeronave. Seu objetivo é permitir que a carga saia antes que o acúmulo alcance um nível excessivo. O campo elétrico em torno da agulha é muito maior que aquele em torno da fuselagem do avião, e pode se tornar grande o suficiente para produzir a ruptura dielétrica do ar, descarregando a aeronave. Para modelar este processo, suponha que dois condutores esféricos carregados estejam conectados por um fio condutor longo e uma carga de 1,20 μC esteja posicionada no arranjo. Uma esfera representando a fuselagem do avião tem um raio de 6,00 cm. A outra, representando a ponta da agulha, tem um raio de 2,00 cm. (a) Qual é o potencial elétrico de cada esfera? (b) Qual é o campo elétrico na superfície de cada esfera?

32. **M** Um condutor esférico tem raio de 14,0 cm e carga de 26,0 μC. Calcule o campo elétrico e o potencial elétrico a (a) $r = 10,0$ cm, (b) $r = 20,0$ cm e (c) $r = 14,0$ cm do centro.

Seção 20.7 Capacitância

33. **M** Um capacitor preenchido com ar consiste em duas placas paralelas, cada uma com uma área de 7,60 cm², separadas por uma distância de 1,80 mm. Uma diferença de potencial de 20,0 V é aplicada às placas. Calcule (a) o campo elétrico entre as placas, (b) a densidade de carga superficial, (c) a capacitância e (d) a carga em cada placa.

34. **S** *Revisão.* Um pequeno objeto de massa m tem carga q e está suspenso por um fio entre as placas verticais de um capacitor de placas paralelas. O espaçamento entre as placas é d. Se o fio formar um ângulo θ com a vertical, qual será a diferença de potencial entre as placas?

35. Uma esfera condutora carregada e isolada de raio de 12,0 cm cria um campo elétrico de $4,90 \times 10^4$ N/C a uma distância de 21,0 cm do seu centro. (a) Qual é a densidade de carga superficial? (b) Qual é a capacitância?

36. **S** Um *capacitor esférico* consiste em uma camada condutora esférica de raio b e carga $-Q$ que é concêntrica a uma esfera condutora menor de raio a e carga $+Q$ (Figura P20.36). (a) Mostre que a sua capacitância é

$$C = \frac{ab}{k_e(b-a)}$$

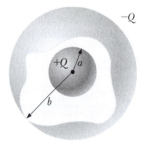

Figura P20.36

(b) Mostre que conforme b se aproxima do infinito, a capacitância se aproxima do valor $a/k_e = 4\pi\varepsilon_0 a$.

37. **W** (a) Qual é a quantidade de carga existente em cada placa de um capacitor de 4,0 μF quando ele está conectado a uma bateria de 12,0 V? (b) Se este mesmo capacitor estiver conectado a uma bateria de 1,50 V, qual carga será armazenada?

38. **S** Um capacitor de ar variável, utilizado em um circuito de sintonização de rádio, é feito de N placas semicirculares, cada uma com raio R e posicionada a uma distância d das outras, às quais está eletricamente conectado. Como mostra a Figura P20.38, um segundo conjunto idêntico de placas está entrelaçado com o primeiro. Cada placa no segundo conjunto está posicionada em um ponto intermediário entre duas placas do primeiro conjunto. O segundo conjunto pode girar como uma unidade. Determine a capacitância como função do ângulo de rotação θ, onde $\theta = 0$ corresponde à capacitância máxima.

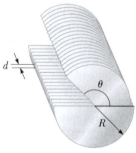

Figura P20.38

39. **M** Um cabo coaxial de 50,0 m de comprimento tem um condutor interno de 2,58 mm de diâmetro e uma carga de 8,10 μC. O condutor que o envolve tem um diâmetro interno de 7,27 mm e uma carga de –8,10 μC. Suponha que a região entre os condutores seja preenchida com ar. (a) Qual é a capacitância do cabo? (b) Qual é a diferença de potencial entre os dois condutores?

40. **W** Dois condutores com cargas de +10,0 μC e –10,0 μC possuem uma diferença de potencial de 10,0 V entre eles. (a) Determine a capacitância do sistema. (b) Qual é a diferença de potencial entre os dois condutores se as cargas em cada um forem aumentadas para +100 μC e –100 μC?

41. **W** (a) Considerando a Terra e uma camada de nuvens 800 m acima da superfície como "placas" de um capacitor, calcule a capacitância do sistema Terra-camada de nuvens. Suponha que a camada de nuvens tenha uma área de 1,00 km² e o ar entre as nuvens e o solo seja puro e seco. Suponha que a carga se acumule na nuvem e no solo até que um campo elétrico uniforme de $3,00 \times 10^6$ N/C através do espaço entre eles faça com que o ar se rompa e conduza eletricidade na forma de um relâmpago. (b) Qual é a carga máxima que a nuvem pode armazenar?

Seção 20.8 Combinações de capacitores

42. **W** Dois capacitores, $C_1 = 5,00$ μF e $C_2 = 12,0$ μF, estão ligados em paralelo e a associação resultante está conectada a uma bateria de 9,00 V. Determine (a) a capacitância equivalente da associação, (b) a diferença de potencial em cada capacitor e (c) a carga armazenada em cada capacitor.

43. **W** *E se?* Os dois capacitores do Problema 42 ($C_1 = 5,00$ μF e $C_2 = 12,0$ μF) são associados em série e ligados a uma bateria de 9,00 V. Determine (a) a capacitância equivalente da associação, (b) a diferença de potencial em cada capacitor e (c) a carga em cada capacitor.

44. **W** (a) Calcule a capacitância equivalente entre os pontos a e b para o grupo de capacitores conectados como mostra a Figura P20.44. Considere $C_1 = 5,00$ μF, $C_2 = 10,0$ μF e $C_3 = 2,00$ μF. (b) Qual será a carga armazenada em C_3 se a diferença de potencial entre os pontos a e b for de 60,0 V?

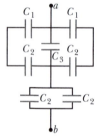

Figura P20.44

45. **M** Quatro capacitores estão conectados como mostra a Figura P20.45. (a) Determine a capacitância equivalente entre os pontos a e b. (b) Calcule a carga em cada capacitor, considerando $\Delta V_{ab} = 15,0$ V.

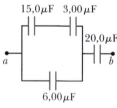

Figura P20.45

46. Dois capacitores fornecem uma capacitância equivalente C_p quando ligados em paralelo e C_s quando ligados em série. Qual é a capacitância de cada capacitor?

47. **M** Um grupo de capacitores idênticos é ligado primeiramente em série e, depois, em paralelo. A capacitância combinada em paralelo é 100 vezes maior que a da ligação em série. Quantos capacitores existem no grupo?

48. *Por que a seguinte situação é impossível?* Um técnico testa um circuito que tem capacitância C. Ele nota que o projeto do circuito poderia ser melhorado se, em vez de C, uma capacitância de 7/3 C fosse considerada. O técnico tem três capacitores adicionais, cada um com capacitância C. Combinando os capacitores adicionais em um determinado arranjo, que é ligado em paralelo ao capacitor original, ele estabelece a capacitância desejada.

49. De acordo com suas especificações de projeto, o circuito de um temporizador que retarda o fechamento da porta de um elevador deve ter uma capacitância de 32,0 μF entre dois pontos A e B. Quando um circuito é construído, descobre-se que o capacitor barato, mas durável, instalado entre os dois pontos tem uma capacitância de 34,8 μF. Para atender às especificações, um capacitor adicional pode ser colocado entre os dois pontos. (a) O novo capacitor deve estar em série ou em paralelo com o capacitor de 34,8 μF? (b) Qual deve ser sua capacitância? (c) **E se?** O próximo circuito sai da linha de montagem com uma capacitância de 29,8 μF entre A e B. Para atender às especificações, qual capacitor adicional deve ser instalado em série ou em paralelo nesse circuito?

50. **Q|C S** Três capacitores estão conectados a uma bateria, como mostra a Figura P20.50 Suas capacitâncias são $C_1 = 3C$, $C_2 = C$ e $C_3 = 5C$. (a) Qual é a capacitância equivalente desse conjunto de capacitores? (b) Estabeleça a classificação dos capacitores de acordo com a carga por eles armazenada, da maior para a menor. (c) Classifique os capacitores de acordo com a diferença de potencial entre suas extremidades, da maior para a menor. (d) **E se?** Suponha que C_3 seja aumentada. Explique o que ocorre à carga armazenada em cada capacitor.

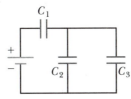

Figura P20.50

51. Descubra a capacitância equivalente entre os pontos a e b na associação de capacitores mostrada na Figura P20.51.

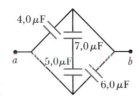

Figura P20.51

52. **M** Considere o circuito mostrado na Figura P20.52, onde $C_1 = 6,00$ μF, $C_2 = 3,00$ μF e $\Delta V = 20,0$ V. O capacitor C_1 é primeiramente carregado quando a chave S_1 é fechada. Depois, esta chave é aberta, e o capacitor carregado é conectado ao descarregado, quando S_2 é fechada. Calcule (a) a carga inicial adquirida por C_1 e (b) a carga final em cada capacitor.

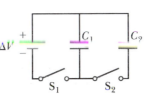

Figura P20.52

Seção 20.9 Energia armazenada em um capacitor carregado

53. Dois capacitores, $C_1 = 25,0$ μF e $C_2 = 5,00$ μF, estão ligados em paralelo e carregados por uma fonte de alimentação de 100 V. (a) Trace um diagrama de circuito e (b) calcule a energia total armazenada nos dois capacitores. (c) **E se?** Que diferença de potencial seria requerida nos mesmos dois capacitores ligados em série para que a associação armazenasse a mesma quantidade de energia calculada na parte (b)? (d) Trace um diagrama do circuito descrito na parte (c).

54. **S** Um capacitor de placas paralelas tem carga Q e placas de área A. Qual força atua sobre uma placa para atraí-la em direção à outra? Visto que o campo elétrico entre as placas é $E = Q/A\varepsilon_0$, podemos pensar que a força é $F = QE = Q^2/A\varepsilon_0$. Esta conclusão está errada, pois o campo E inclui contribuições das duas placas, e o campo criado pela placa positiva não pode exercer nenhuma força sobre a placa positiva. Demonstre que a força exercida sobre cada placa é, na verdade, $F = Q^2/2A\varepsilon_0$. *Sugestão*: Considere $C = \varepsilon_0 A/x$ para um espaçamento entre placas arbitrário x e observe que o trabalho realizado na separação das duas placas carregadas é $W = \int F\,dx$.

55. **Q|C** Dois capacitores de placas paralelas idênticas, cada um com capacitância de 10,0 μF, são carregados com uma diferença de potencial de 50,0 V e, depois, desconectados da bateria. Depois, os dispositivos são ligados um ao outro em paralelo com as placas de mesmo sinal conectadas. Finalmente, o espaçamento entre as placas em um dos capacitores é dobrado. (a) Determine a energia total do sistema de dois capacitores *antes* de o espaçamento entre as placas ser dobrado. (b) Calcule a diferença de potencial em cada capacitor *após* este espaçamento ser dobrado. (c) Determine a energia total do sistema *após* este espaçamento ser dobrado. (d) Concilie a diferença nas respostas das partes (a) e (c) com a Lei da Conservação da Energia.

56. **Q|C S** Dois capacitores de placas paralelas idênticas, cada um com capacitância C, são carregados com uma diferença de potencial ΔV e, depois, desconectados da bateria. Depois, os dispositivos são ligados um ao outro em paralelo com as placas de mesmo sinal conectadas. Finalmente, o espaçamento entre as placas em um dos capacitores é dobrado. (a) Determine a energia total do sistema de dois capacitores *antes* de o espaçamento entre as placas ser dobrado. (b) Calcule a diferença de potencial em cada capacitor *após* este espaçamento ser dobrado. (c) Determine a energia total do sistema *após* este espaçamento ser dobrado. (d) Concilie a diferença nas respostas das partes (a) e (c) com a Lei da Conservação da Energia.

57. **BIO** Quando uma pessoa se move em um ambiente seco, à carga elétrica acumula-se em seu corpo. Uma vez que possui alta tensão, podendo com o tempo, pode descarregar a energia em forma de faíscas e choques. Considere um corpo humano isolado do solo, com a capacitância típica de 150 pF. (a) Qual carga no corpo produziria um potencial de 10,0 kV? (b) Dispositivos eletrônicos sensíveis podem ser danificados pela descarga eletrostática de uma pessoa. Um determinado dispositivo pode ser danificado por uma descarga que libera uma energia de 250 μJ. A que tensão no corpo esta situação corresponde?

58. **PD S** Considere duas esferas condutoras de raios R_1 e R_2, separadas por uma distância muito maior que qualquer um dos raios. Uma carga total Q é compartilhada entre as esferas. Queremos demonstrar que,

quando a energia potencial elétrica do sistema tem um valor mínimo, a diferença de potencial entre as esferas é igual a zero. A carga total Q é igual a $q_1 + q_2$, onde q_1 representa a carga na primeira esfera, e q_2, a carga na segunda. Uma vez que as esferas estão muito afastadas uma da outra, podemos supor que a carga em cada uma delas está distribuída de modo uniforme sobre sua superfície. (a) Demonstre que a energia associada a uma única esfera condutora de raio R e carga q envolta por um vácuo é $U = k_e q^2/2R$. (b) Calcule a energia total do sistema de duas esferas como função de q_1, da carga total Q e dos raios R_1 e R_2. (c) Para minimizar a energia, diferencie o resultado da parte (b) em relação a q_1 e defina a derivada igual a zero. Resolva para q_1 como função de Q e dos raios. (d) Com base no resultado da parte (c), calcule a carga q_2. (e) Determine o potencial de cada esfera. (f) Qual é a diferença de potencial entre as esferas?

59. Um campo elétrico uniforme $E = 3\,000$ V/m existe dentro de uma determinada área. Qual volume de espaço contém uma energia igual a $1,00 \times 10^{-7}$ J? Expresse sua resposta em metros cúbicos e em litros.

60. **BIO** A causa imediata de muitas mortes é a fibrilação ventricular, a palpitação descoordenada do coração. Um choque elétrico aplicado ao tórax pode causar a paralisia momentânea do músculo cardíaco, após a qual o coração, às vezes, retoma os batimentos normais. Um tipo de *desfibrilador* (Fig. P20.60) aplica um forte choque elétrico ao tórax durante um intervalo de tempo de alguns milissegundos. O dispositivo contém um capacitor de vários microfarads, carregado com vários milhares de volts. Eletrodos chamados pás são pressionados contra o tórax nos dois lados do coração e o capacitor é descarregado no tórax do paciente. Suponha que uma energia de 300 J tenha de ser aplicada por um capacitor de 30,0 μF. Com qual diferença de potencial este capacitor deve estar carregado?

Figura P20.60

61. **W** (a) Um capacitor de 3,00 μF está conectado a uma bateria de 12,0 V. Qual é a quantidade de energia que está armazenada no capacitor? (b) Se o capacitor estivesse conectado a uma bateria de 6,00 V, quanta energia seria armazenada?

Seção 20.10 Capacitores com dielétricos

62. Um capacitor de placas paralelas em ar tem espaçamento entre placas de 1,50 cm e área de placa de 25,0 cm². As placas estão carregadas com uma diferença de potencial de 250 V e desconectadas da fonte. Depois, o capacitor é imerso em água destilada. Suponha que o líquido seja um isolante. Determine (a) a carga nas placas antes e depois da imersão, (b) a capacitância e a diferença de potencial após a imersão, e (c) a variação na energia do capacitor.

63. **W** (a) Qual quantidade de carga pode ser armazenada em um capacitor com ar entre as placas antes que o dispositivo seja danificado, se a área de cada placa for de 5,00 cm²? (b) **E se?** Determine a carga máxima se poliestireno for utilizado entre as placas em vez do ar.

64. Um capacitor comercial deve ser construído como mostra a Figura P20.64. Esse capacitor em particular é feito de duas tiras de folha de alumínio separadas por uma tira de papel impregnado com parafina. Cada tira de folha de alumínio e papel tem 7,00 cm de largura. A folha de alumínio tem espessura de 0,00400 mm, e o papel, de 0,0250 mm e constante dielétrica de 3,70. Qual deve ser o comprimento das tiras se uma capacitância de $9,50 \times 10^{-8}$ F precisar ser estabelecida antes que o capacitor seja enrolado? (A adição de uma segunda tira de papel e o enrolamento do capacitor dobrariam a capacitância, permitindo o armazenamento de carga nos dois lados de cada tira de folha de alumínio.)

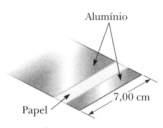

Figura P20.64

65. **W** Determine (a) a capacitância e (b) a diferença de potencial máxima que podem ser aplicadas a um capacitor de placas paralelas preenchido com Teflon com área de placa de 1,75 cm² e um espaçamento entre placas de 0,0400 mm.

66. Um supermercado vende rolos de folha de alumínio, embalagens de plástico e papel encerado. (a) Descreva um capacitor feito desses materiais. Calcule a ordem de grandeza para (b) sua capacitância e (c) sua tensão de ruptura.

Seção 20.11 Conteúdo em contexto: a atmosfera como capacitor

67. **M** A iluminação pode ser estudada com um gerador Van de Graaff, que consiste em um domo esférico no qual a carga é continuamente depositada através de uma correia em movimento. A carga pode ser adicionada até que o campo elétrico na superfície do domo torne-se igual à força dielétrica de ar. Quaisquer cargas adicionais são dispersadas em faíscas, como mostra a Figura P20.67. Suponha que o domo tenha um diâmetro de 30,0 cm e esteja cercado por ar seco com um campo elétrico de "ruptura" de $3,00 \times 10^6$ V/m. (a) Qual é o potencial elétrico máximo do domo? (b) Qual é a carga máxima no domo?

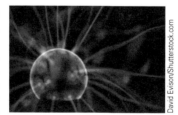

Figura P20.67

68. **Revisão.** Uma nuvem de tempestade e o solo representam as placas de um capacitor. Durante uma tem-

pestade, o capacitor tem uma diferença de potencial de 1,00 × 10⁸ V entre suas placas e carga de 50,0 C. Um relâmpago libera 1,00% da energia do capacitor para uma árvore no solo. Quanta seiva da árvore pode ser evaporada? Modele a seiva como água inicialmente a 30,0 °C. A água tem calor específico de 4 186 J/kg · °C, ponto de ebulição de 100 °C e calor latente de vaporização de 2,26 × 10⁶ J/kg.

Problemas adicionais

69. **BIO** Um modelo de uma célula vermelha retrata a célula como um capacitor com duas placas esféricas. É uma esfera de líquido condutor carregado positivamente na área A, separado por uma membrana isoladora de espessura t dos arredores negativamente carregados conduzindo fluido. Pequenos eletrodos introduzidos na célula mostram uma diferença de potencial de 100 mV na membrana. Considere que a espessura da membrana é de 100 nm e sua constante dielétrica é de 5,00. (a) Suponha que uma célula vermelha típica possua uma massa de 1,00 × 10⁻¹² kg e densidade de 1 100 kg/m³. Calcule seu volume e sua área da superfície. (b) Determine a capacitância da célula. (c) Calcule a carga nas superfícies da membrana. Quantas cargas eletrônicas esta carga representa? (*Sugestão:* os textos do capítulo classificam a atmosfera como um capacitor com duas placas esféricas.)

70. *Por que a seguinte situação é impossível?* No modelo de Bohr do átomo de hidrogênio, um elétron move-se em uma órbita circular em torno de um próton. O modelo determina que o elétron pode existir apenas em determinadas órbitas em torno do próton – as que tenham raio r que satisfaça a condição $r = n^2(0,0529 \text{ nm})$, onde $n = 1, 2, 3,...$. Para um dos possíveis estados permitidos do átomo, a energia potencial elétrica do sistema é –13,6 eV.

71. **Revisão.** Uma partícula de massa de 2,00 g e carga de 15,0 μC é disparada de uma grande distância a 21,0$\hat{i}$ m/s diretamente em direção a uma segunda partícula, originalmente estacionária, mas livre para se mover, com massa de 5,00 g e carga de 8,50 μC. Ambas estão limitadas a se deslocar apenas ao longo do eixo x. (a) No instante em que estão mais próximas, as partículas terão a mesma velocidade vetorial. Calcule essa velocidade. (b) Determine a distância no instante em que elas estão mais próximas. Após a interação, as partículas se separarão. Para este instante, calcule a velocidade vetorial (c) da partícula de 2,00 g e (d) da partícula de 5,00 g.

72. **S Revisão.** Uma partícula de massa m_1 e carga positiva q_1 é disparada de uma grande distância a uma velocidade v no sentido x positivo diretamente em direção a uma segunda partícula, originalmente estacionária, mas livre para se mover, com massa m_2 e carga positiva q_2. Ambas estão limitadas a se deslocar apenas ao longo do eixo x. (a) No instante em que estão mais próximas, as partículas terão a mesma velocidade vetorial. Calcule essa velocidade. (b) Determine a distância no instante em que elas estão mais próximas. Após a interação, as partículas se separarão. Para este instante, calcule a velocidade vetorial (c) da partícula de massa m_1 e (d) da partícula de massa m_2.

73. **M** O modelo da gota líquida do núcleo atômico sugere que oscilações de alta energia de determinados núcleos podem dividi-lo em dois fragmentos diferentes mais alguns nêutrons. Os produtos da fissão adquirem energia cinética de sua repulsão de Coulomb mútua. Suponha que a carga esteja distribuída uniformemente em todo o volume de cada fragmento esférico e que, imediatamente antes da separação, cada fragmento esteja em repouso, e suas superfícies em contato. Os elétrons em torno do núcleo podem ser ignorados. Calcule a energia potencial elétrica (em elétron-volts) de dois fragmentos esféricos de um núcleo de urânio com os seguintes valores de carga e raio: 38e e 5,50 × 10⁻¹⁵ m, e 54e e 6,20 × 10⁻¹⁵ m.

74. **S** Um tubo Geiger–Mueller é um detector de radiação que consiste em um cilindro de metal oco e fechado (o catodo) de raio interno r_a e um fio cilíndrico coaxial (o anodo) de raio r_b (Fig. P20.74a). A carga por unidade de comprimento no anodo é λ, e a por unidade de comprimento no catodo, $-\lambda$. O espaço entre os eletrodos é preenchido por um gás. Quando passa através desse espaço no tubo ativado (Fig. P20.74b), uma partícula elementar de alta energia pode ionizar um átomo do gás. O campo elétrico intenso acelera o íon e o elétron resultantes em sentidos opostos. Essas partículas atingem outras moléculas do gás, ionizando-as e produzindo uma avalanche de descargas elétricas. O pulso da corrente elétrica entre o fio e o cilindro é contado por um circuito externo. (a) Demonstre que a intensidade da diferença de potencial elétrico entre o fio e o cilindro é

$$\Delta V = 2k_e\lambda \ln\left(\frac{r_a}{r_b}\right)$$

(b) Demonstre que o módulo do campo elétrico no espaço entre o catodo e o anodo é

$$E = \frac{\Delta V}{\ln(r_a/r_b)}\left(\frac{1}{r}\right)$$

onde r é a distância do eixo do anodo ao ponto onde o campo deve ser calculado.

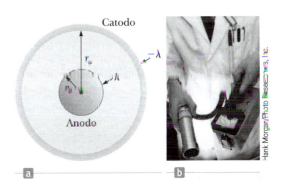

Figura P20.74 Problemas 74 e 75.

75. Assumimos que o diâmetro interno do contador Geiger-Mueller descrito no Problema 20.74 é de 2,50 cm e o fio ao longo do eixo possui um diâmetro de 0,200 mm. A rigidez dielétrica do gás entre o fio central e o cilindro é de 1,20 × 10⁶ V/m. Use o resultado do Problema 20.74 para

calcular a diferença de potencial máxima que pode ser aplicada entre o fio e o cilindro antes da ruptura no gás.

76. **S** Quatro bolas, cada uma com massa m, estão ligadas por quatro fios não condutores, formando um quadrado de lado a, como mostra a Figura P20.76. O conjunto é colocado sobre uma superfície horizontal, não condutora e sem atrito. As bolas 1 e 2 têm, cada uma, carga q, e as bolas 3 e 4 não têm carga. Após o fio que liga as bolas 1 e 2 ser cortado, qual é a velocidade máxima das bolas 3 e 4?

Figura P20.76

77. Calcule o trabalho que deve ser realizado em cargas trazidas do infinito para carregar uma casca esférica de raio $R = 0,100$ m para uma carga total $Q = 125$ μC.

78. **S** Calcule o trabalho que deve ser realizado sobre as cargas deslocadas do infinito para carregar uma casca esférica de raio R para que uma carga total Q seja estabelecida.

79. Um capacitor de placas paralelas de 2,00 nF é carregado com uma diferença de potencial inicial $\Delta V_i = 100$ V e, depois, isolado. O material dielétrico entre as placas é a mica, com uma constante dielétrica de 5,00. (a) Qual quantidade de trabalho é necessária para a retirada da folha de mica? (b) Qual é a diferença de potencial no capacitor após a mica ser retirada?

80. *Por que a situação a seguir é impossível?* Você montou um aparato em seu laboratório. O eixo x é o eixo de simetria de um anel fixo carregado uniformemente de raio $R = 0,500$ m e carga $Q = 50,0$ μC (Fig. P20.80). Você colocará uma partícula com carga $Q = 50,0$ μC e massa $m = 0,100$ kg no centro do anel e irá dispor de forma que seu movimento se limite apenas ao longo do eixo x. Quando ele for levemente deslocado, a partícula será repelida pelo anel e acelerará ao longo do eixo x. Ela se movimentará mais rápido do que você esperava e irá colidir com a parede oposta de seu laboratório, a 40,0 m/s.

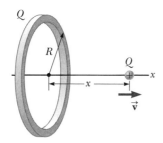

Figura P20.80

81. **M** Um capacitor de placas paralelas é construído com um material dielétrico cuja constante dielétrica é de 3,00 e cuja rigidez dielétrica é de $2,00 \times 10^8$ V/m. A capacitância desejada é de 0,250 μF, e o capacitor deve resistir a uma diferença de potencial máxima de 4,00 kV. Determine a área mínima das placas do capacitor.

82. **S** Um dipolo elétrico fica situado ao longo do eixo y, como mostra a Figura P20.82. O módulo de seu dipolo elétrico é definido como $p = 2aq$. (a) No ponto P, o qual é distante do dipolo ($r \gg a$), vemos que o potencial elétrico é

$$V = \frac{k_e p \cos\theta}{r^2}$$

(b) calcule o componente radial E_r e o componente perpendicular E_θ do campo elétrico associado. Perceba que $E_\theta = -(1/r)(\partial V/\partial \theta)$. Estes resultados parecem justos para (c) $\theta = 90°$ e $0°$? (d) E para $r = 0$? (e) Para a disposição do dipolo exibido na Figura P20.82, expresse V em termos de coordenadas cartesianas através de $r = (x^2 + y^2)^{1/2}$ e

$$\cos\theta = \frac{y}{(x^2 + y^2)^{1/2}}$$

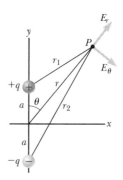

Figura P20.82

(f) Utilizando estes resultados e novamente considerando $r \gg a$, calcule as componentes de campo E_x e E_y.

83. Um capacitor de 10,0 μF, carregado com 15,0 V, é ligado em série com um capacitor de 5,00 μF descarregado. A associação em série é, então, conectada a uma bateria de 50,0 V. Determine as novas diferenças de potencial nos capacitores de 5,00 μF e 10,0 μF após a chave ser fechada.

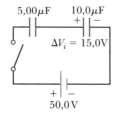

Figura P20.83

84. **S** Duas placas de metal, grandes e paralelas, cada uma com área A, estão orientadas horizontalmente e separadas por uma distância $3d$. Um fio condutor aterrado liga as placas e, inicialmente, cada uma delas não tem carga. Agora, uma terceira placa idêntica com carga Q é inserida entre as duas, paralela a elas e localizada a uma distância d da placa superior, como mostra a Figura P20.84. (a) Qual carga é induzida em cada uma das duas placas originais? (b) Qual é a diferença de potencial entre a placa intermediária e cada uma das outras duas?

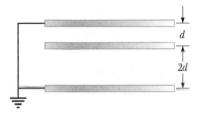

Figura P20.84

85. Um capacitor consiste em duas placas metálicas quadradas de lados ℓ e espaçamento d. As placas têm cargas $+Q$ e $-Q$ e a fonte de alimentação é removida. Um material de constante dielétrica K é inserido a uma distância x no capacitor, como mostra a Figura P20.85. Suponha que d seja muito menor que x. (a) Determine a capacitância equivalente do dispositivo. (b) Calcule a energia armazenada no capacitor. (c) Determine o sentido e o módulo da força exercida pelas placas sobre o dielétrico. (d) Obtenha um valor numérico para a força quando $x = \ell/2$, supondo que $\ell = 5{,}00$ cm, $d = 2{,}00$ mm, o dielétrico seja o vidro ($K = 4{,}50$) e o capacitor tenha sido carregado com $2{,}00 \times 10^3$ V antes de o dielétrico ser inserido. *Sugestão:* O sistema pode ser considerado como dois capacitores ligados em paralelo.

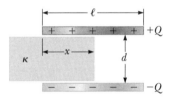

Figura P20.85

86. Q/C **S** Duas placas quadradas de lados ℓ estão posicionadas em paralelo uma em relação à outra, com um espaçamento d, como sugerido na Figura P20.86. Podemos supor que d é muito menor que ℓ. As placas têm cargas estáticas $+Q_0$ e $-Q_0$ uniformemente distribuídas. Um bloco de metal tem uma largura ℓ, comprimento ℓ e espessura ligeiramente inferior a d. Essa peça é inserida a uma distância x no espaço entre as placas. As cargas nas placas permanecem distribuídas de modo uniforme quando o bloco é inserido. Em uma situação estática, um metal impede a penetração de um campo elétrico. O metal pode ser considerado um dielétrico perfeito, com $\kappa \to \infty$. (a) Calcule a energia armazenada no sistema como uma função de x. (b) Determine o sentido e o módulo da força que atua sobre o bloco metálico. (c) A área da face frontal de avanço do bloco é essencialmente igual a ℓd. Considerando a força aplicada ao bloco atuante sobre esta face, determine a tensão (força por área) estabelecida. (d) Expresse a densidade de energia no campo elétrico entre as placas carregadas em função de Q_0, ℓ, d e ε_0. (e) Compare as respostas das partes (c) e (d).

Figura P20.86

87. **S** Determine a capacitância equivalente da associação mostrada na Figura P20.87. *Sugestão:* Considere a simetria envolvida.

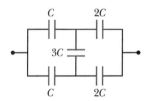

Figura P20.87

Capítulo 21

Corrente e circuitos de corrente contínua

Sumário

- **21.1** Corrente elétrica
- **21.2** Resistência e Lei de Ohm
- **21.3** Supercondutores
- **21.4** Um modelo de condução elétrica
- **21.5** Energia e potência nos circuitos elétricos
- **21.6** Fontes de FEM
- **21.7** Resistores em série e em paralelo
- **21.8** Leis de Kirchhoff
- **21.9** Circuitos RC
- **21.10** Conteúdo em contexto: a atmosfera como um condutor

   Contexto 6: Determinando o número de raios

   Contexto 7: Magnetismo na medicina

Um técnico repara uma conexão na placa de circuitos de um computador. Nos dias de hoje, utilizamos diversos itens contendo circuitos elétricos, vários deles com placas de circuitos muito menores do que a placa exibida na imagem, como MP3 players, celulares e câmeras digitais. Neste capítulo, estudaremos os tipos simplificados de circuitos e aprenderemos a analisá-los.

Até esse capítulo, nossa abordagem dos fenômenos elétricos foi focada nas cargas elétricas em repouso, ou seja, o estudo da *eletrostática*. Agora, iremos considerar situações que envolvam cargas elétricas em movimento. O termo *corrente elétrica*, ou apenas *corrente*, é utilizado para indicar o fluxo de carga através de uma região do espaço. A maior parte das aplicações práticas da eletricidade envolve correntes elétricas. Por exemplo, em uma lanterna com uma lâmpada incandescente, a carga passa pelo filamento da lâmpada após o botão de acionamento ser ligado. Na maioria das situações comuns, o fluxo da carga ocorre em um condutor, como um fio de cobre. Também podem ocorrer correntes fora de um condutor. Por exemplo, um feixe de elétrons em um acelerador de partículas constitui uma corrente.

No Capítulo 20, introduzimos a noção de *circuito*. Conforme continuamos abordando os circuitos neste capítulo, apresentaremos o *resistor* como um novo elemento de circuito.

89

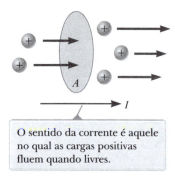

O sentido da corrente é aquele no qual as cargas positivas fluem quando livres.

Figura 21.1 Cargas em movimento através de uma área A. A passagem da carga pela área em determinado intervalo de tempo é definida como a corrente I.

21.1 | Corrente elétrica

Sempre que houver um fluxo líquido de carga, considera-se que há uma **corrente elétrica**. Para definir a corrente matematicamente, imagine partículas carregadas movendo-se perpendicularmente à superfície da área A na Figura 21.1. (Essa área pode ser a área de seção transversal de um fio, por exemplo.) A corrente é definida como **a razão de carga elétrica que flui através dessa superfície em determinado intervalo de tempo.** Se ΔQ é a quantidade de carga que passa através dessa superfície em um intervalo de tempo Δt, a corrente média $I_{\text{méd}}$ será igual à proporção de carga no intervalo de tempo:

$$I_{\text{méd}} = \frac{\Delta Q}{\Delta t} \qquad \text{21.1} \blacktriangleleft$$

É possível que a proporção do fluxo de carga varie com o tempo. Definimos a **corrente instantânea** I como o limite diferencial da expressão anterior conforme Δt se aproxima de zero:

▶ Corrente elétrica
$$I \equiv \lim_{\Delta t \to 0} \frac{\Delta Q}{\Delta t} = \frac{dQ}{dt} \qquad \text{21.2} \blacktriangleleft$$

A unidade do SI utilizada para medir a corrente é o **ampère** (A):

$$1\,\text{A} = 1\,\text{C/s} \qquad \text{21.3} \blacktriangleleft$$

Isto é, 1 A de corrente equivale a 1 C de carga passando por uma superfície em 1 segundo.

As partículas que passam por uma superfície como na Figura 21.1 podem ser carregadas positivamente ou negativamente, ou também é possível haver dois ou mais tipos de partículas se movendo com os dois tipos de sinais no fluxo. Por convenção, o sentido da corrente é definido pelo fluxo da carga positiva, independentemente do sinal das partículas presentes carregadas em movimento.[1] Em condutores comuns, como o cobre, a corrente resulta fisicamente do movimento dos elétrons carregados negativamente. Portanto, quando abordamos a corrente nesses tipos de condutores, o sentido da corrente é oposto ao fluxo de elétrons. Por outro lado, no caso de um feixe de prótons carregados positivamente em um acelerador de partículas, a corrente tem o sentido do movimento dos prótons. Em alguns casos, como os que envolvem gases e eletrólitos, a corrente é o resultado do fluxo de cargas positivas e negativas. É comum nos referirmos a uma carga em movimento (positiva ou negativa) como a mobilidade de **portadores de carga**. Os portadores de carga em um metal são os elétrons, por exemplo.

Prevenção de Armadilhas | 21.1

Redundância do "fluxo de corrente"
A expressão *fluxo de corrente* é utilizada com frequência apesar de ser tecnicamente incorreta, pois a corrente é um fluxo (de carga). Essa expressão é similar à expressão *transferência de calor*, também uma redundância, uma vez que o calor é uma transferência (de energia). Evitaremos essa expressão e utilizaremos *fluxo de carga*.

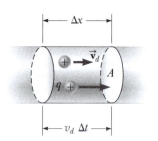

Figura 21.2 Um segmento de um condutor uniforme de área transversal (A).

Agora, criamos um modelo estrutural que nos permite relacionar a corrente macroscópica com o movimento das partículas carregadas. Considere partículas carregadas idênticas se movendo em um condutor de área transversal A (Fig. 21.2). O volume de um segmento do condutor de comprimento Δx (entre as duas seções transversais circulares exibidas na Fig. 21.2) é igual a $A\,\Delta x$. Se n representa o número de portadores de cargas móveis por volume unitário (ou seja, a densidade de portadores de carga), esse número no segmento será $nA\,\Delta x$. Portanto, a carga total ΔQ nesse segmento equivale a:

$$\Delta Q = \text{número de portadores na seção} \times \text{carga por portador} = (nA\,\Delta x)q$$

onde q representa a carga em cada portador. Se os portadores se movem a uma velocidade média v_d paralela ao eixo x *do segmento*, o módulo de seu deslocamento nesse sentido em um intervalo de tempo Δt será de $\Delta x = v_d\,\Delta t$. A velocidade v_d do portador de carga ao longo do segmento é uma velocidade média chamada **velocidade de deriva**. Suponha que Δt seja o intervalo de tempo necessário para que as cargas no segmento se movam em um deslocamento de módulo equivalente ao seu comprimento. Esse intervalo de tempo também é o necessário para que

---

[1] A corrente não é um vetor, apesar de discutirmos o seu sentido. Conforme veremos adiante neste capítulo, a adição das correntes é algébrica e não vetorial.

todas as cargas no segmento passem pela área circular em uma extremidade. Esta escolha nos permite expressar ΔQ como:

$$\Delta Q = (nAv_d \Delta t) q$$

Se dividirmos os dois lados dessa equação por Δt, veremos que a corrente média no condutor é:

$$I_{méd} = \frac{\Delta Q}{\Delta t} = nqv_d A \qquad \textbf{21.4} \blacktriangleleft \quad \blacktriangleright \text{ Corrente em termos de parâmetros microscópicos}$$

A Equação 21.4 relaciona uma corrente média medida macroscopicamente com a origem microscópica da corrente: a densidade dos portadores de carga n, a carga por portador q, e a velocidade escalar de deriva v_d.

TESTE RÁPIDO 21.1 Considere cargas positivas e negativas deslocando-se horizontalmente através das quatro regiões exibidas na Figura 21.3. Ordene as correntes da mais alta para a mais baixa nessas quatro regiões.

Figura 21.3 (Teste Rápido 21.1) Quatro grupos de cargas deslocam-se através de uma região.

> **Prevenção de Armadilhas | 21.2**
> **Baterias não fornecem elétrons**
> Uma bateria não fornece elétrons a um circuito. O dispositivo estabelece um campo elétrico que exerce uma força sobre os elétrons existentes nos fios e elementos do circuito.

Vamos abordar mais profundamente a noção de velocidade escalar de deriva. Na verdade, a velocidade escalar de deriva é uma velocidade média ao longo do segmento, porém os portadores de carga não se movem em uma linha reta com a velocidade v_d. Considere um condutor no qual os portadores de carga sejam elétrons livres. Na ausência de uma diferença de potencial no condutor, esses elétrons apresentam um movimento aleatório parecido com o das moléculas de gás no modelo estrutural da teoria cinética estudada no Capítulo 16. Esse movimento aleatório está relacionado à temperatura do condutor. Os elétrons colidem repetidamente com os átomos de metal e o resultado é um movimento complexo em zigue-zague. Ao se aplicar uma diferença de potencial ao longo do condutor, um campo elétrico se estabelece nele. Esse campo exerce uma força elétrica sobre os elétrons (Eq. 19.4). Essa força acelera os elétrons e produz uma corrente. O movimento dos elétrons causado pela força elétrica se sobrepõe ao movimento aleatório e resulta em uma velocidade média cujo módulo é a velocidade escalar de deriva exibida na Figura Ativa 21.4.

Durante seu movimento, os elétrons colidem com os átomos de metal e transferem sua energia. Essa energia transferida resulta no aumento da energia vibracional dos átomos e no correspondente aumento da temperatura do condutor.[2] Esse processo envolve os três tipos de armazenamento de energia na equação de conservação da energia, Equação 7.2. Se considerarmos o sistema como sendo os elétrons, os átomos do metal e o campo elétrico (que é estabelecido por uma fonte externa, como uma bateria), a energia no momento em que a diferença de potencial for aplicada ao longo do condutor será a energia elétrica potencial associada ao campo e aos elétrons. Essa energia é transformada em energia cinética dos elétrons pelo trabalho do campo sobre os elétrons dentro do sistema. Os elétrons transferem uma parte de sua energia cinética para os átomos de metal quando ambos colidem, aumentando a energia interna do sistema.

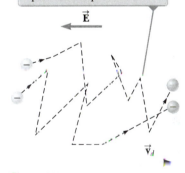

O movimento aleatório dos portadores de carga é alterado pelo campo, e sua velocidade escalar de deriva é no sentido oposto ao campo elétrico.

Figura Ativa 21.4 Diagrama esquemático do movimento em zigue-zague dos portadores de carga negativa em um condutor. Devido à aceleração dos portadores de carga causada pela força elétrica, as trajetórias reais são parabólicas. No entanto, a velocidade escalar de deriva é muito menor que a velocidade escalar média, de modo que a forma parabólica não é visível nessa escala.

---

[2] Esse aumento na temperatura é por vezes chamado *aquecimento ôhmico*, que é um termo errôneo, uma vez que não há aquecimento envolvido. Portanto, não utilizaremos essa expressão.

92 | Princípios de física

A **densidade de corrente** J no condutor é definida como a corrente por unidade de área. A partir da Equação 21.4, a densidade de corrente é:

$$J \equiv \frac{I}{A} = nqv_d$$

21.5 ◄

onde J é medida com a unidade do SI de amperes por metro quadrado.

> **PENSANDO EM FÍSICA 21.1**
>
> No Capítulo 19, afirmamos que o campo elétrico dentro de um condutor é igual a zero. Na discussão anterior, no entanto, utilizamos a noção de um campo elétrico em um fio condutor que exerce força elétrica sobre os elétrons, fazendo com que eles se movam com uma velocidade escalar de deriva. Essa noção não condiz com o Capítulo 19?
>
> **Raciocínio** O campo elétrico é igual a zero apenas quando o condutor está em *equilíbrio eletrostático*, ou seja, quando as cargas do condutor estão em repouso após terem se movido para posições de equilíbrio. Em um condutor carregado as cargas não estão em repouso, portanto o requisito de um campo zero não é imposto. O campo elétrico em um condutor de um circuito ocorre por causa de uma distribuição de carga sobre a superfície do condutor que pode ser bastante complicada.[3] ◄

Exemplo **21.1** | Velocidade escalar de deriva em um fio de cobre

Um fio de cobre de bitola 12 em um edifício residencial típico possui uma área de seção transversal de $3,31 \times 10^{-6}$ m². O fio conduz uma corrente contínua de 10,0 A. Qual é a velocidade escalar de deriva dos elétrons no fio? Suponha que cada átomo de cobre contribua com um elétron livre para a corrente. A densidade do cobre é de 8,92 g/cm³.

SOLUÇÃO

Conceitualização Considere elétrons movendo-se em zigue-zague com velocidade escalar de deriva paralela ao fio sobreposta ao movimento, como na Figura Ativa 21.4. Como mencionamos anteriormente, a velocidade escalar de deriva é pequena, e esse exemplo nos ajuda a quantificar a velocidade.

Categorização Determinamos a velocidade escalar de deriva utilizando a Equação 21.4. Como a corrente é constante, a corrente média em qualquer intervalo de tempo será a mesma que a corrente constante: $I_{méd} = I$.

....

Análise A tabela periódica dos elementos químicos, no Apêndice C, indica que a massa molar do cobre é de 63,5 g/mol. Lembre-se de que 1 mol de qualquer substância contém o número de átomos de Avogadro ($N_A = 6,02 \times 10^{23}$ mol⁻¹).

Utilize a massa molar e a densidade do cobre para descobrir o volume de 1 mol de cobre:

$$V = \frac{M}{\rho}$$

Considerando que cada átomo do cobre contribui com um elétron livre para a corrente, determine a densidade de elétrons no cobre:

$$n = \frac{N_A}{V} = \frac{N_A \rho}{M}$$

Resolva a Equação 21.4 para a velocidade escalar de deriva e aplique a densidade de elétrons:

$$v_d = \frac{I_{méd}}{nqA} = \frac{I}{nqA} = \frac{IM}{qAN_A\rho}$$

Substitua os valores numéricos:

$$v_d = \frac{(10,0\ \text{A})(0,063\ 5\ \text{kg/mol})}{(1,60 \times 10^{-19}\ \text{C})(3,31 \times 10^{-6}\ \text{m}^2)(6,02 \times 10^{23}\ \text{mol}^{-1})(8\ 920\ \text{kg/m}^3)}$$

$$= 2,23 \times 10^{-4}\ \text{m/s}$$

continua

---

[3] Consulte o Capítulo 18 em R. Chabay e B. Sherwood, *Matter & Interactions II: Electric and Magnetic Interactions* (Hoboken: Wiley, 2007) para obter mais informações sobre essa distribuição de carga.

> **21.1** cont.
>
> **Finalização** Esse resultado indica que as velocidades escalares de deriva típicas são muito baixas. Por exemplo, elétrons a uma velocidade de $2,23 \times 10^{-4}$ m/s demorariam cerca de 75 minutos para percorrer 1 metro! Você deve estar se perguntando por que a luz acende quase instantaneamente quando o interruptor é acionado. Pois bem, as variações no campo elétrico que movem os elétrons livres se deslocam no condutor a uma velocidade próxima à da luz. Desse modo, quando você aciona um interruptor de luz, os elétrons já presentes no filamento da lâmpada são deslocados pelas forças elétricas após um intervalo de tempo da ordem de nanossegundos.

21.2 | Resistência e Lei de Ohm

A velocidade escalar de deriva dos elétrons em um fio condutor está relacionada ao campo elétrico no fio. Quando esse campo é aumentado, a força elétrica nos elétrons é mais forte e a velocidade escalar de deriva aumenta. Mostraremos na Seção 21.4 que essa relação é linear e que a velocidade escalar de deriva é diretamente proporcional ao campo elétrico. Para um campo uniforme em um condutor de seção transversal uniforme, a diferença de potencial ao longo do condutor é proporcional ao campo elétrico, como na Equação 20.6. Portanto, quando uma diferença de potencial ΔV for aplicada nas extremidades de um condutor metálico, como na Figura 21.5, a corrente no condutor será proporcional à tensão aplicada, que é $I \propto \Delta V$. Essa proporcionalidade pode ser expressa por $\Delta V = IR$, onde R indica a **resistência** do condutor. Determinamos essa resistência com base na equação que acabamos de escrever, como a razão entre tensão ao longo do condutor e a corrente que ele transporta:

$$R \equiv \frac{\Delta V}{I}$$

21.6 ◀ ▶ Definição de resistência

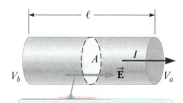

Uma diferença de potencial $\Delta V = V_b - V_a$ mantida ao longo do condutor estabelece um campo elétrico $\vec{E}$, e esse campo produz uma corrente I proporcional à diferença de potencial.

Figura 21.5 Um condutor uniforme de comprimento ℓ e área de seção transversal A.

A resistência é medida com a unidade do SI de volts por ampere, chamada **ohm** (Ω). Portanto, se uma diferença de potencial de 1 V em um condutor produzir uma corrente de 1 A, a resistência do condutor será de 1 Ω. Em outro exemplo, se um aparelho elétrico conectado a uma fonte de energia de potencial de 120 V conduzir uma corrente de 6,0 A, sua resistência será de 20 Ω.

A resistência é a quantidade que determina a corrente resultante da tensão em um circuito simples. Quando a resistência aumenta para uma tensão fixa, a corrente diminui. Se a resistência diminui, a corrente aumenta.

Pode ser útil construir uma representação mental da corrente, tensão e resistência através de uma comparação com conceitos análogos do fluxo de água em um rio. Conforme a água flui montanha abaixo em um rio com largura e profundidade constantes, a proporção de vazão da água (análoga à corrente) depende da distância vertical total em que a água cai entre dois pontos (análogo à tensão) e da largura e profundidade, assim como das rochas, das margens e outras obstruções (análogas à resistência). Do mesmo modo, a corrente elétrica em um condutor uniforme depende da tensão aplicada, e a resistência é causada pelas colisões dos elétrons com os átomos no condutor.

Em grande parte dos materiais, incluindo a maioria dos metais, experiências indicaram que a resistência é constante para uma ampla faixa de tensões aplicadas. Esse comportamento é conhecido como a **Lei de Ohm**, em homenagem à Georg Simon Ohm (1787-1854), o primeiro a conduzir um estudo sistemático sobre a resistência elétrica.

Muitos chamam a Equação 21.6 de Lei de Ohm, porém esta terminologia é incorreta. Essa equação é simplesmente a definição de resistência e fornece uma relação importante entre tensão, corrente e resistência. A Lei de Ohm *não* é uma lei fundamental da natureza, e sim um comportamento válido apenas

> **Prevenção de Armadilhas | 21.3**
>
> **Já vimos algo parecido com a Equação 21.6 antes**
> No Capítulo 4, introduzimos a segunda lei de Newton, $\Sigma F = ma$, para a força resultante de um corpo de massa m, que pode ser expressa da seguinte forma:
>
> $$m = \frac{\Sigma F}{a}$$
>
> No Capítulo 1, definimos massa como a resistência a uma variação de movimento em resposta a uma força externa. A massa como uma resistência a variações de movimento equivale à resistência elétrica ao fluxo de carga e a Equação 21.6 equivale a expressão da segunda lei de Newton mencionada acima. As duas equações determinam que a resistência (elétrica ou mecânica) é igual a (1) ΔV, a causa da corrente, ou (2) ΣF, a causa das variações no movimento, dividida pelo resultado, (1) um fluxo de carga, quantificado pela corrente I, ou (2) uma variação no movimento, quantificada pela aceleração a.

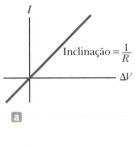

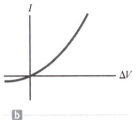

Figura 21.6 (a) A curva da corrente em função da diferença de potencial para um material ôhmico. A curva é linear e a inclinação é igual ao inverso da resistência do condutor. (b) Uma curva da corrente em função da diferença de potencial não linear para um diodo semicondutor. Esse dispositivo não obedece à lei de Ohm.

para determinados materiais e dispositivos, somente sob certas condições. Os materiais ou dispositivos que obedecem à lei de Ohm e, portanto, possuem uma resistência constante sob uma ampla faixa de tensões, são chamados de **ôhmicos** (Fig. 21.6a). Já os que não obedecem são chamados de **não ôhmicos**. Um dispositivo semicondutor bastante comum e não ôhmico é o *diodo de junção*, um elemento de circuito que age como uma válvula unidirecional para a corrente. Sua resistência é baixa para correntes em uma direção (positivas ΔV) e alta para correntes na direção reversa (negativas ΔV), como mostrado na Figura 21.6b. A maior parte dos dispositivos eletrônicos modernos possui relações não lineares entre a corrente e a tensão. Seu funcionamento depende do modo particular pelo qual violam a lei de Ohm.

> **TESTE RÁPIDO 21.2** Na Figura 21.6b, conforme a tensão aplicada aumenta, a resistência do diodo **(a)** aumenta, **(b)** diminui, ou **(c)** permanece a mesma?

Um **resistor** é um elemento de circuito simples que fornece uma resistência específica para um circuito elétrico. O símbolo utilizado para um resistor em esquemas de circuitos elétricos é uma linha em ziguezague (—⋀⋀⋀—). Podemos expressar a Equação 21.6 da seguinte forma:

$$\Delta V = IR \qquad 21.7 \blacktriangleleft$$

Essa equação indica que a tensão em um resistor é o produto da resistência e da corrente no resistor.

A resistência de um fio condutor ôhmico, como o exibido na Figura 21.5, é proporcional ao seu comprimento ℓ e inversamente proporcional à sua área de seção transversal A. Ou seja,

▶ Resistência de um material uniforme de resistividade ρ ao longo de um comprimento ℓ.

$$R = \rho \frac{\ell}{A} \qquad 21.8 \blacktriangleleft$$

onde a constante de proporcionalidade ρ é chamada **resistividade** do material[4] e tem a unidade ohm · metro ($\Omega \cdot m$). Para compreender a relação entre a resistência e a resistividade, observe que cada material ôhmico possui uma resistividade característica, um parâmetro que depende das propriedades do material e da temperatura. Por outro lado, como é possível observar na Equação 21.8, a resistência de um condutor em particular depende de seu tamanho e forma, bem como da resistividade do material. A Tabela 21.1 oferece uma lista de resistividades de diferentes materiais medidos a 20 °C.

Prevenção de Armadilhas | 21.4
Resistência e resistividade
Resistividade é a propriedade de uma *substância*, enquanto resistência é a de um *corpo*. Já abordamos pares de variáveis similares anteriormente. Por exemplo, densidade é propriedade de uma substância, enquanto massa é propriedade de um corpo. A Equação 21.8 relaciona a resistência com a resistividade, e já vimos anteriormente uma equação (Eq. 1.1) que relaciona a massa à densidade.

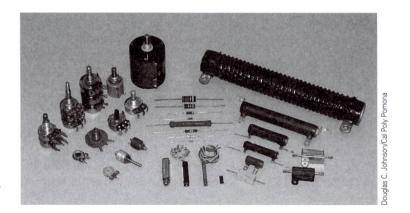

Diversos resistores utilizados nos circuitos elétricos.

---

[4] O símbolo ρ utilizado para a resistividade não deve ser confundido com o mesmo símbolo utilizado anteriormente no texto para a densidade de massa e para densidade de volume de carga.

TABELA 21.1 | Resistividades e coeficientes de temperatura da resistividade de diferentes materiais

Material	Resistividade[a] ($\Omega \cdot m$)	Coeficiente de Temperatura[b] α [(°C)$^{-1}$]
Prata	$1,59 \times 10^{-8}$	$3,8 \times 10^{-3}$
Cobre	$1,7 \times 10^{-8}$	$3,9 \times 10^{-3}$
Ouro	$2,44 \times 10^{-8}$	$3,4 \times 10^{-3}$
Alumínio	$2,82 \times 10^{-8}$	$3,9 \times 10^{-3}$
Tungstênio	$5,6 \times 10^{-8}$	$4,5 \times 10^{-3}$
Ferro	10×10^{-8}	$5,0 \times 10^{-3}$
Platina	11×10^{-8}	$3,92 \times 10^{-3}$
Chumbo	22×10^{-8}	$3,9 \times 10^{-3}$
Nicromo[c]	$1,00 \times 10^{-6}$	$0,4 \times 10^{-3}$
Carbono	$3,5 \times 10^{-5}$	$-0,5 \times 10^{-3}$
Germânio	$0,46$	-48×10^{-3}
Silício[d]	$2,3 \times 10^{3}$	-75×10^{-3}
Vidro	10^{10} a 10^{14}	
Borracha endurecida	$\sim 10^{13}$	
Enxofre	10^{15}	
Quartzo (fundido)	75×10^{16}	

[a] Todos os valores foram obtidos a 20 °C. Todos os elementos dessa tabela foram considerados livres de impurezas.
[b] O coeficiente de temperatura da resistividade será abordado mais adiante nesta seção.
[c] Liga de níquel e cromo utilizada normalmente em elementos de aquecimento. A resistividade do nicromo varia de acordo com a composição entre $1,00 \times 10^{-6}$ e $1,50 \times 10^{-6}\ \Omega \cdot m$.
[d] A resistividade do silício é muito sensível à pureza. O valor pode variar em várias ordens de magnitude quando o silício for dopado com outros átomos.

O inverso de resistividade é definido[5] como **condutividade** σ. Portanto, a resistência de um condutor ôhmico pode ser expressa de acordo com sua condutividade por:

$$R = \frac{\ell}{\sigma A}$$

21.9 ◄

onde $\sigma = 1/\rho$.

A Equação 21.9 mostra que a resistência de um condutor é proporcional ao seu comprimento e inversamente proporcional à sua área de seção transversal, similar ao fluxo de um líquido por um cano. Quando o comprimento do cano é aumentado e a diferença de pressão entre suas extremidades permanece constante, essa diferença entre qualquer um dos dois pontos separados por uma distância fixa é reduzida e há menos força empurrando o fluido entre esses pontos pelo cano. Portanto, há menos fluxo de fluido para uma determinada diferença de pressão entre as extremidades do cano, representando um aumento na resistência. Conforme sua área de seção transversal aumenta, o cano pode transportar mais fluido em um certo intervalo de tempo para uma determinada diferença de pressão entre suas extremidades, resultando em uma queda de resistência.

Para outra analogia entre os circuitos elétricos e nossos estudos anteriores, combinaremos as Equações 21.6 e 21.9:

$$R = \frac{\ell}{\sigma A} = \frac{\Delta V}{I} \rightarrow I = \sigma A \frac{\Delta V}{\ell} \rightarrow \frac{q}{\Delta t} = \sigma A \frac{\Delta V}{\ell}$$

onde q indica a quantidade de carga transferida em um intervalo de tempo Δt. Comparemos essa equação com a Equação 17.35 para determinar a condução de energia por uma placa de material de área A, comprimento ℓ e condutividade térmica k, reproduzida abaixo:

$$P = kA \frac{(T_Q - T_F)}{L} \rightarrow \frac{Q}{\Delta t} = kA \frac{\Delta T}{L}$$

---

[5] Não confundir o símbolo σ para a condutividade com o mesmo símbolo utilizado para a constante de Stefan-Boltzmann e para a densidade de carga superficial.

Nessa equação, Q indica a quantidade de energia transferida pelo calor em um intervalo de tempo Δt. Perceba a notável semelhança entre as duas últimas equações.

BIO Difusão em sistemas biológicos

Outra analogia se dá em um exemplo importante em aplicações bioquímicas. A *lei de Fick* descreve a taxa de transferência de um soluto químico através de um solvente pelo processo da *difusão*. Essa transferência ocorre devido a uma diferença na concentração do soluto (massa do soluto por volume) entre dois locais. A lei de Flick é a seguinte:

$$\frac{n}{\Delta t} = DA \frac{\Delta C}{L}$$

onde $n/\Delta t$ indica a taxa de vazão do soluto em mols por segundo, A indica a área pela qual o soluto passará, e L indica o comprimento sobre o qual a diferença de concentração será ΔC. A concentração é medida em mols por metro cúbico. O parâmetro D é uma constante de difusão (com unidades de metros quadrados por segundo) que descreve uma taxa da difusão de um soluto pelo solvente e sua natureza é similar à condutividade elétrica ou térmica. A lei de Flick possui aplicações importantes na descrição do transporte das moléculas através de membranas biológicas.

Figura 21.7 Uma vista detalhada de uma placa de circuitos mostrando a codificação por cores de um resistor.

As cores das faixas neste resistor são, respectivamente, da direita para a esquerda: amarelo, violeta, preto e dourado.

As três equações anteriores apresentam exatamente a mesma forma matemática. Cada uma conta com uma taxa de variação no tempo à esquerda, e com o produto de uma condutividade, uma área e uma razão de diferença de uma variável por comprimento à direita. Esse tipo de equação é uma *equação de transporte*, utilizada quando transportamos energia, carga ou mols de matéria. A diferença na variável do lado direito de cada equação é o que conduz o transporte. Uma diferença de temperatura conduz a transferência de energia pelo calor, uma diferença de potencial elétrica conduz uma transferência de carga, e uma diferença de concentração conduz uma transferência de matéria.

A maior parte dos circuitos utiliza resistores para controlar o nível de corrente em suas diversas partes. Dois tipos comuns de resistores são os *estruturados* contendo carbono, e os *de fio*, que consiste em uma bobina de fio. Normalmente, os resistores são codificados por cor para indicar seus valores em ohms, conforme indicado na Figura 21.7 e na Tabela 21.2. Por exemplo, as quatro cores dos resistores na parte inferior da Figura 21.7 são amarelo (= 4), violeta (= 7), preto (= 10^0) e dourado (= 5%), indicando um valor de resistência de $47 \times 10^0 \, \Omega = 47 \, \Omega$ com um valor de tolerância de 5% = 2 Ω.

BIO Atividade elétrica no coração

Consideremos o papel da resistência elétrica na manutenção dos batimentos adequados de um coração humano. O átrio direito do coração contém um conjunto especializado de fibras musculares, chamado nó sinoatrial (SA), que inicia o batimento cardíaco. Os impulsos elétricos originados nessas fibras se espalham gradualmente de célula a célula pelos músculos atriais direito e esquerdo, fazendo com que se contraiam. Quando esses impulsos chegam ao nó atrioventricular (AV), os músculos dos átrios começam a relaxar e os impulsos são direcionados aos músculos ventriculares por um conjunto de células musculares cardíacas chamado *feixe de His* e pelas *fibras de Purkinje*. Após a contração dos ventrículos, o batimento cardíaco se completa e o ciclo é iniciado novamente.

BIO Ablação por cateter para a fibrilação atrial

O coração pode sofrer uma série de *arritmias*, nas quais o ritmo normal do batimento cardíaco é interrompido. Essas arritmias normalmente são causadas por uma atividade elétrica anormal no coração. O tipo de arritmia cardíaca mais comum é a *fibrilação atrial* (FA). Nessa condição, as duas câmaras superiores do coração, os átrios, sofrem palpitações aleatórias a uma frequência que pode ser superior a 300 por minuto, ao invés das contrações coordenadas usuais. Na FA *paroxística*, o paciente passa por episódios de fibrilação atrial que podem durar alguns minutos ou alguns dias. Em certos casos, essa condição pode até se tornar crônica. Quando a crise dura mais que alguns dias, o sangue pode se acumular nos átrios, devido à ineficiência da palpitação em bombear o sangue para fora do coração. Esse sangue acumulado pode resultar na formação de coágulos, que podem se deslocar para o cérebro e causar um derrame. Pacientes com episódios longos de FA são tratados com anticoagulantes para prevenir a formação de coágulos, medicações de controle de frequência para diminuir a taxa de impulsos conduzidos aos ventrículos, e antiarrítmicos para estimular o retorno ao ritmo cardíaco normal. Desfibriladores são muitas vezes utilizados para aplicar um choque elétrico no peito do paciente com o intuito de restaurar o ritmo cardíaco normal.

Em grande parte dos pacientes, a fonte da atividade caótica é descoberta nas quatro veias pulmonares que chegam ao átrio esquerdo. O tecido atrial cresce nessas veias e pode disparar sinais elétricos, competindo como o nó

TABELA 21.2 | Código de cores para resistores

Cor	Número	Multiplicador	Tolerância
Preto	0	1	
Marrom	1	10^1	
Vermelho	2	10^2	
Laranja	3	10^3	
Amarelo	4	10^4	
Verde	5	10^5	
Azul	6	10^6	
Violeta	7	10^7	
Cinza	8	10^8	
Branco	9	10^9	
Ouro		10^{-1}	5%
Prata		10^{-2}	10%
Sem cor			20%

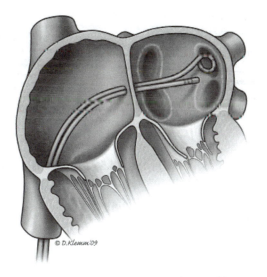

Figura 21.8 Durante o procedimento de uma ablação por cateter, os cateteres são guiados até o átrio esquerdo por uma veia a partir da virilha. Energia de radiofrequência é utilizada para cauterizar o tecido ao redor das veias pulmonares onde há atividade elétrica anormal.

SA. Como resultado, os músculos atriais recebem sinais elétricos de diversas fontes ao invés de recebê-los apenas do nó SA, causando contrações caóticas. Os pacientes com arritmias que não podem ser controladas com medicações, assim como os pacientes que não desejam tomar remédios, contam com mais uma opção. Um procedimento conhecido como *ablação por cateter* pode ser realizado por um *eletrofisiologista* com o objetivo de restaurar o ritmo sinusal normal. Nesse procedimento, o paciente é anestesiado e cateteres são inseridos por uma veia da virilha até o átrio direito do coração. O cateter então perfura o septo e entra no átrio esquerdo. A Figura 21.8 ilustra um cateter de ablação passando pelo coração através de uma veia. O eletrofisiologista mapeia o átrio e estimula o coração para determinar as áreas onde ocorrem atividades elétricas anormais. Por fim, o eletrofisiologista *cauteriza* o tecido causador das atividades anormais nas quatro veias pulmonares, normalmente utilizando energia de radiofrequência pela ponta de um dos cateteres. O tecido cicatrizado resultante se torna um caminho de alta resistência pelo qual os sinais elétricos da FA disparados pelas veias pulmonares não conseguem passar. Dessa forma, apenas o nó SA controla a atividade elétrica do coração. Como os disparadores nas veias pulmonares são isolados eletricamente do resto do coração, esse procedimento específico é chamado *isolamento das veias pulmonares*.

Exemplo 21.2 | Resistência do fio de nicromo

O raio de um fio de nicromo de bitola 22 é de 0,32 mm.

(A) Calcule a resistência por unidade de comprimento desse fio.

SOLUÇÃO

Conceitualização A Tabela 21.1 indica que o nicromo possui uma resistividade maior em duas ordens de magnitude que a dos melhores condutores na tabela. Portanto, espera-se que este material possua aplicações práticas especiais melhores que outros condutores.

Categorização Modelamos o fio de forma cilíndrica para que seja possível aplicar uma análise geométrica simples ao determinar a resistência.

Análise Utilize a Equação 21.8 e a resistividade do nicromo, encontrada na Tabela 21.1, para determinar a resistência por unidade de comprimento:

$$\frac{R}{\ell} = \frac{\rho}{A} = \frac{\rho}{\pi r^2} = \frac{1{,}0 \times 10^{-6}\,\Omega \cdot \text{m}}{\pi (0{,}32 \times 10^{-3}\,\text{m})^2} = 3{,}1\ \Omega/\text{m}$$

continua

98 | Princípios de física

21.2 *cont.*

(B) Se uma diferença de potencial de 10 V for mantida ao longo de 1,0 metro de comprimento do fio de nicromo, qual será a corrente no fio?

SOLUÇÃO

Análise Utilize a Equação 21.6 para determinar a corrente:

$$I = \frac{\Delta V}{R} = \frac{\Delta V}{(R/\ell)\ell} = \frac{10 \text{ V}}{(3,1 \text{ }\Omega/\text{m})(1,0 \text{ m})} = \boxed{3,2 \text{ A}}$$

Finalização Devido a sua alta resistividade e resistência à oxidação, o nicromo é bastante utilizado para elementos de aquecimento em torradeiras, ferros de passar e aquecedores elétricos.

E se? E se o fio fosse composto de cobre ao invés de nicromo? Qual seria a alteração nos valores de resistência por unidade de comprimento e de corrente?

Resposta A Tabela 21.1 indica que o cobre possui duas ordens de grandeza menor que a do nicromo. Portanto, espera-se que a resposta da parte (A) seja menor e, a da parte (B), maior. Os cálculos indicam que um fio de cobre com o mesmo raio teria uma resistência por unidade de comprimento de apenas 0,053 Ω/m. Um fio de cobre de 1,0 m de comprimento de mesmo raio conduziria uma corrente de 190 A com diferença de potencial aplicada de 10 V.

Alteração na resistividade de acordo com a temperatura

A resistividade depende de uma série de fatores, sendo um deles a temperatura. Para a maioria dos metais, a resistividade aumenta de modo aproximadamente linear com o aumento da temperatura em uma variação limitada de temperatura, de acordo com a expressão:

▶ Variação da resistividade de acordo com a temperatura

$$\rho = \rho_0[1 + \alpha (T - T_0)] \qquad \textbf{21.10} \blacktriangleleft$$

onde ρ indica a resistividade a uma temperatura T (em graus Celsius), ρ_0 indica a resistividade a uma temperatura de referência T_0 (normalmente 20 °C), e α é chamado **coeficiente de temperatura da resistividade** (não confundir com o coeficiente de expansão linear médio de α no Capítulo 16). A partir da Equação 21.10, notamos que α pode ser expresso da seguinte maneira

▶ Coeficiente de temperatura da resistividade

$$\alpha - \frac{1}{\rho_0} \frac{\Delta\rho}{\Delta T} \qquad \textbf{21.11} \blacktriangleleft$$

onde $\Delta\rho = \rho - \rho_0$ indica a variação na resistividade no intervalo de temperatura $\Delta T = T - T_0$.

As resistividades e os coeficientes de temperatura de alguns materiais estão listados na Tabela 21.1. Observe a grande variação nas resistividades, desde valores muito baixos para bons condutores, como cobre e prata, até valores muito altos para bons isolantes, como vidro e borracha. Um condutor ideal, ou "perfeito", teria resistividade zero, enquanto um isolante ideal teria resistividade infinita.

Uma vez que a resistência é proporcional à resistividade, de acordo com a Equação 21.8, a variação de temperatura da resistência pode ser expressa da seguinte forma:

▶ Variação da resistência de acordo com a temperatura

$$R = R_0[1 + \alpha (T - T_0)] \qquad \textbf{21.12} \blacktriangleleft$$

Medições precisas de temperatura são feitas com frequência utilizando essa propriedade.

TESTE RÁPIDO 21.3 Em que situação uma lâmpada incandescente conduz mais corrente? **(a)** imediatamente após ser acesa, enquanto o brilho do filamento se intensifica ou **(b)** após estar acesa por alguns milissegundos e o brilho ter se estabilizado?

21.3 | Supercondutores

Para vários metais a resistividade é praticamente proporcional à temperatura, conforme indicado na Figura 21.9. No entanto, a realidade é que sempre há uma região não linear em temperaturas muito baixas e a resistividade normalmente se aproxima de algum valor finito próximo ao zero absoluto (veja a imagem ampliada da Fig. 21.9). Essa resistividade residual próximo ao zero absoluto se deve principalmente à colisão dos elétrons com impurezas e às imperfeições no metal. Por outro lado, a resistividade em temperaturas altas (a região linear) é dominada por colisões de elétrons com os átomos vibrantes de metal. Esse processo será abordado mais detalhadamente na Seção 21.4.

Há uma classe de metais e compostos cuja resistência diminui para zero quando estão abaixo de uma determinada temperatura T_c, conhecida como **temperatura crítica**. Esses materiais são conhecidos como **supercondutores**. O gráfico de resistência e temperatura para um supercondutor é semelhante ao de um metal normal a temperaturas acima de T_c (Fig. 21.10). Quando a temperatura alcança um valor T_c, ou abaixo desse, a resistividade cai subitamente para zero. Esse fenômeno foi descoberto em 1911 pelo físico holandês Heike Kamerlingh-Onnes (1853-1926) enquanto trabalhava com mercúrio, que é um supercondutor a temperaturas inferiores a 4,15 K. Medições indicaram que as resistividades dos supercondutores abaixo de seus valores T_c são inferiores a $4 \times 10^{-25}\ \Omega \cdot m$, ou aproximadamente 10^{17} vezes menor que a resistividade do cobre. Na prática, essas resistividades são consideradas como zero.

Hoje em dia, milhares de supercondutores são conhecidos e, conforme ilustrado na Tabela 21.3, as temperaturas críticas dos supercondutores descobertos recentemente são significativamente mais altas do que se imaginava possível. Dois tipos de supercondutores são reconhecidos. Os últimos identificados são essencialmente cerâmicas com altas temperaturas críticas, enquanto os materiais supercondutores, como os observados por Kamerlingh-Onnes, são metais. Caso algum dia seja identificado um supercondutor à temperatura ambiente, seu impacto na tecnologia poderá ser enorme.

O valor de T_c é sensível à composição química, pressão e estrutura molecular. O cobre, a prata e o ouro, que são excelentes condutores em temperatura ambiente, não apresentam supercondutividade.

Uma característica realmente notável dos supercondutores é que, uma vez neles aplicada, a corrente permanece *sem qualquer diferença de potencial aplicada* (pois $R = 0$). Já foram observadas correntes constantes que permaneceram em circuitos supercondutores por vários anos sem decaimento aparente.

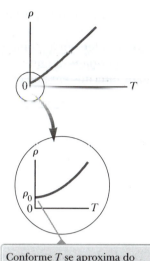

Figura 21.9 Resistividade em função da temperatura para um metal normal como o cobre. A curva permanece linear em uma ampla faixa de temperaturas, e ρ aumenta com a temperatura.

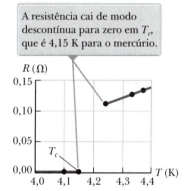

Figura 21.10 Resistência em função da temperatura para uma amostra de mercúrio (Hg). O gráfico é similar ao de um metal normal acima da temperatura crítica T_c.

TABELA 21.3 | Temperaturas críticas de alguns supercondutores

Material	T_c (K)
$HgBa_2Ca_2Cu_3O_8$	134
Tl—Ba—Ca—Cu—O	125
Bi—Sr—Ca—Cu—O	105
$YBa_2Cu_3O_7$	92
Nb_3Ge	23,2
Nb_3Sn	18,05
Nb	9,46
Pb	7,18
Hg	4,15
Sn	3,72
Al	1,19
Zn	0,88

Um pequeno ímã permanente levitando sobre um disco do supercondutor $YBa_2Cu_3O_7$, em nitrogênio líquido a 77 K.

100 | Princípios de física

Uma aplicação importante e bastante útil da supercondutividade está no desenvolvimento de ímãs supercondutores, nos quais as intensidades do campo magnético são cerca de dez vezes maiores que as produzidas pelos melhores eletroímãs comuns. Esses ímãs supercondutores estão sendo considerados como uma forma de armazenar energia e são utilizados, atualmente, em unidades de ressonância magnética, que produzem imagens dos órgãos internos em alta qualidade sem a necessidade de expor excessivamente os pacientes aos raios X ou outras radiações nocivas.

21.4 | Um modelo de condução elétrica

Nesta seção abordaremos um modelo clássico de condução elétrica em metais inicialmente proposto por Paul Drude (1863-1906) em 1900, que leva à lei de Ohm e mostra que a resistividade pode ser relacionada ao movimento dos elétrons em metais. Apesar de ter limitações, o modelo de Drude introduz conceitos que são aplicados em tratamentos mais elaborados.

Utilizando os componentes dos modelos estruturais introduzidos na Seção 11.2, é possível descrever o modelo de Drude da seguinte maneira.

1. *Uma descrição dos componentes físicos do sistema*: Considere um condutor como um conjunto regular de átomos mais um grupo de elétrons livres, que são, às vezes, chamados elétrons de *condução,* que, mesmo ligados a seus respectivos átomos, quando estes não são parte de um sólido, tornam-se livres quando os átomos se condensam em um sólido.
2. *Uma descrição de onde os componentes estão localizados em relação um ao outro e como eles interagem*: Os elétrons de condução preenchem o interior do condutor. Quando não há um campo elétrico, eles se movem em direções aleatórias pelo condutor. Essa situação é parecida com o movimento das moléculas de gás confinadas em um recipiente. De fato, alguns cientistas se referem aos elétrons de condução em um metal como um *gás de elétrons*. Os elétrons de condução não interagem com o conjunto de átomos ionizados, a não ser quando se colidem.
3. *Uma descrição da evolução temporal do sistema*: Quando um campo elétrico é aplicado no condutor, os elétrons de condução se deslocam lentamente no sentido oposto ao do campo (Fig. Ativa 21.4) com uma velocidade escalar de deriva média v_d que é muito mais baixa (normalmente 10^{-4} m/s) que sua velocidade média entre colisões (normalmente 10^6 m/s). O movimento de um elétron após uma colisão é independente de seu movimento antes da colisão. A energia cinética adquirida pelos elétrons no campo elétrico é transferida para os átomos ionizados do condutor quando ambos colidem. A energia transferida para os átomos aumenta sua energia de vibração, o que faz com que a temperatura do condutor aumente.
4. *Uma descrição do acordo entre as previsões do modelo e as observações reais e, possivelmente, as previsões dos novos efeitos que ainda não foram observados*: O teste para o modelo de Drude é: podemos gerar uma expressão para a resistividade do condutor que esteja de acordo com as observações experimentais?

Começamos a responder a pergunta acima (4) derivando uma expressão para a velocidade escalar de deriva. Quando um elétron livre de massa m_e e carga q $(=-e)$ é submetido a um campo elétrico $\vec{\mathbf{E}}$, sofre uma força $\vec{\mathbf{F}} = q\vec{\mathbf{E}}$. O elétron é uma partícula sob uma força resultante e sua aceleração pode ser determinada a partir da segunda lei de Newton, $\Sigma\vec{\mathbf{F}} = m\vec{\mathbf{a}}$:

$$\vec{\mathbf{a}} = \frac{\sum \vec{\mathbf{F}}}{m} = \frac{q\vec{\mathbf{E}}}{m_e}$$

21.13 ◄

Uma vez que o campo elétrico é uniforme, a aceleração do elétron permanece constante, possibilitando que ele seja modelado como uma partícula sob aceleração constante. Se $\vec{\mathbf{v}}_i$ for a velocidade inicial do elétron logo após a colisão (que ocorre em um instante definido como $t = 0$), a velocidade do elétron em um instante t após um intervalo de tempo muito curto (imediatamente antes de a próxima colisão ocorrer) pode ser determinada a partir da Equação 3.8.

$$\vec{\mathbf{v}}_f = \vec{\mathbf{v}}_i + \vec{\mathbf{a}}\,t = \vec{\mathbf{v}}_i + \frac{q\vec{\mathbf{E}}}{m_e}\,t$$

21.14 ◄

Consideremos o valor médio de $\vec{\mathbf{v}}_f$ para todos os elétrons no fio em todos os instantes de colisão t possíveis e todos os valores possíveis de $\vec{\mathbf{v}}_i$. Supondo que as velocidades iniciais estejam distribuídas aleatoriamente em todos os sentidos possíveis, o valor médio de $\vec{\mathbf{v}}_i$ será igual a zero. O valor médio do segundo termo da Equação 21.14 é $(q\vec{\mathbf{E}}/m_e)\tau$,

Capítulo 21 – Corrente e circuitos de corrente contínua | **101**

onde τ indica o *intervalo de tempo médio entre colisões sucessivas*. Como o valor médio de $\vec{\mathbf{v}}_f$ equivale à velocidade escalar de deriva,

$$\vec{\mathbf{v}}_{f,\text{méd}} = \vec{\mathbf{v}}_d = \frac{q\vec{\mathbf{E}}}{m_e}\tau \qquad \textbf{20.15} \blacktriangleleft$$

▶ Velocidade escalar de deriva em função de grandezas microscópicas

Substituindo o módulo dessa velocidade escalar de deriva na Equação 21.4, teremos

$$I = nev_d A = ne\left(\frac{eE}{m_e}\tau\right)A = \frac{ne^2 E}{m_e}\tau A \qquad \textbf{21.16} \blacktriangleleft$$

De acordo com a Equação 21.6, a corrente está relacionada às variáveis macroscópicas da diferença de potencial e da resistência:

$$I = \frac{\Delta V}{R}$$

Incorporando a Equação 21.8, podemos escrever essa expressão da seguinte maneira:

$$I = \frac{\Delta V}{\left(\rho\dfrac{\ell}{A}\right)} = \frac{\Delta V}{\rho\ell}A$$

O campo elétrico no condutor é uniforme, portanto, utilizamos a Equação 20.6, $\Delta V = E\ell$, para substituir o módulo da diferença potencial no condutor:

$$I = \frac{E\ell}{\rho\ell}A = \frac{E}{\rho}A \qquad \textbf{21.17} \blacktriangleleft$$

Igualando as duas expressões para a corrente, as Equações 21.16 e 21.17, descobrimos a resistividade:

$$I = \frac{ne^2 E}{m_e}\tau A = \frac{E}{\rho}A \rightarrow \rho = \frac{m_e}{ne^2\tau} \qquad \textbf{20.18} \blacktriangleleft$$

▶ Resistividade em função de parâmetros microscópicos

Com base nesse modelo estrutural, nossa previsão é de que a resistividade não depende do campo elétrico, ou de forma equivalente, da diferença de potencial, e sim de parâmetros fixos relacionados com o material e o elétron. Essa é uma característica de um condutor que obedece à lei de Ohm. Esse modelo mostra que a resistividade pode ser calculada quando se conhece a densidade, carga e massa dos elétrons, bem como o intervalo de tempo médio τ entre colisões. Esse intervalo de tempo é relacionado à distância média entre colisões $\ell_{\text{méd}}$ (o *livre caminho médio*) e à velocidade média $v_{\text{méd}}$ por meio da expressão:[6]

$$\tau = \frac{\ell_{\text{méd}}}{v_{\text{méd}}} \qquad \textbf{21.19} \blacktriangleleft$$

Exemplo **21.3** | Colisões de elétrons no cobre

(A) Utilizando os dados do Exemplo 21.1 e o modelo estrutural da condução dos elétrons, calcule o intervalo de tempo médio entre colisões para os elétrons de cobre a 20 °C.

SOLUÇÃO

Conceitualização Imagine os elétrons de condução se movendo no condutor e colidindo com o conjunto de átomos ionizados. Espera-se que ocorram muitas colisões por unidade de tempo devido à alta velocidade dos elétrons, portanto, o intervalo de tempo entre colisões deve ser curto.

continua

---

[6] Lembre-se de que a velocidade média de um grupo de partículas depende da temperatura do grupo (Capítulo 16) e não é o mesmo que a velocidade escalar de deriva v_d.

102 | Princípios de física

21.3 *cont.*

Categorização Utilizaremos os resultados do nosso modelo estrutural, por isso, esse problema é categorizado como de substituição.

Resolva a Equação 21.18 para determinar o intervalo de tempo médio entre colisões:

$$(1) \quad \tau = \frac{m_e}{ne^2\rho}$$

Na Equação (1), ρ indica a *resistividade* do condutor. A partir do Exemplo 21.1, escreva a expressão para a densidade de elétrons em um condutor.

$$(2) \quad n = \frac{N_A\rho}{M}$$

Na Equação (2), ρ indica a densidade e M a massa molecular do condutor. Substitua os valores numéricos na Equação (2):

$$n = \frac{(6,022 \times 10^{23}\,\text{mol}^{-1})(8\,920\,\text{kg/m}^3)}{0,063\,5\,\text{kg/mol}} = 8,46 \times 10^{28}\,\text{m}^{-3}$$

Substitua esse resultado e outros valores numéricos na Equação (1):

$$\tau = \frac{9,109 \times 10^{-31}\,\text{kg}}{(8,46 \times 10^{28}\,\text{m}^{-3})(1,602 \times 10^{-19}\,\text{C})^2(1,7 \times 10^{-8}\,\Omega \cdot \text{m})}$$

$$= 2,5 \times 10^{-14}\,\text{s}$$

Note que esse resultado é um intervalo de tempo muito curto e os elétrons sofrem um número muito grande de colisões por segundo.

(B) Considerando que a velocidade média dos elétrons livres no cobre seja de $1,6 \times 10^6$ m/s e utilizando o resultado da parte (A), calcule o livre caminho médio para os elétrons no cobre.

SOLUÇÃO

Resolva a Equação 21.19 para determinar o livre caminho médio e substitua os valores numéricos:

$$\ell_{\text{méd}} = v_{\text{méd}}\,\tau = (1,6 \times 10^6\,\text{m/s})(2,5 \times 10^{-14}\,\text{s}) = 4,0 \times 10^{-8}\,\text{m}$$

O resultado será equivalente a 40 nm (em comparação com espaçamentos atômicos de cerca de 0,2 nm). Portanto, apesar de o intervalo de tempo entre as colisões ser muito curto, os elétrons se deslocam cerca de 200 distâncias atômicas antes de colidir com um átomo.

Embora esse modelo estrutural de condução seja compatível com a lei de Ohm, os valores de resistividade ou seu comportamento com a temperatura não são previstos corretamente. Por exemplo, os resultados dos cálculos clássicos para $v_{\text{méd}}$ utilizando o modelo de gás ideal para os elétrons são de um fator aproximadamente dez vezes menor que os valores reais, o que resulta em previsões incorretas dos valores de resistividade da Equação 21.18. Além do mais, de acordo com as Equações 21.18 e 21.19, a resistividade prevista varia conforme a temperatura, assim como a $v_{\text{méd}}$, que de acordo com um modelo de gás ideal (Capítulo 16, Eq. 16.22) é proporcional a $\sqrt{T}$. Esse comportamento está em desacordo com a dependência linear da resistividade à temperatura para metais puros (Fig. 21.9). É preciso modificar nosso modelo estrutural devido a essas previsões incorretas. Chamaremos o modelo desenvolvido até o momento de modelo clássico para a condução elétrica. Para resolver as previsões incorretas do modelo *clássico*, vamos desenvolvê-lo ainda mais para um modelo de *mecânica quântica*, que será descrito em seguida.

Nos capítulos anteriores, abordamos dois modelos de simplificação importantes, o modelo de partículas e o modelo de ondas. Apesar de termos abordado cada um separadamente, a física quântica mostra que essa separação não é tão clara. Como abordaremos com mais detalhes no Capítulo 28, as partículas possuem propriedades de onda. As previsões de alguns modelos somente serão compatíveis com resultados experimentais se o modelo incluir o comportamento de onda das partículas. O modelo estrutural para a condução elétrica em metais é um desses casos.

Imaginemos que os elétrons movendo-se pelo metal possuem propriedades de onda. Se o conjunto de átomos em um condutor estiver espaçado de forma regular (ou seja, periódica), essa característica de onda permite que os elétrons se movam livremente pelo condutor, tornando improvável uma colisão com um átomo. Em um condutor ideal não há colisões, o livre caminho médio é infinito e a resistividade é igual a zero. Os elétrons se espalham apenas se a disposição atômica estiver irregular (não periódica) devido a defeitos estruturais ou impurezas, por exemplo. Em temperaturas baixas, a resistividade dos metais é dominada pela dispersão causada por colisões entre os elétrons e as impurezas. Já em temperaturas altas, a resistividade é dominada pela dispersão causada pelas colisões entre os elétrons e os átomos do condutor, que são deslocados continuamente pela agitação térmica, destruindo a periodicidade perfeita. O movimento térmico dos átomos torna a estrutura irregular (em comparação com um conjunto atômico em repouso), reduzindo o livre caminho médio dos elétrons.

Embora não seja o escopo deste texto mostrar essa modificação em detalhes, o modelo clássico modificado com a característica de onda dos elétrons prediz os valores de resistividade compatíveis com os valores medidos e a dependência linear da temperatura. Ao abordar o átomo de hidrogênio no Capítulo 11, tivemos que introduzir alguns conceitos quânticos para compreender observações experimentais, como o espectro atômico. Do mesmo modo, introduzimos conceitos quânticos no Capítulo 17 para compreender o comportamento da temperatura no calor específico molar dos gases. Agora, temos outro caso em que a física quântica é necessária para que o modelo seja compatível com o experimento. Apesar de a física clássica explicar uma grande variedade de fenômenos, continuamos vendo sinais de que a física quântica deve ser incorporada a nossos modelos. Estudaremos a física quântica em detalhes nos Capítulos 28 a 31.

21.5 | Energia e potência nos circuitos elétricos

Na Seção 21.1, abordamos as transformações energéticas que ocorrem quando há corrente em um condutor. Quando uma bateria é utilizada para estabelecer uma corrente elétrica em um condutor, há uma transformação contínua de energia química para energia cinética dos elétrons para energia interna no condutor, causando um aumento de temperatura do condutor.

Em circuitos elétricos típicos, a energia é transferida a partir de uma fonte, como uma bateria, para algum dispositivo, como uma lâmpada ou um receptor de rádio, por meio de transmissão elétrica (T_{ET} na Eq. 7.2). Iremos determinar uma expressão que permita calcular a proporção dessa transferência de energia. Primeiro, considere o circuito simples na Figura Ativa 21.11, onde a energia é transferida a um resistor. Uma vez que os fios de conexão também possuem resistência, parte da energia é transferida para os fios e parte para o resistor. A menos que seja observado o contrário, adotaremos um modelo de simplificação no qual a resistência dos fios é tão pequena em comparação com a resistência do elemento de circuito que a energia transmitida para os fios é desprezível.

Analisaremos a energética do circuito no qual uma bateria está conectada a um resistor de resistência R, conforme indicado na Figura Ativa 21.11. Imagine uma quantidade de carga positiva Q deslocando-se em torno do circuito de um ponto a através da bateria e do resistor e voltando ao mesmo ponto. Nesse ponto de referência a o potencial é definido como zero. Identificamos todo o circuito como nosso sistema. Conforme a carga passa do ponto a para o ponto b através da bateria com diferença de potencial ΔV, a energia potencial elétrica do sistema aumenta uma quantidade $Q \Delta V$, enquanto a energia potencial química na bateria diminui a mesma quantidade. (Lembre-se do Capítulo 20 de que $\Delta U = q \Delta V$). No entanto, conforme a carga passa do ponto c para o d através do resistor, a energia potencial elétrica do sistema diminui por causa das colisões dos elétrons contra os átomos no resistor. Nesse processo, a energia potencial elétrica é transformada em energia interna correspondente ao aumento do movimento vibratório dos átomos no resistor. Visto que a resistência dos fios de interconexão é desprezível, não ocorre qualquer transformação de energia para os percursos bc e da. Quando a carga retorna para o ponto a, o resultado líquido é que parte da energia química na bateria foi transferida para o resistor e ali permanece como energia interna associada à vibração molecular.

Normalmente, o resistor está em contato com o ar, portanto seu aumento de temperatura resulta na transferência de energia na forma de calor para o ar. Além disso, o resistor emite radiação térmica, representando mais um meio de escape de energia. Após um determinado intervalo de tempo, o resistor alcança uma temperatura constante. Nesse instante, a entrada de energia da bateria é compensada pela saída de energia do resistor, na forma de calor e radiação.

Figura Ativa 21.11 Um circuito que consiste em um resistor de resistência R e uma bateria com diferença de potencial ΔV entre seus terminais.

Prevenção de Armadilhas | 21.5

Conceitos errôneos sobre a corrente
Existem vários conceitos errôneos comuns associados à corrente em um circuito como o da Figura Ativa 21.11. Por exemplo, um afirma que a corrente sai de um terminal da bateria e, depois, é "consumida" ao passar através do resistor, deixando corrente em apenas uma parte do circuito. Na verdade a corrente é a *mesma em todas as partes* do circuito. Outro afirma que a corrente que sai do resistor é menor que a que entra, porque uma parte dela é "consumida". Também é errada a ideia de que a corrente sai dos dois terminais da bateria, em sentidos opostos e, depois, "colide" no resistor, assim fornecendo energia. Isto não ocorre; as cargas fluem no mesmo sentido de rotação em *todos* os pontos no circuito.

Prevenção de Armadilhas | 21.6
As cargas não percorrem todo o circuito
Por causa do módulo muito baixo da velocidade escalar de deriva, pode levar *horas* até que um elétron complete uma volta no circuito. No entanto, para entendermos a transferência de energia em um circuito, é útil *imaginar* uma carga deslocando-se ao longo de todo o circuito.

Prevenção de Armadilhas | 21.7
A energia não é "dissipada"
Em alguns livros, pode ser que a Equação 21.21 esteja descrita como a potência "dissipada" em um resistor, sugerindo que a energia desaparece. Em vez disso, dizemos que a energia é "transmitida" para um resistor. A noção de *dissipação* surge porque um resistor aquecido emana energia na forma de radiação e calor, de modo que a energia transmitida pela bateria sai do circuito. (E não desaparece!)

Alguns aparelhos elétricos incluem *dissipadores de calor*[7] conectados a partes do circuito para evitar que alcancem temperaturas perigosamente altas. Dissipadores de calor são peças metálicas com várias aletas. A alta condutividade térmica do metal possibilita uma transferência rápida da energia na forma de calor para longe do componente quente, enquanto o número elevado de aletas oferece uma área de superfície extensa em contato com o ar. Assim, a energia pode ser transferida por radiação para o ar na forma de calor a uma grande taxa.

Consideremos a proporção de perda de energia potencial elétrica do sistema conforme a carga Q passa pelo resistor:

$$\frac{dU}{dt} = \frac{d}{dt}(Q\,\Delta V) = \frac{dQ}{dt}\Delta V = I\,\Delta V$$

onde I indica a corrente no circuito. O sistema recupera essa energia potencial quando a carga passa pela bateria, em detrimento de sua energia química. A proporção de perda de energia potencial do sistema quando a carga passa pelo resistor equivale àquela em que o sistema ganha energia interna no resistor. Portanto, a **potência** P, representando a proporção na qual a energia é transmitida para o resistor, é igual a:

▶ Potência transmitida para um dispositivo
$$P = I\,\Delta V \qquad 21.20 \blacktriangleleft$$

Derivamos esse resultado considerando uma bateria que transmite energia para um resistor. No entanto, a Equação 21.20 pode ser utilizada para determinar a potência transmitida por uma fonte de tensão para *qualquer* dispositivo com corrente I e com uma diferença de potencial ΔV entre seus terminais.

Utilizando a Equação 21.20 e a expressão $\Delta V = IR$ para um resistor, podemos expressar a potência transmitida para o resistor nas seguintes formas alternativas:

$$P = I^2 R = \frac{(\Delta V)^2}{R} \qquad 21.21 \blacktriangleleft$$

A unidade do SI utilizada para medir a potência é o watt, introduzido no Capítulo 7. Se analisarmos as unidades nas Equações 21.20 e 21.21, veremos que o resultado do cálculo apresenta um watt como a unidade. A potência transmitida para um condutor de resistência R é muitas vezes chamada *perda* $I^2 R$.

Conforme foi abordado na Seção 7.6, a unidade de energia utilizada pela sua companhia elétrica para calcular a transmissão de energia, o quilowatt-hora, equivale à energia transmitida em 1 hora a uma taxa constante de 1 kW. Naquela seção, vimos que 1 kWh = $3{,}6 \times 10^6$ J.

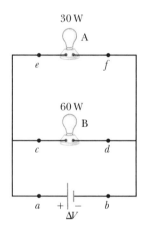

Figura 21.12 (Teste Rápido 21.4 e Pensando em Física 21.2) Duas lâmpadas conectadas à mesma diferença de potencial.

▎**TESTE RÁPIDO 21.4** No caso das duas lâmpadas mostradas na Figura 21.12, ordene os valores das correntes nos pontos a até f, do maior para o menor.

▶ PENSANDO EM FÍSICA 21.2

Duas lâmpadas, A e B, estão conectadas à mesma diferença de potencial que na Figura 21.12, em que são exibidas as potências elétricas de entrada das lâmpadas. Qual lâmpada possui a maior resistência? E qual conduz mais corrente?

Raciocínio Como a tensão em cada lâmpada é a mesma e a proporção de energia transmitida para um resistor é igual a $P = (\Delta V)^2/R$, a lâmpada com maior resistência terá a menor proporção de transmissão de energia. Neste caso, a resistência da lâmpada A é maior que a da B. Além disso, como $P = I\,\Delta V$, percebe-se que a corrente da lâmpada B é maior que a da A. ◀

---

[7] Essa terminologia caracteriza outra utilização incorreta da palavra "calor" enraizada em nosso idioma

Capítulo 21 – Corrente e circuitos de corrente contínua | **105**

⟩PENSANDO EM FÍSICA 21.3

Quando é mais provável que uma lâmpada falhe, imediatamente após ser acesa ou após permanecer acesa por um tempo?

Raciocínio Quando a chave é fechada, a tensão de alimentação é aplicada imediatamente na lâmpada. Como a tensão é aplicada no filamento frio quando a lâmpada é acesa, a resistência do filamento é baixa. Portanto, a corrente estará alta e uma quantidade relativamente grande de energia será fornecida para a lâmpada por unidade de intervalo de tempo. Isso fará com que a temperatura do filamento suba rapidamente, resultando em uma tensão térmica no filamento que aumenta o risco de falhas nesse momento. Conforme o filamento é aquecido quando não há falhas, sua resistência aumenta e a corrente cai. Como resultado, a taxa de alimentação de energia para a lâmpada também cairá. A tensão térmica no filamento será reduzida de forma que será menos provável ocorrer alguma falha após a lâmpada permanecer acesa por um tempo. ◀

Exemplo **21.4** | **Relação entre eletricidade e termodinâmica**

Um aquecedor de imersão deve elevar a temperatura de 1,50 kg de água de 10,0 °C para 50,0 °C em 10,0 minutos operando a 110 V.

(A) Qual é a resistência necessária do aquecedor?

SOLUÇÃO

Conceitualização Um aquecedor de imersão é um resistor inserido em um recipiente com água. Conforme a energia é transmitida para o aquecedor, aumentando sua temperatura, a energia deixa a superfície do resistor na forma de calor e vai para a água. Quando o aquecedor alcança uma temperatura constante, a proporção de energia transferida para a resistência por transmissão elétrica (T_{ET}) equivale à proporção de energia transmitida na forma de calor (Q) para a água.

Categorização Esse exemplo nos permite vincular a nova interpretação da potência em eletricidade à nossa experiência com calor específico na termodinâmica (Capítulo 17). A água é um sistema não isolado. Sua energia interna aumenta devido à energia transferida para a água na forma de calor pelo resistor: $\Delta E_{int} = Q$. Em nosso modelo, consideramos que a energia que entra na água através do aquecedor permanece na água.

....

Análise Para simplificar a análise, iremos ignorar o período inicial no qual a temperatura do resistor aumenta e também qualquer variação da resistência com a temperatura. Portanto, consideramos uma proporção de transferência de energia constante para os 10,0 minutos.

Considere a proporção de energia transmitida para o resistor igual à taxa de energia Q transferida para a água na forma de calor:

$$P = \frac{(\Delta V)^2}{R} = \frac{Q}{\Delta t}$$

Utilize a Equação 17.3, $Q = mc\,\Delta T$, para relacionar a entrada de energia na forma de calor com a variação de temperatura resultante na água e determine a resistência:

$$\frac{(\Delta V)^2}{R} = \frac{mc\,\Delta T}{\Delta t} \quad , \quad R = \frac{(\Delta V)^2 \Delta t}{mc\,\Delta T}$$

Substitua os valores dados no enunciado do problema:

$$R = \frac{(110\ V)^2 (600\ s)}{(1,50\ kg)(4186\ J/kg \cdot {}^\circ C)(50,0\ {}^\circ C - 10,0\ {}^\circ C)} = 28,9\ \Omega$$

(B) Calcule o custo do aquecimento da água.

SOLUÇÃO

Multiplique a potência pelo intervalo de tempo para descobrir a quantidade de energia transferida:

$$T_{ET} = P\,\Delta t = \frac{(\Delta V)^2}{R}\Delta t = \frac{(110\ V)^2}{28,9\ \Omega}(10,0\ min)\left(\frac{1\ h}{60,0\ min}\right)$$

$$= 69,8\ Wh = 0,069\ 8\ kWh$$

continua

21.4 cont.

Determine o custo sabendo que a energia é adquirida a um preço estimado de 11 centavos por quilowatt-hora.

Custo = (0,069 8 kWh)($0,11/kWh) = $0,008 = 0,8 centavos

Finalização O custo para aquecer a água é muito baixo, menos que um centavo. Mas na prática, acaba sendo maior, pois parte da energia é transferida da água para o ambiente na forma de calor e radiação eletromagnética enquanto sua temperatura aumenta. Se você tiver aparelhos elétricos em casa com indicações de potência, utilize essa informação e um intervalo de tempo de uso aproximado para calcular o custo da utilização do aparelho.

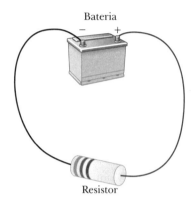

Figura 21.13 Circuito formado por um resistor conectado aos terminais de uma bateria.

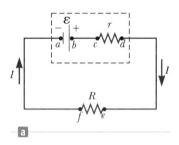

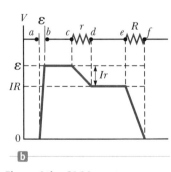

Figura Ativa 21.14 (a) Diagrama de circuito elétrico de uma fonte de FEM ε (neste caso, uma bateria) de resistência interna r, conectada a um resistor externo de resistência R. (b) Representação gráfica mostrando como o potencial elétrico muda conforme o circuito em (a) é percorrido no sentido horário.

21.6 | Fontes de FEM

O que mantém a tensão constante na Figura 21.13 é uma **fonte de FEM**.[8] Essas fontes são quaisquer dispositivos (como baterias e geradores) que aumentam a energia potencial de um sistema de circuitos mantendo uma diferença de potencial entre pontos no circuito enquanto a carga o percorre. É possível imaginar uma fonte de FEM como uma "bomba de carga". A FEM ε de uma fonte indica o trabalho feito por unidade de carga, logo, a unidade do SI utilizada para medi-lo é o volt.

Neste ponto, é normal se perguntar por que precisamos definir uma segunda grandeza, a FEM, com volt como unidade, quando já definimos a diferença de potencial. Para entender isso, considere o circuito ilustrado na Figura 21.13, que consiste em uma bateria conectada a um resistor. Assumiremos que não há resistência nos fios de conexão. Podemos ser tentados a afirmar que a diferença de potencial ao longo dos terminais da bateria (a tensão nos terminais) é igual à FEM da bateria. No entanto, uma bateria real sempre terá alguma **resistência interna** r. Consequentemente, a tensão nos terminais não é igual à FEM, como veremos em seguida.

O circuito ilustrado na Figura 21.13 pode ser descrito pelo diagrama de circuito na Figura Ativa 21.14a. A bateria é representada pelo retângulo pontilhado e foi modelada como uma fonte de FEM ε ideal, sem resistência, associada em série com a resistência interna r. Agora, imagine a movimentação do ponto a para o ponto d na Figura Ativa 21.14a. Ao passar do terminal negativo para o positivo dentro da fonte de FEM, o potencial aumenta em ε. No entanto, conforme percorre a resistência r, o potencial diminui por uma quantidade Ir, onde I é a corrente no circuito. Portanto, a tensão dos terminais $\Delta V = V_d - V_a$ da bateria pode ser medida da seguinte forma:[9]

$$\Delta V = \varepsilon - Ir \qquad 21.22 \blacktriangleleft$$

Observe nessa expressão que ε equivale à **tensão de circuito aberto**, ou seja, a tensão dos terminais quando a corrente for zero. A Figura Ativa 21.14b é uma representação gráfica das alterações no potencial elétrico conforme o circuito é atravessado no sentido horário. Ao analisar a Figura Ativa 21.14a, percebemos que a tensão dos terminais ΔV também deve ser equivalente à diferença de potencial pela resistência externa R, geralmente chamada **resistência de carga**, logo, $\Delta V = IR$. Combinando essa expressão com a Equação 21.22, vemos que:

$$\varepsilon = IR + Ir \qquad 21.23 \blacktriangleleft$$

---

[8] O termo *FEM* é originalmente uma abreviação de *força eletromotriz*, mas por não ser uma força, a utilização do termo completo é desencorajada. Antigamente, quando a compreensão das baterias não era tão sofisticada quanto é hoje, utilizava-se a expressão "força eletromotriz".

[9] A tensão nos terminais nesse caso é menor que a FEM pela quantidade Ir. Em alguns casos, a tensão nos terminais pode *exceder* a FEM pela quantidade Ir. Isso ocorre quando o sentido da corrente é *oposto* ao sentido da FEM, por exemplo, se a bateria for carregada por outra fonte de FEM.

Capítulo 21 – Corrente e circuitos de corrente contínua | 107

Para determinar a corrente, temos:

$$I = \frac{\varepsilon}{R + r}$$

21.24 ◀

que indica que a corrente nesse circuito simples depende tanto da resistência R externa à bateria quanto da resistência interna r. Se R for muito maior que r, podemos adotar um modelo de simplificação no qual desconsideramos o r. Esse modelo deve ser adotado em diversos circuitos.

Se multiplicarmos a Equação 21.23 pela corrente I, temos:

$$I\varepsilon = I^2R + I^2r$$

Essa equação mostra que a potência total de saída $I\varepsilon$ da fonte de FEM é igual à quantidade I^2R, na qual a energia é transmitida para a resistência de carga externa, mais a quantidade I^2r, na qual a energia é transmitida para a resistência interna. Se $r \ll R$, uma maior quantidade de energia da bateria é transmitida para a resistência de carga em vez de permanecer na bateria, apesar de a quantidade de energia ser relativamente pequena por causa da grande resistência de carga, o que resulta em uma corrente pequena. Se $r \gg R$, uma parte significativa da energia da fonte de FEM é transmitida para a resistência interna e permanece na bateria. Por exemplo, se um fio for conectado de forma simples entre os terminais da bateria de uma lanterna, a bateria ficará quente. Esse aquecimento representa a transferência de energia da fonte de FEM para a resistência interna, aparecendo como energia interna associada à temperatura. O problema 73 aborda condições nas quais a maior quantidade de energia é transferida da bateria para o resistor de carga.

> **Prevenção de Armadilhas | 21.8**
>
> O que é constante em uma bateria?
> É um erro comum pensar que uma bateria seja uma fonte de corrente constante. A Equação 21.24 mostra que isso não é verdade. A corrente no circuito depende da resistência R conectada à bateria. Também não é certo que uma bateria seja uma fonte de tensão constante, como mostrado na Equação 21.22. **Uma bateria é uma fonte de FEM constante.**

Exemplo **21.5** | Tensão de terminal de uma bateria

Uma bateria possui uma FEM de 12,0 V e uma resistência interna de 0,0500 Ω. Seus terminais estão conectados a uma resistência de carga de 3,00 Ω.

(A) Determine a corrente no circuito e a tensão de terminal da bateria.

SOLUÇÃO

Conceitualização Analise a Figura Ativa 21.14a, que ilustra um circuito compatível com o enunciado do problema. A bateria fornece a energia para o resistor de carga.

Categorização Esse exemplo envolve cálculos simples encontrados nesta seção, portanto o categorizamos como um problema de substituição.

Utilize a Equação 21.24 para determinar a corrente no circuito:

$$I = \frac{\varepsilon}{R + r} = \frac{12,0 \text{ V}}{3,00 \text{ }\Omega + 0,050\ 0 \text{ }\Omega} = \boxed{3,93 \text{ A}}$$

Utilize a Equação 21.22 para determinar a tensão de terminal:

$$\Delta V = \varepsilon - Ir = 12,0 \text{ V} - (3,93 \text{ A})(0,050\ 0 \text{ }\Omega) = \boxed{11,8 \text{ V}}$$

Para verificar esse resultado, calcule a tensão na resistência de carga R:

$$\Delta V = IR = (3,93 \text{ A})(3,00 \text{ }\Omega) = 11,8 \text{ V}$$

(B) Calcule a potência transmitida: para o resistor de carga, para a resistência interna da bateria e pela bateria.

SOLUÇÃO

Utilize a Equação 21.21 para determinar a potência transmitida para o resistor de carga:

$$P_R = I^2R = (3,93 \text{ A})^2(3,00 \text{ }\Omega) = \boxed{46,3 \text{ W}}$$

Determine a potência transmitida para a resistência interna:

$$P_r = I^2r = (3,93 \text{ A})^2(0,050\ 0 \text{ }\Omega) = \boxed{0,772 \text{ W}}$$

continua

21.5 cont.

Determine a potência transmitida pela bateria adicionando essas quantidades:
$$P = P_R + P_r = 46,3 \text{ W} + 0,772 \text{ W} = \boxed{47,1 \text{ W}}$$

E se? Com o passar do tempo, a resistência interna da bateria aumenta. Suponha que a resistência interna dessa bateria aumente para 2,00 Ω até o fim de sua vida útil. Como isso afeta a capacidade da bateria de fornecer energia?

Resposta Iremos conectar o mesmo resistor de carga de 3,00 Ω na bateria.

Determine a nova corrente na bateria:
$$I = \frac{\varepsilon}{R+r} = \frac{12,0 \text{ V}}{3,00 \text{ }\Omega + 2,00 \text{ }\Omega} = 2,40 \text{ A}$$

Determine a nova tensão de terminal:
$$\Delta V = \varepsilon - Ir = 12,0 \text{ V} - (2,40 \text{ A})(2,00 \text{ }\Omega) = 7,2 \text{ V}$$

Determine as novas potências transmitidas para o resistor de carga e para a resistência interna:
$$P_R = I^2 R = (2,40 \text{ A})^2 (3,00 \text{ }\Omega) = 17,3 \text{ W}$$
$$P_r = I^2 r = (2,40 \text{ A})^2 (2,00 \text{ }\Omega) = 11,5 \text{ W}$$

A tensão terminal equivale a apenas 60% da FEM. Note que 40% da potência da bateria são transferidos para a resistência interna quando r é igual a 2,00 Ω. Quando r é 0,050 0 Ω, como na parte (B), essa porcentagem é de apenas 1,6%. Consequentemente, embora a FEM permaneça fixa, a resistência interna crescente da bateria reduz significativamente a capacidade de a bateria transmitir energia.

21.7 | Resistores em série e em paralelo

Quando dois ou mais resistores são conectados juntos como as lâmpadas na Figura Ativa 21.15a, dizemos que estão **associados em série**. A Figura Ativa 21.15b é o diagrama de circuito das lâmpadas, exibidas como resistores, e da bateria. Na associação em série, se uma quantidade de carga Q sai do resistor R_1, uma carga Q também deve entrar no segundo resistor R_2. Caso contrário, a carga ficaria acumulada no fio entre os resistores. Portanto, a mesma quantidade de carga passa pelos resistores em um determinado intervalo de tempo e a corrente é a mesma em ambos:

$$I = I_1 = I_2$$

onde I indica a corrente que sai da bateria, I_1 a corrente no resistor R_1 e I_2 a corrente no resistor R_2.

A diferença de potencial aplicada na associação em série dos resistores divide-se entre eles. Na Figura Ativa 21.15b, por causa da queda de tensão[10] do ponto a ao b é igual a $I_1 R_1$ e a queda de tensão do ponto b ao c é igual a $I_2 R_2$, a queda de tensão do ponto a ao c é:

$$\Delta V = \Delta V_1 + \Delta V_2 = I_1 R_1 + I_2 R_2$$

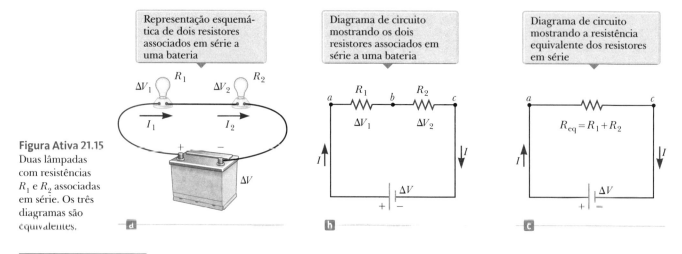

Figura Ativa 21.15 Duas lâmpadas com resistências R_1 e R_2 associadas em série. Os três diagramas são equivalentes.

---

[10] O termo *queda de tensão* significa uma queda de potencial elétrico no resistor e é frequentemente utilizado por profissionais que trabalham com circuitos elétricos.

A diferença de potencial na bateria também é aplicada à **resistência equivalente** R_{eq} na Figura Ativa 21.15c:

$$\Delta V = IR_{eq}$$

onde a resistência equivalente tem o mesmo efeito no circuito que a associação em série, pois resulta na mesma corrente I na bateria. Ao combinar essas equações para ΔV, temos:

$$\Delta V = IR_{eq} = I_1 R_1 + I_2 R_2 \quad \rightarrow \quad R_{eq} = R_1 + R_2 \qquad \text{21.25}$$

onde cancelamos as correntes I, I_1 e I_2 por serem as mesmas. Perceba que podemos substituir os dois resistores em série por uma única resistência equivalente cujo valor é a soma das resistências individuais.

A resistência equivalente de três ou mais resistores em série é:

$$R_{eq} = R_1 + R_2 + R_3 + \cdots \qquad \text{20.26}$$

▶ A resistência equivalente de uma associação em série de resistores

Essa relação indica que a resistência equivalente de uma associação em série de resistores é a soma numérica das resistências individuais, sempre maior que qualquer resistência individual.

Voltando para a Equação 21.24, percebemos que o denominador do lado direito é a soma algébrica simples das resistências internas e externas. Isso é consistente com as resistências internas e externas em série na Figura Ativa 21.14a.

Se o filamento de uma lâmpada na Figura Ativa 21.15a romper, o circuito não estará mais completo (resultando em um circuito aberto) e a segunda lâmpada também falhará. Esse fato é uma característica geral de um circuito em série: quando um dispositivo na série cria um circuito aberto, todos os dispositivos ficam inoperantes.

> **Prevenção de Armadilhas | 21.9**
>
> **Lâmpadas não queimam**
> Descrevemos o fim da vida útil de uma lâmpada dizendo que o *filamento rompeu* em vez de dizer que a lâmpada "queimou". A palavra *queimar* sugere um processo de combustão, o que não ocorre nesse caso. Uma lâmpada falha por causa da lenta sublimação do tungstênio presente no filamento que esquenta muito durante sua vida útil. O filamento gradualmente afina nesse processo e o estresse mecânico, causado pelo aumento repentino da temperatura quando a lâmpada é acesa, faz com que se rompa.

TESTE RÁPIDO 21.5 Quando a chave no circuito da Figura 21.16a está fechada, não há corrente em R_2, pois a corrente tem um caminho alternativo de resistência zero pela chave. Há corrente em R_1, medida com um amperímetro (um aparelho para medição de corrente), na parte inferior do circuito. Se a chave for aberta (Figura 21.16b), haverá corrente em R_2. O que acontece com a leitura do amperímetro quando a chave é aberta? (**a**) A leitura aumenta. (**b**) A leitura diminui. (**c**) A leitura não muda.

Agora, considere dois resistores em uma **associação paralela**, como a ilustrada na Figura Ativa 21.17. Observe que os dois resistores estão conectados diretamente nos terminais da bateria. Portanto, as diferenças de potencial nos resistores são as mesmas:

$$\Delta V = \Delta V_1 = \Delta V_2$$

onde ΔV representa a tensão dos terminais da bateria.

Quando as cargas atingem o ponto a na Figura Ativa 21.17b, dividem-se em duas partes, com algumas indo em direção a R_1 e o restante a R_2. Nó é qualquer ponto em um circuito em que a corrente pode se dividir. Essa divisão resulta em menos corrente em cada resistor individual daquela que sai da bateria. Como a carga elétrica é conservada, a corrente I que entra no ponto a deve ser igual a corrente total que sai daquele ponto:

$$I = I_1 + I_2 = \frac{\Delta V_1}{R_1} + \frac{\Delta V_2}{R_2}$$

onde I_1 indica a corrente em R_1 e I_2, em R_2.

A corrente na **resistência equivalente** R_{eq} na Figura Ativa 21.17c é:

$$I = \frac{\Delta V}{R_{eq}}$$

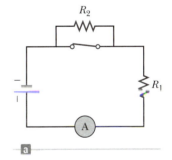

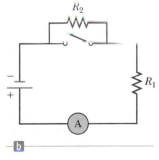

Figura 21.16 (Teste Rápido 21.5) O que acontece quando a chave é aberta?

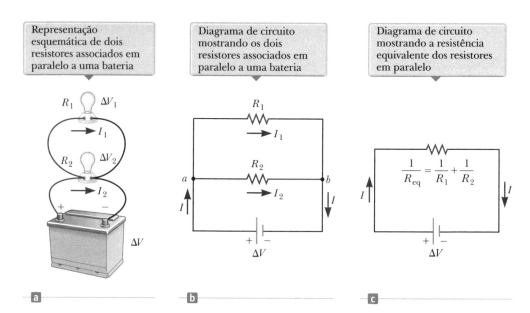

Figura Ativa 21.17
Duas lâmpadas com resistores R_1 e R_2 associados em paralelo. Os três diagramas são equivalentes.

Prevenção de Armadilhas | 21.10

Mudanças locais e globais
Uma alteração local em uma parte do circuito pode causar uma alteração global em todo o circuito. Por exemplo, se um único resistor for alterado em um circuito com diversos resistores e baterias, as correntes em todos os resistores e baterias, as tensões de terminal de todas as baterias e as tensões em todos os resistores poderão ser alteradas.

▶ Resistência equivalente de uma associação em paralelo de resistores

Prevenção de Armadilhas | 21.11

A corrente não vai pelo caminho de menor resistência
Você já deve ter ouvido a frase "a corrente vai pelo caminho de menor resistência" (ou algo parecido), em referência a uma associação em paralelo de caminhos de corrente em que haja dois ou mais caminhos. Essa frase é incorreta. A corrente vai por *todos* os caminhos. Os caminhos com menor resistência têm correntes maiores, porém mesmo os caminhos de resistência mais alta carregam *parte* da corrente. Na teoria, se a corrente tivesse uma escolha entre um caminho de resistência zero e um caminho de resistência finita, iria pelo de resistência zero. No entanto, um caminho com resistência zero é apenas uma idealização.

onde a resistência equivalente tem o mesmo efeito no circuito que os dois resistores em paralelo, ou seja, a resistência equivalente retira a mesma corrente I da bateria. Ao combinar essas equações para determinar I, percebemos que a resistência equivalente dos dois resistores em paralelo é dada pela equação:

$$I = \frac{\Delta V}{R_{eq}} = \frac{\Delta V_1}{R_1} + \frac{\Delta V_2}{R_2} \quad \rightarrow \quad \frac{1}{R_{eq}} = \frac{1}{R_1} + \frac{1}{R_2} \qquad \textbf{21.27} \blacktriangleleft$$

onde cancelamos ΔV, ΔV_1 e ΔV_2 por serem os mesmos.

Uma extensão dessa análise para três ou mais resistores em paralelo resulta na expressão:

$$\frac{1}{R_{eq}} = \frac{1}{R_1} + \frac{1}{R_2} + \frac{1}{R_3} + \cdots \qquad \textbf{21.28} \blacktriangleleft$$

Essa expressão mostra que o inverso da resistência equivalente de dois ou mais resistores em uma associação paralela equivale à soma dos inversos das resistências individuais. Além do mais, a resistência equivalente sempre será inferior à menor resistência no grupo.

Um circuito com mais de um resistor pode ser reduzido a um circuito simples com apenas um resistor. Para fazer isso, examine o circuito inicial e substitua todos os resistores em série ou em paralelo por resistências equivalentes utilizando as Equações 21.26 e 21.28. Desenhe um esboço do novo circuito após fazer essas alterações. Examine o circuito novo e substitua qualquer associação em série ou em paralelo que possa ter surgido. Continue esse processo até descobrir uma única resistência equivalente para todo o circuito. (Esse resultado pode não ser possível; nesse caso, consulte as técnicas da Seção 21.8.)

Caso precise descobrir a corrente ou a diferença de potencial de um resistor no circuito inicial, comece pelo circuito final e gradualmente realize o processo inverso pelos circuitos equivalentes. Encontre as correntes e tensões nos resistores utilizando a expressão $\Delta V = IR$ e o seu conhecimento das associações em série e em paralelo.

Circuitos residenciais estão sempre conectados de tal forma que os dispositivos estejam ligados em paralelo, como na Figura Ativa 21.17a. Cada dispositivo opera independente dos outros, de modo que se um é desligado, os outros permanecem ligados. Por exemplo, se uma das lâmpadas da Figura Ativa 21.17a fosse removida do soquete, as outras continuariam acesas. Além disso, todos os aparelhos operam com a mesma tensão. Se os aparelhos estivessem conectados em série, a tensão aplicada para a associação seria dividida entre todos. Logo, a tensão aplicada a um dos aparelhos depende da quantidade destes na associação.

Em muitos circuitos residenciais, são utilizados disjuntores em série juntamente com outros elementos de circuito para fins de segurança. Um disjuntor é projetado para desligar e abrir o circuito a uma corrente máxima (normalmente 15 A ou 20 A), que dependerá da natureza do circuito. Se os disjuntores não fossem utilizados, correntes muito grandes, causadas pelo acionamento de muitos aparelhos, gerariam temperaturas muito altas nos fios, podendo até causar incêndios. Em construções mais antigas, eram utilizados fusíveis no lugar de disjuntores. Quando a corrente em um circuito excede um determinado valor, o condutor do fusível se funde e abre o circuito. A desvantagem dos fusíveis é que na abertura do circuito eles acabam sendo destruídos, enquanto os disjuntores não.

TESTE RÁPIDO 21.6 Quando a chave no circuito da Figura 21.18a está aberta, não há corrente em R_2. No entanto, há corrente em R_1, medida pelo amperímetro no lado direito do circuito. Se a chave for fechada (Fig. 21.18b), haverá corrente em R_2. O que acontece com a leitura do amperímetro nesse caso? (a) A leitura aumenta. (b) A leitura diminui. (c) A leitura não muda.

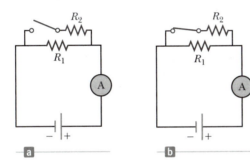

Figura 21.18 (Teste Rápido 21.6) O que acontece quando a chave é fechada?

TESTE RÁPIDO 21.7 Considere as seguintes opções: (a) aumenta; (b) diminui; (c) permanece o mesmo, e escolha qual é a melhor resposta para as situações a seguir. (i) Na Figura Ativa 21.15, um terceiro resistor é acrescentado em série aos dois primeiros. O que acontece com a corrente na bateria? (ii) O que acontece com a tensão do terminal da bateria? (iii) Na Figura Ativa 21.17, um terceiro resistor é acrescentado em paralelo aos dois primeiros. O que acontece com a corrente na bateria? (iv) O que acontece com a tensão do terminal da bateria?

PENSANDO EM FÍSICA 21.4

Compare o brilho das quatro lâmpadas idênticas na Figura 21.19. O que acontece caso a lâmpada A falhe e não possa conduzir a corrente? E se a lâmpada C falhar? E se a lâmpada D falhar?

Raciocínio As lâmpadas A e B estão ligadas em série na bateria, enquanto a lâmpada C está ligada separadamente. Portanto, a tensão do terminal da bateria é dividida entre as lâmpadas A e B. Consequentemente, a lâmpada C brilha mais do que as lâmpadas A e B, que devem ter o mesmo brilho. A lâmpada D está conectada por um fio. Portanto, não há diferença de potencial e essa lâmpada não brilha. Se a lâmpada A falhar, a lâmpada B apagará e a lâmpada C permanecerá brilhando. Se a lâmpada C falhar, as outras lâmpadas não serão afetadas. Já se a lâmpada D falhar, não teremos como perceber, pois não estava brilhando inicialmente. ◀

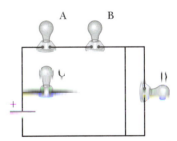

Figura 21.19 (Pensando em Física 21.4) O que acontece com as lâmpadas caso uma falhe?

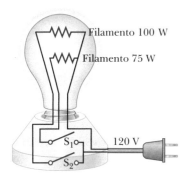

Figura 21.20 (Pensando em Física 21.5) Uma lâmpada de três posições.

> **PENSANDO EM FÍSICA 21.5**
>
> A Figura 21.20 ilustra como uma lâmpada de três posições é projetada para oferecer três níveis de intensidade de luz. O soquete da lâmpada é equipado com uma chave de três posições para a seleção das diferentes intensidades. Essa lâmpada contém dois filamentos. Por que os filamentos estão conectados em paralelo? Explique como os dois filamentos são utilizados para obter três intensidades de luz diferentes.
>
> **Raciocínio** Se os filamentos estivessem ligados em série e um deles rompesse, não haveria corrente na lâmpada e esta não acenderia, independente da posição da chave. No entanto, quando os filamentos estão ligados em paralelo e um rompe (por exemplo, o filamento de 75 W), a lâmpada continua a brilhar nas outras posições da chave, já que ainda há corrente no outro filamento (de 100 W). É possível obter as três intensidades de luz ao selecionar um dos três valores de resistência do filamento, utilizando um valor único de 120 V para a tensão aplicada. O filamento de 75 W oferece um valor de resistência, o de 100 W um segundo valor, e o terceiro valor é obtido ao associar os dois filamentos em paralelo. Quando a chave S_1 está fechada e a S_2 aberta, apenas o filamento de 75 W está conduzindo corrente. Quando a chave S_1 está aberta e a S_2 fechada, apenas o filamento de 100 W está conduzindo a corrente. Quando as duas chaves estão fechadas, os dois filamentos conduzem a corrente e a potência total obtida é 175 W. ◀

Exemplo 21.6 | Encontre a resistência equivalente

Quatro resistores estão conectados como na Figura 21.21a.

(A) Encontre a resistência equivalente entre os pontos a e c.

SOLUÇÃO

Conceitualização Imagine cargas fluindo nesta associação a partir da esquerda. Todas as cargas devem passar pelos dois primeiros resistores, porém elas se dividem em dois caminhos diferentes quando encontram a associação dos resistores de 6,0 Ω e 3,0 Ω.

Categorização Devido à simplicidade da associação de resistores na Figura 21.21, podemos utilizar neste exemplo as regras para as associações de resistores em paralelo e em série.

Análise A associação dos resistores pode ser reduzida em etapas, como ilustrado na Figura 21.21.

Encontre a resistência equivalente entre os pontos a e b dos resistores de 8,0 Ω e 4,0 Ω, conectados em série (círculos à esquerda da Figura 21.21a e b):

$$R_{eq} = 8,0 \text{ Ω} + 4,0 \text{ Ω} = 12,0 \text{ Ω}$$

Encontre a resistência equivalente entre os pontos b e c dos resistores de 6,0 Ω e 3,0 Ω, conectados em paralelo (círculos à direita da Figura 21.21a e b):

$$\frac{1}{R_{eq}} = \frac{1}{6,0 \text{ Ω}} + \frac{1}{3,0 \text{ Ω}} = \frac{3}{6,0 \text{ Ω}}$$

$$R_{eq} = \frac{6,0 \text{ Ω}}{3} = 2,0 \text{ Ω}$$

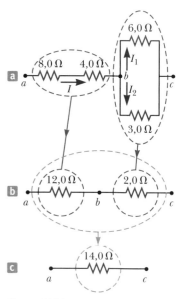

Figura 21.21 (Exemplo 21.6) A rede original de resistores é reduzida a uma única resistência equivalente.

continua

21.6 *cont.*

O circuito das resistências equivalentes agora se parece com o da Figura 21.21b. Os resistores de 12,0 Ω e 2,0 V estão conectados em série (círculos à direita da Figura 21.21a e b). Encontre a resistência equivalente do ponto a no c.

$$R_{eq} = 12,0\ \Omega + 2,0\ \Omega = \boxed{14,0\ \Omega}$$

Essa resistência é a do resistor equivalente único na Figura 21.21c.

(B) Qual é a corrente em cada resistor se uma diferença potencial de 42 V for mantida entre os pontos *a* e *c*?

SOLUÇÃO

As correntes nos resistores de 8,0 Ω e 4,0 Ω são as mesmas porque estão em série. Além disso, conduzem a mesma corrente que a do resistor equivalente de 14,0 Ω sujeito à diferença potencial de 42 V.

Utilize a Equação 21.6 ($R = \Delta V/I$) e o resultado da parte (A) para encontrar a corrente nos resistores de 8,0 Ω e 4,0 Ω:

$$I = \frac{\Delta V_{ac}}{R_{eq}} = \frac{42\ \text{V}}{14,0\ \Omega} = \boxed{3,0\ \text{A}}$$

Iguale as tensões nos resistores em paralelo da Figura 21.21a para descobrir uma relação entre as correntes:

$$\Delta V_1 = \Delta V_2 \rightarrow (6,0\ \Omega)I_1 = (3,0\ \Omega)I_2 \rightarrow I_2 = 2I_1$$

Utilize a expressão $I_1 + I_2 = 3,0$ A para descobrir o valor de I_1:

$$I_1 + I_2 = 3,0\ \text{A} \rightarrow I_1 + 2I_1 = 3,0\ \text{A} \rightarrow I_1 = \boxed{1,0\ \text{A}}$$

Encontre I_2:

$$I_2 = 2I_1 = 2(1,0\ \text{A}) = \boxed{2,0\ \text{A}}$$

Finalização Para fazer a verificação final dos resultados, observe que $\Delta V_{bc} = (6,0\ \Omega)I_1 = (3,0\ \Omega)I_2 = 6,0$ V e $\Delta V_{ab} = (12,0\ \Omega)I = 36$ V, portanto, $\Delta V_{ac} = \Delta V_{ab} + \Delta V_{bc} = 42$ V.

Exemplo **21.7** | **Três resistores em paralelo**

Três resistores estão conectados em paralelo, como na Figura 21.22a. Uma diferença de potencial de 18,0 V é mantida entre os pontos *a* e *b*.

(A) Calcule a resistência equivalente do circuito.

SOLUÇÃO

Conceitualização A Figura 21.22a mostra que estamos lidando com uma associação em paralelo simples de três resistores. Observe que a corrente I é dividida em três correntes I_1, I_2 e I_3 nos três resistores.

Categorização Como os três resistores estão conectados em paralelo, é possível utilizar a Equação 21.28 para determinar a resistência equivalente.

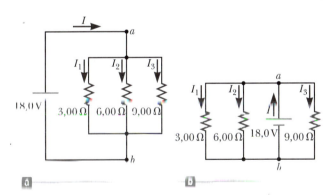

Figura 21.22 (Exemplo 21.7) (a) Três resistores conectados em paralelo. A tensão em cada resistor é de 18,0 V. (b) Outro circuito com três resistores e uma bateria. Ele é equivalente ao circuito em (a)?

Análise Utilize a Equação 21.28 para determinar R_{eq}:

$$\frac{1}{R_{eq}} = \frac{1}{3,00\ \Omega} + \frac{1}{6,00\ \Omega} + \frac{1}{9,00\ \Omega} = \frac{11,0}{18,0\ \Omega}$$

$$R_{eq} = \frac{18,0\ \Omega}{11,0} = \boxed{1,64\ \Omega}$$

(B) Encontre a corrente em cada resistor.

continua

114 | Princípios de física

21.7 *cont.*

SOLUÇÃO

A diferença de potencial em cada resistor é de 18,0 V. Aplique a relação $\Delta V = IR$ para encontrar as correntes:

$$I_1 = \frac{\Delta V}{R_1} = \frac{18,0 \text{ V}}{3,00 \ \Omega} = \boxed{6,00 \text{ A}}$$

$$I_2 = \frac{\Delta V}{R_2} = \frac{18,0 \text{ V}}{6,00 \ \Omega} = \boxed{3,00 \text{ A}}$$

$$I_3 = \frac{\Delta V}{R_3} = \frac{18,0 \text{ V}}{9,00 \ \Omega} = \boxed{2,00 \text{ A}}$$

(C) Calcule a potência fornecida para cada resistor e a potência total fornecida para a associação de resistores.

SOLUÇÃO

Aplique a relação $P = I^2R$ para cada resistor utilizando as correntes calculadas na parte (B):

$$3,00 \ \Omega: P_1 = I_1^2 R_1 = (6,00 \text{ A})^2 (3,00 \ \Omega) = \boxed{108 \text{ W}}$$

$$6,00 \ \Omega: P_2 = I_2^2 R_2 = (3,00 \text{ A})^2 (6,00 \ \Omega) = \boxed{54 \text{ W}}$$

$$9,00 \ \Omega: P_3 = I_3^2 R_3 = (2,00 \text{ A})^2 (9,00 \ \Omega) = \boxed{36 \text{ W}}$$

Finalização A parte (C) mostra que o menor resistor recebe mais energia. Somando as três quantidades, teremos uma potência total de 198 W. Poderíamos ter calculado este resultado final através da parte (A) considerando a resistência equivalente, conforme segue: $P = (\Delta V)^2/R_{eq} = (18,0 \text{ V})^2/1,64 \ \Omega = 198 \text{ W}$.

E se? E se o circuito fosse como o da Figura 21.22b e não como da Figura 21.22a? Como isso afetaria o cálculo?

Resposta Não teria nenhum efeito no cálculo. A posição física da bateria não é importante, somente a disposição elétrica. Na Figura 21.22b, a bateria ainda mantém uma diferença de potencial de 18,0 V entre os pontos a e b, de modo que os dois circuitos na figura são eletricamente idênticos.

21.8 | Leis de Kirchhoff

Como vimos na seção anterior, as associações de resistores podem ser simplificadas e analisadas utilizando a expressão $\Delta V = IR$ e as leis para associação de resistores em série e em paralelo. No entanto, frequentemente não se pode reduzir um circuito a uma única malha utilizando essas leis. O procedimento para analisar circuitos mais complexos é possível utilizando os dois princípios a seguir, chamados de **Leis de Kirchhoff**.

1. **Lei dos nós**. Em qualquer nó, a soma das correntes deverá ser igual a zero:

$$\sum_{\text{nó}} I = 0 \qquad \qquad \textbf{21.29} \blacktriangleleft$$

2. **Lei das malhas**. A soma de todas as diferenças de potencial dos elementos em torno de qualquer circuito fechado (malha) deverá ser zero:

$$\sum_{\text{malha}} \Delta V = 0 \qquad \qquad \textbf{21.30} \blacktriangleleft$$

A primeira Lei de Kirchhoff é uma afirmação de **conservação da carga elétrica**. Todas as cargas que entram em um determinado ponto de um circuito devem deixar aquele ponto, pois a carga não pode se acumular em um ponto. As correntes que chegam ao nó são colocadas na lei dos nós como $+I$, enquanto as correntes que saem do nó entram como $-I$. A aplicação desta lei dos nós na Figura 21.23a resulta na fórmula:

$$I_1 - I_2 - I_3 = 0$$

A Figura 21.23b representa um análogo mecânico dessa situação, na qual a água flui por um cano ramificado sem vazamentos. Como a água não acumula em nenhum ponto do cano, a taxa de fluxo do lado esquerdo é igual à taxa de fluxo total fora dos dois ramos do lado direito.

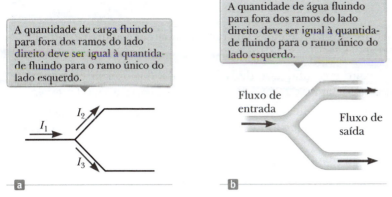

Figura 21.23 (a) Lei dos nós de Kirchhoff. (b) Um análogo mecânico da lei dos nós.

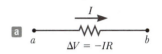

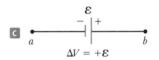
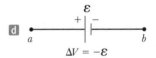

Figura 21.24 Regras para determinar as diferenças de potencial pelo resistor e uma bateria. (Assume-se que a bateria não possua resistência interna.)

A segunda Lei de Kirchhoff vem da lei de **conservação de energia**. Vamos imaginar o movimento de uma carga em torno de uma malha (circuito fechado). Quando a carga retornar ao ponto inicial, o sistema carga-circuito deve ter a mesma energia total que tinha antes de a carga ser movimentada. A soma dos aumentos em energia, conforme a carga passa por alguns elementos do circuito, deve ser igual à soma dos decréscimos em energia, conforme passa por outros elementos. A energia potencial decai sempre que uma carga se move por uma queda de potencial $-IR$ em um resistor, ou sempre que se move no sentido inverso através de uma fonte de FEM. A energia potencial aumenta sempre que uma carga passa por uma bateria do terminal negativo para o positivo.

Ao aplicar a segunda Lei de Kirchhoff, imagine *percorrer* a malha e considere mudanças no *potencial elétrico*, ao invés das mudanças na *energia potencial* descritas no parágrafo anterior. Imagine viajar pelos elementos do circuito na Figura 21.24 para a direita. As seguintes convenções de sinais se aplicam ao utilizar a segunda regra:

- As cargas se movem de uma extremidade de potencial alto de um resistor para a extremidade de potencial baixo, de modo que se um resistor for atravessado na direção da corrente, a diferença de potencial ΔV no resistor é de $-IR$ (Fig. 21.24a).
- Se um resistor for atravessado na direção *oposta* à corrente, a diferença de potencial ΔV no resistor é de $+IR$ (Fig. 21.24b).
- Se uma fonte de FEM (assumindo que tenha resistência interna zero) for atravessada no sentido da FEM (do negativo para o positivo), a diferença de potencial ΔV é de $+\varepsilon$ (Fig. 21.24c).
- Se uma fonte de FEM (assumindo que tenha resistência interna zero) for atravessada no sentido oposto ao da FEM (do positivo para o negativo), a diferença de potencial ΔV é de $-\varepsilon$ (Fig. 21.24d).

Existem limites para os números de vezes que se podem aplicar as Leis de Kirchhoff com sucesso ao analisar um circuito. Você pode utilizar a lei dos nós quando precisar, desde que inclua nela uma corrente que não foi utilizada em uma equação anterior da lei dos nós. Em geral, o número de vezes que se pode utilizar a lei dos nós é uma a menos que o número de nós no circuito. Você pode aplicar a lei das malhas o quanto quiser, contanto que um novo elemento de circuito (resistor ou bateria) ou uma nova corrente apareça em cada nova equação. Em outras palavras, para resolver um problema específico de circuito, o número de equações independentes que você precisa obter das duas leis é igual ao de correntes desconhecidas.

Gustav Kirchhoff
Físico alemão (1824–1887)
Kirchhoff, professor em Heidelberg, e Robert Bunsen inventaram o espectroscópio e fundaram a ciência da espectroscopia. Eles descobriram os elementos césio e rubídio e inventaram a espectroscopia astronômica.

> **ESTRATÉGIA PARA RESOLUÇÃO DE PROBLEMAS: Leis de Kirchhoff**
>
> O seguinte procedimento é recomendado para resolver problemas que envolvam circuitos que não possam ser reduzidos pelas regras para associar resistores em séries ou em paralelo.
>
> 1. **Conceitualização** Estude o diagrama de circuito e certifique-se de reconhecer todos os seus elementos. Identifique a polaridade de cada bateria e tente imaginar as direções nas quais há corrente nas baterias.
> 2. **Categorização** Determine se o circuito pode ser reduzido associando resistores em série e em paralelo. Se for o caso, utilize as técnicas da Seção 21.7. Se não, aplique as Leis de Kirchhoff de acordo como o passo *Análise* abaixo.
> 3. **Análise** Atribua designações para todas as quantidades e símbolos conhecidos para todas as quantidades desconhecidas. Você deve atribuir *sentidos* para as correntes em cada parte do circuito. Embora essa atribuição seja arbitrária, você deve seguir *rigorosamente* os sentidos ao aplicar as Leis de Kirchhoff.
>
>   Aplique a lei dos nós (primeira Lei de Kirchhoff) para todos os nós do circuito, exceto um. Aplique a lei das malhas (segunda Lei de Kirchhoff) para tantas malhas do circuito quanto forem necessárias, em combinação com as equações da lei dos nós, para a mesma quantidade de equações quanto sejam as correntes desconhecidas.
>
>   Para aplicar essa regra, você deve escolher um sentido para percorrer a malha (seja horário ou anti-horário) e identificar corretamente a alteração no potencial conforme cruza cada elemento. Tenha cuidado com os sinais!
>
>   Resolva as equações simultaneamente para as quantidades desconhecidas.
> 4. **Finalização** Verifique a consistência das suas respostas numéricas. Não se preocupe se algumas das correntes resultantes tiverem um valor negativo. Isso significa apenas que você errou o sentido da corrente, mas *seu módulo está correto*.

Exemplo 21.8 | Circuito multimalhas

Encontre as correntes I_1, I_2 e I_3 no circuito mostrado na Figura 21.25.

SOLUÇÃO

Conceitualização Imagine reorganizar fisicamente o circuito, mantendo-o eletricamente igual. É possível reorganizá-lo de modo que ele consista em associações simples de resistores em série ou em paralelo? Você verá que não.

Categorização Não podemos simplificar o circuito pelas regras relacionadas à associação de resistências em séries e em paralelo. (Se a bateria de 10,0 V for removida e substituída por um fio de *b* para o resistor de 6,0 Ω, podemos reduzir o circuito restante.) Como o circuito não é uma associação simples de resistores em série e em paralelo, devemos aplicar as lei de Kirchhoff nesse problema.

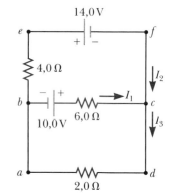

Figura 21.25 (Exemplo 21.8) Um circuito com diferentes ramos.

Análise Escolhemos arbitrariamente os sentidos das correntes, como definido na Figura 21.25.

Aplique a lei dos nós de Kirchhoff para o nó *c*:   (1) $I_1 + I_2 - I_3 = 0$

Temos agora uma equação com três correntes desconhecidas: I_1, I_2 e I_3. Existem três malhas no circuito: *abcda*, *befcb* e *aefda*. Precisamos de duas equações de malha para determinar as correntes desconhecidas (a terceira equação para a malha *aefda* não daria informações novas). Escolheremos percorrer essas malhas no sentido horário. Aplique a lei das malhas de Kirchhoff para *abcda* e *befcb*:

abcda: (2) $10,0\text{ V} - (6,0\text{ Ω})I_1 - (2,0\text{ Ω})I_3 = 0$

befcb: $-(4,0\text{ Ω})I_2 - 14,0\text{ V} + (6,0\text{ Ω})I_1 - 10,0\text{ V} = 0$

(3) $-24,0\text{ V} + (6,0\text{ Ω})I_1 - (4,0\text{ Ω})I_2 = 0$

Resolva a Equação (1) para I_3 e substitua na Equação (2):

$10,0\text{ V} - (6,0\text{ Ω})I_1 - (2,0\text{ Ω})(I_1 + I_2) = 0$

(4) $10,0\text{ V} - (8,0\text{ Ω})I_1 - (2,0\text{ Ω})I_2 = 0$

continua

21.8 cont.

Multiplique cada termo na Equação (3) por 4 e cada termo na Equação (4) por 3:

(5) $-96{,}0\text{ V} + (24{,}0\text{ }\Omega)I_1 - (16{,}0\text{ }\Omega)I_2 = 0$

(6) $30{,}0\text{ V} - (24{,}0\text{ }\Omega)I_1 - (6{,}0\text{ }\Omega)I_2 = 0$

Adicione a Equação (6) na Equação (5) para eliminar I_1 e encontrar I_2:

$-66{,}0\text{ V} - (22{,}0\text{ }\Omega)I_2 = 0$

$I_2 = \boxed{-3{,}0\text{ A}}$

Utilize esse valor de I_2 na Equação (3) para encontrar I_1:

$-24{,}0\text{ V} + (6{,}0\text{ }\Omega)I_1 - (4{,}0\text{ }\Omega)(-3{,}0\text{ A}) = 0$

$-24{,}0\text{ V} + (6{,}0\text{ }\Omega)I_1 + 12{,}0\text{ V} = 0$

$I_1 = \boxed{2{,}0\text{ A}}$

Utilize a Equação (1) para encontrar I_3:

$I_3 = I_1 + I_2 = 2{,}0\text{ A} - 3{,}0\text{ A} = \boxed{-1{,}0\text{ A}}$

Finalização Como nossos valores para I_2 e I_3 são negativos, os sentidos dessas correntes são opostos aos indicados na Figura 21.25. Os valores numéricos para as correntes estão corretos. Apesar do sentido incorreto, devemos continuar a utilizar estes valores negativos nos cálculos subsequentes, pois nossas equações foram estabelecidas como escolha original de sentido. O que aconteceria se deixássemos os sentidos das correntes conforme os da Figura 21.25, mas percorrêssemos as malhas no sentido oposto?

21.9 | Circuitos RC

Até agora, analisamos os circuitos de corrente contínua (cc) nos quais a corrente é constante. Nos circuitos CC com capacitores, a corrente é sempre no mesmo sentido, mas pode variar com o tempo. Um circuito contendo uma associação em série de um resistor e um capacitor é chamado **circuito RC**.

Carregando um capacitor

A Figura Ativa 21.26 mostra um circuito *RC* simples em série. Vamos considerar que o capacitor nesse circuito está inicialmente descarregado. Não há corrente enquanto a chave estiver aberta (Figura Ativa. 21.26a). Porém, se a chave for colocada na posição *a* em $t = 0$ (Figura Ativa 21.26b), a carga começará a fluir, estabelecendo uma corrente no circuito, e então o capacitor começará a carregar.[11]

Observe que, durante o carregamento, as cargas não saltam pelas placas do capacitor, porque a lacuna entre elas representa um circuito aberto. Ao invés disso, a carga é transferida entre cada placa e fios de conexão devido ao campo elétrico estabelecido nos fios pela bateria, até que o capacitor esteja totalmente carregado. Conforme as placas vão sendo carregadas, a diferença de potencial no capacitor aumenta. O valor da carga máxima nas placas depende da tensão da bateria. Assim que a carga máxima é atingida, a corrente no circuito será zero, pois a diferença de potencial no capacitor é compatível com a fornecida pela bateria.

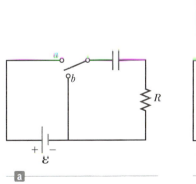
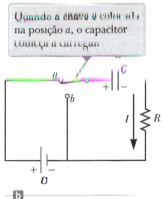
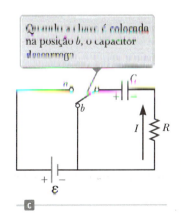

Figura Ativa 21.26
Capacitor em série com um resistor, chave e bateria.

---

[11] Nas discussões anteriores sobre capacitores, consideramos uma situação de estado estacionário, em que nenhuma corrente estava presente em qualquer ramo do circuito com um capacitor. Agora, estamos considerando o caso *antes* da condição de estado estacionário; nessa situação, as cargas estão em movimento e existe corrente nos fios conectados ao capacitor.

118 | Princípios de física

Para analisar esse circuito quantitativamente, aplicaremos a lei de malhas de Kirchhoff ao circuito após a chave ser colocada na posição a. O percurso da malha na Figura Ativa 21.26b no sentido horário dará a fórmula:

$$\varepsilon - \frac{q}{C} - IR = 0 \qquad \qquad \textbf{21.31} \blacktriangleleft$$

onde q/C é a diferença de potencial no capacitor e IR é a diferença potencial no resistor. Temos utilizado as convenções discutidas anteriormente para os sinais em ε e IR. O capacitor é percorrido no sentido da placa positiva para a negativa, o que representa um decréscimo no potencial. Portanto, utilizamos um sinal negativo para esta diferença de potencial na Equação 21.31. Observe que q e I são valores *instantâneos* que dependem do tempo (ao contrário dos valores de estado estacionário) conforme o capacitor carrega.

Podemos utilizar a Equação 21.31 para encontrar a corrente inicial no circuito e a carga máxima no capacitor. No momento em que a chave é colocada na posição a ($t = 0$), a carga no capacitor é zero. A Equação 21.31 mostra que a corrente inicial I no circuito é máxima, dada por:

$$I_i = \frac{\varepsilon}{R} \text{ (corrente em } t = 0) \qquad \qquad \textbf{21.32} \blacktriangleleft$$

Nesse momento, a diferença de potencial dos terminais da bateria aparece totalmente no resistor. Depois, quando o capacitor estiver carregado no valor máximo Q, a carga deixa de fluir, a corrente no circuito é zero e a diferença de potencial dos terminais da bateria aparece totalmente no capacitor. A substituição de $I = 0$ na Equação 21.31 fornecerá a carga máxima no capacitor:

$$Q = C\varepsilon \text{ (carga máxima)} \qquad \qquad \textbf{21.33} \blacktriangleleft$$

Para determinar as expressões analíticas para a dependência do tempo da carga e corrente, devemos resolver a Equação 21.31, uma única equação com duas variáveis, q e I. A corrente em todas as partes do circuito em série deve ser a mesma. Portanto, a corrente na resistência R deve ser a mesma que aquela entre cada placa do capacitor e o fio conectado a ele. Essa corrente é igual à taxa de variação no tempo da carga nas placas do capacitor. Logo, substituímos $I = dq/dt$ na Equação 21.31 e reorganizamos:

$$\frac{dq}{dt} = \frac{\varepsilon}{R} - \frac{q}{RC}$$

Para encontrar uma expressão para q, resolvemos essa equação diferencial separável, como segue. Primeiro, combine os termos do lado direito:

$$\frac{dq}{dt} = \frac{C\varepsilon}{RC} - \frac{q}{RC} = -\frac{q - C\varepsilon}{RC}$$

Multiplique essa equação por dt e divida por $q - C\varepsilon$

$$\frac{dq}{q - C\varepsilon} = -\frac{1}{RC} dt$$

Integre essa expressão utilizando $q = 0$ em $t = 0$

$$\int_0^q \frac{dq}{q - C\varepsilon} = -\frac{1}{RC} \int_0^t dt$$

$$\ln\left(\frac{q - C\varepsilon}{-C\varepsilon}\right) = -\frac{t}{RC}$$

A partir da definição do logaritmo natural, podemos escrever esta expressão como:

▶ Carga como uma função do tempo para um capacitor sendo carregado

$$q(t) = C\varepsilon(1 - e^{-t/RC}) = Q(1 - e^{-t/RC}) \qquad \qquad \textbf{21.34} \blacktriangleleft$$

onde e é a base do logaritmo natural, tendo sido feita a substituição pela Equação 21.33.

Podemos encontrar uma expressão para a corrente de carga diferenciando a Equação 21.34 em relação ao tempo. Utilizando $I = dq/dt$, encontramos que:

$$I(t) = \frac{\varepsilon}{R} e^{-t/RC} \qquad 20.35 \blacktriangleleft \quad \blacktriangleright \text{Corrente como uma função do tempo para um capacitor sendo carregado}$$

Representações da carga de capacitor e corrente de circuito por tempo são mostradas na Figura 21.27. Observe que a carga é zero em $t = 0$ e se aproxima do valor máximo $C\varepsilon$ conforme $t \to \infty$. A corrente tem seu valor máximo $I_i = \varepsilon/R$ em $t = 0$ e diminui exponencialmente a zero, conforme $t \to \infty$. A quantidade RC, que aparece nos expoentes das Equações 21.34 e 21.35, é chamada **constante de tempo** τ do circuito:

$$\tau = RC \qquad 21.36 \blacktriangleleft$$

A constante de tempo representa o intervalo de tempo durante o qual a corrente diminui para $1/e$ de seu valor inicial; ou seja, após um intervalo de tempo τ, a corrente diminui para $I = e^{-1} I_i = 0{,}368 I_i$. Após um intervalo de tempo 2τ, a corrente diminui para $I = e^{-2} I_i = 0{,}135 I_i$ e assim por diante. Do mesmo modo, em um intervalo de tempo τ, a carga aumenta de zero para $C\varepsilon [1 - e^{-1}] = 0{,}632\, C\varepsilon$.

A energia fornecida pela bateria durante o intervalo de tempo exigido para carregar o capacitor totalmente é $Q\varepsilon = C\varepsilon^2$. Após o capacitor estar totalmente carregado, a energia armazenada é $\frac{1}{2} Q\varepsilon = \frac{1}{2} C\varepsilon^2$, que é apenas a metade da saída de energia da bateria. No Problema 68, você deverá demonstrar que a metade restante da energia fornecida pela bateria aparece como energia interna no resistor.

Descarregando um capacitor

Considere que o capacitor na Figura Ativa 21.26b esteja totalmente carregado. Há diferença de potencial Q/C no capacitor, e uma diferença de potencial zero no resistor, pois $I = 0$. Se a chave for colocada agora na posição b em $t = 0$ (Figura Ativa. 21.26c), o capacitor começará a descarregar através do resistor. Em algum momento t durante a descarga, a corrente no circuito é I e a carga do capacitor é q. O circuito na Figura Ativa 21.26c é o mesmo que o da Figura Ativa 21.26b, exceto pela ausência da bateria. Portanto, eliminamos a FEM ε da Equação 21.31 para obter a equação de malha adequada para o circuito na Figura Ativa 21.26c:

$$-\frac{q}{C} - IR = 0 \qquad 21.37 \blacktriangleleft$$

Quando substituímos $I = dq/dt$ nessa expressão, temos:

$$R \frac{dq}{dt} = -\frac{q}{C}$$

$$\frac{dq}{q} = -\frac{1}{RC} dt$$

Integrando essa expressão utilizando $q = Q$ em $t = 0$, aparece:

$$\int_Q^q \frac{dq}{q} = -\frac{1}{RC} \int_0^t dt$$

$$\ln\left(\frac{q}{Q}\right) = -\frac{t}{RC}$$

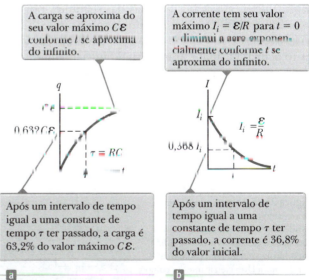

Figura 21.27 (a) Representação da carga do capacitor como função de tempo para o circuito mostrado na Figura Ativa 21.26b. (b) Representação da corrente como função de tempo para o circuito mostrado na Figura Ativa 21.26b.

▶ Carga como uma função do tempo para um capacitor sendo descarregado

$$q(t) = Qe^{-t/RC}$$

21.38 ◀

A diferenciação da Equação 21.38 com relação ao tempo resulta em uma corrente instantânea como uma função do tempo:

▶ Corrente como uma função do tempo para um capacitor sendo descarregado

$$I(t) = -\frac{Q}{RC}e^{-t/RC}$$

21.39 ◀

onde $Q/RC = I_i$ é a corrente inicial. O sinal negativo indica que, conforme um capacitor descarrega, o sentido da corrente é oposto ao seu sentido quando estava sendo carregado (compare os sentidos da corrente nas Figuras Ativas 21.26b e 21.26c). Tanto a carga no capacitor quanto a corrente diminuem exponencialmente a uma taxa caracterizada pela constante de tempo $\tau = RC$.

BIO Teoria do cabo para propagação do potencial de ação no nervo

Na Seção 20.7, discutimos a modelagem de uma área de membrana celular como um capacitor. Chamaremos a capacitância de uma determinada área de membrana como C_m. Também discutimos o fluxo de íons através dos vários canais e bombas de íons na membrana. Esse fluxo representa uma corrente. Os íons não podem se mover ao longo da membrana livremente, portanto, há uma resistência à corrente, chamada *resistência de membrana* R_m. Logo, cada pequena área da membrana celular pode ser modelada como um circuito *RC*, conforme mostra a Figura 21.28.

Uma determinada estrutura longa em um neurônio (por exemplo, um dendrito ou um axônio) pode ser modelada como uma série de módulos de circuito *RC* conectados por uma resistência longitudinal, como mostrado na Figura 21.28. A *resistência longitudinal* R_l representa a corrente ao longo do eixo do neurônio através do citoplasma. Esse modelo de neurônio pode ser analisado utilizando-se a *teoria do cabo*, inicialmente utilizada por Lord Kelvin no ano de 1850 para analisar a diminuição de sinais em cabos telegráficos submarinos. Em um neurônio, consideramos a diminuição da propagação de um potencial de ação no neurônio.

Utilizando essa teoria, podemos modelar a propagação de um potencial de ação em uma célula nervosa e relacionar esse modelo com a transferência de informações no sistema nervoso humano. A propagação do potencial de ação é governada por dois parâmetros principais: constante de tempo e comprimento. A *constante de tempo* $\tau = R_m C_m$ para o circuito *RC* associado a cada área da membrana é semelhante à constante de tempo discutida acima e determina a rapidez de carregamento e descarregamento do capacitor da membrana. Para uma determinada entrada em um ponto no neurônio, a tensão da membrana diminui exponencialmente. A *constante de comprimento* $\lambda = (R_m/R_l)^{1/2}$ determina um comprimento característico do neurônio para o qual a tensão diminui para e^{-1} de seu valor original. Esses dois parâmetros juntos descrevem a eficiência do neurônio ao transmitir um sinal por seu comprimento.

BIO O papel da mielina na condução nervosa

Os axônios de alguns nervos são envolvidos por bainhas de *mielina* que estão separadas das seguintes por intervalos chamados de *nódulos de Ranvier*. A mielina possui o efeito de interromper a transferência de íons na membrana celular. Consequentemente, não ocorre a propagação do potencial de ação área a área na membrana, conforme descrito acima. O sinal é transportado inicialmente no interior da célula e o potencial de ação em um nódulo causa rapidamente outro potencial de ação no nódulo seguinte. Dessa maneira, o sinal se desloca com uma velocidade bem maior pelo neurônio, em um processo chamado *condução saltatória*.

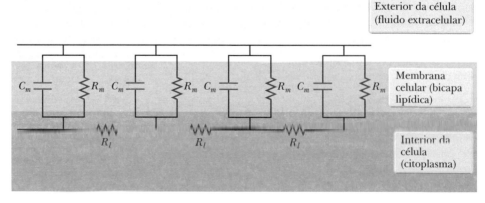

Figura 21.28 Modelando a membrana celular de um neurônio utilizando a teoria do cabo. São mostradas quatro pequenas áreas de uma membrana celular, com cada área sendo modelada eletricamente como um circuito *RC* de resistência R_m e capacitância C_m. Áreas adjacentes são conectadas eletricamente por uma resistência R_l no citoplasma do interior da célula.

Algumas doenças causam danos ao revestimento de mielina das células nervosas, degradando o processo da condução saltatória. Pacientes com essas condições têm o movimento prejudicado, devido à lentidão do deslocamento dos sinais até os músculos. Por exemplo, a *mielite transversa* é uma doença autoimune, em que o corpo ataca a medula espinhal, gerando uma inflamação que afeta a mielina. Em casos graves, os pacientes ficam em cadeiras de rodas e necessitam de assistência para as atividades diárias. Se o dano à mielina ocorre dentro da matéria branca do cérebro, a doença é chamada esclerose múltipla, de natureza extremamente debilitante.

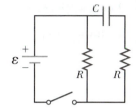

TESTE RÁPIDO 21.8 Observe o circuito na Figura 21.29 e suponha que a bateria não tenha resistência interna. (**i**) Logo após a chave ser fechada, qual é a corrente na bateria? (a) 0 (b) $\varepsilon/2R$ (c) $2\varepsilon/R$ (d) ε/R (e) impossível de determinar. (**ii**) Após um longo tempo, qual é a corrente na bateria? Escolha uma das opções anteriores.

Figura 21.29 (Teste Rápido 21.8) Como a corrente varia depois de a chave ser fechada?

▶ PENSANDO EM FÍSICA 21.6

Várias obras nas estradas possuem luzes intermitentes amarelas para alertar os motoristas de possíveis perigos. O que faz com que estas lâmpadas pisquem?

Raciocínio Um circuito típico para as lâmpadas piscarem é mostrado na Figura 21.30. A lâmpada *L* é preenchida com gás e atua como um circuito aberto até que uma diferença de potencial grande cause uma descarga elétrica no gás, o que emite uma luz brilhante. Durante essa descarga, a carga flui através do gás entre os eletrodos da lâmpada. Após a chave S ser fechada, a bateria carrega o capacitor de capacitância *C*. No início, a corrente é alta e a carga no capacitor é baixa, portanto, grande parte da diferença de potencial aparece na resistência *R*. Conforme carrega, mais diferença de potencial aparece no capacitor, refletindo a corrente menor e, portanto, a menor diferença de potencial no resistor. Finalmente, a diferença de potencial no capacitor atinge um valor em que a lâmpada irá conduzir, causando um *flash*. Isso descarrega o capacitor e o processo de carga se inicia novamente. O período entre os *flashes* pode ser ajustado alterando a constante de tempo do circuito *RC*. ◀

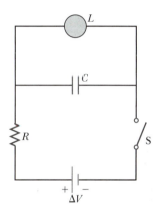

Figura 21.30 (Pensando em Física 21.6) O circuito *RC* em uma luz intermitente de uma obra na estrada. Quando a chave é fechada, a carga no capacitor aumenta até que a tensão no capacitor (e na lâmpada) seja alta o bastante para que a lâmpada pisque, descarregando o capacitor.

Exemplo 21.9 | Carregando um capacitor em circuito RC

Um capacitor descarregado e um resistor são conectados em série em uma bateria, como mostra a Figura Ativa 21.26, onde $\varepsilon = 12{,}0$ V, $C = 5{,}00$ μF e $R = 8{,}00 \times 10^5$ Ω. A chave é colocada na posição *a*. Encontre a constante de tempo do circuito, a carga máxima no capacitor, a corrente máxima no circuito e a carga e a corrente como funções de tempo.

SOLUÇÃO

Conceitualização Estude a Figura Ativa 21.26 e imagine colocar o interruptor na posição *b*, como mostra a Figura Ativa 21.26b. Ao fazer isso, o capacitor começará a descarregar.

Categorização Avaliamos nossos resultados utilizando equações desenvolvidas nesta seção, portanto categorizamos este exemplo como um problema de substituição.

Calcule a constante de tempo do circuito a partir da Equação 21.36:

$$\tau = RC = (8{,}00 \times 10^5 \text{ Ω})(5{,}00 \times 10^{-6} \text{ F}) = \boxed{4{,}00 \text{ s}}$$

Calcule a carga máxima do capacitor a partir da Equação 21.33:

$$Q = C\varepsilon = (5{,}00 \text{ μF})(12{,}0 \text{ V}) = \boxed{60{,}0 \text{ μC}}$$

continua

122 | **Princípios de física**

21.9 *cont.*

Calcule a corrente máxima no circuito a partir da Equação 21.32:

$$I_i = \frac{\varepsilon}{R} = \frac{12,0 \text{ V}}{8,00 \times 10^5 \ \Omega} = \boxed{15,0 \ \mu\text{A}}$$

Utilize esses valores nas Equações 21.34 e 21.35 para encontrar a carga e corrente como funções de tempo:

(1) $q(t) = \boxed{60,0(1 - e^{-t/4,00})}$

(2) $I(t) = \boxed{15,0 \ e^{-t/4,00}}$

Nas Equações (1) e (2), q está em microcoulombs, I em microamperes e t em segundos.

Exemplo **21.10** | Descarregando um capacitor em circuito *RC*

Considere um capacitor de capacitância C que está sendo descarregado por meio de um resistor de resistência R, como mostra a Figura Ativa 21.26c.

(A) Após quantas constantes de tempo a carga no capacitor é um quarto de seu valor inicial?

SOLUÇÃO

Conceitualização Estude a Figura Ativa 21.26 e imagine colocar a chave na posição b, como mostra a Figura Ativa 21.26c. Ao fazer isso, o capacitor começará a descarregar.

Categorização Esse exemplo envolve um capacitor descarregado e devemos utilizar as equações apropriadas.

....

Análise Substitua $q(t) = Q/4$ na Equação 21.38:

$$\frac{Q}{4} = Qe^{-t/RC}$$

$$\tfrac{1}{4} = e^{-t/RC}$$

Pegue o logaritmo de ambos os lados da equação e resolva para t:

$$-\ln 4 = -\frac{t}{RC}$$

$$t = RC \ln 4 = 1,39 \, RC = \boxed{1,39\tau}$$

(B) A energia armazenada diminui com o tempo conforme o capacitor é descarregado. Após quantas constantes de tempo essa energia armazenada é um quarto de seu valor inicial?

SOLUÇÃO

Utilize as Equações 20.29 e 21.38 para expressar a energia armazenada no capacitor em qualquer tempo t:

(1) $U(t) = \dfrac{q^2}{2C} = \dfrac{Q^2}{2C} e^{-2t/RC}$

Substitua $U(t) = \tfrac{1}{4}(Q^2/2C)$ na Equação (1):

$$\frac{1}{4}\frac{Q^2}{2C} = \frac{Q^2}{2C} e^{-2t/RC}$$

$$\tfrac{1}{4} = e^{-2t/RC}$$

Pegue o logaritmo de ambos os lados da equação e resolva para t:

$$-\ln 4 = -\frac{2t}{RC}$$

$$t = \tfrac{1}{2}RC \ln 4 = 0,693 \, RC = \boxed{0,693\tau}$$

....

Finalização Observe que, como a energia depende do quadrado da carga, a energia diminui mais rapidamente do que a carga no capacitor.

21.10 | Conteúdo em contexto: a atmosfera como um condutor

Quando estudamos os capacitores com ar entre as placas no Capítulo 20, adotamos um modelo simplificado e consideramos o ar como um isolante perfeito. Embora esse modelo seja bom para as diferenças de potencial típicas encontradas nos capacitores, sabemos que a existência de corrente elétrica no ar é possível. Raios são ótimos exemplos disso, mas um exemplo mais cotidiano é o pequeno choque que você pode receber ao aproximar seu dedo de uma maçaneta após esfregar seus pés em um tapete.

Vamos analisar o processo que ocorre na descarga elétrica, que é o mesmo para os raios e para o pequeno choque na maçaneta da porta, exceto pelo tamanho da corrente. É possível que o ar passe por um rompimento elétrico, sempre que haja um forte campo elétrico, no qual sua resistividade efetiva diminui drasticamente, tornando-o um condutor. Em determinado momento, por causa de colisões de raio cósmico e outros eventos, o ar possui uma série de moléculas ionizadas (Fig. 21.31a). Para um campo elétrico relativamente fraco, que ocorre com um tempo bom, estes íons e elétrons livres aceleram lentamente devido à força elétrica. Eles colidem com outras moléculas sem efeito e, finalmente, tornam-se neutros quando um elétron livre se encontra com um íon e se associam. Porém, em um campo elétrico forte, como o de uma tempestade, os elétrons livres podem alcançar altas velocidades (Fig. 21.31b) antes de colidirem com uma molécula (Fig. 21.31c). Se o campo for forte o bastante, o elétron pode ter energia suficiente para ionizar a molécula nessa colisão (Fig. 21.31d). Agora, existem dois elétrons para serem acelerados por esse campo, e cada um pode colidir com outra molécula em alta velocidade (Fig. 21.31e). O resultado é um rápido aumento no número de portadores de carga disponíveis no ar e uma diminuição correspondente na resistência do ar. Portanto, pode haver uma grande corrente no ar que tende a neutralizar as cargas que estabeleceram a diferença de potencial inicial, como as cargas nas nuvens ou no solo. Os raios acontecem nesse caso.

As correntes típicas durante os raios podem ser bem altas. Enquanto o canal precursor faz seu trajeto em direção ao solo, a corrente é relativamente modesta, na faixa de 200 a 300 A. Esta corrente é grande se comparada com as correntes domésticas típicas, mas pequena se comparada com o pico de corrente nas descargas elétricas dos raios. Assim que a conexão entre o canal precursor e a descarga de retorno ocorre, a corrente aumenta rapidamente para um valor típico de 5×10^4 A. Considerando que as diferenças de potencial típicas entre a nuvem e o solo em uma tempestade podem ser medidas em centenas de milhares de volts, a potência durante um raio é medida em bilhões de watts. Grande parte da energia em um raio é descarregada no ar, resultando em rápido aumento da temperatura, flash de luz e trovão.

Mesmo na ausência de uma nuvem de tempestade, existe um fluxo de carga no ar. Os íons fazem do ar um condutor, embora não muito bom. Medições atmosféricas indicam uma diferença de potencial típica no nosso capacitor atmosférico (Seção 20.11) de aproximadamente 3×10^5 V. Como devemos mostrar na Conclusão do Contexto, a resistência total do ar entre as placas no capacitor atmosférico é de aproximadamente 300 Ω. Portanto, a corrente média no ar com tempo bom é:

$$I = \frac{\Delta V}{R} = \frac{3 \times 10^5 \text{ V}}{300 \text{ Ω}} \approx 1 \times 10^3 \text{ A}$$

Uma série de hipóteses simplificadoras foi feita nesses cálculos, mas este resultado está na ordem correta de módulo para a corrente global. Embora o resultado pareça ser surpreendentemente grande, lembre-se de que a corrente se espalha por toda a área da superfície da Terra. Portanto, a densidade média da corrente no ar com tempo bom é:

$$J = \frac{I}{A} = \frac{I}{4\pi R_T^2} = \frac{1 \times 10^3 \text{ A}}{4\pi (6,4 \times 10^6 \text{ m})^2} \approx 2 \times 10^{-12} \text{ A/m}^2$$

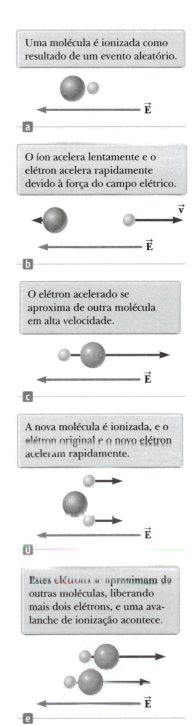

Figura 21.31 Esquema de uma faísca.

124 | Princípios de física

Em comparação, a densidade da corrente em um relâmpago é na ordem de 10^5 A/m^2.

A corrente com tempo bom e a corrente do raio têm sentidos opostos. A primeira transmite carga positiva para o solo, enquanto a segunda, negativa. Estes dois efeitos estão em equilíbrio[12] e esse princípio deverá ser utilizado para estimar o número médio de raios na Terra na Conclusão em contexto.

❯ RESUMO |

A **corrente elétrica** I em um condutor é definida por:

$$I \equiv \frac{dQ}{dt} \qquad \textbf{21.2} \blacktriangleleft$$

onde dQ é a carga que passa através de uma seção transversal do condutor no intervalo de tempo dt. A unidade do SI utilizada para medir a corrente é o ampere (A); 1 A = 1 C/s.

A corrente média em um condutor está relacionada como o movimento dos portadores de carga de acordo com a equação:

$$I_{\text{méd}} = nqv_d A \qquad \textbf{21.4} \blacktriangleleft$$

onde n é a densidade dos portadores de carga, q é a carga, v_d, a **velocidade escalar de deriva**, e A é a área de seção transversal do condutor.

A **resistência** R de um condutor é definida como a razão da diferença de potencial no condutor para a corrente:

$$R \equiv \frac{\Delta V}{I} \qquad \textbf{21.6} \blacktriangleleft$$

As unidades do SI de resistência são volts por ampere, definidas como ohms (Ω); 1 Ω = 1 V/A.

Se a resistência for independente da tensão aplicada, o condutor obedecerá à **Lei de Ohm**, e os condutores que tiverem uma resistência constante sob uma ampla gama de tensões serão chamados de **ôhmicos**.

Se um condutor uniforme tiver uma área de seção transversal A e um comprimento ℓ, sua resistência será:

$$R = \rho \frac{\ell}{A} \qquad \textbf{21.8} \blacktriangleleft$$

onde ρ é chamado **resistividade** do material do qual o condutor é feito. O inverso da resistividade é definido como **condutividade** $\sigma = 1/\rho$.

A resistividade de um condutor varia com a temperatura de forma quase linear; ou seja:

$$\rho = \rho_0[1 + \alpha(T - T_0)] \qquad \textbf{21.10} \blacktriangleleft$$

onde ρ_0 é a resistividade em alguma temperatura de referência T_0 e α é o **coeficiente de temperatura da resistividade**.

Em um modelo clássico de condução elétrica em metais, os elétrons são tratados como moléculas de um gás.

Na ausência de um campo elétrico, a velocidade média dos elétrons será zero. Quando um campo elétrico é aplicado, os elétrons se movem (em média) com uma velocidade de deriva $\vec{\mathbf{v}}_d$, dada pela fórmula:

$$\vec{\mathbf{v}}_d = \frac{q\vec{\mathbf{E}}}{m_e}\tau \qquad \textbf{21.15} \blacktriangleleft$$

onde τ é o intervalo de tempo médio entre as colisões com os átomos do metal. A resistividade do material de acordo com este modelo é:

$$\rho = \frac{m_e}{ne^2\tau} \qquad \textbf{21.18} \blacktriangleleft$$

onde n é o número de elétrons livres por unidade de volume.

Se uma diferença de potencial ΔV for mantida em um elemento do circuito, a **potência**, ou a proporção na qual a energia é fornecida esse elemento, é:

$$P = I\Delta V \qquad \textbf{21.20} \blacktriangleleft$$

Como a diferença de potencial no resistor é $\Delta V = IR$, podemos expressar a potência transmitida para um resistor pela fórmula:

$$P = I^2 R = \frac{(\Delta V)^2}{R} \qquad \textbf{21.21} \blacktriangleleft$$

A **FEM** de uma bateria é igual à tensão entre seus terminais quando a corrente for zero. Como a tensão diminui na **resistência interna** r da bateria, a **tensão de terminal** é menor que a FEM quando existir corrente na bateria.

A **resistência equivalente** de um conjunto de resistores associados em **série** é:

$$R_{\text{eq}} = R_1 + R_2 + R_3 + \cdots \qquad \textbf{21.26} \blacktriangleleft$$

A **resistência equivalente** de um conjunto de resistores associados em **paralelo** é:

$$\frac{1}{R_{\text{eq}}} = \frac{1}{R_1} + \frac{1}{R_2} + \frac{1}{R_3} + \cdots \qquad \textbf{21.28} \blacktriangleleft$$

Circuitos envolvendo mais de uma malha são analisados utilizando duas leis simples chamadas **Leis de Kirchhoff:**

- Em qualquer nó, a soma das correntes deverá ser igual a zero:

$$\sum_{\text{nó}} I = 0 \qquad \textbf{21.29} \blacktriangleleft$$

---

[12] Também existe uma série de outros efeitos, mas nós adotamos um modelo de simplificação no qual existem apenas dois efeitos. Para maiores informações, consulte E. A. Bering, A. A. Few e J. R. Benbrook, "The Global Electric Circuit," *Physics Today*, outubro de 1998, págs. 24 a 30.

Capítulo 21 – Corrente e circuitos de corrente contínua | **125**

- A soma das diferenças de potencial por todos os elementos em torno de qualquer malha (circuito fechado) deve ser zero:

$$\sum_{malha} \Delta V = 0 \qquad \textbf{21.30} \blacktriangleleft$$

Para a lei dos nós, a corrente que chega a um nó é $+I$, enquanto a corrente com uma direção que sai de um nó é $-I$.

Para a lei de malhas, quando um resistor é percorrido no sentido da corrente, a variação no potencial ΔV do resistor é $-IR$. Se um resistor é percorrido na direção oposta à corrente, $\Delta V = +IR$.

Se uma fonte da FEM é percorrida no sentido da FEM (do negativo para o positivo), a variação no potencial é de $+\varepsilon$. Se for percorrida no sentido oposto à FEM (do positivo para o negativo), a variação no potencial é de $-\varepsilon$.

Se um capacitor é carregado com uma bateria de FEM ε por meio de um resistor R, a carga no capacitor e a corrente no circuito variam no tempo de acordo com as expressões:

$$q(t) = Q(1 - e^{-t/RC}) \qquad \textbf{21.34} \blacktriangleleft$$

$$I(t) = \frac{\varepsilon}{R} e^{-t/RC} \qquad \textbf{21.35} \blacktriangleleft$$

onde $Q = C\varepsilon$ é a carga máxima no capacitor. O produto RC é chamado **constante do tempo** do circuito.

Se um capacitor carregado é descarregado por meio de um resistor R, a carga e a corrente diminuem exponencialmente no tempo de acordo com as expressões:

$$q(t) = Qe^{-t/RC} \qquad \textbf{21.38} \blacktriangleleft$$

$$I(t) = -\frac{Q}{RC} e^{-t/RC} \qquad \textbf{21.39} \blacktriangleleft$$

onde Q é a carga inicial no capacitor.

PERGUNTAS OBJETIVAS |

1. Um fio de metal cilíndrico à temperatura ambiente conduz corrente elétrica entre suas extremidades. Uma delas tem potencial $V_A = 50$ V e a outra, $V_B = 0$ V. Classifique as seguintes ações segundo a alteração que cada uma produziria individualmente na corrente, do maior aumento à maior diminuição. Em sua classificação, indique quaisquer casos de igualdade. (a) Definir $V_A = 150$ V com $V_B = 0$ V. (b) Ajustar V_A para o triplo da potência com a qual o fio converte a energia transmitida de modo elétrico em energia interna. (c) Dobrar o raio do fio. (d) Dobrar o comprimento do fio. (e) Dobrar a temperatura do fio em Celsius.

2. Vários resistores estão associados em série. Quais afirmações estão corretas? Selecione todas as respostas corretas. (a) A resistência equivalente é maior que qualquer uma delas no grupo. (b) A resistência equivalente é menor que qualquer uma delas no grupo. (c) A resistência equivalente depende da tensão aplicada pelo grupo. (d) A resistência equivalente é igual à soma das resistências no grupo. (e) Nenhuma das afirmações está correta.

3. O comportamento da corrente *versus* a tensão de um determinado dispositivo elétrico é mostrado na Figura PO21.3. Quando a diferença de potencial no dispositivo é 2 V, qual será sua resistência? (a) 1 Ω (b) $\frac{3}{4}\Omega$ (c) $\frac{4}{3}\Omega$ (d) indefinido (e) nenhuma destas alternativas.

Figura PO21.3

4. Ao operar em um circuito 120 V, um aquecedor elétrico recebe $1{,}30 \times 10^3$ W de potência; uma torradeira, $1{,}00 \times 10^3$ W; e um forno elétrico, $1{,}54 \times 10^3$ W. Se os três aparelhos estiverem conectados em paralelo em um circuito de 120 V, qual é a corrente total fornecida por uma fonte externa? (a) 24,0 A (b) 32,0 A (c) 40,0 A (d) 48,0 A (e) nenhuma destas alternativas.

5. Um fio de metal de resistência R é cortado em três segmentos iguais, que depois, são colocados lado a lado, formando um novo cabo com comprimento igual a um terço do original. Qual é a resistência do novo cabo? (a) $\frac{1}{9}R$ (b) $\frac{1}{3}R$ (c) R (d) $3R$ (e) $9R$

6. O fio B tem o dobro do comprimento e o dobro do raio do fio A. Ambos são feitos do mesmo material. Se o fio A tiver resistência R, qual será a resistência do fio B? (a) $4R$ (b) $2R$ (c) R (d) $\frac{1}{2}R$ (e) $\frac{1}{4}R$

7. Uma diferença de potencial de 1,00 V é mantida em um resistor de 10,0 Ω por um período de 20,0 s. Qual é a carga total que passa por um ponto em um dos fios conectados ao resistor neste intervalo de tempo? (a) 200 C (b) 20,0 C (c) 2,00 C (d) 0,005 00 C (e) 0,050 0 C

8. Dois fios condutores A e B de mesmo comprimento e raio estão conectados à mesma diferença de potencial. O condutor A tem o dobro da resistividade do B. Qual é a razão entre a potência transmitida a A e a transmitida a B? (a) 2 (b) $\sqrt{2}$ (c) 1 (d) $1/\sqrt{2}$ (e) $\frac{1}{2}$

9. Se os terminais de uma bateria com resistência interna zero estiverem conectados por dois resistores idênticos em série, a potência total fornecida pela bateria é 8,00 W. Se a mesma bateria estiver conectada pelos mesmos resistores em paralelo, qual é a potência total fornecida pela bateria? (a) 16,0 W, (b) 32,0 W, (c) 2,00 W, (d) 4,00 W, (e) nenhuma das alternativas.

126 | Princípios de física

10. Os terminais de uma bateria estão conectados por dois resistores em paralelo, cujas resistências não são as mesmas. Quais afirmações a seguir estão corretas? Selecione todas as respostas corretas. (a) O resistor com a maior resistência transporta mais corrente que o outro. (b) O resistor com a maior resistência transporta menos corrente que o outro. (c) A diferença de potencial em cada resistor é a mesma. (d) A diferença de potencial no resistor maior é superior àquela no resistor menor. (e) A diferença de potencial é maior no resistor mais próximo da bateria.

11. Quando resistores com resistências diferentes são associados em série, o que deve ser igual para cada um deles? Selecione todas as respostas corretas. (a) Diferença de potencial, (b) corrente, (c) potência fornecida, (d) carga que entra em cada resistor em um determinado intervalo de tempo, (e) nenhuma das alternativas.

12. Vários resistores estão conectados em paralelo. Quais afirmações a seguir estão corretas? Selecione todas as respostas corretas. (a) A resistência equivalente é maior que qualquer uma delas no grupo. (b) A resistência equivalente é menor que qualquer uma delas no grupo. (c) A resistência equivalente depende da tensão aplicada pelo grupo. (d) A resistência equivalente é igual à soma das resistências no grupo. (e) Nenhuma das afirmações está correta.

13. As baterias de carro são frequentemente classificadas em ampère-horas. Essa informação designa a quantidade de (a) corrente, (b) potência, (c) energia, (d) carga, ou (e) potencial que a bateria pode fornecer?

14. Os terminais de uma bateria estão conectados por dois resistores em série, cujas resistências não são as mesmas. Quais afirmações estão corretas? Selecione todas as respostas corretas. (a) O resistor com a menor resistência transporta mais corrente que o outro. (b) O resistor com a maior resistência transporta menos corrente que o outro. (c) A corrente em cada resistor é a mesma. (d) A diferença de potencial em cada resistor é a mesma. (e) A diferença de potencial é maior no resistor mais próximo do terminal positivo.

15. No circuito mostrado na Figura PO21.15, cada bateria está fornecendo energia ao circuito através da transmissão elétrica. Todos os resistores possuem a mesma resistência. (i) Classifique os potenciais elétricos nos pontos *a*, *b*, *c*, *d* e *e* do maior para o menor, observando casos de igualdade. (ii) Classifique os módulos das correntes dos mesmos pontos, do maior para o menor, observando casos de igualdade.

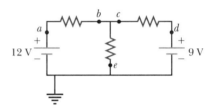

Figura PO21.15

PERGUNTAS CONCEITUAIS

1. Como as resistências do cobre e do silício variam com a temperatura? Por que estes dois materiais se comportam de modo diferente?

2. O sentido da corrente em uma bateria é sempre do terminal negativo para o positivo? Explique.

3. Para que sua avó possa escutar música, você leva seu rádio de cabeceira para o hospital onde ela está internada. Mas, antes, o leva para ser testado quanto à segurança elétrica. O técnico de manutenção descobre que ele produz 120 V em um de seus botões, e não deixa que você o leve para o quarto de sua avó. Sua avó reclama que tem o rádio há muitos anos e ninguém nunca levou choque por causa dele. Você acaba tendo que comprar um rádio novo de plástico. (a) Por que o rádio velho da sua avó é perigoso em um quarto de hospital? (b) O rádio antigo é seguro no quarto da casa dela?

4. Com base na Figura PC21.4, descreva o que acontece com a lâmpada após a chave ser fechada. Suponha que o capacitor tenha uma capacitância ampla e esteja inicialmente descarregado. Suponha também que a luz ilumine quando conectada diretamente pelos terminais da bateria.

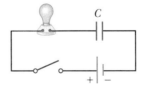

Figura PC21.4

5. Quando a diferença de potencial em um determinado condutor é dobrada, a corrente apresenta um aumento por um fator de três. O que podemos concluir sobre o condutor?

6. Utilize a teoria atômica da matéria para explicar por que a resistência de um material deve aumentar conforme sua temperatura aumenta.

7. Artigos de jornais com frequência contêm declarações como "10 000 V atravessam o corpo da vítima". O que há de errado com essa afirmação?

8. (a) Que vantagem uma operação de 120 V tem sobre uma de 240 V? (b) E quais as desvantagens?

9. Suponha que uma paraquedista pouse em um fio de alta tensão e segure nele enquanto aguarda ser resgatada. (a) Ela será eletrocutada? (b) Se o fio se romper, ela deve continuar a segurar no fio até cair no chão? Explique.

10. Se a carga flui bem lentamente por um metal, por que não são necessárias várias horas para que uma luz acenda quando você aciona o interruptor?

11. Com três lâmpadas e uma bateria, monte o máximo de circuitos elétricos que você conseguir.

12. Quais fatores afetam a resistência de um condutor?

13. Se fôssemos projetar um aquecedor elétrico utilizando fios de nicromo como elementos de aquecimento, que parâmetros do fio poderiam ser alterados para atender a um requisito específico de potência de saída como 1 000 W?

14. Um estudante afirma que a segunda lâmpada em série é menos brilhante que a primeira, porque esta consome uma parte da corrente. Como você responderia a essa afirmação?

15. Por que é possível para um passarinho pousar em um fio de alta tensão sem ser eletrocutado?

PROBLEMAS

WebAssign Os problemas que se encontram neste capítulo podem ser resolvidos *on-line* no Enhanced WebAssign (em inglês).

1. denota problema direto;
2. denota problema intermediário;
3. denota problema desafiador;
1. denota problemas mais frequentemente resolvidos no Enhanced WebAssign;
BIO denota problema biomédico;

PD denota problema dirigido;
M denota tutorial Master It disponível no Enhanced WebAssign;
QC denota problema que pede raciocínio quantitativo e conceitual;
S denota problema de raciocínio simbólico;
sombreado denota "problemas emparelhados" que desenvolvem raciocínio com símbolos e valores numéricos;
W denota solução no vídeo Watch It disponível no Enhanced WebAssign.

Seção 21.1 Corrente elétrica

1. Em um certo tubo de raios catódicos, a corrente medida do feixe é de 30,0 μA. Quantos elétrons atingem a tela do tubo a cada 40,0 s?

2. **S** Suponha que a corrente em um condutor diminua exponencialmente com o tempo de acordo com a equação $I(t) = I_0 e^{-t/\tau}$, onde I_0 é a corrente inicial (em $t = 0$) e τ é uma constante com dimensões de tempo. Considere um ponto de observação fixo dentro do condutor. (a) Qual é a quantidade de carga que passa por esse ponto entre $t = 0$ e $t = \tau$? (b) Qual é a quantidade de carga que passa por esse ponto entre $t = 0$ e $t = 10\tau$? (c) **E se?** Qual é a quantidade de carga que passa por esse ponto entre $t = 0$ e $t = \infty$?

3. **W** Um fio de alumínio com uma área de seção transversal igual a $4,00 \times 10^{-6}$ m² conduz uma corrente de 5,00 A. A densidade do alumínio é de 2,70 g/cm³. Suponha que cada átomo de alumínio forneça um elétron condutor por átomo. Encontre a velocidade escalar de deriva dos elétrons no fio.

4. **S** Uma pequena esfera com uma carga q gira em um círculo no final de uma corda isolante. A frequência angular da rotação é ω. Qual corrente média esta carga giratória representa?

5. **M** O feixe de elétrons que emerge de um determinado acelerador de elétrons de alta energia tem seção transversal circular de raio 1,00 mm. (a) A corrente do feixe é de 8,00 μA. Encontre a densidade da corrente no feixe assumindo que este é uniforme. (b) A velocidade dos elétrons é tão próxima da velocidade da luz que pode ser medida como 300 Mm/s com margem de erro insignificante. Encontre a densidade dos elétrons no feixe. (c) Em qual intervalo de tempo o número de Avogrado de elétrons emerge do acelerador?

6. **QC W** A Figura P21.6 representa um segmento de um condutor de diâmetro não uniforme conduzindo uma corrente de $I = 5,00$ A. O raio da seção transversal A_1 é $r_1 = 0,400$ cm. (a) Qual o módulo da densidade da corrente em A_1? O raio r_2 em A_2 é maior que o raio r_1 em A_1. (b) A corrente em A_2 é maior, menor ou a mesma? (c) A densidade da corrente em A_2 é maior, menor ou a mesma? Assuma que $A_2 = 4A_1$. Especifique (d) o raio, (e) a corrente e (f) a densidade da corrente em A_2.

7. **W** A quantidade de carga q (em coulombs) que atravessa uma superfície de área 2,00 cm² varia com o tempo de acordo com a equação $q = 4t^3 + 5t + 6$, onde t está em segundos. Qual é a corrente instantânea através da superfície em $t = 1,00$ s? (b) Qual é o valor da densidade da corrente?

Seção 21.2 Resistência e Lei de Ohm

8. **W** Uma lâmpada tem resistência de 240 Ω quando funciona com uma diferença de potencial de 120 V. Qual é a corrente na lâmpada?

9. **M** Um fio de alumínio com diâmetro de 0,100 mm tem campo elétrico uniforme de 0,200 V/m aplicado ao longo de sua extensão. A temperatura do fio é de 50,0 °C. Considere um elétron livre por átomo. (a) Utilize as informações da Tabela 21.1 para calcular a resistividade do alumínio a esta temperatura. (b) Qual é a densidade de corrente no fio? (c) Qual é a corrente total no fio? (d) Qual é a velocidade escalar de deriva dos elétrons de condução? (e) Qual diferença de potencial deve ser estabelecida entre as extremidades de um segmento de 2,00 m do fio para produzir o campo elétrico citado?

10. Uma diferença de potencial de 0,900 V é mantida em um fio de tungstênio com 1,50 m de comprimento que possui uma área da seção transversal de 0,600 mm². Qual é a corrente no fio?

11. Enquanto tirava fotografias no Vale da Morte em um dia que o termômetro marcava 58,0 °C, um viajante descobriu que uma determinada tensão aplicada em um fio de cobre produz uma corrente de 1,000 A. O viajante vai então até a Antártida e aplica a mesma tensão no mesmo fio. Qual é a corrente que ele registrará lá se a temperatura for de –88,0 °C? Assuma que não ocorreu nenhuma alteração no formato ou tamanho do fio.

12. **Revisão** Uma haste de alumínio tem resistência de 1,234 Ω a 20,0 °C. Calcule a resistência da haste a 120 °C, considerando as variações na resistividade e nas dimensões da haste. O coeficiente da expansão linear do alumínio é $24,0 \times 10^{-6}$ (°C)⁻¹.

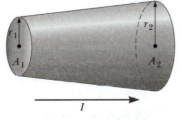

Figura P21.6

128 | Princípios de física

13. **M** Suponha que você deseje fabricar um fio uniforme a partir de 1,00 g de cobre. Se o fio tiver resistência de $R = 0,500 \ \Omega$ e todo o cobre for utilizado, quais serão (a) o comprimento e (b) o diâmetro do fio?

14. **S** Suponha que você deseje fabricar um fio uniforme a partir de uma massa m de um metal com densidade ρ_m e resistividade ρ. Se o fio tiver resistência R e todo o metal for utilizado, quais serão (a) o comprimento e (b) o diâmetro do fio?

Seção 21.4 Um modelo de condução elétrica

15. Se a corrente carregada por um condutor for dobrada, o que acontecerá com (a) a densidade do portador de carga, (b) a densidade de corrente, (c) a velocidade de deriva dos elétrons, (d) o intervalo de tempo médio entre as colisões?

16. **PD** **Q|C** Um fio de ferro possui uma área de seção transversal igual a $5,00 \times 10^{-6}$ m². Proceda de acordo com os passos a seguir para determinar a velocidade escalar de deriva dos elétrons de condução no fio se este conduzir uma corrente de 30,0 A. (a) Quantos quilos existem em 1,00 mol de ferro? (b) Com base na densidade do ferro e no resultado da parte (a), calcule a densidade molar do ferro (o número de mols de ferro por metro cúbico). (c) Calcule a densidade numérica dos átomos de ferro utilizando o número de Avogadro. (d) Determine a densidade numérica dos elétrons de condução, visto que existem dois elétrons de condução por átomo de ferro. (e) Calcule a velocidade escalar de deriva dos elétrons de condução no fio.

17. **M** Se o módulo da velocidade vetorial de deriva dos elétrons livres em um fio de cobre for de $7,84 \times 10^{-4}$ m/s, qual será o campo elétrico no condutor?

Seção 21.5 Energia e potência nos circuitos elétricos

18. **Q|C** **W** Em geral, as normas de construção de residências requerem a utilização de fios de cobre de bitola 12 (0,205 cm de diâmetro) para a fiação das tomadas. Esses circuitos conduzem correntes de até 20,0 A. Se conduzisse a mesma quantidade de corrente, um fio de diâmetro menor (com número de bitola superior) poderia alcançar uma temperatura alta e causar um incêndio. (a) Calcule a proporção na qual a energia interna é produzida em um segmento de fio de cobre de bitola 12 de 1,00 m conduzindo 20,0 A. (b) **E se?** Repita o cálculo para um fio de alumínio de bitola 12. (c) Um fio de alumínio de bitola 12 seria tão seguro quanto um de cobre? Explique.

19. Uma lâmpada fluorescente econômica de 11,0 W foi projetada para produzir a mesma iluminação de uma incandescente convencional de 40,0 W. Supondo um custo de $ 0,110/kWh para a energia da companhia elétrica, quanto dinheiro o usuário da lâmpada econômica poupa durante 100 h de uso?

20. **BIO** A diferença de potencial em um neurônio em repouso no corpo humano é de cerca de 75,0 mV e conduz uma corrente de cerca de 0,200 mA. Quanta potência o neurônio libera?

21. **M** Uma torradeira utiliza fio de nicromo como elemento de aquecimento. Quando inicialmente conectada

a uma fonte de 120 V (o fio está a uma temperatura de 20,0 °C), a corrente inicial é de 1,80 A. A corrente diminui à medida que o elemento de aquecimento esquenta. Quando a torradeira alcança sua temperatura de funcionamento final, a corrente é de 1,53 A. (a) Determine a potência transmitida à torradeira quando esta está à temperatura de funcionamento. (b) Qual é a temperatura final do elemento de aquecimento?

22. Calcule a ordem de grandeza do custo da utilização rotineira de um secador de cabelo portátil durante um ano. Caso você não utilize um secador de cabelo, observe ou fale com alguém que o utilize. Indique as grandezas calculadas e seus valores.

23. Em uma hidrelétrica, uma turbina transmite 1 500 hp para um gerador, que por sua vez transforma 80% da energia mecânica para energia elétrica. Nessas condições, qual é a corrente que o gerador transmite em uma diferença de potencial terminal de 2 000 V?

24. *Por que a seguinte situação é impossível?* Um político critica o desperdício de energia e decide se concentrar na energia utilizada no funcionamento de relógios elétricos nos EUA. Ele calcula que existam 270 milhões desses relógios, cerca de um para cada pessoa da população. Os relógios transformam a energia fornecida por transmissão elétrica a uma proporção média de 2,50 W. O político faz um pronunciamento no qual afirma que, nas taxas atuais de consumo de eletricidade, a nação perde US$ 100 milhões a cada ano para manter os relógios em funcionamento.

25. Uma torradeira tem 600 W quando conectada a uma fonte de 120 V. Qual é a corrente que a torradeira conduz, e qual é a sua resistência?

26. **Revisão.** Um funcionário de escritório utiliza um aquecedor de imersão para aquecer 250 g de água em um copo leve, coberto e isolado, de 20,0 °C a 100 °C em 4 minutos. O aquecedor é um fio de resistência de nicromo conectado a uma fonte de alimentação de 120 V. Suponha que o fio esteja a 100 °C durante todo o intervalo de tempo de 4,00 min. (a) Especifique uma relação entre o diâmetro e o comprimento que o fio pode ter. (b) O fio pode ser feito com menos de 0,500 cm³ de nicromo?

27. **M** Supondo que o custo da energia de uma companhia elétrica seja de $ 0,110/kWh, calcule o custo por dia do funcionamento de uma lâmpada que utiliza corrente de 1,70 A de uma linha de 110 V.

28. O custo da energia transmitida para residências por transmissão elétrica varia de US$ 0,070/kWh a US$ 0,258/kWh em todo o território dos EUA; US$ 0,110/kWh é o valor médio. A esse preço médio, calcule o custo de (a) deixar a luz da varanda de 40,0 W acesa durante duas semanas durante as férias (b) preparar uma torrada durante 3,00 min em uma torradeira de 970 W e (c) secar um fardo de roupas durante 40,0 min em uma secadora de $5,20 \times 10^3$ W.

29. Uma lâmpada de 100 W conectada a uma fonte de 120 V apresenta um pico de tensão que produz 140 V por um momento. Qual é a porcentagem do aumento da potência de saída? Suponha que a resistência não varie.

30. **M** **Revisão.** Um aquecedor de água elétrico bem isolado aquece 109 kg de água de 20,0 °C a 49,0 °C em

25,0 minutos. Encontre a resistência de seu elemento de aquecimento, que está conectado a uma diferença de potencial de 240 V.

31. **M** Um carro totalmente elétrico (não híbrido) foi projetado para funcionar com um banco de baterias de 12,0 V com armazenamento de energia total de $2,00 \times 10^7$ J. Se o motor elétrico utiliza 8,00 kW quando o carro se move em uma velocidade escalar constante de 20,0 m/s, (a) qual é a corrente fornecida para o motor? (b) Qual distância máxima o carro poderia alcançar antes de a bateria se descarregar?

32. **Revisão.** Uma bateria recarregável de massa 15,0 g fornece uma corrente média de 18,0 mA para um DVD player portátil a 1,60 V por 2,40 h antes de precisar ser recarregada. O carregador mantém uma diferença de potencial de 2,30 V na bateria e fornece uma corrente de carga de 13,5 mA por 4,20 h. (a) Qual é a eficiência da bateria como um dispositivo de armazenagem de energia? (b) Qual quantidade de energia interna é produzida na bateria durante um ciclo de carga e descarga? (c) Se a bateria estiver encerrada por um isolamento térmico ideal e tiver um calor específico efetivo de 975 J/kg · °C, qual será o aumento da sua temperatura durante o ciclo?

Seção 21.6 Fontes de FEM

33. **M** Uma bateria tem FEM de 15,0 V. A tensão nos seus terminais é 11,6 V quando fornece 20,0 W de potência a um resistor de carga externo R. (a) Qual é o valor de R? (b) Qual é a resistência interna da bateria?

34. Duas pilhas de 1,50 V – com seus terminais positivos na mesma direção – são inseridas em série em uma lanterna. Uma tem resistência interna de 0,255 Ω, e a outra, de 0,153 Ω. Quando a chave é fechada, a lâmpada transporta uma corrente de 600 mA. (a) Qual é a resistência da lâmpada? (b) Qual fração de energia química transformada aparece como energia interna nas baterias?

35. **W** Uma bateria de automóvel tem FEM de 12,6 V e resistência interna de 0,0800 Ω. Os faróis, juntos, têm resistência equivalente de 5,00 Ω (tida como constante). Qual é a diferença de potencial nas lâmpadas dos faróis (a) quando forem a única carga sobre a bateria, e (b) quando o motor de partida for acionado, exigindo 35,0 A a mais da bateria?

Seção 21.7 Resistores em série e em paralelo

36. **BIO** Para fins de medida da resistência elétrica de calçados através do corpo do usuário em pé em uma placa de metal aterrada, o American National Standards Institute (Ansi) especifica o circuito mostrado na Figura P21.36. A diferença de potencial ΔV em um resistor de 1,00 MΩ é medida com o auxílio de um voltímetro ideal. (a) Mostre que a resistência do calçado é:

$$R_{calçado} = \frac{50,0 \text{ V} - \Delta V}{\Delta V}$$

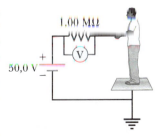

Figura P21.36

(b) Em um teste médico, a corrente que passa pelo corpo humano não deve exceder 150 μA. A corrente fornecida pelo circuito especificado pelo Ansi pode exceder 150 μA? Para responder, considere uma pessoa em pé descalça na placa.

37. (a) Descubra a resistência equivalente entre os pontos a e b na Figura P21.37. (b) Uma diferença de potencial de 34,0 V é aplicada entre os pontos a e b. Calcule a corrente em cada resistor.

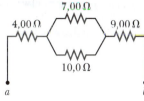

Figura P21.37

38. Um jovem possui um aspirador de pó especificado "535 W [em] 120 V" e um Fusca, que deseja limpar. Ele coloca o carro no estacionamento do seu prédio e usa uma extensão simples de 15,0 metros para conectar o aspirador. Você pode supor que o aspirador tenha resistência constante. (a) Se a resistência de cada um dos dois condutores na extensão for 0,900 Ω, qual é a potência real fornecida para o aspirador? (b) Se, ao invés disso, a potência for pelo menos 525 W, qual deve ser o diâmetro de cada um dos dois condutores de cobre idênticos no cabo que ele comprou? (c) Repita a parte (b) supondo que a potência deve ser pelo menos 532 W.

39. **M** Considere o circuito exibido na Figura P21.39. Encontre (a) a corrente no resistor de 20,0 Ω e (b) a diferença de potencial entre os pontos a e b.

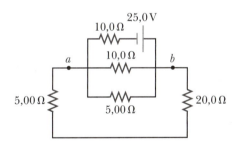

Figura P21.39

40. Quatro resistores estão conectados a uma bateria, como mostra a Figura 21.40. A corrente na bateria é I, a FEM da bateria é ε e os valores do resistor são $R_1 = R$, $R_2 = 2R$, $R_3 = 4R$ e $R_4 = 3R$. (a) Classifique os resistores de acordo com sua diferença de potencial, do maior para o menor. Observe os casos de diferenças de potencial iguais. (b) Determine a diferença de potencial em cada resistor em termos de ε. (c) Classifique os resistores de acordo com a sua corrente, do maior para o menor. Observe casos de correntes iguais. (d) Determine a corrente em cada resistor em termos de I. (e) Se o valor R_3 aumentar, o que acontece com a corrente em cada um dos resistores? (f) No limite de $R_3 \to \infty$, quais são os novos valores da corrente em cada resistor em termos de I, a corrente original na bateria?

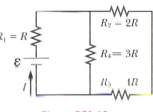

Figura P21.40

41. **W** Três resistores de 100 Ω estão conectados, como mostra a Figura P21.41. A potência máxima que pode ser fornecida com segurança a qualquer um dos resistores é 25,0 W. (a) Qual é a diferença de potencial máxima que pode ser aplicada aos terminais a e b? (b) Para a tensão determinada na parte (a), qual é a potência fornecida para cada resistor? (c) Qual é a potência total fornecida para a associação de resistores?

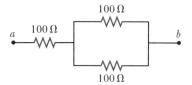

Figura P21.41

42. *Por que a situação a seguir é impossível?* Um técnico está testando um circuito que contém uma resistência R. Ele percebe que um projeto melhor para o circuito incluiria a resistência $\frac{7}{3}R$ em vez de R. Ele tem três resistores adicionais, cada um com resistência R. Ao combinar esses resistores adicionais em determinada associação, que é então colocada em série com o resistor original, ele atinge a resistência desejada.

43. **W** Calcule a potência fornecida para cada resistor no circuito mostrado na Figura P21.43.

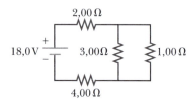

Figura P21.43

44. **Q|C** Uma lâmpada com a inscrição "75 W @ 120 V" é rosqueada em um soquete na extremidade de um cabo de longa extensão no qual cada um dos dois condutores tem resistência de 0,800 Ω. A outra extremidade do cabo é conectada a uma tomada de 120 V. (a) Explique por que a potência real fornecida à lâmpada não pode ser de 75 W nesta situação. (b) Desenhe um diagrama de circuito. (c) Encontre a potência real fornecida à lâmpada neste circuito.

Seção 21.8 Leis de Kirchhoff

Observação: As correntes não estão necessariamente no sentido mostrado em alguns circuitos.

45. **W** O amperímetro mostrado na Figura P21.45 mostra 2,00 A. Encontre I_1, I_2 e ε.

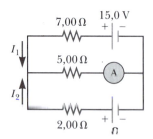

Figura P21.45

46. As seguintes equações descrevem um circuito elétrico:

$$-I_1(220\ \Omega) + 5,80\ \text{V} - I_2(370\ \Omega) = 0$$
$$+I_2(370\ \Omega) + I_3(150\ \Omega) - 3,10\ \text{V} = 0$$
$$I_1 + I_3 - I_2 = 0$$

(a) Desenhe um diagrama do circuito. (b) Calcule as correntes desconhecidas e identifique o significado físico de cada uma.

47. **M Q|C** O circuito exibido na Figura P21.47 é conectado por 2,00 min. (a) Determine a corrente em cada ramo do circuito. (b) Encontre a energia fornecida para cada bateria. (c) Encontre a energia fornecida para cada resistor. (d) Identifique o tipo de transformação de armazenamento de energia que acontece na operação do circuito. (e) Encontre a quantidade total de energia transformada em energia interna nos resistores.

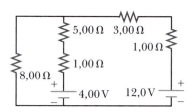

Figura P21.47 Problemas 47 e 48.

48. Na Figura P21.47, mostre como adicionar a quantidade exata de amperímetros para medir cada corrente diferente. Mostre como adicionar a quantidade exata de voltímetros para medir a diferença de potencial em cada resistor e bateria.

49. Considerando $R = 1,00$ kΩ e $\varepsilon = 250$ V na Figura P21.49, determine a direção e o módulo da corrente no fio horizontal entre a e e.

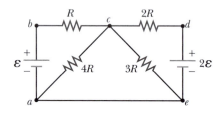

Figura P21.49

50. **PD Q|C** Para o circuito exibido na Figura P21.50, queremos encontrar as correntes I_1, I_2 e I_3. Utilize as leis de Kirchhoff para obter equações para (a) a malha superior, (b) a malha inferior, e (c) o nó do lado esquerdo. Em cada caso, suprima as unidades para clareza e simplifique combinando os termos. (d) Resolva a lei dos nós para I_3. (e) Utilizando a equação

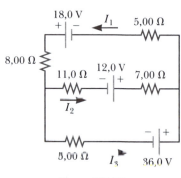

Figura P21.50

encontrada na parte (d), elimine I_3 da equação encontrada na parte (b). (f) Resolva as equações encontradas nas partes (a) e (e) simultaneamente para as duas correntes desconhecidas I_1 e I_2. (g) Substitua as respostas encontradas na parte (f) na lei dos nós encontrada na parte (d), resolvendo para I_3. (h) Qual é o significado da resposta negativa para I_2?

51. **W** No circuito da Figura P21.51, determine (a) a corrente em cada resistor e (b) a diferença de potencial ao longo no resistor de 200 Ω.

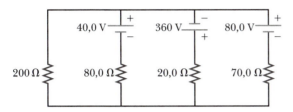

Figura P21.51

52. **Q|C** Cabos são conectados à bateria nova em um carro para carregar a descarregada de outro. A Figura P21.52 mostra o diagrama do circuito para essa situação. Enquanto os cabos são conectados, a chave de ignição do carro com a bateria descarregada é fechada e o motor de partida é ativado para ligar o carro. Determine a corrente no (a) motor de partida e (b) na bateria descarregada. (c) A bateria descarregada está sendo carregada enquanto o motor de partida está operando?

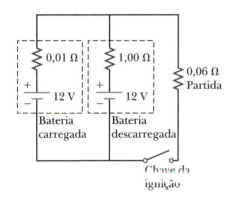

Figura P21.52

Seção 21.9 Circuitos RC

53. **W** Considere um circuito RC em série como mostra a Figura P21.53 para o qual $R = 1,00$ MΩ, $C = 5,00$ μF, e $\varepsilon = 30,0$ V. Encontre (a) a constante de tempo do circuito e (b) a carga máxima do capacitor após a chave ser fechada. (c) Encontre a corrente no resistor 10,0 s após a chave ser fechada.

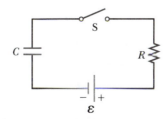

Figura P21.53 Problemas 53, 67 e 68.

54. Um capacitor 10,0 μF é carregado por uma bateria de 10,0 V por meio de um resistor de resistência R. O capacitor atinge uma diferença de potencial de 4,00 V em um intervalo de tempo de 3,00 s após a carga começar. Encontre R.

55. **W** Um capacitor de 2,00 nF com uma carga inicial de 5,10 μC é descarregado em um resistor de 1,30 kΩ. (a) Calcule a corrente no resistor 9,00 μs após ser conectado nos terminais do capacitor. (b) Qual é a carga que permanece no capacitor após 8,00 μs? (c) Qual é a corrente máxima no resistor?

56. Em locais como salas de cirurgia hospitalares ou fábricas de placas de circuito eletrônico, faíscas elétricas devem ser evitadas. Uma pessoa em pé num piso aterrado e que não esteja tocando em mais nada pode tipicamente ter uma capacitância no corpo de 150 pF, em paralelo com uma capacitância no pé de 80,0 pF produzida pelas solas dielétricas de seus sapatos. A pessoa adquire carga elétrica estática das interações com o ambiente. A carga estática flui para a terra por meio da resistência equivalente das duas solas do sapato em paralelo uma com a outra. Um par de calçados de rua de solado de borracha pode apresentar uma resistência equivalente de $5,00 \times 10^3$ MΩ. Um par de sapatos com solas especiais dissipadoras de cargas estáticas pode ter resistência equivalente de 1,00 MΩ. Considere que o corpo da pessoa e os sapatos formam um circuito RC com a terra. (a) Quanto tempo demora para os sapatos com solado de borracha reduzirem o potencial de uma pessoa de $3,00 \times 10^3$ V para 100 V? (b) Quanto demora para que os sapatos com dissipador de cargas estáticas façam a mesma coisa?

57. **W** No circuito da Figura P21.57, a chave S está aberta há muito tempo, e é fechada de repente. Use $\varepsilon = 10,0$ V, $R_1 = 50,0$ kΩ, $R_2 = 100$ kΩ e $C = 10,0$ μF. Determine a constante de tempo (a) antes de a chave ser fechada e (b) após ser fechada. (c) Feche a chave em $t = 0$. Determine a corrente na chave como uma função do tempo.

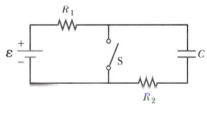

Figura P21.57 Problemas 57 e 58.

58. **S** No circuito da Figura P21.57, a chave S está aberta há muito tempo, e é fechada de repente. Determine a constante de tempo (a) antes de a chave ser fechada e (b) após ser fechada. (c) Feche a chave em $t = 0$. Determine a corrente na chave como uma função do tempo.

59. **M** O circuito na Figura P21.57 está conectado há muito tempo. (a) Qual é a diferença de potencial no capacitor? (b) Se a bateria for desconectada do circuito, por qual intervalo de tempo o capacitor descarrega a um décimo de sua tensão inicial?

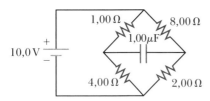

Figura P21.59

Seção 21.10 **Conteúdo em contexto: a atmosfera como um condutor**

60. Suponha que a iluminação global na Terra constitua uma corrente constante de 1,00 kA entre o solo e a camada atmosférica em um potencial de 300 kV. (a) Encontre a potência da iluminação terrestre. (b) Para comparação, encontre a potência da luz do sol incidindo sobre a Terra. A luz do sol possui uma intensidade de 1 370 W/m^2 acima da atmosfera e incide perpendicularmente na área projetada circular que a Terra apresenta ao Sol.

61. Uma densidade de corrente de $6,00 \times 10^{-13}$ A/m^2 existe em uma atmosfera onde o campo elétrico é de 100 V/m. Calcule a condutividade elétrica da atmosfera da Terra nesta região.

Problemas adicionais

62. *Por que a situação a seguir é impossível de acontecer?* Uma bateria tem uma FEM = 9,20 V e uma resistência interna de $r = 1,20\ \Omega$. A resistência R é conectada na bateria e extrai uma potência de $P = 21,2$ W.

63. Um fio cilíndrico reto ao longo do eixo x tem comprimento de 0,500 m e diâmetro de 0,200 mm. O material do fio comporta-se de acordo com a Lei de Ohm, com resistividade $\rho = 4,00 \times 10^{-8}\ \Omega \cdot$ m. Considere que um potencial de 4,00 V é mantido na extremidade esquerda do fio em $x = 0$. Suponha que um potencial de 4,00 V seja mantido na extremidade esquerda do fio em $x = 0$. Suponha também que $V = 0$ em $x = 0,500$ m. Determine (a) o módulo e o sentido do campo elétrico no fio (b) a resistência do fio (c) o módulo e o sentido da corrente elétrica no fio e (d) a densidade de corrente no fio. (e) Demonstre que $E = \rho J$.

64. **S** Um fio cilíndrico reto ao longo do eixo x tem comprimento L e diâmetro d. O material do fio comporta-se de acordo com a Lei de Ohm, com resistividade r. Suponha que um potencial V seja mantido na extremidade esquerda do fio em $x = 0$. Suponha também que o potencial seja igual a zero em $x = L$. Considerando L, d, V, r e constantes físicas, derive expressões para (a) o módulo e o sentido do campo elétrico no fio (b) a resistência do fio (c) o módulo e o sentido da corrente elétrica no fio e (d) a densidade de corrente no fio. (e) Demonstre que $E = \rho J$.

65. **Q|C** Quatro resistores estão conectados em paralelo a uma bateria de 9,20 V. Eles transportam correntes de 150 mA, 45,0 mA, 14,0 mA e 4,00 mA. Se o resistor com a maior resistência for substituído por um que tenha duas vezes a resistência, (a) qual é a proporção da nova corrente na bateria em relação à corrente original? (b) E se? Se, ao invés disso, o resistor com a menor resistência for substituído por outro com duas vezes a resistência, qual é a proporção da nova corrente total em relação à corrente original? (c) Em uma noite de inverno, a energia sai de uma casa por vários vazamentos de energia, incluindo $1,50 \times 10^3$ W por condução pelo teto, 450 W por infiltração (fluxo de ar) pelas janelas, 140 W por condução pela parede do porão acima do dormente, e 40,0 W por condução pela porta compensada até o sótão. Para obter a maior economia nos gastos com aquecimento, qual dessas transferências de energia deve ser reduzida primeiro? Explique como você se decidiu. Clifford Swartz sugeriu a ideia para este problema.

66. **S** Uma oceanógrafa pesquisa como a concentração de íons na água do mar depende da profundidade. Ela efetua uma medição mergulhando na água um par de cilindros metálicos concêntricos (Fig. P21.66) na extremidade de um cabo, coletando dados para determinar a resistência entre os eletrodos como função da profundidade. A água entre os dois cilindros forma uma carcaça cilíndrica de raios interno r_a e externo r_b e comprimento L bem maior que r_b. A cientista aplica uma diferença de potencial de ΔV entre as superfícies interna e externa, produzindo uma corrente radial externa I. Suponha que r represente a resistividade da água. (a) Determine a resistência da água entre os cilindros como função de L, ρ, r_a e r_b. (b) Expresse a resistividade da água como função das grandezas medidas $L, r_a, r_b, \Delta V$ e I.

Figura P21.66

67. **M** Os valores dos componentes em um circuito RC simples em série contendo uma chave (Fig. P21.53) são $C = 1,00\ \mu$F, $R = 2,00 \times 10^6\ \Omega$ e $\varepsilon = 10,0$ V. No instante 10,0 s após a chave estar fechada, calcule (a) a carga no capacitor, (b) a corrente no resistor, (c) a taxa na qual a energia está sendo armazenada no capacitor e (d) a taxa na qual a energia está sendo fornecida pela bateria.

68. **S** Uma bateria é utilizada para carregar um capacitor por meio de um resistor, como mostra a Figura P21.53. Mostre que metade da energia fornecida pela bateria aparece como energia interna no resistor e que metade está sendo armazenada no capacitor.

69. A chave S mostrada na Figura P21.69 está fechada por um longo período e o circuito elétrico conduz uma corrente constante. Considere $C_1 = 3,00\ \mu$F, $C_2 = 6,00\ \mu$F, $R_1 = 4,00$ kΩ e $R_2 = 7,00$ kΩ. A potência fornecida para R_2 é de 2,40 W. (a) Encontre a carga em C_1. (b) Agora a chave é aberta. Após vários milissegundos, quanto a carga em C_2 mudou?

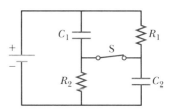

Figura P21.69

70. **Q|U** A lâmpada A tem indicações "25 W 120 V" e a B, "100 W 120 V". Essas indicações significam que cada lâmpada tem sua respectiva potência fornecida quando

conectada a uma fonte de 120 V constante. (a) Determine a resistência de cada lâmpada. (b) Durante qual intervalo de tempo uma carga de 1,00 C é transmitida para a lâmpada A? (c) Esta carga é diferente quando sai da lâmpada e quando lhe é fornecida? Explique. (d) Durante qual intervalo de tempo uma energia de 1,00 J é transmitida para a lâmpada A? (e) Por meio de quais mecanismos esta energia é transmitida à lâmpada e sai dela? Explique. (f) Calcule o custo da utilização contínua durante 30,0 dias da lâmpada A, supondo que a companhia de eletricidade venda seu produto a $ 0,110 por kWh.

71. Um estudante de engenharia de uma estação de rádio do campus deseja verificar a eficiência do para-raios no topo da antena (Fig. P21.71). A resistência desconhecida R_x está entre os pontos C e E. O ponto E é um aterramento real, mas está inacessível para medição direta, pois esta camada está a vários metros abaixo da superfície da Terra. Dois para-raios idênticos são colocados no terra em A e B, apresentando uma resistência desconhecida R_y. O procedimento é como segue. Meça a resistência R_1 entre os pontos A e B, depois conecte A e B com um fio condutor pesado e meça a resistência R_2 entre os pontos A e C. (a) Derive uma equação para R_x em termos de resistências observáveis, R_1 e R_2. (b) Uma resistência satisfatória de terra seria $R_x < 2,00\ \Omega$. O aterramento da estação é adequado se as medições resultam em $R_1 = 13,0\ \Omega$ e $R_2 = 6,00\ \Omega$? Explique.

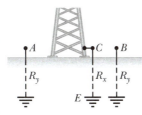

Figura P21.71

72. O circuito exibido na Figura P21.72 foi configurado em um laboratório para medir uma capacitância desconhecida C em série com resistência $R = 10,0\ M\Omega$ alimentada por uma bateria cuja FEM é 6,19 V. Os dados apresentados na tabela são as tensões medidas no capacitor como função do tempo, onde $t = 0$ representa o instante no qual a chave é colocada na posição b. (a) Faça um gráfico de $\ln \varepsilon/\Delta V$ como função de t e execute um ajuste linear de mínimos quadrados aos dados. (b) A partir da inclinação do seu gráfico, obtenha um valor para a constante de tempo do circuito e um valor para a capacitância.

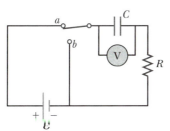

Figura P21.72

ΔV (V)	t (s)	$\ln (\varepsilon/\Delta V)$
6,19	0	
5,55	4,87	
4,93	11,1	
4,34	19,4	
3,72	30,8	
3,09	46,6	
2,47	67,3	
1,83	102,2	

73. **S** Uma bateria tem uma FEM de ε e resistência interna r. Um resistor de carga variável R é conectado nos terminais da bateria. (a) Determine o valor de R de modo que a diferença de potencial nos terminais seja máxima. (b) Determine o valor de R de modo que a corrente no circuito seja a máxima. (c) Determine o valor de R de modo que a potência fornecida para o resistor de carga seja a máxima. Escolher a resistência da carga para transferência máxima de potência é um caso geralmente chamado *compatibilização de impedância*. A compatibilização de impedância é importante para trocar de marcha em uma bicicleta, conectar um alto-falante a um amplificador de som, conectar um carregador de bateria a um banco de células fotoelétricas solares, entre outras aplicações.

74. **S** A chave na Figura P21.74a fecha quando $\Delta V_c > \tfrac{2}{3}\Delta V$, e abre quando $\Delta V_c < \tfrac{1}{3}\Delta V$. O voltímetro ideal lê a diferença de potencial como mostra a Figura P21.74b. Qual é o período T da onda em termos de R_1, R_2 e C?

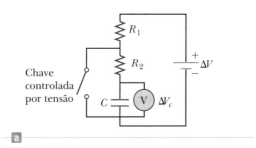

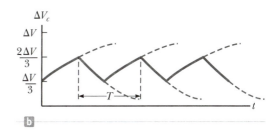

Figura P21.74

75. **M** **Q|C** Um aquecedor elétrico classificado a $1,50 \times 10^3$ W; uma torradeira, a 750 W; e uma grelha elétrica, a $1,00 \times 10^3$ W. Os três aparelhos estão conectados a um circuito residencial comum de 120 V. (a) Qual é a quantidade de corrente que cada um utiliza? (b) Se o circuito estiver protegido com um disjuntor de 25,0 A, ele será ativado nesta situação? Explique sua resposta.

76. **Q|C** Um experimento é realizado para medir a resistividade elétrica do nicromo em forma de fios de diferentes comprimentos e áreas de seção transversal. Para um conjunto de medições, um aluno utiliza um fio de bitola 30, com área de seção transversal $7,30 \times 10^{-8}\ m^2$. O estudante mede a diferença de potencial e a corrente ao longo do fio com um voltímetro e um amperímetro, respectivamente. (a) Para cada conjunto de medições, feitas em fios de três comprimentos diferentes, relacionadas na tabela, calcule a resistência dos fios e os valores correspondentes de resistividade. (b) Qual é o valor médio da resistividade? (c) Compare este valor com o relacionado na Tabela 21.1.

L (m)	ΔV (V)	I (A)	R (Ω)	ρ ($\Omega \cdot$ m)
0,540	5,22	0,72		
1,028	5,82	0,414		
1,543	5,94	0,281		

77. Quatro pilhas AA de 1,50 V em série são utilizadas para fornecer potência para um rádio pequeno. Se as pilhas podem conduzir uma carga de 240 C, por quanto tempo elas durarão se o rádio tiver uma resistência de 200 Ω?

Contexto 6 — CONCLUSÃO

Determinando o número de raios

Agora que já investigamos os princípios da eletricidade, iremos responder a nossa questão central para o Contexto sobre esse fenômeno:

> **Como podemos determinar o número de raios que caem na superfície terrestre em um dia comum?**

É preciso combinar diversas ideias do nosso conhecimento em eletricidade para realizar esse cálculo. No Capítulo 20, a atmosfera foi modelada como um capacitor. Esse modelo foi utilizado primeiramente por Lord Kelvin, que modelou a ionosfera como uma "placa" positiva a dezenas de quilômetros acima da superfície terrestre. Modelos mais sofisticados mostram a altura efetiva da placa positiva a 5 km, que utilizamos em nossos cálculos anteriores.

O modelo de capacitor atmosférico

As placas do capacitor atmosférico são separadas por uma camada de ar contendo um número alto de íons livres que podem conduzir corrente elétrica. O ar é um ótimo isolante; medições indicam que a resistividade do ar é de cerca de $3 \times 10^{13}\ \Omega \cdot m$. Calculemos a resistência do ar entre as placas do nosso capacitor. O formato do resistor é de uma casca esférica entre as placas do capacitor atmosférico (Fig. 1a). No entanto, o

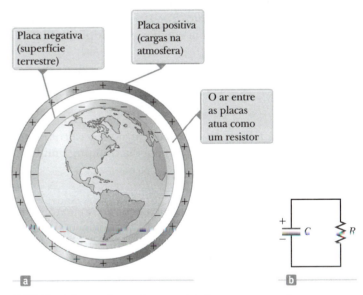

Figura 1 (a) A atmosfera pode ser modelada como um capacitor com ar condutor entre as placas. (b) Podemos imaginar um circuito RC equivalente para a atmosfera, com a descarga natural do capacitor em equilíbrio com o carregamento do capacitor pelo raio.

comprimento de 5 km é muito pequeno em comparação com o raio de 6 400 km. Portanto, iremos ignorar o formato esférico e fazer uma aproximação do resistor como sendo uma placa de 5 km de material plano cuja área equivale à superfície terrestre. Utilizando a Equação 21.8, temos:

$$R = \rho \frac{\ell}{A} = (3 \times 10^{13}\ \Omega \cdot m) \frac{5 \times 10^3\ m}{4\pi (6{,}4 \times 10^6\ m)^2} \approx 3 \times 10^2\ \Omega$$

A carga no capacitor atmosférico pode passar da placa superior para o solo através da corrente elétrica no ar entre as placas. Portanto, podemos modelar a atmosfera como um circuito RC (Fig. 1b) utilizando a capacitância

136 | Princípios de física

descoberta no Capítulo 20 e a resistência entre as placas, calculada acima. A constante de tempo para esse circuito RC pode ser medida da seguinte forma:

$$\tau = RC = (0,9 \text{ F}) (3 \times 10^2 \, \Omega) \approx 3 \times 10^2 \, \text{s} = 5 \text{ min}$$

Portanto, a carga no capacitor atmosférico deve cair para $e^{-1} = 37\%$ do seu valor original após apenas 5 minutos! Após 30 minutos, menos de 0,3% da carga permaneceria.

Por que isso não acontece? O que mantém o capacitor atmosférico carregado? A resposta é o *raio*. Os processos que ocorrem no carregamento da nuvem resultam em raios que conduzem carga negativa ao solo para substituir aquela neutralizada pelo fluxo de carga por meio do ar. Em geral, uma carga resultante no capacitor atmosférico é causada pelo equilíbrio entre esses dois processos.

Agora, utilizaremos esse equilíbrio para responder numericamente nossa questão central. Primeiro, abordaremos a carga no capacitor atmosférico. No Capítulo 19, mencionamos uma carga de 5×10^5 C espalhada pela superfície terrestre, que é a carga no capacitor atmosférico.

Um raio típico conduz cerca de 25 C de carga negativa para o solo no processo de carregamento do capacitor. Dividindo a carga no capacitor pela carga por raio, é possível determinar o número de raios necessários para carregar um capacitor.

$$\text{Número de raios} = \frac{\text{carga total}}{\text{carga por raio}}$$

$$= \frac{5 \times 10^5 \text{ C}}{25 \text{ C por raio}} \approx 2 \times 10^4 \ \text{raios}$$

Com base em nosso cálculo para o circuito RC, o capacitor atmosférico é praticamente descarregado pelo ar em cerca de 30 minutos. Portanto, 2×10^4 raios devem ocorrer a cada 30 minutos, ou 4×10^4/h, para manter os processos de carga e descarga em equilíbrio. Multiplicando pelo número de horas em um dia, temos:

$$\text{Número de raios por dia} = (4 \times 10^4 \, \text{raios/h}) \left(\frac{24 \text{ h}}{1 \text{ d}} \right)$$

$$\approx 1 \times 10^6 \ \text{raios/dia}$$

Apesar das simplificações adotadas em nossos cálculos, esse número está na ordem de módulo correta para o número real de raios na Terra em um dia comum: 1 milhão!

Problemas

1. Considere o capacitor atmosférico descrito no texto, com o solo sendo uma placa e as cargas positivas na atmosfera como outra. Em um certo dia, a capacitância do capacitor atmosférico é de 0,800 F. A distância de separação efetiva entre as placas é de 4,00 km e a resistividade do ar entre as placas é de $2,00 \times 10^{13} \, \Omega \cdot$ m. Caso não ocorra nenhum raio, o capacitor será descarregado no ar. Se houver uma carga de $4,00 \times 10^4$ C no capacitor atmosférico no tempo $t = 0$, em quais tempos a carga se reduzirá a (a) $2,00 \times 10^4$ C, (b) $5,00 \times 10^3$ C e (c) zero?

2. Considere essa linha alternativa de raciocínio para estimar o número de raios que ocorrem na Terra em um dia. Utilizando a carga na superfície terrestre de $5,00 \times 10^5$ C e a capacitância atmosférica de 0,9 F, descobrimos que a diferença de potencial no capacitor é de $\Delta V = Q/C = 5,00 \times 10^5$ C/0,9 F $\approx 6 \times 10^5$ V. A fuga de corrente no ar é de $I = \Delta V/R = 6 \times 10^5$ V/300 $\Omega \approx 2$ kA. Para manter o capacitor carregado, o raio deve conduzir a mesma corrente resultante no sentido oposto. (a) Se cada raio conduz 25 C de carga para o solo, qual é o intervalo de tempo médio entre raios para que a corrente média devido aos raios seja de 2 kA? (b) Utilizando esse intervalo de tempo médio entre raios, calcule o número de raios em um dia.

3. Considere novamente o capacitor atmosférico discutido no texto. (a) Considere que nas condições atmosféricas de um dia inteiro, os 2,50 km de ar mais baixos entre as placas do capacitor possuem uma resistividade $2,00 \times 10^{13} \, \Omega \cdot$ m e os 2,50 km mais altos, uma resistividade de $0,500 \times 10^{13} \, \Omega \cdot$ m. Quantos raios ocorreram naquele dia? (b) Considere que nas condições atmosféricas de um dia inteiro a resistividade do ar entre as placas no hemisfério sul seja de $2,00 \times 10^{13} \, \Omega \cdot$ m e, no hemisfério norte, de $0,200 \times 10^{13} \, \Omega \cdot$ m. Quantos raios ocorreram naquele dia?

Contexto 7

Magnetismo na medicina

Agora, voltaremos nossas atenções para o magnetismo, que está intimamente relacionado com o estudo da eletricidade. O magnetismo está presente no nosso cotidiano. Ímãs são essenciais para a operação de motores. Em geradores, fornecem eletricidade para lares e comércios. Sistemas de alto-falantes os utilizam para converter os sinais elétricos em ondas sonoras. Ímãs são cruciais para manter dados importantes grudados firmemente na porta da geladeira.

O magnetismo também foi introduzido no campo da medicina em uma série de aplicações que podem melhorar a saúde e salvar vidas. Diversos testes ou procedimentos médicos envolvem ímãs. Exploraremos algumas dessas aplicações importantes neste Contexto. No entanto, começaremos explorando algumas aplicações questionáveis do magnetismo na medicina entre o século XVIII e os dias de hoje. Você já deve ter visto alguma propaganda de braceletes magnéticos, como os mostrados na Figura 1, ou até mesmo possuir um. Esses braceletes são apenas um exemplo de dispositivo que a *terapia magnética* diz oferecer. Outros dispositivos incluem joias magnéticas, tiras magnéticas para várias partes do corpo, palmilhas magnéticas, mantas e colchões magnéticos e cremes magnéticos. Apesar das vendas de bilhões de dólares por ano, a terapia magnética ainda não foi comprovada por nenhum estudo científico. A FDA, agência americana de regulamentação de alimentos e medicamentos, proíbe a vinculação de anúncios afirmando que qualquer terapia magnética tenha vantagens médicas comprovadas.

Voltemos no tempo para investigar algumas aplicações antigas do magnetismo na medicina. Alguns médicos que utilizaram essas aplicações realmente acreditavam que seus instrumentos magnéticos ajudariam seus pacientes. Outros chamados de *médicos curandeiros* sabiam que os instrumentos não funcionavam, mas os utilizavam mesmo assim.

Franz Anton Mesmer, nascido em Viena, foi um dos primeiros a desenvolver uma teoria de medicina envolvendo o magnetismo. Na sua tese de doutorado (*A influência dos planetas sobre o corpo humano*, 1767), Mesmer sugeriu que um fluido universal, chamado por ele de "gravitação animal", era responsável por toda a saúde e as doenças. Em 1773, ele começou a utilizar ímãs para curar enfermidades. Ele afirmava que podia "curar" algumas doenças com uma combinação de exposição do paciente à ímãs, várias formas de pranto, e a audição de música da gaita de vidro, recentemente inventada na época por Benjamin Franklin.

Em 1776, Mesmer anunciou que os ímãs não eram necessários para seu tratamento e serviam apenas como condutores do fluido universal, que nesse ponto havia se tornado um fluido magnético chamado por ele de *magnetismo animal*. Mesmer foi extremamente cuidadoso ao selecionar as doenças que tentava curar. Para enfermidades orgânicas, ele pedia aos pacientes que procurassem um médico tradicional. Ele somente utilizava ímãs para tratar problemas históricos ou neurológicos. O aspecto surpreendente da prática de Mesmer era que ele supostamente teria restaurado a visão de um pianista cego e aliviado muitos pacientes de convulsões crônicas. Hoje em dia, sabemos que seus tratamentos magnéticos não estavam realmente curando os pacientes. Mesmer estava na verdade *hipnotizando* os pacientes utilizando olhares fixos, música em harmônica de vidro, o poder de sugestão etc. Curiosamente, seu nome é a raiz da palavra *mesmerizar* (hipnotizar).

A Figura 2 mostra um exemplo de *Máquina magnetoelétrica de Davis e Kidder para desordens neurológicas*, utilizada dos anos 1850 até o fim do século XIX, que é simplesmente um gerador eletromagnético desen-

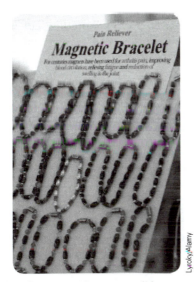

Figura 1 Os braceletes magnéticos são vendidos aos consumidores para promover uma boa saúde e alívio de dores. Você acredita que dispositivos como esses braceletes funcionam?

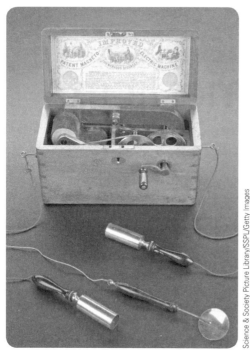

Figura 2 A Máquina magnetoelétrica de Davis e Kidder para desordens neurológicas. O paciente segurava um tubo de latão em cada mão enquanto o enfermeiro girava a manivela. O paciente recebia um choque da tensão gerada pelas bobinas giratórias na presença do campo magnético do grande ímã permanente na parte traseira da caixa.

Figura 3 O dispositivo magnético Theronoid. O cinto de arame revestido em couro era usado em torno do corpo para "magnetizar" o sangue.

volvido logo após as descobertas da indução magnética de Michael Faraday. Um par de bobinas era girado nas proximidades de um ímã permanente. O paciente segurava dois cilindros metálicos, conectados ao gerador. Em seguida o enfermeiro girava a manivela, o que enviava uma descarga elétrica para o paciente. As descargas elétricas nos pacientes continuaram sendo utilizadas como um suposto tratamento até o século XX, e até hoje possui adeptos. O aparelho à manivela de Davis e Kidder foi substituído por aparelhos elétricos como *máquinas de raios violeta* e os vários aparelhos de Albert Abrams. (Pesquise na Internet sobre Abrams e sua luta com a American Medical Association – Associação Médica Americana.)

Outro dispositivo magnético que surgiu no século XX foi originalmente fabricado com o nome de IONACO, desenvolvido por Gaylor Wilshire. Um grande cinto de arame coberto em couro era conectado a uma tomada. O objetivo era magnetizar o sangue ves-tindo o cinto. A Figura 3 mostra uma versão posterior desse dispositivo, o Theronoid, desenvolvido por Philip Ilsey. No seu relatório anual de 1933, a Comissão Federal de Comércio dos EUA (United States Federal Trade Comission – FTC) afirma: "Os entrevistados declararam que o uso de tais dispositivos ou aparelhos [...] serviu como um agente terapêutico benéfico no auxílio, alívio, prevenção, ou cura de [...] asma, artrite, problemas na bexiga, bronquite, catarro, constipação, diabetes, eczema, problemas cardíacos, hemorroida, indigestão, insônia, lombalgia, desordens neurológicas, nevralgia, neurite, reumatismo, ciática, problemas estomacais, varizes e pressão alta". A FTC fecha essa seção do seu relatório proibindo a publicidade do Theronoid: "a Comissão emitiu uma ordem de [...] interrupção e proibição das declarações, por qualquer meio, de que o cinto ou dispositivo mencionado ou qualquer dispositivo ou aparelho similar [...] possua qualquer efeito fisioterapêutico sobre esses sintomas, ou de que possa auxiliar, ou de que tenha sido desenvolvido para a prevenção, tratamento, ou cura de qualquer enfermidade ou doença".

Neste Contexto, vimos os usos cientificamente comprovados do magnetismo na medicina atual em oposição aos usos não fundamentados, em alguns casos fraudulentos, discutidos aqui. Abordaremos a seguinte questão central:

> **Como o magnetismo entrou no campo da medicina para o diagnóstico e a cura de doenças e para salvar vidas?**

Capítulo 22

Forças magnéticas e campos magnéticos

Sumário

22.1 Síntese histórica
22.2 O campo magnético
22.3 Movimento de uma partícula carregada em um campo magnético uniforme
22.4 Aplicações envolvendo partículas carregadas em movimento em um campo magnético
22.5 A força magnética em um condutor transportando corrente
22.6 Torque em uma espira percorrida por corrente em um campo magnético uniforme
22.7 Lei de Biot-Savart
22.8 A força magnética entre dois condutores paralelos
22.9 Lei de Ampère
22.10 Campo magnético de um solenoide
22.11 Magnetismo na matéria
22.12 Conteúdo em contexto: navegação magnética remota para procedimentos de ablação por cateter

Uma engenheira executa um teste da eletrônica com um dos ímãs supercondutores no Grande Acelerador de Hádrons, no Laboratório Europeu de Física de Partículas, operado pela Organização de Pesquisas Nucleares (European Organization for Nuclear Research – CERN). Os ímãs são utilizados para controlar o movimento das partículas carregadas no acelerador. Estudaremos os efeitos dos campos magnéticos nas partículas carregadas móveis neste capítulo.

A lista de aplicações tecnológicas do magnetismo é muito longa. Por exemplo, grandes eletroímãs são usados para apanhar cargas pesadas em ferrosvelhos. Ímãs são usados em aparelhos como medidores, motores e alto-falantes. Fitas magnéticas são frequentemente usadas em equipamentos de som e gravadores de vídeo. Faixas magnéticas no verso dos cartões de crédito possibilitam que a nossa compra seja rapidamente finalizada em uma loja. Campos magnéticos intensos gerados por ímãs supercondutores são atualmente utilizados para encerrar plasmas em temperaturas da ordem de 10^8 K usados em pesquisa de fusão nuclear controlada.

Ao falar sobre magnetismo neste capítulo, devemos saber que o assunto não pode ficar separado da eletricidade. Por exemplo, os campos magnéticos afetam o movimento de cargas elétricas, e cargas em movimento produzem campos magnéticos. Essa associação próxima entre a eletricidade e o magnetismo justificará essa união dentro do eletromagnetismo que vamos explorar neste capítulo e no próximo.

22.1 | Síntese histórica

Vários historiadores da ciência acreditam que a bússola, que tem como mecanismo de funcionamento uma agulha magnética, foi utilizada na China já no século XIII a.C., e que sua invenção tenha origem árabe ou indiana. Os gregos antigos conheciam o magnetismo já em 800 a.C. Eles descobriram que certas pedras, feitas de um material agora conhecido como *magnetita* (Fe_3O_4), atraíam peças de ferro.

Em 1269, Pierre de Maricourt (c. 1220-?) traçou as direções indicadas por uma agulha magnetizada ao ser colocada em diversos pontos na superfície de um ímã natural esférico. Ele percebeu que as direções formavam linhas que cercavam a esfera e passavam por dois pontos diametralmente, um oposto ao outro, que ele denominou de **polos** do ímã. Os experimentos posteriores mostraram que todo ímã, independentemente da sua forma, tem dois polos, chamados **norte** (N) e **sul** (S), que apresentam forças uma em relação à outra, de maneira análoga a cargas elétricas. Ou seja, polos semelhantes (N–N ou S–S) repelem-se, e polos opostos (N–S) atraem-se. Os polos receberam esses nomes devido ao comportamento de um ímã na presença do campo magnético da Terra. Se um ímã em forma de barra é pendurada pelo seu ponto médio por um pedaço de corda para que ela possa oscilar livremente em um plano horizontal, ela gira até que seu polo "norte" aponte para o polo norte geográfico da Terra (que é um polo sul magnético), e seu polo "sul" aponte para o polo sul geográfico da Terra. (O mesmo conceito é usado para a construção de uma simples bússola.)

Em 1600, William Gilbert (1544-1603) expandiu os experimentos de Maricourt para vários materiais. Com base no fato de que a agulha da bússola orienta-se em direções preferenciais, Gilbert sugeriu que os ímãs são atraídos para as massas da Terra. Em 1750, John Michell (1724-1793) usou uma balança de torção para provar que os polos magnéticos exercem forças atrativas e repulsivas um em relação ao outro, e que essas forças variam com o inverso do quadrado da distância que os separa. Embora a força entre dois polos magnéticos seja semelhante à força entre duas cargas elétricas, existe uma diferença importante. As cargas elétricas podem ser isoladas (como o elétron e o próton), enquanto os polos magnéticos não podem ser isolados. Ou seja, os polos magnéticos estão sempre em pares. Não importa quantas vezes um ímã permanente seja cortado, cada peça sempre tem um polo norte e um polo sul. (Algumas teorias especulam que monopolos magnéticos – polos norte ou sul isolados – podem existir na natureza, e tentam detectá-los atualmente inventando um campo experimental de ativa investigação. Entretanto, nenhuma dessas tentativas teve sucesso até o momento.)

A relação entre o magnetismo e a eletricidade foi descoberta em 1819, quando ao preparar uma demonstração, o cientista dinamarquês Hans Christian Oersted percebeu que uma corrente elétrica em um fio desviou uma agulha de uma bússola que estava próxima. Pouco tempo depois, André-Marie Ampère (1775-1836) deduziu as leis quantitativas da força magnética entre condutores percorridos por corrente elétrica. Ele também sugeriu que circulações de corrente elétrica de tamanho molecular são responsáveis por *todos* os fenômenos magnéticos.

Nos anos 1820, Faraday e, independentemente, Joseph Henry (1797-1878) identificaram mais conexões entre a eletricidade e o magnetismo. Eles mostraram que uma corrente elétrica podia ser produzida em um circuito, movimentando um ímã próximo ao circuito, ou variando a corrente em outro circuito próximo. Suas observações provaram que um campo magnético variável produz um campo elétrico. Anos mais tarde, o trabalho teórico de James Clerk Maxwell mostrou que o contrário também é verdade: um campo elétrico variável dá origem a um campo magnético.

Neste capítulo, devemos investigar os efeitos dos campos magnéticos constantes nas cargas e correntes, além de estudar as fontes dos campos magnéticos. No próximo capítulo, vamos explorar os efeitos dos campos magnéticos que variam no tempo.

Hans Christian Oersted
Físico e químico dinamarquês (1777-1851)
Oersted é mais conhecido por ter observado que a agulha de uma bússola desvia quando colocada próxima a um fio percorrido por corrente. Essa importante descoberta foi a primeira evidência da conexão entre os fenômenos elétrico e magnético. Oersted também foi o primeiro a preparar alumínio puro.

22.2 | O campo magnético

Nos capítulos anteriores, descrevemos a interação entre os objetos carregados no que diz respeito a campos elétricos. Lembre-se de que um campo elétrico circunda qualquer carga elétrica estacionária. A região do espaço que envolve uma carga em *movimento* inclui um **campo magnético**, além do campo elétrico. Um campo magnético também envolve qualquer material magnético. Entendemos que o campo magnético é um campo vetorial, assim como o campo elétrico.

Para descrever qualquer tipo de campo vetorial, devemos definir seu módulo, direção e sentido. O sentido do campo magnético do vetor $\vec{B}$ em qualquer local é o sentido no qual o polo norte da agulha da bússola aponta. A Figura Ativa 22.1 mostra como o campo magnético de um ímã em barra pode ser traçado com a ajuda de uma bússola, definindo uma **linha de campo magnético**, semelhante em muitos aspectos às linhas de campo elétrico estudadas no Capítulo 19. Muitas linhas de campo magnético de um ímã em barra traçadas desta maneira são mostradas pela representação gráfica bidimensional da Figura Ativa 22.1. É possível exibir padrões de campo magnético de um ímã de barra utilizando pequenas limalhas de ferro, como mostra a Figura 22.2.

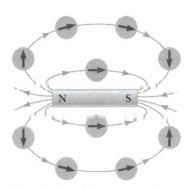

Figura Ativa 22.1 Agulhas de bússola podem ser usadas para traçar as linhas de campo magnético na região fora do ímã em forma de barra.

Podemos quantificar o campo magnético $\vec{B}$ usando nosso modelo de uma partícula em um campo, como o modelo discutido para a gravidade no Capítulo 11, e para a eletricidade no Capítulo 19. A existência de um campo magnético em algum ponto do espaço pode ser determinada medindo a **força magnética** $\vec{F}_B$ exercida sobre uma partícula de prova adequada colocada naquele ponto. Este processo é o mesmo que nós trabalhamos na definição do campo elétrico no Capítulo 19. Nossa partícula de prova será uma partícula eletricamente carregada, como um próton. Se realizarmos tal experimento, encontraremos os seguintes resultados que são semelhantes àqueles encontrados nos experimentos sobre forças elétricas:

- A força magnética é proporcional à carga q da partícula.
- A força magnética sobre uma carga negativa é oposta à força sobre uma carga positiva se movimentando no mesmo sentido.
- A força magnética é proporcional ao módulo do vetor $\vec{B}$ do campo magnético.

Os seguintes resultados, que são *totalmente diferentes* daqueles encontrados nos experimentos das forças elétricas, também foram encontrados:

- A força magnética é proporcional à velocidade v da partícula.
- Se o vetor da velocidade forma um ângulo θ com o campo magnético, o módulo da força magnética é proporcional a sen θ.
- Quando uma partícula carregada movimenta-se *paralelamente* ao vetor do campo magnético, a força magnética sobre a carga é zero.
- Quando uma partícula carregada movimenta-se em uma direção *não* paralela ao vetor do campo magnético, a força magnética age em uma direção perpendicular a $\vec{v}$ e $\vec{B}$; ou seja, a força magnética é perpendicular ao plano formado por $\vec{v}$ e $\vec{B}$.

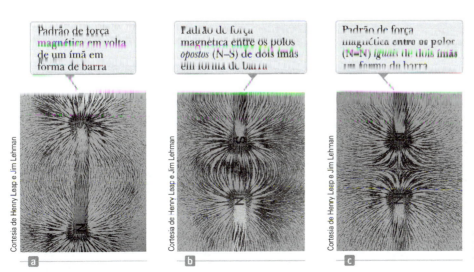

Figura 22.2 Padrões de campo magnético podem ser exibidos com limalhas de ferro colocadas sobre um papel próximo aos ímãs.

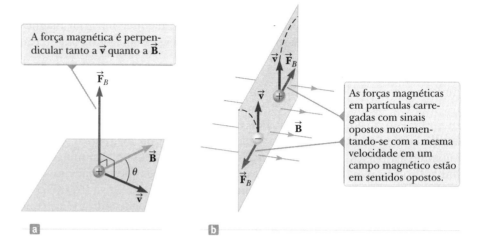

Figura 22.3 (a) Sentido da força magnética $\vec{F}_B$ agindo sobre uma partícula carregada movendo-se com uma velocidade $\vec{v}$ na presença de um campo magnético $\vec{B}$. (b) Forças magnéticas em cargas positivas e negativas. As linhas tracejadas mostram as trajetórias das partículas, que são estudadas na Seção 22.3.

Estes resultados mostram que a força magnética sobre uma partícula é mais complicada do que a força elétrica. A força magnética é distinta, pois depende da velocidade da partícula, já que sua direção é perpendicular tanto a $\vec{v}$ quanto a $\vec{B}$. A Figura 22.3 mostra os detalhes da direção da força magnética sobre uma partícula carregada. Apesar deste comportamento complexo, essas observações podem ser resumidas de maneira compacta, escrevendo a força magnética da seguinte forma:

▶ Equação vetorial para a força magnética sobre uma partícula carregada movimentando-se em um campo magnético

$$\vec{F}_B = q\vec{v} \times \vec{B}$$ 22.1 ◀

onde o sentido da força magnética é $\vec{v} \times \vec{B}$ que, por definição do produto vetorial, é perpendicular tanto a $\vec{v}$ quanto a $\vec{B}$. A Equação 22.1 é análoga à Equação 19.4, $\vec{F}_e = q\vec{E}$, mas é claramente mais complexa. Podemos considerar a Equação 22.1 como uma definição operacional do campo magnético em um ponto no espaço. A unidade SI do campo magnético é o **tesla** (T), onde

$$1\ T = 1\ N \cdot s/C \cdot m$$

A Figura 22.4 mostra duas regras da mão direita para determinar a direção e o sentido do produto vetorial $\vec{v} \times \vec{B}$ e a direção e o sentido de $\vec{F}_B$. A regra na Figura 22.4a depende da nossa regra da mão direita para o produto vetorial na Figura 10.13. Aponte quatro dedos da sua mão direita no sentido de $\vec{v}$ com a palma da mão voltada para $\vec{B}$, e gire-os em direção à $\vec{B}$. Seu polegar estendido, que está em ângulo reto em relação aos outros dedos, aponta no sentido $\vec{v} \times \vec{B}$. Portanto $\vec{F}_B = q\vec{v} \times \vec{B}$, $\vec{F}_B$ está no sentido do seu polegar se q for positivo, e no sentido oposto ao seu polegar se q for negativo.

Figura 22.4 Duas regras da mão direita para determinar a direção e o sentido da força magnética $\vec{F}_B = q\vec{v} \times \vec{B}$ agindo sobre uma partícula com carga positiva q movendo-se com uma velocidade $\vec{v}$ em um campo magnético $\vec{B}$. (a) Nessa regra, a força magnética está no sentido em que seu polegar aponta. (b) Nessa regra, a força magnética está no sentido da sua palma, como se você estivesse empurrando a partícula com a sua mão.

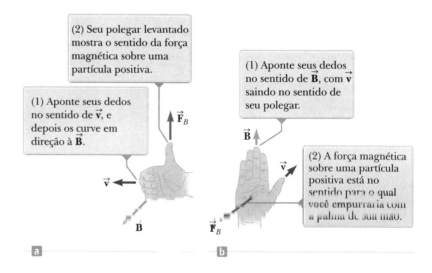

Uma regra alternativa é mostrada na Figura 22.4b. Aqui o polegar aponta no sentido de $\vec{v}$, e os dedos erguidos no sentido de $\vec{B}$. Agora, a força $\vec{F}_B$ em uma carga positiva estende-se para fora da palma da mão. A vantagem desta regra é que a força sobre a carga está no sentido em que você empurraria alguma coisa com a sua mão, para fora da palma da sua mão. A força sobre uma carga negativa está no sentido oposto. Fique à vontade para usar uma dessas regras da mão direita.

O módulo da força magnética é

$$F_B = |q|vB \operatorname{sen} \theta \qquad 22.2$$

◀ ▶ Módulo da força magnética sobre uma partícula carregada movimentando-se em um campo magnético

onde θ é o ângulo entre $\vec{v}$ e $\vec{B}$. Com base nessa expressão, observa-se que F_B é zero quando $\vec{v}$ é paralelo ou antiparalelo a $\vec{B}$ ($\theta = 0$ ou $180°$). Além disso, a força possui valor máximo $F_B = |q|vB$ quando $\vec{v}$ é perpendicular a $\vec{B}$ ($\theta = 90°$).

Vamos resumir as diferenças importantes entre forças elétricas e magnéticas em partículas carregadas:

- O vetor da força elétrica está na direção do campo elétrico, enquanto o vetor da força magnética é perpendicular ao campo magnético.
- A força elétrica age sobre uma partícula carregada, independentemente se a partícula está se movimentando ou não, enquanto a força magnética age sobre uma partícula apenas quando a partícula está em movimento.
- A força elétrica age deslocando uma partícula carregada, realizando trabalho, enquanto a força magnética associada a um campo magnético constante não realiza trabalho quando a partícula está em movimento.

Esta última afirmação é verdadeira, porque quando uma carga se movimenta em um campo magnético constante, a força magnética é sempre *perpendicular* ao deslocamento do seu ponto de aplicação. Ou seja, para um pequeno deslocamento $d\vec{s}$ de uma partícula, o trabalho realizado pela força magnética sobre a partícula é $dW = \vec{F}_B \cdot d\vec{s} = (\vec{F}_B \cdot \vec{v})\,dt = 0$, porque a força magnética é um vetor perpendicular a $\vec{v}$. Com base nessa propriedade e no teorema do trabalho-energia cinética, conclui-se que a energia cinética de uma partícula carregada *não pode* ser alterada por um campo magnético constante sozinho. Em outras palavras, quando uma carga se movimenta com uma velocidade de $\vec{v}$, um campo magnético aplicado pode alterar a direção do vetor da velocidade, mas não pode alterar o módulo da velocidade da partícula.

Nas Figuras 22.3 e 22.4, usamos setas para representar os vetores do campo magnético, que serão o padrão adotado nesse livro.[1] O estudo dos campos magnéticos apresenta uma complicação que é evitada nos campos elétricos. Em nosso estudo de campos elétricos, foram desenhados todos os vetores do campo elétrico no plano da página, ou foi usada uma perspectiva para representá-los diretamente em um ângulo para a página. O produto vetorial na Equação 22.1 nos leva a pensar em três dimensões para problemas no magnetismo. Portanto, além de vetores desenhados apontando para a esquerda ou para a direita, ou para cima ou para baixo, precisaremos de um método de mostrar vetores apontando para dentro ou para fora da página. Esse método de representação dos vetores está ilustrado na Figura 22.5. Um vetor saindo da página é representado por um ponto, que podemos pensar como a ponta da flecha representando o vetor vindo através do papel em direção a nós (Fig. 22.5a). Um vetor entrando na página é representado por uma cruz, que podemos pensar como penas na extremidade de uma flecha entrando na página (Fig. 22.5b). Esta representação pode ser usada para qualquer tipo de vetor que será encontrado: campo magnético, velocidade, força e assim por diante.

Linhas de campo magnético saindo do plano do papel são indicadas por pontos, representando as pontas das flechas vindas para fora.

$\vec{B}_{fora}$

a

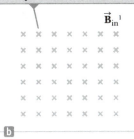

As linhas do campo magnético entrando no plano do papel são indicadas por cruzes, representando as extremidades das flechas indo para o interior.

$\vec{B}_{in}$[1]

b

Figura 22.5 Representações de linhas de campo magnético perpendiculares ao plano da página.

TESTE RÁPIDO 22.1 Um elétron movimenta-se no plano do papel em direção ao topo da página. Um campo magnético também está no plano da página, e direcionado para a direita. Qual é o sentido da força magnética sobre o elétron? (**a**) para o topo da página (**b**) para o final da página (**c**) para o canto esquerdo da página (**d**) para o canto direito da página (**e**) para cima da página (**f**) para baixo da página.

---

[1] Neste Capítulo será utilizado várias vezes o símbolo $\vec{B}_{in}$ que significa que o campo magnético está entrando no plano do papel.

> **PENSANDO EM FÍSICA 22.1**
>
> Em uma viagem a negócios para a Austrália, você leva junto sua bússola feita nos EUA, que você costumava usar na época de escoteiro. Esta bússola funciona corretamente na Austrália?
>
> **Raciocínio** Não há nenhum problema em usar a bússola na Austrália. O polo norte magnético da bússola será atraído para o polo sul magnético da Terra, perto do polo geográfico norte, assim como nos Estados Unidos. A única diferença nas linhas do campo magnético é que elas possuem uma componente ascendente na Austrália, ao passo que nos Estados Unidos, possuem componentes descendentes. Ao segurar a bússola em um plano horizontal, ela não consegue detectar a componente vertical do campo; portanto, ela só mostra a direção da componente horizontal do campo magnético. ◀

Exemplo **22.1** | Um elétron movimentando-se em um campo magnético

Um elétron em uma imagem de televisão de tubo se movimenta para a frente do tubo com uma velocidade de $8,0 \times 10^6$ m/s ao longo do eixo x (Fig. 22.6). Em volta do tubo, encontram-se bobinas que criam um campo magnético de módulo 0,025 T com um ângulo de 60° em relação ao eixo x, estendendo-se pelo plano xy. Calcule a força magnética sobre o elétron.

SOLUÇÃO

Conceitualização Lembre-se de que a força magnética sobre uma partícula carregada é perpendicular ao plano formado pelos vetores velocidade e campo magnético. Use uma das regras da mão direita da Figura 22.4 para se convencer de que o sentido da força sobre o elétron está para baixo na Figura 22.6.

Categorização Avaliamos a força magnética usando uma equação desenvolvida nesta seção, assim, categorizamos este exemplo como um problema de substituição.

Use a Equação 22.2 para encontrar o módulo da força magnética:

$$F_B = |q|vB \text{ sen } \theta$$
$$= (1,6 \times 10^{-19} \text{ C})(8,0 \times 10^6 \text{ m/s})(0,025 \text{ T})(\text{sen } 60°)$$
$$= 2,8 \times 10^{-14} \text{ N}$$

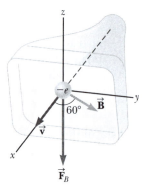

Figura 22.6 (Exemplo 22.1) A força magnética $\vec{F}_B$ agindo sobre o elétron está no sentido negativo do eixo z quando $\vec{v}$ e $\vec{B}$ estão no plano xy.

Para um uso prático do produto vetorial, expresse esta força em notação vetorial usando a Equação 22.1.

22.3 | Movimento de uma partícula carregada em um campo magnético uniforme

Na Seção 22.2, descobrimos que a força magnética agindo sobre uma partícula carregada movimentando-se em um campo magnético é perpendicular à velocidade da partícula e, consequentemente, o trabalho realizado pela força magnética sobre a partícula é zero. Agora, considere o caso especial de uma partícula positivamente carregada movimentando-se em um campo magnético uniforme com o vetor velocidade inicial da partícula perpendicular ao campo. Vamos compreender que o sentido do campo magnético aponta para dentro da página como na Figura Ativa 22.7. Conforme a partícula muda a direção da sua velocidade em resposta à força magnética, a força magnética permanece perpendicular à velocidade. Conforme descobrimos na Seção 5.2, se a força é sempre perpendicular à velocidade, a trajetória da partícula é um círculo! A Figura Ativa 22.7 mostra a partícula movimentando-se em um círculo, em um plano perpendicular ao campo magnético. Embora as forças magnéticas e o magnetismo possam ser novos e desconhecidos para você agora, vemos um efeito magnético que resulta em algo que conhecemos: a partícula em movimento circular uniforme!

A partícula movimenta-se em um círculo, pois a força magnética $\vec{F}_B$ é perpendicular a $\vec{v}$ e $\vec{B}$ e possui módulo constante qvB. Conforme a Figura Ativa 22.7 ilustra, a rotação é no sentido anti-horário para uma carga positiva em um campo magnético direcionado para dentro da página. Se q fosse negativo, a rotação seria no sentido horário. Utilizamos a partícula em um modelo de força resultante para formular a Segunda Lei de Newton para a partícula:

$$\sum F = F_B = ma$$

Como a partícula move-se em um círculo, também a modelamos como em movimento circular uniforme e substituímos a aceleração pela aceleração centrípeta:

$$F_B = qvB = \frac{mv^2}{r}$$

Esta expressão leva à seguinte equação para o raio da trajetória circular:

$$r = \frac{mv}{qB} \qquad \text{22.3} \blacktriangleleft$$

Ou seja, o raio da trajetória é proporcional ao momento linear mv da partícula, e inversamente proporcional ao módulo da carga da partícula e ao módulo do campo magnético. A velocidade angular da partícula é (da Eq. 10.10)

$$\omega = \frac{v}{r} = \frac{qB}{m} \qquad \text{22.4} \blacktriangleleft$$

O período do movimento (o intervalo de tempo necessário para a partícula completar uma revolução) é igual à circunferência da trajetória circular dividida pela velocidade da partícula:

$$T = \frac{2\pi r}{v} = \frac{2\pi}{\omega} = \frac{2\pi m}{qB} \qquad \text{22.5} \blacktriangleleft$$

Os resultados mostram que a velocidade angular da partícula e o período do movimento circular não dependem da velocidade translacional da partícula ou do raio da órbita para uma dada partícula em um dado campo magnético uniforme. A velocidade angular ω geralmente é referenciada como **frequência cíclotron**, pois as partículas carregadas circulam nesta velocidade angular em um tipo de acelerador chamado *cíclotron*, discutido na Seção 22.4.

Se uma partícula carregada se movimenta em um campo magnético uniforme com sua velocidade em algum ângulo arbitrário a $\vec{B}$, sua trajetória é uma hélice. Por exemplo, se o campo está na direção x, como na Figura Ativa 22.8, não existe componente de força sobre a partícula na direção x. Como resultado, $a_x = 0$ e, portanto, a componente x de velocidade da partícula permanece constante. A força magnética $q\vec{v} \times \vec{B}$ faz as componentes v_y e v_z mudarem no tempo; entretanto, o movimento resultante da partícula é uma hélice tendo seu eixo paralelo ao campo magnético. A projeção da trajetória dentro do plano yz (visto ao longo do eixo x) é um círculo. (As projeções da trajetória dentro dos planos xy e xz são senoidais!) As Equações 22.3 a 22.5 ainda se aplicam, dado que v é substituído por $v_\perp = \sqrt{v_y^2 + v_z^2}$. No plano yz, a partícula carregada é modelada como uma partícula em movimento circular uniforme sob ação de uma força resultante. Na direção x, a partícula carregada é modelada como uma partícula com velocidade constante.

A força magnética $\vec{F}_B$ agindo sobre a carga é sempre dirigida para o centro do círculo.

Figura Ativa 22.7 Quando a velocidade de uma partícula carregada é perpendicular a um campo magnético uniforme, a partícula se movimenta em uma trajetória circular em um plano perpendicular a $\vec{B}$.

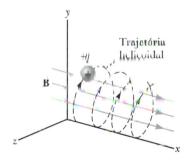

Figura Ativa 22.8 Uma partícula carregada possuindo um vetor de velocidade com uma componente paralela a um campo magnético uniforme movimenta-se em uma trajetória helicoidal.

TESTE RÁPIDO 22.2 Uma partícula carregada movimenta-se perpendicularmente em um campo magnético, em um círculo com um raio r. **(i)** Uma partícula idêntica entra no campo, com $\vec{v}$ perpendicular a $\vec{B}$, mas com uma velocidade maior que a da primeira partícula. Comparada ao raio do círculo para a primeira partícula, o raio da trajetória circular para a segunda partícula é (a) menor, (b) maior, ou (c) igual em tamanho? **(ii)** O módulo da força magnética é aumentado. Com base nas mesmas escolhas, compare o raio da nova trajetória circular da primeira partícula com o raio da sua trajetória inicial.

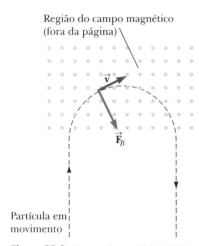

Figura 22.9 (Pensando em Física 22.2) Uma partícula positivamente carregada entra na região do campo magnético dirigido para fora do plano da página.

PENSANDO EM FÍSICA 22.2

Imagine que haja um campo magnético uniforme em uma região finita do espaço, como na Figura 22.9. Você consegue introduzir uma partícula carregada dentro desta região e deixá-la presa ali pela força magnética?

Raciocínio Considere separadamente as componentes paralela e perpendicular da velocidade da partícula em relação às linhas de campo na região. Para a componente paralela às linhas de campo, nenhuma força é exercida sobre a partícula e ela continua se movimentando com a componente paralela até que ela deixe a região do campo magnético. Agora considere a componente perpendicular às linhas do campo. Esta componente resulta em uma força magnética que é perpendicular às duas linhas de campo e à componente da velocidade. Conforme discutido anteriormente, se a força agindo sobre uma partícula carregada é sempre perpendicular à sua velocidade, a partícula se movimenta em uma trajetória circular. Portanto, a partícula segue metade de um arco circular e sai da região de atuação do campo, como mostrado na Figura 22.9. Desse modo, uma partícula introduzida dentro de um campo magnético uniforme pode não permanecer presa à região do campo. ◄

Exemplo 22.2 | Um próton movimentando-se perpendicularmente a um campo magnético uniforme

Um próton movimenta-se em uma órbita circular de raio 14 cm em um campo magnético de 0,35 T e uniforme perpendicular à velocidade do próton. Encontre a velocidade do próton.

SOLUÇÃO

Conceitualização Com base na nossa discussão nesta seção, sabemos que o próton segue uma trajetória circular ao se movimentar perpendicularmente a um campo magnético uniforme.

Categorização Obtemos a velocidade do próton utilizando uma equação desenvolvida nesta seção, por isso categorizamos este exemplo como um problema de substituição.

Resolva a Equação 22.3 para a velocidade da partícula:
$$v = \frac{qBr}{m_p}$$

Substitua os valores numéricos:
$$v = \frac{(1{,}60 \times 10^{-19}\,\text{C})(0{,}35\,\text{T})(0{,}14\,\text{m})}{1{,}67 \times 10^{-27}\,\text{kg}}$$
$$= \boxed{4{,}7 \times 10^6\,\text{m/s}}$$

E se? E se um elétron, em vez de um próton, se movimentasse em uma direção perpendicular ao mesmo campo magnético com essa mesma velocidade? O raio de sua órbita seria diferente?

Resposta Um elétron possui uma massa muito menor que a de um próton, então a força magnética seria capaz de alterar sua velocidade com muito mais facilidade do que alteraria para um próton. Portanto, esperamos que o raio seja menor. A Equação 22.3 mostra que r é proporcional a m com q, B e v da mesma forma para o elétron como para o próton. Consequentemente, o raio será menor pelo mesmo fator da proporção das massas m_e/m_p.

Exemplo 22.3 | Curvando um feixe de elétron

Em um experimento projetado para medir o módulo de um campo magnético uniforme, elétrons são acelerados a partir do repouso por uma diferença de potencial de 350 V, e em seguida entram em um campo magnético uniforme que é perpendicular ao vetor velocidade dos elétrons. Estes percorrem um caminho curvo devido à força magnética exercida neles, e o raio do caminho é medido em 7,5 cm (esse feixe curvo de elétrons é mostrado na Fig. 22.10).

(A) Qual é o módulo do campo magnético?

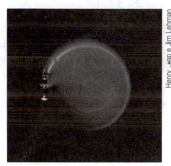

Figura 22.10 (Exemplo 22.3) A curvatura de um feixe de elétron em um campo magnético.

SOLUÇÃO

Conceitualização Este exemplo envolve elétrons que aceleram a partir do repouso devido a uma força elétrica, e então se movem em um caminho circular devido a uma força magnética. Com a ajuda da Figura Ativa 22.7 e da Figura 22.10, visualize o movimento circular dos elétrons.

Categorização A Equação 22.3 mostra que precisamos da velocidade v do elétron para encontrar o módulo do campo magnético, e v não é dada. Portanto, devemos encontrar a velocidade do elétron com base na diferença de potencial pela qual ele é acelerado. Para fazê-lo, categorizamos a primeira parte do problema ao modelar um elétron e o campo elétrico como um sistema isolado. Uma vez que o elétron entra no campo magnético, categorizamos a segunda parte do problema como semelhante ao que já estudamos nesta seção.

Análise Escreva uma redução adequada da equação da conservação de energia, Equação 7.2, para o sistema elétron-campo elétrico:

$$\Delta K + \Delta U = 0$$

Substitua as energias inicial e final apropriadas:

$$(\tfrac{1}{2} m_e v^2 - 0) + (q\,\Delta V) = 0$$

Resolva para a velocidade do elétron:

$$v = \sqrt{\frac{-2q\,\Delta V}{m_e}}$$

Substitua os valores numéricos:

$$v = \sqrt{\frac{-2(-1{,}60 \times 10^{-19}\,\text{C})(350\,\text{V})}{9{,}11 \times 10^{-31}\,\text{kg}}} = 1{,}11 \times 10^7\,\text{m/s}$$

Agora imagine o elétron entrando no campo magnético com essa velocidade. Resolva a Equação 22.3 para o módulo do campo magnético:

$$B = \frac{m_e v}{er}$$

Substitua os valores numéricos:

$$B = \frac{(9{,}11 \times 10^{-31}\,\text{kg})(1{,}11 \times 10^7\,\text{m/s})}{(1{,}60 \times 10^{-19}\,\text{C})(0{,}075\,\text{m})} = 8{,}4 \times 10^{-4}\,\text{T}$$

(B) Qual é a velocidade angular dos elétrons?

SOLUÇÃO

Use a Equação 10.10:

$$\omega = \frac{v}{r} = \frac{1{,}11 \times 10^7\,\text{m/s}}{0{,}075\,\text{m}} = 1{,}5 \times 10^8\,\text{rad/s}$$

Finalização A velocidade angular pode ser representada como $\omega = (1{,}5 \times 10^8\,\text{rad/s})(1\,\text{rev}/2\pi\,\text{rad}) = 2{,}4 \times 10^7\,\text{rev/s}$. Os elétrons passam pelo círculo 24 milhões de vezes por segundo! Esta resposta é consistente com a alta velocidade encontrada na parte (A).

E se? E se um pico súbito de tensão fizer com que a tensão de aceleração aumente para 400 V? Como isto afetaria a velocidade angular dos elétrons, supondo que o campo magnético se mantenha constante?

Resposta O aumento na tensão em aceleração ΔV faz com que os elétrons entrem no campo magnético com velocidade v mais alta. A velocidade mais alta faz com que percorram um círculo com raio r maior. A velocidade angular

continua

148 | Princípios de física

> **22.3** cont.
>
> é a proporção de v em relação a r. Tanto v quanto r aumentam pelo mesmo fator, então os efeitos se cancelam e a velocidade angular permanece a mesma. A Equação 22.4 é uma expressão para a frequência cíclotron, que é a mesma que a velocidade angular dos elétrons. A frequência cíclotron depende somente da carga q, do campo magnético B e da massa m_e, sendo que nenhuma delas mudou. Portanto, o pico de tensão não tem efeito na velocidade angular (na verdade, entretanto, o pico de tensão também pode aumentar o campo magnético se este for alimentado pela mesma fonte que a tensão em aceleração. Neste caso, a velocidade angular aumenta de acordo com a Eq. 22.4).

22.4 | Aplicações envolvendo partículas carregadas em movimento em um campo magnético

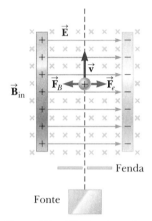

Figura Ativa 22.11 Seletor de velocidade. Quando uma partícula positivamente carregada movimenta-se com velocidade $\vec{v}$ na presença de um campo magnético direcionado para dentro da página e um campo elétrico direcionado para a direita, ela experimenta uma força elétrica $q\vec{E}$ para a direita e uma força magnética $q\vec{v} \times \vec{B}$ para a esquerda.

Uma carga movimentando-se com velocidade $\vec{v}$ na presença de um campo elétrico $\vec{E}$ e um campo magnético $\vec{B}$ experimenta tanto uma força elétrica $q\vec{E}$ quanto uma força magnética $q\vec{v} \times \vec{B}$. A força total, denominada **força de Lorentz**, que age na carga é, portanto, a soma vetorial

$$\vec{F} = q\vec{E} + q\vec{v} \times \vec{B} \qquad 22.6 \blacktriangleleft$$

Nesta seção, estudaremos três aplicações envolvendo partículas sujeitas à força de Lorentz.

Seletor de velocidade

Em vários experimentos envolvendo partículas carregadas em movimento, é importante que todas se movam essencialmente com a mesma velocidade, que pode ser atingida ao aplicar a combinação de um campo elétrico e um campo magnético orientados como mostra a Figura Ativa 22.11. Um campo elétrico uniforme é direcionado para a direita (no plano da página na Fig. Ativa 22.11) e um campo magnético uniforme é aplicado na direção perpendicular ao campo elétrico (para dentro da página da Fig. Ativa 22.11). Se q for positivo e a velocidade $\vec{v}$ é para cima, a força magnética $q\vec{v} \times \vec{B}$ está à esquerda e a força elétrica $q\vec{E}$ está à direita. Quando os módulos de dois campos são escolhidos de modo que $qE = qvB$, a partícula carregada é modelada como em equilíbrio e se move em linha vertical reta pela região dos campos. Com base na expressão $qE = qvB$, descobrimos que

$$v = \frac{E}{B} \qquad 22.7 \blacktriangleleft$$

Somente as partículas com essa velocidade passam sem ser desviadas pelos campos elétrico e magnético, mutuamente perpendiculares. A força magnética exercida nas partículas que se movem a velocidades superiores a este valor é mais forte que a força elétrica, e elas são desviadas para a esquerda. As que se movem a velocidades inferiores são desviadas para a direita.

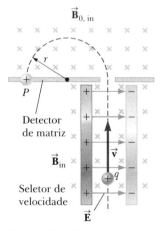

Figura Ativa 22.12 Espectrômetro de massa. Partículas carregadas positivamente são enviadas primeiro por um seletor de velocidade e, após, até uma região onde o campo magnético $\vec{B}_0$ faz com que as partículas se movam num caminho semicircular e atinjam uma matriz detectora em P.

O espectrômetro de massa

Um **espectrômetro de massa** separa íons de acordo com sua proporção massa-carga. Em uma versão desse dispositivo, conhecido como *espectrômetro de massa de Bainbridge*, um feixe de íons passa primeiro por um seletor de velocidade e, em seguida, entra em um segundo campo magnético uniforme $\vec{B}_0$ que tem a mesma direção do campo magnético no seletor (Fig. Ativa 22.12). Ao entrar nele, os íons se movem em um semicírculo de raio r antes de atingir uma matriz detectora em P. Se os íons estão carregados positivamente, o feixe desvia para a esquerda, como mostra a Figura

Ativa 22.12. Caso os íons estejam carregados negativamente, o feixe desvia para a direita. Da Equação 22.3, podemos expressar a razão m/q como

$$\frac{m}{q} = \frac{rB_0}{v}$$

Usando a Equação 22.7 tem-se

$$\frac{m}{q} = \frac{rB_0 B}{E} \qquad \text{22.8} \blacktriangleleft$$

Portanto, podemos determinar m/q medindo o raio da curvatura e conhecendo os módulos dos campos B, B_0 e E. Na prática, geralmente medimos as massas de vários isótopos de um dado íon com todos os íons carregando a mesma carga q. Deste modo, as proporções de massa podem ser determinadas mesmo se q for desconhecido.

Uma variação desta técnica foi usada por J. J. Thomson (1856-1940), em 1897, para medir a proporção e/m_e para elétrons. A Figura 22.13a mostra o aparato básico que ele utilizou. Os elétrons são acelerados do catodo e passam por duas fendas. Então, são levados a uma região de campos elétricos e magnéticos. Os módulos dos dois campos são ajustados primeiro para produzir um feixe não desviado. Quando o campo magnético é desligado, o campo elétrico produz um desvio do feixe que é registrado na tela fluorescente. A partir do tamanho do desvio e dos valores medidos de E e B, a razão carga-massa pode ser determinada. Os resultados deste experimento crucial representam a descoberta do elétron como uma partícula fundamental da natureza.

O cíclotron

Um **cíclotron** é um dispositivo que pode acelerar partículas carregadas a velocidades muito altas. As forças elétrica e magnética desempenham um papel fundamental em seu funcionamento. As partículas energéticas geradas são utilizadas para bombardear núcleos atômicos e assim produzir reações nucleares de interesse de pesquisadores. Vários hospitais utilizam instalações de cíclotron para produzir substâncias radioativas para diagnóstico e tratamento, bem como feixes de partículas de alta energia para tratamento de câncer. No momento dessa publicação, existem 37 centros de terapia de próton ao redor do mundo. **BIO** Uso de cíclotrons na medicina
Esses centros usam tanto os cíclotrons quanto outros aceleradores de partícula, denominados síncrotron, de modo a acelerar os prótons com altas velocidades para serem usados em radioterapia de feixe externo para o tratamento do câncer. Enfermidades tratadas com terapia por próton incluem câncer de próstata, retinoblastoma (um câncer de olhos), câncer de cabeça e pescoço, melanoma ocular e neuroma acústico.

Figura 22.13 (a) Aparato de Thomson para medir e/m_e. (b) J. J. Thomson (*esquerda*) no Cavendish Laboratory, Universidade de Cambridge. O homem à direita, Frank Baldwin Jewett, é um parente distante de John W. Jewett Jr., coautor desse texto.

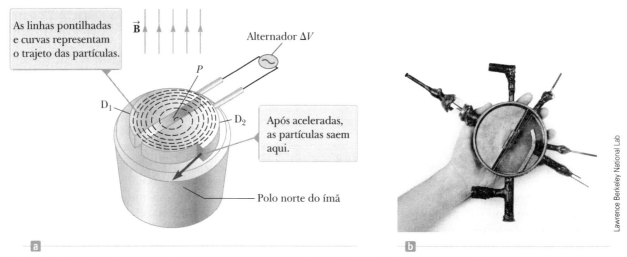

Figura 22.14 (a) Um cíclotron consiste em uma fonte de íon em *P*, dois "dês", D₁ e D₂, por onde uma diferença potencial alternada é aplicada, e um campo magnético uniforme. (b) O primeiro cíclotron, inventado por E. O. Lawrence e M. S. Livingston em 1934.

Um desenho esquemático de um cíclotron é apresentado na Figura 22.14a. As cargas movimentam-se dentro de dois recipientes semicirculares de metal côncavos, D₁ e D₂, conhecidos como *dês*, pois seu formato é igual à letra D. Uma diferença potencial alternativa de alta frequência é aplicada aos "dês" e um campo magnético uniforme é direcionado perpendicularmente a eles. Um íon positivo lançado em *P* próximo ao centro do ímã em um "dê" move-se em um caminho semicircular (indicado pela linha tracejada no desenho), e chega à lacuna no intervalo de tempo *T*/2, onde *T* é o intervalo de tempo necessário para completar um percurso total entre dois "dês", dado pela Equação 22.5. A frequência da diferença de potencial aplicada é ajustada de forma que a polaridade dos "dês" seja invertida no mesmo intervalo de tempo durante o qual o íon viaja em torno de um "dê". Se a diferença de potencial aplicada for ajustada de modo que D₁ esteja em um potencial elétrico inferior a D₂ por uma quantidade ΔV, o íon acelera pela lacuna até D₁ e sua energia cinética aumenta por uma quantidade $q\Delta V$. Ele então se move em torno de D₁ num caminho semicircular de raio maior (porque sua velocidade aumenta). Após um intervalo de tempo *T*/2, chega novamente à lacuna entre os "dês". Nesse momento, a polaridade dos "dês" inverte-se novamente e o íon recebe outro "chute" pela lacuna. O movimento continua de modo que para cada trajeto semicircular, o íon ganha energia cinética adicional igual a $q\Delta V$. Quando o raio do seu trajeto for próximo ao dos "dês", o íon energético deixa o sistema por meio da fenda de saída. É importante observar que a operação do cíclotron está baseada em *T* ser independente da velocidade do íon e do raio do seu trajeto circular (Eq. 22.5).

É possível obter uma expressão para a energia cinética do íon quando ela sai do cíclotron, em termos do raio *R* dos "dês". A partir da Equação 22.3, sabemos que $v = qBR/m$. Portanto, a energia cinética é

$$K = \tfrac{1}{2}mv^2 = \frac{q^2 B^2 R^2}{2m}$$ 22.9 ◀

> **Prevenção de Armadilhas | 22.1**
> **O Cíclotron não é tecnologia de ponta**
> O cíclotron é importante historicamente porque foi o primeiro acelerador de partículas a produzir partículas com velocidades muito altas. Os cíclotrons ainda estão em uso em aplicações médicas, mas a maior parte dos aceleradores para uso em pesquisas atualmente não é cíclotron. Os aceleradores de pesquisa trabalham com um princípio diferente e são geralmente chamados *síncrotrons*.

Quando a energia dos íons em um cíclotron ultrapassa cerca de 20 MeV, efeitos relativísticos entram em ação. Por este motivo, os íons em movimento não permanecem em fase com a diferença de potencial aplicada. Alguns aceleradores superam este problema ao modificar o período da diferença de potencial aplicada de modo que ela permaneça em fase com os íons em movimento.

22.5 | A força magnética em um condutor transportando corrente

Por exercer uma força magnética sobre uma única partícula carregada quando ela se movimenta através de um campo magnético externo, não é surpresa descobrir que um fio condutor percorrido por corrente também experimenta uma força magnética quando colocado em um campo magnético externo. Isso acontece porque a corrente

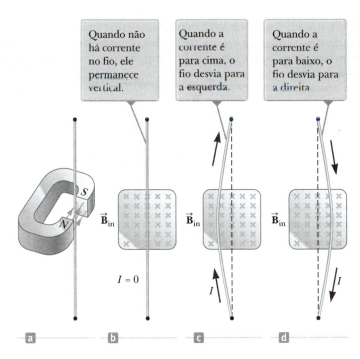

Figura 22.15 (a) Fio suspenso verticalmente entre os polos de um ímã. (b) a (d) A configuração mostrada em (a) como vista olhando do polo sul do ímã, de modo que o campo magnético (cruzes) seja direcionado para dentro da página.

representa uma coleção de muitas partículas carregadas em movimento. Assim, a força resultante exercida pelo campo no fio é a soma vetorial de forças individuais exercidas em todas as partículas carregadas que formam a corrente. A força exercida na partícula é transmitida para o fio quando as partículas colidem com os átomos que o formam.

A força magnética sobre um condutor percorrido por corrente pode ser demonstrada pendurando um fio entre os polos de um ímã, conforme a Figura 22.15, em que o campo magnético é direcionado para dentro da página. O fio desvia para a esquerda ou para a direita quando uma corrente passa por ele.

Vamos quantificar esta discussão considerando um segmento direto de fio, com comprimento L e área de seção transversal A, que transporta uma corrente I em um campo magnético externo $\vec{B}$, como na Figura 22.16. Como um modelo de simplificação, devemos ignorar o movimento em zigue-zague de alta velocidade das cargas no fio (o que é válido, pois a velocidade média associada a este movimento é zero) e assumir que as cargas simplesmente se movimentam com a velocidade de deriva $\vec{v}_d$.

A força magnética sobre uma carga q movimentando-se com velocidade $\vec{v}_d$ é $q\vec{v}_d \times \vec{B}$. Para encontrar a força magnética total no segmento do fio, multiplicamos a força magnética em cada carga pelo número de cargas no segmento. Pelo fato de o volume do segmento ser AL, o número de cargas no segmento é nAL, em que n é o número de cargas por unidade de volume. Portanto, a força magnética total sobre o comprimento do fio L é

$$\vec{F}_B = (q\vec{v}_d \times \vec{B})\, nAL$$

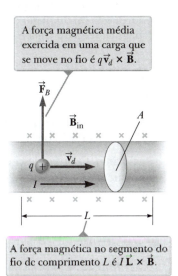

Figura 22.16 Um segmento de fio percorrido por corrente em um campo magnético $\vec{B}$.

Esta equação pode ser escrita de forma mais conveniente, observando que, a partir da Equação 21.4, a corrente no fio é $I = nqv_d A$. Portanto, $\vec{F}_B$ pode ser expresso como

$$\vec{F}_B = I\vec{L} \times \vec{B} \qquad 22.10 \blacktriangleleft$$

onde $\vec{L}$ é um vetor na direção da corrente I; o módulo de $\vec{L}$ iguala o comprimento do segmento. Observe que esta expressão só é aplicada em um segmento direto de fio, em um campo magnético externo uniforme.

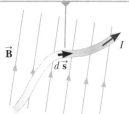

Figura 22.17 Um segmento de fio com formato arbitrário transportando uma corrente I em um campo magnético $\vec{B}$ experimenta uma força magnética.

A força magnética em qualquer segmento $d\vec{s}$ é $I\,d\vec{s}\times\vec{B}$ e está direcionado para fora da página.

Agora considere um fio com formato arbitrário de corte transversal uniforme em um campo magnético como na Figura 22.17. Isso vem da Equação 22.10, em que a força magnética sobre um segmento de fio muito pequeno ds na presença de um campo externo $\vec{B}$ é

$$d\vec{F}_B = I\,d\vec{s}\times\vec{B} \qquad 22.11 \blacktriangleleft$$

onde $d\vec{s}$ é um vetor que representa o segmento de comprimento, com sua direção sendo a mesma da corrente, e $d\vec{F}_B$ está direcionada para fora da página para as direções consideradas na Figura 22.17. Podemos considerar a Equação 22.11 como uma definição alternativa de $\vec{B}$ para a Equação 22.1. Ou seja, o campo $\vec{B}$ pode ser definido em termos de uma força mensurável exercida em um elemento de corrente, em que a força é máxima quando $\vec{B}$ é perpendicular ao elemento e zero quando $\vec{B}$ estiver paralelo a ele.

Para obter a força magnética total $\vec{F}_B$ agindo no fio entre os pontos arbitrários a e b, integramos a Equação 22.11 tendo como limites esses pontos:

$$\vec{F}_B = I\int_a^b d\vec{s}\times\vec{B} \qquad 22.12 \blacktriangleleft$$

Quando essa integração é efetuada, o módulo do campo magnético e a direção que o campo faz com o vetor $d\vec{s}$ podem divergir em pontos diferentes.

 TESTE RÁPIDO 22.3 Um fio transporta corrente no plano deste papel em direção ao topo da página, e experimenta uma força magnética em direção ao canto direito. A direção do campo magnético que está causando essa força está (**a**) no plano da página e em direção ao canto esquerdo, (**b**) no plano da página e em direção ao fim da página, (**c**) para cima e para fora da página, ou (**d**) para baixo e para dentro da página?

▶ PENSANDO EM FÍSICA 22.3

Em um determinado relâmpago, as cargas negativas movimentam-se rapidamente de uma nuvem ao solo. Para qual direção o relâmpago é desviado pelo campo magnético da Terra?

Raciocínio O fluxo descendente de uma carga negativa em um relâmpago é equivalente a uma corrente de movimento ascendente. Portanto, o vetor $d\vec{s}$ está para cima, e o vetor do campo magnético possui um componente direcionado para o norte. De acordo com o produto vetorial do elemento de comprimento e do campo magnético (Eq. 22.11), o relâmpago é desviado para o *oeste*. ◀

Exemplo 22.4 | Força sobre um condutor semicircular

Um fio curvado dentro de um semicírculo com raio R forma um circuito fechado e conduz a corrente I. O fio fica no plano xy e um campo magnético uniforme é direcionado ao longo do eixo positivo y, conforme mostra a Figura 22.18. Encontre o módulo, a direção e o sentido da força magnética que age nas porções reta e curvada do fio.

SOLUÇÃO

Conceitualização Usando a regra da mão direita para produtos vetoriais, podemos ver que a força $\vec{F}_1$ sobre a porção reta do fio está para fora da página e a força $\vec{F}_2$ sobre a porção curvada está para dentro da página. $\vec{F}_2$ é maior em módulo em relação à $\vec{F}_1$, pois o comprimento da porção curvada é mais longo que o da reta?

Categorização Por se tratar de fio percorrido por corrente em um campo magnético, e não de uma partícula carregada, devemos usar a Equação 22.12 para encontrar a força total em cada porção do fio.

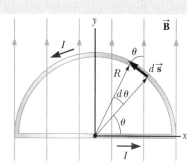

Figura 22.18 (Exemplo 22.4) A força magnética da parte reta do anel é direcionada para fora da página, e a força magnética na parte curvada é direcionada para dentro.

continua

22.4 cont.

Análise Observe que $d\vec{s}$ é perpendicular a $\vec{B}$ em toda a extensão da porção reta do fio. Use a Equação 22.12 para encontrar a força nesta porção:

$$\vec{F}_1 = I\int_a^b d\vec{s} \times \vec{B} = I\int_{-R}^{R} B\,dx\,\hat{k} = \boxed{2IRB\hat{k}}$$

Para encontrar a força magnética na parte curvada, obtenha a expressão da força magnética $d\vec{F}_2$ sobre o elemento $d\vec{s}$ na Figura 22.18:

(1) $d\vec{F}_2 = I d\vec{s} \times \vec{B} = IB\,\text{sen}\,\theta\,ds\,\hat{k}$

Com base na geometria na Figura 22.18, obtenha a expressão para ds:

(2) $ds = R\,d\theta$

Substitua a Equação (2) pela Equação (1) e integre no ângulo θ de 0 a π:

$$\vec{F}_2 = -\int_0^{\pi} IRB\,\text{sen}\,\theta\,d\theta\,\hat{k} = -IRB\int_0^{\pi}\text{sen}\,\theta\,d\theta\,\hat{k} = -IRB[-\cos\theta]_0^{\pi}\,\hat{k}$$
$$= IRB(\cos\pi - \cos 0)\hat{k} = IRB(-1-1)\hat{k} = \boxed{-2IRB\hat{k}}$$

Finalização Dois enunciados gerais muito importantes vêm a partir deste exemplo. Primeiro, a força na parte curva é a mesma em módulo que aquela no fio reto entre os mesmos dois pontos. Em geral, a força magnética em um fio curvado que transporta corrente num campo magnético é igual àquela em um fio reto que conecta dois pontos extremos e transporta a mesma corrente. Além do mais, $\vec{F}_1 + \vec{F}_2 = 0$ também é um resultado geral: a força magnética resultante que age sobre a corrente em um campo magnético uniforme em qualquer caminho fechado é zero.

22.6 | Torque em uma espira percorrida por corrente em um campo magnético uniforme

Na seção anterior, mostramos como uma força magnética é exercida sobre um condutor percorrido por corrente quando o condutor é colocado em um campo magnético externo. Tendo isto como ponto de partida, mostraremos agora que um *torque* é exercido sobre uma espira percorrida por corrente colocada em um campo magnético. Os resultados dessas análises são de grande valor prático na criação de motores e geradores.

Considere uma espira retangular transportando uma corrente I na presença de um campo magnético externo uniforme *no plano da espira* conforme a Figura 22.19a. As forças magnéticas dos lados ① e ③, com comprimento b, são zero porque esses fios são paralelos ao campo; portanto, $d\vec{s} \times \vec{B} = 0$ para esses lados. Entretanto, forças mag-

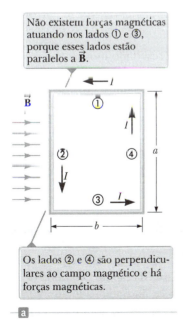

Figura 22.19 (a) Vista de cima de uma espira retangular com corrente em um campo magnético uniforme. (b) Vista lateral da espira olhando do lado 3. O ponto no círculo à esquerda representa a corrente no fio 2, saindo da página; a cruz no círculo da direita representa a corrente no fio 4, entrando na página.

néticas que não têm valor zero agem nos lados ② e ④, porque esses lados estão orientados perpendicularmente ao campo. O módulo dessas forças é

$$F_2 = F_4 = IaB$$

Observamos que a força líquida sobre a espira é zero. A direção de $\vec{F}_2$, a força magnética no lado ②, é para fora do plano do papel e o sentido de $\vec{F}_4$, a força magnética no lado ④, aponta para dentro do plano do papel. Se olharmos para a espira a partir do lado ③, conforme a Figura 22.19b, observamos as forças em ② e ④ direcionadas como o mostrado na imagem. Se a espira for girada em volta do eixo de modo que possa girar sobre o ponto O, essas duas forças produzem em O um torque resultante que gira a espira no sentido horário. O módulo do torque, que denominaremos $\tau_{\text{máx}}$, é

$$\tau_{\text{máx}} = F_2 \frac{b}{2} + F_4 \frac{b}{2} = (IaB)\frac{b}{2} + (IaB)\frac{b}{2} = IabB$$

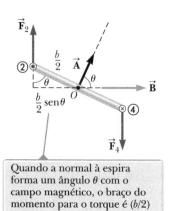

Quando a normal à espira forma um ângulo θ com o campo magnético, o braço do momento para o torque é (b/2) sen θ.

Figura Ativa 22.20 Visualização de corte da espira na Figura 22.19 com a normal à espira em um ângulo θ em relação ao campo magnético.

onde o braço do momento sobre este eixo é $b/2$ para cada força. Pelo fato de a área da espira ser $A = ab$, o módulo do torque pode ser expresso como

$$\tau_{\text{máx}} = IAB \qquad \text{22.13} \blacktriangleleft$$

Lembre-se de que este torque ocorre apenas quando o campo $\vec{B}$ é paralelo ao plano da espira. O sentido da rotação é horário quando a espira é vista como na Figura 22.19b. Se a corrente fosse invertida, as forças magnéticas inverteriam seus sentidos e a tendência da rotação seria no sentido anti-horário.

Suponha agora que a espira seja girada de modo que uma linha perpendicular ao plano da espira (normal) faça um ângulo θ com o campo magnético uniforme, como na Figura Ativa 22.20. Observe que $\vec{B}$ ainda é perpendicular aos lados ② e ④. Neste caso, as forças magnéticas nos lados ① e ③ se anulam mutuamente e não produzem torque porque elas têm a mesma linha de ação. As forças magnéticas $\vec{F}_2$ e $\vec{F}_4$ que agem nos lados ② e ④, no entanto, produzem um torque sobre um eixo que passa pelo centro da espira. De acordo com a Figura Ativa 22.20, observamos que o braço do momento de $\vec{F}_2$ sobre este eixo é $(b/2)$ sen θ. Do mesmo modo, o braço do momento de $\vec{F}_4$ também é $(b/2)$ sen θ. Como $F_2 = F_4 = IaB$, o torque líquido τ tem o módulo

$$\tau = F_2 \frac{b}{2} \text{ sen } \theta + F_4 \frac{b}{2} \text{ sen } \theta$$
$$= (IaB)\left(\frac{b}{2} \text{ sen } \theta\right) + (IaB)\left(\frac{b}{2} \text{ sen } \theta\right) = IabB \text{ sen } \theta$$
$$= IAB \text{ sen } \theta$$

onde $A = ab$ é a área da espira. Este resultado mostra que o torque possui seu valor máximo IAB (Eq. 22.13) quando o campo é paralelo ao plano da espira ou, de modo equivalente, perpendicular à reta normal ao plano da espira ($\theta = 90°$), e é zero quando o campo é perpendicular ao plano da espira, ou, de modo equivalente, paralelo à reta normal ao plano da espira ($\theta = 0$). Conforme visto na Figura Ativa 22.20, a espira tende a girar na direção dos valores decrescentes de θ (isto é, de tal modo que o vetor de área $\vec{A}$ gira em direção ao campo magnético). Uma expressão vetorial conveniente para o torque é

$$\vec{\tau} = I\vec{A} \times \vec{B} \qquad \text{22.14} \blacktriangleleft$$

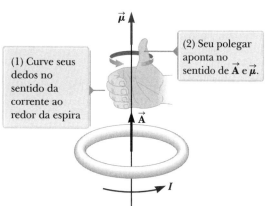

(1) Curve seus dedos no sentido da corrente ao redor da espira

(2) Seu polegar aponta no sentido de $\vec{A}$ e $\vec{\mu}$.

Figura 22.21 Regra da mão direita para determinar da direção e do sentido do vetor **A**. A direção e o sentido do momento magnético $\vec{\mu}$ são os mesmos de $\vec{A}$.

onde $\vec{A}$, um vetor perpendicular ao plano da espira (Figura Ativa 22.20), tem um módulo igual à área da espira. O sentido de $\vec{A}$ é determinado pela regra da mão direita ilustrada na Figura 22.21. Quando os quatro dedos da mão direita estão dobrados no sen-

Capítulo 22 – Forças magnéticas e campos magnéticos | **155**

tido da corrente da espira, o polegar aponta no sentido de $\vec{\mathbf{A}}$. O produto $I\vec{\mathbf{A}}$ é definido como o **momento de dipolo magnético** $\vec{\mu}$ (geralmente denominado simplesmente como "momento magnético") da espira:

$$\vec{\mu} = I\vec{\mathbf{A}} \qquad \qquad \textbf{22.15} \blacktriangleleft$$

A unidade SI do momento dipolo magnético é o ampère · metro^2 (A · m^2). Usando esta definição, o torque pode ser expresso por

$$\vec{\tau} = \vec{\mu} \times \vec{\mathbf{B}} \qquad \qquad \textbf{22.16} \blacktriangleleft \qquad \blacktriangleright \text{Torque sobre um momento magnético em um campo magnético}$$

Embora o torque tenha sido obtido para uma orientação particular de $\vec{\mathbf{B}}$ relacionado à espira, a Equação 22.16 é válida para qualquer orientação. Além disso, embora a expressão do torque tenha sido determinada para uma espira retangular, o resultado é válido para uma espira de qualquer formato. Depois que o torque é determinado, a espira pode ser modelada como um objeto rígido sujeito a um torque resultado, que estudamos no Capítulo 10.

Se uma bobina consistir em múltiplas espiras, como aquelas que possuem N voltas de fio, cada um transportando a mesma corrente e tendo a mesma área, o momento magnético total da bobina é o produto do número de voltas, e o momento magnético para uma volta $\vec{\mu} = NI\vec{\mathbf{A}}$. Portanto, o torque sobre uma bobina de N voltas é N vezes maior do que sobre uma única espira.

Um motor elétrico comum consiste em uma bobina montada de modo a girar no campo de um ímã permanente. O torque sobre a bobina percorrida por corrente é usado para girar um eixo que movimenta um aparelho mecânico, como as janelas elétricas de um carro, um ventilador doméstico ou um cortador de grama elétrico.

Imagine a espira da Figura Ativa 22.20 isolada. O vetor momento magnético (paralelo a $\vec{\mathbf{A}}$) começará a girar no sentido horário para alinhar-se com o vetor $\vec{\mathbf{B}}$ do campo magnético. Uma vez que $\vec{\mu}$ está alinhado com $\vec{\mathbf{B}}$, que é a configuração de equilíbrio, o momento angular da espira tenderá a permanecer nessa configuração, e ele diminuirá devido ao torque de restauração. O resultado será uma oscilação em volta da configuração de equilíbrio. Vamos fazer algumas perguntas sobre esta situação. De onde vem a energia que está associada com a oscilação do sistema espira-campo? Ela vem do trabalho realizado por um agente externo na rotação inicial $\vec{\mu}$ numa posição afastada da posição de equilíbrio. De que forma a energia se encontra antes de a espira sair do repouso? Ela está na forma de *energia potencial*, assim como quando um bloco, em um sistema massa-mola, é movimentado para longe da posição do equilíbrio, mas ainda não é solto. A energia potencial de um sistema composto por um dipolo magnético em um campo magnético depende da orientação do dipolo no campo magnético e é dada por

$$U = -\vec{\mu} \cdot \vec{\mathbf{B}} \qquad \qquad \textbf{22.17} \blacktriangleleft \qquad \blacktriangleright \text{Energia potencial de um sistema de um momento magnético em um campo magnético}$$

Esta expressão mostra que o sistema tem sua energia mais baixa $U_{mín} = -\mu B$ quando $\vec{\mu}$ aponta no mesmo sentido que $\vec{\mathbf{B}}$. O sistema possui sua energia mais elevada $U_{máx} = +\mu B$ quando $\vec{\mu}$ aponta no sentido oposto de $\vec{\mathbf{B}}$.

Exemplo **22.5** | O momento dipolo magnético de uma bobina

Uma bobina retangular com dimensões 5,40 cm × 8,50 cm possui 25 voltas de fio e transporta uma corrente de 15,0 mA. Um campo magnético 0,350 T é aplicado em paralelo ao plano da bobina.

(A) Calcule o módulo do momento dipolo magnético da bobina.

SOLUÇÃO

Conceitualização O momento magnético da bobina é independente de qualquer campo magnético no qual a espira esteja imersa e, por isso, depende somente da geometria da espira e da corrente que ela transporta.

Categorização Calculamos as quantidades baseadas nas equações desenvolvidas nesta seção e, portanto, categorizamos este exemplo como um problema de substituição.

Use a Equação 22.15 para calcular o momento magnético associado a uma bobina de N voltas:

$$\mu_{bobina} = NIA = (25)(15{,}0 \times 10^{-3}\,\text{A})(0{,}054\,0\,\text{m})(0{,}085\,0\,\text{m})$$
$$= 1{,}72 \times 10^{-3}\,\text{A} \cdot \text{m}^2$$

continua

22.5 cont.

(B) Qual é o módulo do torque que age na espira?

SOLUÇÃO

Use a Equação 22.16, observando que $\vec{B}$ é perpendicular a $\vec{\mu}_{bobina}$:

$$\tau = \mu_{bobina} B = (1{,}72 \times 10^{-3}\,\text{A}\cdot\text{m}^2)(0{,}350\,\text{T})$$
$$= 6{,}02 \times 10^{-4}\,\text{N}\cdot\text{m}$$

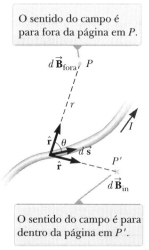

Figura 22.22 O campo magnético $d\vec{B}$ em um ponto P devido à corrente I que passa pelo elemento de comprimento $d\vec{s}$ é dado pela Lei de Biot-Savart.

Prevenção de Armadilhas | 22.2

Lei de Biot-Savart

O campo magnético descrito pela Lei de Biot-Savart é aquele devido a um condutor específico percorrido por corrente. Não o confunda com qualquer outro campo externo que possa ser aplicado ao condutor a partir de alguma outra fonte.

22.7 | Lei de Biot-Savart

Nas seções anteriores, analisamos o resultado da colocação de um objeto em um campo magnético existente. Quando uma carga elétrica em movimento é colocada em um campo magnético, ela experimenta uma força magnética. Um fio percorrido por corrente colocado em um campo magnético também experimenta uma força magnética e uma espira percorrida por corrente colocada em um campo magnético experimenta um torque.

Agora mudamos nosso pensamento e analisamos a *fonte* do campo magnético. Em 1819, Oersted descobriu (Seção 22.1) que uma corrente elétrica em um fio desvia a agulha de uma bússola próxima, que indica que a corrente está agindo como uma fonte de campo magnético. A partir das análises sobre a força entre um condutor percorrido por corrente e um ímã no início do século XIX, Jean-Baptiste Biot e Félix Savart chegaram a uma expressão matemática que fornece o campo magnético em um ponto do espaço em termos da corrente que ele produz. Não existe nenhuma corrente pontual em comparação às cargas pontuais (pois devemos ter um circuito completo para uma corrente existir). Portanto, devemos analisar o campo magnético devido a um elemento infinitesimal de corrente que faz parte de uma grande distribuição de corrente. Suponha que a distribuição da corrente esteja em um fio transportando uma corrente contínua I como na Figura 22.22. Os resultados experimentais mostram que o campo magnético $d\vec{B}$ no ponto P criado por um elemento de comprimento infinitesimal ds do fio tem as seguintes propriedades:

- O vetor $d\vec{B}$ é perpendicular a $d\vec{s}$ (que está na direção da corrente) e ao vetor unitário $\hat{r}$ direcionado a partir do elemento em direção a P.
- O módulo de $d\vec{B}$ é inversamente proporcional a r^2, em que r é a distância do elemento até P.
- O módulo de $d\vec{B}$ é proporcional à corrente I e ao comprimento ds do elemento.
- O módulo de $d\vec{B}$ é proporcional a sen θ, em que θ é o ângulo entre $d\vec{s}$ e $\hat{r}$.

A **Lei de Biot-Savart** descreve esses resultados e pode ser resumida na seguinte expressão matemática:

$$d\vec{B} = k_m \frac{I\,d\vec{s} \times \hat{r}}{r^2} \qquad \text{22.18} \blacktriangleleft$$

em que k_m é uma constante que em unidades SI é exatamente $10^{-7}\,\text{T}\cdot\text{m/A}$. A constante k_m geralmente é escrita $\mu_0/4\pi$, onde μ_0 é outra constante, denominada **permeabilidade de espaço livre (vácuo)**:

$$\frac{\mu_0}{4\pi} = k_m = 10^{-7}\,\text{T}\cdot\text{m/A}$$

▶ Permeabilidade do vácuo
$$\mu_0 = 4\pi k_m = 4\pi \times 10^{-7}\,\text{T}\cdot\text{m/A} \qquad \text{22.19} \blacktriangleleft$$

Portanto, a Lei de Biot-Savart, a Equação 22.18, também pode ser escrita

▶ Lei de Biot-Savart
$$d\vec{B} = \frac{\mu_0}{4\pi} \frac{I\,d\mathbf{s} \times \mathbf{r}}{r^2} \qquad \text{22.20} \blacktriangleleft$$

É importante observar que a Lei de Biot-Savart fornece o campo magnético em um ponto apenas para um pequeno elemento do comprimento do condutor. Identificamos o produto $I\,d\vec{s}$ como um **elemento infinitesimal de corrente**. Para descobrir o campo magnético total $\vec{B}$ em algum ponto devido a um condutor de tamanho finito, devemos somar as contribuições de todos os elementos de corrente formando o condutor. Ou seja, determinamos $\vec{B}$ integrando a Equação 22.20 através de todo o condutor.

Existem duas semelhanças entre a Lei de Biot-Savart de magnetismo e a Equação 19.7 para o campo elétrico de uma distribuição de carga, e há duas diferenças importantes. O elemento de corrente $I\,d\vec{s}$ produz um campo magnético e o elemento dq produz um campo elétrico. Além disso, o módulo do campo magnético varia conforme o inverso do quadrado da distância do elemento de corrente, como faz o campo elétrico devido ao elemento de carga. No entanto, as direções dos dois campos são um pouco diferentes. O campo elétrico, devido ao elemento de carga, é radial; no caso de uma carga pontual positiva, $\vec{E}$ aponta para fora da carga. O campo magnético, devido a um elemento de corrente, é perpendicular em relação ao elemento de corrente e ao vetor radial. Portanto, se o condutor está no plano da página, conforme a Figura 22.22, $d\vec{B}$ aponta para fora da página no ponto P, e para dentro da página em P'. Outra diferença importante é que o campo elétrico pode ser um resultado tanto de uma única carga, quanto de uma distribuição de cargas, mas um campo magnético só pode ser um resultado de uma distribuição de corrente.

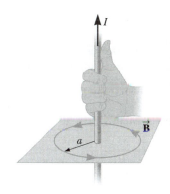

Figura 22.23 A regra da mão direita para determinar a direção do campo magnético ao redor de um fio longo e reto transportando uma corrente. Observe que as linhas do campo magnético formam círculos ao redor do fio. O módulo do campo magnético a uma distância r do fio é dada por meio da Equação 22.21.

A Figura 22.23 mostra uma regra da mão direita conveniente para determinar o sentido do campo magnético por causa da corrente. Observe que as linhas do campo geralmente envolvem a corrente. No caso de corrente em um fio longo e reto, as linhas do campo formam círculos que são concêntricos com o fio e estão em um plano perpendicular ao fio. Se o fio estiver sendo segurado pela mão direita com o polegar no sentido da corrente, os dedos se curvam na direção de $\vec{B}$.

Embora o campo magnético, devido a um fio infinitamente longo percorrido por uma corrente, possa ser calculado usando a Lei de Biot-Savart (Problema 70), na Seção 22.9 usaremos um método diferente para mostrar que o módulo deste campo a uma distância r do fio é

$$B = \frac{\mu_0 I}{2\pi r}$$

22.21 ◀ ▶ Campo magnético devido a um fio longo e reto

TESTE RÁPIDO 22.4 Considere o campo magnético devido à corrente no fio mostrado na Figura 22.24. Ordene, do maior para o menor, os pontos A, B e C em termos do módulo do campo magnético devido à corrente somente no elemento de comprimento $d\vec{s}$ mostrado.

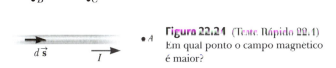

Figura 22.24 (Teste Rápido 22.4) Em qual ponto o campo magnético é maior?

Exemplo 22.6 | Campo magnético no eixo de um anel de corrente circular

Considere um anel de fio circular de raio a localizado no plano yz e transportando uma corrente contínua I, conforme a Figura 22.25. Calcule o campo magnético em um ponto axial P a uma distância x do centro do anel.

SOLUÇÃO

Conceitualização A Figura 22.25 mostra a contribuição do campo magnético $d\vec{B}$ em P devido a um elemento único de corrente no topo do anel. O vetor campo pode ser decomposto em componentes dB_x paralelas ao eixo do anel e $dB_\perp$ perpendicular ao eixo. Pense sobre as contribuições do campo magnético de um elemento de corrente na parte inferior do anel. Devido à simetria da situação, as componentes perpendiculares do campo devido aos elementos nas partes superior

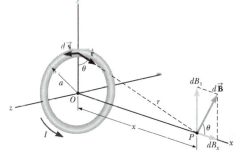

Figura 22.25 (Exemplo 22.6) Geometria para calcular o campo magnético em um ponto P que está sobre o eixo de um anel de corrente. Por simetria, o campo total $\vec{B}$ está ao longo deste eixo.

continua

22.6 cont.

e inferior do anel se cancelam. Este cancelamento ocorre para todos os pares de segmentos ao redor do anel, por isso podemos ignorar a componente perpendicular do campo e focar somente as componentes paralelas, que simplesmente se somam.

Categorização Somos solicitados a encontrar o campo magnético devido a uma simples distribuição de corrente. Portanto, este exemplo é um problema típico para o qual a Lei de Biot-Savart é apropriada.

Análise Nesta situação, cada comprimento do elemento $d\vec{s}$ é perpendicular ao vetor $\hat{r}$ no local do elemento. Portanto, para qualquer elemento, $|d\vec{s} \times \hat{r}| = (ds)(1) \operatorname{sen} 90° = ds$. Além do mais, todos os elementos de comprimento ao redor do anel estão na mesma distância r de P, onde $r^2 = a^2 + x^2$.

Use a Equação 22.20 para descobrir o módulo de $d\vec{B}$ devido à corrente em qualquer elemento de comprimento $d\vec{s}$:

$$dB = \frac{\mu_0 I}{4\pi} \frac{|d\vec{s} \times \hat{r}|}{r^2} = \frac{\mu_0 I}{4\pi} \frac{ds}{(a^2 + x^2)} \quad \text{22.22} \blacktriangleleft$$

Encontre a componente x do elemento de campo:

$$dB_x = \frac{\mu_0 I}{4\pi} \frac{ds}{(a^2 + x^2)} \cos\theta$$

Integre por todo o anel:

$$B_x = \oint dB_x = \frac{\mu_0 I}{4\pi} \oint \frac{ds \cos\theta}{a^2 + x^2}$$

A partir da geometria, encontre $\cos\theta$:

$$\cos\theta = \frac{a}{(a^2 + x^2)^{1/2}}$$

Substitua essa expressão para $\cos\theta$ dentro da integral e observe que x e a são constantes:

$$B_x = \frac{\mu_0 I}{4\pi} \oint \frac{ds}{a^2 + x^2} \frac{a}{(a^2 + x^2)^{1/2}} = \frac{\mu_0 I}{4\pi} \frac{a}{(a^2 + x^2)^{3/2}} \oint ds$$

Integre pelo anel:

$$B_x = \frac{\mu_0 I}{4\pi} \frac{a}{(a^2 + x^2)^{3/2}} (2\pi a) = \boxed{\frac{\mu_0 I a^2}{2(a^2 + x^2)^{3/2}}} \quad \text{22.23} \blacktriangleleft$$

Finalização Para encontrar o campo magnético no centro do anel, use $x = 0$ na Equação 22.23. Neste ponto especial,

$$B = \frac{\mu_0 I}{2a} \quad (\text{para } x = 0) \quad \text{22.24} \blacktriangleleft$$

O padrão das linhas do campo magnético para um anel de corrente circular é mostrado na Figura 22.26a. Para maior clareza, as linhas são desenhadas somente para o plano que contém o eixo do anel. O padrão das linhas de campo é axialmente simétrico e se parece com o padrão ao redor de um ímã de barra, mostrado na Figura 22.26b.

E se? E se considerarmos pontos no eixo x, muito distantes do anel? Como um campo magnético se comporta nesses pontos distantes?

Resposta Neste caso, em que $x \gg a$, podemos desconsiderar o termo a^2 no denominador da Equação 22.23 e obter

$$B \approx \frac{\mu_0 I a^2}{2x^3} \quad (\text{para } x \gg a) \quad \text{22.25} \blacktriangleleft$$

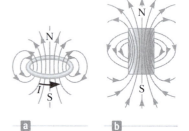

Figura 22.26 (Exemplo 22.6)
(a) Linhas de campo magnético em volta de um anel de corrente.
(b) Linhas de campo magnético em volta de um ímã com formato de barra. Note a semelhança entre este padrão de linhas e aquele do anel percorrido por corrente.

O módulo do momento magnético do anel $\vec{\mu}$ é definido como o produto da corrente e da área do anel (veja a Eq. 22.15): $\mu = I(\pi a^2)$ para nosso anel circular. É possível expressar Equação 22.25 como

$$B \approx \frac{\mu_0}{2\pi} \frac{\mu}{x^3} \quad \text{22.26} \blacktriangleleft$$

Este resultado é similar na forma à expressão para o campo elétrico devido a um dipolo elétrico, $E = k_e(p/y^3)$ (veja o Exemplo 19.4), em que $p = 2aq$ é o momento dipolo elétrico.

22.8 | A força magnética entre dois condutores paralelos

Na Seção 22.5, descrevemos a força magnética que atua em um condutor que transporta corrente posicionado em um campo magnético externo. Como uma corrente em um condutor configura seu próprio campo magnético, é fácil compreender que dois condutores que transportam corrente exercem forças magnéticas um no outro. Essas forças podem ser utilizadas como a base para a definição do ampère e do coulomb.

Considere dois fios longos, retos e paralelos separados pela distância a e transportando as correntes I_1 e I_2 no mesmo sentido, conforme mostra a Figura Ativa 22.27. Devemos adotar um modelo simplificado em que os raios dos fios são muito menores que a para que o raio não desempenhe nenhuma função no cálculo. Podemos determinar a força sobre o fio devido ao campo magnético ajustado pelo outro fio. O fio 2, que transporta a corrente I_2, ajusta um campo magnético $\vec{B}_2$ na posição do fio 1. A direção de $\vec{B}_2$ é perpendicular ao fio, conforme mostrado na Figura Ativa 22.27. De acordo com a Equação 22.10, a força magnética sobre um comprimento ℓ de fio 1 é $\vec{F}_1 = I_1\,\vec{\ell} \times \vec{B}_2$. Pelo fato de $\vec{\ell}$ ser perpendicular a $\vec{B}_2$, o módulo de $\vec{F}_1$ é $F_1 = I_1\ell\,B_2$. Como o campo devido ao fio 2 é dado pela Equação 22.21, temos que

$$F_1 = I_1\ell B_2 = I_1\ell\left(\frac{\mu_0 I_2}{2\pi a}\right) = \frac{\mu_0 I_1 I_2}{2\pi a}\ell$$

Podemos reescrever esta expressão em termos da força por unidade de comprimento como

$$\frac{F_1}{\ell} = \frac{\mu_0 I_1 I_2}{2\pi a}$$

A direção de $\vec{F}_1$ é para baixo em relação ao fio 2 porque $\vec{\ell} \times \vec{B}_2$ é para baixo. Se considerarmos o campo ajustado no fio 2 devido ao fio 1, a força $\vec{F}_2$ sobre o fio 2 é encontrada igual em módulo e oposta a $\vec{F}_1$. É o que se espera, pois a terceira Lei de Newton deve ser obedecida. Portanto, podemos ignorar o índice subscrito da força e denominá-la apenas F. Reescrevendo o módulo da força magnética por unidade de comprimento entre dois fios longos percorridos por corrente, ele é

$$\frac{F}{\ell} = \frac{\mu_0 I_1 I_2}{2\pi a}$$

22.27 ◄ ▶ Força magnética por unidade de comprimento entre fios paralelos percorridos por corrente

Esta equação também é aplicada se um dos fios é de comprimento finito. Na discussão acima, usamos a equação para o campo magnético de um fio infinito percorrido por corrente I_2, mas não era necessário que o fio 1 fosse de comprimento infinito.

Quando as correntes estão em sentidos opostos, as forças magnéticas são invertidas e os fios se repelem. Portanto, temos que condutores paralelos percorridos por correntes no mesmo sentido se atraem, enquanto condutores paralelos transportando correntes em sentidos opostos se repelem.

A força magnética entre dois fios paralelos, cada um transportando uma corrente, é usada para definir o ampère:

Se dois fios longos e paralelos separados por 1 m transportam a mesma corrente e estão sujeitos a uma força por unidade de comprimento igual a 2×10^{-7} N/m, a corrente em cada fio é definida como 1 A.

O valor numérico de 2×10^{-7} N/m é obtido da Equação 22.27, com $I_1 = I_2 = 1$ A e $a = 1$ m.

A unidade SI de carga, o **coulomb**, agora pode ser definida de acordo com o ampère: se um condutor transporta uma corrente contínua de 1 A, a quantidade de carga que passa pela seção transversal do condutor em 1 s é 1 C.

TESTE RÁPIDO 22.5 Uma mola helicoidal solta e que não transporta corrente é pendurada no teto. Quando um interruptor é ligado para que haja uma corrente na mola, as espiras (**a**) ficam mais próximas, (**b**) ficam mais distantes ou (**c**) não se movem?

O campo $\vec{B}_2$ devido à corrente no fio 2 exerce uma força magnética $F_1 = I_1\ell B_2$ no fio 1.

Figura Ativa 22.27 Dois fios paralelos que transportam correntes estacionárias exercem uma força magnética um no outro. A força é atrativa se as correntes forem paralelas (como mostrado) e repulsivas se forem antiparalelas.

Exemplo 22.7 | Suspendendo um fio

Dois fios paralelos de comprimento infinito estão no solo separados por uma distância de $a = 1,00$ cm, como mostra a Figura 22.8a. Um terceiro fio, de comprimento $L = 10,0$ m e massa de 400 g, transporta uma corrente de $I_1 = 100$ A e é levitado acima dos dois primeiros em uma posição horizontal no ponto intermediário entre eles. Os fios de comprimento infinito transportam correntes I_2 na mesma direção, mas na direção oposta à do fio levitado. Que corrente o fio de comprimento infinito deve transportar para que os três fios formem um triângulo equilátero?

Figura 22.28 (Exemplo 22.7) (a) Dois fios que transportam corrente estão no solo e suspendem um terceiro no ar por forças magnéticas. (b) Visualização da extremidade. Na situação descrita no exemplo, os três fios formam um triângulo equilátero. As duas forças magnéticas no fio levitado são $\vec{F}_{B,L}$, a força devida ao fio esquerdo no solo, e $\vec{F}_{B,R}$, a força devida ao fio direito. A força gravitacional $\vec{F}_g$ no fio suspenso também é mostrada.

SOLUÇÃO

Conceitualização Como a corrente do fio curto é oposta às correntes dos fios longos, o fio curto é repelido pelos dois outros. Imagine que as correntes nos fios longos na Figura 22.28a são aumentados. A força repulsiva se torna mais forte e o fio levitado ergue-se ao ponto no qual o fio seja mais uma vez levitado em equilíbrio em uma posição mais alta. A Figura 22.28b mostra a situação desejada com os três fios formando um triângulo equilátero.

Categorização Como o fio levitado está sujeito a forças, mas não acelera, ele é modelado como uma partícula em equilíbrio.

Análise As componentes horizontais das forças magnéticas sobre o fio suspenso se anulam. As componentes verticais são positivas e se somam. Escolha o eixo z com sentido para cima a partir fio superior na Figura 22.28b e no plano da página.

Encontre a força magnética resultante no sentido positivo de z:
$$\vec{F}_B = 2\left(\frac{\mu_0 I_1 I_2}{2\pi a}\ell\right)\cos\theta\,\hat{k} = \frac{\mu_0 I_1 I_2}{\pi a}\ell\cos\theta\,\hat{k}$$

Encontre a força gravitacional sobre o fio suspenso:
$$\vec{F}_g = -mg\hat{k}$$

Aplique o modelo da partícula em equilíbrio acrescentando as forças e igualando a força resultante a zero:
$$\sum\vec{F} = \vec{F}_B + \vec{F}_g = \frac{\mu_0 I_1 I_2}{\pi a}\ell\cos\theta\,\hat{k} - mg\hat{k} = 0$$

Resolva para a corrente nos fios no solo:
$$I_2 = \frac{mg\pi a}{\mu_0 I_1 \ell \cos\theta}$$

Substitua os valores numéricos:
$$I_2 = \frac{(0,400\text{ kg})(9,80\text{ m/s}^2)\pi(0,010\,0\text{ m})}{(4\pi\times 10^{-7}\text{ T}\cdot\text{m/A})(100\text{ A})(10,0\text{ m})\cos 30,0°}$$
$$= \boxed{113\text{ A}}$$

Finalização As correntes de todos os fios estão na ordem de 10^2 A. Essas grandes correntes precisariam de equipamento especializado. Portanto, seria difícil estabelecer essa situação na prática. O equilíbrio do fio 1 é estável ou instável?

22.9 | Lei de Ampère

A experiência simples realizada pela primeira vez por Oersted, em 1820, demonstrou claramente que um condutor percorrido por corrente produz um campo magnético. Nesse experimento, agulhas de bússolas são colocadas em um plano horizontal, próximas a um fio vertical, como na Figura Ativa 22.29a. Quando o fio não transporta corrente, todas as agulhas apontam no mesmo sentido (o do campo magnético da Terra), como esperado. Contudo, quando o fio transporta uma corrente intensa e contínua, as agulhas se orientam para uma direção tangente ao círculo, como na Figura Ativa 22.29b. Essas observações mostram que o sentido de $\vec{B}$ é consistente com a regra da

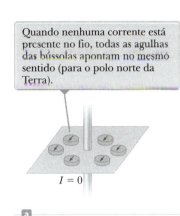 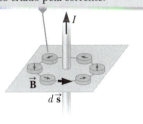 

Figura Ativa 22.9 (a) e (b) Bússolas mostram os efeitos da corrente em um fio próximo. (c) Linhas de campo magnético circulares cercando um condutor percorrido por corrente, exibidos com limalha de ferro.

Quando nenhuma corrente está presente no fio, todas as agulhas das bússolas apontam no mesmo sentido (para o polo norte da Terra).

Quando o fio transporta uma corrente intensa, as agulhas das bússolas posicionam-se no sentido do campo e em uma direção tangente ao círculo, que é a direção do campo magnético criado pela corrente.

mão direita descrita na Seção 22.7. Quando a corrente é invertida, a orientação das agulhas na Figura Ativa 22.29b também se inverte. Pelo fato de as agulhas apontarem no sentido de $\vec{B}$, concluímos que as linhas de $\vec{B}$ formam círculos no entorno do fio, conforme discutido na Seção 22.7. Por simetria, o módulo de $\vec{B}$ é o mesmo em todos os lugares em um trajeto circular que fica centrado no fio e está em um plano perpendicular ao fio. Variando a corrente e a distância do fio, encontra-se que $\vec{B}$ é proporcional à corrente e inversamente proporcional à distância em relação ao fio.

No Capítulo 19, estudamos a Lei de Gauss, que é a relação entre uma carga elétrica e o campo elétrico que ela produz. A Lei de Gauss pode ser usada para determinar o campo elétrico em situações altamente simétricas. Consideramos agora uma relação análoga no magnetismo entre uma corrente e o campo magnético que ela produz. Essa relação pode ser usada para determinar o campo magnético criado por uma distribuição da corrente altamente simétrica.

Vamos avaliar o produto $\vec{B} \cdot d\vec{s}$ para um pequeno elemento de comprimento $d\vec{s}$ no caminho circular fechado[2] centrado no fio na Figura Ativa 22.29b. Ao longo deste trajeto, os vetores $d\vec{s}$ e $\vec{B}$ são paralelos em cada ponto, então $\vec{B} \cdot d\vec{s} = B\,ds$. Além disso, por simetria, $\vec{B}$ é constante em módulo neste círculo e é dado pela Equação 22.21. Portanto, a soma dos produtos $B\,ds$ no caminho fechado, que é equivalente à integral de linha de $\vec{B} \cdot d\vec{s}$, é

$$\oint \vec{B} \cdot d\vec{s} = B \oint ds = \frac{\mu_0 I}{2\pi r}(2\pi r) = \mu_0 I \qquad 22.28 \blacktriangleleft$$

onde $\oint ds = 2\pi r$ é a circunferência do caminho circular.

Este resultado foi calculado nesse caso especial de um trajeto circular em volta de um fio. No entanto, ele também pode ser aplicado no caso geral em que uma corrente contínua passa através da área cercada por um trajeto fechado arbitrário. O resultado geral é a **Lei de Ampère**:

> A integral de caminho de $\vec{B} \cdot d\vec{s}$ ao redor de qualquer trajeto fechado é igual a $\mu_0 I$, onde I é a corrente contínua total passando por qualquer superfície limitada pelo trajeto fechado:
>
> $$\oint \vec{B} \cdot d\vec{s} = \mu_0 I \qquad 22.29 \blacktriangleleft \quad \blacktriangleright \text{Lei de Ampère}$$

---

[2] Você pode se perguntar por que escolhemos calcular este produto escalar. A origem da Lei de Ampère está na ciência do século XIX, na qual uma "carga magnética" (o suposto análogo a uma carga elétrica isolada) foi imaginada como sendo movida em torno de uma linha de campo circular. O trabalho feito na carga foi relacionado a $\vec{B} \cdot d\vec{s}$, analogamente ao trabalho feito ao mover uma carga elétrica em um campo elétrico, relacionado a $\vec{E} \cdot d\vec{s}$. Portanto, a Lei de Ampère, um princípio válido e útil, surgiu de um cálculo de trabalho errôneo e abandonado!

TESTE RÁPIDO 22.6 Ordene, do maior para o menor, os módulos de $\oint \vec{B} \cdot d\vec{s}$ para os caminhos fechados *a* a *d* na Figura 22.30.

TESTE RÁPIDO 22.7 Ordene, do maior para o menor, os módulos de $\oint \vec{B} \cdot d\vec{s}$ para os caminhos fechados *a* a *d* na Figura 22.31.

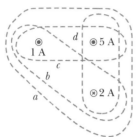

Figura 22.30 (Teste Rápido 22.6) Quatro caminhos fechados ao redor de três fios percorridos por corrente.

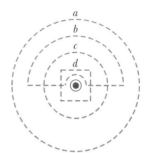

Figura 22.31 (Teste Rápido 22.7) Quatro caminhos fechados próximos de um único fio percorrido por corrente.

Andre-Marie Ampère
Físico francês (1775–1836)
Ampère tem o mérito pela descoberta do eletromagnetismo, a relação entre as correntes elétricas e os campos magnéticos. A genialidade de Ampère, principalmente em matemática, tornou-se evidente quando ele tinha 12 anos de idade; no entanto, sua vida pessoal teve muitas tragédias. Seu pai, um oficial abastado da cidade, foi guilhotinado durante a Revolução Francesa e sua esposa morreu jovem, em 1803. Ampère morreu aos 61 anos de pneumonia. Sua avaliação de vida fica clara no epitáfio que ele escolheu para seu túmulo: *Tandem Felix* (Finalmente Feliz).

A Lei de Ampère só é válida para correntes estacionárias. Além disso, embora a Lei de Ampère seja *verdadeira* para todas as configurações, só é *útil* para cálculo de campos magnéticos de configurações com altos graus de simetria.

Na Seção 19.10, demos algumas condições a serem procuradas para se definir uma superfície gaussiana. Do mesmo modo, para aplicar a Equação 22.29 para calcular um campo magnético, devemos determinar um caminho de integração (às vezes chamado de *curva* ou *anel amperiano*) para que cada parte do trajeto satisfaça uma ou mais das seguintes condições:

1. O valor do campo magnético pode ser obtido pela simetria por ser constante em ao menos parte do trajeto.
2. O produto escalar na Equação 22.29 pode ser expresso como um simples produto algébrico $B\,ds$, porque $\vec{B}$ e $d\vec{s}$ são paralelos.
3. O produto escalar na Equação 22.29 é zero, porque $\vec{B}$ e $d\vec{s}$ são perpendiculares.
4. O campo magnético pode ser zero em todos os pontos na porção do trajeto.

Os seguintes exemplos mostram algumas configurações simétricas para as quais a Lei de Ampère é útil.

Exemplo 22.8 | O campo magnético criado por um longo fio de corrente

Um fio longo e reto com raio R transporta uma corrente estacionária I que está uniformemente distribuída pela seção transversal do fio (Fig. 22.32). Calcule o campo magnético a uma distância r do centro do fio nas regiões $r \geq R$ e $r < R$.

SOLUÇÃO

Conceitualização Analise a Figura 22.32 para entender a estrutura do fio e da corrente. no fio A corrente cria campos magnéticos em todo o espaço, tanto dentro quanto fora do fio.

Figura 22.32 (Exemplo 22.8) Um fio longo e reto de raio R transportando uma corrente estacionária I uniformemente distribuída pela seção transversal do fio. O campo magnético em qualquer ponto pode ser calculado pela Lei de Ampère, usando um caminho circular de raio r, concêntrico ao fio.

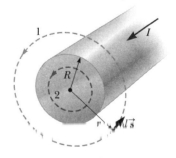

continua

22.8 cont.

Categorização Pelo fato de o fio ter um alto grau de simetria, categorizamos este exemplo como um problema de Lei de Ampère. Para o caso $r \geq R$, devemos chegar ao mesmo resultado mostrado na Equação 22.21.

Análise Para o campo magnético externo ao fio, vamos escolher para nosso caminho de integração o círculo 1 na Figura 22.32. Com base na simetria, $\vec{B}$ deve ser constante em módulo e paralelo a $d\vec{s}$ para todos os pontos do círculo, satisfazendo as condições 1 e 2 anteriores.

Note que a corrente total que passa pelo plano do círculo é I e aplique a Lei de Ampère:

$$\oint \vec{B} \cdot d\vec{s} = B \oint ds = B(2\pi r) = \mu_0 I$$

Resolva para B:

$$B = \frac{\mu_0 I}{2\pi r} \quad (\text{para } r \geq R)$$

Considere agora o interior do fio, onde $r < R$. Aqui a corrente I' que passa pelo plano do círculo 2 é inferior à corrente total I.

Considere a razão da corrente I' no interior do círculo 2 em relação à corrente I igual à proporção da área πr^2 interna ao círculo 2 em relação à área de seção transversal πR^2 do fio:

$$\frac{I'}{I} = \frac{\pi r^2}{\pi R^2}$$

Resolva para I':

$$I' = \frac{r^2}{R^2} I$$

Aplique a Lei de Ampère para o círculo 2:

$$\oint \vec{B} \cdot d\vec{s} = B(2\pi r) = \mu_0 I' = \mu_0 \left(\frac{r^2}{R^2} I \right)$$

Resolva para B:

$$B = \left(\frac{\mu_0 I}{2\pi R^2} \right) r \quad (\text{para } r < R) \qquad 22.30 \blacktriangleleft$$

Finalização O campo magnético exterior ao fio é idêntico na forma à Equação 22.21. Como é comum em situações altamente simétricas, é muito mais fácil utilizar a Lei de Ampère que a de Biot-Savart. O campo magnético no interior do fio é semelhante na forma à expressão para o campo elétrico dentro de uma esfera uniformemente carregada (veja o Exemplo 19.10). O módulo do campo magnético em função de r para esta configuração é representado na Figura 22.33. Dentro do fio, $B \to 0$ conforme $r \to 0$. Além disso, os resultados para $r \geq R$ e $r < R$ dão o mesmo valor do campo magnético em $r = R$, demonstrando que o campo magnético é contínuo na superfície do fio.

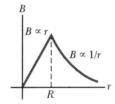

Figura 22.33 (Exemplo 22.8) Módulo do campo magnético em função de r para o fio mostrado na Figura 22.32. O campo é proporcional a r dentro do fio e varia conforme $1/r$ fora do fio.

Exemplo 22.9 | O campo magnético criado por um toroide

Um dispositivo chamado *toroide* (Fig. 22.34) geralmente é utilizado para criar um campo magnético uniforme em alguma área confinada. O dispositivo consiste em um fio condutor envolto ao redor de um anel (um *toro*) feito de material não condutor. Para um toroide com N voltas de fio com pouco espaçamento, calcule o campo magnético na região ocupada pelo toro, a uma distância r do centro.

SOLUÇÃO

Conceitualização Estude a Figura 22.34 cuidadosamente para compreender como o toro é envolto pelo fio. Este pode ser um material sólido ou ar, com um fio rígido enrolado na forma mostrada na Figura 22.34 para formar um toroide vazio.

Categorização Como o toroide tem alto grau de simetria, categorizamos este exemplo como um problema da Lei de Ampère.

continua

22.9 cont.

Análise Considere o anel amperiano circular (anel 1) de raio r no plano da Figura 22.34. Por simetria, o módulo do campo é constante neste círculo e tangente a ele, então $\vec{B} \cdot d\vec{s} = B\,ds$. Além do mais, o fio passa pelo anel N vezes, então a corrente total pelo anel é NI.

Aplique a Lei de Ampère ao anel 1:
$$\oint \vec{B} \cdot d\vec{s} = B \oint ds = B(2\pi r) = \mu_0 N I$$

Resolva para B:
$$B = \frac{\mu_0 N I}{2\pi r} \qquad \text{22.31} \blacktriangleleft$$

Finalização Este resultado mostra que B varia com $1/r$ e, assim, é *não uniforme* na região ocupada pelo toro. Se, entretanto, r for muito grande comparado com o raio de seção transversal a do toro, o campo é aproximadamente uniforme dentro dele.

Para um toroide ideal, no qual as voltas são pouco espaçadas, o campo magnético externo é próximo de zero, mas não exatamente zero. Na Figura 22.34, imagine o raio r do anel amperiano como menor que b ou maior que c. Em ambos os casos, o anel envolve corrente líquida zero, então $\oint \vec{B} \cdot d\vec{s} = 0$. Você pode pensar que este resultado prova que $\vec{B} = 0$, mas não é o caso. Considere o anel amperiano (anel 2) do lado direito do toroide na Figura 22.34. O plano deste anel está perpendicular à página, e o toroide passa pelo anel. Conforme as cargas entram nele, como indicado pelo sentido da corrente na Figura 22.34, elas se movem em sentido anti-horário ao redor dele. Portanto, uma corrente passa pelo anel amperiano perpendicularmente! Esta corrente é pequena, mas não zero. Como resultado, o toroide atua como um anel de corrente e produz um campo externo fraco da forma mostrada na Figura 22.26. O motivo de $\oint \vec{B} \cdot d\vec{s} = 0$ nos anéis amperianos de raio $r < b$ ou $r > c$ no plano da página é que as linhas de campo são perpendiculares a $d\vec{s}$ e não por causa de $\vec{B} = 0$.

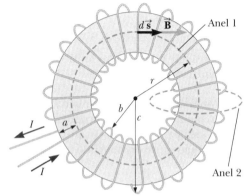

Figura 22.34 (Exemplo 22.9) Um toroide consiste em várias voltas de fio. Se as voltas são espaçadas proximamente, o campo magnético no interior dele é tangente ao círculo pontilhado (anel 1) e varia como $1/r$. A dimensão a é o raio da seção transversal do toro. O campo fora do toroide é muito pequeno e pode ser descrito utilizando o anel amperiano (anel 2) do lado direito, perpendicular à página.

22.10 | Campo magnético de um solenoide

Um solenoide é um fio longo enrolado em forma de hélice. Se as voltas são pouco espaçadas, esta configuração pode produzir um campo magnético razoavelmente uniforme ao longo do solenoide, exceto próximo às suas extremidades. Cada uma das voltas pode ser modelada como uma espira circular e o campo magnético resultante é a soma vetorial dos campos de todas as voltas.

Se as voltas estiverem pouco espaçadas e o solenoide tiver comprimento finito, as linhas de campos são as mostradas na Figura 22.35a. Nesse caso, as linhas de campo divergem de uma extremidade e convergem na extremidade oposta. Uma análise desta distribuição do campo externo do solenoide mostra uma semelhança com o campo de um ímã em formato de barra (Fig. 22.35b). Sendo assim, uma extremidade do solenoide age como o polo norte de um ímã e o lado oposto, como o polo sul. Conforme o comprimento do solenoide aumenta, o campo em seu interior se torna cada vez mais uniforme. Quando as voltas do solenoide estão pouco espaçadas e seu comprimento é grande se comparado ao seu raio, ele se aproxima do caso de um *solenoide ideal*. Para um solenoide ideal, o campo fora do solenoide é insignificante, e o interior do campo é uniforme. Usaremos o solenoide ideal como um modelo simples para um solenoide real.

Considere o anel amperiano (anel 1) perpendicular à página na Figura 22.36, envolto pelo solenoide ideal. Este anel envolve uma corrente pequena conforme as cargas no fio se movem de espira a espira ao longo do comprimento do solenoide. Portanto, há um campo magnético diferente de zero fora do solenoide. É um campo fraco, com linhas de campo circulares, como aquelas devidas a uma linha de corrente como na Figura 22.23. Para um solenoide ideal, este campo fraco é o único campo externo ao solenoide. Podemos eliminá-lo na Figura 22.36 acrescentando uma segunda camada de voltas de fio por fora da primeira camada. Se a segunda camada de voltas for feita de modo que a corrente elétrica que a percorre tenha sentido oposto ao da primeira camada, a corrente líquida ao longo do eixo é zero.

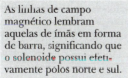
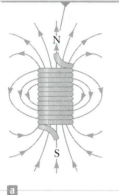
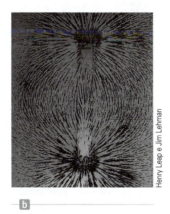

Figura 22.35 (a) Linhas de campo magnético para um solenoide enrolado de comprimento finito, transportando uma corrente estacionária. O campo no espaço interior é forte e praticamente uniforme. (b) O padrão do campo magnético de um ímã de barra, exibido com limalhas de ferro sobre uma folha de papel.

Podemos usar a Lei de Ampère para obter uma expressão para o campo magnético no interior de um solenoide ideal com uma única camada de fio. Um corte longitudinal em um solenoide ideal (Fig. 22.36) mostra o transporte da corrente I. Aqui, $\vec{B}$ no interior do solenoide ideal é uniforme e paralelo ao eixo. Considere um trajeto retangular (anel 2) de comprimento ℓ e largura w, como mostrado na Figura 22.36. Podemos aplicar a Lei de Ampère neste trajeto avaliando a integral de $\vec{B} \cdot d\vec{s}$ em cada um dos quatro lados do retângulo. A contribuição ao longo do lado 3 é zero, pois as linhas do campo magnético são perpendiculares ao trajeto nesta região, que corresponde à condição 3 na Seção 22.9. As contribuições dos lados 2 e 4 são zero, pois $\vec{B}$ é perpendicular a $d\vec{s}$ ao longo desses trajetos tanto dentro quanto fora do solenoide. O lado 1, cujo comprimento é ℓ, proporciona uma contribuição para a integral, pois $\vec{B}$, ao longo desta parte do trajeto, é constante em módulo e paralelo a $d\vec{s}$, o que coincide com as condições 1 e 2. Portanto, a integral no trajeto retangular fechado tem o valor

$$\oint \vec{B} \cdot d\vec{s} = \int_{\text{lado 1}} \vec{B} \cdot d\vec{s} = B \int_{\text{lado 1}} ds = B\ell$$

O lado direito da Lei de Ampère envolve a corrente *total* que passa pela superfície delimitada pelo trajeto de integração. Nesse caso, a corrente total através do trajeto retangular se iguala à corrente por meio de cada volta do solenoide, multiplicada pelo número de voltas incluso pelo trajeto de integração. Se N for o número de voltas no comprimento ℓ, a corrente total através do retângulo é NI. Sendo assim, a Lei de Ampère aplicada neste caminho resulta em

$$\oint \vec{B} \cdot d\vec{s} = B\ell = \mu_0 NI$$

$$B = \mu_0 \frac{N}{\ell} I = \mu_0 n I \qquad \text{22.32}$$

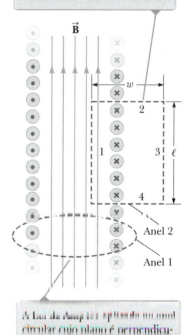

Figura 22.36 Visualização da seção transversal de um solenoide ideal, onde o campo magnético interior é uniforme e o exterior é próximo a zero.

onde $n = N/\ell$ é o número de voltas *por unidade de comprimento* (não confundir com N, o número de voltas).

Também podemos obter este resultado de forma mais simples, considerando o campo magnético de um toroide (Exemplo 22.9). Se o raio r do toroide possuir N voltas e for maior em comparação ao raio de corte transversal a, uma seção curta do toroide se aproxima de um solenoide para a qual $n = N/2\pi r$. Nesse limite, observamos que a Equação 22.31 derivada para o toroide coincide com a Equação 22.32.

166 | Princípios de física

A Equação 22.32 é válida somente para pontos próximos ao centro de um solenoide muito longo. Como se pode esperar, o campo próximo a cada extremidade é menor que o valor dado pela Equação 22.32. Na extremidade de um solenoide longo, o módulo do campo é quase metade do campo no centro (veja o Problema 56 ao final deste capítulo).

> **TESTE RÁPIDO 22.8** Considere um solenoide que é muito longo comparado com seu raio. Das seguintes opções, qual é o modo mais efetivo de aumentar o campo magnético no interior do solenoide? (**a**) dobrar seu comprimento, mantendo o número de voltas por unidade de comprimento constante, (**b**) reduzir seu raio pela metade, mantendo o número de voltas por unidade de comprimento constante, (**c**) revestir todo o solenoide com uma camada adicional de fio percorrido por corrente.

22.11 | Magnetismo na matéria

O campo magnético produzido por uma corrente em uma espira oferece uma dica sobre o que faz com que certos materiais tenham propriedades magnéticas fortes. Para entender por que alguns materiais são magnéticos, vamos começar esta discussão com o modelo estrutural do átomo de Bohr que discutimos no Capítulo 11. Nesse modelo, presume-se que os elétrons movimentem-se em órbitas circulares em torno do núcleo, que é muito mais massivo. A Figura 22.37 mostra o momento angular associado ao elétron. No modelo de Bohr, cada elétron, com sua carga de $1,6 \times 10^{-19}$ C, circula o átomo uma vez a cada 10^{-16} s aproximadamente. Se dividirmos a carga do elétron por esse intervalo de tempo, descobriremos que o elétron orbitando é equivalente a uma corrente de $1,6 \times 10^{-3}$ A. Portanto, cada elétron orbitando é visto como uma pequena espira percorrida por corrente com um momento magnético correspondente. Pelo fato de a carga do elétron ser negativa, o momento magnético é direcionado para o sentido oposto do momento angular, conforme mostrado na Figura 22.37.

Na maioria das substâncias, o momento magnético de um elétron em um átomo é anulado por outro elétron no átomo que orbita no sentido oposto. O resultado é que o efeito magnético produzido pelo movimento orbital dos elétrons é zero ou muito pequeno para a maioria dos materiais.

Além do seu momento angular orbital, um elétron tem um **momento angular intrínseco**, denominado **spin**, que também contribui com seu momento magnético.

O spin de um elétron é um momento angular separado de seu momento angular orbital, assim como o spin da rotação da Terra é separado do seu movimento orbital em relação ao Sol. Mesmo se o elétron estiver em repouso, ele ainda tem um momento angular associado ao spin. Vamos investigar o spin com mais detalhes no Capítulo 29.

Em átomos ou íons que contenham múltiplos elétrons, muitos elétrons ficam emparelhados com seus spins em sentidos opostos, um arranjo que resulta no cancelamento dos momentos magnéticos de spin. No entanto, um átomo com um número ímpar de elétrons deve ter, pelo menos, um elétron "não emparelhado" e um momento magnético de spin não nulo. O momento magnético do átomo leva a vários tipos de comportamento magnético. Os momentos magnéticos de alguns átomos e íons estão listados na Tabela 22.1.

Materiais ferromagnéticos

Ferro, cobalto, níquel, gadolínio e disprósio são materiais altamente magnéticos, denominados **ferromagnéticos**. As substâncias ferromagnéticas, usadas para fabricar ímãs permanentes, contêm átomos com momentos magnéticos de spin que tendem a se alinhar paralelamente uns com os outros, mesmo em um campo magnético externo fraco. Depois que os momentos estão alinhados, a substância

Figura 22.37 Um elétron movimentando-se na direção da seta anti-horário em uma órbita circular de raio r. Pelo fato de o elétron transportar uma carga negativa, a direção da corrente devida ao seu movimento em relação ao núcleo é oposta à direção daquele movimento.

O elétron tem um momento angular $\vec{L}$ em uma direção e um momento magnético $\vec{\mu}$ na direção oposta.

> **Prevenção de Armadilhas | 22.3**
>
> **O elétron não gira**
> O elétron *não é* fisicamente rotacional. Ele tem um momento angular intrínseco, *como se estivesse girando*, mas a noção da rotação para uma partícula pontual não existe. A rotação é aplicada somente a um *objeto rígido*, com uma extensão no espaço, como no Capítulo 10. O momento angular spin é, na verdade, um efeito relativista.

> **TABELA 22.1 | Momento magnético de alguns átomos e íons**
>
> | Átomo ou íon | Momento magnético por átomo ou íon (10^{-24} J/T) |
> |---|---|
> | H | 9,27 |
> | He | 0 |
> | Ne | 0 |
> | Ce³⁺ | 19,8 |
> | Yb³⁺ | 37,1 |

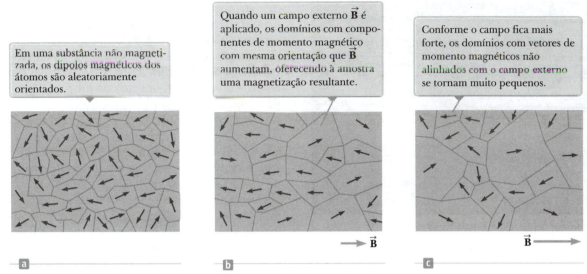

Figura 22.38 Orientação de dipolos magnéticos antes e depois de um campo magnético ser aplicado a uma substância ferromagnética.

permanece magnetizada depois de o campo externo ser removido. Este alinhamento permanente se deve ao forte acoplamento entre átomos vizinhos, que só podem ser compreendidos por meio do uso da física quântica.

Todos os materiais ferromagnéticos possuem regiões microscópicas denominadas **domínios**, nos quais todos os momentos magnéticos estão alinhados. Os domínios têm volume entre 10^{-12} a 10^{-8} m^3 e contêm de 10^{17} a 10^{21} átomos. Os limites entre os vários domínios com orientações diferentes são chamados **paredes de domínios**. Em uma amostra não magnetizada, os momentos magnéticos nos domínios são orientados aleatoriamente para que o momento magnético resultante seja zero, como na Figura 22.38a. Quando a amostra é colocada em um campo magnético externo, o tamanho desses domínios com momentos magnéticos alinhados com o campo cresce, enquanto os domínios nos quais os momentos magnéticos não estão alinhados com o campo se tornam muito pequenos, o que resulta em uma amostra magnetizada como nas Figuras 22.38b e 22.38c. Quando o campo externo é removido, a amostra pode reter a maior parte de seu magnetismo.

A intensidade pela qual uma substância ferromagnética retém seu magnetismo define sua classificação como magneticamente **dura** (*hard*) ou **mole** (*soft*). Materiais de magnetismo mole, como o ferro, são facilmente magnetizadas, mas também tendem a perder facilmente seu magnetismo. Quando um material magnético mole é magnetizado e o campo magnético externo é removido, a agitação térmica produz desalinhamentos nos domínios e o material volta rapidamente a um estado não magnetizado. Por outro lado, materiais magnéticos duros, como o cobalto e o níquel, são difíceis de magnetizar, mas tendem a reter seu magnetismo e o alinhamento de domínio persiste neles após o campo magnético ser removido. Esses materiais magnéticos duros são denominados **ímãs permanentes**. Ímãs permanentes terras-raras, como o samário-cobalto, são regularmente usados na indústria.

22.12 | Conteúdo em contexto: navegação magnética remota para procedimentos de ablação por cateter

No Conteúdo em contexto *Ataques cardíacos*, estudamos o papel do fluxo de fluido nos vasos sanguíneos e o perigoso efeito de acúmulo de placas nas vias sanguíneas do coração. Na Seção 21.2, olhamos novamente para o coração enquanto analisávamos os detalhes da ablação por cateter cardíaco em um paciente que sofre de fibrilação atrial. Neste Conteúdo em contexto, voltamos à fibrilação atrial no coração, mas consideraremos um desenvolvimento mais recente no procedimento de ablação.

Há uma série de riscos com um procedimento de ablação por cateter cardíaco tradicional. Um possível resultado é a perfuração da parede do coração com um dos cateteres. Pelo fato de o esôfago passar bem por trás do coração, há a possibilidade de gastar muito tecido durante uma ablação específica e criar uma fístula esofágica. Outros riscos surgem pela exposição aos raios X. Para observar as posições dos cateteres, os eletrofisiologistas devem usar raios X e um fluoroscópio para tornar o coração e os cateteres visíveis. Como resultado, o paciente recebe uma dose relativamente alta de radiação durante o procedimento. Além disso, apesar do uso de aventais de chumbo,

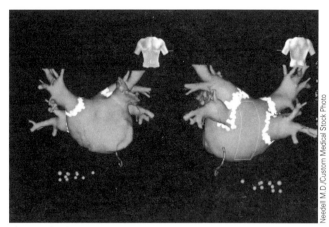

Figura 22.39 Em procedimentos de navegação magnética remota para ablações cardíacas por cateter, o eletrofisiologista visualiza um modelo computacional do coração, assim como as imagens frontais e posteriores mostradas aqui. As regiões claras são lesões em volta das veias pulmonares causadas pelo processo de ablação.

os eletrofisiologistas estão expostos à radiação em cada procedimento de ablação que realizam ao longo da carreira. Além dos efeitos desta exposição prolongada de radiação, estudos comprovam que uma grande porcentagem de eletrofisiologistas trataram de dores nas costas e no pescoço por causa do longo período de uso de aventais de chumbo.

Uma possibilidade para redução de riscos para o paciente e para o médico é o uso da *navegação magnética remota* em procedimento de ablação por cateter. Este procedimento usa cateteres mais flexíveis e moles do que a abordagem tradicional, diminuindo o risco de perfuração e permitindo que cateteres alcancem áreas do coração não possíveis para os cateteres tradicionais mais duros. As pontas dos cateteres são magneticamente conduzidas com a ajuda de um computador. O eletrofisiologista pode sentar-se confortavelmente em frente a um computador em outra sala e conduzir os cateteres com a ajuda de um *joystick*, evitando exposição à radiação. A Figura 22.39 mostra uma tela típica de computador que ajuda o eletrofisiologista a conduzir os cateteres.

Durante um procedimento de ablação por cateter usando a navegação magnética remota, o paciente é colocado entre dois ímãs fortes, como mostrado na Figura 22.40. Os ímãs podem se movimentar em uma grande variedade de posições e orientações relacionadas ao paciente. O campo magnético desses ímãs fica mais intenso, mas com cerca de apenas 10% da intensidade usada na ressonância magnética (será discutida na seção Conclusão do contexto). A ponta do cateter é composta por um material ferromagnético para que sua orientação possa ser precisamente controlada pelas posições dos ímãs externos. Depois que a ponta é corretamente orientada, ela pode ser mecanicamente avançada, assim como na abordagem tradicional.

Além de mais segurança com o cateter mais mole e a precisa orientação magnética de sua ponta, o controle computacional do procedimento oferece mais vantagens. Por exemplo, locais de ablações podem ser "memorizados" pelo computador. A ponta do cateter pode voltar rapidamente a este local exato para repetir uma ablação no local memorizado.

Enquanto existem muitas vantagens para a navegação magnética remota, evidências clínicas mostram uma desvantagem. O tempo total de procedimento com navegação remota foi calculado para ser significativamente maior do que com a abordagem tradicional.[3] Os motivos para esse tempo maior de intervalo incluem a curva de aprendizagem

Figura 22.40 Um laboratório de cateterismo cardíaco usa suportes de navegação remota para receber um paciente que sofre de fibrilação atrial. Os objetos brancos grandes em cada lado da mesa de operação são câmaras para ímãs fortes que colocam o paciente em um campo magnético intenso. O eletrofisiologista que realiza um procedimento de ablação por cateter senta-se em frente a um computador na sala à esquerda. Com a orientação do campo magnético, ele usa um *joystick* e outros controles para passar a ponta magneticamente sensível de um cateter cardíaco pelas veias sanguíneas e por dentro das câmaras do coração.

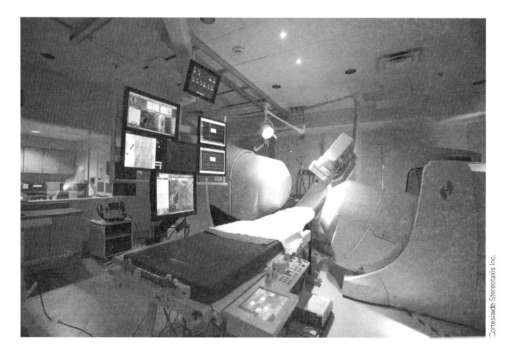

---

[3] A. Arya, R. Zaker-Shahrak, P. Sommer, A. Bollmann, U. Wetzel, T. Gaspar, S. Richter, D. Husser, C. Piorkowski e G. Hindricks, "Catheter Ablation of Atrial Fibrillation Using Remote Magnetic Catheter Navigation: A Case-Control Study," *Europace*, **13**, pp. 45-50 (2011).

Capítulo 22 – Forças magnéticas e campos magnéticos | **169**

para o procedimento, "tempo de interrupção" em razão de o eletrofisiologista estar disponível para outra equipe em uma sala separada do paciente e um tempo maior para procedimentos mais complicados de mapeamento.

Quanto mais os eletrofisiologistas são treinados na navegação magnética remota e mais as técnicas de mapeamento são aperfeiçoadas, mais o número de procedimentos tende a diminuir. Nesse caso, a técnica magnética terá uma vantagem evidente sobre a abordagem mecânica tradicional.

❯ RESUMO |

A **força magnética** que age sobre uma carga q que se movimenta com velocidade $\vec{v}$ em um **campo magnético** $\vec{B}$ externo é

$$\vec{F}_B = q\vec{v} \times \vec{B} \qquad \text{22.1} \blacktriangleleft$$

Esta força está em uma direção perpendicular tanto à velocidade da partícula quanto ao campo magnético. Ela é dada pelas regras da mão direita mostradas na Figura 22.4. O módulo da força magnética é

$$F_B = |q|vB \operatorname{sen} \theta \qquad \text{22.2} \blacktriangleleft$$

onde θ é o ângulo entre $\vec{v}$ e $\vec{B}$.

Se uma partícula com massa m e carga q movimenta-se com velocidade $\vec{v}$ perpendicular ao campo magnético uniforme $\vec{B}$, sua trajetória é circular de raio

$$r = \frac{mv}{qB} \qquad \text{22.3} \blacktriangleleft$$

Se um condutor reto de comprimento L é percorrido por uma corrente I, a força magnética sobre este condutor quando colocado em um campo magnético externo uniforme $\vec{B}$ é

$$\vec{F}_B = I\vec{L} \times \vec{B} \qquad \text{22.10} \blacktriangleleft$$

onde $\vec{L}$ segue o sentido da corrente elétrica, e $|\vec{L}| = L$ indica o comprimento do condutor.

Se um fio com forma arbitrária, percorrido por uma corrente I é colocado em um campo magnético externo, a força magnética sobre um pequeno elemento de comprimento $d\vec{s}$ é

$$d\vec{F}_B = I\,d\vec{s} \times \vec{B} \qquad \text{22.11} \blacktriangleleft$$

Para determinar a força magnética total sobre um fio, deve-se integrar a Equação 22.11 sobre o fio.

O **momento dipolo magnético** $\vec{\mu}$ de uma espira percorrida por uma corrente I é

$$\vec{\mu} = I\vec{A} \qquad \text{22.15} \blacktriangleleft$$

onde $\vec{A}$ é perpendicular ao plano da espira, e $|\vec{A}|$ é igual à área da espira. A unidade SI do momento $\vec{\mu}$ é ampère · metro quadrado, ou $A \cdot m^2$.

O torque $\vec{\tau}$ em uma espira percorrida por corrente quando ela é colocada em um campo magnético externo uniforme $\vec{B}$ é

$$\vec{\tau} = \vec{\mu} \times \vec{B} \qquad \text{22.16} \blacktriangleleft$$

A energia potencial do sistema de um dipolo magnético em um campo magnético é

$$U = -\vec{\mu} \cdot \vec{B} \qquad \text{22.17} \blacktriangleleft$$

A **Lei de Biot-Savart** diz que o campo magnético $d\vec{B}$ em um ponto P devido a um elemento $d\vec{s}$ percorrido por uma corrente contínua I é

$$d\vec{B} = \frac{\mu_0}{4\pi} \frac{I\,d\vec{s} \times \hat{r}}{r^2} \qquad \text{22.20} \blacktriangleleft$$

onde $\mu_0 = 4\pi \times 10^{-7}\ \text{T} \cdot \text{m/A}$ é a **permeabilidade de espaço livre**, e r é a distância do elemento até o ponto P. Encontramos o campo total em P ao integrar esta expressão por toda a distribuição de corrente.

O módulo do campo magnético a uma distância r de um fio longo e reto percorrido por uma corrente I é

$$B = \frac{\mu_0 I}{2\pi r} \qquad \text{22.21} \blacktriangleleft$$

As linhas de campo são círculos concêntricos ao fio.

A força magnética por unidade de comprimento entre dois fios paralelos (pelo menos um que seja longo) separados por uma distância a e percorridos por correntes I_1 e I_2 tem o módulo

$$\frac{F}{\ell} = \frac{\mu_0 I_1 I_2}{2\pi a} \qquad \text{22.27} \blacktriangleleft$$

A força é atrativa se as correntes estão no mesmo sentido, e repulsiva se elas estão em sentidos opostos.

A **Lei de Ampère** diz que a integral de linha $\vec{B} \cdot d\vec{s}$ ao redor de qualquer trajeto fechado é igual a $\mu_0 I$, em que I é a corrente estacionária total passando por qualquer superfície limitada pelo caminho fechado!

$$\oint \vec{B} \cdot d\vec{s} = \mu_0 I \qquad \text{22.29} \blacktriangleleft$$

Usando a Lei de Ampère, descobre-se que os módulos dos campos magnéticos dentro de uma bobina toroide e solenoide são

$$B = \frac{\mu_0 NI}{2\pi r} \quad \text{(toroide)} \qquad \text{22.31} \blacktriangleleft$$

$$B = \mu_0 \frac{N}{\ell} I = \mu_0 nI \quad \text{(solenoide)} \qquad \text{22.32} \blacktriangleleft$$

onde N é o número total de voltas e n é o número de voltas por unidade de comprimento.

PERGUNTAS OBJETIVAS

1. Uma partícula carregada realiza um trajeto através de um campo magnético uniforme. Quais das seguintes afirmações são verdadeiras em relação ao campo magnético? Pode haver mais de uma afirmação correta. (a) Ele exerce uma força sobre a partícula paralela ao campo. (b) Ele exerce uma força sobre a partícula na direção de seu movimento. (c) Ele aumenta a energia cinética da partícula. (d) Ele exerce uma força que é perpendicular à direção do movimento. (e) Ele não altera o módulo do momento da partícula.

2. Como um campo magnético é criado? Mais de uma resposta pode estar correta. (a) uma carga elétrica em repouso (b) uma carga elétrica em movimento (c) uma corrente elétrica (d) uma diferença em potencial elétrico (e) um capacitor carregado desconectado da bateria e em repouso. *Obs.*: No Capítulo 24, veremos que um campo elétrico variável também cria um campo magnético.

3. Um campo magnético uniforme não pode exercer uma força magnética sobre uma partícula em qual das seguintes circunstâncias? Pode haver mais de uma afirmação correta. (a) A partícula está carregada. (b) A partícula movimenta-se perpendicularmente em relação ao campo magnético. (c) A partícula se movimenta paralelamente em relação ao campo magnético. (d) O módulo do campo magnético varia com o tempo. (e) A partícula está em repouso.

4. Um próton movimentando-se horizontalmente entra em uma região em que o campo magnético é perpendicular à sua velocidade, conforme mostrado na Figura PO22.4. Depois que o próton entra no campo, ele (a) desvia para baixo, com sua velocidade permanecendo constante; (b) desvia para cima, movimentando-se em um trajeto semicircular com velocidade constante e sai do campo movimentando-se para a esquerda; (c) continua o movimento na horizontal com velocidade constante; (d) move-se em uma trajetória circular e é preso pelo campo; ou (e) desvia para fora do plano do papel?

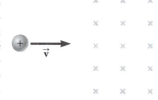

Figura PO22.4

5. Dois fios longos e paralelos são percorridos pela mesma corrente I no mesmo sentido (Fig. PO22.5). O campo magnético total no ponto P, o ponto médio entre os fios, está (a) em zero, (b) direcionado para a página, (c) direcionado para fora da página, (d) direcionado para a esquerda ou (e) direcionado para a direita?

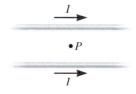

Figura PO22.5

6. Dois fios longos e retos se cruzam em um ângulo reto e cada um transporta a mesma corrente I (Fig. PO22.6). Qual das afirmações a seguir é verdadeira em relação ao campo magnético total devido aos dois fios nos vários pontos na figura? Mais de uma afirmação pode estar correta. (a) O campo é mais forte nos pontos B e D. (b) O campo é mais forte nos pontos A e C. (c) O campo está para fora da página no ponto B e para dentro no ponto D. (d) O campo está para fora da página no ponto C e para fora no ponto D. (e) O campo tem o mesmo módulo em todos os quatro pontos.

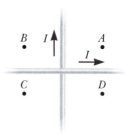

Figura PO22.6

7. Responda cada questão com sim ou não. Suponha que os movimentos e correntes mencionados estejam ao longo do eixo x, e os campos estejam no sentido y. (a) O campo elétrico exerce uma força sobre uma carga elétrica em repouso? (b) E um campo magnético faz isso? (c) Um campo elétrico exerce uma força sobre uma carga elétrica em movimento? (d) E um campo magnético faz isso? (e) Um campo elétrico exerce uma força sobre um fio reto percorrido por corrente? (f) E um campo magnético faz isso? (g) E um campo elétrico exerce uma força sobre um feixe de elétrons em movimento? (h) E um campo magnético faz isso?

8. Em um determinado momento, um próton movimenta-se no sentido positivo do eixo x atravessando uma região onde há um campo magnético no sentido negativo do eixo z. Qual é a orientação da força magnética exercida sobre o próton? (a) z positiva (b) z negativa (c) y positiva (d) y negativa (e) A força é zero.

9. Um solenoide longo com espiras com pouco espaçamento transporta uma corrente elétrica. Cada espira do fio exerce (a) uma força atrativa à próxima espira adjacente, (b) uma força repulsiva à próxima espira adjacente, (c) força zero à próxima espira adjacente ou (d) uma força atrativa ou repulsiva à próxima espira, dependendo da direção da corrente no solenoide?

10. Um fio longo e reto transporta uma corrente I (Fig. PO22.10). Qual das seguintes afirmações é verdadeira em relação ao campo magnético devido ao fio? Mais de uma afirmação pode estar correta. (a) O módulo é proporcional a I/r e a direção está para fora da página em P. (b) O módulo é proporcional a I/r^2 e a direção está para fora da página em P. (c) O módulo é proporcional a I/r e a direção está para dentro da página em P. (d) O módulo é proporcional a I/r^2 e a direção está para dentro da página em P. (e) O módulo é proporcional a I, mas não depende de r.

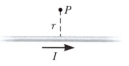

Figura PO22.10

11. Uma haste fina de cobre de 1,00 m possui massa de 50,0 g. Qual é a corrente mínima na haste que permitiria que ela ficasse suspensa em um campo magnético com módulo de 0,100 T? (a) 1,20 A (b) 2,40 A (c) 4,90 A (d) 9,80 A (e) nenhuma das alternativas.

12. Um campo magnético exerce um torque em cada uma das espiras de fio único que transportam corrente, mostradas na Figura PO22.12. As espiras estão no plano xy, cada um transportando corrente de mesmo módulo, e o campo magnético uniforme aponta na direção positiva de x. Ordene as espiras pelo módulo do torque exercido neles pelo campo do maior para o menor.

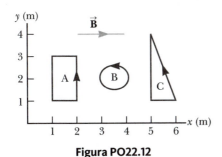

Figura PO22.12

13. Dois fios longos e paralelos transportam correntes de 20,0 A e 10,0 A em sentidos opostos (Fig. PO22.13). Quais das afirmações a seguir são verdadeiras? Mais de uma afirmação pode estar correta. (a) Na região I, o campo magnético está para dentro da página e nunca é zero. (b) Na região II, o campo está para dentro da página e pode ser zero. (c) Na região III, é possível o campo ser zero. (d) Na região I, o campo magnético está para fora da página e nunca é zero. (e) Não há pontos onde o campo seja zero.

14. Considere os dois fios paralelos percorrido por correntes com sentidos opostos da Figura PO22.13. Devido à interação entre os fios, o fio inferior experimenta uma força magnética que é (a) para cima, (b) para baixo, (c) para a esquerda, (d) para a direita ou (e) para o papel?

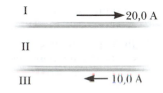

Figura PO22.13 Problemas 13 e 14.

15. Responda cada questão com sim ou não. (a) É possível para cada uma das três partículas carregadas estacionárias exercerem uma força de atração nas outras duas? (b) É possível para cada uma das três partículas carregadas estacionárias repelir as outras? (c) É possível para cada um dos três fios de metal que transportam corrente atrair os outros dois? (d) É possível para cada um dos três fios de metal que transportam corrente repelir os outros dois? Os experimentos de André-Marie Ampère em eletromagnetismo são modelos de precisão lógica e incluíam a observação dos fenômenos mencionados nesta questão.

16. O solenoide A tem comprimento L e N voltas; o solenoide B tem comprimento $2L$ e N voltas e o solenoide C tem comprimento $L/2$ e $2N$ voltas. Se cada um deles transportar a mesma corrente, ordene os módulos dos campos magnéticos nos centros dos solenoides do maior para o menor.

PERGUNTAS CONCEITUAIS

1. Duas partículas carregadas são lançadas com o mesmo sentido em um campo magnético perpendicular às suas velocidades. Se as partículas forem desviadas em sentidos opostos, o que é possível dizer sobre elas?

2. Imagine que você tenha uma bússola, cuja agulha pode girar tanto na vertical, quanto na horizontal. Para onde a agulha da bússola apontaria se você estivesse no polo norte magnético da Terra?

3. Um tubo oco de cobre transporta corrente ao longo de seu comprimento. Por que $B = 0$ dentro do tubo? B é diferente de zero fora do tubo?

4. A Lei de Ampère é válida para todos os caminhos fechados em volta de um condutor? Por que não é útil para o cálculo de B para todos esses caminhos?

5. É possível orientar uma espira percorrida por corrente em um campo magnético uniforme de modo que ela não tenda a girar? Justifique.

6. Como o movimento de uma partícula carregada pode ser utilizado para distinguir entre um campo magnético e um elétrico? Apresente um exemplo específico para justificar seu argumento.

7. Um ímã atrai um pedaço de ferro. O ferro pode então atrair outro pedaço de ferro. Com base no alinhamento de domínio, explique o que acontece com cada pedaço de ferro.

8. Um polo de um ímã atrai um prego. O outro polo do ímã atrai o prego? Justifique. Justifique também como o ímã gruda na porta de uma geladeira.

9. Como uma espira percorrida por corrente pode ser utilizada para determinar a presença de um campo magnético em uma região específica do espaço?

10. Considere um campo magnético que seja uniforme em sua direção e sentido. (a) O campo pode ser não uniforme em módulo? (b) Ele deve ser uniforme em módulo? Explique as suas respostas.

11. Um campo magnético pode ser criado por uma espira percorrida por corrente uniforme? Justifique.

12. A Figura PC22.12 mostra quatro ímãs permanentes, cada um com um orifício em seu centro. Note que os dois ímãs de cima estão levitando. (a) Como essa levitação acontece? (b) Qual é a finalidade das hastes? (c) O que você pode dizer sobre os polos dos ímãs a partir desta observação? (d)

Figura PC22.12

Se o ímã de cima fosse invertido, o que você acha que aconteceria?

13. Justifique por que dois fios paralelos percorridos por correntes em sentidos opostos se repelem.

14. Um campo magnético constante é capaz de colocar em movimento um elétron inicialmente em repouso? Justifique sua resposta.

PROBLEMAS

WebAssign Os problemas que se encontram neste capítulo podem ser resolvidos *on-line* no Enhanced WebAssign (em inglês).

1. denota problema direto;
2. denota problema intermediário;
3. denota problema desafiador;
1. denota problemas mais frequentemente resolvidos no Enhanced WebAssign;

BIO denota problema biomédico;

PD denota problema dirigido;
M denota tutorial Master It disponível no Enhanced WebAssign;
Q|C denota problema que pede raciocínio quantitativo e conceitual;
S denota problema de raciocínio simbólico;
sombreado denota "problemas emparelhados" que desenvolvem raciocínio com símbolos e valores numéricos;
W denota solução no vídeo Watch It disponível no Enhanced WebAssign.

Seção 22.2 O campo magnético

1. Considere um elétron próximo à linha do Equador da Terra. Para qual direção ele tende a desviar se sua velocidade está (a) orientada para baixo? (b) orientada para o norte? (c) orientada para o oeste? (d) orientada para o sul?

2. **W** Determine a direção inicial do desvio das partículas carregadas conforme elas entram nos campos magnéticos mostrados na Figura P22.2.

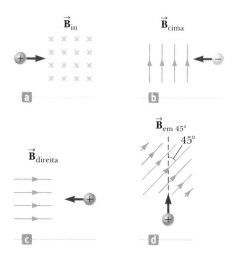

Figura P22.2

3. **W** Um elétron é acelerado a $2,40 \times 10^3$ V a partir do repouso e depois entra em um campo magnético uniforme de 1,70 T. Quais são os valores (a) máximo e (b) mínimo da força magnética que essa partícula experimenta?

4. **M** Um próton que se move a $4,00 \times 10^6$ m/s em um campo magnético de módulo 1,70 T experimenta uma força magnética de módulo $8,20 \times 10^{-13}$ N. Qual é o ângulo entre a velocidade do próton e o campo?

5. Um próton se movimenta com velocidade de $3,00 \times 10^6$ m/s e um ângulo de $37,0°$ em relação a um campo magnético de 0,300 T no sentido $+y$. Qual é (a) o módulo da força magnética sobre o próton e (b) sua aceleração?

6. **W** Um próton se movimenta com velocidade $\vec{v} = (2\hat{i} - 4\hat{j} + \hat{k})$ m/s em uma região em que o campo magnético é $\vec{B} = (\hat{i} - 2\hat{j} - \hat{k})$ T. Qual é o módulo da força magnética que essa partícula experimenta?

7. **M** Um próton movimenta-se perpendicular a um campo magnético uniforme $\vec{B}$ com velocidade e $1,00 \times 10^7$ m/s e experimenta uma aceleração de $2,00 \times 10^{13}$ m/s² no sentido positivo do eixo x quando sua velocidade está no sentido positivo do eixo z. Determine o módulo, a direção e o sentido do campo.

8. Na linha do Equador, próximo à superfície da Terra, o campo magnético é aproximadamente 50,0 μT em direção ao norte e, com o tempo bom, o campo elétrico é de cerca de 100 N/C orientado para baixo. Descubra as forças gravitacional, elétrica e magnética em um elétron neste ambiente, considerando que o elétron tem velocidade instantânea de $6,00 \times 10^6$ m/s direcionada para o leste.

Seção 22.3 Movimento de uma partícula carregada em um campo magnético uniforme

9. **Revisão.** Um elétron movimenta-se em uma trajetória circular perpendicular a um campo magnético uniforme de módulo 1,00 mT. O momento angular do elétron em relação ao centro do círculo é $4,00 \times 10^{-25}$ kg · m²/s. Determine (a) o raio da trajetória circular e (b) a velocidade do elétron.

10. **M** Um próton de raios cósmicos em espaço interestelar tem energia de 10,0 MeV e executa uma órbita circular com raio igual ao da órbita de Mercúrio em torno do Sol ($5,80 \times 10^{10}$ m). Qual é o campo magnético nessa região do espaço?

11. **Revisão.** Um elétron colide elasticamente com um segundo elétron inicialmente em repouso. Após a colisão, os raios de suas trajetórias são 1,00 cm e 2,40 cm. As trajetórias são perpendiculares a um campo magnético uniforme de módulo 0,044 0 T. Determine a energia (em keV) do elétron incidente.

12. **S Revisão.** Um elétron colide elasticamente com um segundo elétron inicialmente em repouso. Após a colisão, os raios de suas trajetórias são r_1 e r_2. As trajetórias são perpendiculares a um campo magnético uniforme de módulo B. Determine a energia do elétron incidente.

Seção 22.4 **Aplicações envolvendo partículas carregadas em movimento em um campo magnético**

13. **W** Considere o espectrômetro de massa mostrado esquematicamente na Figura Ativa 22.12. O módulo do campo elétrico entre as placas do seletor de velocidade é $2,50 \times 10^3$ V/m e o campo magnético no seletor de velocidade e na câmara de desvio tem módulo de 0,035 0 T. Calcule o raio da trajetória de um único íon de massa $m = 2,18 \times 10^{-26}$ kg.

14. Um cíclotron (Fig. 22.14) projetado para acelerar prótons tem raio externo de 0,350 m. Os prótons são emitidos praticamente em repouso a partir de uma fonte central e são acelerados por 600 V cada vez que cruzam a lacuna entre os "dês". Estes estão entre os polos de um eletroímã onde o campo é 0,800 T. (a) Encontre a frequência do cíclotron para os prótons nele. Encontre (b) a velocidade na qual os prótons saem do cíclotron e (c) sua energia cinética máxima. (d) Quantas revoluções um próton faz no cíclotron? (e) Por qual intervalo de tempo o próton acelera?

15. **W** Um seletor de velocidade é composto por campos elétricos e magnéticos descritos pelas expressões $\vec{E} = E\hat{k}$ e $\vec{B} = B\hat{j}$ com $B = 15,0$ mT. Encontre o valor de E de modo que um elétron de 750 eV que se move no sentido negativo do eixo x não seja desviado.

16. **M** Um cíclotron projetado para acelerar prótons tem campo magnético de módulo 0,450 T por uma região de raio 1,20 m. Quais são (a) a frequência do cíclotron e (b) a velocidade máxima adquirida pelos prótons?

17. O tubo de imagens em uma antiga televisão em preto e branco utiliza bobinas de deflexão magnética ao invés de placas elétricas de deflexão. Suponha que um feixe de elétrons seja acelerado por uma diferença de potencial de 50,0 kV e em seguida, por uma região de campo magnético uniforme de largura de 1,00 cm. A tela está localizada a 10,0 cm do centro das bobinas e tem largura de 50,0 cm. Quando o campo é desligado, o feixe de elétrons atinge o centro da tela. Ignorando correções relativísticas, qual o módulo do campo necessário para desviar o feixe para o lado da tela?

Seção 22.5 **A força magnética em um condutor transportando corrente**

18. **S** Um forte ímã é posicionado sob uma espira condutora horizontal de raio r que transporta corrente I, como mostra a Figura P22.18. Se o campo magnético $\vec{B}$ forma um ângulo θ com a vertical no local do anel, quais são (a) o módulo e (b) a direção e o sentido da força magnética resultante na espira?

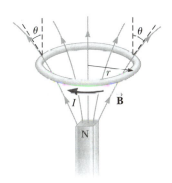

Figura P22.18

19. **W** Um fio com 2,80 m de comprimento transporta uma corrente de 5,00 A em uma região onde um campo magnético uniforme tem módulo de 0,390 T. Calcule o módulo da força magnética sobre o fio supondo que o ângulo entre o campo magnético e a corrente seja (a) 60,0°, (b) 90,0° e (c) 120°.

20. **Q|C** Na Figura P22.20, o cubo tem 40,0 cm em cada lado. Quatro segmentos de fio – ab, bc, cd e da – formam uma espira fechada que transporta uma corrente $I = 5,00$ A na direção mostrada. Um campo magnético uniforme de módulo $B = 0,0200$ T está no sentido positivo do eixo y. Determine o vetor força magnética em (a) ab, (b) bc, (c) cd e (d) da. (e) Explique como é possível encontrar a força exercida no quarto segmento a partir das forças nos outros três sem cálculos adicionais que envolvam o campo magnético.

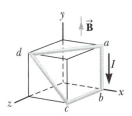

Figura P22.20

21. **M** Um fio cuja massa por unidade de comprimento é 0,500 g/cm transporta uma corrente de 2,00 A horizontalmente ao sul. Quais são (a) a orientação e (b) o módulo do campo magnético mínimo necessário para levantar este fio verticalmente para cima?

22. *Por que a seguinte situação é impossível?* Imagine um fio de cobre com raio de 1,00 mm circundando a Terra no seu equador magnético, onde a direção do campo é horizontal. Uma fonte de alimentação fornece 100 MW ao fio para nele manter uma corrente em direção na qual a força magnética do campo magnético da Terra seja ascendente. Devido a essa força, o fio é levitado imediatamente acima do solo.

23. **W** Um fio transporta uma corrente contínua de 2,40 A. Uma seção reta do fio tem 0,750 m e fica ao longo do eixo x em um campo magnético uniforme $\vec{B} = 1,60\hat{k}$ T. Se a corrente estiver no sentido positivo do eixo x, qual é a força magnética na seção do fio?

Seção 22.6 **Torque em uma espira percorrida por corrente em um campo magnético uniforme**

24. O rotor em certo motor elétrico é uma bobina plana, retangular, com 80 voltas de fio e dimensões de 2,50 cm por 4,00 cm. Ele gira em um campo magnético uniforme de 0,800 T. Quando seu plano é perpendicular à direção do campo magnético, o rotor transporta uma corrente

de 10,0 mA. Nessa orientação, seu momento magnético é direcionado oposto ao campo magnético. O rotor então gira por uma revolução e meia. Este processo é repetido para fazer com que o rotor gire estavelmente à velocidade angular de $3,60 \times 10^3$ rev/min. (a) Encontre o torque máximo que atua no rotor. (b) Encontre a potência de pico de saída do motor. (c) Determine o trabalho executado pelo campo magnético no rotor em cada revolução completa. (d) Qual é a potência média do motor?

25. **M** Uma bobina retangular consiste em $N = 100$ voltas bem apertadas e dimensões de $a = 0,400$ m e $b = 0,300$ m. Ela está fixada no eixo y e seu plano forma um ângulo $\theta = 30,0°$ com o eixo x (Fig. P22.25). (a) Qual é o módulo do torque exercido na bobina por um campo magnético uniforme $B = 0,800$ T orientado no sentido do eixo x quando a corrente for $I = 1,20$ A na direção mostrada? (b) Qual é a direção esperada da rotação da bobina?

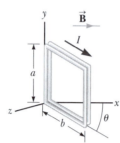

Figura P22.25

26. **PD QC** Uma espira retangular de fio tem dimensões de 0,500 m por 0,300 m. A espira é pivotada no eixo x e fica no plano xy, como mostra a Figura P22.26. Um campo magnético uniforme de módulo 1,50 T é direcionado em um ângulo de 40,0° em relação ao eixo y com as linhas de campo paralelas ao plano yz. A espira transporta uma corrente de 0,900 A na direção mostrada (ignore a gravitação). Desejamos avaliar o torque na espira de corrente. (a) Qual é a direção da força magnética exercida no segmento de fio ab? (b) Qual é a direção do torque associada a essa força em um eixo que passa pela origem? (c) Qual é a direção da força magnética exercida no segmento cd? (d) Qual é a direção do torque associado a essa força em um eixo que passa por essa origem? (e) As forças examinadas nas partes (a) e (c) podem se combinar para fazer com que a espira gire em torno do eixo x? (f) Elas podem afetar o movimento da espira de qualquer modo? Explique. (g) Qual é a direção da força magnética exercida no segmento bc? (h) Qual é a direção do torque associado a essa força em um eixo que passa por essa origem? (i) Qual é o torque no segmento ad no eixo que passa pela origem? (j) A partir da visualização da Figura P22.26, uma vez que a espira é liberada do repouso na posição mostrada, ela girará no sentido horário ou anti-horário em torno do eixo x? (k) Obtenha o módulo do momento magnético da espira. (l) Qual é o ângulo entre o vetor do momento magnético e o campo magnético? (m) Obtenha o torque na espira utilizando os resultados das partes (k) e (l).

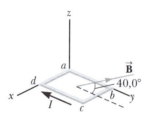

Figura P22.26

27. **W** Uma corrente de 17,0 mA é mantida em uma única espira de 2,00 m de circunferência. Um campo magnético de 0,800 T é direcionado paralelamente ao plano da espira. (a) Calcule o momento magnético da espira.

(b) Qual é o módulo do torque exercido pelo campo magnético na espira?

28. **S** Uma espira percorrida por corrente e com momento dipolo magnético $\vec{\mu}$ é colocada em um campo magnético uniforme $\vec{B}$ com seu momento fazendo ângulo θ com o campo. Com a escolha arbitrária de $U = 0$ para $\theta = 90°$, demonstre que a energia potencial do sistema dipolo-campo é $U = -\vec{\mu} \cdot \vec{B}$.

Seção 22.7 **Lei de Biot-Savart**

29. **W** Calcule o módulo do campo magnético em um ponto a 25,0 cm de um condutor longo e fino transportando uma corrente de 2,00 A.

30. **S** Um fio infinitamente longo transportando uma corrente I é dobrado em um ângulo reto, como mostrado na Figura P22.30. Determine o campo magnético no ponto P, localizado a uma distância x do canto do fio.

Figura P22.30

31. Um condutor consiste em um anel circular de raio $R = 15,0$ cm e duas seções longas e retas, como mostra a Figura P22.31. O fio está no plano do papel e transporta uma corrente $I = 1,00$ A. Encontre o campo magnético no centro do anel.

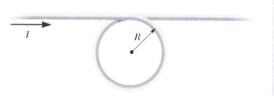

Figura P22.31 Problemas 31 e 32.

32. **S** Um condutor consiste em um anel circular de raio R e duas seções longas e retas, como mostrado na Figura P22.31. O fio está no plano do papel e transporta uma corrente I. (a) Qual é a direção do campo magnético no centro do anel? (b) Encontre uma expressão para o módulo do campo magnético no centro do anel.

33. **M** Um fio transporta uma corrente de 30,0 A para a esquerda ao longo do eixo x. Um segundo fio transporta uma corrente de 50,0 A para a direita ao longo da linha ($y = 0,280$ m, $z = 0$). (a) Em que lugar no plano dos dois fios o campo magnético resultante é igual a zero? (b) Uma partícula com carga $-2,00$ μC está se movimentando com uma velocidade de $150\hat{i}$ Mm/s ao longo da linha ($y = 0,100$ m, $z = 0$). Calcule o vetor força magnética agindo sobre a partícula. (c) **E se?** Aplica-se um campo elétrico uniforme para permitir que esta partícula passe por essa região sem sofrer desvio. Calcule o vetor campo elétrico solicitado.

34. **S** Dois fios longos, retos e paralelos transportam correntes que estão direcionadas perpendicularmente à página, como mostra a Figura P22.34. O fio 1 transporta uma corrente I_1 para dentro da página (no sentido negativo do eixo z) e passa pelo eixo x em $x = +a$. O fio 2 passa pelo eixo x em $x = -2a$ e transporta uma

corrente desconhecida I_2. O campo magnético total na origem devido aos fios que transportam corrente tem módulo $2\mu_0 I_1/(2\pi a)$. A corrente I_2 pode ter um de dois valores possíveis. (a) Encontre o valor de I_2 com o menor módulo, expressando em termos de I_1 e dando sua direção. (b) Encontre o outro valor possível de I_2.

Figura P22.34

35. Um fio em que a corrente segue o caminho mostrado na Figura P22.35 produz um campo magnético em P, o centro do arco. Se o arco está oposto a um ângulo de $\theta = 30{,}0°$ e o raio do arco é 0,600 m, quais são o módulo e a orientação do campo produzido em P se a corrente for 3,00 A?

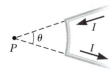

Figura P22.35

36. **W** No modelo de 1913 de Niels Bohr do átomo de hidrogênio, um elétron circula o próton a uma distância de $5{,}29 \times 10^{-11}$ m à velocidade de $2{,}19 \times 10^6$ m/s. Calcule o módulo do campo magnético que este movimento produz no local do próton.

37. Três condutores longos e paralelos transportam uma corrente de $I = 2{,}00$ A cada. A Figura P22.37 é uma visualização final dos condutores, com cada corrente indo para fora da página. Considerando $a = 1{,}00$ cm, determine o módulo e a orientação do campo magnético no (a) ponto A, (b) ponto B e (c) ponto C.

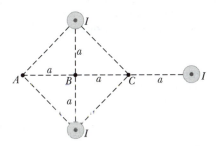

Figura P22.37

38. Considere uma espira percorrida por corrente circular de raio R transportando uma corrente I. Escolha o eixo x para estar ao longo do eixo da espira com a origem no centro dela. Construa um gráfico com a proporção do módulo do campo magnético na coordenada x em relação àquela da origem de $x = 0$ para $x = 5R$. Pode ser útil empregar uma calculadora programável ou um computador para resolver este problema.

39. **Revisão.** Em estudos de possibilidade para migração de pássaros que utilizam o campo magnético da Terra para a navegação foram colocadas bobinas nos pássaros como se fossem "chapéu" e "colares", como mostrado na Figura P22.39. (a) Se as bobinas idênticas possuem raios de 1,20 cm, estão separadas por 2,20 cm e possuem 50 voltas cada uma, qual corrente elétrica deveria percorrê-las para produzir um campo magnético de $4{,}50 \times 10^{-5}$ T no ponto médio entre elas? (b) Se a resistência de cada bobina é 210 Ω, qual é a tensão que a bateria deveria fornecer para cada bobina? (c) Qual potência é distribuída para cada bobina?

Figura P22.39

40. Um relâmpago pode transportar uma corrente de $1{,}00 \times 10^4$ A em um curto intervalo de tempo. Qual é o campo magnético resultante a 100 m do raio? Suponha que o raio se estenda bem acima e bem abaixo do ponto de observação.

41. **M** (a) Uma espira condutora no formato de quadrado de lado $\ell = 0{,}400$ m transporta uma corrente $I = 10{,}0$ A, como mostrado na Figura P22.41. Calcule o módulo e a direção do campo magnético no centro do quadrado. (b) **E se?** Se este condutor for reformatado para formar uma espira circular e transportar a mesma corrente, qual é o valor do campo magnético no centro?

Figura P22.41

Seção 22.8 A força magnética entre dois condutores paralelos

42. *Por que a seguinte situação é impossível?* Dois condutores de cobre paralelos têm, cada um, comprimento $\ell = 0{,}500$ m e raio $r = 250$ μm. Eles transportam correntes $I = 10{,}0$ A em direções opostas e se repelem com uma força magnética $F_B = 1{,}00$ N.

43. **M** Na Figura P22.43, a corrente no fio longo e reto é $I_1 = 5{,}00$ A e o fio está no plano da espira retangular, que transporta uma corrente $I_2 = 10{,}0$ A. As dimensões na figura são $c = 0{,}100$ m, $a = 0{,}150$ m e $\ell = 0{,}450$ m. Encontre a módulo e a orientação da força resultante exercida na espira pelo campo magnético criado pelo fio.

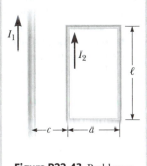

Figura P22.43 Problemas 43 e 44.

44. **S** Na Figura P22.43, a corrente no fio longo e reto é I_1 e o fio fica no plano de uma espira retangular, que transporta uma corrente I_2. A espira tem comprimento ℓ e largura a. Sua extremidade esquerda está a uma distância c do fio. Encontre o módulo e a orientação da força resultante exercida sobre a espira pelo campo magnético criado pelo fio.

45. W Dois condutores longos e paralelos, separados por 10,0 cm, transportam correntes na mesma direção. O primeiro fio transporta uma corrente $I_1 = 5{,}00$ A, e o segundo, $I_2 = 8{,}00$ A. (a) Qual é o módulo do campo magnético criado por I_1 no local de I_2? (b) Qual é a força por unidade de comprimento exercida por I_1 em I_2? (c) Qual é o módulo do campo magnético criado por I_2 no local de I_1? (d) Qual é a força por unidade de comprimento exercida por I_2 em I_1?

46. Q|C Dois longos fios estão pendurados verticalmente. O fio 1 transporta uma corrente para cima de 1,50 A. O fio 2, 20,0 cm à direita do 1, transporta uma corrente direcionada para baixo de 4,00 A. Um terceiro fio, 3, deve ser pendurado verticalmente e posicionado de modo que, quando transportar uma certa corrente, cada fio não experimente nenhuma força líquida. (a) Esta situação é possível? É possível de mais de uma maneira? Descreva (b) a posição do fio 3 e (c) o módulo e direção da corrente no fio 3.

Seção 22.9 **Lei de Ampère**

47. W A Figura P22.47 é uma visualização da seção transversal de um cabo coaxial. O condutor central é cercado por uma camada de borracha, um condutor externo e outra camada de borracha. Em uma aplicação específica, a corrente no condutor interno é $I_1 = 1{,}00$ A para fora da página, e a corrente no condutor externo é $I_2 = 3{,}00$ A para dentro da página. Supondo a distância $d = 1{,}00$ mm, determine o módulo e a direção do campo magnético no (a) ponto a e (b) ponto b.

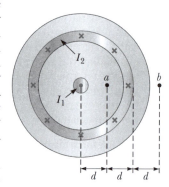

Figura P22.47

48. O metal nióbio torna-se um supercondutor quando resfriado abaixo de 9 K. Sua supercondutividade é destruída quando o campo magnético de superfície excede 0,100 T. Na ausência de qualquer campo magnético externo, determine a corrente máxima que um fio de nióbio de 2,00 mm de diâmetro pode transportar e permanecer supercondutor.

49. Um fio longo e reto está em uma mesa horizontal e transporta corrente de 1,20 μA. No vácuo, um próton move-se paralelamente ao fio (oposto à corrente) com velocidade constante de $2{,}30 \times 10^4$ m/s a uma distância d acima do fio. Ignorando o campo magnético devido à Terra, determine o valor de d.

50. Q|C Um pacote de 100 fios longos, retos e isolados forma um cilindro de raio $R = 0{,}500$ cm. Se cada fio transportar 2,00 A, quais são (a) o módulo e (b) a direção da força magnética por unidade de comprimento que atua em um fio localizado a 0,200 cm do centro do pacote? (c) **E se?** Um fio na face externa do pacote experimentaria uma força superior ou inferior ao valor calculado nas partes (a) e (b)? Apresente um argumento qualitativo para sua resposta.

51. W O campo magnético a 40,0 cm de distância de um fio longo e reto que transporta corrente de 2,00 A é 1,00 μT. (a) Em qual distância o campo é 0,100 μT? (b) **E se?** Em um instante, dois condutores em uma instalação doméstica tem correntes iguais a 2,00 A em sentidos opostos. Os dois fios estão a 3,00 mm de distância. Encontre o campo magnético a 40,0 cm de distância do meio do cabo reto no plano dos dois fios. (c) Em qual distância ele tem um décimo do tamanho? (d) O fio central em um cabo coaxial transporta corrente de 2,00 A em um sentido e o revestimento em volta dele transporta corrente de 2,00 A no sentido oposto. Qual campo magnético o cabo cria nos pontos externos a ele?

52. S O campo magnético criado por uma grande corrente que passa pelo plasma (gás ionizado) pode forçar partículas que transportam corrente a se unirem. Este efeito de estricção (*pinch effect*) tem sido utilizado no projeto de reatores de fusão e pode ser demonstrado ao fazer com que uma lata de alumínio vazia transporte uma grande corrente paralela a seu eixo. Digamos que R represente o raio da lata e I a corrente, uniformemente distribuída pela parede curvada da lata. Determine o campo magnético (a) dentro e (b) fora da parede. (c) Determine a pressão na parede.

53. W As bobinas magnéticas de um reator de fusão tokamak estão no formato de um toroide com raios interno de 0,700 m e externo de 1,30 m. O toroide tem 900 espiras de fio de grande diâmetro, cada um transportando uma corrente de 14,0 kA. Encontre o módulo do campo magnético dentro do toroide ao longo do (a) raio interno e (b) do raio externo.

54. M Quatro condutores longos e paralelos podem transportar correntes iguais de $I = 5{,}00$ A. A Figura P22.54 é uma visualização da extremidade dos condutores. A direção da corrente está para dentro da página nos pontos A e B e para fora nos pontos C e D. Calcule (a) o módulo e (b) a direção do campo magnético no ponto P, localizado no centro do quadrado do comprimento da extremidade $\ell = 0{,}200$ m.

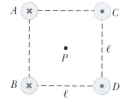

Figura P22.54

Seção 22.10 **Campo magnético de um solenoide**

55. W Uma espira quadrada, de uma única volta, tem 2,00 cm de lado e transporta uma corrente de 0,200 A no sentido horário. A espira está dentro de um solenoide, com o plano da espira perpendicular ao campo magnético do solenoide. O solenoide tem 30,0 voltas/cm e transporta uma corrente em sentido horário de 15,0 A. Encontre (a) a força em cada lado da espira e (b) o torque que atua na espira.

56. S Considere um solenoide de comprimento ℓ e raio a contendo N voltas próximas entre si e transportando uma corrente contínua I. (a) Quanto a esses parâmetros, encontre o campo magnético em um ponto ao longo do eixo do solenoide como uma função da posição x em relação a extremidade do solenoide. (b) Demonstre que se ℓ for muito longo, B se aproxima de $\mu_0 NI/2\ell$ em cada extremidade do solenoide.

57. **M** Um solenoide longo que tem 1 000 espiras uniformemente distribuídas por um comprimento de 0,400 m produz um campo magnético de módulo $1,00 \times 10^{-4}$ T no seu centro. Qual é a corrente necessária nos enrolamentos para que isto ocorra?

58. Um solenoide de 10,0 cm de diâmetro e comprimento de 75,0 cm é feito de fio de cobre de diâmetro de 0,100 cm, com isolamento bem fino. O fio é enrolado em um tubo de papelão em uma única camada, com voltas adjacentes tocando uma na outra. Qual potência deve ser fornecida ao solenoide se ele deve produzir um campo de 8,00 mT no seu centro?

Seção 22.11 Magnetismo na matéria

59. **M** O momento magnético da Terra é aproximadamente $8,00 \times 10^{22}$ A · m². Imagine que o campo magnético planetário foi causado pela magnetização completa de um grande depósito de ferro com densidade de 7 900 kg/m³ e aproximadamente $8,50 \times 10^{28}$ átomos de ferro/m³. (a) Quantos elétrons sem par, cada um com momento magnético de $9,27 \times 10^{-24}$ A · m², participariam? (b) Em dois elétrons sem par por átomo de ferro, quantos quilos de ferro deveriam estar presentes no depósito?

60. No modelo de Niels Bohr de 1913 do átomo de hidrogênio, um único elétron está em órbita circular com raio $5,29 \times 10^{-11}$ m e sua velocidade é de $2,19 \times 10^{6}$ m/s. (a) Qual é o módulo do momento magnético devido ao movimento do elétron? (b) Se o elétron se move em um círculo horizontal, em sentido anti-horário visto do alto, qual é a orientação do vetor momento magnético?

Seção 22.12 Conteúdo em contexto: navegação magnética remota para procedimentos de ablação por cateter

61. **BIO** Em um procedimento de ablação por cateter, usando a navegação magnética remota, é utilizado um campo magnético externo de módulo igual a $B = 0,080$ T. Suponha que o ímã permanente do cateter usado no procedimento esteja dentro do átrio esquerdo e sujeito ao campo magnético externo. O ímã permanente possui um momento magnético de 0,10 A · m². A orientação do ímã permanente é 30° em relação às linhas do campo magnético externo. (a) Qual é o módulo do torque na ponta do cateter que contém o ímã permanente? (b) Qual é a energia potencial do sistema composto pelo ímã permanente do cateter e pelo campo magnético dos ímãs externos?

62. **BIO** Revisão. Durante um procedimento de ablação cardíaca, a transferência de energia da ponta do cateter cardíaco para o tecido do coração ocorre por meio de ondas eletromagnéticas a uma taxa típica de 50,0 W. Uma temperatura típica para a ablação é 65,0 °C. Suponha que uma aplicação típica de ablação em determinada região do coração dure 15,0 s. (a) Qual é o valor da energia transferida para o tecido do coração em uma única ablação? (b) Se a temperatura do tecido aumenta para 65 °C em 15,0 s, qual é a massa do tecido que foi ablacionado? Suponha que o calor específico do tecido do coração seja igual ao da água e que a temperatura inicial do tecido seja de 37,0 °C. Suponha também que a transferência de energia para o tecido se dê ao longo de 15,0 s.

Problemas adicionais

63. Íons de carbono –14 e carbono –12 (cada um com carga de módulo e) são acelerados em um cíclotron. Se o cíclotron tiver um campo magnético de módulo 2,40 T, qual é a diferença nas suas frequências para os dois íons?

64. **S** Uma folha infinita no plano yz transporta uma corrente de superfície de densidade linear J_s. A corrente está na direção positiva z e J_s representa a corrente por unidade de comprimento medida ao longo do eixo y. A Figura P22.64 é uma visualização de corte da folha. Demonstre que o campo magnético próximo da folha está paralelo à folha e perpendicular à direção da corrente, com módulo $\mu_0 J_s/2$.

Figura P22.64

65. **M** Uma partícula com carga positiva $q = 3,20 \times 10^{-19}$ C movimenta-se com uma velocidade $\vec{v} = (2\hat{i} + 3\hat{j} - \hat{k})$ m/s através de uma região onde existe um campo magnético uniforme e um campo elétrico uniforme. (a) Calcule a força total na partícula em movimento (na notação vetor unitário), considerando $\vec{B} = (2\hat{i} + 4\hat{j} + \hat{k})$ T e $\vec{E} = (4\hat{i} - \hat{j} - 2\hat{k})$ V/m. (b) Qual ângulo o vetor força forma com o eixo x positivo?

66. O *efeito Hall* tem importantes aplicações na indústria eletrônica. Ele é usado para descobrir o sinal e a densidade dos portadores de corrente elétrica em chips semicondutores. A organização é mostrada na Figura P22.66. Um bloco semicondutor com espessura t e largura d transporta uma corrente I no sentido positivo do eixo x. Um campo magnético uniforme B é aplicado no sentido positivo do eixo y. Se os portadores de carga são positivos, a força magnética desvia-os no sentido positivo do eixo z. A carga positiva se acumula no topo da superfície do bloco e a carga negativa, na superfície inferior, criando um campo elétrico para baixo. Em equilíbrio, a força elétrica para baixo sobre os portadores de carga equilibra a força magnética para cima e os portadores movimentam-se através do bloco sem desvio. A *tensão de Hall* $\Delta V_H = V_c - V_a$ entre as superfícies superior e inferior é medida e a densidade dos transportadores de carga pode ser calculada a partir desse valor. (a) Demonstre que se os transportadores de carga têm sinal negativo, a

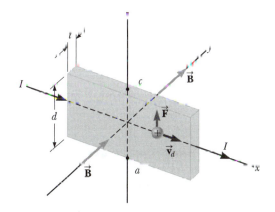

Figura P22.66

tensão de Hall será negativa. Assim, o efeito Hall revela o sinal dos portadores de carga e o modelo pode ser classificado como tipo *p* (com a maioria dos portadores de carga positivos) ou tipo *n* (negativo). (b) Determine o número de portadores de carga por unidade de volume *n* em termos de *I*, *t*, *B*, ΔV_H e o módulo *q* do portador de carga.

67. **Revisão.** Um bastão de metal de 0,200 kg que transporta uma corrente de 10,0 A desliza em dois trilhos horizontais separados por 0,500 m. Se o coeficiente de atrito cinético entre o bastão e os trilhos é 0,100, qual campo magnético vertical é necessário para mantê-lo em movimento com velocidade constante?

68. **S Revisão.** Um bastão de metal de massa *m* que transporta uma corrente *I* desliza em dois trilhos horizontais separados por uma distância *d*. Se o coeficiente de atrito cinético entre o bastão e os trilhos é μ, qual campo magnético vertical é necessário para mantê-lo em movimento com velocidade constante?

69. **Q|C** Dois anéis circulares são paralelos, coaxiais e quase em contato, com seus centros separados por 1,00 mm (Fig. P22.69). Cada anel tem 10,0 cm de raio. O superior transporta uma corrente no sentido horário de *I* = 140 A. O inferior, uma corrente em sentido anti-horário de *I* = 140 A. (a) Calcule a força magnética exercida pelo anel inferior no superior. (b) Suponha que um estudante ache que o primeiro passo para resolver a parte (a) é utilizar a Equação 22.23 para encontrar o campo magnético criado por um dos anéis. Como você argumentaria a favor ou contra esta ideia? (c) O anel superior tem massa de 0,0210 kg. Calcule sua aceleração, supondo que as únicas forças que agem nele são aquela da parte (a) e a gravitacional.

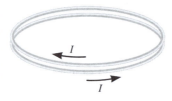

Figura P22.69

70. **S** Considere um segmento transportando uma corrente contínua *I* e colocada ao longo do eixo *x*, como mostra a Figura P22.70. (a) Use a Lei de Biot-Savart para mostrar que o campo magnético total no ponto *P*, localizado a uma distância *a* do fio, é

$$B = \frac{\mu_0 I}{4\pi a}(\cos\theta_1 - \cos\theta_2)$$

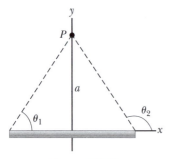

Figura P22.70

(b) Supondo que o fio seja infinitamente comprido, prove que o resultado na parte (a) fornece um campo magnético igual ao obtido no Exemplo 22.8 usando a Lei de Ampère.

71. Suponha que a região à direita de certo plano contenha um campo magnético uniforme de módulo 1,00 mT e o campo seja zero na região à esquerda do plano, como mostra a Figura P22.71. Um elétron, originalmente movendo-se de forma perpendicular à fronteira do plano, passa na região do campo. (a) Determine o intervalo de tempo necessário para o elétron deixar a região "preenchida pelo campo", percebendo que o caminho do elétron é um semicírculo. (b) Supondo que a profundidade da penetração no campo seja 2,00 cm, encontre a energia cinética do elétron.

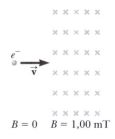

Figura P22.71

72. **BIO Q|C S** Máquinas artificiais de coração-pulmão e de rim utilizam bombas de sangue eletromagnéticas. O sangue está confinado a um tubo isolado eletricamente, cilíndrico na prática, mas representado aqui, por razões de simplicidade, como um retângulo de largura interior *w* e altura *h*. A Figura P22.72 mostra uma seção retangular de sangue dentro do tubo. Dois eletrodos encaixam-se na parte superior e inferior do tubo. A diferença potencial entre eles estabelece uma corrente elétrica pelo sangue, com densidade *J*, pela seção de comprimento *L* mostrada na Figura P22.72. Um campo magnético perpendicular existe na mesma região. (a) Explique por que essa disposição produz no líquido uma força que é direcionada ao longo do comprimento do cano. (b) Mostre que a seção de líquido no campo magnético experimenta um aumento de pressão *JLB*. (c) Após o sangue sair da bomba, ele é carregado? (d) Ele carrega corrente? (e) É magnetizado? (A mesma bomba eletromagnética pode ser utilizada para qualquer fluido que conduz eletricidade, como sódio líquido em um reator nuclear.)

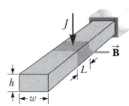

Figura P22.72

73. **BIO Q|C** Um cirurgião cardíaco monitora a taxa de fluxo do sangue por uma artéria utilizando um medidor de fluxo eletromagnético (Fig. P22.73). Os eletrodos *A* e *B* fazem contato com a superfície externa do vaso sanguíneo, que tem diâmetro de 3,00 mm. (a) Para um módulo de campo magnético de 0,0400 T, uma FEM de 160 μV aparece entre os eletrodos. Calcule a velocidade do sangue. (b) Explique por que o eletrodo *A* tem de ser positivo como mostrado. (c) O sinal da FEM depende se os íons móveis no sangue são predominantemente positiva ou negativamente carregados? Explique.

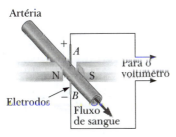

Figura P22.73

74. *Por que a seguinte situação é impossível?* O módulo do campo magnético da Terra em qualquer polo é aproximadamente $7{,}00 \times 10^{-5}$ T. Suponha que o campo caia até zero antes da próxima inversão. Vários cientistas propõem planos para gerar artificialmente um campo magnético de substituição para auxiliar dispositivos que dependem da presença do campo. O plano selecionado é colocar um fio de cobre em volta do equador e fornecer uma corrente que geraria um campo magnético de módulo $7{,}00 \times 10^{-5}$ T nos polos (ignore a magnetização de qualquer material dentro da Terra). O plano é implantado e altamente bem-sucedido.

75. Prótons com energia cinética de 5,00 MeV (1 eV = $1{,}60 \times 10^{-19}$ J) movem-se na direção positiva de x e entram em um campo magnético $\vec{B} = 0{,}050\,0\hat{k}$ T direcionados para fora do plano da página e estendendo-se de $x = 0$ a $x = 1{,}00$ m, como mostra a Figura P22.75. (a) Ignorando efeitos relativísticos, encontre o ângulo entre o vetor velocidade inicial do feixe de prótons e o vetor velocidade após o feixe emergir do campo. (b) Calcule a componente y das quantidades de movimentos conforme eles saem do campo magnético.

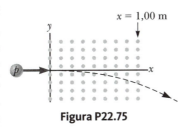

Figura P22.75

76. **PD Revisão.** Canhões eletromagnéticos foram sugeridos para lançar projéteis no espaço sem foguetes químicos. Um canhão eletromagnético de modelo de mesa (Fig. P22.76) consiste em dois trilhos longos, paralelos e horizontais, separados por uma distância $\ell = 3{,}50$ cm, ligados por uma barra de massa $m = 3{,}00$ g que está livre para deslizar sem atrito. Os trilhos e a barra têm baixa resistência elétrica, e a corrente está limitada a um valor $I = 24{,}0$ A por uma fonte de alimentação que está longe da esquerda da figura, então não há efeito magnético em barra. A Figura P22.76 mostra a barra em repouso no ponto médio dos trilhos no momento em que a corrente é estabelecida. Desejamos encontrar a velocidade na qual a barra sai dos trilhos após ser liberada do ponto médio deles. (a) Encontre o módulo do campo magnético a uma distância de 1,75 cm de um fio longo simples que transporta uma corrente de 2,40 A. (b) Para fins de avaliação do campo magnético, modele os trilhos como infinitamente longos. Utilizando o resultado da parte (a), encontre o módulo e a direção do campo magnético no ponto médio da barra. (c) Argumente que este valor do campo será o mesmo em todas as posições da barra à direita do ponto médio dos trilhos. Em outros pontos ao longo da barra, o campo está na mesma direção que o ponto médio, mas é maior em módulo. Suponha que o campo magnético médio efetivo ao longo da barra seja cinco vezes maior que o campo no ponto médio. A partir desta suposição, encontre (d) o módulo e (e) a direção da força na barra. (f) A barra está adequadamente modelada como uma partícula sob aceleração constante? (g) Encontre a velocidade da barra após ter percorrido uma distância $d = 130$ cm até a extremidade dos trilhos.

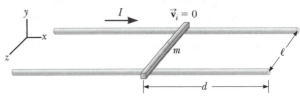

Figura P22.76

77. **M** Um anel não condutor de raio de 10,0 cm é carregado uniformemente com carga positiva total de 10,0 μC. Ele gira em velocidade angular constante de 20,0 rad/s em um eixo que passa pelo seu centro, perpendicular ao plano do anel. Qual é o módulo do campo magnético no eixo do anel a 5,00 cm de seu centro?

78. **S** Um anel não condutor de raio R é carregado uniformemente com carga positiva total q. O anel gira em velocidade angular constante w em um eixo que passa pelo seu centro, perpendicular ao plano do anel. Qual é o módulo do campo magnético no eixo do anel a uma distância $\frac{1}{2}R$ de seu centro?

79. Modele o motor elétrico de um liquidificador elétrico de mão como uma bobina única plana, compacta, circular, transportando corrente elétrica em uma região onde um campo magnético é produzido por um ímã externo permanente. Você precisa considerar somente um instante na operação do motor (consideraremos motores novamente no Capítulo 23). Faça estimativas da ordem de grandeza (a) do campo magnético, (b) do torque na bobina, (c) da corrente na bobina, (d) da área da bobina e (e) do número das voltas na bobina. A alimentação de entrada do motor é elétrica, dada por $P = I\,\Delta V$, e a alimentação de saída útil é mecânica, $P = \tau w$.

80. *Por que a seguinte situação é impossível?* A Figura P22.80 mostra uma técnica experimental para alterar a direção do percurso para uma partícula carregada. Uma partícula de carga $q = 1{,}00$ μC e massa $m = 2{,}00 \times 10^{-13}$ kg

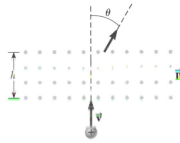

Figura P22.80

entra na parte inferior da região do campo magnético uniforme com velocidade $v = 2{,}00 \times 10^{5}$ m/s e vetor velocidade perpendicular às linhas do campo. A força magnética na partícula faz com que sua direção mude de percurso, de modo que saia no topo da região do campo magnético que se move com um ângulo em relação à sua direção original. O campo magnético tem módulo $B = 0{,}400$ T e é direcionado para fora da página. O comprimento h da região do campo magnético é 0,110 m. Uma pesquisadora executa o experimento e mede o ângulo θ no qual as partículas saem do topo do campo. Ela descobre que os ângulos de desvio são exatamente como previstos.

81. **S** Uma fina tira de metal muito longa de largura w transporta uma corrente I pelo seu comprimento, como mostra a Figura P22.81. A corrente é distribuída uniformemente pela largura da faixa. Encontre o campo magnético no ponto P do diagrama. O ponto P está no plano da tira na distância b para fora de sua extremidade.

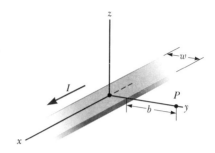

Figura P22.81

Capítulo 23

Lei de Faraday e indutância

Sumário

23.1 Lei da indução de Faraday

23.2 FEM de movimento

23.3 Lei de Lenz

23.4 Forças eletromotrizes induzidas e campos elétricos induzidos

23.5 Indutância

23.6 Circuitos *RL*

23.7 Energia armazenada em um campo magnético

23.8 Conteúdo em contexto: o uso da estimulação magnética transcraniana na depressão

Esboço artístico do *Skerries SeaGen Array*, um gerador de energia maremotriz em desenvolvimento próximo à ilha de Anglesey, no norte do País de Gales. Quando estiver em funcionamento, possivelmente em 2015, oferecerá 10,5 MW de energia proveniente de geradores acionados pelo movimento das marés. A imagem mostra as hélices subaquáticas que são acionadas com as correntes marítimas. O sistema da segunda hélice foi retirado da água para manutenção. Estudaremos geradores neste capítulo.

Nossos estudos sobre eletromagnetismo até o momento trataram de campos elétricos criados a partir de cargas em repouso e de campos magnéticos produzidos por cargas em movimento. Este capítulo introduz um novo tipo de campo elétrico, gerado por um campo magnético variável.

Como aprendemos na Seção 19.1, experimentos conduzidos por Michael Faraday na Inglaterra do início do século XIX e, independentemente, por Joseph Henry nos Estados Unidos, mostraram que uma corrente elétrica pode ser induzida em um circuito por um campo magnético variável. Os resultados desses experimentos levaram a uma lei do eletromagnetismo extremamente básica e importante, conhecida como *Lei da Indução de Faraday*. A Lei de Faraday explica como geradores e outros dispositivos práticos funcionam.

A Lei de Faraday também serviu de base para um novo componente de circuito elétrico, o *indutor*. Esse novo componente é combinado com resistores e capacitores para criar diversos circuitos elétricos úteis.

23.1 | Lei da indução de Faraday

Começaremos a discutir os conceitos deste capítulo considerando um experimento simples que aprofunda o material apresentado no Capítulo 22. Imagine que um condutor de metal retilíneo esteja posicionado dentro de um campo mag-

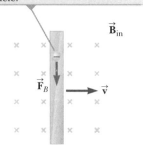

Figura 23.1 Um condutor elétrico retilíneo movendo-se com velocidade $\vec{v}$ no interior de um campo magnético $\vec{B}$ perpendicular a $\vec{v}$.

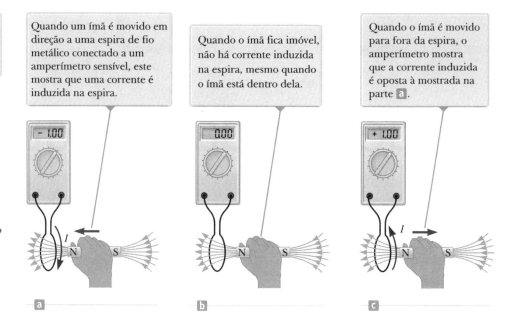

Figura Ativa 23.2 Um experimento simples mostrando que uma corrente é induzida em uma espira quando um ímã é movido em direção a ela ou para longe dela.

Michael Faraday
**Físico e químico britânico
(1791-1867)**
Faraday é frequentemente considerado o maior cientista experimental do século XIX. Suas diversas contribuições no estudo da eletricidade incluem as invenções do motor elétrico, do gerador elétrico e do transformador, bem como a descoberta da indução eletromagnética e das leis da eletrólise. Altamente influenciado por suas crenças religiosas, ele recusou-se a trabalhar no desenvolvimento de gás venenoso para o exército britânico.

nético uniforme direcionado para dentro da página, conforme mostrado na Figura 23.1. Dentro do condutor há elétrons livres. Imagine que o condutor seja movido com velocidade $\vec{v}$ para a direita. A Equação 22.1 nos diz que uma força magnética age sobre os elétrons do condutor. Utilizando a regra da mão direita, a força exercida sobre os elétrons está voltada para baixo na Figura 23.1 (lembre-se de que os elétrons carregam carga negativa). Como essa direção segue a do condutor, os elétrons movem-se pelo condutor em resposta a essa força. portanto, uma *corrente* é produzida no condutor à medida que este se move por um campo magnético!

Vamos considerar agora outro experimento simples que demonstra que um campo magnético pode produzir uma corrente elétrica. Considere uma espira em um fio metálico conectado a um amperímetro sensível, um dispositivo que mede corrente, conforme ilustrado na Figura Ativa 23.2. Se um ímã for movido em direção à espira, o amperímetro mostra a existência de uma corrente elétrica, como mostrado na Figura Ativa 23.2a. Quando o ímã é mantido em repouso, como mostra a Figura Ativa 23.2b, o amperímetro não exibe corrente. Se o ímã for movido para longe da espira, como mostra a Figura Ativa 23.2c, o amperímetro exibe uma corrente na direção oposta à gerada ao aproximar o ímã da espira. Por fim, se o ímã é mantido em repouso e a espira é movimentada tanto da direção do ímã quanto para longe dele, o amperímetro acusa a existência de uma corrente novamente. A partir dessas observações vem a conclusão de que uma corrente elétrica é criada na espira contanto que exista um movimento relativo entre ela e o ímã.

Os resultados são bastante notáveis quando consideramos que existe corrente na espira mesmo que não existam baterias conectadas ao fio. Chamamos tal corrente de **corrente induzida** e ela é produzida por uma **FEM induzida**.

Outro experimento, conduzido pela primeira vez por Faraday, está ilustrado na Figura Ativa 23.3. Parte do aparato consiste em uma bobina de fio isolado conectada a um interruptor e a uma bateria. Nós chamaremos essa bobina de *bobina primária* e o circuito correspondente de circuito primário. A bobina está enrolada em um anel de ferro para intensificar o campo magnético produzido pela corrente que passa pela bobina. Uma segunda bobina também está enrolada no anel e está conectada a um amperímetro. Chamaremos essa bobina de *bobina secundária* e o circuito correspondente de circuito secundário. O circuito secundário não possui bateria e a bobina secundária não está conectada eletricamente à bobina primária. O propósito desse aparato é detectar qualquer corrente que possa ser gerada no circuito secundário por uma mudança no campo magnético produzido pelo circuito primário.

A princípio, você poderia imaginar que nenhuma corrente seria detectada no circuito secundário. Contudo, algo surpreendente ocorre quando o interruptor no circuito primário é aberto ou fechado. No instante em que o interruptor é fechado, o amperímetro mostra brevemente uma corrente elétrica e então retorna a zero. Quando o interruptor é aberto, o amperímetro mostra uma corrente na direção oposta e então retorna a zero. Por fim, o amperímetro indica zero quando há uma corrente estável no circuito primário.

Como resultado dessas observações, Faraday concluiu que uma corrente elétrica pode ser produzida por um campo magnético variável, mas não pode ser produzida por um campo magnético estável. No experimento mostrado na Figura Ativa 23.2, o campo magnético variável é resultado do movimento relativo entre o ímã e a espira formada pelo fio. Contanto que o movimento continue, a corrente é mantida. No experimento da Figura Ativa 23.3, a corrente produzida no circuito secundário ocorre apenas por um instante após o fechamento do interruptor enquanto o campo magnético que age sobre a bobina secundária vai de zero para seu valor final. Na prática, o circuito secundário se comporta como se uma fonte de força eletromotriz estivesse conectada a ela por um instante. Costuma-se dizer que uma força eletromotriz é induzida no circuito secundário pelo campo magnético variável produzido pela corrente no circuito primário.

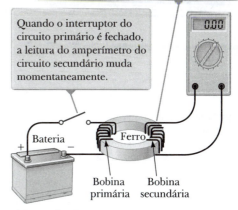

Figura Ativa 23.3 Experimento de Faraday.

Para quantificar tais observações, definimos uma grandeza chamada **fluxo magnético**. O fluxo associado com um campo magnético é definido de maneira similar ao fluxo elétrico (Seção 19.8), sendo proporcional ao número de linhas do campo magnético que passam por uma área. Considere um elemento de área dA sobre uma superfície aberta de formato arbitrário, como mostra a Figura 23.4. Se o campo magnético no local desse elemento é $\vec{B}$, o fluxo magnético que passa pelo elemento é $\vec{B} \times d\vec{A}$, onde $d\vec{A}$ é um vetor perpendicular à superfície cuja magnitude é igual à área dA. portanto, o fluxo magnético total Φ_B que passa pela superfície é

$$\Phi_B = \int \vec{B} \cdot d\vec{A}$$

23.1 ◀ ▶ Fluxo magnético

A unidade do SI para o fluxo magnético é o tesla · metro quadrado, chamada *weber* (Wb); 1 Wb = 1 T × m².

Os dois experimentos ilustrados nas Figuras 23.2 e 23.3 possuem algo em comum. Em ambos os casos, a força eletromotriz é induzida no circuito quando o fluxo magnético que passa pela superfície limitada pelo circuito varia com o tempo. Uma afirmação geral, conhecida como **Lei da Indução de Faraday**, resume tais experimentos que envolvem FEMs induzidas:

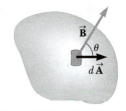

Figura 23.4 O fluxo magnético através um elemento de área $d\vec{A}$ é dado por $\vec{B} \times d\vec{A} = B\,dA\cos\theta$. Note que o vetor $d\vec{A}$ é perpendicular à superfície.

A força eletromotriz induzida em um circuito é igual à taxa de variação temporal do fluxo magnético que passa pelo circuito:

$$\varepsilon = -\frac{d\Phi_B}{dt}$$

23.2 ◀ ▶ Lei de Faraday

Na Equação 23.2, Φ_B é o fluxo magnético que passa pela superfície delimitada pelo circuito e é dado pela Equação 23.1. O sinal negativo na Equação 23.2 será discutido na Seção 23.3. Se o circuito for uma bobina consistindo em N espiras idênticas e concêntricas e se as linhas de campo passarem por todas as espiras, a força eletromotriz induzida é

$$\varepsilon = -N\frac{d\Phi_B}{dt}$$

23.3 ◀

A FEM é aumentada pelo fator N porque todas as espiras da bobina estão em série. Portanto, as FEMs de cada espira somam-se para determinar a FEM total.

Prevenção de Armadilhas | 23.1

Uma FEM induzida requer variação A *existência* de um fluxo magnético passando por uma área não é suficiente para criar uma força eletromotriz induzida. O fluxo magnético deve ser *variável* para induzi-la.

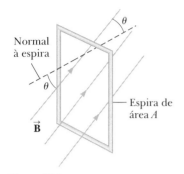

Figura 23.5 Uma espira condutora que envolve uma área A na presença de um campo magnético uniforme $\vec{B}$. O ângulo entre $\vec{B}$ e a normal à espira é θ.

Imagine que uma espira envolvendo uma área A esteja em um campo magnético uniforme $\vec{B}$, como ilustra a Figura 23.5. Nesse caso o fluxo magnético que passa pela espira é

$$\Phi_B = \int \vec{B} \cdot d\vec{A} = \int B \, dA \cos \theta = B \cos \theta \int dA = BA \cos \theta$$

Portanto, a força eletromotriz induzida é

$$\varepsilon = -\frac{d}{dt}(BA \cos \theta) \qquad \text{23.4} \blacktriangleleft$$

Essa expressão mostra que uma força eletromotriz pode ser induzida em um circuito alterando-se o fluxo magnético de diversas formas: (1) a magnitude de $\vec{B}$ pode variar com o tempo, (2) a área A do circuito pode variar com o tempo, (3) o ângulo θ entre $\vec{B}$ e a normal ao plano pode variar com o tempo e (4) qualquer combinação dessas alterações pode ocorrer.

Uma aplicação interessante da Lei de Faraday é a produção de som em uma guitarra elétrica (Fig. 23.6). Nesse caso, a bobina, chamada de *bobina de captação*, é posicionada perto de uma corda vibratória, feita de um metal que pode ser magnetizado. Um ímã permanente dentro da bobina magnetiza a parte da corda localizada próxima à bobina. Quando a corda vibra em alguma frequência, a parte magnetizada produz um fluxo magnético sobre a bobina. O fluxo variável induz uma força eletromotriz na bobina, que por sua vez é enviada para um amplificador. A saída do amplificador é enviada para os alto-falantes, que produzem as ondas sonoras que ouvimos.

Figura 23.6 (a) Em guitarras elétricas, a vibração de uma corda magnetizada produz uma FEM sobre a bobina de captação. (b) Os captadores (círculos sob as cordas metálicas) dessa guitarra elétrica podem detectar as vibrações das cordas e enviar essa informação, por meio de um amplificador, para os alto-falantes. (Um interruptor na guitarra permite que o músico selecione qual conjunto de seis captadores será utilizado.)

◀ **TESTE RÁPIDO 23.1** Uma espira circular de fio metálico é mantida dentro de um campo magnético de forma que o plano da espira seja perpendicular às linhas de campo. Qual das alternativas a seguir *não* fará com que uma corrente seja induzida na espira? (**a**) esmagar a espira (**b**) girar a espira em um eixo perpendicular às linhas de campo (**c**) manter a orientação da espira fixa e movê-la pelas linhas de campo (**d**) remover a espira do campo magnético

◀ **TESTE RÁPIDO 23.2** A Figura 23.7 mostra uma representação gráfica da magnitude do campo pelo tempo para um campo magnético que passa através de uma espira fixa e é orientado perpendicularmente ao plano da espira. A magnitude do campo magnético em qualquer dado momento é uniforme sobre a área da espira. Ordene, da maior para a menor, as magnitudes da força eletromotriz gerada na espira nos cinco instantes indicados.

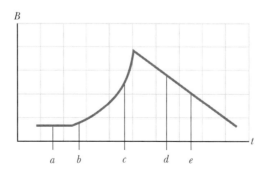

Figura 23.7 (Teste Rápido 23.2) Comportamento de um campo magnético através de uma espira ao longo do tempo.

PENSANDO EM FÍSICA 23.1

O disjuntor diferencial (DR) é um dispositivo de segurança que protege os usuários de eletricidade contra choques elétricos quando tocam aparelhos elétricos. Suas partes essenciais são mostradas na Figura 23.8. Como o funcionamento de um DR utiliza a Lei de Faraday?

Raciocínio O cabo 1 vai da tomada para o aparelho que está sendo protegido e o cabo 2 vai do aparelho de volta para a tomada. Uma bobina de detecção enrolada em um anel de ferro ativa um disjuntor quando ocorre alguma mudança no fluxo magnético. Como as correntes nos cabos durante o funcionamento normal do aparelho estão em direções opostas, o campo magnético resultante na bobina é zero. Uma mudança no fluxo magnético incidente sobre a bobina pode ocorrer, entretanto, se um dos cabos perder o isolamento e tocar acidentalmente partes metálicas do aparelho, criando um circuito direto com o solo. Quando tal curto-circuito ocorre, é criado um fluxo magnético que varia com o tempo na bobina, uma vez que a corrente de residências é alternada. Esse fluxo variável produz uma voltagem induzida na bobina, o que aciona o disjuntor e interrompe a corrente antes que esta atinja um nível perigoso para o usuário. ◄

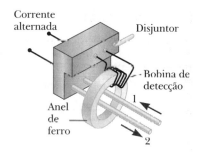

Figura 23.8 (Pensando em Física 23.1) Componentes essenciais de um disjuntor diferencial.

Exemplo 23.1 | Induzindo uma FEM em uma bobina

Uma bobina consiste em 200 voltas de fio metálico. Cada volta é um quadrado de lado $d = 18$ cm e um campo magnético uniforme é direcionado perpendicularmente ao plano da bobina. Se o campo variar linearmente de 0 a 0,50 T em 0,80 s, qual é a magnitude da FEM induzida na bobina durante a variação do campo?

SOLUÇÃO

Conceitualização A partir da descrição do problema, imagine que as linhas de campo passam pela bobina. Como a magnitude do campo magnético varia, uma FEM é induzida na bobina.

Categorização Vamos avaliar a FEM utilizando a Lei de Faraday explicada nesta seção e, portanto, classificamos este exemplo como um problema de substituição.

Avalie a Equação 23.3 para a situação descrita, notando que o campo magnético varia linearmente com o tempo:

$$|\varepsilon| = N\frac{\Delta \Phi_B}{\Delta t} = N\frac{\Delta(BA)}{\Delta t} = NA\frac{\Delta B}{\Delta t} = Nd^2\frac{B_f - B_i}{\Delta t}$$

Substitua os valores numéricos:

$$|\varepsilon| = (200)(0,18 \text{ m})^2\frac{(0,50 \text{ T} - 0)}{0,80 \text{ s}} = \boxed{4,0 \text{ V}}$$

E se? E se fosse solicitado que você encontrasse a magnitude da corrente induzida na bobina durante a variação do campo? Você consegue responder essa pergunta?

Resposta Se as extremidades da bobina não estiverem conectadas a um circuito, o problema é fácil: a corrente é zero! (Cargas movem-se dentro da bobina, mas não podem entrar ou sair dela.) Para que exista uma corrente estável, as extremidades da bobina devem estar conectadas a um circuito externo. Vamos assumir que a bobina está conectada a um circuito e que sua resistência total é 2,0 Ω. Assim, a magnitude da corrente induzida na bobina é

$$I = \frac{|\varepsilon|}{R} = \frac{4,0 \text{ V}}{2,0 \text{ Ω}} = 2,0 \text{ A}$$

Exemplo 23.2 | Um campo magnético em decaimento exponencial

Uma espira de cabo envolvendo uma área A é colocada em uma região na qual há um campo magnético perpendicular ao plano da espira. A magnitude de $\vec{B}$ varia com o tempo de acordo com a expressão $B = B_{máx}e^{-at}$, onde a é uma constante. Ou seja, quando $t = 0$, o campo é $B_{máx}$ e para $t > 0$ o campo diminui exponencialmente como mostra a Figura 23.9. Encontre a FEM induzida na espira como uma função do tempo.

SOLUÇÃO

Conceitualização A situação física é similar à do Exemplo 23.1 a não ser por duas coisas: existe apenas uma espira e o campo varia exponencialmente de acordo com o tempo, em vez de linearmente.

Categorização Vamos avaliar a FEM utilizando a Lei de Faraday que vimos nesta seção e, portanto, categorizamos este exemplo como um problema de substituição.

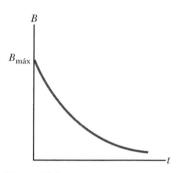

Figura 23.9 (Exemplo 23.2) Decaimento exponencial da magnitude do campo magnético com o tempo. A FEM e a corrente induzidas variam de acordo com o tempo da mesma maneira.

Avalie a Equação 23.2 para a situação descrita:

$$\varepsilon = -\frac{d\Phi_B}{dt} = -\frac{d}{dt}(AB_{máx}e^{-at}) = -AB_{máx}\frac{d}{dt}e^{-at} = \boxed{aAB_{máx}e^{-at}}$$

Essa expressão indica que a FEM induzida decai exponencialmente de acordo com o tempo. A FEM máxima ocorre quando $t = 0$, onde $\varepsilon_{máx} = aAB_{máx}$. O gráfico de ε por t é similar ao gráfico de B por t mostrado na Figura 23.9.

23.2 | FEM de movimento

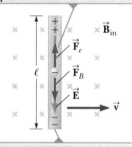

Figura 23.10 Um condutor elétrico retilíneo de comprimento ℓ movendo-se com velocidade $\vec{v}$ através de um campo magnético $\vec{B}$ perpendicular a $\vec{v}$.

Os Exemplos 23.1 e 23.2 são casos nos quais uma FEM é produzida no circuito quando o campo magnético varia com o tempo. Nesta seção, descreveremos a **FEM de movimento**, na qual uma FEM é induzida em um condutor em movimento por um campo magnético. É a situação descrita na Figura 23.1 no início da Seção 23.1.

Considere um condutor retilíneo de comprimento ℓ movendo-se com velocidade constante através de um campo magnético uniforme direcionado para dentro da página ($\vec{B}_{in}$),[1] como na Figura 23.10. Por questões de simplicidade, assumiremos que o condutor move-se perpendicularmente ao campo. Os elétrons no condutor sofrem ação de uma força com magnitude $|\vec{F}_B| = |q\vec{v} \times \vec{B}| = qvB$. De acordo com a segunda Lei de Newton, os elétrons aceleram em resposta a essa força e movem-se ao longo do condutor. Uma vez que os elétrons se movem para a extremidade inferior do condutor, eles se acumulam ali, fazendo com que a extremidade superior adquira uma carga positiva. Como resultado dessa separação de carga, um campo elétrico $\vec{E}$ é produzido no condutor. As cargas nas extremidades do condutor acumulam-se até que a força magnética qvB exercida sobre os elétrons entre em equilíbrio com a força elétrica qE, como mostra a Figura 23.10. Nesse ponto, as cargas param de movimentar-se. Nessa situação, a força resultante nula sobre um elétron permite que relacionemos o campo elétrico com o campo magnético:

$$\sum \vec{F} = \vec{F}_e - \vec{F}_B = 0 \quad \rightarrow \quad qE = qvB \quad \rightarrow \quad E = vB$$

Como o campo elétrico produzido no condutor é uniforme, ele está relacionado com a diferença de potencial nas extremidades do condutor de acordo com a relação $\Delta V = E\ell$ (Seção 20.2). Portanto,

$$\Delta V = E\ell = B\ell v$$

onde a extremidade superior possui potencial maior que a extremidade inferior. portanto, uma diferença de potencial é mantida contanto que o condutor esteja em movimento pelo campo magnético. Se o movimento for invertido, a polaridade de ΔV também é invertida.

---

[1] Neste capítulo será utilizada várias vezes a sigla $\vec{B}_{in}$ que significa que o campo magnético está direcionado para dentro da página.

Uma situação interessante ocorre se considerarmos agora o que acontece quando o condutor em movimento for parte de um circuito fechado. Considere um circuito que consiste em uma barra condutora de comprimento ℓ movendo-se ao longo de dois trilhos condutores paralelos e fixos, como na Figura Ativa 23.11a. Por questões de simplicidade, assumiremos que a barra possui resistência elétrica nula e que a parte do sistema que está em repouso possui resistência R. Um campo magnético $\vec{B}$ constante e uniforme é aplicado perpendicularmente ao plano do circuito.

Como a barra é puxada para a direita com velocidade constante de $\vec{v}$ sob influência de uma força aplicada $\vec{F}_{app}$, cargas livres na barra sofrem ação de uma força magnética ao longo do comprimento da barra. Como a barra móvel é parte de um sistema fechado, uma corrente contínua é estabelecida no circuito. Nesse caso, a taxa de variação do fluxo magnético da espira e a FEM induzida resultante na barra são proporcionais à variação na área da espira conforme a barra se move pelo campo magnético.

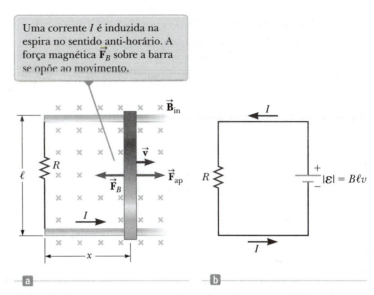

Figura 23.11 (a) Uma barra condutora deslizando com velocidade $\vec{v}$ sobre dois trilhos condutores mediante ação de uma força aplicada $\vec{F}_{app}$. (b) O diagrama de circuito equivalente à representação gráfica em (a).

Visto que a área do circuito em qualquer dado instante é ℓx, o fluxo magnético no circuito é dado por

$$\Phi_B = B\ell x$$

onde x é a largura do circuito, um parâmetro que varia de acordo com o tempo. Utilizando a Lei de Faraday, descobrimos que a FEM induzida é

$$\varepsilon = -\frac{d\Phi_B}{dt} = -\frac{d}{dt}(B\ell x) = -B\ell \frac{dx}{dt}$$

$$\varepsilon = -B\ell v \qquad \qquad 23.5 \blacktriangleleft$$

Como a resistência do circuito é R, a magnitude da corrente induzida é

$$I = \frac{|\varepsilon|}{R} = \frac{B\ell v}{R} \qquad \qquad 23.6 \blacktriangleleft$$

O diagrama de circuito equivalente para este exemplo é mostrado na Figura Ativa 23.11b. A barra móvel comporta-se como uma bateria no sentido que é a fonte da FEM contanto que ela continue em movimento.

Vamos examinar essa situação utilizando as considerações sobre energia no modelo de sistema não isolado, com o sistema sendo o circuito todo. Como o circuito não possui bateria, você pode ter dúvidas sobre a origem da corrente induzida e a energia que chega à resistência. Note que a força externa $\vec{F}_{app}$ é exercida sobre o condutor, movendo assim as cargas pelo campo magnético, o que faz com que as cargas movam-se ao longo do condutor com velocidade média de deriva. Deste modo, a corrente é estabelecida. Do ponto de vista da equação de conservação de energia (Eq. 7.2), o trabalho total feito pela força aplicada sobre o sistema enquanto a barra se move com velocidade constante deve ser igual ao aumento de energia interna no resistor durante esse intervalo de tempo. (Essa afirmação assume que a energia permanece no resistor, mas, na verdade, a energia deixa o resistor na forma de calor e radiação eletromagnética.)

À medida que o condutor de comprimento ℓ se move pelo campo magnético uniforme $\vec{B}$, ele experimenta uma força magnética $\vec{F}_B$ de magnitude $I\ell B$ (Eq. 22.10), onde I é a corrente induzida devido ao movimento. A direção dessa força é oposta ao movimento da barra, ou seja, para a esquerda na Figura Ativa 23.11a.

Se a barra deve mover-se com velocidade *constante*, ela é modelada como uma partícula em equilíbrio e, portanto, a força aplicada $\vec{F}_{app}$ deve possuir magnitude igual e direção oposta à força magnética, ou seja, para a direita na Figura Ativa 23.11a. (Caso a força magnética atuasse na direção do movimento, ela faria com que a barra acelerasse uma vez iniciado o movimento, aumentando, portanto, sua velocidade. Esse cenário representaria uma violação do princípio da conservação de energia.) Utilizando a Equação 23.6 e assumindo que $\vec{F}_{app} = F_B = I\ell B$, podemos encontrar a potência resultante da força aplicada:

$$P = F_{app}v = (I\ell B)v = \frac{B^2\ell^2 v^2}{R} = \left(\frac{B\ell v}{R}\right)^2 R = I^2 R \qquad 23.7 \blacktriangleleft$$

A potência é igual à taxa na qual a energia chega ao resistor, conforme esperado.

TESTE RÁPIDO 23.3 Você deseja mover, a uma dada velocidade, uma espira de fio metálico retangular para dentro de uma região de campo magnético uniforme, de modo a induzir uma FEM na espira. O plano da espira deve permanecer perpendicular às linhas do campo magnético. Em qual orientação a espira deve ser mantida enquanto é movida em direção ao campo para produzir a maior FEM possível? (**a**) com o lado mais comprido do retângulo paralelo ao vetor velocidade (**b**) com o lado mais curto do retângulo paralelo ao vetor da velocidade (**c**) a FEM é a mesma independentemente da orientação

TESTE RÁPIDO 23.4 Na Figura Ativa 23.11, uma dada força aplicada de magnitude F_{app} resulta em uma velocidade constante v e uma potência P. Imagine que a força aumente de modo que a velocidade constante da barra dobre para $2v$. Nessas condições, quais os valores da nova força e da nova potência? (**a**) $2F$ e $2P$ (**b**) $4F$ e $2P$ (**c**) $2F$ e $4P$ (**d**) $4F$ e $4P$

Exemplo 23.3 | FEM de movimento induzida em uma barra rotatória

Uma barra condutora de comprimento ℓ gira com velocidade angular constante ω sobre uma articulação localizada em uma de suas extremidades. Um campo magnético uniforme $\vec{B}$ é direcionado perpendicularmente ao plano da rotação, como mostra a Figura 23.12. Encontre a FEM de movimento induzida entre as extremidades da barra.

SOLUÇÃO

Conceitualização A barra rotatória é de natureza diferente da barra deslizante da Figura Ativa 23.11. Considere, entretanto, um pequeno segmento da barra. É um pequeno pedaço de condutor movendo-se dentro de um campo magnético, tendo uma FEM gerada nele do mesmo modo que na barra deslizante. Pensando em cada pequeno segmento da barra como uma fonte de FEM, percebemos que os segmentos estão em série e que a FEM deve ser somada.

Categorização Com base na conceitualização, abordamos esse exemplo modelando cada pequeno segmento da barra como um condutor em movimento em um campo magnético, com a característica adicional de que os segmentos da barra descrevem trajetórias circulares.

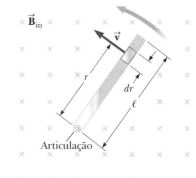

Figura 23.12 (Exemplo 23.3) Uma barra condutora girando em volta de uma articulação em uma das suas extremidades dentro de um campo magnético perpendicular ao plano da rotação. Uma FEM de movimento é induzida entre as extremidades da barra.

Análise Avalie a magnitude da FEM induzida sobre um segmento da barra de comprimento dr e velocidade $\vec{v}$ com a Equação 23.5:

$$d\varepsilon = Bv\, dr$$

Encontre a FEM total entre as extremidades da barra somando as FEMs induzidas em todos os segmentos:

$$\varepsilon = \int Bv\, dr$$

A velocidade tangencial v de um elemento está relacionada à velocidade angular ω pela equação $v = r\omega$ (Equação 10.10). Utilize esse fato e integre:

$$\varepsilon = B\int v\, dr = B\omega \int_0^\ell r\, dr = \tfrac{1}{2} B\omega \ell^2$$

Finalização Na Equação 23.5 para a barra deslizante, podemos aumentar ε aumentando B, ℓ ou v. Ao aumentar quaisquer dessas variáveis por um dado fator, ε aumenta pelo mesmo fator. Portanto, é possível escolher qual dessas variáveis é mais conveniente aumentar. Para a barra rotatória, entretanto, há uma vantagem em aumentar o comprimento da barra para aumentar a FEM porque ℓ está elevado ao quadrado. Dobrar o comprimento quadruplica a FEM, enquanto dobrar a velocidade angular apenas dobra a FEM.

continua

23.3 cont.

E se? Suponha, após ler este exemplo, que você tenha uma ideia brilhante. Uma roda gigante possui raios metálicos ligando o centro e o aro circular. Os raios movem-se no campo magnético da Terra e, portanto, cada raio age como a barra da Figura 23.12. Você planeja utilizar a FEM gerada pela rotação da roda gigante para acender as lâmpadas da mesma. Isso funcionaria?

Resposta Vamos estimar a FEM gerada nessa situação. A magnitude do campo magnético da Terra é cerca de $B = 0,5 \times 10^{-4}$ T. Um raio comum de roda gigante possui comprimento da ordem de 10 m. Suponha que o período de rotação seja da ordem de 10 s.

Determine a velocidade angular do raio:
$$\omega = \frac{2\pi}{T} = \frac{2\pi}{10 \text{ s}} = 0,63 \text{ s}^{-1} \sim 1 \text{ s}^{-1}$$

Assuma que as linhas do campo magnético da Terra sejam horizontais no local da roda gigante e perpendiculares aos raios. Encontre a FEM gerada:
$$\varepsilon = \tfrac{1}{2} B \omega \ell^2 = \tfrac{1}{2}(0,5 \times 10^{-4} \text{ T})(1 \text{ s}^{-1})(10 \text{ m})^2$$
$$= 2,5 \times 10^{-3} \text{ V} \sim 1 \text{ mV}$$

Esse valor representa uma FEM minúscula, muito menor que o necessário para operar as lâmpadas.

Uma dificuldade adicional está relacionada à energia. Mesmo assumindo que seja possível adquirir lâmpadas que funcionem utilizando uma diferença de potencial da ordem de milivolts, o raio deve ser parte do circuito para fornecer a voltagem para as lâmpadas. Consequentemente, o raio deve carregar uma corrente. Como ele está em um campo magnético, a força magnética é exercida sobre o raio na direção oposta ao movimento. Como resultado, o motor da roda gigante deve fornecer mais energia para realizar o trabalho contra a força de arrasto magnética. O motor deve, no fim, fornecer a energia para a operação das lâmpadas e você não terá ganhado nada de graça!

Exemplo 23.4 | Força magnética agindo sobre uma barra deslizante

A barra condutora ilustrada na Figura 23.13 move-se sobre dois trilhos paralelos e livres de atrito na presença de um campo magnético uniforme direcionado para dentro da página. A barra possui massa m e seu comprimento é ℓ. Ela recebe uma velocidade inicial $\vec{v}_i$ para a direita e é liberada no instante $t = 0$.

(A) Utilizando as leis de Newton, encontre a velocidade da barra em função do tempo.

SOLUÇÃO

Conceitualização Conforme a barra desliza para a direita na Figura 23.13, uma corrente é estabelecida no sentido anti-horário no circuito que consiste na barra, nos trilhos e no resistor. A corrente ascendente na barra resulta em uma força magnética agindo para a esquerda, conforme mostra a figura. Portanto, a barra deve desacelerar e é isso que nossa solução matemática deve demonstrar.

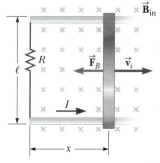

Figura 23.13 (Exemplo 23.4) Uma barra condutora de comprimento ℓ sobre dois trilhos condutores recebe uma velocidade inicial $\vec{v}_i$ para a direita.

Categorização O texto categoriza esse problema como um que utiliza as leis de Newton. A barra será modelada como uma partícula sob ação de uma força total.

Análise Da Equação 22.10, a força magnética é $F_B = -I\ell B$, onde o sinal negativo indica que a força age para a esquerda. A força magnética é a única força horizontal agindo sobre a barra.

Aplique a segunda Lei de Newton à barra na direção horizontal:
$$F_x = ma \quad \rightarrow \quad -I\ell B = m\frac{dv}{dt}$$

Substitua $I = B\ell v/R$ da Equação 23.6:
$$m\frac{dv}{dt} = -\frac{B^2 \ell^2}{R} v$$

Rearranje a equação de modo que todas as ocorrências da variável v estejam na esquerda e as de t estejam na direita:
$$\frac{dv}{v} = -\left(\frac{B^2 \ell^2}{mR}\right) dt$$

continua

190 | Princípios de física

23.4 *cont.*

Integre a equação utilizando a condição inicial de que $v = v_i$ quando $t = 0$ e notando que $(B^2\ell^2/mR)$ é uma constante:

$$\int_{v_i}^{v} \frac{dv}{v} = -\frac{B^2\ell^2}{mR} \int_0^t dt$$

$$\ln\left(\frac{v}{v_i}\right) = -\left(\frac{B^2\ell^2}{mR}\right)t$$

Defina a constante $\tau = mR/B^2\ell^2$ e encontre para a velocidade:

$$(1) \quad v = v_i e^{-t/\tau}$$

. . . .

Finalização Essa expressão de v indica que a velocidade da barra diminui com o tempo sob ação da força magnética, conforme explicado na conceitualização do problema.

(B) Mostre que o mesmo resultado é encontrado utilizando uma abordagem de energia.

SOLUÇÃO

Categorização O texto desta parte do problema diz para utilizarmos uma abordagem de energia para a mesma situação. Modelamos todo o circuito na Figura 23.13 como um sistema isolado.

Análise Considere que a barra deslizante é um componente do circuito que possui energia cinética, a qual diminui porque a energia está sendo transferida para fora da barra por meio da transmissão elétrica pelos trilhos. O resistor é outro componente do sistema que possui energia interna, a qual aumenta quando a energia é transferida para o resistor. Como não há energia deixando o sistema, a taxa de transferência de energia para fora da barra é igual à taxa de transferência de energia para o resistor.

Equalize a potência entrando no resistor com a potência saindo da barra:

$$P_{\text{resistor}} = -P_{\text{barra}}$$

Substitua a potência elétrica transferida para o resistor e a taxa temporal de mudança da energia cinética da barra:

$$I^2 R = -\frac{d}{dt}(\tfrac{1}{2}mv^2)$$

Utilize a Equação 23.6 para a corrente e faça a derivada:

$$\frac{B^2\ell^2 v^2}{R} = -mv\frac{dv}{dt}$$

Rearranje os termos:

$$\frac{dv}{v} = -\left(\frac{B^2\ell^2}{mR}\right)dt$$

. . . .

Finalização Esse resultado é a mesma equação que foi integrada na parte (A).

E se? Suponha que você deseje aumentar a distância que a barra percorre entre o instante na qual é inicialmente projetada e o instante na qual entra em repouso. Você pode fazê-lo alterando uma das três variáveis (v_i, R ou B) por um fator de 2 ou de $\frac{1}{2}$. Qual variável você alteraria para maximizar a distância? A variável deve ser dobrada ou dividida pela metade?

Resposta Aumentar v_i faria com que a barra percorresse maior distância. Aumentar R diminuiria a corrente e, portanto, a força magnética, fazendo a barra percorrer maior distância. Diminuir B diminuiria a força magnética e faria com que a barra se movesse para mais longe. Qual método é mais eficaz?

Utilize a Equação (1) para encontrar a distância percorrida pela barra por meio de uma integral:

$$v = \frac{dx}{dt} = v_i e^{-t/\tau}$$

$$x = \int_0^{\infty} v_i e^{-t/\tau} dt = -v_i \tau e^{-t/\tau}\Big|_0^{\infty}$$

$$= -v_i \tau (0 - 1) = v_i \tau = v_i \left(\frac{mR}{B^2\ell^2}\right)$$

Essa expressão mostra que dobrando o valor de v_i ou R também dobrará a distância. Entretanto, alterar B por um fator de $\frac{1}{2}$ quadruplicará a distância.

O gerador de corrente alternada

O gerador de corrente alternada (AC, do inglês *alternating-current*) é um dispositivo no qual a energia entra por meio de trabalho e sai por meio de transmissão elétrica. Uma representação gráfica simples de um gerador AC é mostrada na Figura Ativa 23.14a. Ele consiste em uma bobina posicionada dentro de um campo magnético externo e girada por um agente externo, que representa o trabalho na entrada. Em usinas de energia comerciais, a energia necessária para girar a bobina pode vir de diversas fontes. Em uma usina hidrelétrica, por exemplo, a queda da água direcionada sobre as pás de uma turbina produz a rotação. Em uma usina termoelétrica, a alta temperatura resultante da queima do carvão é utilizada para converter água em vapor, o qual é direcionado contra as pás da turbina. Conforme a bobina gira, o fluxo magnético que passa por ela varia com o tempo, induzindo uma FEM e uma corrente no circuito conectado à bobina.

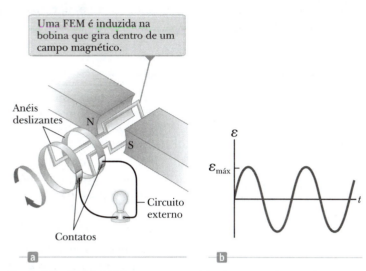

Figura Ativa 23.14 (a) Diagrama esquemático de um gerador AC. (b) Representação gráfica da FEM alternada induzida na bobina em função do tempo.

Suponha que a bobina possua N espiras, todas com a mesma área A. Suponha também que a bobina gire com velocidade angular constante ω sobre um eixo perpendicular ao campo magnético. Se θ for o ângulo entre o campo magnético e a direção perpendicular ao plano da bobina, o fluxo magnético que passa pela bobina em qualquer instante t é dado por

$$\Phi_B = BA \cos \theta = BA \cos \omega t$$

onde utilizamos a relação entre a posição angular e uma velocidade angular constante, $\theta = \omega t$. (Ver Equação 10.7 e estabeleça a aceleração α como sendo nula.) portanto, a FEM induzida na bobina é

$$\varepsilon = -N \frac{d\Phi_B}{dt} = -NBA \frac{d}{dt}(\cos \omega t) = NBA\omega \, \text{sen} \, \omega t \qquad \text{23.7}$$

Este resultado mostra que a FEM varia senoidalmente em relação ao tempo, como mostra a Figura Ativa 23.14b. Da Equação 23.8, vemos que a FEM máxima possui valor $\varepsilon_{\text{máx}} = NBA\omega$, que ocorre quando $\omega t = 90°$ ou $270°$. Isto é, $\varepsilon = \varepsilon_{\text{máx}}$ quando o campo magnético está no plano da bobina e a taxa de variação do fluxo está em seu máximo. Nessa posição, o vetor da velocidade para um fio na bobina é perpendicular ao vetor do campo magnético. Além do mais, a FEM é *nula* quando $\omega t = 0$ ou $180°$, ou seja, quando $\vec{B}$ é perpendicular ao plano da bobina e, portanto, a taxa de alteração do fluxo é nula. Nessa orientação, o vetor velocidade para um fio na bobina é paralelo ao vetor campo magnético.

A FEM que varia senoidalmente descrita na Equação 23.8 é a fonte da *corrente alternada* entregue aos consumidores pelas empresas de energia elétrica. Ela é chamada **tensão AC**, diferente da **tensão DC** (corrente contínua, sigla do inglês *direct current*) produzida por fontes como baterias.

23.3 | Lei de Lenz

Vamos tratar agora do sinal negativo presente na Lei de Faraday. Quando ocorre uma alteração no fluxo magnético, a direção da FEM e da corrente induzida pode ser encontrada por meio da **Lei de Lenz**:

> A corrente induzida em uma espira tem sentido de tal forma que cria um campo magnético oposto à variação no fluxo magnético na área envolvida pela espira. Ou seja, a corrente induzida tende a não alterar o fluxo magnético que passa pela espira.

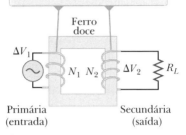

A tensão alternada ΔV_1 é aplicada à bobina primária e a tensão de saída ΔV_2 é gerada no resistor de resistência R_L.

Figura 23.15 (Pensando em Física 23.2) Um transformador ideal consiste em duas bobinas enroladas na mesma estrutura de ferro.

Note que não há uma equação associada à Lei de Lenz. A lei consiste apenas em palavras e é um meio de determinar a direção da corrente em um circuito quanto ocorre uma variação magnética.

PENSANDO EM FÍSICA 23.2

Um transformador (Fig. 23.15) consiste em um par de bobinas enroladas em uma estrutura de ferro. Quando uma tensão AC é aplicada em uma das bobinas, a *primária*, as linhas do campo magnético que passam pela segunda bobina, a *secundária*, induzem uma FEM em um resistor de carga R_L. (Esse arranjo é utilizado no experimento de Faraday mostrado na Figura Ativa 23.3.) Ao alterar o número de espiras em cada bobina, é possível fazer com que a tensão AC na bobina secundária seja maior ou menor que a na primária. Claramente, esse dispositivo não funciona com tensão DC. Além do mais, se for aplicada tensão DC a bobina primária pode, às vezes, superaquecer e queimar. Por quê?

Raciocínio Quando existe uma corrente na bobina primária, as linhas do campo magnético resultantes passam pela própria bobina. Portanto, qualquer alteração na corrente causa uma alteração no campo magnético e isso, por sua vez, induz uma corrente na mesma bobina. De acordo com a Lei de Lenz, essa corrente tem sentido oposto à corrente original. Como resultado, quando a tensão AC é aplicada, a FEM oposta resultante da Lei de Lenz limita a corrente na bobina a um valor baixo. Se for aplicada uma tensão DC, não há uma FEM oposta e a corrente pode aumentar até valores maiores. Essa corrente maior faz com que a temperatura na bobina aumente até o ponto em que o isolamento do fio possa queimar. ◄

Prevenção de Armadilhas | 23.2

A corrente induzida é oposta à variação

A corrente induzida em um circuito é oposta à *variação* no campo magnético, não ao campo em si. Portanto, em alguns casos o campo magnético gerado pela corrente induzida tem o mesmo sentido do campo magnético externo. Isso ocorre, por exemplo, quando a magnitude do campo magnético externo diminui.

Para entender melhor a Lei de Lenz, vamos retornar ao exemplo da barra movendo-se para a direita sobre dois trilhos paralelos na presença de um campo magnético uniforme direcionado para dentro da página (Fig. 23.16a). À medida que a barra se move para a direita, o fluxo magnético no circuito aumenta com o tempo porque a área da espira aumenta. A Lei de Lenz diz que a corrente induzida deve possuir sentido tal que o campo magnético que ela produz deve ser oposto à *variação* no fluxo magnético do campo magnético externo. Como o fluxo ocorre devido a um campo externo *entrando* na página e que está aumen-

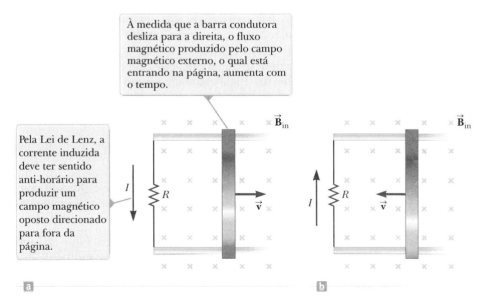

Figura 23.16 (a) A Lei de Lenz pode ser utilizada para determinar a direção da corrente induzida. (b) Quando a barra é movida para a esquerda, a corrente dever ser induzida no sentido horário. Por quê?

tando, a corrente induzida deve, para ser oposta à variação, produzir um campo magnético através do circuito *saindo* da página. Logo, a corrente induzida deve estar no sentido anti-horário quando a barra é movida para a direita para que o resultado seja um campo direcionado para fora da página na região dentro da espira. (Utilize a regra da mão direita para verificar essa direção.) Se a barra estiver se movendo para a esquerda, como na Figura 23.16b, o fluxo magnético na espira diminui com o tempo. Como o campo está entrando na página, a corrente induzida deve estar no sentido horário para produzir um campo magnético direcionado para dentro da página na região dentro da espira. Em ambos os casos, a corrente induzida tenta manter o fluxo original no circuito.

Vamos examinar essa situação do ponto de vista energético. Suponha que a barra receba um leve empurrão para a direita. Na análise anterior, descobrimos que esse movimento leva a uma corrente de sentido anti-horário na espira. O que acontece se assumirmos erroneamente que a corrente tem sentido horário? Para uma corrente de sentido horário I, a direção da força magnética $I\ell B$ que age sobre a barra seria para a direita. De acordo com a segunda Lei de Newton, essa força aceleraria a barra e aumentaria sua velocidade o que, por sua vez, faria com que a área da espira aumentasse mais rapidamente. Esse aumento aumentaria a corrente induzida, que aumentaria a força, que aumentaria a corrente e assim sucessivamente. De fato, o sistema adquiriria energia sem a entrada de energia adicional. Esse resultado é claramente inconsistente com toda a experiência e com a equação da conservação de energia. Portanto, somos forçados a concluir que a corrente deve ter sentido anti-horário.

TESTE RÁPIDO 23.5 Em balanças de braços iguais, utilizadas no início do século 20 (Fig. 23.17), há uma placa de alumínio pendurada em um dos braços passando entre os polos de um ímã, o que faz com que as oscilações da balança diminuam rapidamente. Na ausência desses freios magnéticos, as oscilações podem continuar por muito tempo e o experimentador teria de esperar para fazer uma leitura. Porque as oscilações diminuem? (**a**) porque a placa de alumínio é atraída pelo ímã (**b**) porque as correntes na placa de alumínio criam um campo magnético oposto às oscilações (**c**) porque o alumínio é paramagnético.

Figura 23.17 (Teste Rápido 23.5) Em balanças antigas, uma placa de alumínio fica pendurada entre os polos de um ímã.

PENSANDO EM FÍSICA 23.3

Um ímã é posicionado próximo a um aro de metal, como mostra a Figura 23.18a.

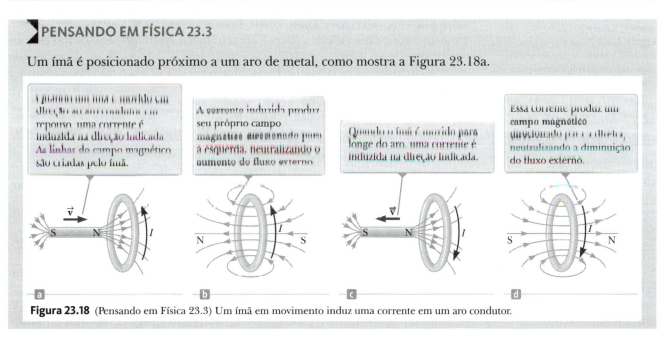

Figura 23.18 (Pensando em Física 23.3) Um ímã em movimento induz uma corrente em um aro condutor.

(A) Encontre a direção da corrente induzida no aro quando o ímã é empurrado em direção a ele.

Raciocínio À medida que o ímã é movido para a direita em direção ao aro, o fluxo magnético externo que passa pelo aro aumenta com o tempo. Para neutralizar o aumento do fluxo causado por um campo voltado para a direita, a corrente induzida produz seu próprio campo magnético voltado para a esquerda, como mostra a Figura 23.18b. Portanto, a corrente induzida tem o sentido indicado. Sabendo-se que os polos do ímã repelem-se, concluímos que a face do aro que está voltada para a esquerda age como o polo norte, enquanto a face que está voltada para a direita age como o polo sul.

(B) Encontre a direção da corrente induzida no aro quando o ímã é afastado deste.

Raciocínio Se o ímã for movido para a esquerda, como na Figura 23.18c, o fluxo na área do aro diminui com o tempo. Nessa situação, a corrente induzida no aro tem o sentido mostrado na Figura 23.18d porque isso produz um campo magnético de sentido igual ao campo externo. Neste caso, a face do aro que está voltada para a esquerda é o polo sul enquanto a face voltada para a direita é o polo norte. ◀

23.4 | Forças eletromotrizes induzidas e campos elétricos induzidos

Vimos que uma variação no fluxo magnético induz uma FEM e uma corrente em uma espira condutora. Também podemos interpretar esse fenômeno de outro ponto de vista. Como o fluxo normal das cargas em um circuito se dá devido a um campo elétrico nos fios proveniente de uma fonte, como uma bateria, podemos pensar que o campo magnético variável está criando um campo elétrico induzido. Esse campo elétrico aplica uma força sobre as cargas, fazendo com que se movam. Com essa abordagem, portanto, vemos que um campo elétrico é criado no condutor como resultado do campo magnético variável. De fato, a lei da indução eletromagnética pode ser interpretada da seguinte forma: um campo elétrico é sempre gerado por um campo magnético variável, mesmo na ausência de cargas. O campo elétrico induzido, entretanto, possui propriedades diferentes das do campo eletrostático produzido por cargas em repouso.

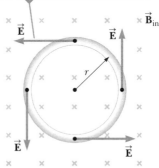

Figura 23.19 Uma espira condutora de raio r em um campo magnético uniforme perpendicular ao plano da espira.

Vamos ilustrar esse ponto considerando uma espira condutora de raio r, situada em um campo magnético uniforme perpendicular ao plano da espira, como mostra a Figura 23.19. Se o campo magnético variar em função do tempo, a Lei de Faraday nos diz que uma FEM $\varepsilon = -d\Phi_B/dt$ é induzida na espira. A corrente induzida que é produzida sugere a presença de um campo elétrico induzido $\vec{E}$ que deve ser tangente à espira para exercer uma força elétrica sobre as cargas. O trabalho realizado pelo campo elétrico na espira para fazer com que uma carga teste q dê uma volta completa ao redor da espira é igual a $W = q\varepsilon$. Como a magnitude da força elétrica sobre a carga é qE, o trabalho realizado pelo campo elétrico também pode ser expresso pela Equação 6.8 como $W = \int \vec{F} \cdot d\vec{r} = qE(2\pi r)$, onde $2\pi r$ é a circunferência da espira. Essas duas expressões para o trabalho devem ser iguais. Portanto, temos que

$$q\varepsilon = qE(2\pi r)$$

$$E = \frac{\varepsilon}{2\pi r}$$

Utilizando esse resultado junto com a Lei de Faraday e com a expressão $\Phi_B = BA = B\pi r^2$ para uma espira circular, temos que o campo elétrico induzido pode ser expresso como

$$E = -\frac{1}{2\pi r}\frac{d\Phi_B}{dt} = -\frac{1}{2\pi r}\frac{d}{dt}(B\pi r^2) = -\frac{r}{2}\frac{dB}{dt}$$

Essa expressão pode ser utilizada para calcular o campo elétrico induzido se a variação do campo magnético em função do tempo for especificada. O sinal negativo indica que o campo elétrico induzido $\vec{E}$ resulta em uma corrente oposta à variação do campo magnético. É importante entender que esse resultado também é válido na ausência de um condutor ou de cargas. Ou seja, o mesmo campo elétrico é induzido por campos magnéticos variáveis no vácuo.

Em geral, a magnitude da FEM para qualquer circuito fechado pode ser expressa pela integral de linha de $\vec{E} \cdot d\vec{s}$ para tal circuito: $\varepsilon = \oint \vec{E} \cdot d\vec{s}$ (Eq. 20.3). Logo, a forma geral da lei da indução de Faraday é

$$\oint \vec{E} \cdot d\vec{s} = -\frac{d\Phi_B}{dt}$$

23.9 ◄ ► Lei de Faraday em sua forma geral

É importante reconhecer que o campo elétrico induzido $\vec{E}$ que aparece na Equação 23.9 é um campo não conservativo gerado por um campo magnético variável. Ele é chamado de campo não conservativo porque o trabalho realizado sobre uma carga ao longo de um circuito fechado (a espira da Figura 23.19) é diferente de zero. Esse tipo de campo elétrico é muito diferente de um campo eletrostático.

TESTE RÁPIDO 23.6 Em uma região do espaço, um campo magnético é uniforme, mas aumenta a uma taxa constante. Esse campo magnético variável induz uma corrente elétrica que (**a**) diminui com o tempo, (**b**) é conservativa (**c**) tem o mesmo sentido do campo magnético, ou (**d**) possui magnitude constante.

PENSANDO EM FÍSICA 23.4

Ao estudar os campos elétricos, notamos que todas as linhas do campo começam em partículas positivas e terminam em partículas negativas. Todas as linhas de campo elétrico começam e terminam em cargas?

Raciocínio A afirmação que diz que as linhas de campo começam e terminam em cargas é verdadeira apenas para campos *eletrostáticos*, ou seja, campos elétricos criados por cargas em repouso. As linhas de campo de um campo elétrico variável, criadas por campos magnéticos variáveis, formam circuitos fechados, sem início ou fim, e não dependem da presença de cargas. ◄

Exemplo 23.5 | Campo elétrico induzido por um campo magnético variante em um solenoide

Um solenoide longo de raio R tem n espiras de fio metálico por unidade de comprimento e transporta uma corrente que varia com o tempo e se altera senoidalmente como $I = I_{máx} \cos \omega t$, onde $I_{máx}$ é a corrente máxima e ω é a frequência angular da fonte de corrente alternada (Fig. 23.20).

(A) Determine o módulo do campo elétrico induzido fora do solenoide a uma distância $r > R$ de seu eixo central.

SOLUÇÃO

Conceitualização A Figura 23.20 mostra a situação física. Conforme a corrente na bobina se modifica, imagine um campo magnético variante em todos os pontos do espaço, assim como um campo elétrico induzido.

Categorização Como a corrente varia em função do tempo, o campo magnético varia, levando a um campo elétrico induzido, diferente dos campos eletrostáticos produzidos por cargas em repouso.

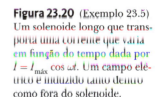

Figura 23.20 (Exemplo 23.5) Um solenoide longo que transporta uma corrente que varia em função do tempo dada por $I = I_{máx} \cos \omega t$. Um campo elétrico é induzido tanto dentro como fora do solenoide.

Análise Considere primeiro um ponto externo e determine a trajetória para que a integral de linha seja um círculo de raio r centrado no solenoide, como mostra a Figura 23.20.

Avalie o lado direito da Equação 23.9, notando que o campo magnético $\vec{B}$ dentro do solenoide é perpendicular ao círculo descrito pela trajetória da integral:

(1) $\quad -\dfrac{d\Phi_B}{dt} = -\dfrac{d}{dt}(B\pi R^2) = -\pi R^2 \dfrac{dB}{dt}$

continua

196 | Princípios de física

23.5 *cont.*

Avalie o campo magnético no solenoide a partir da Equação 22.32:

(2) $B = \mu_0 nI = \mu_0 nI_{\text{máx}} \cos \omega t$

Substitua a Equação (2) na Equação (1):

(3) $-\dfrac{d\Phi_B}{dt} = -\pi R^2 \mu_0 nI_{\text{máx}} \dfrac{d}{dt}(\cos \omega t) = \pi R^2 \mu_0 nI_{\text{máx}} \omega \operatorname{sen} \omega t$

Avalie o lado direito da Equação 23.9, notando que a magnitude de $\vec{\mathbf{E}}$ é constante na trajetória da integral e $\vec{\mathbf{E}}$ é tangente a ela:

(4) $\oint \vec{\mathbf{E}} \cdot d\vec{\mathbf{s}} = E(2\pi r)$

Substitua as Equações (3) e (4) na Equação 23.9:

$E(2\pi r) = \pi R^2 \mu_0 nI_{\text{máx}} \omega \operatorname{sen} \omega t$

Encontre a magnitude do campo elétrico:

$E = \dfrac{\mu_0 nI_{\text{máx}} \omega R^2}{2r} \operatorname{sen} \omega t \quad (\text{para } r > R)$

Finalização Esse resultado mostra que a amplitude do campo elétrico fora do solenoide cai para $1/r$ e varia senoidalmente com o tempo. Como veremos no Capítulo 24, o campo elétrico variável em função do tempo cria uma contribuição adicional para o campo magnético. O campo magnético pode ser um pouco mais forte do que afirmado inicialmente, tanto dentro como fora do solenoide. A correção do campo magnético é pequena se a frequência angular ω for pequena. Em frequências altas, entretanto, um novo fenômeno ocorre: os campos elétrico e magnético, cada um recriando o outro, constituem uma onda eletromagnética irradiada pelo solenoide, como veremos no Capítulo 24.

(B) Qual é a magnitude da corrente elétrica induzida dentro do solenoide, a uma distância r do eixo?

SOLUÇÃO

Análise Para um ponto interno $(r < R)$, o fluxo magnético na trajetória da integral é dado por $\Phi_B = B\pi r^2$.

Avalie o lado direito da Equação 23.9:

(5) $-\dfrac{d\Phi_B}{dt} = -\dfrac{d}{dt}(B\pi R^2) = -\pi r^2 \dfrac{dB}{dt}$

Substitua a Equação (2) na Equação (5):

(6) $-\dfrac{d\Phi_B}{dt} = -\pi r^2 \mu_0 nI_{\text{máx}} \dfrac{d}{dt}(\cos \omega t) = \pi r^2 \mu_0 nI_{\text{máx}} \omega \operatorname{sen} \omega t$

Substitua as Equações (4) e (6) na Equação 23.9:

$E(2\pi r) = \pi r^2 \mu_0 nI_{\text{máx}} \omega \operatorname{sen} \omega t$

Encontre a magnitude do campo elétrico:

$E = \dfrac{\mu_0 nI_{\text{máx}} \omega}{2} r \operatorname{sen} \omega t \quad (\text{para } r < R)$

Finalização Esse resultado mostra que a amplitude do campo elétrico induzido dentro do solenoide pelo fluxo magnético variável aumenta linearmente de acordo com r e varia senoidalmente em função do tempo.

❰23.5 | Indutância

Considere um circuito isolado consistindo em um interruptor, um resistor e uma fonte de FEM, como na Figura 23.21. O diagrama de circuito é representado em perspectiva para que vejamos as orientações de algumas das linhas do campo magnético criado pela corrente do circuito. Quando o interruptor é fechado, a corrente não muda imediatamente de zero para seu valor máximo ε/R. A lei da indução eletromagnética (Lei de Faraday) descreve o comportamento real. Conforme a corrente aumenta com o tempo, o fluxo magnético no circuito, criado pela corrente, também aumenta com o tempo. Esse fluxo magnético *proveniente do* circuito induz uma FEM *no* circuito (às vezes chamada *força eletromotriz induzida*) oposta à variação no fluxo magnético total. De acordo com a Lei de Lenz, um campo elétrico induzido nos fios deve, portanto, ter sentido oposto à corrente, e a FEM oposta resulta em um aumento *gradual* da corrente. Esse efeito é chamado de *autoindução* porque o fluxo magnético variável no circuito vem do circuito em si. A FEM estabelecida nesse caso é chamada **FEM autoinduzida**.

Para obter uma descrição quantitativa da autoindução, temos da Lei de Faraday que a FEM induzida é o valor negativo da taxa de variação do fluxo magnético. O fluxo magnético é proporcional ao campo magnético, que por sua vez é proporcional à corrente no circuito. Portanto, uma FEM autoinduzida é sempre proporcional à taxa de variação da corrente no tempo. Para uma bobina estreitamente espaçada com N espiras e de geometria fixa (uma bobina toroidal ou um solenoide ideal), podemos expressar essa proporcionalidade da seguinte forma:

$$\varepsilon_L = -N\frac{d\Phi_B}{dt} = -L\frac{dI}{dt} \qquad 23.10 \blacktriangleleft \qquad \text{FEM autoinduzida}$$

onde L é uma constante de proporcionalidade chamada **indutância** da bobina, que depende das características geométricas da bobina e de outras características físicas. Dessa expressão, vemos que a indutância de uma bobina de N espiras é

$$L = \frac{N\Phi_B}{I} \qquad 23.11 \blacktriangleleft$$

onde assume-se que o mesmo fluxo magnético passa por todas as espiras. Mais tarde utilizaremos essa equação para calcular a indutância de alguns tipos especiais de geometria para as bobinas.

A partir da Equação 23.10, também podemos descrever a indutância pela seguinte razão

$$L = -\frac{\varepsilon_L}{dI/dt} \qquad 23.12 \blacktriangleleft$$

que é geralmente considerada a equação que define a indutância de qualquer bobina, independentemente de forma, tamanho e características do material. Se compararmos a Equação 23.10 com a Equação 21.6, $R = \Delta V/I$, vemos que a resistência é uma grandeza oposta à corrente enquanto a indutância é uma grandeza oposta à *variação* na corrente.

A unidade do SI para indutância é o **henry** (**H**), a qual, a partir da Equação 23.12, é definida como 1 volt · segundo por ampère:

$$1\ \text{H} = 1\ \text{V} \cdot \text{s/A}$$

Como veremos, a **indutância de uma bobina depende de sua geometria**. Como os cálculos de indutância podem ser difíceis para geometrias complexas, os exemplos que vamos explorar envolvem situações simples, para as quais a indutância pode ser facilmente avaliada.

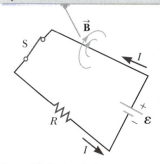

Figura 23.21 Autoindução em um circuito simples.

Joseph Henry
Físico norte-americano (1797-1878)
Henry tornou-se o primeiro diretor do Instituto Smithsonian e o primeiro presidente da Academia de Ciência Natural. Ele melhorou o desenho do eletroímã e construiu um dos primeiros motores. Ele também descobriu o fenômeno da autoindução, mas não conseguiu publicar suas descobertas. A unidade para indutância, o henry, foi nomeada em sua homenagem.

Exemplo 23.6 | Indutância de um solenoide

Considere um solenoide uniforme de N espiras e comprimento ℓ. Assuma que ℓ seja maior que o raio das espiras e que o núcleo do solenoide seja ar.

(A) Encontre a indutância do solenoide.

SOLUÇÃO

Conceitualização As linhas do campo magnético de cada uma das espiras do solenoide passam por todas as espiras, portanto, a FEM induzida em cada espira é oposta às variações na corrente.

Categorização Como o solenoide é longo, podemos utilizar os resultados obtidos para um solenoide ideal no Capítulo 22.

Análise Encontre o fluxo magnético em cada espira de área A, utilizando a expressão para o campo magnético da Equação 22.32:

$$\Phi_B = BA = \mu_0 nIA = \mu_0 \frac{N}{\ell} IA$$

continua

23.6 cont.

Substitua essa expressão na Equação 23.11: $\quad$ (1) $L = \dfrac{N\Phi_B}{I} = \boxed{\mu_0 \dfrac{N^2}{\ell} A}$

(B) Calcule a indutância do solenoide assumindo que ele possui 300 espiras, que seu comprimento é 25,0 cm e que sua área transversal é 4,00 cm².

SOLUÇÃO

Substitua os valores numéricos na Equação (1):
$$L = (4\pi \times 10^{-7} \text{ T} \cdot \text{m/A}) \dfrac{300^2}{25,0 \times 10^{-2} \text{ m}} (4,00 \times 10^{-4} \text{ m}^2)$$
$$= 1,81 \times 10^{-4} \text{ T} \cdot \text{m}^2/\text{A} = \boxed{0,181 \text{ mH}}$$

(C) Calcule a FEM autoinduzida no solenoide se a sua corrente diminuir a uma taxa de 50,0 A/s.

SOLUÇÃO

Substitua $dI/dt = -50,0$ A/s e a resposta da parte (B) na Equação 23.10:
$$\varepsilon_L = -L\dfrac{dI}{dt} = -(1,81 \times 10^{-4} \text{ H})(-50,0 \text{ A/s})$$
$$= \boxed{9,05 \text{ mV}}$$

Finalização O resultado da parte (A) mostra que L depende da geometria e é proporcional ao quadrado do número de espiras. Como $N = n\ell$, também podemos expressar o resultado da seguinte forma

$$L = \mu_0 \dfrac{(n\ell)^2}{\ell} A = \mu_0 n^2 A\ell = \mu_0 n^2 V$$

onde $V = A\ell$ é o volume interno do solenoide.

23.6 | Circuitos RL

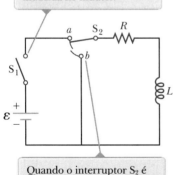

Figura Ativa 23.22 Um circuito *RL*. Quando o interruptor S₂ está na posição *a*, a bateria é parte do circuito.

Se um circuito contém uma bobina como um solenoide, a indutância da bobina impede que a corrente do circuito aumente ou diminua instantaneamente. Um elemento de circuito que possui alta indutância é chamado **indutor** e tem — como símbolo de circuito. Assumiremos sempre que a indutância do restante do circuito é desprezível comparada à indutância do indutor. Contudo, tenha em mente que até mesmo circuitos que não possuem bobinas possuem certa indutância que pode afetar seu comportamento.

Como a indutância do indutor resulta em uma FEM induzida, um indutor em um dado circuito opõe-se às variações na corrente daquele circuito. O indutor tenta manter a corrente igual ao que era antes da variação. Se a tensão da bateria aumentar de modo a aumentar a corrente, o indutor opõe-se a essa variação e o aumento não se dá instantaneamente. Se a tensão da bateria diminuir, o indutor causa uma queda lenta na corrente em vez de uma queda imediata. portanto, o indutor faz com que o circuito reaja "lentamente" às variações de tensão.

Considere o circuito da Figura Ativa 23.22, que contém uma bateria de resistência interna desprezível. Esse circuito é um **circuito RL**, pois os elementos conectados à bateria são um resistor e um indutor. As linhas curvadas no interruptor S₂ sugerem que ele não pode nunca estar aberto, estando sempre posicionado em *a* ou *b*. (Se o interruptor não estiver conectado em *a* ou em *b*, a corrente cessa subitamente.) Suponha que S₂ esteja na posição *a* e que o interruptor S₁ esteja aberto quando $t < 0$, sendo fechado no instante $t = 0$. A corrente no circuito começa a aumentar e uma FEM induzida (Eq. 23.10), oposta ao aumento da corrente, é induzida no indutor.

Com isso em mente, apliquemos a Lei das Malhas de Kirchhoff a esse circuito, considerando o circuito no sentido horário:

$$\varepsilon - IR - L\frac{dI}{dt} = 0 \qquad \text{23.13} \blacktriangleleft$$

onde IR é a queda de tensão no resistor. (As Leis de Kirchhoff foram desenvolvidas para circuitos com correntes estáveis, mas também podem ser aplicadas a circuitos com variações de corrente se imaginarmos que representam o circuito em um dado *instante*.) Encontremos agora a solução dessa equação diferencial, semelhante à equação para o circuito RC (ver Seção 21.9).

A solução matemática da Equação 23.13 representa a corrente do circuito em função do tempo. Para encontrá-la, mudamos as varáveis por questão de conveniência, assumindo $x = (\varepsilon/R) - I$ e, portanto, $dx = -dI$. Com essas substituições, a Equação 23.13 pode ser escrita como

$$x + \frac{L}{R}\frac{dx}{dt} = 0$$

Ao rearranjar e integrar essa expressão, temos

$$\int_{x_0}^{x}\frac{dx}{x} = -\frac{R}{L}\int_0^t dt$$

$$\ln\frac{x}{x_0} = -\frac{R}{L}t$$

onde x_0 é o valor de x quando $t = 0$. Ao calcular o antilogaritmo desse resultado, temos

$$x = x_0 e^{-Rt/L}$$

Como $I = 0$ quando $t = 0$, note pela definição de x que $x_0 = \varepsilon/R$. portanto, essa última expressão é equivalente a

$$\frac{\varepsilon}{R} - I = \frac{\varepsilon}{R}e^{-Rt/L}$$

$$I = \frac{\varepsilon}{R}(1 - e^{-Rt/L})$$

Essa expressão mostra como o indutor afeta a corrente. A corrente não aumenta instantaneamente até seu valor de equilíbrio final quando o interruptor é fechado, mas sim de acordo com uma função exponencial. Se a indutância for removida do circuito, o que corresponde a permitir que L se aproxime de zero, o termo exponencial torna-se zero e não há dependência do tempo nesse caso: a corrente aumenta instantaneamente para seu valor de equilíbrio final na ausência de indutância.

Também podemos escrever essa expressão como

$$I = \frac{\varepsilon}{R}(1 - e^{-t/\tau}) \qquad \text{23.14} \blacktriangleleft$$

onde a constante τ é a **constante temporal** do circuito RL:

$$\tau = \frac{L}{R} \qquad \text{23.15} \blacktriangleleft$$

Fisicamente, τ é o intervalo de tempo necessário para que a corrente do circuito alcance $(1 - e^{-1}) = 0{,}632 = 63{,}2\%$ de seu valor final ε/R. A constante temporal é um parâmetro útil para comparar os tempos de resposta de diversos circuitos.

A Figura Ativa 23.23 mostra um gráfico de corrente por tempo no circuito RL. Note que o valor de equilíbrio da corrente, que ocorre quando t tende ao infinito, é ε/R. Isso pode ser verificado definindo-se dI/dt como sendo zero na Equação 23.13 e resolvendo para a corrente I. (Em equilíbrio, a variação de corrente é zero.) Portanto, a corrente inicialmente aumenta rapidamente e então se aproxima gradativamente do valor de equilíbrio ε/R à medida que t aproxima-se do infinito.

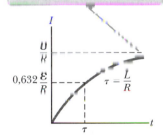

Figura Ativa 23.23 Gráfico de corrente pelo tempo para o circuito RL da Figura Ativa 23.22. A constante temporal τ é o intervalo de tempo necessário para que I alcance 63,2% de seu valor máximo.

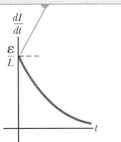

Figura Ativa 23.24 Gráfico de dI/dt pelo tempo para o circuito da Figura Ativa 23.22. A taxa diminui exponencialmente com o tempo à medida que I aumenta até seu valor máximo.

A taxa de variação da corrente em relação ao tempo é máxima quando $t = 0$, o instante no qual o interruptor S_1 é fechado.

Vamos investigar também a taxa de variação da corrente. Da primeira derivada temporal da Equação 23.14, temos

$$\frac{dI}{dt} = \frac{\varepsilon}{L} e^{-t/\tau} \qquad \text{23.16} \blacktriangleleft$$

Esse resultado mostra que a taxa de variação da corrente em função do tempo é máxima (igual a ε/L) quando $t = 0$ e diminui exponencialmente até zero à medida que t aproxima-se do infinito (Fig. 23.24).

Considere novamente o circuito RL da Figura Ativa 23.22. Suponha que o interruptor S_2 seja colocado na posição a (e que o interruptor S_1 permaneça fechado) por tempo suficiente, de modo a permitir que a corrente atinja seu valor de equilíbrio ε/R. Nessa situação, o circuito é descrito pela espira externa na Figura Ativa 23.22. Se S_2 passar de a para b, o circuito passa ser descrito apenas pela malha no lado direito, mostrada na Figura Ativa 23.22. A bateria foi, portanto, eliminada do circuito. Ao definir $\varepsilon = 0$ na equação 23.13, temos

$$IR + L\frac{dI}{dt} = 0 \qquad \text{23.17} \blacktriangleleft$$

Um dos problemas deste capítulo (Problema 38) será demonstrar que a solução dessa equação diferencial é

$$I = \frac{\varepsilon}{R} e^{-t/\tau} = I_i e^{-t/\tau} \qquad \text{23.18} \blacktriangleleft$$

onde ε é a força eletromotriz da bateria e $I_i = \varepsilon/R$ é a corrente inicial no instante em que o interruptor passa para a posição b.

Se o circuito não possuísse um indutor, a corrente cairia imediatamente para zero quando a bateria fosse removida. Com a presença de um indutor, há uma oposição à diminuição da corrente, o que faz com que a corrente diminua exponencialmente. Um gráfico da corrente no circuito pelo tempo (Fig. Ativa 23.25) mostra que a corrente diminui continuamente em função do tempo.

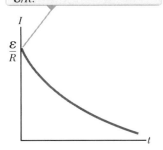

Quando $t = 0$, o interruptor passa para a posição b e a corrente atinge valor máximo ε/R.

Figura Ativa 23.25 Gráfico de corrente por tempo para a malha no lado direito do circuito mostrado na Figura Ativa 23.22. Para $t < 0$, o interruptor S_2 está na posição a.

TESTE RÁPIDO 23.7 O circuito na Figura 23.26 inclui uma fonte de energia que fornece tensão senoidal. Portanto, o campo magnético no indutor está constantemente mudando. O indutor é um solenoide simples com núcleo composto por ar. O interruptor do circuito está fechado e a lâmpada brilha uniformemente. Uma barra de ferro é inserida no interior do solenoide, o que aumenta a magnitude do campo magnético no solenoide. Conforme isso ocorre, o brilho da lâmpada (**a**) aumenta, (**b**) diminui, ou (**c**) não é afetado.

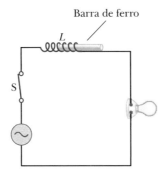

Figura 23.26 (Teste Rápido 23.7) Uma lâmpada é alimentada por uma fonte AC com a presença de um indutor no circuito. O que acontece com o brilho da lampada quando a barra de ferro é inserida na bobina?

TESTE RÁPIDO 23.8 Dois circuitos como o mostrado na Figura Ativa 23.22 são idênticos exceto pelo valor de L. No circuito A, a indutância do indutor é L_A e no circuito B é L_B. O interruptor S_2 foi mantido, para ambos os circuitos, na posição b por um longo período de tempo. Em $t = 0$, o interruptor é colocado na posição a em ambos os circuitos. Em $t = 10$ s, o interruptor é colocado na posição b em ambos os circuitos. A representação gráfica resultante da corrente em função do tempo é mostrada na Figura 23.27. Assumindo que a constante temporal de cada circuito esteja muito abaixo de 10 s, qual das seguintes afirmações é verdadeira? (a) $L_A > L_B$ (b) $L_A < L_B$ (c) Não há informações suficientes para determinar os valores relativos.

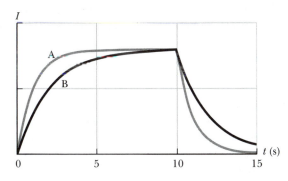

Figura 23.27 (Teste Rápido 23.8) Gráficos de corrente por tempo para dois circuitos com indutâncias diferentes.

Exemplo 23.7 | Constante temporal de um circuito RL

Considere novamente o circuito da Figura Ativa 23.22. Suponha que os elementos do circuito possuam os seguintes valores: $\varepsilon = 12{,}0$ V, $R = 6{,}00\ \Omega$ e $L = 30{,}0$ mH.

(A) Encontre a constante temporal do circuito.

SOLUÇÃO

Conceitualização Você deve entender o comportamento desse circuito a partir das discussões desta seção.

Categorização Avaliamos os resultados utilizando equações desenvolvidas nesta seção. Este é, portanto, um problema de substituição.

Avalie a constante temporal a partir da Equação 23.15:
$$\tau = \frac{L}{R} = \frac{30{,}0 \times 10^{-3}\ \text{H}}{6{,}00\ \Omega} = \boxed{5{,}00\ \text{ms}}$$

(B) O interruptor S_2 está na posição a e o interruptor S_1 é fechado quando $t = 0$. Calcule a corrente do circuito no instante $t = 2{,}00$ ms.

SOLUÇÃO

Avalie a corrente no instante $t = 2{,}00$ ms a partir da Equação 23.14:
$$I = \frac{\varepsilon}{R}(1 - e^{-t/\tau}) = \frac{12{,}0\ \text{V}}{6{,}00\ \Omega}(1 - e^{-2{,}00\ \text{ms}/5{,}00\ \text{ms}}) = 2{,}00\ \text{A}\,(1 - e^{-0{,}400})$$
$$= \boxed{0{,}659\ \text{A}}$$

(C) Compare a diferença de potencial do resistor com a do indutor.

SOLUÇÃO

No instante em que o interruptor é fechado, não há corrente e, portanto, não há diferença de potencial no resistor. Nesse instante, a tensão da bateria aparece no indutor na forma de uma FEM induzida de 12,0 V à medida que o indutor tenta manter a corrente em zero. (A parte superior do indutor da Figura Ativa 23.22 possui potencial elétrico maior que a parte inferior.) Conforme o tempo passa, a FEM no indutor diminui e a corrente (e consequentemente a tensão) no resistor aumenta, conforme mostra a Figura 23.28. A soma das duas tensões é 12,0 V em qualquer dado instante.

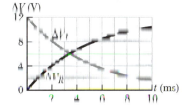

Figura 23.28 (Exemplo 23.7) O comportamento da tensão ao longo do tempo no resistor e no indutor da Figura Ativa 23.22, dados os valores deste exemplo.

23.7 | Energia armazenada em um campo magnético

Na seção anterior, descobrimos que uma FEM induzida criada por um indutor evita que a bateria estabeleça corrente instantaneamente. Parte da energia fornecida pela bateria é transformada em energia interna no resistor e o restante é armazenado no indutor. Se multiplicarmos cada termo da Equação 23.13 pela corrente I e rearranjarmos a expressão, temos

$$I\varepsilon = I^2 R + LI \frac{dI}{dt} \qquad \text{23.19} \blacktriangleleft$$

Prevenção de Armadilhas | 23.3

Capacitores, resistores e indutores armazenam energia de modos diferentes
Mecanismos de armazenamento de energia diferentes estão presentes em capacitores, indutores e resistores. Um capacitor carregado armazena energia como energia potencial elétrica. Um indutor armazena energia como o que poderíamos chamar de energia potencial magnética quando transporta uma corrente. A energia que chega ao resistor é transformada em energia interna.

▶ Energia armazenada
no indutor

Essa expressão nos diz que a taxa $I\varepsilon$ na qual a energia é fornecida pela bateria é igual à soma da taxa $I^2 R$ na qual a energia chega ao resistor e com a taxa LI (dI/dt) na qual a energia chega ao indutor. Portanto, a Equação 23.19 é apenas uma expressão da conservação de energia para o sistema isolado do circuito. (Na verdade, a energia pode deixar o circuito por condução térmica para o ar e por radiação eletromagnética, assim, o sistema não é completamente isolado.) Se denotarmos U como a energia armazenada no indutor em qualquer instante, a taxa dU/dt na qual a energia chega ao indutor pode ser escrita como

$$\frac{dU}{dt} = LI \frac{dI}{dt}$$

Para encontrar a energia total armazenada no indutor em qualquer dado instante, podemos reescrever essa expressão como $dU = LI\, dI$ e integrá-la:

$$U = \int_0^U dU = \int_0^I LI\, dI$$
$$U = \tfrac{1}{2} LI^2 \qquad \text{23.20} \blacktriangleleft$$

onde L é constante, sendo portanto removido da integral. A Equação 23.20 representa a energia armazenada no campo magnético do indutor quando a corrente é I.

A Equação 23.20 é similar à equação para a energia armazenada no campo elétrico de um capacitor, $U = \tfrac{1}{2} C(\Delta V)^2$ (Eq. 20.29). Em ambos os casos, vemos que a energia da bateria é necessária para estabelecer um campo e que este armazena energia. No caso do capacitor, podemos relacionar conceitualmente a energia armazenada à energia potencial elétrica associada com as cargas separadas nas placas. Nós não discutimos uma analogia magnética para a energia potencial elétrica e, portanto, o armazenamento de energia em um indutor não é tão fácil de ser conceituado.

Para argumentar que energia é armazenada em um indutor, imagine o circuito da Figura 23.29a, que é o mesmo circuito da Figura 23.22 com o acréscimo de um interruptor S_3 em paralelo ao resistor R. Com o interruptor S_2 colocado na posição a e S_3 fechado, como mostra a figura, é estabelecida uma corrente no indutor. Então, como na Figura 23.29b, o interruptor S_2 é colocado na posição b. A corrente continua a existir nesse circuito (idealmente) sem resistência e sem bateria (a malha do lado direito do circuito mostrada na Fig. 23.29b), consistindo apenas no indutor e na malha ligando seus terminais. Como não há corrente no resistor (o caminho que passa pelo interruptor S_3 não possui resistência), não há também energia sendo entregue a ele. O próximo passo é abrir o interruptor S_3, como mostra a Figura 23.29c, o que coloca o resistor no circuito. Agora há corrente no resistor e energia sendo entregue a ele. De onde vem essa energia? O único outro elemento presente no circuito antes da abertura do interruptor S_3 era o indutor. Portanto, a energia deve ter sido armazenada no indutor para ser entregue agora ao resistor.

Vamos determinar agora a energia por unidade de volume, ou densidade de energia, armazenada em um campo magnético. Por questões de simplicidade, considere um solenoide cuja indutância é $L = \mu_0 n^2 A\ell$ (veja o Exemplo 23.6). O campo magnético no solenoide é $B = \mu_0 nI$. Ao substituir L e $I = B/\mu_0 n$ na Equação 23.20, temos

$$U = \tfrac{1}{2} LI^2 = \tfrac{1}{2} \mu_0 n^2 A\ell \left(\frac{B}{\mu_0 n} \right)^2 = \frac{B^2}{2\mu_0} (A\ell) \qquad \text{23.21} \blacktriangleleft$$

Como $A\ell$ é o volume do solenoide, a energia armazenada em um campo magnético por unidade de volume, ou *densidade de energia magnética*, é

▶ Densidade de energia
magnética

$$u_B = \frac{U}{A\ell} = \frac{B^2}{2\mu_0} \qquad \text{23.22} \blacktriangleleft$$

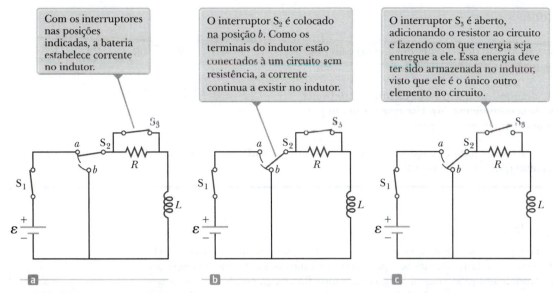

Figura 23.29 Um circuito *RL* utilizado para ilustrar os conceitos sobre armazenamento de energia no indutor.

Apesar de a Equação 23.22 ter sido derivada para o caso especial de um solenoide, ela é válida para qualquer região do espaço na qual exista um campo magnético. Note que ela é similar à equação para a energia armazenada por unidade de volume em um campo elétrico, dada por $\frac{1}{2}\varepsilon_0 E^2$ (Eq. 20.31). Em ambos os casos, a densidade de energia é proporcional ao quadrado da magnitude do campo.

TESTE RÁPIDO 23.9 Você está realizando um experimento que necessita da maior densidade de energia magnética possível no interior de um solenoide condutor extremamente longo. Qual dos seguintes ajustes aumenta a densidade de energia? (Mais de uma alternativa pode estar correta.) (**a**) aumentar o número de espiras por unidade de comprimento no solenoide (**b**) aumentar a área transversal do solenoide (**c**) aumentar apenas o comprimento do solenoide, mantendo o número de espiras por unidade de comprimento (**d**) aumentar a corrente no solenoide.

Exemplo **23.8** | **O que ocorre com a energia no indutor?**

Considere novamente o circuito *RL* da Figura Ativa 23.22, com o interruptor S_2 na posição a e com a corrente tendo alcançado seu valor de equilíbrio. Quando S_2 é colocado na posição b, a corrente na malha do lado direito do circuito diminui exponencialmente com o tempo de acordo com a expressão $I = I_i e^{-t/\tau}$, onde $I_i = \varepsilon/R$ é a corrente inicial no circuito e $\tau = L/R$ é a constante temporal. Mostre que toda a energia inicialmente armazenada no campo magnético do indutor aparece como energia interna no resistor à medida que a corrente cai até zero.

SOLUÇÃO

Conceitualização Antes de o interruptor S_2 ser colocado na posição b, a energia chega ao resistor a uma taxa constante e há o armazenamento de energia no campo magnético do indutor. Após $t = 0$, quando o interruptor S_2 passa para b, a bateria não mais pode fornecer energia e a energia que chega ao resistor vem unicamente do indutor.

Categorização Modelamos a malha do lado direito do circuito como um sistema isolado de modo que a energia seja transferida entre os componentes do sistema, mas não seja perdida para o ambiente.

Análise A energia no campo magnético do indutor em qualquer instante é U. A taxa dU/dt na qual a energia deixa o indutor e chega ao resistor é igual a $I^2 R$, onde I é a corrente instantânea.

Substitua a corrente dada pela Equação 23.18 em $dU/dt = I^2 R$:

$$\frac{dU}{dt} = I^2 R = (I_i e^{-Rt/L})^2 R = I_i^2 R e^{-2Rt/L}$$

continua

23.8 cont.

Resolva em função de dU e integre a expressão nos limites de $t = 0$ a $t \to \infty$:

$$U = \int_0^\infty I_i^2 R e^{-2Rt/L} dt = I_i^2 R \int_0^\infty e^{-2Rt/L} dt$$

Pode-se demonstrar que o valor da integral definida é $L/2R$ (Veja o Problema 74). Use esse resultado para determinar U:

$$U = I_i^2 R \left(\frac{L}{2R}\right) = \tfrac{1}{2} L I_i^2$$

Finalização Esse resultado é igual à energia inicial armazenada no campo magnético do indutor, dado pela Equação 23.20, como queríamos demonstrar.

Exemplo 23.9 | O cabo coaxial

Cabos coaxiais são frequentemente utilizados para conectar dispositivos elétricos, como o seu sistema de vídeo, e para receber sinais em sistemas de televisão a cabo. Modele um cabo coaxial longo como uma fina casca condutora de raio b concêntrico a um cilindro sólido de raio a, conforme mostra a Figura 23.30. Os condutores transportam a mesma corrente I em direções opostas. Calcule a indutância L de um segmento desse cabo de comprimento ℓ.

SOLUÇÃO

Conceitualização Considere a Figura 23.30. Apesar de não haver uma bobina visível nessa geometria, imagine um fino corte radial do cabo, tal como o retângulo na Figura 23.30. Se os condutores interno e externo estiverem conectados nas extremidades do cabo (acima e abaixo da figura), esse corte representa uma grande espira condutora. A corrente nessa espira cria um campo magnético entre o condutor interno e o externo, passando pela espira. Se a corrente variar, o campo magnético varia e uma FEM induzida opõe-se à variação original na corrente.

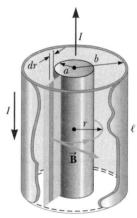

Figura 23.30 (Exemplo 23.9) Seção de um cabo coaxial longo. Os condutores interno e externo transportam correntes iguais em direções opostas.

Categorização Categorizamos essa situação como uma situação na qual devemos retornar à definição fundamental da indutância, a Equação 23.11.

Análise Devemos encontrar o fluxo magnético que passa pelo retângulo da Figura 23.30. A Lei de Ampère (Veja a Seção 22.9) nos diz que o campo magnético na região entre dois condutores é devido apenas ao condutor interno e que sua magnitude é $B = \mu_0 I / 2\pi r$, onde r é medido a partir do centro compartilhado pelos cilindros. Uma linha de campo circular é mostrada como exemplo na Figura 23.30 junto com um vetor de campo tangente à linha de campo. O campo magnético é nulo fora do escudo externo porque a corrente que passa pela área delimitada por um círculo fora do cabo é nula, por isso, de acordo com a Lei de Ampère, $\oint \vec{B} \cdot d\vec{s} = 0$.

O campo magnético é perpendicular ao retângulo de comprimento ℓ e largura $b - a$, que é corte transversal de interesse. Como o campo magnético varia com a posição radial no retângulo, devemos utilizar conhecimentos de cálculo para encontrar o fluxo magnético total.

Divida o retângulo em faixas de comprimento dr, tal como a faixa escura na Figura 23.30. Avalie o fluxo magnético que passa por tal faixa:

$$d\Phi = B\, dA = B\, \ell\, dr$$

Substitua o campo magnético e integre para todo o retângulo:

$$\Phi_B = \int_a^b \frac{\mu_0 I}{2\pi r} \ell\, dr = \frac{\mu_0 I \ell}{2\pi} \int_a^b \frac{dr}{r} = \frac{\mu_0 I \ell}{2\pi} \ln\left(\frac{b}{a}\right)$$

Utilize a Equação 23.11 para encontrar a indutância do cabo:

$$L = \frac{\Phi_B}{I} = \frac{\mu_0 \ell}{2\pi} \ln\left(\frac{b}{a}\right)$$

Finalização A indutância aumenta se ℓ aumentar, se b aumentar ou se a diminuir. Esse resultado é consistente com nosso conceito: qualquer uma dessas mudanças aumenta o tamanho da espira representada pelo corte radial, pelo qual o campo magnético passa, aumentando a indutância.

23.8 | Conteúdo em contexto: o uso da estimulação magnética transcraniana na depressão BIO

Nas Seções 20.7 e 21.9, discutimos as características elétricas dos neurônios e propagação de um potencial de ação em um neurônio. Neste conteúdo em contexto, discutiremos um novo tratamento para a depressão que está na fase inicial de desenvolvimento e está claramente ligado à propagação de impulsos ao longo dos nervos e entre eles.

A *depressão* é um distúrbio mental no qual os pacientes exibem diminuição da autoestima, baixo humor, tristeza, perda de interesse em atividades antes prazerosas, bem como maior possibilidade de pensamentos e comportamentos suicidas. Trata-se de um distúrbio complicado cujas causas parecem incluir condições biológicas, efeitos psicológicos, interações sociais, uso de álcool e drogas e até mesmo genética. Como resultado do grande número de possíveis influências causando a depressão, o plano de tratamento para um indivíduo não é claro sem o aconselhamento extensivo do paciente e sem tentativas de diversos tipos de tratamento.

Em nossa discussão, focaremos nas possíveis origens biológicas da depressão. Uma hipótese sugere que a depressão está relacionada a baixos níveis de *neurotransmissores* (particularmente serotonina, norepinefrina e dopamina) nas sinapses entre os neurônios. Medicamentos antidepressivos, tal como a *sertralina*, agem para aumentar os níveis desses neurotransmissores.

Um dos tratamentos mais controversos para a depressão severa que não respondeu a outros tratamentos é a *terapia eletroconvulsiva* (ECT, do inglês *electroconvulsive therapy*), na qual são induzidas convulsões em um paciente anestesiado. As convulsões são induzidas colocando-se eletrodos e passando uma corrente pulsada entre eles. Enquanto os efeitos desse procedimento no cérebro humano eticamente não podem ser estudados em detalhe, os resultados de experimentos em animais sugerem uma possível formação de novas sinapses após o tratamento. Devido ao papel que o nível de neurotransmissores tem na depressão, esse aumento nas sinapses pode ser a causa da melhora de alguns pacientes deprimidos ao passar pela terapia eletroconvulsiva. A ECT foi utilizada nas décadas de 1940 e 1950 em pacientes severamente perturbados em grandes instituições psiquiátricas. Hoje, seu uso principal se dá em hospitais psiquiátricos. Ainda há controvérsia sobre o uso da ECT em pacientes com distúrbios mentais.

Um novo método para se introduzir uma corrente elétrica no cérebro é a **estimulação magnética transcraniana** (EMT). Esse procedimento induz correntes no cérebro por meio da indução magnética em vez de utilizar a aplicação de altas tensões pelos eletrodos. Uma grande bobina é colocada na cabeça do paciente. A bobina transporta uma corrente alternada, criando um campo magnético oscilatório que induz uma corrente nas células nervosas do cérebro. Ao contrário do que ocorre na terapia eletroconvulsiva, o paciente permanece acordado e não sofre convulsões. A Figura 23.31 mostra a bobina de um aparelho de EMT *Neurostar* sendo aplicada na cabeça de um paciente. Embora o FDA (Food and Drug Administration), agência governamental americana responsável pelo controle de alimentos e medicamentos, ainda não tenha aprovado a EMT como procedimento geral até o momento desta publicação, a agência liberou o aparelho *Neurostar*, o qual realiza a EMT.

BIO Estimulação magnética transcraniana

A EMT foi utilizada para realizar um mapeamento complexo do córtex motor, no qual as conexões entre o córtex motor primário e diversos músculos foram medidas para determinar os danos causados por lesões medulares, derrames e doenças do neurônio motor. Com essa técnica, as respostas musculares do dedo indicador, antebraço, bíceps, mandíbula e perna podem ser observados à medida que a bobina magnética é movida para regiões diferentes do córtex.

Quando a bobina é movida para o córtex occipital, alguns pacientes relatam o aparecimento de *fosfenos magnéticos*, que são manchas luminosas vistas mesmo com os olhos fechados. O método mais comum para se induzir fosfenos é mecânico, esfregando-se os olhos fechados. Os fosfenos resultantes de golpes na cabeça são a origem da expressão "vendo estrelas" associada com tal trauma.

O uso da EMT no tratamento da depressão é mais recente. A Figura 23.32 mostra uma paciente sendo tratada com um aparelho de EMT. O paciente senta-se em uma cadeira e a bobina é colocada próxima a sua cabeça. A bobina pode ser ligada e desli-

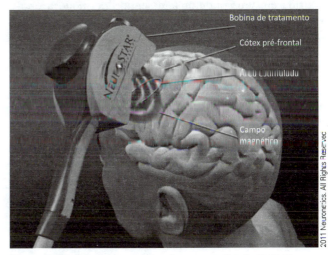

Figura 23.31 A bobina magnética de um aparelho de EMT *Neurostar* mantida próxima à cabeça de um paciente.

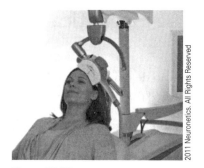

Figura 23.32 Um paciente tratado com o aparelho de EMT *Neurostar*.

gada, com frequências de até 10 Hz, induzindo correntes elétricas no cérebro. O campo magnético é aumentado até que os dedos do paciente comecem a se mover reflexivamente. Uma vez alcançado esse nível, o tratamento prossegue por cerca de 40 minutos. Esse procedimento é repetido diariamente por um período de diversas semanas.

Estudos relataram certa eficácia desse procedimento no tratamento da depressão, mas estudos adicionais devem ser realizados para validar as evidências. Um dos fatores que vão contra os testes de eficiência é a dificuldade em se estabelecer uma "falsa" experiência de EMT para ser utilizada como placebo em comparação com o tratamento real. O tratamento pode causar torcicolos leves, dores de cabeça e formigamento do couro cabeludo, que são difíceis de reproduzir em um placebo.

RESUMO

O **fluxo magnético** em uma superfície associada com o campo magnético $\vec{B}$ é

$$\Phi_B = \int \vec{B} \cdot d\vec{A} \qquad 23.1$$

onde a integral está sobre a superfície.

A **Lei de Indução de Faraday** diz que a FEM induzida em um circuito é diretamente proporcional à taxa de variação do fluxo magnético em função do tempo no circuito:

$$\varepsilon = -N \frac{d\Phi_B}{dt} \qquad 23.3$$

onde N é o número de espiras e Φ_B é o fluxo magnético em cada espira.

Quando uma barra condutora de comprimento ℓ move-se por um campo magnético $\vec{B}$ com velocidade $\vec{v}$, de modo que $\vec{v}$ seja perpendicular à $\vec{B}$, a FEM induzida na barra (chamada de **FEM de movimento**) é

$$\varepsilon = -B\ell v \qquad 23.5$$

A **Lei de Lenz** diz que a corrente induzida e a FEM induzida em um condutor têm sentido de modo a oporem-se à variação que as produziu.

A forma geral da Lei da Indução de Faraday é

$$\oint \vec{E} \cdot d\vec{s} = -\frac{d\Phi_B}{dt} \qquad 23.9$$

onde $\vec{E}$ é um campo elétrico não conservativo produzido pelo fluxo magnético variável.

Quando a corrente em uma bobina varia em função do tempo, uma FEM é induzida na bobina de acordo com a Lei de Faraday. A **FEM autoinduzida** é descrita pela expressão

$$\varepsilon_L = -L \frac{dI}{dt} \qquad 23.10$$

onde L é a indutância da bobina. Indutância é a medida da oposição de um aparelho à variação na corrente.

A **indutância** de uma bobina é

$$L = \frac{N\Phi_B}{I} \qquad 23.11$$

onde Φ_B é o fluxo magnético na bobina e N é o número total de espiras. A indutância possui uma unidade no SI chamada **henry** (H), onde $1\text{H} = 1\text{V} \cdot \text{s/A}$.

Se um resistor e um indutor estiverem conectados em série a uma bateria de FEM ε, como mostra a Figura Ativa 23.22, o interruptor S_2 estiver na posição a e o interruptor S_1 for fechado quando $t = 0$, a corrente no circuito varia em função do tempo de acordo com a expressão

$$I(t) = \frac{\varepsilon}{R}(1 - e^{-t/\tau}) \qquad 23.14$$

onde $\tau = L/R$ é a **constante temporal** do circuito RL.

Se o interruptor S_2 da Figura Ativa 23.22 for colocado na posição b, a corrente diminui exponencialmente em função do tempo de acordo com a expressão

$$I(t) = \frac{\varepsilon}{R} e^{-t/\tau} \qquad 23.18$$

onde ε/R é a corrente inicial do circuito.

A energia armazenada no campo magnético de um indutor que transporta uma corrente I é

$$U = \tfrac{1}{2}LI^2 \qquad 23.20$$

A energia por unidade de volume (ou densidade de energia) em um ponto de campo magnético B é

$$u_B = \frac{B^2}{2\mu_0} \qquad 23.22$$

PERGUNTAS OBJETIVAS

1. A Figura PO23.1 é um gráfico do fluxo magnético em uma bobina de fio metálico como função do tempo durante um intervalo em que o raio da bobina aumenta e a bobina é girada 1,5 revoluções e a fonte externa do campo magnético é desligada, nesta ordem. Classifique a FEM induzida na bobina nos instantes A a E, do valor positivo mais alto até o maior valor negativo de intensidade. Em seu ranking, marque os casos de igualdade e também os instantes quando a FEM for zero.

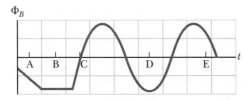

Figura PO23.1

2. Uma espira circular de raio igual a 4,0 cm está em um campo magnético uniforme de magnitude 0,060 T. O plano da espira está perpendicular à direção do campo magnético. Em um intervalo de 0,50 s, o campo magnético passa a ter direção oposta e magnitude de 0,040 T. Qual é a magnitude da FEM média induzida na espira? (a) 0,20 V (b) 0,025 V (c) 5,0 mV (d) 1,0 mV (e) 0,20 mV.

3. Um indutor solenoidal de uma placa de circuito impresso está sendo reprojetado. Para diminuir o peso, o número de espiras é reduzido pela metade, com as mesmas dimensões geométricas. Quanto a corrente deve mudar se a energia armazenada no indutor deve permanecer a mesma? (a) Deve ser quatro vezes maior. (b) Deve ser duas vezes maior. (c) Deve permanecer a mesma. (d) Deve ter metade do tamanho. (e) Nenhuma mudança na corrente pode compensar a redução no número de espiras.

4. Um fio metálico longo e fino está enrolado na forma de uma bobina de indutância igual a 5 mH. A bobina está conectada aos terminais de uma bateria e a corrente é medida poucos segundos após a conexão ser feita. O fio é desenrolado e enrolado na forma de uma bobina diferente com $L = 10$ mH. Esta segunda bobina é conectada à mesma bateria e a corrente é medida do mesmo modo. Comparada com a corrente da primeira bobina, a corrente da segunda bobina é (a) quatro vezes maior, (b) duas vezes maior, (c) inalterada, (d) metade do valor da primeira bobina, ou (e) um quarto do valor da primeira bobina?

5. Uma espira condutora retangular é colocada próxima a um fio metálico longo que transporta uma corrente I, como mostra a Figura PO23.5. Se I diminuir ao longo do tempo, o que pode ser dito sobre a corrente induzida na espira? (a) A direção da corrente depende do tamanho da espira. (b) A corrente tem sentido horário. (c) A corrente tem sentido anti-horário. (d) A corrente

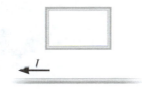

Figura PO23.5

é nula. (e) Nada pode ser afirmado sobre a corrente na espira sem mais informações.

6. O que acontece com a amplitude da FEM induzida quando a taxa de rotação da bobina de um gerador é dobrada? (a) Ela quadruplica. (b) Ela dobra. (c) Ela permanece inalterada. (d) Ela diminui pela metade. (e) Ela diminui em um quarto.

7. Dois solenoides, A e B, foram feitos enrolando comprimentos iguais do mesmo tipo de fio metálico. O comprimento do eixo de cada um dos solenoides é grande quando comparado aos seus diâmetros. O comprimento axial de A é duas vezes maior que o de B, e A possui duas vezes mais espiras que B. Qual é a razão entre a indutância do solenoide A e a do solenoide B? (a) 4 (b) 2 (c) 1 (d) $\frac{1}{2}$ (e) $\frac{1}{4}$.

8. Se a corrente em um indutor for dobrada, por qual fator a energia nele armazenada será multiplicada? (a) 4 (b) 2 (c) 1 (d) $\frac{1}{2}$ (e) $\frac{1}{4}$.

9. Uma espira plana e quadrada é puxada com velocidade constante por um campo magnético uniforme perpendicular ao plano da espira, como mostra a Figura PO23.9. Qual das seguintes afirmações está correta? Mais de uma afirmação pode estar correta. (a) A corrente induzida na espira tem sentido horário. (b) A corrente induzida na espira tem sentido anti-horário. (d) Ocorre separação de carga na espira, com a parte superior sendo positiva. (3) Ocorre separação de carga na espira, com a parte superior sendo negativa.

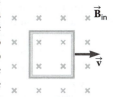

Figura PO23.9

10. A barra da Figura PO23.10 move-se sobre os trilhos para a direita com velocidade constante $\vec{v}$ em um campo magnético uniforme saindo da página. Qual das seguintes afirmações está correta? Mais de uma afirmação pode estar correta. (a) A corrente induzida na espira é nula. (b) A corrente induzida na espira tem sentido horário. (c) A corrente induzida na espira tem sentido anti-horário. (d) Uma força externa é necessária para que a barra continue a se mover com velocidade constante. (e) Não é necessária uma força externa para que a barra continue a se mover com velocidade constante.

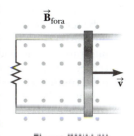

Figura PO23.10

11. Inicialmente, um indutor de resistência nula transporta uma corrente constante. A corrente é, então, aumentada para um novo valor constante duas vezes maior. Após essa mudança, com a corrente constante em um valor maior, o que ocorre com a FEM no indutor? (a) É maior que antes da mudança por um fator de 4. (b) É maior por um fator de 2. (c) Possui o mesmo valor diferente de zero. (d) Continua a ser nula. (e) Diminui.

12. Na Figura PO23.12, o interruptor permanece na posição a por um longo período de tempo e então passa rapidamente para a posição b. Enumere, da maior para a menor,

as magnitudes das tensões nos quatro elementos do circuito alguns instantes após o interruptor mudar de posição.

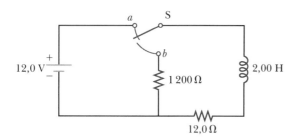

Figura PO23.12

13. Um ímã em forma de barra é mantido orientado verticalmente sobre uma espira que está no plano horizontal, como mostra a Figura PO23.13. O polo sul do ímã está voltado para a espira. Após o ímã ser solto, qual das afirmações sobre a corrente induzida na espira, quando vista de cima, é verdadeira? (a) Tem sentido horário conforme o ímã cai em direção à espira. (b) Tem sentido anti-horário conforme o ímã cai em direção à espira. (c) Tem sentido horário após o ímã passar pela espira. (d) Tem sempre sentido horário. (e) Tem primeiramente sentido anti-horário conforme o ímã aproxima-se da espira e então sentido horário após o ímã ter passado pela espira.

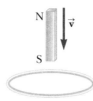

Figura PO23.13

14. Uma bobina de fio metálico plano é colocada em um campo magnético uniforme que está na direção y. (**i**) O fluxo magnético na bobina tem valor máximo se o plano da bobina estiver onde? Mais de uma resposta pode estar correta (a) no plano xy. (b) no plano yz. (c) no plano xz. (d) em qualquer orientação, visto que é constante. (**ii**) Para qual orientação o fluxo é nulo? Escolha dentre as alternativas da parte (**i**).

15. Duas bobinas são colocadas próximas uma a outra como mostra a Figura PO23.15. A bobina da esquerda está conectada a uma bateria e a um interruptor enquanto a bobina da direita está conectada a um resistor. Qual é a direção da corrente no resistor (**i**) imediatamente após o interruptor ser fechado, (**ii**) após o interruptor permanecer fechado por alguns segundos e (**iii**) no instante após o interruptor ser aberto? Escolha cada resposta dentre as seguintes alternativas: (a) esquerda, (b) direita, ou (c) a corrente é nula.

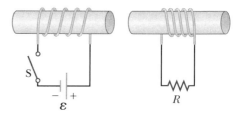

Figura PO23.15

16. Um circuito consiste em uma barra condutora móvel e uma lâmpada conectadas a dois trilhos condutores, como mostra a Figura PO23.16. Um campo magnético externo é direcionado perpendicularmente ao plano do circuito. Qual das seguintes ações fará com que lâmpada acenda? Mais de uma afirmação pode estar correta. (a) Mover a barra para a esquerda. (b) Mover a barra para a direita. (c) Aumentar a magnitude do campo magnético. (d) Diminuir a magnitude do campo magnético. (e) Levantar a barra dos trilhos.

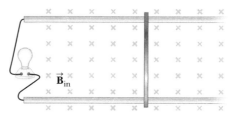

Figura PO23.16

17. Duas espiras retangulares estão posicionadas no mesmo plano como mostra a Figura PO23.17. Se a corrente I na espira externa tiver sentido anti-horário e aumentar com o tempo, qual das afirmações sobre a corrente induzida na espira interna é verdadeira? Mais de uma afirmação pode estar correta. (a) É nula. (b) Tem sentido horário. (c) Tem sentido anti-horário. (d) Sua magnitude depende das dimensões das espiras. (e) Sua direção depende das dimensões das espiras.

Figura PO23.17

PERGUNTAS CONCEITUAIS

1. Um interruptor controla a corrente em um circuito que possui alta indutância. O arco elétrico no interruptor (Figura PC23.1) pode derreter e oxidar as superfícies de contato, resultando em alta resistividade dos contatos e eventual destruição do interruptor. É mais provável que seja produzida uma faísca no interruptor quando ele estiver sendo fechado, quando estiver sendo aberto ou isso não importa?

Figura PC23.1

2. Considere os quatro circuitos mostrados na Figura PC23.2, cada qual consistindo em uma bateria, um interruptor, uma lâmpada e um resistor. Os circuitos possuem também um capacitor ou um indutor. Assuma que o capacitor possua alta capacitância e que o indutor possua alta indutância, mas não possua resistência. A lâmpada possui alta eficiência, acendendo sempre que esteja transportando uma corrente elétrica. (i) Descreva o comportamento da lâmpada em cada um dos circuitos após o interruptor ser fechado. (ii) Descreva o comportamento da lâmpada em cada um dos circuitos quando, após permanecer fechado por um longo período de tempo, o interruptor é aberto.

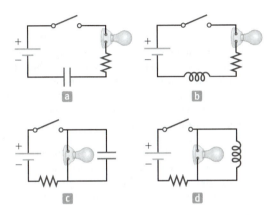

Figura PC23.2

3. Um ímã em forma de barra é derrubado em direção à um anel condutor sobre a superfície do chão. Conforme o ímã cai em direção ao anel, ele se comporta como um objeto em queda livre? Explique.

4. Na Seção 6.7, definimos forças conservativas e não conservativas. No Capítulo 19, afirmamos que uma carga elétrica cria um campo elétrico que produz uma força conservativa. Argumente agora como a indução cria um campo elétrico que produz uma força não conservativa.

5. Um pedaço de alumínio é derrubado verticalmente entre os polos de um eletroímã. O campo magnético afeta a velocidade do alumínio?

6. Uma espira circular está localizada em um campo magnético uniforme e constante. Descreva como uma FEM pode ser induzida na espira nessa situação.

7. Qual é a diferença entre fluxo magnético e campo magnético?

8. Em uma usina hidrelétrica, como é produzida a energia que é posteriormente transferida para a rede elétrica? Ou seja, como a energia do movimento da água é convertida na energia que é transmitida na forma de eletricidade AC?

9. Uma nave espacial orbitando a Terra tem dentro dela uma bobina. Um astronauta mede uma pequena corrente na bobina apesar de não haver uma bateria conectada a ela e de não haver ímãs na nave. O que está causando essa corrente?

10. A corrente em um circuito que contém uma bobina, um resistor e uma bateria alcançou um valor constante. (a) A bobina possui indutância? (b) A bobina afeta o valor da corrente?

11. (a) Quais parâmetros afetam a indutância de uma bobina? (b) A indutância de uma bobina depende da corrente que passa por ela?

12. Discuta as similaridades entre a energia armazenada no campo elétrico de um capacitor carregado e a energia armazenada no campo magnético de uma bobina condutora.

13. Quando o interruptor da Figura PC23.13a é fechado, uma corrente na bobina é criada e o anel metálico salta para cima (Fig. PC23.13b). Explique esse comportamento.

14. Assuma que a bateria da Figura PC23.13a seja substituída por uma fonte AC e que o interruptor permaneça fechado. Se for segurado fixo no mesmo ponto, o anel metálico posicionado acima do solenoide esquenta. Por quê?

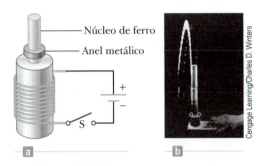

Figura PC23.13 Problemas conceituais 13 e 14.

15. Uma espira de fio metálico está se movendo próximo a um fio metálico longo e retilíneo que transporta uma corrente constante I, conforme mostra a Figura PC23.15. (a) Determine a direção da corrente induzida na espira à medida que esta se move para longe do fio. (b) Qual seria a direção da corrente induzida na espira se esta estivesse se movendo em direção ao fio?

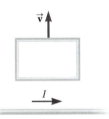

Figura PC23.15

16. Após o interruptor ser fechado no circuito LC mostrado na Figura PC23.16, a carga no capacitor às vezes é zero, mas em certos instantes a corrente no circuito é diferente de zero. Como esse comportamento é possível?

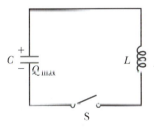

Figura PC23.16

PROBLEMAS

WebAssign Os problemas que se encontram neste capítulo podem ser resolvidos *on-line* no Enhanced WebAssign (em inglês).

1. denota problema direto;
2. denota problema intermediário;
3. denota problema desafiador;
1. denota problemas mais frequentemente resolvidos no Enhanced WebAssign;
BIO denota problema biomédico;

PD denota problema dirigido;
M denota tutorial Master It disponível no Enhanced WebAssign;
Q|C denota problema que pede raciocínio quantitativo e conceitual;
S denota problema de raciocínio simbólico;
sombreado denota "problemas emparelhados" que desenvolvem raciocínio com símbolos e valores numéricos;
W denota solução no vídeo Watch It disponível no Enhanced WebAssign.

Seção 23.1 Lei da indução de Faraday

1. **W** Uma bobina circular de 30 espiras, raio 4,00 cm e resistência 1,00 Ω é colocada em um campo magnético direcionado perpendicularmente ao plano da bobina. A magnitude do campo magnético varia em função do tempo de acordo com a expressão $B = 0,0100t + 0,0400t^2$, onde B é dado em teslas e t em segundos. Calcule a FEM induzida na bobina no instante $t = 5,00$ s.

2. Um instrumento com base na FEM induzida foi utilizado para medir a velocidade de projéteis viajando a velocidades de até 6 km/s. Um pequeno ímã é colocado no projétil, como mostra a Figura P23.2. O projétil passa por duas espiras separadas por uma distância d. Conforme o projétil passa por cada uma das espiras, um pulso de FEM é induzido na espira. O intervalo de tempo entre os pulsos pode ser medido com precisão por um osciloscópio, permitindo, portanto, que a velocidade seja determinada. (a) Esboce um gráfico de ΔV por t para o arranjo mostrado. Considere uma corrente positiva que flui no sentido anti-horário quando vista a partir do ponto de partida do projétil. Indique em seu gráfico qual pulso é da espira 1 e qual é da espira 2. (b) Se a separação dos pulsos é 2,40 ms e $d = 1,50$ m, qual a velocidade do projétil?

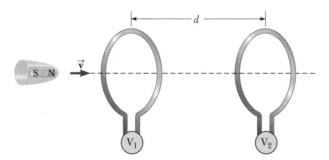

Figura P23.2

3. **W** Um eletroímã forte produz um campo magnético uniforme de 1,60 T em uma área transversal de 0,200 m². Uma bobina de 200 espiras e resistência total igual a 20,0 Ω é colocada ao redor do eletroímã. A corrente no eletroímã, então, diminui lentamente até chegar a zero em 20,0 ms. Qual é a corrente induzida na bobina?

4. **BIO** Trabalhos científicos estão sendo realizados atualmente para determinar se campos magnéticos oscilatórios fracos podem afetar a saúde de seres humanos. Por exemplo, um estudo descobriu que condutores de trens apresentavam maior incidência de câncer de sangue que outros trabalhadores da ferrovia, possivelmente devido à longa exposição a dispositivos mecânicos na cabine do trem. Considere um campo magnético de magnitude $1,00 \times 10^{-3}$ T, oscilando senoidalmente a 60,0 Hz. Se o diâmetro de uma célula vermelha do sangue for 8,00 μm, determine a FEM máxima que pode ser gerada no perímetro de uma célula dentro desse campo.

5. **M** Um anel de alumínio de raio $r_1 = 5,00$ cm e resistência $3,00 \times 10^{-4}$ Ω é colocado ao redor de uma das extremidades de um solenoide longo e com o núcleo composto por ar. O solenoide possui 1000 espiras por metro e raio $r_2 = 3,00$ cm, como mostra a Figura P23.5. Assuma que o componente axial do campo produzido pelo solenoide é duas vezes mais forte no centro do solenoide do que nas extremidades. Assuma também que o solenoide produz um campo desprezível fora de sua área transversal. A corrente no solenoide aumenta a uma taxa de 270 A/s. (a) Qual é a corrente induzida no anel? No centro do anel, quais são (b) a magnitude e (c) direção do campo magnético produzido pela corrente do anel?

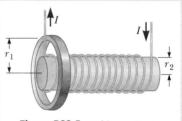

Figura P23.5 Problemas 5 e 6.

6. **S** Um anel de alumínio de raio r_1 e resistência R é colocado ao redor de uma das extremidades de um solenoide longo e núcleo composto por ar. O solenoide possui n espiras por metro e raio menor r_2, conforme mostra a Figura P23.5. Assuma que o componente axial do campo produzido pelo solenoide é duas vezes mais forte no centro do solenoide do que nas extremidades. Assuma também que o solenoide produz um campo desprezível fora de sua área transversal. A corrente no solenoide aumenta a uma taxa de $\Delta I/\Delta t$. (a) Qual é a corrente induzida no anel? (b) No centro do anel, qual é o campo magnético produzido pela corrente induzida no anel? (c) Qual é a direção desse campo?

Capítulo 23 – Lei de Faraday e indutância | 211

7. **W** Uma espira de arame retangular de largura w e comprimento L e um fio metálico longo e retilíneo transportando uma corrente I estão dispostos em uma mesa como mostra a Figura P23.7. (a) Determine o fluxo magnético na espira causado pela corrente I. (b) Suponha que a corrente esteja variando em função do tempo de acordo com $I = a + bt$, onde a e b são constantes. Determine a FEM induzida na espira se $b = 10,0$ A/s, $h = 1,00$ cm, $w = 10,0$ cm e $L = 1,00$ m. (c) Qual a direção da corrente induzida no retângulo?

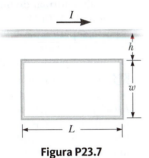

Figura P23.7

8. **Q|C S** Quando um fio metálico carrega uma corrente AC de frequência conhecida, é possível utilizar uma *bobina de Rogowski* para determinar a amplitude $I_{máx}$ da corrente sem desconectar o fio para fazer a corrente passar por um medidor. A bobina de Rogowski, mostrada na Figura P23.8, simplesmente envolve o fio. Ela consiste em um condutor toroidal envolvendo um fio metálico de retorno circular. Assuma que n representa o número de espiras no toroide por unidade de distância. Assuma que $I(t) = I_{máx}$ sen ωt representa a corrente a ser medida. (a) Mostre que a amplitude da FEM induzida na bobina de Rogowski é $\varepsilon_{máx} = \mu_0 n A \omega I_{máx}$. (b) Explique por que o fio transportando a corrente desconhecida não precisa estar no centro da bobina de Rogowski e por que a bobina não responde a correntes próximas a não ser pela que a envolve.

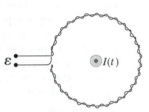

Figura P23.8

9. **W** Uma bobina circular de 25 espiras possui diâmetro igual a 1,00 m. Ela é colocada com seu eixo paralelo à direção do campo magnético da Terra, de intensidade igual a 50,0 μT, e então em 0,200s é girada 180°. Qual é a magnitude da FEM média gerada na bobina?

10. **M** Um solenoide longo possui $n = 400$ espiras por metro e transporta uma corrente dada por $I = 30,0 (1 - e^{-1,60t})$, onde I está em ampères e t em segundos. Dentro do solenoide e coaxial a ele há uma bobina de raio $R = 6,00$ cm que consiste em um total de $N = 250$ espiras de um fio metálico fino (Fig. P23.10). Qual é a FEM induzida na bobina pela corrente variável?

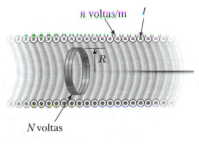

Figura P23.10

11. Uma espira plana de área transversal 8,00 cm² é perpendicular a um campo magnético cuja magnitude aumenta uniformemente de 0,500 T para 2,50 T em 1,00 s. Qual é a corrente induzida resultante na espira se a sua resistência for de 2,00 Ω?

12. Um pedaço de fio metálico isolado é arranjado no formato de um número oito, como mostra a Figura P23.12. Por questões de simplicidade, modele as duas metades do oito como círculos. O raio do círculo superior é de 5,00 cm e o do inferior é de 9,00 cm. O fio possui resistência uniforme por unidade de comprimento igual a 3,00 Ω/m. Um campo magnético uniforme é aplicado perpendicularmente ao plano dos círculos, na direção indicada. O campo magnético está aumentando a uma razão constante de 2,00 T/s. Encontre (a) a magnitude e (b) a direção da corrente induzida no fio.

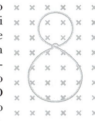

Figura P23.12

13. **W** Uma bobina de 15 espiras e raio 10,0 cm envolve um solenoide longo de raio 2,00 cm e 1,00 × 10³ espiras/metro (Figura P23.13). A corrente no solenoide varia de acordo com a expressão $I = 5,00$ sen $120t$, onde I é dado em ampères e t em segundos. Encontre a corrente induzida na bobina de 15 espiras em função do tempo.

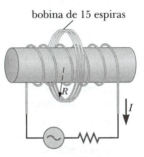

Figura P23.13

Seção 23.2 **Força eletromotriz (FEM) de movimento**
Seção 23.3 **Lei de Lenz**

Observação: O Problema 37 do Capítulo 22 pode ser relacionado com esta seção.

14. Um helicóptero (Fig. P23.14) possui hélices com 3 m de comprimento 3,00 m que são ligadas a um eixo central que gira a 2,00 rotações/s. Se o componente vertical do campo magnético da Terra é 50,0 μT, qual a FEM induzida entre a extremidade da hélice e o eixo central?

Figura P23.14

15. **M** A Figura P23.15 mostra, vista de cima, uma barra que pode deslizar sobre dois trilhos livres de atrito. O resistor de resistência $R = 6,00$ Ω e um campo magnético de 2,50 T é direcionado

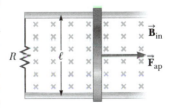

Figura P23.15 Problemas 15 a 18.

perpendicularmente ao plano da barra, para dentro do papel. Assuma que $\ell = 1{,}20$ m. (a) Calcule a força necessária para mover a barra para a direita com velocidade constante de 2,00 m/s. (b) A qual taxa a energia chega ao resistor?

16. Considere o arranjo da Figura P23.15. Assuma que $R = 6{,}00\ \Omega$, $\ell = 1{,}20$ m e que há um campo magnético de 2,50 T direcionado para dentro da página. A qual velocidade a barra deve ser movida para que seja produzida uma corrente de 0,500 A no resistor?

17. Uma barra condutora de comprimento ℓ move-se sobre dois trilhos horizontais livres de atrito, como mostra a Figura P23.15. Se uma força constante de 1,00 N move a barra a 2,00 m/s por um campo magnético $\vec{B}$ direcionado para dentro da página, (a) qual é a corrente que passa pelo resistor R de 8,00 Ω? (b) A qual taxa a energia chega ao resistor? (c) Qual é a potência mecânica distribuída pela força $\vec{F}_{ap}$?

18. **S** Uma barra metálica de massa m desliza livre de atrito sobre dois trilhos horizontais paralelos, separados por uma distância ℓ e conectadas por um resistor R, como mostra a Figura P23.15. Um campo magnético uniforme de magnitude B é aplicado perpendicularmente ao plano da folha. A força aplicada mostrada na figura age apenas por um momento, dando à barra uma velocidade v. Em termos de m, ℓ, R, B e v, encontre a distância que a barra viaja antes de entrar em repouso.

19. **Revisão.** Ao trocar as cordas de sua guitarra acústica, um estudante distraiu-se com um videogame após remover uma corda. Seu colega de quarto experimentador notou sua desatenção e fixou uma das extremidades da corda, de densidade linear $\mu = 3{,}00 \times 10^{-3}$ kg/m, a um suporte rígido. A outra extremidade passa por uma polia, localizada a uma distância $\ell = 64{,}0$ cm da extremidade fixa, e um objeto de massa $m = 27{,}2$ kg é preso à extremidade livre da corda. O colega de quarto coloca um ímã próximo à corda como mostra a Figura P23.19. O ímã não toca a corda, mas produz um campo uniforme de 4,50 mT sobre um segmento de 2,00 cm da corda, sendo desprezível fora desse alcance. Ao tocar a corda, ela vibra verticalmente em sua frequência fundamental (mais baixa). O segmento da corda que está no campo magnético move-se perpendicularmente ao campo com amplitude uniforme de 1,50 cm. Encontre (a) a frequência e (b) a amplitude da FEM induzida entre as extremidades da corda.

20. *Por que a seguinte situação é impossível?* Um automóvel possui uma antena de rádio vertical de comprimento $\ell = 1{,}20$ m. Ele viaja em uma estrada sinuosa e horizontal, na qual o campo magnético da Terra possui uma magnitude de $B = 50{,}0\ \mu$T e é direcionado para o norte e para baixo, formando um ângulo $\theta = 65{,}0°$ com o plano horizontal. A FEM de movimento desenvolvida entre a parte superior e a inferior da antena varia de acordo com a velocidade e com a direção do deslocamento do automóvel, possuindo valor máximo de 4,50 mV.

21. **M** O *gerador homopolar*, também chamado de *disco de Faraday*, é um gerador elétrico de baixa tensão e alta corrente. Ele consiste em um disco condutor giratório com uma escova fixa (um contato elétrico deslizante) em seu eixo e de outra tocando um ponto de sua circunferência, como mostra a Figura P23.21. Um campo magnético uniforme é aplicado perpendicularmente ao plano do disco. Assuma que a magnitude do campo é 0,900 T, a velocidade angular do disco é $3{,}20 \times 10^3$ rotações/min e o raio do disco é 0,400 m. Encontre a FEM gerada entre os contatos. Quando bobinas supercondutoras são utilizadas para produzir grandes campos magnéticos, um gerador homopolar pode apresentar potência de vários megawatts. Esse gerador é útil, por exemplo, para purificar metais por meio de eletrólise. Se for aplicada uma tensão nos terminais de saída do gerador, ele funciona inversamente como um *motor homopolar* capaz de fornecer grandes torques, sendo útil na propulsão de navios.

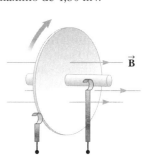

Figura P23.21

22. **S** Uma bobina retangular de resistência R possui N espiras, cada uma com comprimento ℓ e largura w, como mostra a Figura P23.22. A bobina move-se em um campo magnético uniforme $\vec{B}$ com velocidade constante $\vec{v}$. Qual é a magnitude e a direção da força magnética total exercida sobre a bobina (a) quando ela entra no campo magnético, (b) quando se move no interior do campo e (c) quando deixa o campo?

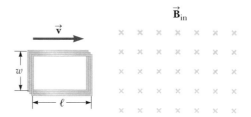

Figura P23.22

23. Uma bobina de área 0,100 m² está girando a 60,0 rotações/s com seu eixo de rotação perpendicular a um campo magnético de 0,200 T. (a) Se a bobina possuir 1 000 espiras, qual a FEM máxima gerada nela? (b) Qual é a orientação da bobina em relação ao campo magnético quando a tensão induzida é máxima?

24. *Por que a seguinte situação é impossível?* Uma espira condutora retangular de massa $M = 0{,}100$ kg, resistência

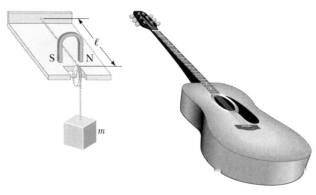

Figura P23.19

$R = 1,00\ \Omega$, largura $w = 50,0$ cm e comprimento $\ell = 90,0$ cm é mantida em uma posição de modo que sua extremidade inferior esteja imediatamente acima de uma região na qual age um campo magnético uniforme de magnitude $B = 1,00$ T, conforme mostra a Figura P23.24. A espira é então solta. No instante em que sua parte superior alcança a região do campo, a espira move-se com uma velocidade de 4,00 m/s.

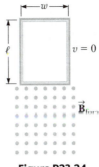

Figura P23.24

25. Campos magnéticos extremamente grandes podem ser produzidos utilizando-se um procedimento chamado *compressão de fluxo*. Um tubo cilindro metálico de raio R é colocado coaxialmente em um solenoide longo de raio ligeiramente maior. O espaço entre o solenoide e o tubo é preenchido com um material altamente explosivo. Quando o explosivo é detonado, ele faz com que o tubo imploda para um cilindro de raio $r < R$. Se a implosão acontecer muito rapidamente, a corrente induzida no tubo mantém um fluxo magnético quase constante dentro dele. Se o campo magnético inicial sobre o solenoide é de 2,50 T e $R/r = 12,0$, qual o valor máximo que o campo magnético pode alcançar?

26. **W** Utilize a Lei de Lenz para responder às seguintes questões sobre a direção de correntes induzidas. Expresse suas respostas quanto as letras a e b em cada parte da Figura P23.26. (a) Qual é a direção da corrente induzida no resistor R da Figura P23.26a quando o ímã é movido para a esquerda? (b) Qual é a direção da corrente induzida no resistor R imediatamente após o interruptor S da Figura P23.26b ser fechado? (c) Qual é a direção da corrente induzida no resistor R quando a corrente I da Figura P23.26c cai rapidamente até zero?

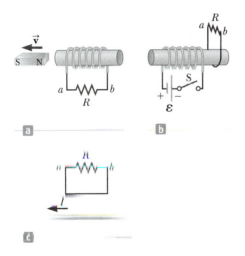

Figura P23.26

27. Um solenoide longo, cujo eixo está na direção x, consiste em 200 espiras por metro e transporta uma corrente estável de 15,0 A. Uma bobina é formada ao se enrolar 30 espiras de um fio metálico fino ao redor de um cilindro de raio 8,00 cm. A bobina é colocada dentro do solenoide sobre um eixo do diâmetro da bobina e coincidente com o eixo y. A bobina é, então, girada com velocidade angular de $4,00\pi$ rad/s. O plano da bobina está no plano yz no instante $t = 0$. Determine a FEM gerada na bobina em função do tempo.

Seção 23.4 Forças eletromotrizes induzidas e campos elétricos

28. **M** Um campo magnético entrando na página varia em função do tempo de acordo com a equação $B = 0,0300t^2 + 1,40$, onde B está em teslas e t em segundos. O campo possui uma área transversal circular de raio $R = 2,50$ cm (Veja a Fig. P23.28). Quando $t = 3,00$ s e $r_2 = 0,0200$ m, qual (a) a magnitude e (b) a direção do campo elétrico no ponto P_2.

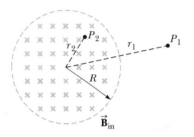

Figura P23.28 Problemas 28 e 29.

29. **W** Dentro do círculo tracejado mostrado na Figura P23.28, o campo magnético varia em função do tempo de acordo com a expressão $B = 2,00t^3 - 4,00t^2 + 0,800$, onde B está em teslas e t em segundos, e $R = 2,50$ cm. Quando $t = 2,00$ s, calcule (a) a magnitude e (b) a direção da força exercida sobre um elétron localizado no ponto P_1, o qual está a uma distância $r_1 = 5,00$ cm do centro da região circular. (c) Em qual instante essa força é nula?

Seção 23.5 Indutância

30. Um fio de telefone helicoidal forma uma espiral de 70 voltas, com diâmetro 1,30 cm e comprimento quando não esticado de 60,0 cm. Determine a autoindutância de tal fio.

31. Uma bobina possui indutância de 3,00 mH e a corrente que passa por ela varia de 0,200 A para 1,50 A em um intervalo de 0,200 s. Encontre a magnitude da FEM média induzida na bobina durante esse intervalo de tempo.

32. **S** Um toroide de raio maior R e raio menor r possui N espiras de fio metálico enroladas em uma estrutura oca de papelão. A Figura P23.32 mostra a metade desse toroide, permitindo que vejamos seu corte transversal. Se $R \gg r$, o campo magnético na região envolvida pelo fio é essencialmente igual ao campo magnético de um solenoide curvado em um grande círculo de raio R. Modelando o campo como sendo o campo uniforme de um solenoide longo, mostre que a indutância do toroide descrito é aproximadamente

$$L \approx \tfrac{1}{2}\mu_0 N^2 \frac{r^2}{R}$$

Figura P23.32

33. **M** Um indutor de 10,0 mH transporta uma corrente $I = I_{máx}\sen \omega t$, com $I_{máx} = 5,00$ A e $f = \omega/2\pi = 60,0$ Hz. Qual a FEM autoinduzida em função do tempo?

34. Uma FEM de 24,0 mV é induzida em uma bobina de 500 espiras quando a corrente varia a uma taxa de 10,0 A/s. Qual é o fluxo magnético que passa por cada espira da bobina no instante em que a corrente é 4,00 A?

35. **W** A corrente em um indutor de 90,0 mH varia em função do tempo de acordo com a expressão $I = 1,00t^2 - 6,00t$, onde I está em ampères e t em segundos. Encontre a magnitude da FEM induzida quando (a) $t = 1,00$ s e (b) $t = 4,00$ s. (c) Em qual instante a FEM é nula?

36. **M** Um indutor na forma de um solenoide possui 420 espiras e comprimento de 16,0 cm. A taxa de decaimento uniforme da corrente no indutor tem valor igual a 0,421 A/s e induz uma FEM de 175 μV. Qual é o raio do solenoide?

Seção 23.6 **Circuitos RL**

37. **M** Uma bateria de 12,0 V está conectada a um circuito em série contendo um resistor de 10,0 Ω e um indutor de 2,00 H. Em qual intervalo de tempo a corrente alcançará (a) 50,0% e (b) 90,0% de seu valor final?

38. **S** Mostre que $I = I_i e^{-t/\tau}$ é a solução da equação diferencial

$$IR + L\frac{dI}{dt} = 0$$

onde I_i é a corrente quando $t = 0$ e $\tau = L/R$.

39. Considere o circuito da Figura P23.39, assumindo que $\varepsilon = 6,00$ V, $L = 8,00$ mH e $R = 4,00$ Ω. (a) Qual é a constante temporal indutiva do circuito? (b) Calcule a corrente no circuito 250 μs após o interruptor ser fechado. (c) Qual é o valor da corrente quando esta atinge seu estado final e estável? (d) Após qual intervalo de tempo a corrente alcança 80,0% de seu valor máximo?

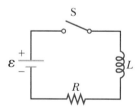

Figura P23.39 Problemas 39, 40, 41 e 42.

40. Para o circuito RL mostrado na Figura 23.39, assuma que a indutância é 3,00 H, a resistência 8,00 Ω e a FEM da bateria 36,0 V. (a) Calcule $\Delta V_R/\varepsilon_L$, ou seja, a relação entre a diferença de potencial no resistor e a FEM no indutor quando a corrente é 2,00 A. (b) Calcule a FEM no indutor quando a corrente é 4,50 A.

41. **W** No circuito da Figura P23.39, assuma que $L = 7,00$ H, $R = 9,00$ Ω e $\varepsilon = 120$ V. Qual a FEM autoinduzida 0,200 s após o interruptor ser fechado?

42. Quando o interruptor da Figura P23.39 é fechado, a corrente leva 3,00 ms para alcançar 98,0% de seu valor final. Se $R = 10,0$ Ω, qual é o valor da indutância?

43. O interruptor da Figura P23.43 está aberto quando $t < 0$, sendo fechado no instante $t = 0$. Assuma que $R = 4,00$ Ω, $L = 1,00$ H e $\varepsilon = 10,0$ V. Encontre (a) a corrente no indutor e (b) a corrente no interruptor em função do tempo.

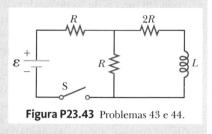

Figura P23.43 Problemas 43 e 44.

44. **S** O interruptor da Figura P23.43 está aberto quando $t < 0$, sendo fechado no instante $t = 0$. Encontre (a) a corrente no indutor e (b) a corrente no interruptor em função do tempo.

45. Um circuito consiste em uma bobina, um interruptor e uma bateria, todos ligados em série. A resistência interna da bateria é desprezível comparada com a da bobina. O interruptor está originalmente aberto. Ele é fechado e, após um intervalo de tempo Δt, a corrente alcança 80% de seu valor final. O interruptor permanece fechado por um intervalo de tempo muito maior que Δt. A bateria é, então, desconectada e os terminais da bobina são conectados de modo a criar um curto-circuito. (a) Depois de decorrido um novo intervalo de tempo Δt, a corrente apresenta qual percentual de seu valor máximo? (b) No instante $2\Delta t$ após a bobina entrar em curto, a corrente na bobina apresenta qual percentual de seu valor máximo?

46. Uma aplicação de um circuito RL é a geração de uma alta tensão que varia em função do tempo a partir de uma fonte de baixa tensão, como mostra a Figura P23.46. (a) Qual é a corrente no circuito ao longo do tempo em que o interruptor permanece na posição a? (b) O interruptor passa, então, rapidamente da posição a para a posição b. Calcule a tensão inicial em cada resistor e no indutor. (c) Quanto tempo passa antes que a tensão no indutor caia para 12,0 V?

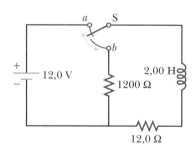

Figura P23.46

47. **M** Um indutor de 140 mH e um resistor de 4,90 Ω estão conectados por meio de um interruptor a uma bateria de 6,00 V, como mostra a Figura P23.47. (a) Após o interruptor ser colocado na posição a pela primeira vez (conectando a bateria), quanto tempo passa antes que a corrente alcance 220 mA? (b) Qual é a corrente no indutor 10,0 s após o

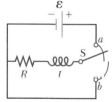

Figura P23.47

Capítulo 23 – Lei de Faraday e indutância | **215**

interruptor ser fechado? (c) O interruptor passa, então, rapidamente para a posição b. Quanto tempo passa antes que a corrente no indutor caia para 160 mA?

Seção 23.7 Energia armazenada em um campo magnético

48. **Q|C** **W** Uma bobina plana possui indutância de 40,0 mH e resistência de 5,00 Ω. Ela é conectada a uma bateria de 22,0 V no instante $t = 0$. Considere o instante no qual a corrente é 3,00 A. (a) A qual taxa a energia é distribuída pela bateria? (b) Qual é a potência sendo distribuída à resistência da bobina? (c) A qual taxa a energia é armazenada no campo magnético da bobina? (d) Qual é a relação entre esses três valores de potência? (e) A relação descrita na parte (d) é verdadeira também para outros instantes? (f) Explique a relação no instante imediatamente após $t = 0$ e depois de decorridos vários segundos.

49. **M** Um solenoide com núcleo composto por ar e 68 espiras possui comprimento de 8,00 cm e diâmetro de 1,20 cm. Quando o solenoide transporta uma corrente de 0,770 A, quanta energia é armazenada em seu campo magnético?

50. Um campo magnético dentro de um solenoide supercondutor possui magnitude de 4,50 T. O solenoide possui um diâmetro interno de 6,20 cm e comprimento de 26,0 cm. Determine (a) a densidade de energia magnética e (b) a energia armazenada no campo magnético do solenoide.

51. Em dias limpos em determinada localidade, há um campo elétrico vertical de 100 V/m próximo à superfície da Terra. No mesmo local, o campo magnético da Terra possui magnitude de $0,500 \times 10^{-4}$ T. Calcule as densidades de energia (a) do campo elétrico e (b) do campo magnético.

Seção 23.8 Conteúdo em contexto: o uso da estimulação magnética transcraniana na depressão

52. **BIO** Suponha que um aparelho de Estimulação Magnética Transcraniana (EMT) contenha uma única bobina de raio 6,00 cm como fonte do campo magnético. Um campo magnético máximo comum em aparelhos desse tipo é 1,50 T. (a) Se o campo no centro da bobina possuir valor máximo, qual é a corrente na bobina? (b) A área a ser tratada no cérebro está cerca de 2,50 cm abaixo do centro da bobina. Se a corrente na bobina varia em função do tempo a uma taxa de $1,00 \times 10^7$ A/s, qual é a taxa de variação do campo magnético na área a ser tratada e no eixo da bobina? (c) O tratamento por EMT é contraindicado para alguns pacientes caso possuam metais sensíveis ao magnetismo na cabeça, tais como clipes para aneurisma, stents (tubos minúsculos e expansíveis feitos de metal) ou fragmentos de balas. Além disso, o tratamento também pode ser contraindicado para pacientes com dispositivos eletrônicos: implantes cocleares, marca-passos, desfibriladores automáticos, bombas de insulina e estimuladores do nervo vago. O nível de exclusão recomendado para metais sensíveis ao magnetismo é de $5,00 \times 10^{-4}$ T. Para a corrente da parte (a), a qual distância da bobina, ao longo do eixo central, esses metais ou dispositivos devem estar para sofrerem ação de um campo magnético menor que o nível de exclusão? (Assumimos que o campo magnético existe no vácuo. Devido aos efeitos dos tecidos biológicos, o nível de exclusão ocorre, na realidade, a cerca de 30 cm da bobina.)

53. **BIO** Considere um dispositivo de estimulação magnética transcraniana (EMT) contendo uma bobina com diversas espiras, cada uma de raio 6,00 cm. Em uma área circular do cérebro de raio 6,00 cm diretamente abaixo e coaxial com a bobina, o campo magnético varia a uma taxa de $1,00 \times 10^4$ T/s. Assuma que essa taxa de variação é a mesma em qualquer ponto da área circular. (a) Qual é a FEM induzida na circunferência dessa área circular do cérebro? (b) Qual o campo elétrico induzido na circunferência dessa área circular do cérebro?

54. **BIO** Estimulação magnética transcraniana (EMT) é uma técnica não invasiva utilizada para estimular regiões do cérebro humano. Na EMT, uma pequena bobina é colocada sobre o couro cabeludo e um rápido pulso de corrente na bobina produz um campo magnético que varia rapidamente dentro do cérebro. A FEM induzida pode estimular a atividade dos neurônios. (a) Um desses dispositivos gera um campo magnético ascendente dentro do cérebro que aumenta de zero a 1,50 T em 120 ms. Determine a FEM induzida em um círculo horizontal de tecido de raio 1,60 mm. (b) **E se?** O campo então varia para 0,500 T descendente em 80,0 ms. Como a FEM induzida nesse processo se compara à da parte (a)?

Problemas adicionais

55. Suponha que você enrole um fio elétrico em um rolo de papel celofane para fazer uma bobina. Descreva como você pode utilizar um ímã para induzir uma tensão na bobina. Qual a ordem de magnitude da FEM gerada? Declare as quantias conforme os dados e valores são anotados.

56. **PD** Considere o aparato mostrado na Figura P23.56, no qual uma barra condutora pode ser movida sobre dois trilhos conectados a uma lâmpada. O sistema é totalmente imerso em um campo magnético de magnitude $B = 0,400$ T perpendicular à página e direcionado para dentro dela. A distância entre os trilhos horizontais é $\ell = 0,800$ m. A resistência da lâmpada é $R = 48,0$ Ω, assumida como constante. A barra e os trilhos possuem resistência desprezível. A barra é movida para a direita por uma força constante de magnitude $F = 0,600$ N. Queremos descobrir a potência máxima transferida para a lâmpada. (a) Encontre a expressão para a corrente na lâmpada em função de B, ℓ, R e v, a velocidade da barra. (b) Quando a potência máxima é transferida para a lâmpada, qual modelo de análise descreve a barra móvel apropriadamente? (c) Utilize o modelo de análise da parte (b) para encontrar um valor numérico para a velocidade v da barra quando a potência máxima é transferida para a lâmpada. (d) Encontre a corrente na lâmpada quando a potência transferida é máxima. (e) Utilizando $P = I^2 R$, qual é a potência máxima transferida para a lâmpada? (f) Qual é a potência mecânica máxima transferida para a barra pela força F? (g) Assumimos que a resistência da lâmpada é constante. Na realidade, à medida que a potência transferida para a lâmpada aumenta, a temperatura do filamento aumenta e a resistência aumenta. A velocidade encontrada na parte (c) é diferente se a resistência aumentar e todas as demais quantidades forem mantidas constantes? (h) Se for o caso, a velocidade encontrada na parte (c) aumenta ou diminui? Se não for o caso, explique. (i) Assumindo

que a resistência da lâmpada aumenta conforme a corrente aumenta, a potência encontrada na parte (f) é diferente? (j) Se for o caso, a potência encontrada na parte (f) é maior ou menor? Se não for o caso, explique.

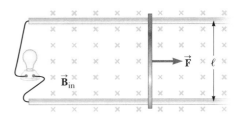

Figura P23.56

57. **BIO** Campos magnéticos fortes são utilizados em procedimentos médicos tais como a ressonância magnética, ou MRI (do inglês *magnetic resonance imaging*). Um técnico utilizando um bracelete de latão que envolve uma área de 0,00500 m² coloca sua mão em um solenoide cujo campo magnético é 5,00 T direcionado perpendicularmente ao plano do bracelete. A resistência elétrica na circunferência do bracelete é 0,0200 Ω. Uma queda inesperada na energia faz com que o campo caia para 1,50 T em um intervalo de 20,0 ms. Encontre (a) a corrente induzida no bracelete e (b) a potência distribuída para o bracelete. *Nota*: Como este problema sugere, não se deve utilizar objetos metálicos ao se trabalhar em regiões com campos magnéticos fortes.

58. A Figura P23.58 é um gráfico da FEM induzida pelo tempo para uma bobina de N espiras girando com velocidade angular ω em um campo magnético uniforme direcionado perpendicularmente ao eixo de rotação da bobina. **E se?** Copie esse esboço (em escala ampliada) e, no mesmo plano cartesiano, mostre o gráfico da FEM pelo tempo (a) se o número de espiras da bobina for dobrado, (b) se a velocidade angular for dobrada e (c) se a velocidade angular for dobrada e o número de espiras reduzido pela metade.

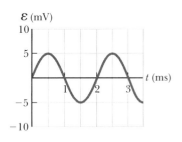

Figura P23.58

59. A corda de aço de uma guitarra vibra (Veja a Fig. 23.6). O componente do campo magnético perpendicular à área da bobina de captação é dado por

$$B = 50,0 + 3,20 \text{ sen } (1\,046\ \pi t)$$

onde B está em militeslas e t em segundos. A bobina de captação possui 30 espiras e raio 2,70 mm. Encontre a FEM induzida na bobina em função do tempo.

60. **PD** **S** No instante $t = 0$, o interruptor aberto da Figura P23.60 é fechado. Queremos descobrir uma expressão simbólica para a corrente no indutor para $t > 0$. Chame essa corrente de I e determine que ela tenha sentido para baixo no indutor da Figura P23.60. Identifique I_1 como a corrente direcionada para a direita em R_1 e I_2 como a corrente direcionada para baixo em R_2. (a) Utilize a Lei dos Nós de Kirchhoff para encontrar a relação entre as três correntes. (b) Utilize a Lei das Malhas de Kirchhoff na malha do lado esquerdo para encontrar outra relação. (c) Utilize a Lei das Malhas de Kirchhoff na malha externa para encontrar uma terceira relação. (d) Elimine I_1 e I_2 das três equações para encontrar uma equação que envolva apenas a corrente I. (e) Compare a equação da parte (d) com a Equação 23.13 por extenso. Utilize essa equação para reescrever a Equação 23.14 por extenso para a situação descrita neste problema e demonstre que

$$I(t) = \frac{\varepsilon}{R_1} [1 - e^{-(R'/L)t}]$$

onde $R' = R_1 R_2 /(R_1 + R_2)$.

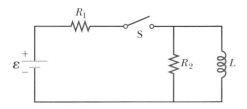

Figura P23.60

61. **M** O fluxo magnético através de um anel metálico varia em função do tempo t de acordo com $\Phi_B = at^3 - bt^2$, onde Φ_B é dado em webers, $a = 6,00$ s^{-3}, $b = 18,0$ s^{-2} e t é dado em segundos. A resistência do anel é 3,00 Ω. Para o intervalo de $t = 0$ a $t = 2,00$ s, determine a corrente máxima induzida no anel.

62. Um *betatron* é um dispositivo que acelera elétrons até energias na faixa de MeV por meio de indução eletromagnética. Os elétrons em uma câmara de vácuo são mantidos em uma órbita circular por um campo magnético perpendicular ao plano orbital. O campo é aumentado gradativamente para induzir um campo elétrico ao longo da órbita. (a) Mostre que o campo elétrico está na direção correta para fazer com que os elétrons acelerem. (b) Assuma que o raio da órbita permanece constante. Mostre que o campo magnético médio na área envolvida pela órbita deve ser duas vezes maior que o campo magnético na circunferência do círculo.

63. **BIO** Para monitorar a respiração de um paciente, uma fina cinta é colocada ao redor do tórax do paciente. A cinta é uma bobina de 200 espiras. Quando o paciente inspira, a área envolvida pela bobina aumenta em 39,0 cm². A magnitude do campo magnético da Terra é 50,0 μT, formando um ângulo de 28,0° com o plano da bobina. Assumindo que o paciente leva 1,80 s para inspirar, encontre a FEM média induzida na bobina durante esse intervalo.

64. **Revisão.** Uma partícula de massa $2,00 \times 10^{-16}$ kg e carga 30,0 nC está inicialmente em repouso. Ela é acelerada por uma diferença de potencial ΔV, sendo atirada de uma fonte pequena em uma região que contém um campo magnético constante e uniforme de magnitude 0,600 T. A velocidade da partícula é perpendicular às linhas do campo magnético. A órbita circular descrita pela partícula à medida que retorna ao local de onde foi atirada envolve um fluxo magnético de 15,0 μWb.

(a) Calcule a velocidade da partícula. (b) Calcule a diferença de potencial que acelera a partícula.

65. **M** Um fio metálico longo e retilíneo transporta uma corrente dada por $I = I_{máx} \text{ sen}(\omega t + \phi)$. O fio está no plano de uma bobina retangular de N espiras conforme mostra a Figura P23.65. As quantidades $I_{máx}$, ω e ϕ são todas constantes. Assuma que $I_{máx} = 50{,}0$ A, $\omega = 200\pi$ s^{-1}, $N = 100$, $h = w = 5{,}00$ cm e $L = 20{,}0$ cm. Determine a FEM induzida na bobina pelo campo magnético gerado pela corrente que passa pelo fio.

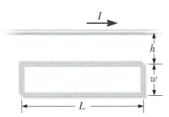

Figura P23.65

66. A Figura P23.66 mostra um condutor estacionário cujo formato é similar à letra e. O raio de sua parte circular é $a = 50{,}0$ cm. Ele é colocado em um campo magnético constante de $0{,}500$ T direcionado para fora da página. Uma barra condutora retilínea, com $50{,}0$ cm de comprimento, gira sobre o ponto O com uma velocidade angular constante de $2{,}00$ rad/s. (a) Determine a FEM induzida na malha POQ. Note que a área da malha é $\theta a^2/2$. (b) Se todo o material condutor possuir resistência por unidade de comprimento igual a $5{,}00$ Ω/m, qual é a corrente induzida na malha POQ no instante $0{,}250$ s após o ponto P passar pelo ponto Q?

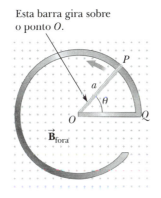

Figura P23.66

67. O toroide da Figura P23.67 consiste em N espiras e possui um corte transversal retangular. Seus raios interno e externo são, respectivamente, a e b. A figura mostra metade do toroide, permitindo que vejamos seu corte transversal. Calcule a indutância de um toroide de 500 espiras onde $a = 10{,}0$ cm, $b = 12{,}0$ cm e $h = 1{,}00$ cm.

68. **S** O toroide da Figura P23.67 consiste em N espiras e possui um corte transversal retangular. Seus raios interno e externo são, respectivamente, a e b. Encontre a indutância do toroide.

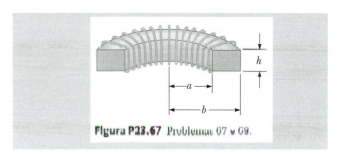

Figura P23.67 Problemas 67 e 69.

69. (a) Uma bobina circular e plana na verdade não produz um campo magnético uniforme na área que envolve. Não obstante, estime a indutância de uma bobina circular, plana e compacta de raio R e N espiras, assumindo que o campo é uniforme em toda sua área. (b) Um circuito montado em uma bancada de laboratório consiste em uma bateria de 1,50 volts, um resistor de 270 ohms, um interruptor e três segmentos de fio metálico com 30,0 cm de comprimento conectando-os. Suponha que o circuito tenha sido arranjado de modo a ser circular. Considere-o como uma bobina plana de uma espira. Calcule a ordem de magnitude de sua indutância e (c) a constante temporal descrevendo a velocidade na qual a corrente aumenta ao se fechar o interruptor.

Problemas de Revisão. Os problemas 70, 71 e 73 aplicam ideias deste capítulo e de capítulos anteriores a algumas das propriedades dos supercondutores introduzidos na Seção 21.3.

70. **Revisão.** Em um experimento realizado por S. C. Collins entre 1955 e 1958, uma corrente foi mantida em um anel de chumbo supercondutor por 2,50 anos sem ser observada qualquer perda apesar de não haver nenhuma fonte de energia. Se a indutância do anel era de $3{,}14 \times 10^{-8}$ H e a sensibilidade do experimento era de 1 parte em 10^9, qual era a resistência máxima do anel? *Sugestão:* Trate o anel como um circuito RL transportando uma corrente em decaimento e lembre-se de que a aproximação $e^{-x} \approx 1 - x$ é válida quando o valor de x é pequeno.

71. **Revisão.** Um novo método de armazenamento de energia foi proposto. Uma grande bobina supercondutora subterrânea, com 1,00 km de diâmetro, seria fabricada. Ela carregaria uma corrente máxima de 50,0 kA e cada uma das 150 espiras de um solenoide de Nb$_3$Sn. (a) Se a indutância dessa grande bobina fosse 50,0 H, qual seria a energia total armazenada? (b) Qual seria a força de compressão por unidade de comprimento agindo sobre duas espiras adjacentes separadas por 0,250 m?

72. **S** Uma barra de massa m e resistência R desliza sem atrito em um plano horizontal, movendo-se sobre trilhos paralelos conforme mostra a Figura P23.72. Os trilhos são separados por uma distância d. Uma bateria, que mantém uma FEM constante ε, é conectada entre os trilhos. Há um campo magnético constante $\vec{B}$ direcionado perpendicularmente para fora da página. Assumindo que a barra está inicialmente em repouso quando $t = 0$, mostre que no instante t ela se move com velocidade

$$v = \frac{\varepsilon}{Bd}(1 - e^{-B^2 d^2 t/mR})$$

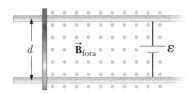

Figura P23.72

73. **Revisão.** O uso de supercondutores foi proposto em linhas de transmissão de energia. Um único cabo coaxial (Fig. P23.73) poderia transportar uma potência de $1,00 \times 10^3$ MW (a produção de uma usina grande) a 200 kV, (corrente DC) por uma distância superior a $1,00 \times 10^3$ km sem perdas. O fio interno, de raio $a = 2,00$ cm e feito do supercondutor Nb_3Sn, transportaria uma corrente I em uma direção. Um cilindro supercondutor circundante, de raio $b = 5,00$ cm, transportaria a corrente de retorno I. Em tal sistema, qual é o campo magnético (a) na superfície do condutor interno e (b) na superfície interna do condutor externo? (c) Quanta energia seria armazenada no campo magnético do espaço entre os condutores em uma linha supercondutora de $1,00 \times 10^3$ km? (d) Qual é a pressão exercida no condutor externo devido ao condutor interno?

Figura P23.73

74. [S] Complete o cálculo do Exemplo 23.8 provando que

$$\int_0^\infty e^{-2Rt/L}\, dt = \frac{L}{2R}$$

75. [M] O plano de uma espira quadrada de lado $a = 0,200$ m está orientada verticalmente ao longo de seu eixo leste-oeste. O campo magnético da Terra nesse ponto tem magnitude $B = 35,0$ μT, estando direcionado para o norte $35,0°$ abaixo da horizontal. A resistência total da espira e dos fios que a conectam a um amperímetro sensível é $0,500$ Ω. Se a espira entra em colapso subitamente devido às forças horizontais mostradas na Figura P23.75, qual é a carga total que entra em um dos terminais do amperímetro?

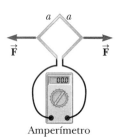

Figura P23.75

Contexto 7

CONCLUSÃO

Ressonância magnética e ressonância magnética nuclear

Nesta Conclusão Contextual, discutiremos os usos de uma ferramenta de diagnóstico não invasiva amplamente utilizada na prática médica. Esse dispositivo é a *ressonância magnética*, ou *MRI* (do inglês, *magnetic resonance imaging*).

Nas Seção 22.11, discutimos o momento angular do *spin* de um elétron e o momento magnético associado ao elétron. O *spin* é uma propriedade geral de todas as partículas. Por exemplo, os prótons e nêutrons no núcleo atômico possuem *spin* e um momento magnético dipolar $\vec{\mu}$. Como vimos na Seção 22.6, a energia potencial de um sistema que consiste em momento magnético dipolar em um campo magnético externo é dada por $U = -\vec{\mu} \times \vec{B}$.

Quando o momento magnético $\vec{\mu}$ está tão alinhado com o campo quanto permite a física quântica, a energia potencial do sistema dipolo-campo tem seu valor mínimo $E_{mín}$. Quando $\vec{\mu}$ é tão antiparalelo ao campo quanto possível, a energia potencial tem seu valor máximo $E_{máx}$. Como as direções do *spin* e do momento magnético de uma partícula são quantizados (Veja o Capítulo 29), as energias do sistema dipolo-campo também são quantizadas. Introduzimos o conceito de estados quantizados de energia no Capítulo 11. Em geral, há outros estados de energia permitidos entre $E_{mín}$ e $E_{máx}$ correspondendo às direções quantizadas do momento magnético em relação ao campo. Esses estados são frequentemente chamados de **estados de *spin*** porque têm energias diferentes como resultado da direção do *spin*.

O número de estados de *spin* depende do *spin* do núcleo. A mais simples das situações é ilustrada na Figura 1, mostrando um núcleo com apenas dois estados de *spin* possíveis com energias $E_{mín}$ e $E_{máx}$.

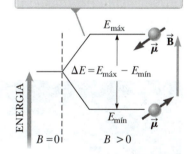

Figura 1 Um núcleo com *spin* $\frac{1}{2}$ é colocado em um campo magnético.

É possível observar transições entre esses estados de *spin* em uma amostra utilizando uma técnica conhecida como **ressonância magnética nuclear** (RMN). Um campo magnético constante faz a energia associada aos estados de *spin* variar, dividindo-os em energia como mostra a Figura 1. A amostra também é exposta a ondas eletromagnéticas na faixa do espectro eletromagnético associada às ondas de rádio. Quando a frequência das ondas de rádio é ajustada de tal modo que a energia do fóton seja igual à energia de separação dos estados de *spin*, ocorre uma condição de ressonância e o fóton é absorvido pelo núcleo, elevando o sistema núcleo-campo para um estado de energia de *spin* mais alto. Isso resulta em um ganho líquido de energia pelo sistema, o qual é detectado pelo controle do experimento e por um sistema de medição. Um diagrama do aparelho utilizado para detectar um sinal RMN é ilustrado na Figura 2. A energia absorvida é suprida pelo oscilador que produz as ondas de rádio. A ressonância magnética nuclear e uma técnica chamada *ressonância do spin do elétron* são métodos extremamente importantes para o estudo de sistemas nucleares e atômicos e de como esses sistemas interagem com o ambiente.

▶ Ressonância magnética nuclear

Uma técnica de diagnóstico médico chamada **ressonância magnética**, ou **MRI** (do inglês, *magnetic resonance imaging*), é baseada na ressonância magnética nuclear. Na ressonância magnética, o paciente é colocado dentro de um grande solenoide que fornece um campo magnético que varia em função do espaço. Devido à variação do campo magnético no corpo do paciente, os prótons dos átomos de hidrogênio que compõem as moléculas de água em diversas partes do corpo dividem

▶ Ressonância magnética (MRI)

219

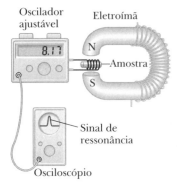

Figura 2 Arranjo experimental para ressonância magnética nuclear. O campo magnético de radiofrequência criado pela bobina que envolve a amostra e fornecido pelo oscilador de frequência variável é perpendicular ao campo magnético constante criado pelo eletroímã. Quando os núcleos da amostra cumprem sua condição de ressonância, eles absorvem energia do campo de radiofrequência da bobina. Essa absorção altera as características do circuito que inclui a bobina. A maioria dos espectrômetros de RMN modernos utilizam ímãs supercondutores com campos de intensidade fixa e funcionam em frequências de aproximadamente 200 MHz.

sua energia entre diferentes estados de *spin*, de modo que o sinal de ressonância possa ser utilizado para obter informações sobre as posições dos prótons. Utiliza-se um computador para analisar as informações de posicionamento e fornecer dados para a construção de uma imagem final. Imagens por ressonância magnética com detalhes incríveis são exibidas na Figura 3. A principal vantagem da ressonância magnética sobre outras técnicas de diagnóstico por imagem é o fato de ela não causar danos às estruturas celulares como ocorre com raios X ou raios gama. Os fótons associados com os sinais de radiofrequência utilizados na ressonância magnética possuem energias apenas na ordem de 10^{-7} eV. Como as forças das ligações moleculares são muito maiores (da ordem de 1 eV), a radiação não causa danos celulares. Em comparação, raios X ou raios gama possuem energias que variam de 10^4 a 10^6 eV e podem causar danos celulares consideráveis. Portanto, apesar do medo que a palavra *nuclear* instiga em alguns indivíduos, a radiação de radiofrequência envolvida é muito mais segura que raios X ou raios gama!

Nesta seção de Contexto, vimos diversos usos do magnetismo em procedimentos médicos. Os procedimentos de ablação por cateter (Seções 21.2 e 22.12) e ressonância magnética que discutimos aqui salvaram diversas vidas por meio de diagnósticos e tratamentos precisos. A estimulação magnética transcraniana (Seção 23.8) é um procedimento relativamente novo que pode se provar extremamente útil no tratamento da depressão. Fique de olho nos jornais e na internet e pode ser que você veja o próximo uso em breve!

Problemas

1. A radiofrequência na qual um núcleo com momento magnético de magnitude μ apresenta absorção ressonante entre os estados de *spin* é chamada de *frequência de Larmor* e é dada por

$$f = \frac{\Delta E}{h} = \frac{2\mu B}{h}$$

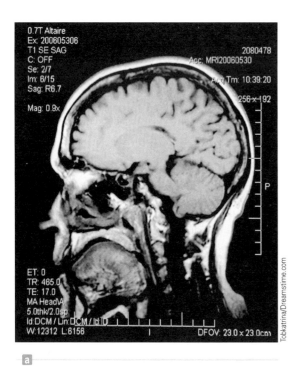

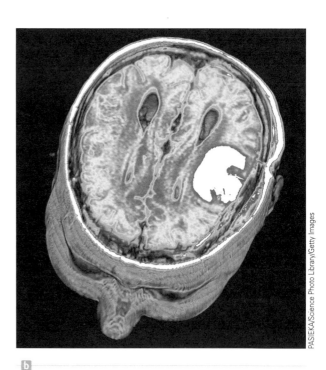

Figura 3 Exemplos de exames de ressonância magnética do cérebro humano. (a) Corte sagital do cérebro humano, mostrando detalhes de diversas estruturas do cérebro. (b) Imagem melhorada por computador de um corte axial do cérebro, mostrando um tumor em metástase no cérebro, em branco.

Calcule a frequência de Larmor para (a) nêutrons livres em um campo magnético de 1,00 T, (b) prótons livres em um campo magnético de 1,00 T e (c) prótons livres no campo magnético da Terra em um local onde a magnitude do campo é 50,0 μT.

2. **BIO** Na ressonância magnética (MRI), um paciente é colocado dentro de um grande solenoide. Suponha que o solenoide de um aparelho de ressonância magnética tenha 2,40 m de comprimento e 0,900 m de diâmetro sendo enrolada com uma única camada de fio de nióbio-titânio de raio 1,00 mm. Cada espira do solenoide é colocada imediatamente à anterior de modo que não haja espaçamento entre as espiras. O campo magnético produzido pelo solenoide é 1,55 T. (a) Qual é a corrente no solenoide para que esse campo seja gerado? (b) Qual é o fluxo magnético através do solenoide? (c) Quando a máquina é desligada, o campo cai linearmente até zero em 5,00 s. Qual a FEM induzida dentro do solenoide durante o desligamento? (d) Qual é a massa total do fio de nióbio-titânio utilizado para fazer o solenoide? Assuma que a densidade do fio é 6,00 × 10^3 kg/m³.

Apêndice A

Tabelas

TABELA A.1 | Fatores de conversão

Comprimento

	m	cm	km	pol.	pé	mi
1 metro	1	10^2	10^{-3}	39,37	3,281	$6,214 \times 10^{-4}$
1 centímetro	10^{-2}	1	10^{-5}	0,393 7	$3,281 \times 10^{-2}$	$6,214 \times 10^{-6}$
1 quilômetro	10^3	10^5	1	$3,937 \times 10^4$	$3,281 \times 10^3$	0,621 4
1 polegada	$2,540 \times 10^{-2}$	2,540	$2,540 \times 10^{-5}$	1	$8,333 \times 10^{-2}$	$1,578 \times 10^{-5}$
1 pé	0,304 8	30,48	$3,048 \times 10^{-4}$	12	1	$1,894 \times 10^{-4}$
1 milha	1 609	$1,609 \times 10^5$	1,609	$6,336 \times 10^4$	5 280	1

Massa

	kg	g	*slug*	u
1 quilograma	1	10^3	$6,852 \times 10^{-2}$	$6,024 \times 10^{26}$
1 grama	10^{-3}	1	$6,852 \times 10^{-5}$	$6,024 \times 10^{23}$
1 *slug*[1]	14,59	$1,459 \times 10^4$	1	$8,789 \times 10^{27}$
1 unidade de massa atômica	$1,660 \times 10^{-27}$	$1,660 \times 10^{-24}$	$1,137 \times 10^{-28}$	1

Nota: 1 ton métrica = 1 000 kg.

Tempo

	s	min	h	dia	ano
1 segundo	1	$1,667 \times 10^{-2}$	$2,778 \times 10^{-4}$	$1,157 \times 10^{-5}$	$3,169 \times 10^{-8}$
1 minuto	60	1	$1,667 \times 10^{-2}$	$6,994 \times 10^{-4}$	$1,901 \times 10^{-6}$
1 hora	3 600	60	1	$4,167 \times 10^{-2}$	$1,141 \times 10^{-4}$
1 dia	$8,640 \times 10^4$	1 440	24	1	$2,778 \times 10^{-5}$
1 ano	$3,156 \times 10^7$	$5,259 \times 10^5$	$8,766 \times 10^3$	365,2	1

Velocidade

	m/s	cm/s	pé/s	mi/h
1 metro por segundo	1	10^2	3,281	2,237
1 centímetro por segundo	10^{-2}	1	$3,281 \times 10^{-2}$	$2,237 \times 10^{-2}$
1 pé por segundo	0,304 8	30,48	1	0,081 8
1 milha por hora	0,447 0	44,70	1,467	1

Observação: 1 mi/min = 60 mi/h = 88 pés/s.

Força

	N	lb
1 newton	1	0,224 8
1 libra	4,448	1

(Continua)

---

[1] N.R.T.: *Slug* = unidade de massa associada a unidades inglesas $\left(slug = \dfrac{\text{Lbf} \cdot \text{s}^2}{\text{ft}}\right)$; (Lbf = libras força; ft = pé).

A.2 | Princípios de física

TABELA A.1 | **Fatores de conversão** *(continuação)*

Energia, transferência de energia

	J	pé · lb	eV
1 joule	1	0,737 6	$6,242 \times 10^{18}$
1 pé-libra	1,356	1	$8,464 \times 10^{18}$
1 elétron volt	$1,602 \times 10^{-19}$	$1,182 \times 10^{-19}$	1
1 caloria	4,186	3,087	$2,613 \times 10^{19}$
1 unidade térmica britânica (Btu)	$1,055 \times 10^3$	$7,779 \times 10^2$	$6,585 \times 10^{21}$
1 quilowatt-hora	$3,600 \times 10^6$	$2,655 \times 10^6$	$2,247 \times 10^{25}$

	cal	Btu	kWh
1 joule	0,238 9	$9,481 \times 10^{-4}$	$2,778 \times 10^{-7}$
1 pé-libra	0,323 9	$1,285 \times 10^{-3}$	$3,766 \times 10^{-7}$
1 elétron volt	$3,827 \times 10^{-20}$	$1,519 \times 10^{-22}$	$4,450 \times 10^{-26}$
1 caloria	1	$3,968 \times 10^{-3}$	$1,163 \times 10^{-6}$
1 unidade térmica britânica (Btu)	$2,520 \times 10^2$	1	$2,930 \times 10^{-4}$
1 quilowatt-hora	$8,601 \times 10^5$	$3,413 \times 10^2$	1

Pressão

	Pa	atm	
1 pascal	1	$9,869 \times 10^{-6}$	
1 atmosfera	$1,013 \times 10^5$	1	
1 centímetro de mercúrio[a]	$1,333 \times 10^3$	$1,316 \times 10^{-2}$	
1 libra por polegada ao quadrado[2]	$6,895 \times 10^3$	$6,805 \times 10^{-2}$	
1 libra por pé ao quadrado	47,88	$4,725 \times 10^{-4}$	

	cm Hg	lb/pol.^{2}	lb/pé^2
1 pascal	$7,501 \times 10^{-4}$	$1,450 \times 10^{-4}$	$2,089 \times 10^{-2}$
1 atmosfera	76	14,70	$2,116 \times 10^3$
1 centímetro de mercúrio[a]	1	0,194 3	27,85
1 libra por polegada ao quadrado	5,171	1	144
1 libra por pé ao quadrado	$3,591 \times 10^{-2}$	$6,944 \times 10^{-3}$	1

[a] A 0 °C e a uma localização onde a aceleração de queda livre tem seu valor "padrão", 9,806 65 m/s^2.

TABELA A.2 | **Símbolos, dimensões e unidades de quantidades físicas**

Quantidade	Símbolo comum	Unidade[a]	Dimensões[b]	Unidade em termos de unidades básicas SI
Aceleração	$\bar{\mathbf{a}}$	m/s^2	L/T^2	m/s^2
Quantidade de substância	n	MOL		mol
Ângulo	θ, ϕ	radiano (rad)	1	
Aceleração angular	$\bar{\alpha}$	rad/s^2	T^{-2}	s^{-2}
Frequência angular	ω	rad/s	T^{-1}	s^{-1}
Momento angular	$\bar{\mathbf{L}}$	kg · m^2/s	ML^2/T	kg · m^2/s
Velocidade angular	$\bar{\omega}$	rad/s	T^{-1}	s^{-1}
Área	A	m^2	L^2	m^2
Número atômico	Z			
Capacitância	C	farad (F)	Q^{2}T^2/ML^2	A^2 · s^4/kg · m^2
Carga	q, Q, e	coulomb (C)	Q	A · s

(Continua)

2   N.R.T.: Polegada^2 = Polegada × polegada.

Apêndice A – Tabelas | **A.3**

◀ TABELA A.2 | Símbolos, dimensões e unidades de quantidades físicas *(continuação)*

Quantidade	Símbolo comum	Unidade[a]	Dimensões[b]	Unidade em termos de unidades básicas SI
Densidade de carga				
Linha	λ	C/m	Q/L	$A \cdot s/m$
Superfície	σ	C/m^2	Q/L^2	$A \cdot s/m^2$
Volume	ρ	C/m^3	Q/L^3	$A \cdot s/m^3$
Condutividade	σ	$1/\Omega \cdot m$	Q^{2}T/ML^3	$A^2 \cdot s^3/kg \cdot m^3$
Corrente	I	AMPERE	Q/T	A
Densidade de corrente	J	A/m^2	Q/TL^2	A/m^2
Densidade	ρ	kg/m^3	M/L^3	kg/m^3
Constante dielétrica	κ			
Momento de dipolo elétrico	$\vec{\mathbf{p}}$	$C \cdot m$	QL	$A \cdot s \cdot m$
Campo elétrico	$\vec{\mathbf{E}}$	V/m	ML/QT^2	$kg \cdot m/A \cdot s^3$
Fluxo elétrico	Φ_E	$V \cdot m$	ML^3/QT^2	$kg \cdot m^3/A \cdot s^3$
Força eletromotriz	ε	volt (V)	ML^2/QT^2	$kg \cdot m^2/A \cdot s^3$
Energia	E, U, K	joule (J)	ML^2/T^2	$kg \cdot m^2/s^2$
Entropia	S	J/K	ML^2/T^{2}K	$kg \cdot m^2/s^2 \cdot K$
Força	$\vec{\mathbf{F}}$	newton (N)	ML/T^2	$kg \cdot m/s^2$
Frequência	f	hertz (Hz)	T^{-1}	s^{-1}
Calor	Q	joule (J)	ML^2/T^2	$kg \cdot m^2/s^2$
Indutância	L	henry (H)	ML^2/Q^2	$kg \cdot m^2/A^2 \cdot s^2$
Comprimento	ℓ, L	METRO	L	m
Deslocamento	$\Delta x, \Delta\vec{\mathbf{r}}$			
Distância	d, h			
Posição	$x, y, z, \vec{\mathbf{r}}$			
Momento dipolo magnético	$\vec{\mu}$	$N \cdot m/T$	QL^2/T	$A \cdot m^2$
Campo magnético	$\vec{\mathbf{B}}$	tesla (T) (= Wb/m^2)	M/QT	$kg/A \cdot s^2$
Fluxo magnético	Φ_B	weber (Wb)	ML^2/QT	$kg \cdot m^2/A \cdot s^2$
Massa	m, M	QUILOGRAMA	M	kg
Calor específico molar	C	$J/mol \cdot K$		$kg \cdot m^2/s^2 \cdot mol \cdot K$
Momento de inércia	I	$kg \cdot m^2$	ML^2	$kg \cdot m^2$
Momento	$\vec{\mathbf{p}}$	$kg \cdot m/s$	ML/T	$kg \cdot m/s$
Período	T	s	T	s
Permeabilidade do espaço livre	μ_0	N/A^2 (= H/m)	ML/Q^2	$kg \cdot m/A^2 \cdot s^2$
Permissividade do espaço livre	ε_0	C^2/N $\cdot$ m^2 (= F/m)	Q^{2}T^2/ML^3	$A^2 \cdot s^4/kg \cdot m^3$
Potencial	V	volt (V) (= J/C)	ML^2/QT^2	$kg \cdot m^2/A \cdot s^3$
Potência	P	watt (W) (= J/s)	ML^2/T^3	$kg \cdot m^2/s^3$
Pressão	P	pascal (Pa) (= N/m^2)	M/LT^2	$kg/m \cdot s^2$
Resistência	R	ohm (Ω) (= V/A)	ML^2/Q^{2}T	$kg \cdot m^2/A^2 \cdot s^3$
Calor específico	c	$J/kg \cdot K$	L^2/T^{2}K	$m^2/s^2 \cdot K$
Velocidade	v	m/s	L/T	m/s
Temperatura	T	KELVIN	K	K
Tempo	t	SEGUNDO	T	s
Torque	$\vec{\tau}$	$N \cdot m$	ML^2/T^2	$kg \cdot m^2/s^2$
Velocidade	$\vec{\mathbf{v}}$	m/s	L/T	m/s
Volume	V	m^3	L^3	m^3
Comprimento de onda	λ	m	L	m
Trabalho	W	joule (J) (=N $\cdot$ m)	ML^2/T^2	$kg \cdot m^2/s^2$

[a] As unidades de base SI são dadas em letras maiúsculas.

[b] Os símbolos M, L, T, K e Q denotam, respectivamente, massa, comprimento, tempo, temperatura e carga.

A.4 | Princípios de física

TABELA A.3 | Informação química e nuclear para isótopos selecionados

Número atômico Z	Elemento	Símbolo químico	Número de massa A (* significa radioativo)	Massa de átomo neutro (u)	Abundância percentual	Meia-vida, se radioativo $T_{1/2}$
–1	elétron	e-	0	0,000 549		
0	nêutron	n	1*	1,008 665		614 s
1	hidrogênio	^{1}H = p	1	1,007 825	99,988 5	
	[deutério	^{2}H = D]	2	2,014 102	0,011 5	
	[trítio	^{3}H = T]	3*	3,016 049		12,33 anos
2	hélio	He	3	3,016 029	0,000 137	
	[partícula alfa	$\alpha = {}^4$He]	4	4,002 603	99,999 863	
			6*	6,018 889		0,81 s
3	lítio	Li	6	6,015 123	7,5	
			7	7,016 005	92,5	
4	berílio	Be	7*	7,016 930		53,3 dias
			8*	8,005 305		10^{-17} s
			9	9,012 182	100	
5	boro	B	10	10,012 937	19,9	
			11	11,009 305	80,1	
6	carbono	C	11*	11,011 434		20,4 min
			12	12,000 000	98,93	
			13	13,003 355	1,07	
			14*	14,003 242		5 730 anos
7	nitrogênio	N	13*	13,005 739		9,96 min
			14	14,003 074	99,632	
			15	15,000 109	0,368	
8	oxigênio	O	14*	14,008 596		70,6 s
			15*	15,003 066		122 s
			16	15,994 915	99,757	
			17	16,999 132	0,038	
			18	17,999 161	0,205	
9	flúor	F	18*	18,000 938		109,8 min
			19	18,998 403	100	
10	neon	Ne	20	19,992 440	90,48	
11	sódio	Na	23	22,989 769	100	
12	magnésio	Mg	23*	22,994 124		11,3 s
			24	23,985 042	78,99	
13	alumínio	Al	27	26,981 539	100	
14	silício	Si	27*	26,986 705		4,2 s
15	fósforo	P	30*	29,978 314		2,50 min
			31	30,973 762	100	
			32*	31,973 907		14,26 dias
16	enxofre	S	32	31,972 071	94,93	
19	potássio	K	39	38,963 707	93,258 1	
			40*	39,963 998	0,011 7	$1,28 \times 10^9$ anos
20	cálcio	Ca	40	39,962 591	96,941	
			42	41,958 618	0,647	
			43	42,958 767	0,135	
25	manganês	Mn	55	54,938 045	100	
26	ferro	Fe	56	55,934 938	91,754	
			57	56,935 394	2,119	

(Continua)

Apêndice A – Tabelas | **A.5**

TABELA A.3 | Informação química e nuclear para isótopos selecionados *(continuação)*

Número atômico Z	Elemento	Símbolo químico	Número de massa A (* significa radioativo)	Massa de átomo neutro (u)	Abundância percentual	Meia-vida, se radioativo $T_{1/2}$
27	cobalto	Co	57*	56,936 291		272 dias
			59	58,933 195	100	
			60*	59,933 817		5,27 anos
28	níquel	Ni	58	57,935 343	68,076 9	
			60	59,930 786	26,223 1	
29	cobre	Cu	63	62,929 598	69,17	
			64*	63,929 764		12,7 h
			65	64,927 789	30,83	
30	zinco	Zn	64	63,929 142	48,63	
37	rubídio	Rb	87*	86,909 181	27,83	
38	estrôncio	Sr	87	86,908 877	7,00	
			88	87,905 612	82,58	
			90*	89,907 738		29,1 anos
41	nióbio	Nb	93	92,906 378	100	
42	molibdênio	Mo	94	93,905 088	9,25	
44	rutênio	Ru	98	97,905 287	1,87	
54	xenônio	Xe	136*	135,907 219		$2,4 \times 10^{21}$ anos
55	césio	Cs	137*	136,907 090		30 anos
56	bário	Ba	137	136,905 827	11,232	
58	cério	Ce	140	139,905 439	88.450	
59	praseodímio	Pr	141	140,907 653	100	
60	neodímio	Nd	144*	143,910 087	23,8	$2,3 \times 10^5$ anos
61	promécio	Pm	145*	144,912 749		17,7 anos
79	ouro	Au	197	196,966 569	100	
80	mercúrio	Hg	198	197,966 769	9,97	
			202	201,970 643	29,86	
82	chumbo	Pb	206	205,974 465	24,1	
			207	206,975 897	22,1	
			208	207,976 652	52,4	
			214*	213,999 805		26,8 min
83	bismuto	Bi	209	208,980 399	100	
84	polônio	Po	210*	209,982 874		138,38 dias
			216*	216,001 915		0,145 s
			218*	218,008 973		3,10 min
86	radônio	Rn	220*	220,011 394		55,6 s
			222*	222,017 578		3,823 dias
88	rádio	Ra	226*	226,025 410		1 600 anos
90	tório	Th	232*	232,038 055	100	$1,40 \times 10^{10}$ anos
			234*	234,043 601		24,1 dias
92	urânio	U	234*	234,040 952		$2,45 \times 10^9$ anos
			235*	235,043 930	0,720 0	$7,04 \times 10^8$ anos
			236*	236,045 568		$2,34 \times 10^7$ anos
			238*	238,050 788	99,274 5	$4,47 \times 10^9$ anos
93	neptúnio	Np	236*	236,046 570		$1,15 \times 10^5$ anos
			237*	237,048 173		$2,14 \times 10^6$ anos
94	plutônio	Pu	239*	239,052 163		24 120 anos

Fonte: G. Audi, A. H. Wapstra e C. Thibault. "The AME2003 Atomic Mass Evaluation". *Nuclear Physics* A **729**: 337–676, 2003.

Apêndice B

Revisão matemática

Este apêndice em matemática tem a intenção de ser uma breve revisão de operações e métodos. No começo deste curso, você deve estar totalmente familiarizado com as técnicas básicas de álgebra, geometria analítica e trigonometria. As seções de cálculo diferencial e integral são mais detalhadas e direcionadas a estudantes que têm dificuldade em aplicar conceitos de cálculo em situações físicas.

◀B.1 | Notação científica

Em geral, muitas quantidades utilizadas por cientistas têm valores muito altos ou muito baixos. A velocidade da luz, por exemplo, é cerca de 300 000 000 m/s, e a tinta necessária para fazer o ponto sobre um i neste livro texto tem uma massa de cerca de 0,000 000 001 kg. Obviamente, é complicado ler, escrever e localizar esses números. Evitamos esse problema usando um método que lida com as potências do número 10:

$$10^0 = 1$$
$$10^1 = 10$$
$$10^2 = 10 \times 10 = 100$$
$$10^3 = 10 \times 10 \times 10 = 1\,000$$
$$10^4 = 10 \times 10 \times 10 \times 10 = 10\,000$$
$$10^5 = 10 \times 10 \times 10 \times 10 \times 10 = 100\,000$$

e assim por diante. O número de zeros corresponde à potência à qual o dez está elevado, chamado **expoente** de dez. Por exemplo, a velocidade da luz, 300 000 000 m/s, pode ser expressa como $3,00 \times 10^8$ m/s.

Por esse método, alguns números representativos menores que a unidade são os seguintes:

$$10^{-1} = \frac{1}{10} = 0,1$$
$$10^{-2} = \frac{1}{10 \times 10} = 0,01$$
$$10^{-3} = \frac{1}{10 \times 10 \times 10} = 0,001$$
$$10^{-4} = \frac{1}{10 \times 10 \times 10 \times 10} = 0,000\,1$$
$$10^{-5} = \frac{1}{10 \times 10 \times 10 \times 10 \times 10} = 0,000\,01$$

Nesses casos, o número de pontos decimais à esquerda do dígito 1 é igual ao valor do expoente (negativo). Números expressos em potência de dez multiplicados por outro número entre um e dez são chamados **notação científica**. Por exemplo, a notação científica para 5 943 000 000 é $5,943 \times 10^9$ e para 0,000 083 2 é $8,32 \times 10^{-5}$.

Quando os números expressos em notação científica são multiplicados, a regra geral a seguir é muito útil:

$$10^n \times 10^m = 10^{n+m} \qquad \text{B.1} \blacktriangleleft$$

em que n e m podem ser qualquer número (não necessariamente inteiros). Por exemplo, $10^2 \times 10^5 = 10^7$. A regra também se aplicará se um dos expoentes for negativo: $10^3 \times 10^{-8} = 10^{-5}$.

Apêndice B – Revisão matemática | **A.7**

Na divisão de números expressos em notação científica, observe que:

$$\frac{10^n}{10^m} - 10^n \times 10^{-m} = 10^{n-m}$$

B.2 ◄

Exercícios

Com a ajuda das regras anteriores, verifique as respostas para as seguintes equações:

1. $86\ 400 = 8,64 \times 10^4$
2. $9\ 816\ 762,5 = 9,816\ 762\ 5 \times 10^6$
3. $0,000\ 000\ 039\ 8 = 3,98 \times 10^{-8}$
4. $(4,0 \times 10^8)(9,0 \times 10^9) = 3,6 \times 10^{18}$
5. $(3,0 \times 10^7)(6,0 \times 10^{-12}) = 1,8 \times 10^{-4}$
6. $\dfrac{75 \times 10^{-11}}{5,0 \times 10^{-3}} = 1,5 \times 10^{-7}$
7. $\dfrac{(3 \times 10^6)(8 \times 10^{-2})}{(2 \times 10^{17})(6 \times 10^5)} = 2 \times 10^{-18}$

◄B.2 | Álgebra

Algumas regras básicas

Quando operações algébricas são realizadas, aplicam-se as regras da aritmética. Símbolos como x, y e z em geral são usados para representar quantidades não especificadas, chamadas **desconhecidas**.

Primeiro, considere a equação

$$8x = 32$$

Se desejar resolver x, podemos dividir (ou multiplicar) cada lado da equação pelo mesmo fator sem desfazer a igualdade. Nesse caso, se dividirmos ambos os lados por 8, temos

$$\frac{8x}{8} = \frac{32}{8}$$
$$x = 4$$

Agora considere a equação

$$x + 2 = 8$$

Nesse tipo de expressão, podemos somar ou subtrair a mesma quantidade de cada lado. Se subtrairmos 2 de cada lado, teremos

$$x + 2 - 2 = 8 - 2$$
$$x = 6$$

Em geral, se $x + a = b$, então $x = b - a$.

Agora considere a equação

$$\frac{x}{5} = 9$$

Se multiplicarmos cada lado por 5, teremos x à esquerda sozinho e 45 à direita:

$$\left(\frac{x}{5}\right)(5) = 9 \times 5$$
$$x = 45$$

A.8 | Princípios de física

Em todos os casos, *sempre que uma operação for realizada do lado esquerdo da igualdade, deve ser realizada também do lado direito.*

As seguintes regras para multiplicar, dividir, somar ou subtrair frações devem ser lembradas, onde a, b, c e d são quatro números:

	Regra	Exemplo
Multiplicando	$\left(\dfrac{a}{b}\right)\left(\dfrac{c}{d}\right) = \dfrac{ac}{bd}$	$\left(\dfrac{2}{3}\right)\left(\dfrac{4}{5}\right) = \dfrac{8}{15}$
Dividindo	$\left(\dfrac{a/c}{c/d}\right) = \dfrac{ad}{bc}$	$\dfrac{2/3}{4/5} = \dfrac{(2)(5)}{(4)(3)} = \dfrac{10}{12}$
Somando	$\dfrac{a}{b} \pm \dfrac{c}{d} = \dfrac{ad \pm bc}{bd}$	$\dfrac{2}{3} - \dfrac{4}{5} = \dfrac{(2)(5) - (4)(3)}{(3)(5)} = -\dfrac{2}{15}$

Exercícios

Nos exercícios seguintes, resolva o problema para x.

Respostas

1. $a = \dfrac{1}{1+x}$ $\qquad\qquad$ $x = \dfrac{1-a}{a}$

2. $3x - 5 = 13$ $\qquad\qquad$ $x = 6$

3. $ax - 5 = bx + 2$ $\qquad\qquad$ $x = \dfrac{7}{a-b}$

4. $\dfrac{5}{2x+6} = \dfrac{3}{4x+8}$ $\qquad\qquad$ $x = -\dfrac{11}{7}$

Potências

Quando potências de dada quantidade x são multiplicadas, aplica-se a seguinte regra:

$$x^n x^m = x^{n+m}$$ **B.3** ◀

Por exemplo, $x^2 x^4 = x^{2+4} = x^6$.

Quando as potências de dada quantidade são divididas, a regra é:

$$\frac{x^n}{x^m} = x^{n-m}$$ **B.4** ◀

Por exemplo, $x^8/x^2 = x^{8-2} = x^6$.

Uma potência em forma de fração, como $\frac{1}{3}$, corresponde a uma raiz como segue:

$$x^{1/n} = \sqrt[n]{x}$$ **B.5** ◀

◄ **TABELA B.1 | Regras dos expoentes**

$x^0 = 1$
$x^1 = x$
$x^n x^m = x^{n+m}$
$x^n/x^m = x^{n-m}$
$x^{1/n} = \sqrt[n]{x}$
$(x^n)^m = x^{nm}$

Por exemplo, $4^{1/3} = \sqrt[3]{4} = 1,587\ 4$. (Uma calculadora científica é útil para este tipo de cálculo.)

Finalmente, qualquer quantidade x^n elevada à m-ésima potência é

$$(x^n)^m = x^{nm}$$ **B.6** ◀

A Tabela B.1 resume as regras dos expoentes.

Exercícios

Verificar as equações seguintes.

1. $3^9 \times 3^3 = 243$
2. $x^5 x^{-8} = x^{-3}$
3. $x^{10}/x^{-5} = x^{15}$
4. $5^{1/3} = 1{,}709\ 976$ (Use sua calculadora.)
5. $60^{1/4} = 2{,}783\ 158$ (Use sua calculadora.)
6. $(x^4)^3 = x^{12}$

Fatoração

Algumas fórmulas para fatorizar uma equação são as seguintes:

$ax + ay + az = a(x + y + z)$ Fator comum

$a^2 + 2ab + b^2 = (a + b)^2$ Quadrado perfeito

$a^2 - b^2 = (a + b)(a - b)$ Diferença de quadrados

Equações quadráticas

A forma geral de uma equação quadrática é

$$ax^2 + bx + c = 0$$

B.7 ◄

em que x é a quantidade desconhecida, e a, b e c são fatores numéricos referidos como **coeficientes** da equação. Essa equação tem duas raízes, dadas por

$$x = \frac{-b \pm \sqrt{b^2 - 4ac}}{2a}$$

B.8 ◄

Se $b^2 \geq 4ac$, a raiz é real.

Exemplo B.1

A equação $x^2 + 5x + 4 = 0$ tem a seguinte raiz correspondente aos dois sinais do termo da raiz quadrada:

$$x = \frac{-5 \pm \sqrt{5^2 - (4)(1)(4)}}{2(1)} = \frac{-5 \pm \sqrt{9}}{2} = \frac{-5 \pm 3}{2}$$

$$x_+ = \frac{-5 + 3}{2} = -1 \quad x_- = \frac{-5 - 3}{2} = -4$$

em que x_+ se refere à raiz correspondente ao sinal positivo, e x_-, à raiz correspondente ao sinal negativo.

Exercícios

Resolva as seguintes equações quadráticas:

		Respostas	
1.	$x^2 + 2x - 3 = 0$	$x_+ = 1$	$x_- = -3$
2.	$2x^2 - 5x + 2 = 0$	$x_+ = 2$	$x_- = \frac{1}{2}$
3.	$2x^2 - 4x - 9 = 0$	$x_+ = 1 + \sqrt{22}/2$	$x_- = \sqrt{22}/2$

Equações lineares

Uma equação linear tem a forma geral

$$y = mx + b$$

B.9 ◄

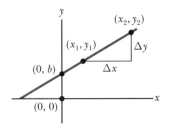

Figura B.1 Uma linha reta representada no sistema de coordenação xy. A inclinação da linha é a razão de Δy a Δx.

em que m e b são constantes. Essa equação é considerada linear porque o gráfico de y em função de x é uma linha reta, como mostra a Figura B.1. A constante b, chamada **intersecção y**, representa o valor de y onde a linha reta intercepta o eixo y. A constante m é igual à **inclinação** da linha reta. Se quaisquer dois pontos da linha reta são especificados pelas coordenadas (x_1, y_1) e (x_2, y_2), como na Figura B.1, a inclinação da linha reta pode ser expressa como

$$\text{Inclinação} = \frac{y_2 - y_1}{x_2 - x_1} = \frac{\Delta y}{\Delta x} \qquad \text{B.10}$$

Observe que m e b podem ter tanto valores positivos como negativos. Se $m > 0$, a linha reta tem uma inclinação *positiva*, como na Figura B.1. Se $m < 0$, a linha reta tem uma inclinação *negativa*. Na Figura B.1, m e b são positivos. Outras três possíveis situações são mostradas na Figura B.2.

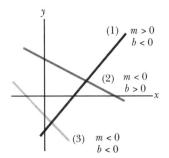

Figura B.2 A linha (1) tem uma inclinação positiva e uma intercepção y- negativa. A linha (2) tem uma inclinação negativa e uma intercepção y- positiva. A linha (3) tem uma inclinação negativa e uma intercepção y- negativa.

Exercícios

1. Faça gráficos para as seguintes linhas retas: (a) $y = 5x + 3$ (b) $y = -2x + 4$ (c) $y = -3x - 6$
2. Encontre a inclinação das linhas retas descritas no Exercício 1.

Respostas (a) 5 (b) –2 (c) –3

3. Encontre as inclinações das linhas retas que passam pelos seguintes pontos:
   (a) (0, –4) e (4, 2) (b) (0, 0) e (2, –5) (c) (–5, 2) e (4, –2)

Respostas (a) $3/2$ (b) $-5/2$ (c) $-4/9$

Resolvendo equações lineares simultâneas

Considere a equação $3x + 5y = 15$, que tem dois números desconhecidos, x e y. Esse tipo de equação não tem uma única solução. Por exemplo, $(x = 0, y = 3)$, $(x = 5, y = 0)$ e $(x = 2, y = 9/5)$ são todas soluções para essa equação.

Se um problema tem dois números desconhecidos, uma única solução será possível somente se tivermos *duas* informações. Na maioria dos casos, essas duas informações são equações. Em geral, se o problema tem n números desconhecidos, sua solução necessita de n equações. Para resolver duas equações simultâneas envolvendo dois números desconhecidos, x e y, resolvemos uma delas para x em termos de y e substituímos esta expressão na outra equação.

Em alguns casos, as duas informações podem ser (1) uma equação e (2) uma condição nas soluções. Suponhamos, por exemplo, a equação $m = 3n$ e a condição em que m e n devem ser o menor integral não zero positivo possível. Então, a equação única não permite uma única solução, mas a adição da condição dá $n = 1$ e $m = 3$.

Exemplo B.2

Resolva as duas equações simultâneas.

$$(1)\ 5x + y = -8$$
$$(2)\ 2x - 2y = 4$$

SOLUÇÃO

Da Equação (2), $x = y + 2$. Substituindo na Equação (1), temos

$$5(y + 2) + y = -8$$
$$6y = -18$$
$$y = \boxed{-3}$$
$$x = y + 2 = \boxed{-1}$$

B.2 cont.

Solução alternativa Multiplique cada termo da Equação (1) pelo fator 2 e adicione o resultado na Equação (2):

$$10x + 2y = -16$$
$$\underline{2x - 2y = 4}$$
$$12x = -12$$
$$x = \boxed{-1}$$
$$y = x - 2 = \boxed{-3}$$

Duas equações lineares contendo dois números desconhecidos também podem ser resolvidas por um método gráfico. Se as linhas retas correspondentes às duas equações estão plotadas num sistema de coordenadas convencional, a intersecção das duas linhas representa a solução. Por exemplo, considere as duas equações

$$x - y = 2$$
$$x - 2y = -1$$

Essas equações estão plotadas na Figura B.3. A intersecção das duas linhas tem as coordenadas $x = 5$ e $y = 3$, que representam a solução das equações. Você deve verificar essa solução por meio da técnica analítica já discutida.

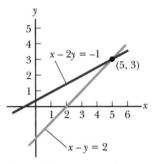

Figura B.3 Solução gráfica para duas equações lineares.

Exercícios

Resolva os seguintes pares de equações simultâneas envolvendo dois números desconhecidos:

Respostas

1. $x + y = 8$ $x = 5, y = 3$
   $x - y = 2$

2. $98 - T = 10a$ $T = 65, a = 3{,}27$
   $T - 49 = 5a$

3. $6x + 2y = 6$ $x = 2, y = -3$
   $8x - 4y = 28$

Logaritmo

Suponha que a quantidade x seja expressa como a potência de uma quantidade a:

$$x = a^y \qquad\qquad \text{B.11} \blacktriangleleft$$

O número a é chamado **base**. O **logaritmo** de x em relação a a é igual ao expoente ao qual a base deve estar elevada para satisfazer a expressão $x = a^y$.

$$y = \log_a x \qquad\qquad \text{B.12} \blacktriangleleft$$

Em contrapartida, o **antilogaritmo** de y é o número x:

$$x = \text{antilog}_a y \qquad\qquad \text{B.13} \blacktriangleleft$$

Na prática, as duas bases geralmente usadas são a 10, chamada de base de logaritmo *comum*, e a $e = 2{,}718\,282$, chamada constante de Euler ou base de logaritmo *natural*. Quando logaritmos comuns são usados,

$$y = \log_{10} x \quad (\text{ou } x = 10^y) \qquad\qquad \text{B.14} \blacktriangleleft$$

Quando logaritmos naturais são usados,

$$y = \ln x \quad (\text{ou } x = e^y) \qquad\qquad \text{B.15} \blacktriangleleft$$

Por exemplo, $\log_{10} 52 = 1{,}76$, então antilog$_{10}$ $1{,}716 = 10^{1{,}716} = 52$. Igualmente, $\ln 52 = 3{,}951$, então antiln $3{,}951 = e^{3{,}951} = 52$.

Em geral, observe que você pode converter entre base 10 e base e com a igualdade

$$\ln x = (2{,}302\ 585)\log_{10} x \qquad \text{B.16} \blacktriangleleft$$

Finalmente, algumas propriedades úteis para logaritmos:

$$\left.\begin{array}{l}\log(ab) = \log a + \log b \\ \log(a/b) = \log a - \log b \\ \log(a^n) = n\log a\end{array}\right\} \text{qualquer base}$$

$$\ln e = 1$$
$$\ln e^a = a$$
$$\ln\left(\frac{1}{a}\right) = -\ln a$$

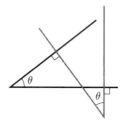

Figura B.4 Os ângulos são iguais porque seus lados são perpendiculares.

Figura B.5 O ângulo θ em radianos é a razão do comprimento do arco s ao raio r do círculo.

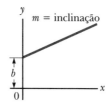

Figura B.6 Uma linha reta com uma inclinação de m e um ponto de intersecção y e b.

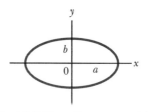

Figura B.7 Uma elipse com semieixo maior a e semieixo menor b.

B.3 | Geometria

A **distância** d entre dois pontos tendo coordenadas (x_1, y_1) e (x_2, y_2) é

$$d = \sqrt{(x_2 - x_1)^2 + (y_2 - y_1)^2} \qquad \text{B.17} \blacktriangleleft$$

Dois ângulos serão iguais se seus lados forem perpendiculares, lado direito a lado direito e lado esquerdo a lado esquerdo. Por exemplo, os dois ângulos marcados θ na Figura B.4 são os mesmos por causa da perpendicularidade dos lados dos ângulos. Para distinguir o lado esquerdo do direito dos ângulos, imagine-se parado no vértice olhando para o ângulo.

Medida do radiano: O comprimento do arco s de um arco circular (Fig. B.5) é proporcional ao raio r para um valor fixo de θ (em radianos):

$$s = r\theta$$
$$\theta = \frac{s}{r} \qquad \text{B.18} \blacktriangleleft$$

A Tabela B.2 fornece as **áreas** e os **volumes** de várias formas geométricas utilizadas por todo este livro.

A equação de **linha reta** (Fig. B.6) é

$$y = mx + b \qquad \text{B.19} \blacktriangleleft$$

em que b é o intercepto y, e m é a inclinação da reta.

A equação de um **círculo** de raio R centrado na origem é

$$x^2 + y^2 = R^2 \qquad \text{B.20} \blacktriangleleft$$

A equação de uma **elipse** tendo a origem no centro (Fig. B.7) é

$$\frac{x^2}{a^2} + \frac{y^2}{b^2} = 1 \qquad \text{B.21} \blacktriangleleft$$

em que a é o comprimento do semieixo maior (o mais comprido), e b, o comprimento do semieixo menor (o mais curto).

TABELA B.2 | Informações úteis para geometria

Forma	Área ou volume	Forma	Área ou volume
Retângulo	Área $= \ell w$	Esfera	Área da superfície $= 4\pi r^2$ Volume $= \frac{4\pi r^3}{3}$
Círculo	Área $= \pi r^2$ Circunferência $= 2\pi r$	Cilindro	Área da superfície Lateral $= 2\pi r \ell$ Volume $= \pi r^2 \ell$
Triângulo	Área $= \frac{1}{2} bh$	Caixa retangular	Área da superfície $= 2(\ell h + \ell w + hw)$ Volume $= lwh$

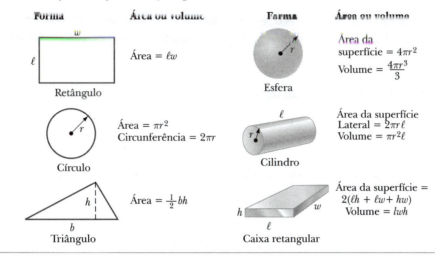

A equação de uma **parábola** cujo vértice está em $y = b$ (Fig. B.8) é

$$y = ax^2 + b \qquad \text{B.22}$$

Figura B.8 Uma parábola com seu vértice em $y = b$.

A equação de uma **hipérbole retangular** (Fig. B.9) é

$$xy = \text{constante} \qquad \text{B.23}$$

B.4 | Trigonometria

Trigonometria é o ramo da matemática que trata das propriedades especiais do triângulo retângulo. Por definição, um triângulo retângulo é um triângulo com um ângulo de 90°. Considere o triângulo retângulo mostrado na Figura B.10, em que o lado a é oposto ao ângulo θ, o lado b é adjacente ao ângulo θ, e o lado c é a hipotenusa do triângulo. As três funções trigonométricas básicas definidas por esse triângulo são seno (sen), cosseno (cos) e tangente (tg). Em termos do ângulo θ, essas funções são definidas como:

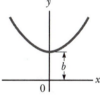

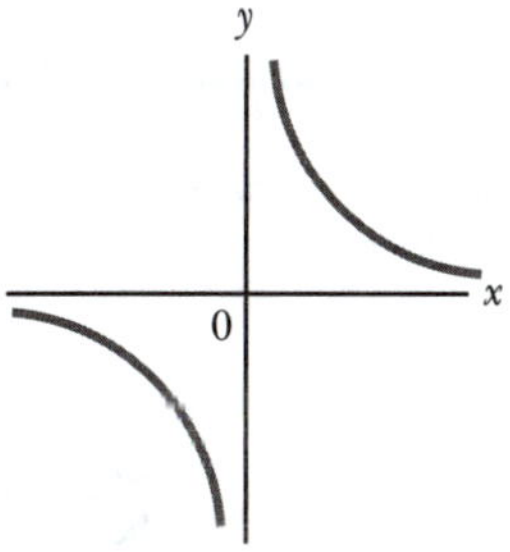

Figura B.9 Uma hipérbole.

$$\text{sen } \theta = \frac{\text{lado oposto } \theta}{\text{hipotenusa}} = \frac{a}{c} \qquad \text{B.24}$$

$$\cos \theta = \frac{\text{lado adjacente } \theta}{\text{hipotenusa}} = \frac{b}{c} \qquad \text{B.25}$$

$$\text{tg } \theta = \frac{\text{lado oposto } \theta}{\text{lado adjacente } \theta} = \frac{a}{b} \qquad \text{B.26}$$

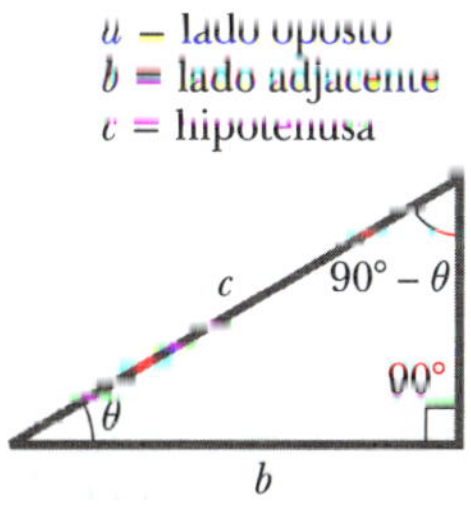

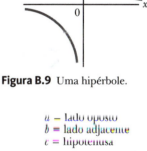

Figura B.10 Triângulo retângulo usado para definir as funções básicas da trigonometria.

O teorema de Pitágoras mostra a seguinte relação entre os lados de um triângulo retângulo.

$$c^2 = a^2 + b^2 \qquad \text{B.27}$$

Das definições anteriores e do teorema de Pitágoras, temos que

$$\text{sen}^2\,\theta + \cos^2\,\theta = 1$$

$$\text{tg}\,\theta = \frac{\text{sen}\,\theta}{\cos\,\theta}$$

As funções cossecante, secante e cotangente são definidas por

$$\text{cossec}\,\theta = \frac{1}{\text{sen}\,\theta} \quad \sec\theta = \frac{1}{\cos\theta} \quad \text{cotg}\,\theta = \frac{1}{\text{tg}\,\theta}$$

As seguintes relações são derivadas diretamente do triângulo retângulo mostrado na Figura B.10:

$$\text{sen}\,\theta = \cos(90° - \theta)$$
$$\cos\,\theta = \text{sen}(90° - \theta)$$
$$\text{cotg}\,\theta = \text{tg}(90° - \theta)$$

Algumas propriedades de funções trigonométricas são:

$$\text{sen}(-\theta) = -\text{sen}\,\theta$$
$$\cos(-\theta) = \cos\,\theta$$
$$\text{tg}(-\theta) = -\text{tg}\,\theta$$

As seguintes relações aplicam-se a qualquer triângulo, como mostrado na Figura B.11:

$$\alpha + \beta + \gamma = 180°$$

$$\text{Lei dos cossenos} \begin{cases} a^2 = b^2 + c^2 - 2bc\,\cos\alpha \\ b^2 = a^2 + c^2 - 2ac\,\cos\beta \\ c^2 = a^2 + b^2 - 2ab\,\cos\gamma \end{cases}$$

$$\text{Lei dos senos} \quad \frac{a}{\text{sen}\,\alpha} = \frac{b}{\text{sen}\,\beta} = \frac{c}{\text{sen}\,\gamma}$$

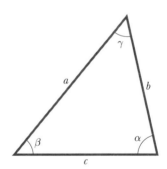

Figura B.11 Um triângulo arbitrário não retângulo.

A Tabela B.3 lista uma série de identidades trigonométricas úteis.

TABELA B.3 | Algumas identidades trigonométricas

$\text{sen}^2\,\theta + \cos^2\,\theta = 1$	$\text{cossec}^2\,\theta = 1 + \text{cotg}^2\,\theta$
$\sec^2\,\theta = 1 + \text{tg}^2\,\theta$	$\text{sen}^2\dfrac{\theta}{2} = \dfrac{1}{2}(1 - \cos\,\theta)$
$\text{sen}\,2\theta = 2\,\text{sen}\,\theta\cos\,\theta$	$\cos^2\dfrac{\theta}{2} = \dfrac{1}{2}(1 + \cos\,\theta)$
$\cos\,2\theta = \cos^2\,\theta - \text{sen}^2\,\theta$	$1 - \cos\,\theta = 2\,\text{sen}^2\dfrac{\theta}{2}$
$\text{tg}\,2\theta = \dfrac{2\,\text{tg}\,\theta}{1 - \text{tg}^2\,\theta}$	$\text{tg}\,\dfrac{\theta}{2} = \sqrt{\dfrac{1-\cos\,\theta}{1+\cos\,\theta}}$
$\text{sen}(A \pm B) = \text{sen}\,A\cos\,B \pm \cos\,A\,\text{sen}\,B$	
$\cos(A \pm B) = \cos\,A\cos\,B \mp \text{sen}\,A\,\text{sen}\,B$	
$\text{sen}\,A \pm \text{sen}\,B = 2\,\text{sen}\left[\frac{1}{2}(A \pm B)\right]\cos\left[\frac{1}{2}(A \mp B)\right]$	
$\cos\,A + \cos\,B = 2\cos\left[\frac{1}{2}(A + B)\right]\cos\left[\frac{1}{2}(A - B)\right]$	
$\cos\,A - \cos\,B = 2\,\text{sen}\left[\frac{1}{2}(A + B)\right]\text{sen}\left[\frac{1}{2}(B - A)\right]$	

Exemplo **B.3**

Considere o triângulo retângulo da Figura B.12, em que $a = 2{,}00$, $b = 5{,}00$ e c é desconhecido. Pelo teorema de Pitágoras, temos que

$$c^2 = a^2 + b^2 = 2{,}00^2 + 5{,}00^2 = 4{,}00 + 25{,}0 = 29{,}0$$
$$c = \sqrt{29{,}0} = \boxed{5{,}39}$$

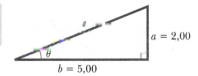

Figura B.12 (Exemplo B.3)

Para encontrar o ângulo θ, observe que

$$\operatorname{tg}\theta = \frac{a}{b} = \frac{2{,}00}{5{,}00} = 0{,}400$$

Usando uma calculadora, encontramos

$$\theta = \operatorname{tg}^{-1}(0{,}400) = \boxed{21{,}8°}$$

em que $\operatorname{tg}^{-1}(0{,}400)$ é a notação para "ângulo cuja tangente é 0,400", às vezes escrito como arctg (0,400).

Exercícios

1. Na Figura B.13, identifique (a) o lado oposto de θ, (b) o lado adjacente de ϕ e depois encontre (c) $\cos\theta$, (d) sen ϕ e (e) tg ϕ.

   Respostas (a) 3 (b) 3 (c) $\frac{4}{5}$ (d) $\frac{4}{5}$ (e) $\frac{4}{3}$

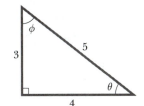

Figura B.13 (Exercício 1)

2. Em determinado triângulo retângulo, os dois lados que são perpendiculares um ao outro têm 5,00 m e 7,00 m de comprimento. Qual é o comprimento do terceiro lado?

   Resposta 8,60 m

3. Um triângulo retângulo tem a hipotenusa de comprimento 3,0 m e um dos seus ângulos é 30°. (a) Qual é o comprimento do lado oposto ao ângulo de 30°? (b) Qual é o lado adjacente ao ângulo de 30°?

   Respostas (a) 1,5 m (b) 2,6 m

B.5 | Expansões de séries

$$(a+b)^n = a^n + \frac{n}{1!}a^{n-1}b + \frac{n(n-1)}{2!}a^{n-2}b^2 + \cdots$$

$$(1+x)^n = 1 + nx + \frac{n(n-1)}{2!}x^2 + \cdots$$

$$e^x = 1 + x + \frac{x^2}{2!} + \frac{x^3}{3!} + \cdots$$

$$\ln(1\pm x) = \pm x - \tfrac{1}{2}x^2 \pm \tfrac{1}{3}x^3 - \cdots$$

$$\left.\begin{aligned}\operatorname{sen} x &= x - \frac{x^3}{3!} + \frac{x^5}{5!} - \cdots \\ \cos x &= 1 - \frac{x^2}{2!} + \frac{x^4}{4!} - \cdots \\ \operatorname{tg} x &= x + \frac{x^3}{3} + \frac{2x^5}{15} + \cdots \quad |x| < \frac{\pi}{2}\end{aligned}\right\} x \text{ em radianos}$$

Para $x \ll 1$, as seguintes aproximações podem ser usadas:[1]

$$(1+x)^n \approx 1 + nx \qquad \operatorname{sen} x \approx x$$
$$e^x \approx 1 + x \qquad \cos x \approx 1$$
$$\ln(1\pm x) \approx \pm x \qquad \operatorname{tg} x \approx x$$

---

[1] As aproximações para as funções sen x, cos x e tg x são para $x \leq 0{,}1$ rad.

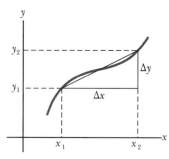

Figura B.14 Os comprimentos Δx e Δy são usados para definir a derivada desta função em um ponto determinado.

B.6 | Cálculos diferenciais

As ferramentas básicas de cálculo, inventadas por Newton, para descrever fenômenos físicos são utilizadas em vários ramos da ciência. O uso de cálculo é fundamental no tratamento de vários problemas em mecânica newtoniana, eletricidade e magnetismo. Nesta seção, relatamos algumas propriedades básicas e "regras gerais" que podem servir como uma revisão útil para os estudantes.

Primeiro, deve ser especificada a **função** que relaciona uma variável a outra variável (por exemplo, uma coordenada como função de tempo). Suponha que uma das variáveis seja denominada y (a variável dependente), e a outra, x (a variável independente). Devemos ter uma relação de função como

$$y(x) = ax^3 + bx^2 + cx + d$$

Se a, b, c e d são constantes especificadas, y pode ser calculada por qualquer valor de x. Geralmente lidamos com funções contínuas, que são aquelas para as quais y varia "suavemente" com x.

A **derivada** de y em relação a x é definida como o limite de Δx tendendo a zero da inclinação de retas desenhadas entre dois pontos na curva y versus x. Matematicamente, escrevemos essa definição como:

$$\frac{dy}{dx} = \lim_{\Delta x \to 0} \frac{\Delta y}{\Delta x} = \lim_{\Delta x \to 0} \frac{y(x + \Delta x) - y(x)}{\Delta x} \qquad \text{B.28} \blacktriangleleft$$

em que Δy e Δx são definidas como $\Delta x = x_2 - x_1$ e $\Delta y = y_2 - y_1$ (Fig. B.14). Observe que dy/dx *não* significa dy dividido por dx; pelo contrário, é simplesmente a notação do processo de limite da derivada definido pela Equação B.28.

Uma expressão útil para lembrar quando $y(x) = ax^n$, em que a é uma *constante* e n é *qualquer* número positivo ou negativo (inteiro ou fração), é

$$\frac{dy}{dx} = nax^{n-1} \qquad \text{B.29} \blacktriangleleft$$

Se $y(x)$ é uma função polinomial ou algébrica de x, aplicamos a Equação B.29 a *cada* termo no polinômio e tomamos d [constante]$/dx = 0$. Nos Exemplos B.4 a B.7, avaliamos as derivadas de várias funções.

Propriedades especiais da derivada

A. Derivada do produto de duas funções Se uma função $f(x)$ é dada pelo produto de duas funções – ou seja, $g(x)$ e $h(x)$ –, a derivada de $f(x)$ é definida como

$$\frac{d}{dx} f(x) = \frac{d}{dx}[g(x)\, h(x)] = g\frac{dh}{dx} + h\frac{dg}{dx} \qquad \text{B.30} \blacktriangleleft$$

B. Derivada da soma de duas funções Se uma função $f(x)$ é igual à soma de duas funções, a derivada da soma é igual à soma das derivadas:

$$\frac{d}{dx} f(x) = \frac{d}{dx}[g(x) + h(x)] = \frac{dg}{dx} + \frac{dh}{dx} \qquad \text{B.31} \blacktriangleleft$$

C. Regra da cadeia de cálculo diferencial Se $y = f(x)$ e $x = g(z)$, então dy/dz pode ser escrito como o produto de duas derivadas:

$$\frac{dy}{dz} = \frac{dy}{dx} \frac{dx}{dz} \qquad \text{B.32} \blacktriangleleft$$

D. A segunda derivada de y em relação a x é definida como a derivada da função dy/dx (a derivada da derivada). Geralmente é escrita como

$$\frac{d^2 y}{dx^2} = \frac{d}{dx}\left(\frac{dy}{dx}\right) \qquad \text{B.33} \blacktriangleleft$$

Algumas das derivadas de funções mais usadas estão listadas na Tabela B.4.

TABELA B.4 | Derivadas de algumas funções

$\dfrac{d}{dx}(a) = 0$

$\dfrac{d}{dx}(ax^n) = nax^{n-1}$

$\dfrac{d}{dx}(e^{ax}) = ae^{ax}$

$\dfrac{d}{dx}(\operatorname{sen} ax) = a \cos ax$

$\dfrac{d}{dx}(\cos ax) = -a \operatorname{sen} ax$

$\dfrac{d}{dx}(\operatorname{tg} ax) = a \sec^2 ax$

$\dfrac{d}{dx}(\operatorname{cotg} ax) = -a \operatorname{cossec}^2 ax$

$\dfrac{d}{dx}(\sec x) = \operatorname{tg} x \sec x$

$\dfrac{d}{dx}(\operatorname{cossec} x) = -\operatorname{cotg} x \operatorname{cossec} x$

$\dfrac{d}{dx}(\ln ax) = \dfrac{1}{x}$

$\dfrac{d}{dx}(\operatorname{sen}^{-1} ax) = \dfrac{a}{\sqrt{1 - a^2 x^2}}$

$\dfrac{d}{dx}(\cos^{-1} ax) = \dfrac{-a}{\sqrt{1 - a^2 x^2}}$

$\dfrac{d}{dx}(\operatorname{tg}^{-1} ax) = \dfrac{a}{\sqrt{1 + a^2 x^2}}$

Observação: Os símbolos a e n representam constantes.

Exemplo **B.4**

Suponha que $y(x)$ (isto é, y como função de x) seja dada por

$$y(x) = ax^3 + bx + c$$

em que a e b são constantes. Segue que

$$y(x + \Delta x) = a(x + \Delta x)^3 + b(x + \Delta x) + c$$
$$= a(x^3 + 3x^2 \Delta x + 3x \Delta x^2 + \Delta x^3) + b(x + \Delta x) + c$$

logo

$$\Delta y = y(x + \Delta x) - y(x) = a(3x^2 \Delta x + 3x\Delta x^2 + \Delta x^3) + b \Delta x$$

Substituindo isso na Equação B.28, temos

$$\frac{dy}{dx} = \lim_{\Delta x \to 0} \frac{\Delta y}{\Delta x} = \lim_{\Delta x \to 0} \left[3ax^2 + 3ax \Delta x + a \Delta x^2 \right] + b$$

$$\frac{dy}{dx} = 3ax^2 + b$$

Exemplo **B.5**

Encontre a derivada de

$$y(x) = 8x^5 + 4x^3 + 2x + 7$$

SOLUÇÃO

Aplicando a Equação B.29 a cada termo independentemente e lembrando que d/dx (constante) $= 0$, temos

$$\frac{dy}{dx} = 8(5)x^4 + 4(3)x^2 + 2(1)x^0 + 0$$

$$\frac{dy}{dx} = 40x^4 + 12x^2 + 2$$

Exemplo **B.6**

Encontre a derivada de $y(x) = x^3/(x+1)^2$ em termos de x.

SOLUÇÃO

Podemos escrever essa função como $y(x) = x^3(x + 1)^{-2}$ e aplicar a Equação B.30:

$$\frac{dy}{dx} = (x + 1)^{-2} \frac{d}{dx}(x^3) + x^3 \frac{d}{dx}(x + 1)^{-2}$$

$$= (x + 1)^{-2} 3x^2 + x^3(-2)(x + 1)^{-3}$$

$$\frac{dy}{dx} = \frac{3x^2}{(x + 1)^2} - \frac{2x^3}{(x + 1)^3} = \frac{x^2(x + 3)}{(x + 1)^3}$$

Exemplo B.7

Uma fórmula útil que segue a Equação B.30 é a derivada do quociente de duas funções. Mostre que

$$\frac{d}{dx}\left[\frac{g(x)}{h(x)}\right] = \frac{h\dfrac{dg}{dx} - g\dfrac{dh}{dx}}{h^2}$$

SOLUÇÃO

Podemos escrever o quociente como gh^{-1} e depois aplicar as Equações B.29 e B.30:

$$\frac{d}{dx}\left(\frac{g}{h}\right) = \frac{d}{x}(gh^{-1}) = g\frac{d}{dx}(h^{-1}) + h^{-1}\frac{d}{x}(g)$$

$$= -gh^{-2}\frac{dh}{dx} + h^{-1}\frac{dg}{dx}$$

$$= \frac{h\dfrac{dg}{dx} - g\dfrac{dh}{dx}}{h^2}$$

B.7 | Cálculo de integral

Pensamos em integração como o inverso de diferenciação. Como exemplo, considere a expressão

$$f(x) = \frac{dy}{dx} = 3ax^2 + b \qquad \text{B.34}$$

que foi o resultado da diferenciação da função

$$y(x) = ax^3 + bx + c$$

no Exemplo B.4. Podemos escrever a Equação B.34 como $dy = f(x)\,dx = (3ax^2 + b)\,dx$ e obter $y(x)$ "somando" todos os valores de x. Matematicamente, escrevemos essa operação inversa como:

$$y(x) = \int f(x)\,dx$$

Para a função $f(x)$ dada pela Equação B.34, temos

$$y(x) = \int (3ax^2 + b)\,dx = ax^3 + bx + c$$

em que c é a constante da integração. Esse tipo de integral é chamada *indefinida* porque seu valor depende da escolha de c.

Uma integral **indefinida geral** $I(x)$ é definida como

$$I(x) = \int f(x)\,dx \qquad \text{B.35}$$

em que $f(x)$ é chamado de *integrando* e $f(x) = dI(x)/dx$.

Para funções *contínuas em geral* $f(x)$, a integral pode ser descrita como a área sob a curva limitada por $f(x)$ e o eixo x, entre dois valores específicos de x, isto é, x_1 e x_2, como na Figura B.15.

A área pontilhada do elemento na Figura B.15 é aproximadamente $f(x_i)\,\Delta x_i$. Se somarmos todos esses elementos

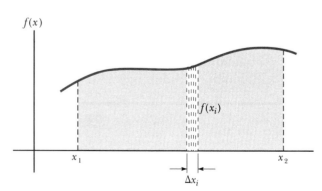

Figura B.15 A integral definida de uma função é a área sob a curva da função entre os limites x_1 e x_2.

de área entre x_1 e x_2 e tomarmos o limite da soma como $\Delta x_i \to 0$, obteremos o valor *real* da área sob a curva limitada por $f(x)$ e o eixo x, entre x_1 e x_2:

$$\text{Área} = \lim_{\Delta x_i \to 0} \sum_i f(x_i)\Delta x_i = \int_{x_1}^{x_n} f(x)\,dx$$

B.36 ◄

Integrais do tipo definido pela Equação B.36 são chamadas **integrais definidas**.

Uma integral comum que surge em situações práticas tem a forma

$$\int x^n\,dx = \frac{x^{n+1}}{n+1} + c \quad (n \neq -1)$$

B.37 ◄

Esse resultado é óbvio, pois a diferenciação do lado direito em relação a x fornece $f(x) = x^n$ diretamente. Se os limites da integração são conhecidos, a *integral* torna-se *definida* e é escrita como:

$$\int_{x_1}^{x_2} x^n\,dx = \frac{x^{n+1}}{n+1}\bigg|_{x_1}^{x_2} = \frac{x_2^{n+1} - x_1^{n+1}}{n+1} \quad (n \neq -1)$$

B.38 ◄

Exemplos |

1. $\int_0^a x^2\,dx = \dfrac{x^3}{3}\bigg|_0^a = \dfrac{a^3}{3}$

2. $\int_0^b x^{3/2}\,dx = \dfrac{x^{5/2}}{5/2}\bigg|_0^b = \dfrac{2}{5}\,b^{5/2}$

3. $\int_3^5 x\,dx = \dfrac{x^2}{2}\bigg|_3^5 = \dfrac{5^2 - 3^2}{2} = 8$

Integração parcial

Às vezes, é útil aplicar o método de *integração parcial* (também chamado "integração por partes") para avaliar algumas integrais. Esse método usa a propriedade

$$\int u\,dv = uv - \int v\,du$$

B.39 ◄

em que u e v são *cuidadosamente* escolhidos para reduzir uma integral composta a uma simples. Em muitos casos, muitas reduções devem ser feitas. Considere a função

$$I(x) = \int x^2\,e^x\,dx$$

que pode ser avaliada pela integração por partes duas vezes. Primeiro, se escolhermos $u = x^2$, $v = e^x$, obteremos

$$\int x^2\,e^x\,dx = \int x^2\,d(e^x) = x^2 e^x - 2\int e^x x\,dx + c_1$$

Agora, no segundo termo, escolhemos $u = x$, $v = e^x$, o que dá

$$\int x^2\,e^x\,dx = x^2 e^x - 2x\,e^x + 2\int e^x\,dx + c_1$$

ou

$$\int x^2\,e^x\,dx = x^2 e^x - 2xe^x + 2e^x + c_2$$

O diferencial perfeito

Outro método útil a ser lembrado é o do *diferencial perfeito*, no qual buscamos uma mudança de variável para que o diferencial da função seja o diferencial da variável independente aparecendo no integrando. Por exemplo, considere a integral

$$I(x) = \int \cos^2 x \, \mathrm{sen}\, x \, dx$$

Essa integral será mais facilmente avaliada se reescrevermos o diferencial como $d(\cos x) = -\mathrm{sen}\, x \, dx$. A integral fica então

$$\int \cos^2 x \, \mathrm{sen}\, x \, dx = -\int \cos^2 x \, d(\cos x)$$

Se mudarmos as variáveis agora, deixando $y = \cos x$, obteremos

$$\int \cos^2 x \, \mathrm{sen}\, x \, dx = -\int y^2 \, dy = -\frac{y^3}{3} + c = -\frac{\cos^3 x}{3} + c$$

A Tabela B.5 lista algumas integrais indefinidas úteis. A Tabela B.6 fornece a integral de probabilidade Gauss e outras integrais definidas. Uma lista mais completa pode ser encontrada em vários livros, como *The Handbook of Chemistry and Physics* (Boca Raton, FL: CRC Press, publicado anualmente).

TABELA B.5 | Algumas integrais indefinidas (uma constante arbitrária deve ser adicionada a cada uma das integrais)

$$\int x^n \, dx = \frac{x^{n+1}}{n+1} \text{ (dada } n \neq 1)$$

$$\int \ln ax \, dx = (x \ln ax) - x$$

$$\int \frac{dx}{x} = \int x^{-1} \, dx = \ln x$$

$$\int xe^{ax} \, dx = \frac{e^{ax}}{a^2}(ax - 1)$$

$$\int \frac{dx}{a + bx} = \frac{1}{b} \ln(a + bx)$$

$$\int \frac{dx}{a + be^{cx}} = \frac{x}{a} - \frac{1}{ac} \ln(a + be^{cx})$$

$$\int \frac{x \, dx}{a + bx} = \frac{x}{b} - \frac{a}{b^2} \ln(a + bx)$$

$$\int \mathrm{sen}\, ax \, dx = -\frac{1}{a} \cos ax$$

$$\int \frac{dx}{x(x + a)} = -\frac{1}{a} \ln \frac{x + a}{x}$$

$$\int \cos ax \, dx = \frac{1}{a} \mathrm{sen}\, ax$$

$$\int \frac{dx}{(a + bx)^2} = -\frac{1}{b(a + bx)}$$

$$\int \mathrm{tg}\, ax \, dx = -\frac{1}{a} \ln(\cos ax) = \frac{1}{a} \ln(\sec ax)$$

$$\int \frac{dx}{a^2 + x^2} = \frac{1}{a} \mathrm{tg}^{-1} \frac{x}{a}$$

$$\int \mathrm{cotg}\, ax \, dx = \frac{1}{a} \ln(\mathrm{sen}\, ax)$$

$$\int \frac{dx}{a^2 - x^2} = \frac{1}{2a} \ln \frac{a + x}{a - x} \, (a^2 - x^2 > 0)$$

$$\int \sec ax \, dx = \frac{1}{a} \ln(\sec ax + \mathrm{tg}\, ax) = \frac{1}{a} \ln\left[\mathrm{tg}\left(\frac{ax}{2} + \frac{\pi}{4}\right)\right]$$

$$\int \frac{dx}{x^2 - a^2} = \frac{1}{2a} \ln \frac{x - a}{x + a} \, (x^2 - a^2 > 0)$$

$$\int \mathrm{cossec}\, ax \, dx = \frac{1}{a} \ln(\mathrm{cossec}\, ax - \mathrm{cotg}\, ax) = \frac{1}{a} \ln\left(\mathrm{tg}\frac{ax}{2}\right)$$

$$\int \frac{x \, dx}{a^2 \pm x^2} = \pm\frac{1}{2} \ln(a^2 \pm x^2)$$

$$\int \mathrm{sen}^2 ax \, dx = \frac{x}{2} - \frac{\mathrm{sen}\, 2ax}{4a}$$

$$\int \frac{dx}{\sqrt{a^2 - x^2}} = \mathrm{sen}^{-1} \frac{x}{a} = -\cos^{-1} \frac{x}{a} (a^2 - x^2 > 0)$$

$$\int \cos^2 ax \, dx = \frac{x}{2} + \frac{\mathrm{sen}\, 2ax}{4a}$$

$$\int \frac{dx}{\sqrt{x^2 \pm a^2}} = \ln\left(x + \sqrt{x^2 \pm a^2}\right)$$

$$\int \frac{dx}{\mathrm{sen}^2 ax} = -\frac{1}{a} \mathrm{cotg}\, ax$$

$$\int \frac{x \, dx}{\sqrt{a^2 - x^2}} = -\sqrt{a^2 - x^2}$$

$$\int \frac{dx}{\cos^2 ax} = \frac{1}{a} \mathrm{tg}\, ax$$

(continua)

Apêndice B – Revisão matemática | **A.21**

◢ **TABELA B.5 | Algumas integrais indefinidas (uma constante arbitrária deve ser adicionada a cada uma das integrais)** *(continuação)*

$$\int \frac{x\,dx}{\sqrt{x^2 \pm a^2}} = \sqrt{x^2 \pm a^2}$$

$$\int \sqrt{a^2 - x^2}\,dx = \frac{1}{2}\left(x\sqrt{a^2 - x^2} + a^2\,\text{sen}^{-1}\frac{x}{|u|}\right)$$

$$\int x\sqrt{a^2 - x^2}\,dx = -\frac{1}{3}\left(a^2 - x^2\right)^{3/2}$$

$$\int \sqrt{x^2 \pm a^2}\,dx = \frac{1}{2}\left[x\sqrt{x^2 \pm a^2} \pm a^2 \ln\left(x + \sqrt{x^2 \pm a^2}\right)\right]$$

$$\int x\left(\sqrt{x^2 \pm a^2}\right)dx = \frac{1}{3}\left(x^2 \pm a^2\right)^{3/2}$$

$$\int e^{ax}\,dx = \frac{1}{a}e^{ax}$$

$$\int \text{tg}^2\,ax\,dx = \frac{1}{a}\left(\text{tg}\,ax\right) - x$$

$$\int \text{cotg}^2\,ax\,dx = -\frac{1}{a}\left(\text{cotg}\,ax\right) - x$$

$$\int \text{sen}^{-1}\,ax\,dx = x(\text{sen}^{-1}\,ax) + \frac{\sqrt{1 - a^2x^2}}{a}$$

$$\int \cos^{-1}\,ax\,dx = x(\cos^{-1}\,ax) - \frac{\sqrt{1 - a^2x^2}}{a}$$

$$\int \frac{dx}{(x^2 + a^2)^{3/2}} = \frac{x}{a^2\sqrt{x^2 + a^2}}$$

$$\int \frac{x\,dx}{(x^2 + a^2)^{3/2}} = -\frac{1}{\sqrt{x^2 + a^2}}$$

◢ **TABELA B.6 | Integral de probabilidade de Gauss e outras integrais definidas**

$$\int_0^\infty x^n e^{-ax}\,dx = \frac{n!}{a^{n+1}}$$

$$I_0 = \int_0^\infty e^{-ax^2}\,dx = \frac{1}{2}\sqrt{\frac{\pi}{a}} \quad \text{(integral da probabilidade de Gauss)}$$

$$I_1 = \int_0^\infty xe^{-ax^2}\,dx = \frac{1}{2a}$$

$$I_2 = \int_0^\infty x^2 e^{-ax^2}\,dx = -\frac{dI_0}{da} = \frac{1}{4}\sqrt{\frac{\pi}{a^3}}$$

$$I_3 = \int_0^\infty x^3 e^{-ax^2}\,dx = -\frac{dI_1}{da} = \frac{1}{2a^2}$$

$$I_4 = \int_0^\infty x^4 e^{-ax^2}\,dx = \frac{d^2 I_0}{da^2} = \frac{3}{8}\sqrt{\frac{\pi}{a^5}}$$

$$I_5 = \int_0^\infty x^5 e^{-ax^2}\,dx = -\frac{d^2 I_1}{da^2} = \frac{1}{a^3}$$

$$\vdots$$

$$I_{2n} = (-1)^n \frac{d^n}{da^n} I_0$$

$$I_{2n+1} = (-1)^n \frac{d^n}{da^n} I_1$$

A.22 | Princípios de física

◄B.8 | Propagação de incerteza

Em experimentos de laboratório, uma atividade comum é tirar medidas que atuam como dados brutos. Essas medidas são de diversos tipos – comprimento, intervalo de tempo, temperatura, voltagem, entre outros – e obtidas por meio de uma variedade de instrumentos. Apesar das medições e da qualidade dos instrumentos, **sempre existe incerteza associada a uma medida física**. Essa incerteza é uma combinação da incerteza relacionada ao instrumento e do sistema que está sendo medido com os instrumentos e relacionada ao sistema que está sendo medido. Um exemplo da incerteza relacionada ao instrumento é a inabilidade de determinar exatamente a posição de uma medida de comprimento entre as linhas numa régua. Exemplo de incerteza relacionada ao sistema que está sendo medido é a variação de temperatura de uma amostra de água, na qual é difícil determinar uma única temperatura para a amostra total.

Incertezas podem ser expressas de duas formas. **Incerteza absoluta** refere-se a uma incerteza expressa na mesma unidade que a medição. Sendo assim, o comprimento de uma etiqueta de disco de computador pode ser expresso como $(5,5 \pm 0,1)$ cm. A incerteza de $\pm 0,1$ cm por si só, no entanto, não é suficientemente descritiva para determinados propósitos. Essa incerteza será grande se a medida for 1,0, mas pequena se for 100 m. Para melhor descrever a incerteza, é utilizada a **incerteza fracional** ou **porcentagem de incerteza**. Nesse tipo de descrição, a incerteza é dividida pela medida real. Portanto, o comprimento da etiqueta do disco de computador pode ser expresso como

$$\ell = 5,5 \text{ cm} \pm \frac{0,1 \text{ cm}}{5,5 \text{ cm}} = 5,5 \text{ cm} \pm 0,018 \ \ (\text{incerteza fracional})$$

ou

$$\ell = 5,5 \text{ cm} \pm 1,8\% \ (\text{incerteza percentual})$$

Quando se combinam medidas em um cálculo, a incerteza percentual no resultado final é, em geral, maior que aquela em medidas individuais. Isso é chamado de **propagação da incerteza**, um dos desafios da física experimental.

Algumas regras simples podem oferecer uma estimativa razoável da incerteza num resultado calculado:

Multiplicação e divisão: Quando medidas com incertezas são multiplicadas ou divididas, adicione a *incerteza percentual* para obter a porcentagem de incerteza no resultado.

Exemplo: A área de um prato retangular

$$A = \ell w = (5,5 \text{ cm} \pm 1,8\%) \times (6,4 \text{ cm} \pm 1,6\%) = 35 \text{ cm}^2 \pm 3,4\%$$
$$= (35 \pm 1) \text{ cm}^2$$

Adição e subtração: Quando medidas com incertezas são somadas ou subtraídas, adicione as *incertezas absolutas* para obter a incerteza absoluta no resultado.

Exemplo: Uma mudança na temperatura

$$\Delta T = T_2 - T_1 = (99,2 \pm 1,5)°\text{C} - (27,6 \pm 1,5)°\text{C} = (71,6 \pm 3,0)°\text{C}$$
$$= 71,6°\text{C} \pm 4,2\%$$

Potências: Se uma medida é tomada de uma potência, a incerteza percentual é multiplicada por tal potência para obter a porcentagem de incerteza no resultado.

Exemplo: O volume de uma esfera

$$V = \tfrac{4}{3}\pi r^3 = \tfrac{4}{3}\pi (6,20 \text{ cm} \pm 2,0\%)^3 = 998 \text{ cm}^3 \pm 6,0\%$$
$$= (998 \pm 60) \text{ cm}^3$$

Para cálculos complicados, muitas incertezas são adicionadas em conjunto, o que pode causar incerteza no resultado final, tornando-o muito maior do que aceitável. Experimentos devem ser desenhados de modo que tais cálculos sejam o mais simples possível.

Observe que, em cálculos, incertezas sempre são adicionadas. Como resultado, um experimento envolvendo uma subtração deve, se possível, ser evitado, especialmente se as medidas que estão sendo subtraídas forem próximas. O resultado desse tipo de cálculo é uma pequena diferença nas medidas e incertezas que se somam. É possível que se obtenha uma incerteza no resultado maior que o próprio resultado!

Apêndice C

Tabela periódica dos elementos

Elementos de transição

Exemplo de célula:
Símbolo — **Ca** 20 — Número atômico
Massa atômica† — 40,078
$4s^2$ — Configuração do elétron

Grupo I	Grupo II							
H 1 $\quad$ 1,007 9 $\quad$ $1s$								
Li 3 $\quad$ 6,941 $\quad$ $2s^1$	**Be** 4 $\quad$ 9,012 2 $\quad$ $2s^2$							
Na 11 $\quad$ 22,990 $\quad$ $3s^1$	**Mg** 12 $\quad$ 24,305 $\quad$ $3s^2$							
K 19 $\quad$ 39,098 $\quad$ $4s^1$	**Ca** 20 $\quad$ 40,078 $\quad$ $4s^2$	**Sc** 21 $\quad$ 44,956 $\quad$ $3d^14s^2$	**Ti** 22 $\quad$ 47,867 $\quad$ $3d^24s^2$	**V** 23 $\quad$ 50,942 $\quad$ $3d^34s^2$	**Cr** 24 $\quad$ 51,996 $\quad$ $3d^54s^1$	**Mn** 25 $\quad$ 54,938 $\quad$ $3d^54s^2$	**Fe** 26 $\quad$ 55,845 $\quad$ $3d^64s^2$	**Co** 27 $\quad$ 58,933 $\quad$ $3d^74s^2$
Rb 37 $\quad$ 85,468 $\quad$ $5s^1$	**Sr** 38 $\quad$ 87,62 $\quad$ $5s^2$	**Y** 39 $\quad$ 88,906 $\quad$ $4d^15s^2$	**Zr** 40 $\quad$ 91,224 $\quad$ $4d^25s^2$	**Nb** 41 $\quad$ 92,906 $\quad$ $4d^45s^1$	**Mo** 42 $\quad$ 95,94 $\quad$ $4d^55s^1$	**Tc** 43 $\quad$ (98) $\quad$ $4d^55s^2$	**Ru** 44 $\quad$ 101,07 $\quad$ $4d^75s^1$	**Rh** 45 $\quad$ 102,91 $\quad$ $4d^85s^1$
Cs 55 $\quad$ 132,91 $\quad$ $6s^1$	**Ba** 56 $\quad$ 137,33 $\quad$ $6s^2$	57–71*	**Hf** 72 $\quad$ 178,49 $\quad$ $5d^26s^2$	**Ta** 73 $\quad$ 180,95 $\quad$ $5d^36s^2$	**W** 74 $\quad$ 183,84 $\quad$ $5d^46s^2$	**Re** 75 $\quad$ 186,21 $\quad$ $5d^56s^2$	**Os** 76 $\quad$ 190,23 $\quad$ $5d^66s^2$	**Ir** 77 $\quad$ 192,2 $\quad$ $5d^76s^2$
Fr 87 $\quad$ (223) $\quad$ $7s^1$	**Ra** 88 $\quad$ (226) $\quad$ $7s^2$	89–103**	**Rf** 104 $\quad$ (261) $\quad$ $6d^27s^2$	**Db** 105 $\quad$ (262) $\quad$ $6d^37s^2$	**Sg** 106 $\quad$ (266)	**Bh** 107 $\quad$ (264)	**Hs** 108 $\quad$ (277)	**Mt** 109 $\quad$ (268)

*Séries de lantanídeos

La 57 $\quad$ 138,91 $\quad$ $5d^16s^2$	**Ce** 58 $\quad$ 140,12 $\quad$ $5d^14f^16s^2$	**Pr** 59 $\quad$ 140,91 $\quad$ $4f^36s^2$	**Nd** 60 $\quad$ 144,24 $\quad$ $4f^46s^2$	**Pm** 61 $\quad$ (145) $\quad$ $4f^56s^2$	**Sm** 62 $\quad$ 150,36 $\quad$ $4f^66s^2$

**Séries de actinídeos

Ac 89 $\quad$ (227) $\quad$ $6d^17s^2$	**Th** 90 $\quad$ 232,04 $\quad$ $6d^27s^2$	**Pa** 91 $\quad$ 231,04 $\quad$ $5f^26d^17s^2$	**U** 92 $\quad$ 238,03 $\quad$ $5f^36d^17s^2$	**Np** 93 $\quad$ (237) $\quad$ $5f^46d^17s^2$	**Pu** 94 $\quad$ (244) $\quad$ $5f^67s^2$

Observação: Valores de massa atômica são médias de isótopos nas porcentagens em que existem na natureza.

†Para um elemento instável, o número da massa do isótopo conhecido mais estável é dada entre parênteses.

††Os elementos 114 e 116 ainda não foram nomeados oficialmente.

A.24

Apêndice C – Tabela periódica dos elementos

			Grupo III	Grupo IV	Grupo V	Grupo VI	Grupo VII	Grupo 0
							H 1 $1{,}007\,9$ $1s^1$	**He** 2 $4{,}002\,6$ $1s^2$
			B 5 $10{,}811$ $2p^1$	**C** 6 $12{,}011$ $2p^2$	**N** 7 $14{,}007$ $2p^3$	**O** 8 $15{,}999$ $2p^4$	**F** 9 $18{,}998$ $2p^5$	**Ne** 10 $20{,}180$ $2p^6$
			Al 13 $26{,}982$ $3p^1$	**Si** 14 $28{,}086$ $3p^2$	**P** 15 $30{,}974$ $3p^3$	**S** 16 $32{,}066$ $3p^4$	**Cl** 17 $35{,}453$ $3p^5$	**Ar** 18 $39{,}948$ $3p^6$
Ni 28 $58{,}693$ $3d^84s^2$	**Cu** 29 $63{,}546$ $3d^{10}4s^1$	**Zn** 30 $65{,}41$ $3d^{10}4s^2$	**Ga** 31 $69{,}723$ $4p^1$	**Ge** 32 $72{,}64$ $4p^2$	**As** 33 $74{,}922$ $4p^3$	**Se** 34 $78{,}96$ $4p^4$	**Br** 35 $79{,}904$ $4p^5$	**Kr** 36 $83{,}80$ $4p^6$
Pd 46 $106{,}42$ $4d^{10}$	**Ag** 47 $107{,}87$ $4d^{10}5s^1$	**Cd** 48 $112{,}41$ $4d^{10}5s^2$	**In** 49 $114{,}82$ $5p^1$	**Sn** 50 $118{,}71$ $5p^2$	**Sb** 51 $121{,}76$ $5p^3$	**Te** 52 $127{,}60$ $5p^4$	**I** 53 $126{,}90$ $5p^5$	**Xe** 54 $131{,}29$ $5p^6$
Pt 78 $195{,}08$ $5d^96s^1$	**Au** 79 $196{,}97$ $5d^{10}6s^1$	**Hg** 80 $200{,}59$ $5d^{10}6s^2$	**Tl** 81 $204{,}38$ $6p^1$	**Pb** 82 $207{,}2$ $6p^2$	**Bi** 83 $208{,}98$ $6p^3$	**Po** 84 (209) $6p^4$	**At** 85 (210) $6p^5$	**Rn** 86 (222) $6p^6$
Ds 110 (271)	**Rg** 111 (272)	**Cn** 112 (285)		$114^{\dagger\dagger}$ (289)		$116^{\dagger\dagger}$ (292)		

Eu 63 $151{,}96$ $4f^76s^2$	**Gd** 64 $157{,}25$ $4f^75d^16s^2$	**Tb** 65 $158{,}93$ $4f^95d^16s^2$	**Dy** 66 $162{,}50$ $4f^{10}6s^2$	**Ho** 67 $164{,}93$ $4f^{11}6s^2$	**Er** 68 $167{,}26$ $4f^{12}6s^2$	**Tm** 69 $168{,}93$ $4f^{13}6s^2$	**Yb** 70 $173{,}04$ $4f^{14}6s^2$	**Lu** 71 $174{,}97$ $4f^{14}5d^16s^2$
Am 95 (243) $5f^77s^2$	**Cm** 96 (247) $5f^76d^17s^2$	**Bk** 97 (247) $5f^86d^17s^2$	**Cf** 98 (251) $5f^{10}7s^2$	**Es** 99 (252) $5f^{11}7s^2$	**Fm** 100 (257) $5f^{12}7s^2$	**Md** 101 (258) $5f^{13}7s^2$	**No** 102 (259) $5f^{14}7s^2$	**Lr** 103 (262) $5f^{14}6d^17s^2$

Apêndice D

Unidades SI

TABELA D.1 | Unidades SI

Quantidade básica	Unidade básica SI	
	Nome	Símbolo
Comprimento	metro	m
Massa	quilograma	kg
Tempo	segundo	s
Corrente elétrica	ampere	A
Temperatura	kelvin	K
Quantidade de substância	mol	mol
Intensidade luminosa	candela	cd

TABELA D.2 | Algumas unidades derivadas SI

Quantidade	Nome	Símbolo	Expressão em termos de unidade básica	Expressão em termos de outras unidades SI
Ângulo do plano	radiano	rad	m/m	
Frequência	hertz	Hz	s^{-1}	
Força	newton	N	$kg \cdot m/s^2$	J/m
Pressão	pascal	Pa	$kg/m \cdot s^2$	N/m^2
Energia	joule	J	$kg \cdot m^2/s^2$	$N \cdot m$
Potência	watt	W	$kg \cdot m^2/s^3$	J/s
Carga elétrica	coulomb	C	$A \cdot s$	
Potencial elétrico	volt	V	$kg \cdot m^2/A \cdot s^3$	W/A
Capacitância	farad	F	$A^2 \cdot s^4/kg \cdot m^2$	C/V
Resistência elétrica	ohm	Ω	$kg \cdot m^2/A^2 \cdot s^3$	V/A
Fluxo magnético	weber	Wb	$kg \cdot m^2/A \cdot s^2$	$V \cdot s$
Campo magnético	tesla	T	$kg/A \cdot s^2$	
Indutância	henry	H	$kg \cdot m^2/A^2 \cdot s^2$	$T \cdot m^2/A$

Respostas dos testes rápidos e problemas ímpares

CAPÍTULO 19

Respostas dos testes rápidos

1. (a), (c), (e)
2. (e)
3. (b)
4. (a)
5. A, B, C
6. (b) e (d)
7. (i) (c) (ii) (d)

Respostas dos problemas ímpares

1. (a) $+1,60 \times 10^{-19}$ C, $1,67 \times 10^{-27}$ kg
   (b) $+1,60 \times 10^{-19}$ C, $3,82 \times 10^{-26}$ kg
   (c) $-1,60 \times 10^{-19}$ C, $5,89 \times 10^{-26}$ kg
   (d) $+3,20 \times 10^{-19}$ C, $6,65 \times 10^{-26}$ kg
   (e) $-4,80 \times 10^{-19}$ C, $2,33 \times 10^{-26}$ kg
   (f) $+6,40 \times 10^{-19}$ C, $2,33 \times 10^{-26}$ kg
   (g) $+1,12 \times 10^{-18}$ C, $2,33 \times 10^{-26}$ kg
   (h) $-1,60 \times 10^{-19}$ C, $2,99 \times 10^{-26}$ kg
3. $\sim 10^{26}$ N
5. (a) $2,16 \times 10^{-5}$ N em direção à outra (b) $8,99 \times 10^{-7}$ N longe da outra
7. (a) 0,951 m (b) sim, se o terceiro grão tiver carga positiva
9. 0,872 N a 330°
11. (a) $8,24 \times 10^{-8}$ N (b) $2,19 \times 10^{6}$ m/s
13. $2,25 \times 10^{-9}$ N/m
15. (a) $6,64 \times 10^{6}$ N/C (b) $2,41 \times 10^{7}$ N/C
    (c) $6,39 \times 10^{6}$ N/C (d) $6,64 \times 10^{5}$ N/C
17. 1,82 m à esquerda da carga $-2,50$ μC
19. (a) $(-0,599\hat{\mathbf{i}} - 2,70\hat{\mathbf{j}})$ kN/C
    (b) $(-3,00\hat{\mathbf{i}} - 13,5\hat{\mathbf{j}})$ μN
21. (a) $2,16 \times 10^{7}$ N/C (b) para a esquerda
23. (a) $2,00 \times 10^{-10}$ C (b) $1,41 \times 10^{-10}$ C (c) $5,89 \times 10^{-11}$ C
25. (a) $1,59 \times 10^{6}$ N/C (b) em direção à haste
27. (a) $\dfrac{k_e q}{a^2}(3,06\hat{\mathbf{i}} + 5,06\hat{\mathbf{j}})$ (b) $\dfrac{k_e q^2}{a^2}(3,06\hat{\mathbf{i}} + 5,06\hat{\mathbf{j}})$
29.
31. (a) $6,13 \times 10^{10}$ m/s² (b) $1,96 \times 10^{-5}$ s (c) 11,7 m
    (d) $1,20 \times 10^{-15}$ J
33. (a) $-5,76 \times 10^{13}\hat{\mathbf{i}}$ m/s² (b) $\vec{v}_f = -2,84 \times 10^{6}\hat{\mathbf{i}}$ m/s
    (c) $4,93 \times 10^{-8}$ s
35. (a) 111 ns (b) 5,68 mm (c) $(450\hat{\mathbf{i}} + 102\hat{\mathbf{j}})$ km/s
37. 4,14 MN/C
39. (a) $-55,7$ nC (b) negativo, simetria esférica
41. $-10,8$ kN · m²/C
43. (a) $-6,89$ MN · m²/C (b) menos que
45. acima de 508 kN/C
47. $-2,48$ μC/m²
49. 3,50 kN
51. (a) 0 (b) $3,65 \times 10^{5}$ N/C (c) $1,46 \times 10^{6}$ N/C
    (d) $6,49 \times 10^{5}$ N/C
53. (a) 0 (b) 7,19 MN/C longe do centro
55. (a) 0 (b) 79,9 MN/C radialmente para fora (c) 0
    (d) 7,34 MN/C radialmente para fora
57. (a) 0 (b) $5,39 \times 10^{3}$ N/C para dentro
    (c) 539 N/C para dentro
59. (a) 80,0 nC/m² (b) $9,04\hat{\mathbf{k}}$ kN/C (c) $-9,04\hat{\mathbf{k}}$ kN/C
61. (a) 708 nC/m², positivo na face que normalmente é na mesma direção que o campo elétrico, negativo na outra face (b) 177 nC, positivo na face que normalmente é na mesma direção que o campo elétrico, negativo na outra face
63. $1,77 \times 10^{-12}$ C/m³; positivo
65. (a) 40,8 N (b) 263°
67. 5,25 μC
69. $1,67 \times 10^{-5}$ C
71. $(-1,36\hat{\mathbf{i}} + 1,96\hat{\mathbf{j}})$ kN/C
73. (a) 0 (b) $\dfrac{\sigma}{\varepsilon_0}$ para a direita (c) 0
    (d) (1) $\dfrac{\sigma}{\varepsilon_0}$ para a esquerda (2) 0 (3) $\dfrac{\sigma}{\varepsilon_0}$ para a direita
75. (a) $Q\left(\dfrac{r}{a}\right)^3$ (b) $k_e\left(\dfrac{Qr}{a^3}\right)$ (c) Q (d) $k_e\left(\dfrac{Q}{r^2}\right)$ (e) $E = 0$ (f) $-Q$
    (g) $+Q$ (h) superfície interna do raio b
77. 0,205 μC

CAPÍTULO 20

Respostas dos testes rápidos

1. (i) (b) (ii) (a)
2. ⑧ a ©, © a Ⓓ, Ⓐ a ⑧, Ⓓ a Ⓔ
3. (i) (b) (ii) (c)
4. (i) (c) (ii) (a)
5. (i) (a) (ii) (a)
6. (d)
7. (a)
8. (b)
9. (c)

Respostas dos problemas ímpares

1. +260 V
3. (a) $1,52 \times 10^{5}$ m/s (b) $6,49 \times 10^{6}$ m/s
5. (a) 38,9 V (b) a origem
7. (a) 32,2 kV (b) $-0,096$ J
9. (a) 0 (b) 0 (c) 44,9 kV
11. $-1,10 \times 10^{7}$ V
13. 8,94 J
15. (a) 10,8 m/s e 1,55 m/s (b) Seriam maiores. (b) As esferas condutoras polarizarão às outras, geralmente com carga positiva em uma face interior e negativa na outra. Imediatamente antes das esferas colidirem, seus centros de carga estarão mais próximos do que os seus centros geo-

métricos, tendo assim menor energia potencial elétrica e maior energia cinética.

17. (a) $1{,}44 \times 10^{-7}$ V (b) $-7{,}19 \times 10^{-8}$ V
    (c) $-1{,}44 \times 10^{-7}$ V, $+7{,}19 \times 10^{-8}$ V
19. (a) $-45{,}0$ μV (b) $34{,}6$ km/s
21. (a) $-4{,}83$ m (b) $0{,}667$ m e $-2{,}00$ m
23. (a) $\vec{E} = (-5 + 6xy)\hat{i} + (3x^2 - 2z^2)\hat{j} - 4yz\hat{k}$ (b) $7{,}07$ N/C
25. $-0{,}553\, k_e \dfrac{Q}{R}$
27. $\dfrac{1}{2} k_e \alpha L \ln\left(\dfrac{\sqrt{4b^2 + L^2} + L}{\sqrt{4b^2 + L^2} - L} \right)$
29. $-1{,}51$ MV
31. (a) $1{,}35 \times 10^5$ V (b) esfera maior: $2{,}25 \times 10^6$ V/m (para fora do centro); esfera menor: $6{,}74 \times 10^6$ V/m (para fora do centro)
33. (a) $11{,}1$ kV/m em direção à placa negativa (b) $98{,}4$ nC/m^2 (c) $3{,}74$ pF (d) $74{,}8$ pC
35. (a) $1{,}33$ μC/m^2 (b) $13{,}4$ pF
37. (a) $48{,}0$ μC (b) $6{,}00$ μC
39. (a) $2{,}69$ nF (b) $3{,}02$ kV
41. (a) $11{,}1$ nF (b) $26{,}6$ C
43. (a) $3{,}53$ μF (b) $6{,}35$ V em $5{,}00$ μF, $2{,}65$ V em $12{,}0$ μF (c) $31{,}8$ μC em cada capacitor
45. (a) $5{,}96$ μF
    (b) $89{,}5$ μC em 20 μF, $63{,}2$ μC em 6 μF e $26{,}3$ μC cm 15 μF e 3 μF
47. dez
49. (a) em série (b) 398 μF (b) em paralelo; $2{,}20$ μF
51. $12{,}9$ μF
53. (a)

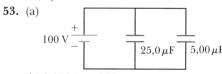

(b) $0{,}150$ J (c) 268 V
(d)

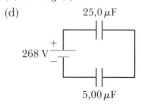

55. (a) $2{,}50 \times 10^{-2}$ J (b) $66{,}7$ V (c) $3{,}33 \times 10^{-2}$ J (d) Trabalho positivo é feito pelo agente puxando as placas separadas.
57. (a) $1{,}50$ μC (b) $1{,}83$ kV
59. (a) $2{,}51 \times 10^{-3}$ m^3 = $2{,}51$ L
61. (a) 216 μJ (b) $54{,}0$ μJ
63. (a) $13{,}3$ nC (b) 272 nC
65. (a) $81{,}3$ pF (b) $2{,}40$ kV
67. $-9{,}43 \times 10^{-2}\,\hat{i}$ N
69. (a) volume $9{,}09 \times 10^{-16}$ m^3, área $4{,}54 \times 10^{-10}$ m^2
    (b) $2{,}01 \times 10^{-13}$ F
    (c) $2{,}01 \times 10^{-14}$ C; $1{,}26 \times 10^5$ cargas elétricas
71. (a) $6{,}00\hat{i}$ m/s (b) $3{,}64$ m (c) $-9{,}00\hat{i}$ m/s (d) $12{,}0\hat{i}$ m/s
73. 253 MeV
75. 579 V
77. 702 J
79. (a) $40{,}0$ μJ (b) 500 V
81. $0{,}188$ m^2
83. $23{,}3$ V através do capacitor $5{,}00$ μF, $26{,}7$ V através do capacitor $10{,}0$ μF
85. (a) $\dfrac{\varepsilon_0 \ell}{d}[\ell + x(\kappa - 1)]$ (b) $\dfrac{Q^2 d}{2\varepsilon_0 \ell[\ell + x(\kappa - 1)]}$
    (c) $\dfrac{Q^2 d(\kappa - 1)}{2\varepsilon_0 \ell[\ell + x(\kappa - 1)]^2}\hat{i}$ (d) $205\hat{i}$ μN
87. $\frac{4}{3}C$

CAPÍTULO 21

Respostas dos testes rápidos

1. (a) > (b) = (c) > (d)
2. (b)
3. (a)
4. $I_a = I_b > I_c = I_d > I_e = I_f$
5. (b)
6. (a)
7. (i) (b) (ii) (a) (iii) (a) (iv) (b)
8. (i) (c) (ii) (d)

Respostas dos problemas ímpares

1. $7{,}50 \times 10^{15}$ elétrons
3. $0{,}129$ mm/s
5. (a) $2{,}55$ A/m^2 (b) $5{,}30 \times 10^{10}$ m^{-3} (c) $1{,}21 \times 10^{10}$ s
7. (a) $17{,}0$ A (b) $85{,}0$ kA/m^2
9. (a) $31{,}5$ n$\Omega \cdot$m (b) $6{,}35$ MA/m^2 (c) $49{,}9$ mA
    (d) 658 μm/s (e) $0{,}400$ V
11. $1{,}98$ A
13. (a) $1{,}82$ m (b) 280 μm
15. (a) não muda (b) duplica (c) duplica (d) não muda
17. $0{,}18$ V/m
19. \$ $0{,}319$
21. (a) 184 W (b) 461 °C
23. 448 A
25. $5{,}00$ A, $24{,}0$ Ω
27. \$ $0{,}494$/dia
29. $36{,}1\%$
31. (a) 667 A (b) $50{,}0$ km
33. (a) $6{,}73$ Ω (b) $1{,}97$ Ω
35. (a) $12{,}4$ V (b) $9{,}65$ V
37. (a) $17{,}1$ Ω
    (b) $1{,}99$ A para 4 Ω e 9 Ω, $1{,}17$ A para 7 Ω, $0{,}818$ A para 10 Ω
39. (a) 227 mA (b) $5{,}68$ V
41. (a) $75{,}0$ V (b) $25{,}0$ W $6{,}25$ W, e $6{,}25$ W (c) $37{,}5$ W
43. $14{,}2$ W a $2{,}00$ Ω, $28{,}4$ W a $4{,}00$ Ω, $1{,}33$ W a $3{,}00$ Ω, $4{,}00$ W a $1{,}00$ Ω
45. (a) $0{,}714$ A (b) $1{,}29$ A (c) $12{,}6$ V
47. (a) $0{,}846$ A para abaixo no resistor $8{,}00$ Ω, $0{,}462$ A para abaixo no ramo do meio, $1{,}31$ A para acima no ramo do lado direito
    (b) -222 J pela bateria de $4{,}00$ V, $1{,}88$ k J pela bateria de $12{,}0$ V
    (c) 687 J para $8{,}00$ Ω, 128 J para $5{,}00$ Ω, $25{,}6$ J ao resistor $1{,}00$ Ω no ramo do meio, 616 J para $3{,}00$ Ω, 205 J ao resistor $1{,}00$ Ω no ramo do meio

(d) Energia química na bateria de 12,0 V é transformada em energia interna no resistor. A bateria de 4,00 V está sendo carregada, então a sua energia química potencial está aumentando gastando um pouco da energia química potencial na bateria de 12,0 V.

(e) 1,66 kJ

49. 50,0 mA de a a e

51. 1,00 A para acima em 200 Ω; 4,00 A para acima em 70,0 Ω; 3,00 A para acima em 80,0 Ω; 8,00 A para acima em 20,0 Ω (b) 200 V

53. (a) 5,00 s (b) 150 μC (c) 4,06 μA

55. (a) –61,6 mA (b) 0,235 μC (c) 1,96 A

57. (a) 1,50 s (b) 1,00 s (c) $I = 200 + 100e^{-t}$, onde I é em microamperes e t é em segundos

59. (a) 6,00 V (b) 8,29 μs

61. 6,00 $\times$ 10^{-15}/$\Omega \cdot$ m

63. (a) 8,00 V/m na direção positiva de x (b) 0,637 Ω
(c) 6,28 A na direção positiva de x (d) 200 MA/m^2

65. (a) 0,991 (b) 0,648 (c) Os fluxos de energia são precisamente análogos às correntes nas partes (a) e (b). O teto tem o menor terminal de resistência dos resistores termais em paralelo, então aumentando a sua resistência térmica será produzida a maior redução no fluxo total de energia

67. (a) 9,93 μC (b) 33,7 nA (c) 335 nW (d) 337 nW

69. (a) 222 μC (b) 444 μC

71. (a) $R_x = R_2 - \frac{1}{4} R_1$ (b) Não; $R_x = 2,75 \Omega$, então a estação está aterrada inadequadamente.

73. (a) $R \to \infty$ (b) $R \to 0$ (c) $R = r$

75. (a) Para o aquecedor, 12,5 A; para a torradeira 6,25 A; para o grill, 8,33A (b) O consumo de corrente é maior que 25,0 amperes, então este circuito vai impedir o curto circuito

77. 2,22 h

Contexto 6 Conclusão

1. (a) 87,0 s (b) 261 s (c) $t \to \infty$

2. (a) 0,01 s (b) 7 $\times$ 10^6

3. (a) 3 $\times$ 10^6 (b) 9 $\times$ 10^6

CAPÍTULO 22

Respostas dos testes rápidos

1. (e)

2. (i) (b) (ii) (a)

3. (c)

4. $B > C > A$

5. (n)

6. $c > a > d > b$

7. $a = c = d > b = 0$

8. (c)

Respostas dos problemas ímpares

1. (a) oeste (b) zero desvio (c) acima (d) abaixo

3. (a) 7,91 $\times$ 10^{-12} N (b) zero

5. (a) 8,67 $\times$ 10^{-14} N (b) 5,19 $\times$ 10^{13} m/s^2

7. –20,9 $\hat{\mathbf{j}}$ mT

9. (a) 5,00 cm (b) 8,79 $\times$ 10^6 m/s

11. 115 keV

13. 0,278 m

15. 244 kV/m

17. 70,0 mT

19. (a) 4,73 N (b) 5,46 N (c) 4,73 N

21. (a) leste (b) 0,245 T

23. –2,88 $\hat{\mathbf{j}}$ N

25. (a) 9,98 N $\cdot$ m (b) no sentido horário como visto observando para abaixo de uma posição no eixo positivo de y

27. (a) 5,41 mA $\cdot$ m^2 (b) 4,33 mN $\cdot$ m

29. 1,60 $\times$ 10^{-6} T

31. 5,52 μT entrando na página

33. (a) em $y = -0,420$ m (b) –3,47 $\times$ 10^{-2} $\hat{\mathbf{j}}$ N
(c) –1,73 $\times$ 10^4 $\hat{\mathbf{j}}$ N/C

35. 262 nT entrando na página

37. (a) 53,3 μT em direção ao final da página (b) 20,0 μT em direção ao final da página (c) zero

39. (a) 21,5 mA (b) 4,51 V (c) 96,7 mW

41. (a) 28,3 μT entrando na página (b) 24,7 μT entrando na página

43. –27,0 $\hat{\mathbf{i}}$ μN

45. (a) 10 μT (b) 80 μN em direção ao outro fio (c) 16 μT (d) 80 μN em direção ao outro fio

47. (a) 200 μT em direção ao começo da página (b) 133 μT em direção ao final da página

49. 5,40 cm

51. (a) 4,00 m (b) 7,50 nT (c) 1,26 m (d) zero

53. (a) 3,60 T (b) 1,94 T

55. (a) 226 μN longe do centro do circuito (b) zero

57. 31,8 mA

59. (a) 8,63 $\times$ 10^{45} elétrons (b) 4,01 $\times$ 10^{20} kg

61. (a) 4,0 $\times$ 10^{-3} N $\cdot$ m (b) –6,9 $\times$ 10^{-3} J

63. 2,75 Mrad/s

65. (a) $(3,52\hat{\mathbf{i}} - 1,60\hat{\mathbf{j}}) \times 10^{-18}$ N (b) 24,4°

67. 39,2 mT

69. (a) 2,46 N para acima (b) A Equação 22,23 é a expressão para o campo magnético produzir a distância x sobre o centro do circuito. O campo magnético no centro do circuito ou no seu eixo é muito mais fraco que o campo magnético próximo ao fio. O fio tem curvatura negligente na escala de 1 mm, então modelamos o circuito inferior como um fio longo e reto para achar o campo que ele cria na localização do fio superior (c) 107 m/s^2 para cima

71. (a) 1,79 $\times$ 10^{-8} s (b) 35,1 eV

73. (a) 1,33 m/s (b) Íons positivos carregados pelo fluxo de sangue experimentam uma força para cima resultando na parede superior dos vasos sanguíneos no eletrodo A se tornando carga positiva e na parede inferior dos vasos no eletrodo B se tornando carga negativa (c) Não. Íons negativos se movendo na direção v serão desviados em direção do ponto B, dando a A uma potência maior que B. Íons positivos se movendo em direção a v serão desviados em direção ao ponto A, dando novamente a A um potencial maior que B. Por isso, o sinal das diferenças de potências não depende se os íons do sangue têm carga positiva ou negativa.

75. (a) $\alpha = 8,90°$ (b) –8,00 $\times$ 10^{-21} kg $\cdot$ m/s

77. 143 pT

R.4 | Princípios de física

79. (a) B $\sim 10^{-1}$ T (b) $\tau \sim 10^{-1}$ N $\cdot$ m
(c) $I \sim 1$ A $= 10^0$ A (d) $A \sim 10^{-3}$ m^2 (e) $N \sim 10^3$

81. $\dfrac{\mu_0 I}{2\pi w} \ln\left(1 + \dfrac{w}{b}\right)\hat{\mathbf{k}}$

CAPÍTULO 23

Respostas dos testes rápidos

1. (c)
2. $c, d = e, b, a$
3. (b)
4. (c)
5. (b)
6. (d)
7. (b)
8. (b)
9. (a), (d)

Respostas dos problemas ímpares

1. 61,8 mV
3. 160 A
5. (a) 1,60 em sentido anti-horário (b) 20,1 μT (c) esquerda
7. (a) $\dfrac{\mu_0 IL}{2\pi} \ln\left(1 + \dfrac{w}{h}\right)$ (b) 4,80 μV (c) sentido anti-horário
9. +9,82 mV
11. 0,800 mA
13. $\varepsilon = -(1{,}42 \times 10^{-2}) \cos (120t)$, onde t é em segundos e ε é em mV
15. (a) 3,00 N para a direita (b) 6,00 W
17. (a) 0,500 A (b) 2,00 W (c) 2,00 W
19. (a) 233 Hz (b) 1,98 mV
21. 24,1 V com o contato exterior positivo
23. (a) 7,54 kV (b) o plano do circuito é paralelo a $\vec{\mathbf{B}}$.
25. 360 T
27. $\varepsilon = 28{,}6$ sen $4{,}00\pi t$, onde ε é em milivolts e t é em segundos

29. (a) $8{,}01 \times 10^{-21}$ N (b) sentido horário (c) $t = 0$ ou $t = 1{,}33$ s
31. 19,5 mV
33. $\varepsilon = -18{,}8 \cos 120\pi t$, onde ε é em volts e t é em segundos
35. (a) 360 mV (b) 180 mV (c) 3,00 s
37. (a) 0,139 s (b) 0,461 s
39. (a) 2,00 ms (b) 0,176 A (c) 1,50 A (d) 3,22 ms
41. 92,8 V
43. (a) $I_L = 0{,}500(1 - e^{-10,0t})$, onde I_L é em amperes e t é em segundos (b) $I_S = 1{,}50 - 0{,}250 e^{-10,0t}$, onde I_S é em amperes e t é em segundos
45. (a) 20,0% (b) 4,00%
47. (a) 5,66 ms (b) 1,22 A (c) 58,1 ms
49. 2,44 μJ
51. (a) 44,3 nJ/m^3 (b) 995 μJ/m^3
53. (a) 113 V (b) 300 V/m
55. $\sim 10^{-4}$ V, revertendo uma bobina em 20 voltas de diâmetro de 3 cm em 0,1 s num campo de 10^{-3} T
57. (a) 43,8 A (b) 38,3 W
59. $\varepsilon = -7{,}22 \cos (1\,046\pi t)$, onde ε é em milivolts e t é em segundos
61. 6,00 A
63. 10,2 μV
65. $\varepsilon = -87{,}1 \cos (200\pi t + \phi)$, onde ε é em milivolts e t é em segundos
67. 91,2 μH
69. (a) $\frac{1}{2}\mu_0 \pi N^2 R$ (b) 10^{-7} H (c) 10^{-9} s
71. (a) $6{,}25 \times 10^{10}$ J (b) $2{,}00 \times 10^3$ N/m
73. (a) 50,0 mT (b) 20,0 mT (c) 2,29 M J (d) 318 Pa
75. 2,29 μC

Contexto 7 Conclusão

1. (a) 29,2 MHz (b) 42,6 MHz (c) 2,13 kHz
2. (a) $2{,}47 \times 10^3$ A (b) 0,986 T $\cdot$ m^2 (c) 0,197 V (d) 64,0 kg

Índice Remissivo

Os números de página em **negrito** indicam uma definição; números de página em *itálico* indicam figuras; números de página seguidos por "n" indicam notas de pé de página; números de página seguidos por "t" indicam tabelas

A

Ablação de cateter cardíaco, 96, *97*, 167-168
Ablação de cateter, para fibrilação arterial, 96, 167
Abrams, Albert, 138
Aceleração (*a*)
    de partículas carregadas, 20
AC voltagem, **191**
Administração de medicamentos e Alimentos dos E.U. (FDA), 137, 205
Água. Veja também Mecânica de fluídos
Agulha de bússola, 4, 140, *161*
Alumínio, 140
Ampere (A), **90**, **93**, **159**
Ampères, André-Marie, 139
Anatomia humana
    cérebro, 220
    coração, 96-97
Anglesey, Baleias do Norte (UK), *181*
Antidepressivo Sertalina, 205
Aparelho TMS (Estimulação Magnética Transcraniana) NeuroStar, 205, *205*
Aplicação biológica da física
    atividade elétrica do coração, 96-97
    lei da difusão de Fick, 94
    membranas plasmáticas como condensadores, 63
    teoria dos cabos para potencial de ação ao longo dos nervos, 120
Aplicações médicas da física *Ver também* aplicações biológicas da física
    dispositivos falsos magnéticos, 137-138
    simulação magnética transcraniana para depressão, 205
    terapia de próton, 149
    terapia magnética, 137
Aquecimento Joule, 91*n*
Arritmia, cardíaca, 96
Atmosfera
    campos elétricos em, 31-33
    como capacitor, 75, 75-76
    como condutor, 123, 135
Átomo de hidrogênio
    Lei de Coulomb e, 10
Atração, de cargas elétricas opostas, **5**, *5*, 9
Autoindução, 196, *196*

B

Balança de braços iguais, *193*
Balanço de torção, 8, *8*, 140
Biot, Jean Baptiste, 156
Bohr, Niels
    modelo atômico do hidrogênio de, 175, 177
Bomba de carga, como em fonte emf, 106
Bunsen, Robert, 115

C

Cabo coaxial, 204, *204*
Caminho livre médio, de elétrons, 101-103
Campo conservativo, **52**
Campos elétricos de bom tempo, 32
Canais de íon e bombas de íon, em membranas plasmáticas, 63
Canais de íons de voltagem fechada, 63
Canal condutor, de luminosidade, 2
Canal precursor, 2
Câncer de próstata, 149
Capacitância, 61
Capacitância equivalente, 64, **66**
Carga elétrica, **90**, **114**
    negativa, 4, 9, 18
    positiva, **4**, *4*, 9, 18, 20
Carga fonte, **12**, *12*, *12*

Carga teste, **11**, *11*, 11*n*, *12*
Carga teste positiva, *48*
Carros. Ver veículos de combustível alternativo; Automóveis
Cavendish, Sir Henry, 8
Cerâmicas, como supercondutores, 99
Cérebro, *220*
CERN (Organização Europeia para Pesquisas Nucleares), 139
Césio, 115
Cíclotron, *149*, 149-150
Circuito Amperiano, 162
Circuitos elétricos, energia em, 102-106. Veja também Condensadores
Circuitos integrados, condensadores em, 73
Circuitos RC, 117-122
Circuitos *RL*, *198*, 198-201, *199*, *202*
Cling estático, 3
Combinações de séries, de condensadores, 66, **66**-68
Combinações de séries, de resistores, **108**, *109*
Combinações paralelas, de condensadores, 64-66
Combinações paralelas, de resistores, **109**, *109*, 113-114
Comissão de Comércio Federal dos E.U. (FTC), 138
Condensadores, 61-76
    armazenamento de energia, 202
    atmosfera como, 75
    baterias conectadas a, 62
    carregando, 117, *117*, 117*n*, *117*, 121
    cilíndrico, 64
    combinações paralelas de, 64-66
    combinações seriais de, 67-69
    descarregando, 119-122
    dielétricos em, 71-74
    energia armazenada em carregada, 68-71
    placa paralela, 62-64
Condensadores cilíndricos, 64, *64*
Condensadores de alta voltagem, 73, *73*
Condensadores de placas paralelas, *62*, 62-64, *62*
Condensadores eletrolíticos, 73, *73*
Condensador tubular, *73*
Condensador variável, 45
Condução saltatória, em neurônios, 120
Condutividade (σ), 2, **95**, 95*n*
Condutores
    atmosfera como, 123, 135-136
    cavidade em, 60
    corrente induzida em circuitos, 193-194
    em equilíbrio eletrostático, 30-31
    forças magnéticas em, 151-153
    induzindo corrente em, 182
    paralelo, 159-160
    potencial elétrico em, 59-61
    visão geral, 6-8
Condutores aterrados, **6-7**
Condutores paralelos, forças magnéticas em, 159-160
Conservação de carga elétrica, **5**, *5*, **114**
    primeira regra de Kirchhoff para, 114
Conservação de energia,
    segunda regra de Kirchhoff para, 115
Constante de Coulomb (k_e), **8**
Constante de tempo (τ)
    de circuitos RC, 119
    de circuitos RL, 199, 201
Constante dielétrica, **71**, 72*t*, *74*
Convulsoterapia (ECT), 205
Coração (humano)
    atividade elétrica de, 96-97
Cordas de guitarra, 184
Corrente, 89-136
    atmosfera como condutora de, 123, 135-136
    circuitos RC, 117-122

I.1

I.2 | Princípios de física

contra tempo, para circuito, 118
elétrico, 90-92
Energia em circuitos elétricos, 103-106
fontes emf, 106-107
induzindo circuitos com imãs, 182, 193-194
modelo de condução elétrica, 100-102
Regras de Kirchhoff, 115-116
resistência a, 93-99
resistores em séries e paralelos, 108-114
supercondutores, 99
torque em circuito de, 153-156
Corrente de bom tempo, 123-124
Corrente elétrica. Veja corrente
Corrente induzida, **182**
Corrente instantânea (I), **90**
Coulomb, Charles, 8
Coulomb (unidade),
Definição baseada em amperes, 159
Cursos, de luz, 2, *2*

D

Dês, em cíclotron, 150, *150*
Densidade de carga, 15
Densidade de carga de superfície, **15**, 59, *59*
Densidade de carga de volume, **15**
Densidade de carga linear, **15**
Densidade de corrente(J), **92**
Densidade de energia, em condensador de placa paralela, **69**
Densidade de energia magnética, 202
Depressão, simulação magnética transcraniana, 205, 220
Descarga de retorno, de raios, 2
Descarga intra-nuvens de raios, 1
Descarga luminosa de nuvem-para-ar, 1, *33*
Descarga luminosa de nuvem-para-nuvem, 1
Descarga luminosa de nuvem-para-terra, 1, *33*
Desfibriladores, 84
Detectores de radiação, 85
Dielétrica, 71-74, *71*, *72*
Diferença potencial
através de resistor e bateria, 115
curva de corrente versus, 94
dielétrica e, 71n
potencial elétrico e, 46-51
Difusão, 96
Diodo, como dispositivo não ôhmico, 94, *94*
Diodo semicondutor, *94*
Dipolo elétrico, **13**, 13, *54*
Dipolos magnéticos, *167*
Disco de Faraday, 212
Disjuntores, 111
Dispositivo Betatrón, 216
Dispositivo magnético de theronoid, 138, *138*
Dispositivo magnético IONACO, 138
Dissipação, 104
Dissipador de calor, 103, 103n
Distribuição contínua de carga
campo elétrico devido a, 14
lei de Gauss válida para, 26-27
potencial elétrico devido a, 56-58
Distribuição de carga cilindricamente simétrica, *28*, 28-29
Distribuição de carga esfericamente simétrica, *27*, 27-28
Distribuição de carga tripolar, 32, *32*
Distúrbio Ver Entropia
Doença de mielite transversa, 121
Domínios, em materiais ferromagnéticos, **167**
Drude, Paul, 100
Duende, como evento luminoso transitório, 33

E

Efeito de Hall, 177
Elemento de corrente, **156**
Eletricidade, veículos movidos por. Veja veículos elétricos
Eletro-fisiologista, 97, 168
Eletrólise, leis da, 182
Elétrons

carga e massa de, 9t
momento angular intrínseco de, 166
Elétrons livres, 6n
Elétron volt (eV) (unit), 47
Elfos, como evento luminoso transitório, 33
Emf autoinduzida, **196**
Emf induzida, 196
Emf em movimento, 186-191
Emf (força eletromotiva)
autoinduzido, 196
de movimento, 186-191
em gerador AC, 191
fontes de, 106-107, 106n
induzido, 182-186, 194-197
Emfs induzidas, **182**-186, 194-197
Energia de radiofrequência, 97
Energia (E). Veja também Corrente; Indução; Termodinâmica
conservação de, 115
elétron volt como unidade de, 47
em condensador de carga, 68-71
energia potencial (U)
elétrico, 52
potencial elétrico, 52
Energia potencial
de condensadores, 68n
pontos de carga zero, 51-53
Equação de transporte, 96
Equilíbrio eletrostático, 30-31, *59*, 92
Ergonomia, 8
Esclerose múltipla, 121
Espectro de emissão, 2
Espectrômetro de massa, 148, *148*
Espectrômetro de massa de Bainbridge, 148
Espectroscopia, 115
Espectroscopia astronômica, 115
Estados de Spin, **219**
Estratégia de solução de problemas
calculando campo elétrico, 15
calculando potencial elétrico, 56
Regras de Kirchhoff, 116
Eventos luminosos transitórios, 33, *33*

F

Fadas, como evento luminoso transitório, 33
Faraday, Michael, 4, 11, 138, 140, 181-182
Feynman, Richard, 37
Fibras de Purkinje (células musculares do coração), 96
Fibrilação atrial (AF), 96, 167
Fibrilação atrial paroxística (AF), 96
Flash, de luz, 2
Fluoroscópio, 167
Fluxo elétrico, 22-24, *24*, *24*, *26*
Fluxo magnético, **183**, 185
Fluxo zero, 26
Força dielétrica, 71, 72t
Forças elétricas, 3-43
campos elétricos
aplicado a dielétricos, 72
condensador de placas paralelas e, 62
diferença potencial em, 47-51
emfs induzidas e, 194-197
fluxo elétrico, 22-24
Lei de Gauss, 24-31
linhas de campo elétrico, 18-19, 21-22, 25, 48, 54
magnitude de, 59
movimento de partículas carregadas em, 19-21
na atmosfera, 32-33
potencial elétrico para valor de, 53-56
velocidade de impulso e, 93
visão geral, 11-18
condutores em equilíbrio eletrostático, 30-31
isoladores e condutores, 6-7
lei de Coulomb, 8-12
propriedades de carga elétrica, 4-6
visão geral, 4

Índice remissivo | I.3

Forças magnéticas ($\vec{F}$), 4, 139-179
  campo magnético, 141-145
  direção de, 142-143
  em condutor carregador de corrente, 151-153
  em condutores paralelos, 158-160
  em matéria, 166
  em medicina, 137-138
  Lei de Amperes, 160-165
  Lei de Biot-Savart, 156-158
  para induzir corrente em circuito de condução, 193-194
  partículas carregadas em campos magnéticos, 144-152
    cíclotron, 149-150
    espectrômetro de massa, 148
    movimento de, 144-148
    seletor de velocidade, 148
  procedimentos de ablação de cateter cardíaco e, 167-168
  solenoides, campos magnéticos de, 164-166
  torque em circuito de corrente, 153-156
  visão geral histórica, 140
Forte, magneticamente, **167**
Fosfenos Magnéticos, 205
Franklin, Benjamin, 137
Frequência de cíclotron, **145**
Fusão nuclear, 139

G

Geiger, Hans, 80
Geometria, indutância de bobina dependente de, *197*
Gerador alternador de energia, 190-191, *191*
Gerador de energia de maré Skerries SeaGen Array, 181
Gerador de energia do mar, 181
Gerador de Van de Graaff, 84
Gerador elétrico, 182
Gerador homopolar, 212
Gilbert, William, 4, 140
Gnomos, como evento luminoso transitório, 33
Gráficos de circuito, **64**, *64*
Grande Colisor de Hádron (LHC), 139
Guitarra elétrica, 184, *184*

H

Henry, Joseph, 4, 140, 181, 197
Hertz, Heinrich Rudolf, 4

I

Ilsey, Philip, 138
Imagens de ressonância magnética (MRI), 100, 168, **219-820**, 220
Imãs permanentes, **166**
Imãs permanentes de terras raras, 167
Indução, 181-218
  carregado por, 6-9
  Circuitos RL, 198-201
  Emf em movimento, 186-191
  Emfs induzidas em campos elétricos, 194-196
  energia em campo magnético, 202-204
  Lei de Faraday de, 181-186
  Lei de Lenz, 191-195
  simulação magnética transcraniana para depressão, 205
  visão geral, 195-198
Indutância, 196-199, *197*
Indutores, **198**, 201
Iniciadores azuis, como evento luminoso transitório, 33
Integral de reta, 46
Integral de trajetória, 46
Interruptor com circuito de falha de aterramento (GFCI), 184
Isolamento de veia pulmonar, *97*
Isolantes, **6**-7, *7*

J

Jato azul, como evento luminoso transitório, 33
Jewett, Frank Baldwin, *149*

K

Kamerlingh-Onnes, Heike, 99
Kirchhoff, Gustav, 115

L

Laboratório Cavendish, Universidade de Cambridge, *149*
Laboratório Europeu de Física de Partículas, 139
Lawrence, E. O., *150*
Lei de Ampère, 160-165, **161**, *164*
Lei de Biot-Savart, *156*, **156**-158
Lei de Coulomb, **8**-12, 46
Lei de Fick, 94
Lei de Gauss
  campo elétrico em situações simétricas, 161
  condutores em equilíbrio eletrostático e, 30-31
  visão global, 24-30
Lei de indução de Faraday, 181-186, **181**. Veja também Indução
Lei de Lenz, **191**, 191-195, *192*
Lei de Ohm (resistência), 93-99
Lei do inverso do quadrado
  de força eletrostática, 8
Leis do movimento de Newton
  segunda, 93, 100, 186, 193
  terceira, 9, 159
Lentes de contato, forças elétricas e, 5
Linha de campo magnético, **141**, *141*
Líquidos. Veja também Mecânica de fluídos
Livingston, M. S., *150*
Lord Kelvin, 120, 135

M

Magnetita (Fe_3O_4), 4, 140
Máquina Magneto-elétrica de Davis e Kidder para desordens nervosos, 137, *138*
Maricourt, Pierre de, 140
Marsden, Ernest, 80
Material ferromagnético, **166**
Material não atômico, **93**
Material Ôhmico, **94**, *94*
Maxwell, James Clerk, 4, 140
Médicos curandeiros, 137
Membranas plasmáticas, como condensadores, 63
Mesmer, Franz Anton, 137
Michell, John, 140
Mielina, em nervos, 120
Modelo de condução elétrica, 100-102
Modelo de gota-líquida do núcleo atômico, 85
Momento angular intrínseco, de elétron, **166**
Momento dipolo magnético ($\vec{\mu}$), *155*, 155
Momento magnético ($\vec{\mu}$)
  de átomos e íons, 166*t*
  descrição de, 219
Motor elétrico, 182
Movimento. Veja também movimento rotacional
  Leis de
    segunda lei de Newton, 93, 100, 186, 193
    terceira lei de Newton, 9, 159
Mundo subnuclear. Ver Física de partículas

N

Navegação magnética remota, 167, *167*, *168*
Nervos, potencial de ação ao longo de, 120
Neurotransmissores, 205
Nêutron
  carga e massa de, 9*t*
Newtons por coulomb (unidade de campo elétrico), **19**
Nódulos de Ranvier, em nervos, 120
Nós, separações atuais em, **109**
Nuvens de trovão, distribuição de carga em, 32

O

Oersted, Hans Christian, 4, 140, 160
Ohm (Ω), **93**
Ohm, Georg Simon, 93
Organização Europeia de Pesquisas Nucleares (CERN), 139

P

Pacote seu (células musculares do coração), 96
Paredes de domínio, em materiais ferromagnéticos, **167**

I.4 | Princípios de física

Partículas carregadas
  em campo magnético
    cíclotron, 149-150
    espectrômetro de massa, 148
    movimento de, 144-148
    seletor de velocidade, 148
  em campos elétricos, 4, 12n, 19-21
Pás de dispositivo desfibrilador, 94
Permeabilidade do espaço livre (μ_0), **156**
Permissividade do espaço livre ($\bar{\varepsilon}_0$), **8**
Pilhas
  condensadores com dielétricos e, 71, 71n
  condensadores conectados a, 62
  diferencia potencial através, 115
  emf constante de, 106
  voltagem terminal de, 106-108
Plano de carga, *29*, 29-31
Plantas de energia hidroelétrica, 190-191
Plástico Etafilcon, 5
Poder (P)
  em circuitos elétricos, 103-106
Polarização, **7**
Polo norte, de imãs, **140**
Polos, de imãs, **140**
Polo sul, de imãs, **140**
Ponto de carga zero, 12n, *51*, 51-53, 52n
Potencial de ação
  através de nervos, 120
  em membranas plasmáticas, 63
Potencial elétrico, 45-61, **46**
  cargas pontuais para energia potencial e, 50-52
  devido a cargas pontuais, 52n
  devido a condutor carregado, 59-61
  devido à distribuição de carga contínua, 56-58
  diferença potencial e, 46-51
  valor do campo elétrico desde, 53-56
Princípio de superposição, **9**
Princípio de superposição, **9**, 51
Próton(s)
  carga e massa de, 9t
  em campo elétrico uniforme, 49-51

Q

Queda de Voltagem, 108, 108n

R

Radiação
  exposição a, 167
Raios, 123, *123*
  como corrente no ar, 123
  descrição de, 1
  detecção de campo magnético, 152
  determinando o número de batidas de, 135-136
  eventos luminosos transitórios, 33
Raios X
  aplicações médicas para, 168
Ramificações, em raios, 1-2, 123
Regra de junção, nas regras de Kirchhoff, *115*, **115**-116
Regra do circuito, nas regras de Kirchhoff, **115**-116, 117
Regras de Kirchhoff, 115-116, 198
Repulsão, como de cargas elétricas **4**, *4*, *9*
Resistência, **93**-99
Resistência da membrana (R_m), em neurônios, 120
Resistência equivalente (R_{eq}), **109-110**, *110*, 112-113
Resistência interna, **105**
Resistência interna (r), **105**
Resistência longitudinal (R_l), em neurônio, 120
Resistências
  armazenamento de energia em, 202
  codificação da cor e, 96, 96t
  definição e símbolo de, 94
  diferença de potencial através, 115
  em série e em paralelo, 108-114
Resistências bobinadas, 96
Resistividade (ρ)

descrição da, 94, 94n, 95t
  no modelo de condução elétrica, 101-102
  temperatura e, 98
Resistividade residual, 99
Resistor de composição, 96
Ressonância de rotação de elétron, **219**
Ressonância magnética nuclear (NMR), **219**, *220*
Ritmo sinusal normal, do coração, 97
Rubídio, 115
Rutherford, Ernest, 80

S

Savart, Félix, 156
Seletor de velocidade, *148*, 148
Semicondutores, 6
Símbolos de circuito, **64**, *64*
Simulação magnética transcraniana para depressão, 205-**205**, 220
Sistema de campo carregado, 46
Sistemas isolados
  carga elétrica em, 5
  combinações de séries de condensadores como, 66
Solenoide ideal, 164
Solenoides, *164*
  campo magnético de, 164-166
  campos elétricos induzidos em, 195
  indutância de, 197-198
Spin, de elétron, **166**
Suave, magneticamente, **167**
Supercondutores, **99**-100, 99t, *220*
Superfície fechada, fluxo elétrico através, 23-24, 26
Superfície Gaussiana, **26**, 31
Superfícies equipotenciais, 49, *49*, 54, *54*

T

Temperatura
  resistividade e, 94t, 98
Temperatura crítica, **99**, 99t
Tensão, **106**, **191**
Teoria dos cabos para potencial de ação ao longo dos nervos, *120*, 120
Terapia de próton, 149
Termodinâmica, 105
Tesla (T), unidade de campo magnético, **142**
Thomson, J. J., 149, *149*
Thomson, William, Lord Kelvin, 120, 135
Toroide, *163*, 163-165
Torque ($\bar{\tau}$)
  em circuito corrente de campo magnético, 153-156
Trabalho (W)
  condensador energia armazenada e, 69
Transformador, 182
Transmissão elétrica (T_{ET}), 102
Transportador de carga, 90
Trolls, como evento luminoso transitório, 33
Troposfera, 33
Trovão, 2
Tubo de Geiger-Mueller, 85

V

Veículos. Veja também veículos de combustível alternativo
Velocidade de impulso (v_d), de carregadores, **90**-93, *91*, 100, 150
Velocidade (v). Veja também Velocidade ($\bar{v}$)
Vetor de campo elétrico, **12**
Voltagem, **47**
Voltagem de circuito aberto, **106**
Voltagem terminal de baterias, 106-108
Volt (V), **47**, **93**
Vulcão Sakurajima (Japão), 1

W

Watt (W) (joules por segundo; unidade de energia), 104
Wilshire, Gaylord, 138

Z

Zero absoluto, 99

Algumas constantes físicas

Quantidade	Símbolo	Valor[a]
Unidade de massa atômica	u	$1{,}660538782(83) \times 10^{-27}\,\text{kg}$ $931{,}494028(23)\,\text{MeV}/c^2$
Número de Avogadro	N_A	$6{,}02214179(30) \times 10^{23}\,\text{partículas/mol}$
Magneton de Bohr	$\mu_B = \dfrac{e\hbar}{2m_e}$	$9{,}27400915(23) \times 10^{-24}\,\text{J/T}$
Raio de Bohr	$a_0 = \dfrac{\hbar^2}{m_e e^2 k_e}$	$5{,}2917720859(36) \times 10^{-11}\,\text{m}$
Constante de Boltzmann	$k_B = \dfrac{R}{N_A}$	$1{,}3806504(24) \times 10^{-23}\,\text{J/K}$
Comprimento de onda Compton	$\lambda_C = \dfrac{h}{m_e c}$	$2{,}4263102175(33) \times 10^{-12}\,\text{m}$
Constante de Coulomb	$k_e = \dfrac{1}{4\pi\epsilon_0}$	$8{,}987551788\ldots \times 10^{9}\,\text{N}\cdot\text{m}^2/\text{C}^2$ (exato)
Massa do dêuteron	m_d	$3{,}34358320(17) \times 10^{-27}\,\text{kg}$ $2{,}013553212724(78)\,\text{u}$
Massa do elétron	m_e	$9{,}10938215(45) \times 10^{-31}\,\text{kg}$ $5{,}4857990943(23) \times 10^{4}\,\text{u}$ $0{,}510998910(13)\,\text{MeV}/c^2$
Elétron-volt	eV	$1{,}602176487(40) \times 10^{-19}\,\text{J}$
Carga elementar	e	$1{,}602176487(40) \times 10^{-19}\,\text{C}$
Constante dos gases perfeitos	R	$8{,}314472(15)\,\text{J/mol}\cdot\text{K}$
Constante gravitacional	G	$6{,}67428(67) \times 10^{-11}\,\text{N}\cdot\text{m}^2/\text{kg}^2$
Massa do nêutron	m_n	$1{,}674927211(84) \times 10^{-27}\,\text{kg}$ $1{,}00866491597(43)\,\text{u}$ $939{,}565346(23)\,\text{MeV}/c^2$
Magneton nuclear	$\mu_n = \dfrac{e\hbar}{2m_p}$	$5{,}05078324(13) \times 10^{-27}\,\text{J/T}$
Permeabilidade do espaço livre	μ_0	$4\pi \times 10^{-7}\,\text{T}\cdot\text{m/A}$ (exato)
Permissividade do espaço livre	$\epsilon_0 = \dfrac{1}{\mu_0 c^2}$	$8{,}854187817\ldots \times 10^{-12}\,\text{C}^2/\text{N}\cdot\text{m}^2$ (exato)
Constante de Planck	h	$6{,}62606896(33) \times 10^{-34}\,\text{J}\cdot\text{s}$
	$\hbar = \dfrac{h}{2\pi}$	$1{,}054571628(53) \times 10^{-34}\,\text{J}\cdot\text{s}$
Massa do próton	m_p	$1{,}672621637(83) \times 10^{-27}\,\text{kg}$ $1{,}00727646677(10)\,\text{u}$ $938{,}272013(23)\,\text{MeV}/c^2$
Constante de Rydberg	R_H	$1{,}0973731568527(73) \times 10^{7}\,\text{m}^{-1}$
Velocidade da luz no vácuo	c	$2{,}99792458 \times 10^{8}\,\text{m/s}$ (exato)

Observação: Essas constantes são os valores recomendados em 2006 pela CODATA, com base em um ajuste dos dados de diferentes medições pelo método de mínimos quadrados. Para uma lista mais completa, consulte P. J. Mohr, B. N. Taylor e D. B. Newell, "CODATA Recommended Values of the Fundamental Physical Constants: 2006". *Rev. Mod. Fis.* 80:2, 633-730, 2008.

[a] Os números entre parênteses nesta coluna representam incertezas nos últimos dois dígitos.

Dados do Sistema Solar

Corpo	Massa (kg)	Raio médio (m)	Período (s)	Distância média a partir do Sol (m)
Mercúrio	$3,30 \times 10^{23}$	$2,44 \times 10^6$	$7,60 \times 10^6$	$5,79 \times 10^{10}$
Vênus	$4,87 \times 10^{24}$	$6,05 \times 10^6$	$1,94 \times 10^7$	$1,08 \times 10^{11}$
Terra	$5,97 \times 10^{24}$	$6,37 \times 10^6$	$3,156 \times 10^7$	$1,496 \times 10^{11}$
Marte	$6,42 \times 10^{23}$	$3,39 \times 10^6$	$5,94 \times 10^7$	$2,28 \times 10^{11}$
Júpiter	$1,90 \times 10^{27}$	$6,99 \times 10^7$	$3,74 \times 10^8$	$7,78 \times 10^{11}$
Saturno	$5,68 \times 10^{26}$	$5,82 \times 10^7$	$9,29 \times 10^8$	$1,43 \times 10^{12}$
Urano	$8,68 \times 10^{25}$	$2,54 \times 10^7$	$2,65 \times 10^9$	$2,87 \times 10^{12}$
Netuno	$1,02 \times 10^{26}$	$2,46 \times 10^7$	$5,18 \times 10^9$	$4,50 \times 10^{12}$
Plutão[a]	$1,25 \times 10^{22}$	$1,20 \times 10^6$	$7,82 \times 10^9$	$5,91 \times 10^{12}$
Lua	$7,35 \times 10^{22}$	$1,74 \times 10^6$	—	—
Sol	$1,989 \times 10^{30}$	$6,96 \times 10^8$	—	—

[a] Em agosto de 2006, a União Astronômica Internacional adotou uma definição de planeta que separa Plutão dos outros oito planetas. Plutão agora é definido como um "planeta anão" (a exemplo do asteroide Ceres).

Dados físicos frequentemente utilizados

Distância média entre a Terra e a Lua	$3,84 \times 10^8$ m
Distância média entre a Terra e o Sol	$1,496 \times 10^{11}$ m
Raio médio da Terra	$6,37 \times 10^6$ m
Densidade do ar (20 °C e 1 atm)	$1,20$ kg/m^3
Densidade do ar (0 °C e 1 atm)	$1,29$ kg/m^3
Densidade da água (20 °C e 1 atm)	$1,00 \times 10^3$ kg/m^3
Aceleração da gravidade	$9,80$ m/s^2
Massa da Terra	$5,97 \times 10^{24}$ kg
Massa da Lua	$7,35 \times 10^{22}$ kg
Massa do Sol	$1,99 \times 10^{30}$ kg
Pressão atmosférica padrão	$1,013 \times 10^5$ Pa

Observação: Esses valores são os mesmos utilizados no texto.

Alguns prefixos para potências de dez

Potência	Prefixo	Abreviação	Potência	Prefixo	Abreviação
10^{-24}	iocto	y	10^1	deca	da
10^{-21}	zepto	z	10^2	hecto	h
10^{-18}	ato	a	10^3	quilo	k
10^{-15}	fento	f	10^6	mega	M
10^{-12}	pico	p	10^9	giga	G
10^{-9}	nano	n	10^{12}	tera	T
10^{-6}	micro	μ	10^{15}	peta	P
10^{-3}	mili	m	10^{18}	exa	E
10^{-2}	centi	c	10^{21}	zeta	Z
10^{-1}	deci	d	10^{24}	iota	Y

Abreviações e símbolos padrão para unidades

Símbolo	Unidade	Símbolo	Unidade
A	ampère	K	kelvin
u	unidade de massa atômica	kg	quilograma
atm	atmosfera	kmol	quilomol
Btu	unidade térmica britânica	L ou l	litro
C	coulomb	Lb	libra
°C	grau Celsius	Ly	ano-luz
cal	caloria	m	metro
d	dia	min	minuto
eV	elétron-volt	mol	mol
°F	grau Fahrenheit	N	newton
F	faraday	Pa	pascal
pé	pé	rad	radiano
G	gauss	rev	revolução
g	grama	s	segundo
H	henry	T	tesla
h	hora	V	volt
hp	cavalo de força	W	watt
Hz	hertz	Wb	weber
pol.	polegada	yr	ano
J	joule	Ω	ohm

Símbolos matemáticos usados no texto e seus significados

Símbolo	Significado
$=$	igual a
$\equiv$	definido como
$\neq$	não é igual a
$\propto$	proporcional a
$\sim$	da ordem de
$>$	maior que
$<$	menor que
$>>(<<)$	muito maior (menor) que
$\approx$	aproximadamente igual a
Δx	variação em x
$\sum_{i=1}^{N} x_i$	soma de todas as quantidades x_i de $i = 1$ para $i = N$
$\lvert x \rvert$	valor absoluto de x (sempre uma quantidade não negativa)
$\Delta x \rightarrow 0$	Δx se aproxima de zero
$\dfrac{dx}{dt}$	derivada x em relação a t
$\dfrac{\partial x}{\partial t}$	derivada parcial de x em relação a t
$\int$	integral

Conversões

Comprimento

1 pol. = 2,54 cm (exatamente)
1 m = 39,37 pol. = 3,281 pé
1 pé = 0,3048 m
12 pol = 1 pé
3 pé = 1 jarda
1 jarda = 0,914.4 m
1 km = 0,621 milha
1 milha = 1,609 km
1 milha = 5.280 pés
1 μm = 10^{-6} m = 10^3 nm
1 ano-luz = $9,461 \times 10^{15}$ m

Área

1 $m^2 = 10^4$ $cm^2 = 10,76$ $pé^2$
1 $pé^2 = 0,0929$ $m^2 = 144$ pol^2
1 $pol.^2 = 6,452$ cm^2

Volume

1 $m^3 = 10^6$ $cm^3 = 6,102 \times 10^4$ pol^3
1 $pé^3 = 1.728$ $pol^3 = 2,83 \times 10^{-2}$ m^3
1 L = 1.000 $cm^3 = 1,057.6$ quart = 0,0353 $pé^3$
1 $pé^3 = 7,481$ gal = 28,32 L = $2,832 \times 10^{-2}$ m^3
1 gal = 3,786 L = 231 pol^3

Massa

1.000 kg = 1 t (tonelada métrica)
1 slug = 14,59 kg
1 u = $1,66 \times 10^{-27}$ kg = 931,5 MeV/c^2

Força

1 N = 0,2248 lb
1 lb = 4,448 N

Velocidade

1 mi/h = 1,47 pé/s = 0,447 m/s = 1,61 km/h
1 m/s = 100 cm/s = 3,281 pé/s
1 mi/min = 60 mi/h = 88 pé/s

Aceleração

1 $m/s^2 = 3,28$ $pé/s^2 = 100$ cm/s^2
1 $pé/s^2 = 0,3048$ $m/s^2 = 30,48$ cm/s^2

Pressão

1 bar = 10^5 $N/m^2 = 14,50$ lb/pol^2
1 atm = 760 mm Hg = 76,0 cm Hg
1 atm = 14,7 $lb/pol^2 = 1,013 \times 10^5$ N/m^2
1 Pa = 1 $N/m^2 = 1,45 \times 10^{-4}$ lb/pol^2

Tempo

1 ano = 365 dias = $3,16 \times 10^7$ s
1 dia = 24 h = $1,44 \times 10^3$ min = $8,64 \times 10^4$ s

Energia

1 J = 0,738 pé · lb
1 cal = 4,186 J
1 Btu = 252 cal = $1,054 \times 10^3$ J
1 eV = $1,602 \times 10^{-19}$ J
1 kWh = $3,60 \times 10^6$ J

Potência

1 hp = 550 pé · lb/s = 0,746 kW
1 W = 1 J/s = 0,738 pé · lb/s
1 Btu/h = 0,293 W

Algumas aproximações úteis para problemas de estimação

1 m ≈ 1 jarda	1 m/s ≈ 2 mi/h
1 kg ≈ 2 libra	1 ano ≈ $\pi \chi$ 10^7 s
1 N ≈ $\frac{1}{4}$ libra	60 mi/h ≈ 100 pé/s
1 L ≈ $\frac{1}{4}$ gal	1 km ≈ $\frac{1}{2}$ mi

Obs.: Veja a Tabela A.1 do Apêndice A para uma lista mais completa.

O alfabeto grego

Alfa	A	α	Iota	I	ι	Rô	P	ρ
Beta	B	β	Capa	K	κ	Sigma	Σ	σ
Gama	Γ	γ	Lambda	Λ	λ	Tau	T	τ
Delta	Δ	δ	Mu	M	μ	Upsilon	Υ	υ
Épsilon	E	ϵ	Nu	N	ν	Fi	Φ	φ
Zeta	Z	ζ	Csi	Ξ	ξ	Chi	X	χ
Eta	H	η	Omicron	O	o	Psi	Ψ	ψ
Teta	Θ	θ	Pi	Π	π	Ômega	Ω	ω

Cartela Pedagógica

Mecânica e Termodinâmica

Vetores deslocamento e posição

Componente de vetores deslocamento e posição

Vetores velocidade linear ($\vec{v}$) e angular ($\vec{\omega}$)

Componente de vetores velocidade

Vetores força ($\vec{F}$)

Componente de vetores força

Vetores aceleração ($\vec{a}$)

Componente de vetores aceleração

Setas de transferência de energia W_{maq} Q_f Q_q

Seta de processo

Vetores momento linear ($\vec{p}$) e angular ($\vec{L}$)

Componente de vetores momento linear e angular

Vetores torque $\vec{\tau}$

Componente de vetores torque

Direção esquemática de movimento linear ou rotacional

Seta dimensional de rotação

Seta de alargamento

Molas

Polias

Eletricidade e Magnetismo

Campos elétricos

Vetores campo elétrico

Componentes de vetores campo elétrico

Campos magnéticos

Vetores campo magnético

Componentes de vetores campo magnético

Cargas positivas

Cargas negativas

Resistores

Baterias e outras fontes de alimentação DC

Interruptores

Capacitores

Indutores (bobinas)

Voltímetros

Amperímetros

Fontes AC

Lâmpadas

Símbolo de terra

Corrente

Luz e Óptica

Raio de luz

Raio de luz focado

Raio de luz central

Lente convexa

Lente côncava

Espelho

Espelho curvo

Corpos

Imagens